管理科学与
工程经典译丛

DECISION SUPPORT AND BUSINESS INTELLIGENCE SYSTEMS

决策支持与商务智能系统

（第**9**版）

埃弗雷姆·特伯恩（Efraim Turban）等　著

万岩　岳欣　译

中国人民大学出版社

·北京·

《管理科学与工程经典译丛》
出版说明

中国人民大学出版社长期致力于国外优秀图书的引进和出版工作。20世纪90年代中期，中国人民大学出版社开业界之先河，组织策划了两套精品丛书——《经济科学译丛》和《工商管理经典译丛》，在国内产生了极大的反响。其中，《工商管理经典译丛》是国内第一套与国际管理教育全面接轨的引进版丛书，体系齐整，版本经典，几乎涵盖了工商管理学科的所有专业领域，包括组织行为学、战略管理、营销管理、人力资源管理、财务管理等，深受广大读者的欢迎。

管理科学与工程是与工商管理并列的国家一级学科。与工商管理学科偏重应用社会学、经济学、心理学等人文科学解决管理中的问题不同，管理科学与工程更注重应用数学、运筹学、工程学、信息技术等自然科学的方法解决管理问题，具有很强的文理学科交叉的性质。随着社会对兼具文理科背景的复合型人才的需求不断增加，有越来越多的高校设立了管理科学与工程领域的专业，讲授相关课程。

与此同时，在教材建设方面，与工商管理教材相比，系统地针对管理科学与工程学科策划组织的丛书不多，优秀的引进版丛书更少。为满足国内高校日益增长的需求，我们组织策划了这套《管理科学与工程经典译丛》。在图书遴选过程中，我们发现，由于国外高等教育学科设置与我国存在一定的差异，不存在一个叫做"管理科学与工程"的单一的学科，具体教材往往按专业领域分布在不同的学科类别中，例如决策科学与数量方法、工业工程、信息技术、建筑管理等。为此，我们进行了深入的调研，大量搜集国外相关学科领域的优秀教材信息，广泛征求国内专家的意见和建议，以期这套新推出的丛书能够真正满足国内读者的切实需要。

我们希望，在搭建起这样一个平台后，有更多的专家、教师、企业培训师不断向我们提出需求，或推荐好的教材。我们将一如既往地做好服务工作，为推动管理教学的发展做出贡献。

中国人民大学出版社

译者序

埃弗雷姆·特伯恩主笔的《决策支持与商务智能系统》可以说是决策支持系统领域最经典、最受欢迎的教材之一。该书从最初的版本到现在的第 9 版，一直为我所喜爱。最早接触到它是 20 多年前，当时我还在英国的大学商学院读博士，研究中需要用到专家系统，我的导师 Michael Kaye 教授向我推荐了该书。在我于 1996 年回国任教时，我的导师赠送了我一本 1993 年出版的第 3 版，认为我在教学中可能用得上它。如今，我虽然不再讲授决策支持课程，但仍然经常用到该书不同版本的部分章节和案例，并一直把它当作了解该领域进展的可靠的参考资料。

该书之所以可以被认为是决策支持和智能系统领域的标杆教材，我认为有两个主要原因：一是该书的内容反映时代发展，在基本逻辑和架构大致保持不变的情况下，不同的版本能及时反映决策支持领域经过检验并形成共识的最新发展。具体而言，该书于 1988 年面世的第 1 版名为"决策支持与专家系统：管理视角"，1993 年的第 3 版改名为"决策支持与专家系统：管理支持系统"，2000 年的第 6 版更名为"决策支持系统与智能系统"，第 8 版再次更名为"决策支持与商务智能系统"，这也是第 9 版的名称。从书名的变化我们可以看出，作为一本讲授信息技术在决策支持中的应用的教材，它一直紧跟时代发展的步伐，及时地反映从最初的决策支持系统和专家系统辅助决策，到目前的商务智能技术辅助决策等变化，并不断补充和调整内容，其作者也从最初几版的特伯恩一人，发展到了本版的多人合作。在信息技术迅速发展的今天，该书做到了与时俱进。

二是内容丰富全面，并提供了大量案例、习题、数据和教辅材料，且难易得当，非常适合作为教材和自学读本。该书介绍了决策支持的理论，同时基本上覆盖了所有当前决策支持和管理中用到的信息技术，并配有案例，通俗易懂。该书的很多案例、习题和数据源经过多年的磨合和调整，非常适合学生学习相关知识和掌握分析方法。同时提供一个支持网站，方便有兴趣的老师、学生和自学人员扩展阅读，就某一专题深入学习。

本书的翻译得到了教育部"《人工智能与数据挖掘》双语教学示范课程建设"项目、教育部人文社会科学研究"基于舆论动力学的在线点评观点演化建模和企业评论管理策略研究"项目（项目编号：13YJA630084），以及北京邮电大学"电子商务专业综合改革试点项目"的资助，在此表示感谢。同时，感谢中国人民大学出版社给了我们翻译这一优秀教材的机会。

在翻译过程中，我与同事岳欣密切配合，几易其稿。研究生张涵、张甜甜、聂虹、朱蕊、劳鑫、王凤亭、林国源、许可、邱艳娟等同学做了大量工作，没有他们辛勤和细致的工作，本书的翻译不可能完成。感谢大家的共同努力！我本人常回忆大家为完成此书翻译而共同奋斗的历程，非常珍惜那段美好时光。

本书内容丰富，技术覆盖面广，篇幅较大，要高质量翻译此书，对任何译者都是不小的挑战。因才学有限，且时间紧迫，我们虽然尽了最大努力，但翻译中的错误和不当之处在所难免，恳请读者不吝批评指正！

万岩

前　言

基于计算机的决策支持应用正得到大规模发展，诸如 IBM、甲骨文、微软等公司正创造新的组织单元，致力于帮助企业运营得更为有效和高效。随着越来越多的决策制定者了解和熟悉计算机与网络，他们开始使用更为计算机化的工具来支持其工作。决策支持系统（DSS）/商务智能（BI），正逐渐从最初作为个人决策的工具，快速演变成跨组织的共享的产品。

本书旨在向读者介绍这些技术，即我们所统称的管理支持系统（MSS），其核心技术是 BI。在一些业内人士看来，BI 也涉及分析学，这两个概念在本书中可以相互替代。本书介绍了这些技术的基本理论，以及构建和使用这些系统的方式。

在第 9 版中，变化主要集中在以下领域：BI、数据挖掘以及自动决策系统（ADS）。尽管有这些变化，我们仍然保留了本书的可理解性及用户友好性，以令其成为市场领导者。我们补充了一些其他书中没有的更准确和更新的内容。最后，通过删除一些通用资料以及将一些内容放到网上，我们减少了一些篇幅。在前言中，我们首先对第 9 版的变化进行介绍，随后对本书的目标及涵盖的内容进行详述。

第 9 版中的新内容

为完善本书，在第 8 版作出一些修改的基础上，第 9 版进一步做了改进。第 8 版将书中内容从传统的 DSS 转变为 BI，并且与 Teradata 校园网络（Terdata University Network，TUN）形成了紧密的联系。这些变化在这一版仍保留下来。第 9 版补充了技术发展的新内容，删除了过时的内容。主要的变化如下：

● 增加新的章节。

第 7 章 "文本挖掘与网络挖掘"。本章以一种综合性的且易于理解的方式，对两种最流行的商务分析工具进行了研究。此外，本章还展现了许多不同类型的案例，从而使得内容更为有趣，更能够吸引目标读者。（85％为新的素材。）

第 14 章 "管理支持系统：新兴趋势及其影响"。本章对几类新的现象进行了分析，这些现象正在改变或有可能改变决策支持技术及相应的实践，这些现象包括射频识别、虚拟世界、云计算、社交网络、Web 2.0、虚拟社区等。此外，一些关于计算机决策支持对个体/组织/社会影响的内容也得到了更新。（80％为新的素材。）

● 精简内容。为了使本书更为简洁，我们只保留最常用的内容。我们还减少了相关的网络内容，从而使本书不会太依赖这部分内容，但我们将使用一个网站来展示最新的内容及链接。每一章的参考文献也有所减少。[①] 具体来说，将删除的章节中的一些内容并入第 1 章，使商务智能和数据挖掘部分的内容得到精简。由于这一改变，读者阅读第 1 章便可对全书内容有一个概览——包括决策支持和商务智能技术。这就能够让学生从学期一开始就对本学期的课程有所思考。

● 组建新的作者团队。本版增加了一位新作者，对上一版的作者作了补充。上一版作者撰写的精彩内容，本版由拉梅什·沙尔达（Ramesh Sharda）和杜尔孙·德伦（Dursun Delen）作了修订。沙尔达和德伦在决策支持系统和数据挖掘方面都有深入的研究，对本行业和研究工作有丰富的经验。戴维·金（David King）（任职于 JDA Ststems）是《战略差距》（*The Strategy Gap*）——一本关于企业绩效管理的书的作者之一，撰写了第 9 章"企业绩效管理"。

● 对网站实时更新。本书的使用者将有机会连接到课程网站上，网站提供了新闻链接、软件、教程以及与书中主题相关的 YouTube 视频。

● 内容得到修订与完善。几乎所有章节都包含新的开篇案例以及基于最新相关事件的案例。例如，第 2 章末的案例就要求学生根据西蒙决策的制定阶段，来更好地理解由美国次贷风波所引起的经济危机。另外，我们更新了全书的应用案例，包括特定技术/模式应用程序的最新案例。我们删除了书中略显过时的产品链接和参考书籍，添加了新的网站链接。[②] 最后，绝大部分章节都有新的练习、网上作业以及问题讨论。

第 9 版中其他的具体变化如下：

● 第 3 章安排了 DSS 软件相关内容，着重介绍了 Planners Lab 软件。该软件用一个 DSS 软件工具构建，这个工具在 20 世纪八九十年代十分流行，现在这个软件的 PC 版免费提供给学术界使用。本章详细介绍了这个软件，能够帮助学生学习运用 DSS 构建工具来开发软件。内布拉斯加大学奥马哈分校的杰里·瓦格纳（Jerry Wagner）博士对本章有贡献，他创建了 Planners Lab 工具。

● 第 4 章补充了层次分析法的相关内容，同时介绍了学生可以使用的一些免费/廉价的用于成对比较的软件。

● 第 5 章对数据挖掘进行了深入全面的介绍。本章对所有材料的安排采用了与用于数据挖掘项目的标准化流程相关的系统方法。与第 8 版的相关章节相比，这一章完全重写，提供了易用且丰富的数据挖掘信息。具体而言，它不包括文本挖掘和网络挖掘（这部分内容放入另一章），但是增加了有关数据挖掘的方法与方法论的内容。

● 第 6 章介绍了人工神经网络（ANN）及其在制定管理决策中的运用。我们详细描述了最为流行的 ANN 体系结构，同时也对它们的差异及其在不同类型决策问题中的使用进行解释。此外，还添加了一个新的部分，即基于灵敏度分析的 ANN 模型。

● 第 7 章是一个全新的章节。

● 第 8 章以及第 10～第 13 章都进行了更新。例如，第 13 章包括更先进的技术，例如模糊推理系统、支持向量机以及智能代理。

● 第 9 章是全新的内容，它结合了之前版本中各章节的材料。除了对新的开篇案例、其他案例以及讨论问题的内容进行精简和更新外，本章还包括关于关键绩效指标（KPI）、运营矩阵、精益六西格玛、六西格玛效益以及 BPM 架构的内容。

---

① 因篇幅所限，各章的参考文献放在中国人民大学出版社工商分社网站上，读者可登录 www.rdjg.com.cn 查阅或下载。

② 本书第 1～第 4 章、第 8 章和第 14 章提供了相关链接及资源，因篇幅所限，这部分内容放在中国人民大学出版社工商分社网站上，读者可登录 www.rdjg.com.cn 查阅或下载。

● 第 14 章是一个全新的章节。

第 8 版中的许多改进部分在这一版都保留下来，并作了更新。总结如下：

● Teradata University Network（TUN）的链接。大部分章节包括 TUN 的链接
（teradatauniversitynetwork.com），Teradata 网站的学生端（Teradata Student Network，
TSN，teradatastudentnetwork.com）主要包括学生的作业。通过访问 TSN，学生们可以
阅读案例，观看在线讲座，回答问题以及找寻资料等。

● 更少的延伸阅读，但有更好的组织形式。我们将延伸阅读部分减少 50% 以上，将重
要的内容合并到正文中。应用案例和技术视角是仅剩的两部分延伸阅读内容。

● 书名。我们保留了上一版已改变的书名：决策支持与商务智能系统。

● 软件支持。TUN 网站提供免费的软件支持，也提供免费的数据挖掘及其他软件。
此外，该网站还提供了针对该类软件应用的练习。

目标与范围

如今，组织可以方便地运用内联网和互联网，向全世界的决策制定者提供高价值的性
能分析应用。公司经常开发分布式系统、内联网和外联网，它们可以方便地连接到存储在
世界各地的数据，以便协作和沟通。各种不同的信息系统应用程序与其他基于网络的系统
互相集成，有些集成系统甚至跨越了组织边界。管理者可以制定更好的决策，因为他们只
要动动指头，就可以通过网络拥有更为精确的信息。

当今的决策支持工具可以通过网络进行分析，采用图形用户界面，使得决策者可以使
用熟悉的 Web 浏览器，灵活、有效、方便地查看、处理数据和模型。易于使用和获取的
企业信息和知识，与其他先进系统一起，都已经移植到个人电脑和个人数字助理（PDA）
中。经理人可以通过一系列手持无线设备（包括移动电话和 PDA）与计算机和网络进行
交互。这些设备使管理人员能够访问重要的信息和有用的工具，同时实现沟通和协作等功
能。数据仓库及其分析工具（例如，联机分析处理（OLAP）、数据挖掘），极大地提高了
跨组织边界的信息访问与分析能力。

对群的决策支持能力不断增强，用于协同工作的群件也得到了新的重要发展。从自动
定价优化到智能网络搜索引擎，人工智能方法正在提高决策支持的质量，并且已内嵌到许
多应用中。智能代理执行日常任务，从而节省了决策者的时间，使其可以投入到重要的工
作中。随着无线技术、组织学习以及知识管理的发展，随时随地为问题的解决提供整个组
织的专业知识已经变成现实。

BI、DSS 和专家系统（ES）方面的课程以及其他部分课程，是由计算机学会（Asso-
ciation for Computing Machinery，ACM）、信息系统协会（Association for Information
Systems，AIS）以及信息科技专业人员协会（Association of Information Technology Pro-
fessionals，AITP，前身 DPMA）共同推荐的。这些课程的目的是介绍决策支持以及信息
系统课程模式的人工智能组件，不仅包括课程推荐，还介绍了决策支持和科学信息系统
（MSIS）2000 型课程模式草案（参见 acm. org/education/curricula. html♯MSIS2000）中
的人工智能组件。其另一个目的是向实际工作的管理人员介绍 BI 的基础和应用、群支持
系统（GSS）、知识管理、ES、数据挖掘、智能代理和其他智能系统。

第 9 版修订的主题是对企业决策给予支持的 BI 和分析学。除了传统的决策支持应用，
本版提供了很多案例、产品、服务和练习，以及与 Web 相关的问题，拓展了读者对网络

世界的理解。我们强调了网络智能/网络分析，它与用于电子商务和其他网络应用的 BI/商业分析（BA）类似。本书的网站（pearsonhighered. com/turban）提供了在线文件，我们也将通过该网站的一个特殊部分提供软件教程的链接。

补充说明：PRENHALL. COM/TURBAN

一个全面而又灵活的技术支持包可以有效提升教学和学习的体验。下列为教师与学生准备的补充内容可在本书的网站 pearsonhighered. com/turban 上获得：

● 教师手册。教师手册包括全部课程和各章的学习目标、问题的答案、每章末的练习以及教学建议（包括项目说明）。教师手册可在 pearsonhighered. com/turban 的安全栏目下找到。

● 小测文档和 TestGen 软件。小测文档是各种判断题、多项选择题、填空题以及论述题的汇总，我们标注了问题的难度等级。小测文档有 Microsoft Word 和 Prentice Hall TestGen 的计算机格式。TestGen 是一套全面的测试和评估工具。它可以让教师轻松地创建和分发其课程的考试卷，可以通过传统的方法印刷和发放，也可以通过局域网（LAN）服务器进行在线考试。TestGen 的特点是能够通过程序来协助运行，且该软件有全面的技术支持作为后盾。小测文档和 Testgen 软件都可在 pearsonhighered. com/turban 的安全栏目下获得。

● PowerPoint 幻灯片。PowerPoint 幻灯片展现了书中的关键概念，教师可以从 pearsonhighered. com/turban 下载。

● 在线课堂的材料。培生教育出版集团支持采用本书作为教材的教师使用在线课程，他们提供了上传到 Blackboard 课程管理系统的文档，可以用于考试、小测，用作补充资料。请联系您所在地的培生代表，以获取更多关于您特定课程的详细信息。此外，博客网站也会持续对每章进行更新，包括新材料的链接以及相关软件。所有资料都可以通过相关网站获得。

目　录

第Ⅰ部分
决策支持与商务智能

这一部分的学习目标包括：

1. 理解当今商业环境的复杂性；

2. 理解管理决策的基本原理与关键问题；

3. 认识当今管理决策的难点；

4. 学习计算机化决策的主要框架：决策支持系统（DSS①）与商务智能（BI）。

本书探讨的是用来支持管理工作（主要是决策）的一系列计算机技术。这些技术对于企业战略、绩效和竞争力都有深远的影响，还与互联网、内联网以及网络工具有着紧密联系。在第Ⅰ部分，我们将在第1章对全书进行概括的介绍。在这一章，我们将探讨多个主题。第一个主题是管理决策及其计算机支持。第二个主题是决策的框架。之后介绍商务智能，以及所使用的工具及其应用，并简要介绍全书内容。

---

① 缩写词语 DSS 在本书中既可视作单数也可是复数。同样，其他缩写词语，例如 MIS 和 GSS，也都既可能是单数也可能是复数。

第1章
决策支持系统与商务智能

📖 学习目标

1. 了解当今变化的商业环境，并且能够描述企业如何在这种环境中生存，甚至脱颖而出（解决问题以及利用机会）。

2. 理解对管理决策给予计算机支持的必要性。

3. 理解管理决策的早期框架。

4. 学习决策支持系统（DSS）的基本概念。

5. 能够描述商务智能的概念及方法，并能将它们与 DSS 相联系。

6. 能够描述工作系统的概念及其与决策支持的关系。

7. 能够列出计算机决策支持的主要工具。

8. 理解计算机支持系统在实施过程中的主要问题。

商业环境在不断改变，并且变得更加复杂。无论是上市公司还是私营企业，都面临着巨大的压力，不得不对不断变化的环境进行快速应对，并且在运营方法上不断创新。这样的活动要求企业具有敏捷性，能够频繁、快速地作出决策。决策涉及战略、战术及执行等各个层面，有些决策甚至会非常复杂。要制定这样的决策，需要大量的相关数据、信息和知识。在所需决策的框架内对这些数据、信息和知识进行处理的过程必须是实时的、快速的、频繁的，所以通常需要一些计算机支持。

本书将探讨如何使用商务智能作为对管理决策的计算机支持，关注决策支持的理论及概念基础，以及现有的商业工具及技术。本章将对这些主题进行更详细的介绍，并对全书内容进行简要介绍。

诺福克南方铁路公司使用商务智能进行决策支持获得成功

目前在美国有四家大型货运铁路公司，诺福克南方铁路公司（Norfolk Southern Corp）就是其中之一。该公司每天有约 500 列货运列车行驶于 21 000 英里的铁路线上，覆盖美国 22 个东部州、哥伦比亚特区以及加拿大的安大略省。诺福克南方铁路公司拥有超过 2 600 万美元的资产，雇员超过 30 000 人。

一个多世纪以来，铁路行业一直受到严格管制，诺福克南方铁路公司依靠成本管理来实现盈利。管理者关注的是如何优化车厢的使用，以便从固定资产中获得最大的产出。到 1980 年，铁路行业的管制被部分取消了，这给企业合并提供了机会，并且使企业可以根据服务来收费，并与其客户签订合同。准时交货成为这个行业的企业关注的重要因素。

随着时间的推移，诺福克南方铁路公司通过实现准点来应对这些行业变化。这意味着该公司将建立一套固定的列车时刻表并提供往返于列车与货场之间的固定的汽车运输服务。通过这种方式，管理者可以准确预测货物运抵客户处的时间。

诺福克南方铁路公司一直坚持使用各种复杂的系统来开展业务。然而，要实现准点，还需要一个新的系统；该系统能够使用统计模型来确定最佳路线及转运，从而优化铁路运输绩效，并可以运用该模型来制定计划，指导实际的铁路运营。这些新系统被称作"一流作业计划"（Thoroughbred Operating Plan，TOP），于 2002 年进行部署。

诺福克南方铁路公司认识到，只用 TOP 来运行铁路是远远不够的，还需要对 TOP 的绩效进行监控和衡量。诺福克南方铁路公司的大量系统会生成数以百万计的记录，内容涵盖货运记录、车厢、列车 GPS 信息、铁路燃料耗用水平、收入信息、人员管理以及历史跟踪记录等。但遗憾的是，该公司不能在不对系统性能产生明显影响的情况下，就对这些数据进行利用和挖掘。

时间回溯到 1995 年，该公司投资了一个 1TB 的 Teradata 数据仓库，这是一个集中式的历史数据存储库。它的构建理念是使数据易于访问（使用网络浏览器），并且能够用来进行决策支持。数据仓库中的数据来自企业运营所用的系统（即源系统），一旦数据从源系统进入数据仓库，用户就可以在不影响运营的情况下对这些数据进行访问和操作。

2002 年，数据仓库成为 TOP 的关键组件。诺福克南方铁路公司开发了 TOP 仪表盘应用，该应用可以将数据从数据仓库中提取出来，并根据作业规划图显示出实际绩效（包括列车绩效及转运绩效）。该应用使用了可视化技术，使得执行经理可以更加容易地理解海量数据（如，每周全网共有 160 000 次联运）。自从该应用实现以来，联运误点次数下降了 60%。此外，在过去的 5 年中，车厢循环周期缩短了一天，每年可节省数百万美元。

诺福克南方铁路公司拥有一个企业数据仓库，也就是说，一旦数据被输入这个数据仓库，全公司都可以访问这些数据，而不仅仅供某一个应用访问。虽然列车及联运绩效数据主要用于 TOP 应用，但也有其他用途。例如，市场部为那些想了解诺福克南方铁路公司大规模运输网络的客户开发了一个名为"accessNS"的应用。客户有时希望了解货物现在的位置，有时又想了解历史信息：货物是从哪里发出的？需要多长时间才能送达？途中有哪些问题？

accessNS 允许 8 000 家企业客户的超过 14 500 名用户随时登录并访问其账户的预定义及自定义报告。用户可以访问当前数据，这些数据每小时进行更新；他们也可以查看过去 3 年的数据。accessNS 提供报警及 RSS 订阅功能，每天将 4 500 份报告推送给用户。accessNS 的自助特性使诺福克南方铁路公司可以满足客户需求，同时减少客户服务所需的员工人数。实际上，如果没有 accessNS，要维持当前的客户报告水平就需要大约 47 名员工。

全公司的各个部门——从工程、战略规划到财务及人力资源部门——都在使用这个企业数据仓库。人力资源部门开发了一个有趣的内部应用。该部门最近需要确定其办事处的位置，从而满足该公司 30 000 多名雇员的需求。通过将雇员统计数据（如邮政编码）与工程集团常用的地理空间数据相结合，人力资源部门可以以可视化的方式在地图上标出雇员的人口密度，使优化办公室选址更为容易。

今天，诺福克南方铁路公司的数据仓库管理着与公司铁路网和运输服务有关的海量信息。公司使用数据仓库来分析趋势、制定预测时刻表、将记录归档以及促进客户自助服务等。数据仓库为 3 000 多名雇员以及 14 000 多个外部客户及利益相关者提供信息。

诺福克南方铁路公司是第一家提供自助商务智能服务的铁路公司，它的创新为其他铁路公司提供了一个可效仿的榜样。该公司也是率先向外部客户提供各类历史数据的铁路公司之一。

思考题

1. 诺福克南方铁路公司是如何利用信息系统来支持决策的？

2. 通过可视化应用可以访问何种类型的信息？

3. accessNS 能够提供何种类型的信息支持？

4. 诺福克南方铁路公司是如何在其 HR 应用中运用数据仓库的？

5. 同一个数据仓库可以同时用于商务智能和应用优化吗？

我们可以从中学到什么

本例表明，数据仓库技术可以帮助企业改善运营来提高效率，从而使企业拥有获得竞争优势的能力，即使是成熟产业中的企业也是如此。在很多例子中，这都是需要探索的主要的前沿问题。要使公司的资产赢得更大产出，需要对其运营有更为及时和深入的理解，还需要具备使用信息来辅助决策的能力。我们将在本书中看到很多有关这类应用的例子。

另外，有关这个例子的资料可以在 Teradata University Network 上找到，我们在本书后面的章节中还会用到这个资料库。这个资料库还提供其他的文献和一个名为"诺福克南方铁路公司采用 Teradata 数据仓库来支持实现准点"的播客。

资料来源：Contributed by Professors Barbara Wixom（University of Virginia），Hugh Watson（University of Georgia），and Jeff Hoffer（University of Dayton）.

1.1 不断变化的商业环境及计算机决策支持

开篇案例展示了一家跨国公司如何在成熟且高度竞争的市场上出类拔萃的例子。许多企业都在积极利用计算机来支持其运营。为了理解企业乐意接受包括商务智能在内的计算机支持的原因，我们建立了一个"商业压力—响应—支持模型"，如图 1—1 所示。

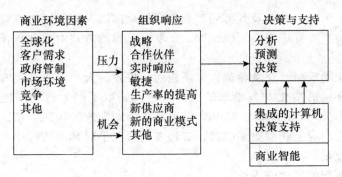

图 1—1 商业压力—响应—支持模型

商业压力—响应—支持模型

正如模型名称所示，商业压力—响应—支持模型由三部分组成：源于当今商业环境的商业压力、公司用来消除压力（或者利用环境中的机会）的响应措施（所采取的行动），以及用来协助监控环境并改善响应行动的计算机支持。

商业环境 当今企业运营面临的环境变得越来越复杂。这种复杂性一方面创造了机会，另一方面也带来了问题。以全球化为例，今天，你可以轻松地在很多国家找到供应商和客户，这意味着你可以买到更廉价的原材料，可以售出更多的产品和服务，这是巨大的商机。但是，全球化同时还意味着会有更多、更强大的竞争对手。商业环境因素可以被分为四个主要类别：市场、客户需求、技术以及社会。表1—1对这些因素进行了总结。

表 1—1 给企业带来压力的商业环境因素

因素	描述
市场	激烈的竞争
	不断扩张的全球市场
	网上电子市场的繁荣
	创新营销方法
	在 IT 支持下的外包机遇
客户需求	渴望定制化
	渴望更高的质量、产品多样化以及更快的交付速度
	客户变得更有影响力，客户忠诚度更低
技术	更多的创新、新产品以及新服务
	更快的淘汰速度
	更严重的信息超载
	社交网络、Web 2.0 等
社会	不断变化的政府管制与放松管制
	劳动力更为多样化、年龄更大，并且有更多的女性
	对国土安全及反恐的首要考虑
	《萨班斯-奥克斯利法案》及其他与报表有关的管制
	日渐增加的企业社会责任
	对可持续性的更多关注

请注意，大多数这类因素的强度都会随时间的推移而增大，这会导致更大的压力、更

多的竞争，等等。另外，企业及其部门都面临预算缩减以及更大的提高绩效、增加利润的压力。在这种环境下，管理者必须以快速、创新、灵敏的方式对变化作出响应。下面让我们看看该如何做。

企业响应：主动积极、充满希望、灵活应对、先发制人　上市公司和非上市公司都注意到了当今商业环境的变化及其带来的压力，它们采取不同的行动来应对这些压力。例如，新西兰沃达丰公司（Krivda，2008）采用商务智能来改善沟通，帮助管理人员保留现有客户并从这些客户身上获取更多收益。管理者还可以采取其他的行动，包括：

- 制定战略规划；
- 采用新的创新的商业模式；
- 调整业务流程；
- 加入企业联盟；
- 改进企业信息系统；
- 改善伙伴关系；
- 鼓励创新；
- 改善客户服务及客户关系；
- 开展电子商务；
- 实施订单式生产（make-to-order production）、按需生产（on-demand manufacturing）及服务；
- 使用新的 IT 技术来改善沟通、数据访问（发现信息）以及协作；
- 对竞争对手的行动作出快速响应（如，在定价、推广以及新产品/服务方面）；
- 使白领雇员的大量工作自动化；
- 使某些决策过程自动化，特别是那些与客户相关的过程；
- 运用分析学来改善决策制定过程。

这些行动中的绝大多数都需要某种程度的计算机支持，这些以及其他一些响应行动通常也需要计算机决策支持系统的辅助。

弥合战略缺口　计算机决策支持的主要目标之一就是协助弥合当前企业绩效与预期绩效之间的缺口。预期绩效来自企业使命、目标、指标和战略。为了理解企业需要计算机支持的原因以及提供计算机支持的方式——特别是对于决策支持，让我们来看一下管理决策。

1.1　思考与回顾

1. 请列出商业压力—响应—支持模型的组成部分并进行解释。
2. 当今主要的商业环境因素有哪些？
3. 企业可以采取的主要响应行动有哪些？

1.2　管理决策

管理是利用资源实现组织目标的过程。这些资源被看作输入，目标的实现被看作输出。组织和管理的成功程度通常以输出相对于输入的比值来衡量，这个比值表明了组织的生产效率；生产效率反映了组织及管理的绩效。

　　生产效率水平或者管理的成功程度取决于管理职能的绩效，管理职能包括规划、组织、指导和控制。管理者若要实现这些职能，就要不断进行决策。制定决策意味着从两个或者更多的解决方案中选择最好的那个。

管理者工作的本质

　　明茨伯格（Mintzberg，2008）对于高层管理者的经典研究以及多项类似的研究都表明，管理者要扮演十种角色，这些角色可分为三类：人际角色、信息角色以及决策角色（见表 1—2）。

表 1—2　　　　　　　　　　　　　　明茨伯格提出的十个管理者角色

角色	描述
人际角色	
挂名首脑	是象征意义上的领袖，负责完成法律或社会方面的大量日常工作
领导者	负责激励下属；负责人员配备、培训及其他相关工作
联络者	对自己建立的可以提供帮助及信息的外部联系人及通报者网络进行维护
信息角色	
监听者	寻找并接收种类繁多的特别信息（很多是当前的），从而透彻地了解企业及环境；成为企业内部和外部信息的神经中枢
传播者	将从外部人士或者下级那里获得的信息传递给企业成员；一些信息是基于事实的，另一些则包含个人的解读与整合
发言人	将有关企业计划、政策、行动、结果等方面的信息传递给外部人员；是企业所处行业的专家
决策角色	
企业家	在企业及其所处环境中寻找机遇，发起改进项目以带来变革；监督某些项目的设计
故障排除者	当企业面临重要的、难以预料的障碍时，负责采取纠正措施
资源分配者	负责分配各类组织资源；实际上负责所有重要组织决策的制定或者批准
谈判者	负责代表企业进行重要的谈判

　　资料来源：Compiled from H. A. Mintzberg, *The Nature of Managerial Work*. Prentice Hall, Englewood Cliffs, NJ, 1980; and H. A. Mintzberg, *The Rise and Fall of Strategic Planning*. The Free Press, New York, 1993.

　　要扮演好这些角色，管理者需要信息以一种高效、及时的方式传递到他们的个人电脑或者移动设备上。这些信息一般是使用 Web 技术通过网络传递的。

　　除了获取其角色所需的信息，管理者还使用计算机来直接辅助及改进其决策过程。决策是一项非常重要的工作，上述大多数角色在工作中都需要决策。所有角色中的很多管理活动都是围绕决策展开的。管理者，特别是高层管理者，基本上都是决策者。下面我们简要回顾一下决策的过程，在下一章再对这个问题进行详细研究。

决策过程

　　多年来，管理者将决策单纯地视为一门艺术——一项需要长期历练（即，在不断摸索中学习）和直觉才能获得的才能。管理之所以被视为一门艺术，是因为管理者可以通过各种不同的独特的方式来对同一类型的管理问题进行处理并成功解决。这些方式通常是基于创新、判断力、直觉以及经验，而非科学的、系统的定量方法。但是，研究显示，某些公司的高层管理者更关注持续、重复的工作（比较枯燥），这些公司的表现要优于那些管理者把主要精力都投入到人际沟通技巧上的公司（Kaplan et al.，2008；Brooks，2009）。更加重要的是，管理者应当注重有条理、缜密思考、分析性的决策过程，而不是华而不实的人际沟通技巧。

管理者通常按照以下四个步骤来制定决策（我们将在第 2 章详细介绍）：

1. 定义问题（即需要决策的情况，可能是需要处理的问题，也可能是某个机遇）。
2. 构建描述现实问题的模型。
3. 找出该建模的问题的可行解决方案，并对这些方案进行评估。
4. 通过比较来选择并推荐一个可行的解决问题的方案。

若要采取这个流程，管理者必须想出足够多的备选方案，并且确保这些备选方案的结果是可以预测的，备选方案之间的比较必须是恰当的。但是表 1—1 中列出的环境因素增大了这一评估过程的难度，原因在于：

● 技术、信息系统、先进的搜索引擎以及全球化，使得可供选择的备选方案越来越多。

● 政府管制、政局动荡及恐怖主义、竞争和不断变化的客户需求，产生了更多的不确定性，使得对结果和未来进行预测变得越来越困难。

● 要迅速制定决策还需要考虑其他因素，频繁且难以预料的变革使得管理者难以通过反复摸索来进行学习，会增加犯错的潜在成本。

● 环境日渐复杂，因此当今制定决策确实是一项复杂的工作。

由于这些趋势和变化，管理者继续依赖于反复摸索的方法进行决策几乎是不可行的，特别是那些受表 1—1 中所列因素影响较大的决策。管理者必须具备更高水平，能够使用其领域中的新工具、新技术，其中的大多数工具和技术在本书中会进行讨论，通过它们支持决策工作，将有可能作出更好的决定。在接下来的章节中，我们将探讨为什么需要计算机支持，以及如何提供这种支持。

1.2　思考与回顾

1. 请描述三个主要管理者角色，并列出他们各自的一些具体活动。
2. 为什么有些人认为管理与决策制定是相同的？
3. 请描述管理者在制定决策时的四个步骤。

1.3　对决策制定的计算机支持

计算机系统过去常用于工资及账目管理，现在则进入了更为复杂的管理领域，涵盖了从自动化工厂的设计及管理，到利用人工智能方法对计划的兼并与收购进行评估等。几乎所有的管理人员都知道信息技术对于他们的企业来说至关重要，并且企业正在广泛使用信息技术，特别是基于网络的技术。

计算机应用已经从事务处理及监控活动延伸到了问题分析及解决方案应用，很多活动都是通过基于网络的技术来完成的。像数据仓库、数据挖掘、联机分析处理（online ana-lytical processing，OLAP）、仪表盘之类的 BI 工具以及网络都被用来进行决策支持，它们是当今现代化管理的基石。管理者必须拥有高速的联网信息系统（有线网或无线网）来协助他们完成最重要的任务：制定决策。让我们来看一下为什么要使用计算机系统，以及计算机系统是如何提供帮助的。

我们为什么要使用计算机决策支持系统

当今的计算机系统拥有很多功能，可以通过很多方式来协助进行决策支持，这些方式包括：

高速计算　计算机使决策者可以用更快的速度、更低的成本进行计算。及时作出决策在很多情况下都是非常重要的，无论是急诊室中的大夫还是交易所里的股票投资者。在计算机的帮助下，对成千上万的备选方案的评估工作可以在数秒内完成。另外，计算机的效益成本比率及执行速度都在持续提高。

改善沟通及协作　今天的很多决策都是由团队制定的，其成员可能分布于不同的地点。团队可以通过基于网络轻松地进行协作与沟通。协作对于供应链来说尤其重要，供应链上的合作伙伴——从销售商到客户都需要信息共享。

提高团队成员的生产效率　将一个决策者团队（特别是专家们）聚集到一个地点会需要很高的成本。计算机的支持可以改进团队的协作流程，使其成员可以处于不同的地点（节省旅行成本）。此外，计算机支持可以提高支持人员（如财务分析师和律师）的生产效率。决策者也可以通过使用软件优化工具来确定企业的最佳经营方式，从而提高生产效率。

改进数据管理　很多决策都涉及复杂的计算。计算所需的数据有可能被存储在企业不同地点的不同数据库中，甚至有可能在企业以外的网站上。这些数据可能包括文本、音频、图像以及视频，而且它们使用的可能是外语。所以非常有必要将这些数据从远处迅速传递给企业。计算机可以实现对数据的搜索、存储以及传输，这是一种迅速、经济、安全且透明的方式。

管理巨型数据仓库　大型数据仓库，比如沃尔玛所用的数据仓库，通常包含数 TB 甚至 PB 的数据。计算机可以为任何类型的数字信息提供极大的存储能力，这些信息可以被迅速访问和搜索。包括并行处理在内的一些特殊方法可以用来对数据进行组织、搜索及挖掘，与数据仓库有关的成本正不断下降。

质量支持　计算机可以提高决策质量。例如，决策者可以访问更多的数据，可以对更多的备选方案进行评估，可以改进预测，可以更快速地进行风险分析，可以以更低的成本、更快的速度收集专家（那些身在远方的专家）的观点。决策者使用人工智能方法可以直接从计算机系统中获得专门知识（将在第Ⅲ部分及第 12 章介绍）。决策者使用计算机可以快速、经济地完成复杂的仿真，检查大量的可行方案，并对不同的影响进行评估。

灵活支持　如今的竞争不仅仅基于价格，更重视质量、及时性、产品的定制化以及客户支持。此外，企业必须能够频繁、快速地改变其经营模式、业务流程，进行结构再造，提高员工能力，以及为了适应不断变化的环境而进行创新。像智能系统这样的决策支持技术可以使员工更快地进行正确决策，从而提高其能力，哪怕他们缺乏一些知识。

克服在处理及存储信息方面的认知局限　西蒙（Simon，1977）认为，人类大脑只具备有限的信息处理和存储能力。人类有时会发现，由于自身的认知局限性，要完全正确地回忆并使用数据是非常困难的。**"认知局限"**（cognitive limits）一词表明，当需要广泛的不同信息和知识时，一个人的问题解决能力是有限的。计算机系统使人类可以对存储的海量信息进行快速访问和处理，从而克服其认知局限。

使用网络 随着互联网、服务器以及相关工具的发展，决策支持的方式发生了巨大的改变。最为重要的是，网络提供了以下功能：（1）对全球可用的海量数据、信息和知识的访问能力；（2）一个易于学习使用并可轻松获取的通用、友好的图形用户界面（graphical user interface，GUI）；（3）与远程伙伴进行有效协作的能力；（4）使管理者可以快速、低成本地找到所需信息的智能搜索工具。

随时随地的支持 管理者可以使用无线技术，随时随地地对信息进行访问、分析及解读，并与相关人员进行交流。

20 世纪 60 年代以来，特别是 90 年代中期以后，以上这些以及其他能力不断地推动着计算机决策支持的发展。接下来，我们将给出决策支持的早期框架。

1.3 思考与回顾

1. 计算机的能力是如何随时间的推移而发展的？
2. 计算机有哪些能力可用来协助管理决策的制定？
3. 计算机是如何协助人类克服认知局限的？
4. 为什么认为网络对决策支持非常重要？

1.4 计算机决策支持的早期框架

计算机决策的早期框架包括几个主要概念，这些概念将在本书后面的章节中用到。戈里和斯科特-莫顿（Gorry and Scott-Morton）在 20 世纪 70 年代早期构建并使用了这个框架，该框架经过不断完善和发展，逐步演变成被称为决策支持系统的一项新技术。

戈里和斯科特-莫顿经典框架

戈里和斯科特-莫顿在 1971 年提出了一个形如 3×3 矩阵的框架，如图 1—2 所示。该矩阵的两个维度分别是结构化程度和控制类型。

结构化程度 西蒙（1977）认为，决策过程中会从高度结构化（有时称为程序化）的决策逐步变为高度非结构化（有时称为非程序化）的决策。图 1—2 的左半部分就是基于这一观点给出的。结构化的过程是常规的，一般用于处理那些已有标准解决方法的重复性问题。非结构化的过程是模糊的，常用于处理那些没有预先准备好解决方法的复杂问题。西蒙还描述了决策过程的三个阶段：情报、设计和选择。后来又加入了第四个阶段：实施（见第 2 章）。这四个阶段的定义如下：

1. 情报。该阶段要搜集需要进行决策的环境信息。
2. 设计。该阶段要创造、开发可行的备选行动方案（解决方案），并对其进行分析。
3. 选择。该阶段要从所有可行的行动方案中选出一个。

决策类型	控制类型		
	业务控制	管理控制	战略规划
结构化	应收账款 应付账款 订单录入　**1**	预算分析 短期预测 人事报告 自制或外购决策　**2**	财务管理 投资组合 仓库选址 配发系统　**3**
半结构化	生产调度 库存控制　**4**	信用评估 预算编制 工厂布局 项目计划 奖励制度设计 存货分类　**5**	建立新工厂 合并与收购 新产品计划 薪酬规划 质量保证 人力资源政策 库存规划　**6**
非结构化	购买软件 批准贷款 提供帮助服务 为杂志选择封面　**7**	谈判 招聘高管 购买硬件 游说　**8**	研发计划 新技术开发 社会责任计划　**9**

图 1—2　决策支持框架

4．实施。该阶段要将选好的行动方案应用于当前的决策环境（即，解决问题或者利用机遇）。

图 1—3 给出了四个阶段的关系。我们将在第 2 章详细地介绍这四个阶段。

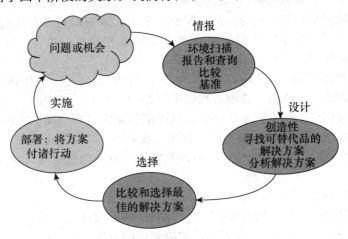

图 1—3　决策支持的运行步骤

对于一个**非结构化问题**（unstructured problem），图 1—3 中所描述的四个阶段都不是结构化的。

对于一个**结构化问题**（structured problem），这四个阶段都是结构化的。获得最优解的（或足够好的）解决方案的步骤是已知的。无论这个问题是要找到合适的库存水平还是要选择一个最优的投资战略，其目标都应该是清晰的。通常的目标是成本最小化和利润最大化。

半结构化问题（semistructured problem）介于结构化问题与非结构化问题之间，问题中的一部分是结构化的，另一部分是非结构化的。Keen and Scott-Morton（1978）认为，交易债券、为消费类产品设定营销预算、进行资本收购分析等都是半结构化问题。

控制类型　戈里和斯科特-莫顿框架（见图 1—2）的另外一半以安东尼（Anthony，1965）的分类为基础，后者把控制分为三个大类，这三类包括所有的管理活动：战略规划，为资源分配设定长期目标及政策；管理控制，为了完成组织目标，购买和高效利用各种资源；业务控制，对具体任务高效及有效地执行。

决策支持矩阵　将安东尼和西蒙的分类相结合就形成了图 1—2 所示的九元素决策支持矩阵。这个矩阵的最初目标是为矩阵中的不同元素推荐不同类型的计算机支持。例如，戈里和斯科特-莫顿提出，对于半结构化决策和非结构化决策，一般的管理信息系统（management information system，MIS）以及管理科学（management science，MS）工具是远远不够的，需要人类智慧和计算机技术的不同应用方式。他们提议使用一种辅助的信息系统——决策支持系统（DSS）。

请注意，结构化和面向业务控制的工作通常由基层经理完成，另一些工作则一般由高层管理人员或者经过严格培训的专业人员完成。

对结构化决策的计算机支持

计算机早在 20 世纪 60 年代就被用来对一些结构化及半结构化的决策提供支持，特别是那些涉及业务和管理控制的决策。所有的职能领域都要进行业务和管理控制决策，特别是在财务及生产（即业务）管理中。

结构化问题是人们会反复遇到的问题，因为结构化程度较高，所以决策者可以对这类问题进行概括、分析，并将其归入具体类型。例如，自制还是外购就是一种决策。其他类型的决策例子包括资本预算、资源分配、配发、采购、规划以及库存控制决策等。对于每类决策，都要建立一个易于实施的固定模型以及解决方式，一般是以定量公式的形式呈现。这种方法被称作"管理科学"。

管理科学　管理科学（management science，MS）方法——也称**运筹学**（operations research，OR）方法——指出，管理者在解决问题时，应当遵循图 1—3 所示的四步骤系统流程。因此，使用科学的方式来使部分管理决策的制定过程自动化是可行的。

MS 流程在图 1—3 所示流程的基础上新加了步骤 2，其具体流程如下：

1. 定义问题（即需要决策的情况，可能是需要处理的问题，也可能是某个机遇）。
2. 将问题归入一个标准类别。
3. 构建描述现实问题的模型。
4. 找出该建模的问题的可行解决方案，并对这些方案进行评估。
5. 通过比较来选择并推荐一个可行的解决问题的方案。

MS 以数学建模（即，能够描述问题的代数式）为基础。建模要将现实问题转化为适当的标准结构（模型）。对于标准类型的模型，使用计算机方法可以快速、高效地对其进行求解（见第 4 章）。一些计算机方法（如线性规划）可以通过网络直接使用。

自动决策制定　一个相对较新的决策支持方法是自动决策系统（automated decision systems，ADS），有时也称决策自动化系统（decision automation system，DAS）（Davenport and Harris，2005）。ADS 是基于规则的系统，该系统可以为某一重复性管理问题提供解决方案，通常涉及某一行业（例如，批准或者不批准一项贷款请求，或者确定商店中一种产品的价格）的某一功能领域（例如，财务、制造）。

ADS 最初用于航空业，被称为收益（或利润）管理（或收益优化）系统。航空公司使用这些系统来根据实际需求自动为机票定价。今天，很多服务企业都在使用相似的定价模型。管理科学的方法为普通的结构化问题（如分配资源、确定库存水平等）提供了一个基于模型的解决方案，ADS 提供的则是基于规则的解决方案。下面是业务规则的例子："如果从洛杉矶到纽约的航班在起飞前 3 日只售出了 70% 的座位，那么为非商务乘客提供 x 折扣"；"如果一个申请者拥有一套房屋，并且每年有超过 10 万美元的收入，那么为其提供 1 万美元的信用额度"；"如果一件商品的价格超过 2 000 美元，并且你的公司每年只购买一次该商品，那么采购员无须经过特殊审批"。这些规则通常是基于经验或者从数据挖掘中得出的，它们可以与数学模型相结合，从而形成解决方案。这些方案可自动、立即应用于某些问题（例如，"基于所提供信息，一旦信息核实，你将会被我们大学录取"），也可以提供给人类来做最终决策（见图 1—4）。ADS 致力于在业务规则的基础上实现高度重复的决策的自动化（如果自动化的成本比人工成本更低）。ADS 适合于那些可以看到客户在线信息，并经常需要进行快速决策的一线员工。Davenport and Harris（2005）对 ADS 进行了更为深入的介绍。

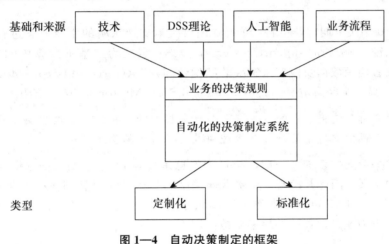

图 1—4　自动决策制定的框架

对非结构化决策的计算机支持

标准的计算机定量方法只能对非结构化问题提供部分支持，所以通常情况下制定自定义的解决方案是必要的。但是这种方案通常需要企业内部或外部数据源所产生的数据及信息（见第 Ⅲ 部分以及第 12 章），直觉和判断力对于这些类型的决策也非常重要，所以计算机交流及协作技术（见第 10 章）以及知识管理（见第 11 章）对非结构化问题非常重要。

对半结构化决策的计算机支持

解决半结构化问题需要将标准解决步骤与人的判断力相结合。MS 可以为结构化部分的决策问题提供模型，而对于非结构化部分，DSS 可以通过提供高质量的决策信息来辅助决策，例如提供更多备选解决方案并揭示各方案可能带来的影响。这些功能都可以帮助管理者更好地理解问题实质，并制定出更好的决策。

在第 2 章，我们将更为详细地描述在决策制定的主要阶段（情报、设计、选择及实施），决策支持是如何进行的。

1.4　思考与回顾

1. 什么是结构化决策、非结构化决策及半结构化决策？请各举出两个例子。
2. 请给出业务控制、管理控制以及战略规划的定义，并各举出两个例子。
3. 决策框架的九个元素是什么？对每个元素进行解释。
4. 计算机是如何为结构化决策提供支持的？
5. 请给出自动决策系统的定义。
6. 计算机是如何为半结构化决策及非结构化决策提供支持的？

1.5　决策支持系统的概念

20 世纪 70 年代早期，斯科特－莫顿首先对决策支持系统的主要概念进行了描述。他将**决策支持系统**（decision support systems，DSS）定义为"基于计算机的交互式系统，可以帮助决策者使用数据及模型来解决非结构化问题"（Gorry and Scott-Morton，1971）。下面是 DSS 的另一个经典定义，是由 Keen and Scott-Morton（1978）给出的：

> 决策支持系统将个人的智力资源与计算机的功能相结合来改善决策质量。它是一种基于计算机的支持系统，协助管理决策者解决半结构化问题。

请注意"决策支持系统"一词，与管理信息系统等 IT 领域的其他术语相似，对不同的人有不同的含义。因此并没有一个被普遍采纳的 DSS 定义（我们在第 3 章中将给出更多的定义）。实际上，DSS 可以被看作一种概念方法———一个宽泛的总称。但是也有些人将 DSS 看作一种更为狭义、具体的决策支持应用。

作为总称的 DSS

"DSS"一词可以用作总称，指的是企业内所有能够对决策制定工作提供支持的计算机系统。一家企业可以拥有一套知识管理系统，用于指导所有员工解决问题，其他企业可能针对营销、财务及会计职能分别配备了单独的支持系统，并且为产品维修诊断及咨询台配备了数个专家系统。这些系统都属于 DSS 的范畴。

DSS 所要解决的问题是非结构化的，但是初步分析要基于决策者采用 MS 方式所得出的决策环境的结构化定义。DSS 是使用企业数据源现有的数据来构建的。开发平台是电子表格。DSS 提供了一个快速的 what-if 分析（见第 4 章）。此外，DSS 足够灵活并且反应敏捷，能够将管理直觉和判断力应用到分析之中。

一项深入的风险分析怎样能够完成得又快又好呢？相关因素是如何获得、量化并形成模型的呢？这些结果如何以一种易于理解的、有说服力的方式向高级管理人员呈现？什么是 what-if 问题？网络是如何用来访问那些恰当的数据和模型并将其整合的？我们将在第 3 章和第 4 章回答以上这些问题。第 3 章介绍的 DSS 概念可以使开发决策支持工具的软件供应商、构建具体决策支持应用的开发者以及用户对 DSS 有更为深刻的理解。

作为具体应用的 DSS 尽管 DSS 常被作为总称，但有些人将它用在更为狭义的范围内，指的是一种用来开发自定义应用以解决非结构化或半结构化问题的方法。其他人用 DSS 一词来指代 DSS 应用本身。

DSS 的架构 DSS 方法认识到了问题解决过程中对数据的需求。这些数据可以来自包括网络（见第 5 章）在内的很多数据源，每个要解决的问题以及每个要分析的机遇或者战略都需要一定的数据，数据是 DSS 架构的首要组成部分（见第 3 章、第 4 章）。这些模型是 DSS 架构的第二个组成部分，模型可以是标准的（例如 Excel 功能），也可以是自定义的。有些系统还有一个知识（或者智能）组件，这是 DSS 架构的第三部分。用户是这一架构重要的第四部分。用户界面作为用户与系统的沟通渠道，是 DSS 架构的第五部分。DSS 的架构图见图 1—5。

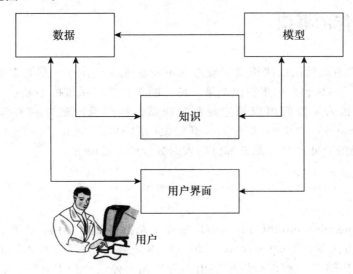

图 1—5 DSS 的高层体系架构

在开发 DSS 时，系统地规划、购买（或者开发）组件并将其整合是非常重要的。在很多 DSS 中，这些组件都是标准的，可以从他处购得。但是在另外一些情况下，特别是非结构化问题中，用户必须自行开发一些组件或者全部组件。有关主要组件的内容将在第 3 章介绍。

DSS 的类型 DSS 有很多种类，每一类都有不同的用途。DSS 有两个主要类型，一是面向模型的 DSS，它利用定量模型来生成问题的建议解决方案；二是面向数据的 DSS，它支持特别报告和即席查询（ad hoc query）。第 3 章和 SIGDSS 网站（sigs. aisnet. org/ sigdss）中对与这两类以及其他类型的 DSS 进行了更为详细的介绍。

DSS 向商务智能的演进

在 DSS 发展的早期，管理者让员工使用 DSS 工具完成一些支持性的分析。随着 PC 技术的不断发展，一个新时代的管理者应当能对计算机应用自如，并且认识到技术可以直接帮助他们更快地制定智能的商业决策。像 OLAP、数据仓库、数据挖掘以及智能系统之类的新工具都是通过网络技术进行传输的，可以为计算机辅助决策提供强大的功能并使其可以轻松访问所需的工具、模型及数据。这些工具在 20 世纪 90 年代中期开始以商务智能或商业分析的名称出现。下面我们将介绍这些概念，并在后面的章节中将 DSS 与 BI 的概念联系起来。

1.5　思考与回顾

1. 给出 DSS 的两个定义。
2. 描述作为总称的 DSS。
3. 描述 DSS 的架构。
4. "DSS" 一词在学术界是如何使用的？

1.6　商务智能的框架

1.4 节及 1.5 节所给出的决策支持概念在不断地成为现实——尽管名称有所不同，很多供应商都开发了工具和方法来提供决策支持。随着企业级系统的不断扩大，管理者能够获得用户友好的报告，他们可以快速地制定决策。这些系统通常被称作经理信息系统（executive information system，EIS），并开始提供附加的可视化、报警及绩效评估功能。到 2006 年，主要的商业产品及服务都已归入商务智能的范畴。

BI 的定义

商务智能（business intelligence，BI）是一个总称，涵盖架构、工具、数据库、分析工具、应用以及方法等（Turban et al.，2008）。它与 DSS 一样，在不同的人看来有不同的含义。人们对于 BI 的困惑部分源于层出不穷的相关缩略语以及流行词汇，例如企业绩效管理。BI 的主要目标是实现对数据的交互式访问及处理，并使企业经理及分析师可以进行恰当的分析。通过分析历史及当前数据、环境及绩效，决策者可以对那些有助于他们作出更佳决策的信息有更为深刻、更有价值的见解。BI 流程是指从数据到信息、再到决策与行动的整个转换过程。

BI 的发展简史

"BI" 一词是由 Gartner 集团于 20 世纪 90 年代中期首创的，但是其概念可以追溯到 70 年代的 MIS 报告系统。在当时，报告系统是静态的、二维的，并且没有任何分析功能。80 年代早期，经理信息系统的概念出现了。这一概念将计算机支持拓展到了高层管理者及一般管理人员。它推出了一些新功能，包括动态、多维（即席或者按需）的报告、预测、趋势分析、钻取细节、状态访问以及关键成功因素等。到 90 年代中期，这些功能已经出现在很多商业产品中。后来，同样的功能及一些新增的功能开始以 BI 的名称出现。今天，一个基于 BI 的良好的企业信息系统，囊括了经理所需的全部信息，因此最初的 EIS 概念已经转化为 BI。到 2005 年，BI 系统开始涵盖人工智能能力以及强大的分析功能。图 1—6 展示了 BI 系统可能包括的各类工具及技术，以及 BI 的演化过程。图 1—6 所示的工具提供了 BI 的功能。最复杂的 BI 产品会包括其中大部分功能，也有些 BI 产品会只提供其中一部分功能。我们将在第 5～第 9 章对其中几个功能进行详细介绍。

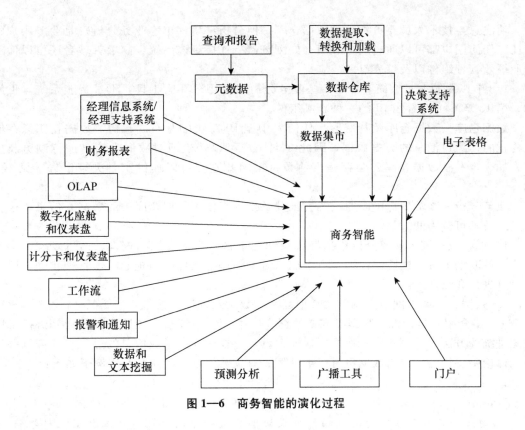

图 1—6 商务智能的演化过程

BI 的架构

BI 系统有四个主要组件：数据仓库及其源数据；业务分析，一系列用于对数据仓库中的数据进行处理、挖掘及分析的工具；企业绩效管理，用来监控、分析绩效；一个用户界面（如一个仪表盘）。图 1—7 展示了这些组件之间的关系。我们将在第 5～第 9 章对其中的细节进行讨论。

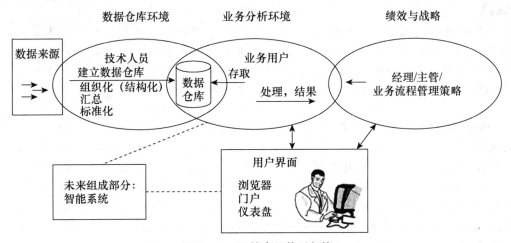

图 1—7 BI 的高层体系架构

资料来源：A High-Level Architecture of Bi *Source*：Based on W. Echerson, *Smart Companies in the 21st Century*：*The Secrets of Creating Successful Business Intelligent Solutions*. The Data Warehousing Institute, Seattle, WA, 2003, p. 32, Illustration 5.

请注意，技术人员要负责维护数据仓库，但分析环境（也称业务分析）是业务用户的责任。任何用户都可以通过用户界面（如浏览器）连接到该系统，高层管理者还可以使用企业绩效管理组件以及仪表盘。

1.8 节以及第 9 章会简要介绍一些业务分析以及用户界面工具。不过智能系统（见第12、第 13 章）可以看作 BI 的一种新潮组件。

数据仓库　数据仓库及其变形是任何大中型 BI 系统的基石。起初，数据仓库只存储结构化的、经过汇总的历史数据，因此终端用户可以轻松地对数据及信息进行浏览及操作。如今，一些数据仓库还会存储当前数据，因此它们可以提供实时决策报告（见第 8章）。

业务分析　终端用户可以通过各类工具及技术来使用数据仓库中的数据及信息。这些工具及技术可分为两大类：

1. 报告及查询。业务分析包括静态及动态报告、全部类型的查询、信息发现、多维浏览、钻取细节等。这些都在第 9 章中加以讨论。这些报告还与企业绩效管理相关，后面将对其进行介绍。

2. 数据、文本、网络挖掘以及其他复杂的数学及统计工具。数据挖掘（将在第 5～第8 章进一步介绍）是指大型数据库或者数据仓库中，利用包括神经计算、预测分析技术以及先进统计方法（见第 6 章）在内的智能工具，寻找未知关系或信息的过程。第 7 章的进一步讨论中将提到，网络数据也可以被挖掘。有关数据挖掘的两个有用例子如下：

例 1

　　澳大利亚国家银行使用数据挖掘来协助其进行市场预测。该工具用来对银行Oracle 数据库中所存储的数据进行抽取和分析。具体的应用注重评估其竞争者的举措对银行盈亏的影响。该银行利用数据挖掘工具对历史数据进行分析，建立了市场分析模型。该银行认为，在竞争日益激烈的金融服务市场中，掌握先机是保持竞争优势的关键。

例 2

　　FAI 保险集团使用其数据挖掘工具对保险政策的历史风险与其核保人所使用的定价结构之间的关系进行了重新评估。数据分析功能使 FAI 可以对客户请求的相关保险风险进行更为准确的评估，从而为客户提供更好的服务。通过使用神经网络以及线性统计方法，分析师可以对有关趋势及关系的数据进行梳理。

企业绩效管理　**企业绩效管理**（business performance management，BPM）也称**公司绩效管理**（corporate performance management，CPM），是不断发展的应用与技术的结合，其核心包括不断演进的 BI 架构及工具。BPM 引入了管理和反馈的概念，拓展了监控、评估、销售比较、利润、成本、利润率及其他绩效指标。它将包括规划及预测在内的流程纳入了企业战略的核心原则。传统的 DSS、EIS 及 BI 支持的是对数据进行自底向上的信息提取；而 BPM 提供的是对企业级战略的自顶向下的强制执行。BPM 是第 9 章的主题，通常与平衡计分卡方法与仪表盘结合使用。

用户界面：仪表盘及其他信息传播工具

仪表盘很像汽车仪表盘，为企业绩效量度（也称关键绩效指标）、趋势及例外情况提供了一个综合的可视化视图。它将来自多个业务领域的信息进行整合。仪表盘可显示出与预期值相比的实际绩效的曲线图；也就是说，仪表盘可以提供有关企业健康程度的概览视图。除了仪表盘之外，其他能够传播信息的工具还有企业门户、实时数据库以及其他可视化工具（见第 9 章）。很多可视化工具——从多维数据集展示到虚拟现实——都是 BI 系统不可分割的组成部分。BI 是从 EIS 演化而来的，因此很多管理者所用的可视化工具被转化为 BI 软件。另外，像地理信息系统（geographical information systems，GIS）之类的技术也在决策支持中发挥越来越重要的作用。

BI 的类型

BI 的架构由其应用所决定。微策略公司（Micro Strategy Gorp.）将 BI 分为五种类型，并为每种类型提供了独特的工具。这五种类型分别是：报告交付及报警；企业报告（使用仪表盘及计分卡）；多维数据集分析（也称交叉分析）；即席查询；统计及数据挖掘。

BI 的好处

正如开篇案例中描述的那样，企业采用 BI 能够获得的好处主要是能够获取准确的信息，包括对企业绩效及其各部分的实时视图。这类信息对于所有类型的决策、战略规划乃至企业的生存都是必需的。

Thompson（2004）基于其调查结果，指出了 BI 的主要益处：
- 更快、更准确的报表（81%）；
- 改进决策制定（78%）；
- 改善客户服务（56%）；
- 提高收入（49%）。

请注意，BI 的很多好处都是体现于无形的。这就是为什么 Eckerson（2003）认为很多管理者并没有坚持对 BI 项目进行严格的成本论证。Thompson（2004）也指出，BI 大多用于一般报表、销售及营销分析、规划及预测、财务合并、法定报表、预算以及利润率分析等常见领域。

BI 的起源和驱动因素

采用数据仓库和 BI 的现代方法是从何而来的呢？它们的根源是什么，这些根源又是如何影响当今企业对其行动方案的管理方式的呢？当今，在对信息技术进行投资时会受到越来越多的审查，以检查投资对企业盈亏可能产生的影响。对于用来实现这些行动方案的数据仓库和 BI 应用来说，情况也是相同的。

企业为了改善运营，就必须对数据进行采集、理解及利用，以支持决策制定工作。目前，相关法律法规（例如 2002 年的《萨班斯-奥克斯利法案》）要求企业管理者记录其业务流程，并且签字保证他们所利用的信息以及报告给利益相关者的信息都是合法的。此外，目前商业周期已经被极度压缩，因此竞争的当务之急就是实现更快、更明智、更好的决策。管理者需要在正确的时间、正确的地点获得正确的信息。这就是现代 BI 方法的口诀。

企业必须聪明地运营。做生意的一个重要环节就是特别注意对 BI 行动的管理。企业正在给予 BI 越来越多的支持，这并不奇怪。开篇案例讨论了诺福克南方铁路公司的一个 BI 成功案例。你将会在第 5～第 9 章了解到更多的 BI 成功案例以及成功的基础。表 1—3 中给出了典型的 BI 应用。

表 1—3   **BI 分析应用的商业价值**

分析应用	商业问题	商业价值
客户细分	我的客户在哪些细分市场？他们的特点是什么？	客户关系个性化，实现更高的客户满意度和客户保留率。
购买倾向	哪些客户最有可能回应我的推广活动？	根据客户的需求来确定目标客户，提升客户对你的产品线的忠诚度。 另外，关注最有可能进行购买的客户，以提高宣传活动的效果。
客户利润率	我的客户在生命周期里的利润是多少？	根据总体的客户利润率来制定每个业务交互决策。
客户流失	哪个客户有流失的危险？	防止高价值客户流失，放任低价值客户。
渠道优化	每个细分市场中接触我的客户的最优渠道是什么？	根据客户偏好和自身成本管理的需求来与客户进行互动。

资料来源：A. Ziama and J. Kasher, *Data Mining Primer for the Data Warehousing Professional*. Teradata, Dayton, OH, 2004.

DSS-BI 连接

到现在为止，你应该能够看出 DSS 和 BI 之间的一些异同。第一，它们的架构非常相似，这是因为 BI 从 DSS 演化而来。但是 BI 需要用到数据仓库，而 DSS 并不一定包含此功能。因此，BI 更加适用于大型企业（因为数据仓库的建立和维护成本较高），DSS 则适用于各种类型的企业。

第二，大多数 DSS 都用来直接对具体的决策制定工作给予支持，BI 系统则一般适用于提供准确而及时的信息，因此它对于决策制定的支持是间接的。不过，随着 BI 软件包中加入的决策支持工具越来越多，这一情况也在发生改变。

第三，BI 是面向管理者的、战略级的，特别是其 BPM 及仪表盘组件，DSS 则是面向分析人员的。

第四，大多数 BI 系统是使用现有的商业工具及组件，按企业需求构建的。而在构建DSS 时，所形成的解决方案是针对极度非结构化问题的，这时，企业就需要进行更多的编程开发（如，使用 Excel 之类的工具）来获得定制化的解决方案。

第五，DSS 方法及某些工具大多是由学术界开发的；BI 方法及工具则大部分是由软件公司开发的（更多有关 BI 的演进的信息，见 Zaman，2005）。

第六，BI 所使用的很多工具也被认为是 DSS 工具。例如，数据挖掘以及预测分析同时是这两个领域的核心工具。

尽管一些人将 DSS 等同于 BI，但是这两种系统在目前还不是完全相同的。应该注意到，有人认为 DSS 是 BI 的一部分——BI 的分析工具之一，还有人认为 BI 是 DSS 的特例，主要具有处理报表、沟通及协作功能（一种面向数据的 DSS）。另一种解释（Watson，2005）则认为，BI 是不断变革的产物，像 DSS 之类的系统是 BI 的起源元素之一。在本书中，我们将对 DSS 与 BI 加以区分，但是会经常提到 DSS 与 BI 的联系。

管理支持系统　由于 DSS 和 BI 并没有清晰的、广泛适用的定义，一些人将 DSS 和 BI 及其工具中的一个或组合，都称作**管理支持系统**（management support system，MSS）。MSS 是一个很宽泛的概念，可被看作一项支持性管理工作（特别是决策制定）的技术。在本书中，当技术的实质不甚清晰时，我们将会使用"MSS"一词，并且我们将 MSS 与 DSS/BI 这一组合词交替使用。

除了到现在为止所提到的决策支持的主要框架之外，接下来我们还需要看一个框架——工作系统。

1.6　思考与回顾

1. 请给出 BI 的定义。
2. 请列举并描述 BI 的主要组成部分。
3. 请列举并描述 BI 主要的有形及无形的好处。
4. DSS 与 BI 的主要异同是什么？
5. 请给出 MSS 的定义。

1.7　从工作系统的角度看决策支持

奥尔特（Alter，2004）是一名 DSS 的先驱，他宣称革命性的 DSS 议程现在已经成为"历史"，并提出了一种进行管理决策支持的新方式。奥尔特去掉了"决策支持系统"中的"系统"一词，更加关注决策支持。他将决策支持定义为：针对某企业的某种重复性或者非重复性环境，为了改善决策，对任何合理的计算机或者非计算机手段的采用。

通过增加非计算机手段，奥尔特将决策支持的范畴加以拓展，包括非技术性的决策改进干预措施及政策。对于那些包含大量学科的广泛领域，奥尔特认为决策支持可以来自工作系统的不同方面。他将**工作系统**（work system）定义为这样一个系统：其中的人类参与者和/或机器可以利用信息、技术及其他资源来完成一项业务流程，从而为内部或外部客户制造产品和/或服务。工作系统要在一个周边环境中运转，通常会用到共享的基础设施，有时还要受到企业或工作系统的战略影响。此外，奥尔特还主张，一个工作系统通常具有九个元素。每个元素都可以进行修改或者变化来实现更好的企业绩效、更高的决策质量或者企业流程效率。下面是这九个元素及其可能的改进来源：

1. 企业流程。在流程基本原理、步骤顺序或者完成具体步骤所用方法上的改变。
2. 参与者。更好的训练、更好的技能、更高的忠诚度或者更好的实时或延迟反馈。
3. 信息。更好的信息质量、信息可用性或者信息展现。
4. 技术。更好的数据存储及检索、模型、算法、统计或图形功能或者计算机交互。
5. 产品及服务。更好地对潜在决策进行评价的方法。
6. 顾客。能够更好地使顾客参与到决策过程中的方法，获得更为清晰的客户需求的方法。

    7. 基础设施。更有效地利用那些可能会带来改进的共享设施。

    8. 环境。更多地关注周边环境。

    9. 战略。一个截然不同的工作系统运营战略。

    工作系统的概念是有趣的，而且它极大地拓展了管理决策支持的界限。不过在这个概念用于对学术及实践进行指导之前，我们还需要进行更多的研究。

    既然你已经熟悉了这一领域的主要框架，接下来我们要了解其主要工具。

1.7　思考与回顾

    1. 奥尔特对决策支持的定义是什么？

    2. 请给出工作系统的定义。

    3. 请列举工作系统的九个元素。

    4. 请解释问什么改变工作系统的一个元素就可以改进决策。

1.8　管理决策支持的主要工具及技术

    DSS/BI 的实现方式是由其所使用的工具决定的。

工具及技术

    多年来，人们开发出了大量工具和技术以支持管理决策的制定。其中一些工具和技术有不同的名称和定义。表 1—4 对主要的计算机工具的种类进行了总结。本书的其他章节将详细地介绍表 1—4 中的各项内容。

表 1—4　　　　　　　　　　　决策支持的计算机工具

工具类别	工具及其缩略词	本书章节
数据管理	数据库及数据库管理系统（DBMS）	第3、第8章
	提取、转换和加载（ETL）系统	第8章
	数据仓库（DW）、实时 DW 以及数据集市	第8章
报表状态跟踪	联机分析处理（OLAP）	第9章
	经理信息系统（EIS）	第2章
可视化	地理信息系统（GIS）	第9章
	仪表盘	第9章
	信息门户	第9章
	多维展现	第9章
业务分析	优化	第4章
	数据挖掘、网络挖掘、文本挖掘	第6、第7章
	网络分析	第7章
战略及绩效管理	企业绩效管理（BPM）/公司绩效管理（CPM）	第9章
	业务活动监控（BAM）	第9章

续前表

工具类别	工具及其缩略词	本书章节
	仪表盘和计分卡	第 9 章
沟通及合作	群决策支持系统（GDSS）	第 10 章
	群支持系统（GSS）	第 10 章
	协同信息门户及系统	第 10 章
社交网络	Web 2.0	第 3、第 10、第 14 章
知识管理	知识管理系统（KMS）	第 11 章
	专家定位系统	第 11 章
智能系统	专家系统（ES）	第 12 章
	人工神经网络（ANN）	第 6 章
	模糊逻辑	第 13 章
	遗传算法	第 13 章
	智能代理	第 13 章
	自动决策系统	第 3、第 12 章

工具与网络的关系

所有这些工具现在要么只有基于网络的版本，要么兼有并非基于网络的版本。这些工具与网络的关系可以被看作一个双行道。在下面的章节中，我们将对工具与网络的关系进行更为详细的介绍。

混合支持系统

无论计算机决策支持的名称或者实质如何，其目标就是协助管理人员更快、更好地解决管理或者企业问题（以及对机会和战略进行评估）。为了实现这一目标，支持系统可能会用到表 1—4 中提到的多种工具和技术，并被称为混合（集成）支持系统（hybrid（integrated）support system）。每种类型的工具都有特定的功能和局限性。将多种工具集成起来，通过工具之间的优劣势互补，我们就可以对决策支持进行改善（见第 14 章）。

混合支持系统的一个实用例子是机械维修。一个维修工程师对问题进行诊断，并找到最优的工具来进行维修。虽然有时只用一种工具就足够了，但是通常情况下要使用多种工具来改善结果。在这个例子中，需要开发出特别的工具，例如在螺丝刀手柄末端加装棘轮，或者在棘轮扳手的末端安装螺丝刀来伸入难以进入的地方。

人们还常常将混合方法与那种以不同方式使用多种工具的问题解决方法相提并论，后者包括如下类型：

● 单独使用每个工具来解决问题的不同方面。

● 使用多个松散集成的工具。这种方式需要将数据从一个工具传送到另一个工具来进一步处理。

● 使用多个紧密集成的工具。从用户的角度来看，这些工具看起来就是一个统一的系统。

工具除了用来在解决问题的过程中完成不同工作，还可以互相支持。例如，一个专家系统（ES）可以增强 DSS 的建模及数据管理功能。一个神经网络计算系统或者群决策系统

（GSS）可以对 ES 构建中的知识采集过程给予支持。ES 及人工神经网络可以使其他决策支持技术更加"智慧"，因此对于决策支持技术的增强发挥着更加重要的作用。这些系统的组成中还可能包括 MS、统计以及一系列其他的基于计算机的工具。第 14 章将进行详细介绍。

新兴的技术及技术趋势

很多新兴技术正在直接或者间接地影响着 DSS。随着技术的发展，计算速度不断提高，计算能力不断增强，同时计算机物理尺寸不断减小。每隔几年，这些参数就会发生数倍的改变。第 14 章对一些需要关注的具体技术进行了介绍。

1.8　思考与回顾

1. 请列出决策支持工具的九个主要类型。
2. 网络是如何促进这些工具的使用的？
3. 什么是混合支持系统？它的好处是什么？

1.9　本书的安排

本书共有 14 章，分为 6 个部分，如图 1—8 所示。

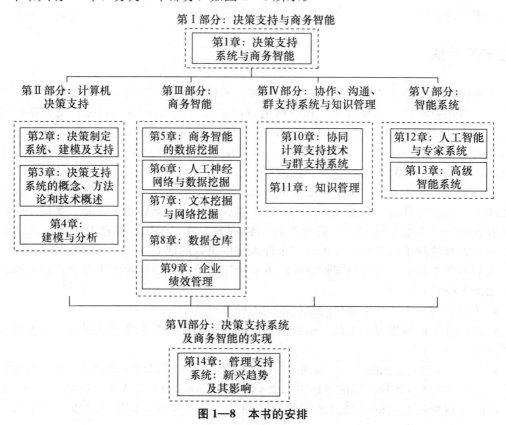

图 1—8　本书的安排

第 I 部分：决策支持与商务智能

在第 1 章，我们对决策支持与商务智能进行介绍、给出定义并对其内容进行简要介绍。

第 II 部分：计算机决策支持

第 2 章描述管理决策支持的流程及方法。第 3 章对 DSS 及其主要组成部分进行了简要介绍。第 4 章对（数学）建模及分析这一问题进行介绍，描述结构化模型及建模工具，以及如何对非结构化问题进行建模。

第 III 部分：商务智能

BI 包括几个不同的组成部分。首先，在第 5 章我们将关注数据挖掘及分析的应用和流程。第 6 章将介绍数据挖掘算法的一些技术细节，包括神经网络。第 7 章介绍新兴的文本挖掘及网络挖掘应用。接下来，在第 8 章中我们将关注数据仓库；数据仓库对于分析及衡量绩效是非常必要的。第 9 章介绍 BPM、仪表盘、计分卡以及其他相关问题。

第 IV 部分：协作、沟通、群支持系统与知识管理

在这一部分中，第 10 章介绍了对群体工作（在同一地点或者在不同地点）的支持，尤其是通过网络进行的群体支持。第 11 章对知识管理系统进行了深入讨论，知识管理系统是用来对决策支持所需知识进行管理的企业级支持系统。

第 V 部分：智能系统

第 12 章介绍了人工智能和专家的基本原理。第 13 章对包括遗传算法、模糊逻辑以及混合方法在内的高级智能系统进行了介绍。

第 VI 部分：决策支持系统及商务智能的实现

第 14 章将本书涵盖的所有材料进行了整合，结尾对新兴发展的趋势进行了讨论，例如无处不在的手机、GPS 设备及无线 PDA 等对构建新的大型数据库的影响。数据挖掘及 BI 领域的新兴企业通过对这些新的数据库进行分析，对其客户的行为和动向有了更好、更深的理解。这种方式被赋予了一个新名称——现实挖掘。

第 II 部分
计算机决策支持

这一部分的学习目标包括：

1. 理解决策的理论基础；

2. 理解西蒙提出的决策过程的四个阶段：情报、设计、选择和实施；

3. 理解理性的概念及其在决策制定中的影响；

4. 理解决策支持系统和商务智能的基础、定义和功能；

5. 描述决策支持系统的组成和技术水平；

6. 描述不同类型的决策支持系统并解释其使用方法；

7. 解释数据库和数据库管理；

8. 解释模型和模型管理的重要性。

在第 II 部分，我们专注于决策制定、决策支持方法、技术组成和发展。自始至终，我们都会强调网络对 DSS 的主要影响。第 2 章包括对决策制定的基础概念的综述，以及所有 DSS 发展的原因。第 3 章提供了 DSS 的概述：它的特性、结构、应用以及类型。DSS 的一些主要组成要素将在第 4 章介绍。

第 2 章
决策制定、系统、建模及支持

📖 **学习目标**

1. 理解决策的理论基础。
2. 理解西蒙提出的决策过程的四个阶段：情报、设计、选择和实施。
3. 理解理性与有限理性的概念，并分析它们与决策的关系。
4. 理解作出选择和制定选择原则。
5. 了解在实际应用过程中决策支持系统如何支持决策过程。
6. 理解系统的求解方法。

本书关注的重点是基于计算机信息系统的决策支持机制。本章旨在描述决策过程的理论基础以及该机制是如何提供支持的。

开篇案例

惠普使用电子数据表格过程中的决策模型

惠普是一家以生产电脑、打印机以及其他许多工业产品而闻名的供应商。在它长长的产品生产线上会出现许多决策问题。奥拉夫森和弗里（Olavson and Fry）在惠普开展决策支持工作时使用过许多电子数据表格模型，也从工作中总结出了构建和应用基于电子数据表格的工具的经验。他们将工具定义为：一种可重复使用的，为非技术人士处理重复出现的问题提供帮助的分析性策略。

当需要解决问题时，惠普在建模过程中会考虑三个阶段。第一个阶段是问题的构建阶段，在这个阶段会为了找到解决问题的最好方法考虑以下问题：

1. 分析能够解决问题吗？
2. 已有的方法可以使用吗？
3. 需要使用工具吗？

第一个问题之所以很重要，是因为需要解决的问题可能是不可分析的，在这种情况下，如果没有事先将问题中的不可分析的部分进行修正，那么从长远的角度来看，电子数据表格工具可能并不会起到很大的作用。比如说，销售目标和供应链之间必然存在的差异会导致库存问题的出现。从销售的角度出发，企业当然希望产品储备越丰富越好，然而供应链管理关注的点是如何才能降低存储费用。这个问题在一定程度上超出了任何模型所考虑的范围，此时提出不是基于模型的解决方案也是十分重要的。如果一个问题出现的原因是无法确认动机或者不清楚事情的进展，就无法找到合适的模型去解决这个问题。因此，很有必要认清导致问题出现的根源。

第二个问题之所以很重要，是因为如果可以用已有的模型来解决问题，就可以节约大量的时间和金钱。有时修改已有的模型并加以应用可以节约一定的时间和金钱，但是有时很有必要建立一个新的模型来解决问题。是选择使用已有模型还是建立新模型是值得探讨的问题。

第三个问题之所以很重要，是因为有时在解决问题的过程中并不需要使用一个新的基于计算机的系统。开发者发现他们有时会选择使用经分析得出的一些决策原则来解决问题，而不是使用某种工具。这样的解决方法减少了人员培训的时间，降低了对设备维修保养的要求，同时也会得出比较简单和直观的结论。也就是说，当开发者对问题有了更加深入的探索以后，他们也许会发现提出有指导意义的决策原则往往比向经理申请去运行一些计算机模型效果更好。这样的方法节省了培训的时间，加深了对于所提出建议的理解，同时也增强了可接受性。这种方法也会在一定程度上节约开发的费用和时间。

如果一定要构建模型，那么开发者的工作就进入第二阶段，也就是工具的实际设计与开发阶段。如果遵循下面的五条准则，就会大大地提升新工具开发成功的概率。第一条准则是尽可能快地提出模型的原型。只有这样，开发者才能够对工具的设计进行检验，对新工具出现的各种状况进行解释，及时地从终端用户那里获得反馈并了解哪里需要改进，并且对用户的接受程度进行考量。提出模型原型可以有效地避免开发者过度开发，另外也为以后开发一些标准化的应用软件提供便利。此外，制定规范也可以让开发者在工具已经"足够好"的时候停止开发，而不是投入大量的时间和金钱得到一种标准化的解决方案。

第二条准则是"洞察内在，但是不要封闭资源"。惠普的电子数据表格模型开发者认为这一点非常重要，因为将数据输入模型，然后计算得到一个结果往往是不够的，终端用户期望得到备选方案，如果模型是封闭的、只能够提供一个参考答案，那么这个模型就不能满足用户这方面的需求。开发者认为，能够为用户决策提供信息帮助的工具才是最好的工具，而不能仅仅提供一个答案。他们同时也认为，能够与用户进行交互的工具才能帮助用户更好地解决问题、作出更加全面的决定。

第三条准则是"在工具交付使用之前就将不必要的复杂问题删去"。这条准则之所以重要，是因为一种工具越复杂，就越需要人员参加培训并掌握更多的专业知识，应用时需要更多的数据，需要进行更多次的校正，应用过程中出现错误的风险也越高。解决这些问题最好的办法就是在确定问题、建立模型并加以分析之后，先对工具进行简化，然后交给终端用户使用。

第四条准则是"让终端用户参与到开发与设计的过程中"。在与终端用户交流的过程中，开发者能够对问题有更好的感知，同时也会更加了解终端用户的需求。这个过程会帮助终端用户掌握如何更好地应用这种分析工具。另外，终端用户也可以通过这个过程对问题本身以及这个问题是如何通过新工具来解决的有更好的理解。除此以外，让终端用户参与到开发的过程中可以增强这些决策者的分析能力，增加他们的分析知识。在一起合作的过程中，开发者和决策者相互学习，知识和能力都会获得很大的提升。

第五条准则是"选出运筹学领头人"。在让终端用户参与到开发过程中之后，开发者会选出使用新工具的操作领头人，这些人在回到自己的家或者公司后会鼓励身边的人接受并使用这种新工具。这些人以后会成为他们各自所在领域使用这种工具的专家，并且帮助指导那些新接触这种工具的人们。选出使用新工具的领头人能够大大增加新工具在公司内被接受的可能性。

最后一个阶段就是工具的交付使用阶段，在这个阶段需要将能够提供完整的解决方案的决策工具交给终端用户使用。在准备交付使用时，需要回答以下几个问题：

1. 谁将要使用这种工具？

2. 在这种工具的帮助下作出的决策属于谁？

3. 这种工具的使用还涉及谁的工作？

4. 谁负责这种工具的维护和升级？

5. 什么时候需要使用这种工具？

6. 这种工具如何与其他过程匹配？

1）它会改变其他过程吗？

2）它会产生信息输入到其他过程中吗？

7. 这种工具会给商业行为带来怎样的影响？

8. 这种影响是否可以用已有的方法来衡量？

9. 如果想要让这种工具和解决问题的过程带来最大的商业影响，应该如何调整衡量方法和敏感性？

只有将这些问题考虑清楚了，开发者和那些支持在一般情况下使用计算机决策支持工具并在特定情况下选择基于电子数据表格的模型的人们，才会更加容易取得成功。

思考题

1. 在使用决策支持系统进行决策支持的过程中需要回答哪些关键性的问题？

2. 在这个关于开发决策支持系统的案例中学到了哪些准则？

3. 为了能够成功地使用模型，需要牢记哪些问题？

我们可以从中学到什么

这个开篇案例与为一个大型机构提供决策支持有关：

1. 在构建模型之前，决策者需要对所需解决的问题有清晰的了解。

2. 解决问题并不一定需要模型。

3. 在开发新工具之前，决策者应该考量是否可以使用已有的工具。

4. 构建模型的目的是将问题看得更加透彻，而不只是产生几个结果。

5. 在开发模型的过程中也应该考虑模型应用的方案。

资料来源：Based on T. Olavson and C. Fry, "Spreadsheet Decision-Support Tools: Lessons Learned at Hewlett-Packard," *Interfaces*, Vol. 38, No. 4, july/August 2008, pp. 300-310.

2.1 决策制定：介绍及概念

我们将会介绍决策是如何进行的以及决策的基本理论及模型。在本节中，读者还将了解决策者的各种特点，以及哪些品质可以帮助某人成为一名优秀的决策者，了解这些可以帮助读者进一步理解那些帮助管理者制定更加有效的决策的决策支持工具的类型。接下来，我们将对决策的各个方面进行讨论。

决策制定的特点

除了在开篇案例中介绍的特点外，决策还具有以下特点：

- 群体思维会导致决策失误（如，全体成员没有经过独立思考就采纳某个决定）。
- 决策者喜欢对 what-if 的情境进行评估。
- 用真实系统进行实验（如，制定计划并实施，来观察结果）可能会导致失败。
- 真实系统的实验一次只能考虑一组条件，并且可能会导致严重的后果。
- 决策环境会不断发生变化，可能导致对某种情况的假设无效（如，节日期间的送货量会大幅增加，这就需要对问题有不同的认识）。
- 决策环境的变化可能会对决策者造成时间压力，进而影响其决策质量。
- 信息收集和问题分析不仅耗费时间，而且可能成本高昂，此外，要确定何时停止这一过程并开始进行决策是很困难的。
- 可能因为缺乏足够的信息而不能作出明智的决策。
- 信息过多（即信息过载）。

我们的最终目的是帮助决策者制定更好的决策（Churchman，1982）。然而，制定更好的决策并不一定意味着能够更快地制定决策。快速变化的商业环境需要决策者更快地进行决策，这实际上会极大地影响决策的质量。一项研究调查了当管理者需要快速制定决策时，哪一个领域受到的影响最大（Horgan，2001）。管理者指出，受到快速决策影响最大的领域包括：人事/人力资源（27%），预算/财务（24%），组织结构（22%），质量/生产力（20%），信息技术的选择和部署（17%），流程改进（17%）。

要确定现实中的决策者是如何制定决策的，首先要了解决策制定的过程和主要问题，然后才能理解可以辅助决策者的真正适合的方法以及信息系统能够发挥的作用。最后，我们才能开发出决策支持系统来为决策者提供帮助。

本章的内容按照构成“决策支持系统”的三个关键词展开：决策、支持和系统。决策者不能只是盲目地使用 IT 工具，而应该采用合理的方式来获得支持，这一方式应当能够简化现实情况，并能提供一种相对快捷、低成本的方法来考察各种备选方案，以找到解决问题的最优方案（至少是优秀方案）。

决策制定的定义

决策制定是为了达到一个或多个目标而从两个或多个备选方案中进行选择的过程。正如西蒙（1977）所说，管理决策与整个管理过程是密不可分的。思考一下规划所具有的重要的管理职能，规划包含了一系列决策：该做什么（what）、什么时间（when）、什么地点（where）、为什么要实施（why）、怎样实施（how）、由谁来实施（whom），等等。管理者需要设定目标，或者说进行规划，所以，规划意味着决策。其他管理职能（例如组织和控制）同样也包含决策过程。

制定决策与解决问题

如果一个系统没有达到既定目标、没有出现预测的结果或者没有按照原计划运行，就表明出现了问题。解决问题的过程中可能发现新的机会。**“制定决策”**（decision making）

和"解决问题"（problem solving）这两个词可能很容易混淆，区分两者的一种方法就是检验决策过程的几个阶段（见第 1 章）：（1）情报阶段；（2）设计阶段；（3）选择阶段；（4）实施阶段。一些人认为，解决问题指的就是以上整个过程（阶段 1～阶段 4），而其中的选择阶段是真正的决策制定过程。另一些人则认为，阶段 1～阶段 3 是正规的决策制定过程，会得到一些建设性的方案，最后加上的解决问题阶段包括对于建设性方案的具体实施（阶段 4）。需要注意的是，一个问题中可能会包括一个人必须决定选择哪个机会的情况。

本书将把"制定决策"和"解决问题"视为相似的过程（即，两者可互换使用）。

决策制定原则

决策的制定直接受到很多主流学科的影响，有些学科属于行为学领域，有些则属于自然科学领域。我们需要了解这些学科的理念是如何影响我们的决策能力以及这些学科是如何提供决策支持的。行为学科包括人类学、法律、哲学、政治学、心理学、社会心理学和社会学。科学学科包括计算机科学、决策分析学、经济学、工程学、硬科学（如生物学、化学、物理学）、管理科学/运筹学、数学和统计学。

每个学科都有自己的一套关于现实和方法的假设，也各有一套独特、合理的决策方法论。总而言之，关于什么才是实践中构成成功决策的因素，并没有统一的答案。比如说，克雷勒（Crainer，2002）提出了"史上最伟大的 75 个管理决策"，它们都由于某些原因而被视为成功的，其中一些甚至是源于偶然。另一些伟大的决策，比如修建万里长城，在那个年代是非常正确的（克雷勒认为修建长城是一个成功决策），但是由于实际管理中的失误，这个决策实际上还是失败了。

管理支持系统的一个重要特点就是强调决策的**效用**（effectiveness）或有益性，而不是决策制定的效率，这是事务处理系统通常关注的重点。大多数网络决策支持系统致力于提高决策效用，在这一过程中**效率**（efficiency）可能只是副产物。

决策风格及决策者

下面我们将探讨决策风格的概念以及决策者的具体问题。

决策风格 决策风格（decision style）是决策者对问题的思考及应对方式，包括决策者对问题的理解、认知反应，以及不同人在不同情况下价值观和信念的变化。因此，人们进行决策的方式是不同的。尽管存在一般的决策流程，但这一流程绝不是线性的。决策者并不总是遵循同一顺序，也不会执行全部步骤。此外，对于不同的人以及不同的情况，每个步骤的重点、时间分配和优先级都会有显著变化。管理者的决策方式（以及他们与他人的互动方式）可以体现出他们的决策风格。因为决策风格会受到前面所提到的因素的影响，所以决策的风格是多种多样的。我们通常会运用性格测试来确定决策风格，由于这类测试有很多种，因此在判断决策风格时需要尽量把它们等同看待。但是由于不同的性格测试关注的方面略有不同，因此这些测试不可能被等同看待。

研究人员已经发现了多种决策风格，可分为启发型和分析型。决策风格也可分为专制型、民主型以及协商型（与个人或团队协商）。当然，还有许多风格的组合及变化。例如，一个人可能是分析型加专制型风格，也可能是协商型（与个人）加启发型风格。

　　用于为管理者提供成功的决策支持的计算机系统，不仅要适应决策环境，还要适应决策风格。因此，这一系统应该可以灵活地适用于不同的使用者，能够进行 what-if 分析和提出目标寻求问题的系统就具有这方面的灵活性。在对某种特定的决策风格提供支持的过程中，基于网络的图形界面是一种理想的要素。如果一个管理支持系统要支持不同的风格、技能和知识，那么这个系统就不应该试图迫使用户遵循某一特定流程，而是应该帮助决策者使用并发展自己的风格、技能和知识。

　　不同的决策风格需要不同类型的支持。确定决策支持类型的一个主要因素是：决策者是个人还是团体。个人决策者需要获取数据及专家意见，而集体决策者还需要协作工具。基于网络的管理支持系统可以为这两类决策者提供支持。

　　互联网上有许多关于认知风格和决策风格的资料（如，Birkman 国际公司，birkman. com；Keirsey 性格分类和 Keirsey 性格理论，keirsey. com）。许多性格测试可以帮助管理者认识自己及其员工的风格。了解个人风格有助于建立有效的沟通模式以及进行任务分配。

　　决策者　通常情况下，决策是由个人作出的，特别是在基层和小公司里。即使只有一个决策者，有时也可能存在互相矛盾的目标。例如，在进行投资决策时，一个投资者会将投资的回报率、流动性及安全性作为目标。最后，整个决策可能完全自动化（不过必须是基于决策者需求的）。

　　在讨论决策问题时，我们主要关注的是个人决策者。但在大中型公司中，许多重要决策是由集体决策者制定的，在群决策制定的模式下很容易出现相互冲突的意见。集体的规模可能不同，其成员可能来自不同的部门或不同的子公司。合作者可能具有不同的认知风格、性格类型和决策风格。有些类型可能相互冲突，有些类型则可以相互促进。达成共识可能是一个较难解决的政治问题。因此，群体的决策过程可能会非常复杂，计算机支持可以极大地促进群决策过程。企业可以通过提供广泛的计算机支持，使整个部门甚至整个企业的成员进行在线协作。在过去的几年里，计算机支持已经演化成为企业信息系统（enterpise information system，EIS），包括群支持系统（group support system，GSS）、企业资源管理（enterprise resource management，ERM）/企业资源计划（enterprise resource planning，ERP）、供应链管理（supply chain management，SCM）、知识管理系统（knowledge management system，KMS）、客户关系管理（customer relationship management，CRM）系统。

2.1　思考与回顾

　　1. 决策包含了哪些层面的含义？

　　2. 为什么在当今的商业环境下决策过程如此复杂？

　　3. 指出个人决策与群决策之间的相似与不同之处。

　　4. 比较制定决策和解决问题两个过程，看看两者的差异是否足以将两者区别开来。

　　5. 对决策风格进行定义，然后解释为什么它对决策过程很重要。

2.2 模 型[①]

决策支持系统和很多商务智能工具（特别是那些业务分析工具）的一个主要特征就是它们至少包含一个模型。其基本理念是：在一个反映现实的模型而非真实的系统中进行决策支持系统分析。模型是对现实的简化表达或者抽象形式。模型通常都是简化的，因为实际情况非常复杂、难以准确描述，并且很多复杂因素实际上对于解决某一特定问题毫无用处。模型在表现系统或问题时，可以有不同的抽象化程度。按照不同的抽象化程度，这些模型可以分为图像模型、类比模型、心智模型或数学模型。

图像（比例）模型

图像模型（iconic model）也称比例模型，其抽象化程度最低，这个模型是对一个系统的物理复制，通常采用与原始系统不同的比例尺。图像模型可以是三维模型，如一架飞机、一辆汽车、一座桥或者一条生产线的模型。照片则是二维图像模型。

类比模型

类比模型（analog model）可以像真实系统那样运行，但是具有不同的外观。它比图像模型更加抽象，是现实情况的象征性表示。这类模型通常是二维图表或图形。它们可能是物理模型，但是模型的形式会与实际系统的形式存在差异。下面是类比模型的几个例子：
- 描述企业结构、权力和职责关系的公司结构图；
- 用不同颜色代表物体（如水系和山脉）的地图；
- 表示股价波动的股市图表；
- 机器或建筑的规划图；
- 动画、视频及电影。

心智模型

决策者有时会建立心智模型，特别是在时间比较紧张的情况下（如，当飞行员考虑是否起飞时）。**心智模型**（mental model）是人们在头脑中思考并形成决策的情况的描述性表现。他们的思考过程会遍历每个场景，来考虑每个潜在备选方案的有用性以及风险。通常情况下，当决策问题主要由定性因素构成时，多采用心智模型。心智模型有助于构建决策状况的框架，这是一种认知理论（Shoemaker & Russo，2004）。由认知图提供的方法论可以用来分析个人的心智模型或者达成集体共识。

数学（量化）模型

很多组织体系中关系的复杂度不能用图像模型或类比模型来表示，因为用这种模型来

[①] 许多学生和专业人员严格地认为模型只指系统分析及设计中"数据建模"的产物。这里我们考虑的是分析模型，例如线性规划、仿真以及预测。——译者注

表达这些关系很不方便，使用起来也需要耗用大量的时间。因此，就有了用数学式来表述的更抽象的模型。大多数决策支持系统分析以数学方式进行，其中包括数学模型或其他量化模型。

模型的优点

管理支持系统采用模型的原因包括：

● 控制模型（改变决策变量或环境）比控制真实系统要容易得多。实验法更容易，并且不会干扰公司的日常运营。

● 模型法可以缩短时间。在计算机上用几分钟或几秒钟就可以模拟数年的运营。

● 建模分析的成本要比实际系统实验的成本低得多。

● 在试错实验中，使用模型的失误成本比在真实系统中实验的失误成本要低得多。

● 商业环境中存在大量不确定性。通过模拟，管理者可以估计具体行为所导致的风险。

● 数字模型使决策者可以对大量的（有时甚至是无穷多的）可行解决方案进行分析。即使对于简单问题，管理者通常也需要面对大量的备选方案。

● 模型可以促进并加强学习和培训。

● 在互联网上可以找到模型及求解方法。

● 有许多 Java 程序（以及其他网络程序）可以用来求解模型。

随着计算机图形的进步（特别是在网络界面及与之相关的面向对象的编程语言方面），越来越多的图像模型及类比模型被用来完善管理支持系统中的数学建模。例如，可视化仿真就结合了这三种模型。第 4 章会对模型进行更为细致的讨论。

2.2　思考与回顾

1. 描述模型的不同分类。
2. 在这一节中，使用数学模型会带来哪些好处？
3. 当决策过程中包含许多定性变量时，心智模型是如何使用的？
4. 现代信息工具是如何在决策过程中综合分析定性变量和定量变量的？

2.3　决策制定的过程

决策者应当遵循系统的决策过程。西蒙（1977）认为，决策过程包括三个主要阶段：情报、设计、选择。后来他又增加了第四个阶段，即实施。监控可以被看作第五个阶段——一种反馈。然而，我们把监控看成是应用于实施阶段的情报阶段。西蒙的模型最简练，并且对理性决策进行了完整的刻画。图 2—1 是决策过程的示意图。

从情报阶段到设计阶段再到选择阶段的过程中存在一个持续的活动流（见图 2—1 中的实线），但无论是在哪个阶段，都有可能向前一个阶段提供反馈。建模是这一过程中必不可少的组成部分。这些反馈回路可以解释在决策过程中从问题的发现到解决这一看似混乱无序的阶段。

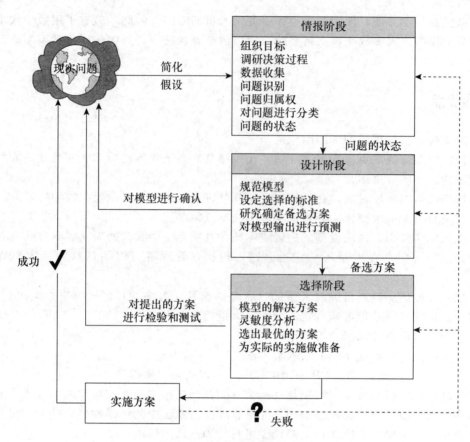

图 2—1　决策制定/建模过程

决策过程的第一阶段是**情报阶段**（intelligence phase），在这个阶段，决策者会考察事实，发现并确定问题，同时明确问题归属。在**设计阶段**（design phase），决策者会通过提出简化现实情况的假设和记录下所有变量之间的关系，来构建一个能够表现真实系统的模型，然后对模型进行验证，对所提出备选方案的评估标准是由选择原则决定的。通常情况下，建立模型的过程可确定备选解，反之亦然。

在**选择阶段**（choice phase），要选出一个该模型的建议解（并不一定针对该模型所表现的问题），并对该解进行测试，以检验其可行性。如果这个解是合理的，我们就将进入最后一个阶段：决策实施（不一定实施整个系统），成功的实施可以解决实际的问题。若实施失败，则要从这一过程中的前一个阶段重新开始。事实上，在后三个阶段中，我们可以随时返回前一个阶段。开篇案例中的决策情形和其他的决策情形一样，都符合西蒙的四阶段模型。网络会对决策的四个阶段产生影响，反之亦然，如表 2—1 所示。

表 2—1　　　　　　　　　　西蒙的四阶段决策模型及其对网络的影响

阶段	网络的影响	对网络的影响
情报	从内部及外部数据源获取信息来发现问题和机会 利用人工智能方法及其他数据挖掘方法来发现机会 通过群支持系统（GSS）以及知识管理系统（KMS）进行协作 通过远程学习获取知识，以实现问题的结构化	发现电子商务、网络基础设施、硬件及软件工具的机会 智能代理，可减少信息过载 智慧搜索引擎

续前表

阶段	网络的影响	对网络的影响
设计	获取数据、模型以及求解方法 使用在线分析处理、数据挖掘以及数据仓库 通过 GSS 和 KMS 进行协作 由 KMS 可获得相似解	在网络基础设施设计中使用头脑风暴法 （如 GSS）进行合作 网络基础设施方面的模型和解
选择	获取评价建议解的影响的方法	决策支持系统（DSS）工具，可基于模型 来检验并建立标准，以确定互联网、内 联网以及外联网的基础设施 DSS 工具可确定如何传递消息
实施	基于网络的协作工具（如 GSS）及 KMS，可协助 实施决策 可用一些工具监控电子商务及其他站点（包括内联 网、外联网及互联网）	在浏览器及服务器设计及访问方面实施的 决策，本质上决定了如何设置组成互联 网的各类部件

除此以外还有很多其他的决策模型，其中最著名的是 Kepner-Tregoe 模型（Kepner and Tregoe，1998），因为它的工具都可以直接从 Kepner-Tregoe 公司获得（Kepner-tregoe. com；Bazerman，2005），所以许多公司采用了此模型。我们发现这些备选的模型（包括 Kepner-Tregoe 模型）可以很容易地映射到西蒙的四阶段模型中去。

尽管最终都是由一个决策者来负责每个决策，但是自动化系统已经开始帮助企业进行更有效、更一致的决策。商业环境中导致决策更为复杂的一个原因是：现在需要结合在线信息来频繁快速地进行决策。通常情况下，这些问题都是高度结构化的。保险行业是最早采用自动决策（automated decision-making，ADM）技术的行业之一。ADM 和基于规则的技术被用于承保。关于自动决策的详细内容，请参阅 Davenport（2004）和 Indart（2005）。

2.3　思考与回顾

1. 将西蒙提出的决策四个阶段列出来，然后对每个阶段进行简要的描述。
2. 为什么不将评估作为第五个阶段？
3. 决策过程中会出现怎样的问题？

2.4　决策制定：情报阶段

在决策制定的情报阶段，需要对环境进行间歇或连续的检测。这个阶段包括旨在识别问题和机会的若干活动，还包括对决策过程实施阶段的结果的监督。

问题（机会）识别

情报阶段是从确定公司目标和所关心的问题（例如，库存管理、工作选择、网页表述的缺失或错误）以及判断目标是否达成开始的。如果对现状不满，就会带来问题，人们的不满源于欲望（希望）与实际发生的情况不符。在第一阶段，决策者要试图确定是否存在问题，辨别问题的征兆，确定问题的级别，清楚地阐述问题。通常被叫做问题（如过高的成本）的也许只是一个问题（如不正规的库存等级）征兆（如程度），因为一个真正的问题会因为许多内部相联系的因素而变得复杂，有时在征兆和现实问题之间还真有点难以区分。当对问题征兆的起因进行调查时，我们也许会发现新的机会和新的问题。通过对公司的生产力水平的检测和分析，就可以确定是否有问题存在。生产力的测量和模型的构建建立在真实数据的基础上。分析中最难的部分是对数据的收集和对未来数据的估计。下面是在数据收集和估计过程中出现的一些问题，这些问题也让决策者很苦恼。

- 数据并不是现成的，所以模型建立在潜在的、非确切的评估基础之上并且依赖于此。
- 获取数据的成本很高。
- 数据也许不会太标准，也可能不太精确。
- 数据评估通常都是客观的。
- 数据缺乏安全性。
- 影响结果的重要数据可能是定性数据（或叫做软数据）。
- 通常会有大量的数据（也就是数据超负荷）。
- 决策的后果（或结果）可能会在很长一段时间之后才出现，总之，不同时间的收益、支出和利润会及时记录下来。为了解决这一难题，如果结果是可以量化的，就可以使用现值方法来完成。
- 一般假设未来数据与历史数据会很相似。如果不是这样的话，在分析中就应该加入对于数据变化的预测。

当完成初次调查后，就可以确定是否存在问题，问题出现在哪里，问题有多严重。最关键的是，信息系统报告的是这个问题还是只是这个问题的征兆。此外，前文已经提到，关键是要知道真正的问题所在，有时也许是感知、激励方式或组织过程方面的问题，而不是决策模型出现问题。

问题分类

问题分类是为了能够将问题划入可定义的类别中而将问题概念化，它可能会产生一个标准的解决方案。一种很重要的问题分类方法就是根据问题的结构化程度进行分类。正如第 1 章所述，每个问题是处在完全结构化（如程序化）和非结构化（如非程序化）之间的。

问题分解

许多复杂的问题可以被分解成各种子问题。解决了较简单的子问题有助于解决复杂的问题。另外，有时结构化程度低的问题的子问题结构化程度可能很高，就像有些半结构化的问题结果，可能是由于决策过程中一些结构化的阶段和一些非结构化的阶段导致的。所以，当一个决策问题的子问题有些是结构化的，而有些是非结构化的时，这个决策问题就是半结构化问题。随着决策支持系统的问世，决策者和开发人员对问题也更加了解，这个问题就有了结构。问题的分解同样促进了决策者之间的交流。分解是层次分析法中最主要的层面之一（层次分析法将在第 4 章介绍，见 Bhushan and Rai，2004；Forman and Selly，

2001；Saaty，2001；网址是 expertchoice. com），它能够帮助决策者在决策模型中将定性的因素和定量的因素相结合。

问题归属

在情报阶段，明确问题的归属是非常重要的。在一家公司，只有当某人或某些小组对问题负责并且组织有能力解决这个问题时，问题才真正存在。分派解决问题的任务就是明确**问题归属**（problem ownership）。例如，当利率过高时，管理者会认为自己有麻烦，因为利率水平是由国内或国际水平决定的，管理者对此毫无办法，利率高是政府的问题，而不是某家公司就能解决的问题。公司面临的问题实际上是如何在高利率环境下运作。就某一家公司来讲，高利率水平应该作为一个不可控（环境）因素来进行预测。

如果问题归属不明确，可能是有的人没有做好自己的工作，或者是手上的问题需要确定归属于谁。在这种情况下，就需要有人能够自愿承担这项工作或者将这项工作分配给某人。

情报阶段最后会得出一份正式的问题陈述。

2.4   思考与回顾

1. 问题本身和问题的征兆之间有什么差别？
2. 为什么对问题进行分类很重要？
3. 问题分解是什么意思？
4. 为什么在决策过程中确定问题的归属很重要？

2.5   决策制定：设计阶段

设计阶段包括发现、开发和分析一项活动的可能进程，包括对问题的理解和对解决方案的可行性的测试。在这个阶段，需要构建、测试和验证决策问题的模型。

建模包括使问题概念化，并把它抽象成量化的问题/或质化的问题（详见第 4 章）。数学模型能够确定变量并且建立它们之间的相互关系。无论什么时候，只要有必要，都可通过假设来使问题简单化。例如，两个变量之间的关系即使可能存在非线性的部分，也可能被假定为线性关系。因为要对收支进行平衡，必须平衡好模型的简化程度和对于现实情况的表现程度。简单的模型开发成本低，更容易操作，得出结论更快，但是对现实问题的呈现缺乏代表性，并且会导致不准确的结果。然而，简单的模型通常不需要大量的数据，数据的收集和获得也会更容易。

建模的过程是艺术与科学的结合。从科学的角度来看，建模的过程中有许多标准的模型可用，分析员可以通过实际的运用来决定哪类模型可以用来得出结论。而从艺术的角度来看，建模的过程中需要有创造力的敏锐的眼光来决定哪个简化的假设有用、怎样将不同类的模型的特征结合起来，以及如何整合模型来获取有效的解决方案。模型中有许多描述管理者在方案中必须考虑的问题的决策变量（如，某个租赁机构需要多少辆车，如何在某一时间做广告，购买或租赁哪个网络服务器），还有描述决策问题的对象或者目标的结果变量或一组结果变量（如，利益、收入、销售），以及描述环境的非可控变量或参数（例如经济状况）。建模的过程包括确定那些变量（通常用数学方法表示，有时用符号化方式表示）之间的关系。这一主题会在第 4 章讨论。

选择原则的确定

选择原则（principle of choice）是描述解决方案可接受性的标准。在一个模型里，它是评判结果变量是否可以接受的标准。选择阶段不包括选择原则的确定，但是包括决策者是如何确定决策对象并将决策对象放入模型中的。我们是愿意假设存在高风险，还是更喜欢低风险的方法？我们追求的是最优化还是满意呢？识别标准尺度与约束条件之间的不同之处很重要。在众多选择原则里，规范化和描述性是重中之重。

规范模型

规范模型（normative models）是指从所有可能的备选方案里选出的最好的解决方案中的模型。为了将规范模型找出来，决策者需要对所有的备选方案进行检测，并且证明这个选择是最合适的、最好的，也是人们通常情况下想要的。这个过程本质上就是一个追求**最优化**（optimization）的过程。从操作的角度来看，最优化方案可以通过三种方法来获得：

1. 在一组给定的资源中选择能够最大限度地达到目标的方案。例如，哪个方案能从 1 000 万美元的投资中获取最高利润？

2. 找到投入产出比（如投资一美元获得的收益）最高或生产力最强的方案。

3. 找到能够实现最低要求目标、成本最低（或其他资源数量最小）的方案。比如，如果你的任务是为最小带宽的企业内联网选择一个硬件，用哪种方法可以以最低价格实现这个目标呢？

规范化决策理论建立在下列理性决策者假设的基础上：

● 人类是一个经济群体，他们的目的是最大限度地达到一个目标，也就是说，决策者是理性的。（有一件好事总比没有好——"收入，好事"，糟糕的事情还是尽可能少为妙——"支出，令人苦恼的事"。）

● 就决策情况来说，所有可行的备选方案及它们的结果，或者至少是这些结果的可能性和价值都应知道。

● 决策者倾向于把分析的结果按理想程度分成等级（由最好至最坏）。

Kontoghiorghes et al.（2002）提出了决策制定的理性方法，特别是它与使用模型和计算有关。

决策者真的是理性的吗？尽管在金融和经济行为假定的合理性上可能会有一些主要的异常现象，我们会认为那是由于不熟练、缺乏知识、大量目标设计不当、决策者的真实期望效用的误解以及时间压力的影响导致的。如果想要了解更多关于合理性的内容，可以参阅 Gharajedaghi（2006）。

除此之外，时间压力可能造成其他一些异常现象。例如，Stewart（2002）描述了那些凭直觉做决策的研究者，就决策来讲，"用肠子思考"这个想法确实是一种启发式的决策方法，对于火场上的消防员和战场上的士兵来说这种方法确实很有效。这种模式下决策的一个关键的层面就是，许多情景已经事先考虑清楚了。即使某种情况从来没发生过，它也会很快地与已经存在的情况相匹配，然后得出一个合理的解决方案（通过模式识别）。Luca et al.（2004）描述了情绪是如何影响决策的，Pauly（2004）也讨论过决策中存在的不一致性。

我们相信非理性是由上面列举的因素导致的。例如，Tversky et al.（1990）调查了倾向逆转的现象，这是使用层次分析法时一个已知会出现的问题，而且在分析时可能会忽略某些标准或倾向。Ratner et al.（1999）调查了多样化是怎样促使一个人即使在不倾向选择的选项上获得的乐趣较少，依然坚持这些选择的。但是我们仍坚持认为多样化有其价值，它是决策者权利的一部分，也是决策中应该考虑的衡量标准和/或约束条件。

收益最大化显然是选择原则。

局部最优化

最优化要求决策者考虑每个方案对整个组织的影响，因为在一个领域所做的决定可能会给另一个领域造成巨大的影响（消极影响）。例如，营销部门上线了一个电子商务网站，在几小时内，订单量就大大超过了生产能力。而生产部门有自己的生产计划，无法满足这些需求。这样，需求量就会越来越大。最理想的情况是，该部门只生产几种产品，但是每种产品的数量可以无限大，以此来降低生产成本。然而，这样的计划可能会导致大量的存货，而这些库存需要花大量的费用来管理，同时也会由于产品的单一化而导致营销困难，特别是顾客会因没有按时收到货物而取消订单。这种情况说明了决策过程有序性的特点（Borges et al.，2002；Sun & Giles，2001）。

在整个系统中，对于每一个决策的影响会有许多看法和观点。因此，营销部门应该与其他部门一起制定计划。但是，这样的方式需要进行复杂、耗时且成本高昂的分析。在实践中，MMS 构建者考虑到该公司（这个案例中的营销/生产部门）只有一部分作为研究对象，因此会将这个系统限制在较小的范围内。为了达到简化的目的，这个模型并没有将营销/生产部门和其他部门的关系以及其他部门之间的相互关系包含进来，其他的部门可以被整合成一个简单的模型成分。这种方法叫做**局部最优化**（suboptimization）。

如果组织内部的某个部门没有考虑到其他部门的细节而做了一个局部最优的决策，那么该决策对整个组织来说可能不够好。然而，就决策来说，局部最优化仍然是一种很实用的新方法，很多问题因为这种思路而第一次有了求解的方法。如果不考虑太多的细节问题，我们可以通过分析系统的一部分来获得一个可能的初步结论（通常情况下都是可行的结论）。决策者提出一种解决方案后，它给其他部门带来的潜在影响是可以测量的。如果没有明显的消极影响，这个解决方案就可以被采用。

在运用简化的假设对一个具体问题进行建模时，可以运用局部最优化的方法。在具体的决策情形中，可能会有太多的细节或者数据，而这些并不需要全部放入模型中。如果模型的边界看起来是合理的，那么它对于解决决策问题就是有效的，可以实际运用。例如，在生产部门，零部件通常会按照 A、B、C 进行库存分类。一般情况下，A 类产品（如大齿轮、整套装备）都是非常昂贵的（如每件 3 000 美元或更多），而且都是小批量的订单，库存数量不多；C 类产品（如螺帽、螺栓、螺丝钉）的价格不高（还不到 2 美元），订货量和使用量非常大；B 类产品居于 A 类和 C 类之间。所有的 A 类产品可以通过一个精确的模型来调度，也可以通过严密的检测来管理；B 类产品通常有规划地成组存放，管理这些零件的频率也较低；C 类产品的存放并没有进行统筹规划，只是按照基于经济订货批量（economic order quantity，EOQ）的方法进行管理，这种方法假设零件的年需求量不变。

这种管理方法需要每年重新调整一次。当确定所有的衡量标准或者给整个问题建模需要花大量时间或者成本很高时，就会采用局部最优化的方法。

人们可能会通过减少评判标准、备选方案和一部分问题来寻找最优的方案，而局部最优化的方法可以避免人们对这种"最优化"方法的质疑。如果解决一个问题需要的时间过长，可能会使用已经得出的一个足够好的解决方案，这样就不会继续寻求最优解了。

描述性模型

描述性模型（descriptive model）描述的是事物的真实面目或它们被认为的样子。这些模型是典型的以数学为基础的。描述性模型在决策支持系统中非常实用，常被用来研究在输入和决策过程多样化的情况下，不同的备选方案带来的决策结果。然而，因为描述性模型是用来分析对于给定方案（而不是所有的备选方案）的系统反应，所以很难保证通过模型分析选择的方案是最优的，多数情况下，它只会是个令人满意的方案。

仿真可能是描述性模型方法中最常见的一种。仿真就是对现实的模仿，在许多领域的决策中都使用了仿真的方法。计算机游戏和视频游戏就是一种仿真：构建一个虚拟的现实场景，然后玩家就可以住在里面。虚拟现实也是一种仿真模拟，因为环境是仿真的，不是真实的。制造企业经常使用仿真的方法，比如，一家公司的营销举措引起了生产部门的混乱。加工车间里流水线上的每一台机器的活动都可以用数学的方式来描述，根据每一台机器是怎样运转的以及它与其他机器的关系就可以建立起它们在模型中的关系。假设有一项批量零件的生产计划，就可以计算出这批零件是如何在系统中流通的，以及是如何使用每一台机器上的数据的。然后，在制定出合理的计划之前会不断地试运行备选方案并记录下相关数据。营销人员可以在其网站上查询访问量和购买方案。仿真可以帮助企业了解如何建设一个效果更好的网站，以及如何预测顾客未来的购买行为。因此，生产和营销两个部门都可以采用实验建模的方法。

描述性模型的种类包括以下几种：

- 复杂的库存决策；
- 环境影响分析；
- 融资计划；
- 信息量；
- Markov分析（预测）；
- 场景分析；
- 仿真（替代类型）；
- 技术预测；
- 等待线（排队）管理。

还有一些非数学的描述性模型可以应用在决策中，其中之一就是认知地图（Eden & Ackermann，2002；Jenkins，2002）。认知地图可以帮助决策者概括出重要的定性因素，以及在混乱的决策情况下这些因素之间的因果关系；可以帮助决策者（或决策团队）关注什么是相关的，什么是不相关的，随着对这些问题的了解越来越多，该地图的范围也会有所扩大。认知地图可以帮助决策者更好地了解问题，更好地集中精力，直到问题得到解决为止。有关认知地图的一个有用的软件是 Banxia 软件公司的 Decision Explorer（banxia. com；试试演示文件）。

另一个描述性模型就是使用叙述手法来描述决策情况。叙述手法旨在帮助决策者揭示决策情况中的重要方面，从而更好地理解相关内容并建立框架。当决策由群体制定时，这一方法更加有效，它会形成一个更加通用的观点，也就是一个框架。陪审团在法庭上通常使用叙述这一试验方法来进行裁决（Allan，Frame and Turney，2003；Beach，2005；Denning，2000）。

足够好或满意

根据西蒙（1977）的说法，无论是组织还是个人，大多数决策都愿意接受一个满意的解决方案（比最优方案略差）。当追求的是一个**满意**（satisficing）的结果时，决策者先确定一个愿望、目标或理想水平，然后搜索备选方案，直到最后发现一个方案达到这个水平为止。需要采用"满意"的而不是"最优"的方案，往往是因为时间的压力（如，时间久了，决策就会失去价值），受限于获得最优化的能力（如，获得某些模型的解决方案很费时），以及认识到并不值得用边际成本去获得更好的解决方案（如，在网络上搜索时，在筋疲力尽之前你访问的网址有限）。在这种情况下，虽然决策者对现实只是达到满意，但他还是理性的。有必要提及的是，满意也是一种局部最优化。一个问题可能有一个最佳解决方案，但是获得它的难度很大，甚至不可能得到。规范模型可能需要进行过多的计算，描述性模型则可能无法评估所有的备选方案。

与满意相关的莫过于西蒙的"有限理性"观点了。人们进行理性思考总是有一个限度的，通常会构建和分析一个对现实情况进行简化的模型，这个模型考虑的备选方案、评判标准和约束条件都比实际情况少。他们的行为就简化模型来说是合理的，但是就现实问题来说却不一定合理。理性不仅受到人类处理事务能力的限制，而且受到个体差异（如，年龄、受教育程度、知识水平和态度）的限制。有限理性也解释了为什么有些模型是描述性的而不是规范性的。这也许还可以解释为什么优秀的管理者会依赖于直觉，因为直觉是良好决策很重要的一部分（Stewart，2002；Pauly，2004）。

因为理性和规范模型会帮助作出好的决策，我们很自然就会提出这样的问题：为什么在实际应用中还会有那么多糟糕的决策？当决策者在处理一个非结构化或者半结构化的问题时，直觉是一个很重要的因素。优秀决策者会权衡获得更多信息并加以分析的边际成本与作出更好决策的成本。但是，一个决策往往必须在短时间内作出，这时就需要一个直觉更敏锐、更优秀的决策者。如果没有足够的计划、资金和信息，或者决策者经验欠缺，那么要迎接的将是一场灾难。

开发（提出）备选方案

建模过程中一个重要的部分就是提出备选方案。在最优化的模型（如线性规划）中，模型可能会自动产生备选方案。然而，在大多数管理支持系统的应用中，手动开发出备选方案是很有必要的，这会是个漫长的过程，不仅需要调查、创造，也许还会使用群支持系统中的电子头脑风暴功能。这样做不仅耗时而且耗钱，那么何时停止提出备选方案就成为一个重要的问题。决策过程中有过多的备选方案也是有害无益的，决策者会受到信息超载的困扰。克罗斯（Cross）在 2001 年为高等教育机构的管理者提出了一种处理信息量超载的新方法：全美学习基础设施计划（The National Learning Infrastructure Initiative，NLII）的预备课程项目提供一种方式来组织和交流关于将技术引入高等教育的信息。这些网络学院的预备课程门户通过过滤大量的信息，只选择适用于备选方案的相关事项。提出备选方案在很大程度上依赖于信息的可用性和成本，还需要参考该问题领域的专家意见，这是解决问题的最有条理的思路。通过启发法能生成并评估备选方案，无论是个人还是群开发的备选方案都能获得网络群支持系统电子头脑风暴的支持。

需要注意的是，通常要在确定评估备选方案的标准后，才会开始寻找备选方案。这个顺序能减小寻找备选方案的难度、减少评估备选方案时的工作量，但有时识别备选方案会对确定评估标准有一定的帮助。

必须确定每个提出的备选方案的结果。根据决策制定问题是否按照明确性、风险、不明确性分类，可能会采用各种不同的建模方法（Drummond，2001；Koller，2000）。在第4 章会详细讨论相关内容。

测量结果

备选方案价值的评估是依据达到目标的程度来进行的。有时结果从目标的角度来看是直接表达出来的，例如，利润是结果，利润最大化就是一个目标，两者都是以货币量来计算的。顾客满意度这样的结果可以通过顾客投诉量来衡量，也可以通过顾客对产品的忠诚度或者通过调查得到的评分来衡量。一名决策者会想要处理一个单目标的问题，但实际问题一般都是多目标的（Barba-Romero，2001；Koksalan and Zionts，2001）。例如，高管们可能想要追求利润最大化，销售部可能想要最大限度地提高市场占有率，运作部可能想要减少成本，股东可能想要确定尽可能高的价值底线。一般情况下，这些目标是相冲突的，所以多标准法被用来处理这个问题。其中一种方法就是层次分析法。

风　险

所有的决策都是在一种固有的、不稳定的环境中作出的，这是由于在经济环境和物质环境中有许多无法预测的事件。一些风险（用概率表示）可能是组织内部的事件（如一名很有价值的员工辞职或生病）导致的，另一些风险则可能是自然灾害（如飓风）导致的。除了造成人员死亡，卡特里娜飓风带来的经济方面的影响包括：由于港口的容量、原油提炼及美国南部的管道的不确定性，一加仑汽油的价格在一夜之间翻了一番。在面临诸多不确定因素时，决策者又能做什么呢？

总的来说，人们都倾向于测量不确定性和风险的严重性。珀迪（Purdy，2005）指出，人们往往过于自信，而且有一种能控制决策的错觉。亚当·古迪（Adam Goodie）在佐治亚大学所做的实验的结果表明，许多人在大部分时候都太过自信（Goodie，2004）。这或许可以解释为什么人们通常会认为多玩一次老虎机就能中大奖。

然而，处理那些极端的不确定性问题的方法确实存在。例如，亚克（Yako，2001）描述了一种基于极少的信息作出好的决策的方法——运用信息鸿沟的理论与方法。除了估计某一特定决策结果的潜在用途或价值，最优秀的决策者还能够准确估计每一个决策的结果的风险。因此，决策者的一个重要任务就是把风险的水平与相关的各个可能的备选方案联系起来。有些决策如果成功实施则可能有无法接受的风险，因此会被立即放弃或部分舍弃。

在某些情况下，会假设环境是稳定的，然后在确定的情况下作出一些决策。其他的决策则是在风险未知的不确定环境中制定的。可是一名优秀的决策者仍有方法评估风险。而且，要开发商务智能/决策支持系统就要更多地了解这一情况，这样才能更准确地对风险进行评估。

场 景

一个**场景**（scenario）就是在给定时间里对一个特定系统的假设性陈述；也就是说，它是一个决策情境的描述。场景描述了具体情况中的决策、不可控变量和参数，也许还会描述建模的过程和约束条件。

"场景"这个概念最早起源于剧院，之后战争游戏和大规模的仿真开始借用这个概念。场景规划和分析是一种涵盖了所有可能出现的问题的决策支持系统工具。管理者可以构建一系列的场景（如 what-if 分析案例）、可以进行计算机分析、可以在分析的过程中了解更多关于系统和决策制定的信息。实际上，管理者可能发现一种优秀的甚至是最优的问题模型求解方法。

场景对仿真过程和 what-if 分析特别有用，在这两种情况下，我们通常会变换场景，然后检验结果。譬如说，我们可以通过改变住院治疗的预期需求（规划的一个输入变量）来构造一个全新的场景，然后测量医院在每一个场景下的预期现金流。

场景在管理支持系统中扮演重要的角色，因为场景能够：
- 帮助识别机会与问题的范围；
- 为规划提供灵活性；
- 识别管理层应该注意的领先优势的变化；
- 帮助验证主要建模假设；
- 允许决策者通过一个模型探索系统的行为；
- 帮助检查在变化的环境中已提出解决方案的灵敏度。

可能场景

每一种决策情况也许会有成千上万种可能场景。下面的这些是在实践中经常用到的，也很实用：
- 最糟的可能场景；
- 最好的可能场景；
- 最可能出现的场景；
- 一般性场景。

场景决定了需要进行分析的内容。管理支持系统在确定每一个备选方案的价值时运用了场景。

决策中的失误

模型在决策过程中是个很关键的部分，但是决策者可能会在开发和使用模型的过程中出现失误，因此在使用模型之前对它进行验证是十分重要的。收集适量的信息、使用适当的精密度和准确度来将信息纳入决策的过程同样是很关键的。Sawyer（1999）曾提出"决策过程的致命七宗罪"，其中大多都与行为和信息相关。

2.5　思考与回顾

1. 给出最优化的定义，并将其与局部最优化进行比较。
2. 将决策过程中的规范性方法和描述性方法进行比较。
3. 给出理性决策的定义。成为理性决策者意味着什么？
4. 当人们解决问题时为什么会出现有限理性？
5. 给出场景的定义。在决策过程中如何使用场景？
6. 决策过程中的失误可以归因到决策场景的概念上，解释一下这是为什么，以及失误是如何产生的。

2.6　决策制定：选择阶段

在决策过程中，选择是非常关键的。选择阶段是一个实际决定和承诺遵循特定的行动计划的过程。设计阶段和选择阶段的界限通常不是很分明，因为有的活动会横跨这两个阶段，还有些决策者可能从选择阶段频繁地回到设计阶段（例如，在对已有方案进行评估时创造出一个新的备选方案）。选择阶段包括：调查、评估和为求解模型寻找合适的方法。在已选的备选方案中，模型的解决方案通常是一组决策变量的特定值。在 MMS 中运行时，会对这些备选方案的可行性和盈利能力进行评估。纠正数据的错误，将特定数量的车从一个位置移到另一个位置，都需要组织进行决策。对广告计划进行改进，新的数据和特性也会被加入公司的决策支持系统。

要注意的是，求解模型与解决这个模型所代表的真实问题并不是一回事。模型的解决方案可以为问题提供参考。而问题只有在供参考的解决方案真正落实后才算解决了。

求解一个决策模型包括寻找行动的合适手段。调查的方法包括：**分析技术**（analytical techniques）（即求解公式），**算法**（algorithms）（一步一步的过程），启发式教育法（拇指规则），盲目搜索（在黑暗中射击，正确的方法应该是理性的方法）。这些方法都将在第 4 章讨论。

每个方案都必须被评估。如果一种方案具有多重目标，那么这些目标都必须通过检查，并且相互之间需要保持平衡。**灵敏度分析**（sensitivity analysis）用来确定任何给定选择的稳定性，对于稳定性高的备选方案，微小的参数变化不应改变已有方案的结果，即使结果有变化也应该是微小的变化。**what-if 分析**（what-if analysis）用来探索参数的主要变化，目标寻求帮助管理者确定决策变量的值，以满足特定目标。这些方法也将在第 4 章讨论。

2.6　思考与回顾

1. 描述选择原则和实际选择过程的区别。
2. 为什么很多人认为在实际的决策过程中选择阶段是一个十分关键的阶段？
3. 在选择阶段，灵敏度分析可以起到什么作用？

2.7 决策制定：实施阶段

500 多年前，马基亚维利（Machiavelli）就在《君主论》（*The Prince*）中提出："如果没有困难的话，就不会有成功，就不会有危险，也就不会创造出事物的新规律。"事实上，实施某个已提出的解决方案就是一个新秩序的开始，或是带来一种新的改变，而且必须对这些变革加以管理。用户的期望也必须作为变革的一部分而得到管理。

实施的定义有些复杂，因为实施是一个漫长的过程，而且涉及含糊不清的界限。简而言之，**实施阶段**（implementation phase）包括落实一个推荐的解决方案，而不仅仅是实施一个计算机系统。许多普通的实施问题，例如抵制变革、高层管理的支持程度及用户培训，在处理 MMS 时都是至关重要的。有些决策在广泛施行之前，由决策负责人对其进行测试。在 MMS 中，测试本质上包括更新计算机系统、检测仿真和场景的影响，以及在现实中将汽车从一个地方转移到另一个地方。计算机系统更新在理想状态下应该包括一些正规的信息系统开发方法，但决策的实施实际上不会如此。

在接下来几个章节里会全面地介绍实施。决策过程尽管是由人来完成的，但也可以用计算机来优化它，这就是下一节的主题。

2.7 思考与回顾

1. 给出实施的定义。
2. 决策支持系统可以怎样对决策的实施阶段提供支持？

2.8 如何支持决策

在第 1 章我们讨论了电子化决策支持系统的需求，也简单地描述了一些决策辅助方法。这一节介绍的是在决策过程中使用的具体的 MSS 技术（见图 2—2）。数据库、数据市场，尤其是数据仓库，对支持决策的各个阶段而言都是重要的技术，特别是当通过基于网站的用户接口登录时。它们提供的数据可以促进决策。

情报阶段的支持

情报阶段支持系统的主要功能是为机会和问题搜索到内部和外部信息资源，并解释搜索后发现了什么。在环境搜索中网络工具和资源是非常有用的。网络浏览器为各种工具提供了前端，比如联机分析处理、数据挖掘和数据仓库。数据资源分内部资源和外部资源两种。内部资源需要通过公司内部网络才能获得，外部资源获得的渠道和方法就多种多样了。

决策支持/BI 技术非常实用。譬如，数据仓库可以通过对内部和外部信息的不间断监控来对情报阶段提供支持，通过基于互联网的企业信息门户网站（也叫仪表盘），来寻找

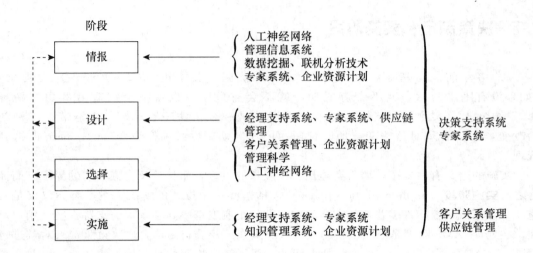

图 2—2 DSS 支持

问题和机会的预示信号，就如 MMS 运行中所示。同样，（自动的）数据和网站挖掘（包括专家系统、客户关系管理、基因算法、神经网络及其他辅助决策的系统）以及（人工）联机分析处理也通过各活动之间的关系或其他因素来支持情报阶段。地理信息系统可以作为独立的系统或者与其他系统整合进行使用，以便决策者可以在空间上识别机会与问题。这些工具通常被当作商业分析或网络分析应用。这些关系可以带来竞争优势（例如，客户关系管理可以识别客户类型，从而设计特定的产品和服务）。知识管理系统可以用来识别类似的情况以及了解它们的处理方法。群支持系统可以用来共享信息和进行集体头脑风暴。如第 14 章所描述的，手机或 GPS 数据也可被获取以得到用户的个人习惯等信息。互联网通过门户可提供一致的、熟悉的界面工具，还可以提供关键性的但模糊的信息来识别问题和机会。嵌入这些软件包的可视化系统和工具，可用来展示某种格式的结果以协助决策者识别机会与问题。

决策支持系统另一个用来识别内部问题和能力的方面是监督当前的操作状态。当出现错误时，它可以快速地识别问题并解决问题。诸如业务活动监控（business activity monitoring，BAM）、商业过程管理（business process management，BPM）和产品生命周期管理（product life-cycle management，PLM）等工具都会为决策者提供这样的便利。

相比之下，根据问题的性质、分类、事态严重性及类似性，专家系统可以提供意见。专家系统可以为解决方案提供合理的建议并评估可行性，也可以成功地解决问题。专家系统在解释信息和诊断问题方面比较成功。在情报阶段常常会借助这个系统，情报代理甚至可用来识别机会。

另一方面的支持就是报表。日常报表和一些临时的报表在情报阶段都会很有帮助。例如，定期报表可以通过比较现有预期与预定计划之间的差别，来协助发现问题。网络联机分析系统工具在这一项任务中是超级优秀的工具，可视化工具和文件管理系统也是如此。

在寻找新的机会时，许多信息是定性的，或叫软信息，这就揭示了问题的非结构化的水平有多高，因此，决策支持系统在情报阶段是非常实用的。

互联网和先进的数据库技术给决策者提供了许多数据和信息，但信息过多会降低决策的质量和速度。幸运的是，优秀的决策代理工具或人工智能工具可以帮助减轻这样的压力。

设计阶段的支持

在设计阶段涉及产生备选方案的行动过程，讨论选择的标准和它们的相对重要性，并预测未来多种选择的后果。这些活动可以使用几个标准仿真来提供决策支持（例如，融资或预测模拟都是小程序的仿真）。结构化问题的备选方案都可以通过使用标准或特殊的仿真来生成。但复杂问题的备选方案会需要只有人、头脑风暴的相关软件或者专家系统才能提供的专业知识。联机分析处理和数据挖掘软件在识别关系时特别有用，可以用于仿真。大多数决策支持系统都有定量分析功能和一个内部的专家系统，它可以提供定性的方法以及提出在选用定量分析和预测模型时的专业要求。应该先查阅知识管理系统中之前是否遇到过类似的问题，或是否有专业人士快速提供解释和答案。客户关系管理系统、收入管理系统、企业资源计划和供应链管理系统等软件都非常实用，因为它们提供的是商业过程的仿真，可以对假设和场景进行测试。如果一个问题需要集体创造性思维来帮助识别重点问题和备选方案，群支持系统就可以发挥作用，能提供认知地图的工具也同样有帮助。所有这些工具都可以通过网络获得。Cohen et al.（2001）指出，主要在设计阶段使用的一些提供决策支持的网络工具，可以提供各备选方案的仿真或报表结果。网络决策支持系统可以辅助工程师进行产品设计，也可以帮助决策者解决商业问题。

选择阶段的支持

决策支持系统除了提供一个快速识别最好的或优秀的选择方案的仿真外，还能通过what-if 分析和目标寻求分析来支持选择阶段。不同的场景会因为既定选择而被测试，以强化最后的决定。再者，知识管理系统帮助识别曾出现过的类似情形；在确定相关经验的价值之前，会通过客户关系管理、企业资源计划和供应链管理等系统来检测某个决策的最终影响，只有这样才能得出一个明智的选择。一个专家系统可以用来评估是否可以使用某一个解决方案以及推荐一种合适的解决方案。如果是由某个群体作出决策，那么群支持系统会提供支持来达到一致的目的。

实施阶段的支持

在这一阶段"让决策变为现实"。在实施阶段提供决策支持系统的帮助也与在其他阶段一样重要，甚至比其他阶段更重要。决策支持系统可以用于开展某些活动，如决策交流、分析和辩护。

实施阶段的决策支持系统基于分析和报告的细致和灵活性提供帮助。例如，执行总裁不仅告知员工和外部合作商近期融资目标和现金需求，而且要求在确定总和时要有估算、中间结果和统计数字。首席执行官（CEO）除了告知明确的融资目标外，还负责告知其他信息。员工知道 CEO 已经仔细考虑一些关于融资目标的假设，并认真思考这些目标的重要性和可获得性。银行家和董事都认为公司的 CEO 将亲自参与分析现金需求的过程，并且负责满足由财务部门提出的融资要求。每一条信息都以不同的方式帮助促进决策的实施。在 MMS 案例中，为了作出决策，群成员都需要了解信息，他们也都能掌握关于决策结果的信息。

业务活动监控、商业过程管理、产品生命周期管理、知识管理系统、经理信息系统、企业资源计划、客户关系管理和供应链管理在检验实施的作用时是非常实用的。群支持系统对于团队协作以实现实施的有效性是非常有用的。例如，为了剔除不盈利的客户，就需要制定一个决策。一个有效的客户关系管理系统可以对需要剔除的客户进行分类，并确定这样做的影响和后果，最后证实这一做法是有效的。通过群支持系统和知识管理系统协同计算可以加强群组间的沟通，从而支持决策过程的各个阶段。这种计算机系统可以通过帮助人们解释和证实其建议和观点来促进人们的沟通。

专家系统也支持决策实施。根据实施中的问题（例如处理对变革的抵制），可以把专家系统作为一个建议性的系统。最后，专家系统可以提供培训，以使实施变得更顺利。

虽然专家系统通过基于网络的企业信息入口进行报告，但价值链仍然会受到影响，特别是在识别业务活动监控、商业过程管理、供应链管理和知识管理系统时。基于实施的影响，客户关系管理系统会报告并更新内部记录信息。新输入的信息会用来识别新的问题和机会——又回到了情报阶段。

决策制定的新技术支持

网络系统的确影响到决策支持如何运作。随着手机商务的发展，越来越多的个人设备（如，PDA、手机、小型电脑、笔记本电脑）可用于获得信息资源，用户也可以通过信息更新、协作和决策来回馈系统。对于销售人员来说，这是非常重要的，他们在路上就可以通过客户关系管理系统下订单。经常浏览公司的数据、数据库和其他信息也会对他们的工作有所帮助。总的来说，无线设备在企业里占有越来越重要的地位，一般情况下会通过具体的网络服务器从手机商务设备直接获得数据和信息。

2.8　思考与回顾

1. 描述决策支持系统/商务智能技术或工具是怎样在决策的各个阶段发挥作用的。

2. 描述新技术可以如何支持决策的过程。

第3章

决策支持系统的概念、
方法论和技术概述

学习目标

1. 理解决策支持系统的多种配置。
2. 理解决策支持系统与商务智能系统之间最主要的异同。
3. 描述决策支持系统的特征及功能。
4. 理解决策支持系统的本质定义。
5. 理解决策支持系统的几种重要的分类。
6. 理解决策支持系统的几个组件以及它们之间是如何集成的。
7. 描述决策支持系统应用程序的各组成部分——数据管理子系统、模型管理子系统、用户接口子系统、基于知识的管理子系统以及用户的组件和结构。
8. 阐述互联网对决策支持系统的正面作用和负面影响。
9. 比较在决策支持系统和管理信息系统中用户扮演的角色。
10. 描述决策支持系统的软硬件平台。
11. 熟悉决策支持系统的开发语言。
12. 理解决策支持系统现在面临的问题。

在第1章中，我们介绍了决策支持系统及其在解决复杂的管理问题时所起的作用。在第2章中，我们介绍了决策过程中涉及的方法论。在本章中，我们将通过分析决策支持系统的功能、结构和分类来展示该系统的优越性。

医疗问题中的决策支持系统

问题

Avantas 是内布拉斯加州奥马哈的一家旨在为卫生行业提供最可行策略的公司。卫生行业在某些领域可以通过人事安排方面的活动来创造价值，从而获得持续的发展，Avantas 公司所提供的策略旨在为这些领域提供即时的利润回报和长期的资金储备。Avantas 在没有考虑医院的规模和地理位置的情况下，在医疗机构能够提供的医疗力量和病人的需求之间构建了一种平衡。

Avantas 公司与许多医疗机构合作来帮助它们更好地管理医护资源。在这种情况下，Avantas 受一个客户之托来帮助它解决人力资源决策方面的问题。这个客户需要决定在即将到来的流感季（病人数量暴增期），由五家医院组成的医疗集团是否需要雇佣一些临时员工来满足人员需求。这五家医院位于城市同一区域。这个特定的问题关注的是每家医院住院部的医护工作状况（常规配药科/外科和特殊看护科）。

这次运用 Planners Lab™ 工具进行分析，是为了解决在一个人员需求量特别大的特殊阶段，医疗集团的人员需求问题。在流感季，医院会需要大量的医护人员，因为此时病人剧增，而且医院里的护士也可能因染上流感或者过度疲惫而无法上班，这些是导致医院人员不足的主要原因。有时，因为人手不够，医院甚至不得不将病人转至其他医院。为了针对医护资源紧缺的情况做好准备，这个医疗集团决定对需要额外雇佣的人员数量进行预测，以应对在未来几天或者几周里出现的人员紧缺状况。医护人员需求增加的状况一般是从 1 月开始，一直持续到 3 月末。这个医疗集团从上一年 10 月就开始讨论这个问题，因此有充足的时间在病人数量激增之前及时作出调整。

解决方案

本例中的决策者是这个医疗集团的首席财务官、医护部门主管、科室主管和人力资源主管。他们希望能够运用一种简单易用的工具来解决这个问题。Avantas 在用 Excel 分析该问题很多次后，决定使用 Planners Lab 来对这个问题进行求解。在构建 what-if 场景方面，Planners Lab 可以作为一种简单易用的分析工具替代 Excel。

为了增加医护人员，这个医疗集团中负责人力资源的工作人员已经制定了短期的招聘目标。他们必须注意的问题是，这些医护人员至少需要经过 12 周的培训才能独立地照顾病患。为此，构建的模型还考虑了人员流失率。另一个可调整的变量就是在疾病高发期的临时医护人员数量。医院可以调整这些变量的值来更好地应对即将到来的医护人员需求大增的时期。这个医疗集团需要一个能够轻松地调整这些变量，并且能够观察到决策的影响的软件工具。

新聘的工作人员都需要接受为期 12 周的培训，因此，为了将老员工和新员工的工作时间都计算在内，这个模型每两周进行一次计算。基础模型包括这个医疗集团中的每一家医院，其中一个节点表示的是医疗集团整体，一个节点表示的是人力资源变量，还有一个节点表示的是为了解释新的招聘工作而做的调整。这个模型中的变量都是可计量的，变量包括：

- 2009 年流感季，医护人员所需的总体工作时间；
- 2008 年流感季，医护人员的总体工作时间；
- 2008 年流感季，在额外招聘医护人员后，医护人员的总体工作时间；
- 2008 年流感季，医护人员所需的工作时间和实际工作时间之差；

● 2008 年流感季，在额外招聘医护人员后，医护人员所需的工作时间和实际工作时间之差；

● 为了满足需求，需要额外招聘的医护人员数量；

● 额外招聘医护人员后，为了满足人员需求所需的医护人员总人数。

从模型的复杂程度来看，这个模型是简单明了的，几乎没有使用 Planners Lab 中那些复杂的功能。如果这个模型需要通过 Excel 来完成，那么考虑到业务和技术（比如说大量的编程）的需求，一项 30 小时的工作就会变成一项需要 160 小时才能完成的工作。另外，Planners Lab 中通俗的英语假设也很容易解释。

下面举例说明如何将这个模型用于实践，如何对这个模型进行调整，以及如何运用这个模型来分析招聘人员对于新员工数量的影响。假设有 6 名负责招聘住院部护士的员工，他们的工作是每周招入 3 名新员工，但是应聘者中只有很少的人通过面试，另外，还存在人员流失的情况。当新员工人数比人员流失人数少时，人员的空缺率就会上升，这是每一家医院都会面临的人员问题。图 3—1 显示的是期望的人员空缺率和实际的人员空缺率之间的差距。

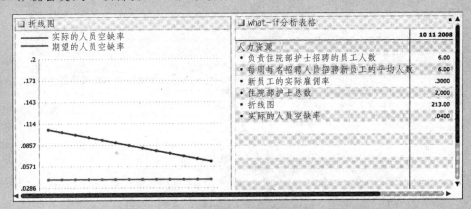

图 3—1　实际的人员空缺率和期望的人员空缺率的比较

在其他假设全部正确的情况下，实际的人员空缺率会比期望的空缺率高，这也就说明需要临时的医护人员来满足医院的人员需求。临时的医护人员包括以下几类：医院原有的护士、加班的老员工、巡诊护士，以及医院的其他流动人员。这些人的薪酬比现有员工要高，因此医疗集团的目标就是达到能够接受的人员空缺率来减少使用这些人力资源。

如果医院的招聘人员从 6 名变成了 12 名，会出现什么情况？图 3—2 描述了这种情况。

假设 6 名招聘人员增至 12 名，那么在 1 月底以前就可以达到期望中可接受的人员空缺率，医院就可以不再增加临时的医护人员了。其他变量包括每周每名招聘人员招聘新员工的平均人数、新员工的实际雇佣率、住院部护士总数、住院部护士的空缺数量以及期望的人员空缺率都可以通过调整以符合期望。

如果不将招聘人员增至 12 名，在接下来的 3 个月就无法将人员缺失率降至期望的水平。然而，最需要关注的问题是，这个医疗集团是否有足够的医护资源来应对接下来的医护人员需求大增的流感季。由图 3—3 我们可以看到，在 2009 年流感季，医疗系统额外雇佣的医护人员是如何影响医护人员的实际工作时间和本来所需的工作时间的。这张图表明目前招聘获得的额外的医护人员足以应对大多数流感季预测到的病患数量水平。每年年初的几周会需要一些临时员工，但是全年可能会需要一些签订短期合同的员工。

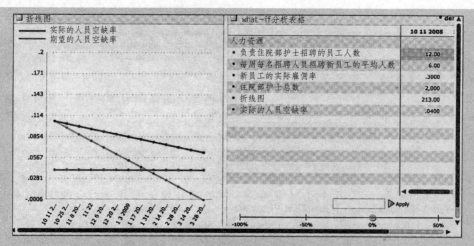

图 3—2　增加 6 名招聘人员时，实际的人员空缺率与期望的人员空缺率的比较

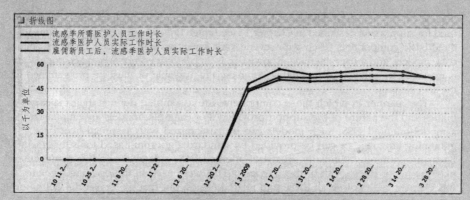

图 3—3　医护人员所需工作时间、实际工作时间
与雇佣新员工后实际工作时间的比较

结论

这个医疗集团得出的最终结论是：现在的招聘目标足以应对即将到来的流感季。短期的招聘目标会继续发挥作用，当这个目标无法达到时，则需要对它作出调整。这个医疗集团仍每周使用一次 Planners Lab 模型，依据现在的人员雇佣情况来更新招聘目标，以保证它们是可行的。有时，在医护人员数量过少以前会采取一些额外的措施来补充人员，Planners Lab 可以识别出这样的时刻。

Planners Lab 可以为决策者决定接下来如何运作提供所需的信息。过去，由于决策者通常没有时间制作复杂的电子数据表格，因此这些决策会在对情况不了解时作出。Planners Lab 这个工具十分理想，因为理解和持续使用这个工具都很简单。

思考题

1. 为什么这个决策会涉及机构中的高层管理者？

2. 在作出这个决策的过程中使用了哪种决策指标？

3. 如果要进一步开发这个模型，还有哪些建模工具可以使用？

4. 除了这个案例的模型中考虑的指标，一个人力资源工作规划模型还能够包含哪些指标？

5. 为什么这个模型是决策支持系统的一个好的例子？

我们可以从中学到什么

决策支持系统一个很关键的优势就是可以观察到结果。如本例所述，让高层管理者观察到假设验证的结果非常重要。

有时，决策者需要在对选项还没有全面了解时作出决策，此时必须考虑及时性。当截止日期很近并且可供分析的资源有限时，公司全面了解所需作出的决策的机会就会很少。

在本例中，决策者能够用 Planners Lab 工具很快地构建一个决策支持系统，以便对他们所面对的复杂场景进行建模。这不仅为医院节约了一大笔钱，而且使得执行官可以在对情况有所了解时，自信地就如何运行作出决策。如果没有这种工具，

医疗机构也许会认为需要支付高额费用临时聘用一些护士，但是利用这种工具构建的模型得出的结论是不需要这样做。这是一个决策支持系统应用的例子。在本章中，我们还会看到许多与决策支持系统的应用有关的例子。我们也会学习如何使用在本例中提到的 Planners Lab 软件来构建决策支持系统。

资料来源：This vignette was adapted from a case study contributed by Dr. G. R. Wagner, Julie Kiefer, and Tadd Wood.

3.1　决策支持系统的配置

决策支持具有多种配置，使用何种配置取决于管理决策环境的性质和用于支持的具体技术，如第 1 章所述（见表 1—2）。决策支持系统主要包括三个组件：数据、模型和用户接口（各组件均包含若干变量），而且这三个组件通常被用于网络。知识是一个可选组件。各组件均由软件管理，我们既可以从市场上购买该软件，也可以获得依据具体任务设计的软件。

这些组件的配置方式决定了系统的主要功能和所提供支持的性质。例如，一个以模型为导向的决策支持系统注重模型。按照客户的要求，将这些模型制成电子数据表格、程序语言和包含线性规划设计并基于运算法则的标准工具。同理，数据库及其管理在一个以数据为导向的决策支持系统中发挥着重要作用。在开篇案例中，这些类型的决策支持系统均得到应用。本章将探讨有关这些主题的所有内容。在此之前，首先让我们回顾一下决策支持系统的定义。

3.1　思考与回顾

1. 列举并描述决策支持系统的三大组件。
2. 结合开篇案例描述的环境，解释如何在决策支持系统中运用主观数据。
3. 为什么模型在决策支持系统中起到至关重要的作用？解释如何在电子数据表格中运用模型进行程序组合。

3.2　决策支持系统的描述

早期的对决策支持系统的定义为：一种在半结构化和非结构化的决策环境中向管理决策者提供支持的系统。决策支持系统是决策者的助手，然而，尽管它增强了决策者的决策能力，但并未取代决策者的判断力。决策支持系统专门用于需经判断方能得出的决策或一

些不能完全由运算法则推算出的决策。早期的定义未特别声明却暗含了一个概念，即：基于计算机的系统将通过网络进行交互式操作，同时具备图形输出能力，并且该能力将通过现代的网络服务器和浏览器得以实现。

早期关于决策支持系统有多种定义，后期人们也给出了一些定义，但有关决策支持系统的真正本质存在颇多争议。欲了解详细内容，请查阅 Alter（1980），Bonczek et al.（1980），Keen（1980），Little（1970），Moore and Chang（1980）。

决策支持系统的应用

通常我们为解决某一问题或评估某一机会而建立决策支持系统。这是决策支持系统的应用程序与商务智能的应用程序之间的根本区别。从严格意义上讲，商务智能系统运用分析性的方法监测环境、识别各种问题和机会。报表对商务智能具有十分重要的意义，因为通常用户会从所监测的环境中筛选出值得关注的某一环境因素，然后运用分析方法进行分析。此外，尽管商务智能包括模型并能进行数据存取（通常通过数据仓库实现），但决策支持系统自身拥有数据库，并且是专为解决某一具体问题或一系列问题而开发的，因此，它们被称为**决策支持系统应用**（Dss application）。

决策支持系统可以被看成是一个为决策提供支持的方法（或方法论）。它使用的是一种基于计算机的信息系统（computer-based information system，CBIS），这是一种交互式的、弹性的、灵活的并专为某一非结构化的管理问题提供支持而开发的系统。该系统会利用数据提供一个简单的用户接口，也会接受决策者个人的观点。另外，决策支持系统还包括模型，我们（或者终端用户）可以通过交互式的、重复的过程将其开发出来。该系统为决策过程的所有阶段提供支持，并可能包含一个知识组件。一个独立用户可以在一台个人电脑上使用决策支持系统，多个用户也可以通过网络在不同地点使用决策支持系统。

在本章的后半部分，我们将探讨决策支持系统的不同配置。首先，我们要了解决策支持系统的特征及其功能。

图 3—4 显示了一个典型的基于互联网的决策支持系统的结构。该决策支持系统的结构借鉴了商务智能中的模型。解决大型的分析性问题时，有多个服务器来进行信息处理。通过一个网络浏览器，这种多层结构在一个应用服务器上运行程序，该服务器不断地存取数据，进而开发出一个或多个模型。一个数据服务器也可以提供数据，而且会从一个数据库或一个大型主机系统中选择性地提取数据。当用户需要优化模型时，负载着数据的模型就被改造成一个最佳服务器。依据不同情况下的需求，该最佳服务器从数据服务器中存取额外的数据、提供解决方案，并直接解决用户网络浏览器的问题。应用服务器可将生成的解决方案报表加以处理，以方便管理者阅读。该报表可以以电子邮件的形式直接发送给合适的当事人，也可作为企业信息系统的一个组件传至另一个门户网站。决策支持系统通常以一个电子数据表或一种建模语言在单机模式下运行。

3.2　思考与回顾

1. 为什么人们试图给出决策支持系统的精确定义？
2. 给出你认为的决策支持系统的定义。将它与问题 1 中的定义进行比较。

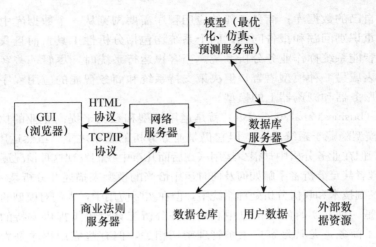

图 3—4　在基于网络的决策支持系统中整合最优化、仿真和其他模型的多层次结构

3.3　决策支持系统的特征及功能

　　由于人们对决策支持系统的本质的理解没有达成一致，因此，在标准的决策支持系统的特征及功能等问题上也无法达成共识。图 3—5 中的各项功能组成了一个理想的集合，在决策支持系统的定义和开放式图形中，对其中一些组成部分作了具体描述和说明。

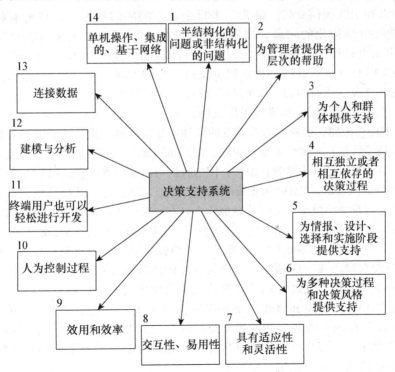

图 3—5　决策支持系统的关键特征和功能

　　"商务智能"并不是"决策支持系统"的同义词，但在实际应用中，两者经常交替出现。我们认为两者的区别在于：决策支持系统基本上是为了解决某一具体问题而开发的系统，并且拥有自己的数据库；商务智能的应用程序需要浏览从一个数据库中提取出来的数据，并且更注重识别问题和报告问题。两个系统均包括分析性工具，而且我们把具有分析性工具的商务智能系统称作业务分析系统。当客户运行系统时，尽管一些客户在本地运行一个电子数据表或另一种模型语言，但决策支持系统和商务智能的应用程序均通过网络读取数据并访问服务器和浏览器上的模型。

业务分析（business analytics，BA）就是运用模型和数据来提高企业的执行力和竞争力的方法。尽管模型隐藏于系统之中，但它仍是业务分析的重中之重。虽然运用高级模型会使分析更加有效，但在业务分析中却很少运用（在后面几章中我们发现这种情况逐渐改变）。这是因为很少有管理者甚至分析者了解如何及何时运用恰当的模型来描述并分析某一具体环境。模型存在于数据挖掘技术和联机分析处理系统中，但在实际应用中，人们对模型的理解仍不全面。

网站分析是一种在实时网络信息中利用业务分析工具对决策提供支持的方法。大多数应用程序与电子商务，尤其是客户关系管理密切相关，但有些应用程序是为产品研发和供应链管理而开发的。

最后，**预测分析**（predictive analytics）指的是一种能够预测问题和机会，而不是在这两者出现时简单地绘制报表的业务分析方法。预测分析使用高级的预测和类比模型。

决策支持系统的主要特征及功能（如图 3—5 所示）如下：

1．向决策者提供支持。主要在半结构化和非结构化环境中，将人的判断和计算机提供的信息结合起来，如果使用其他的计算系统或标准的定量方法或工具，我们就不能解决（或不能容易地解决）这样的问题。但随着决策支持系统的不断开发，这些问题也会得到解决。

2．向所有的管理层提供支持，从高层执行官到基层负责人。

3．向个人和团队提供支持。通常，来自企业不同部门和层级，甚至来自不同企业的个人会参与解决非结构化的问题。决策支持系统的开发可为个人和团队开展工作提供支持，也可为个人决策和团队决策提供支持，而且团队中的每个人相互独立地工作。

4．对独立的和（或）连续的决定提供支持。我们可能一次、多次或重复地作出决定。

5．为决策过程的所有阶段（如情报、设计、选择和实施阶段）提供支持。

6．为一系列决策的过程和形式提供支持。

7．决策者应该敏捷、迅速地面对多变的条件，并能够调整决策支持系统，使之顺应这些变化。决策支持系统是一种弹性系统，因此，用户可以添加、删除、合并、改变或重新配置它的基本组件。这些基本组件也是弹性组件，因为我们可以随时修改它们以解决其他类似的问题。

8．用户易操作、强大的图形功能及可利用自然语言进行交互式操作的人机界面这三个优势提高了决策支持系统的效率。大部分新型的决策支持系统的应用程序均为基于网络的界面。

9．提高决策效用（如，精确度、准时性、质量）而不是决策效率（如，决策的成本）。虽然在使用决策支持系统时，决策过程占用较长时间，但有利于作出更好的决策。

10．决策者在解决某一问题时，对决策过程的所有步骤拥有完全控制权。决策支持系统的目的是向决策者提供支持，而不是替代决策者作出决定。

11．终端用户可以开发和修改简单的决策支持系统。信息系统（information system，IS）的专业人士可辅助开发较大的决策支持系统。我们在开发较简单的系统时，需要利用电子数据表的程序包。用户可以运用联机分析处理和数据挖掘技术软件以及数据库来开发较为大型、复杂的决策支持系统。

12．我们通常利用模型来分析决策环境，建模功能使得我们可以在模型配置不同的情况下运用不同的方法进行实验。事实上，这些模型使决策支持系统有别于大多数的管理信息系统。

13．数据的来源、格式和类型都十分繁杂，包括地理信息系统、多媒体以及面向对象的数据。

14. 决策支持系统可作为单机工具供个人决策者在本地使用，也可供某一机构或供应链上的多个机构同时使用。某一决策支持系统能与其他决策支持系统及应用程序兼容，因此我们可以借助网络技术将决策支持系统应用于企业内部和外部。

上述决策支持系统的主要特征及功能，使决策者能够及时地作出更好、更连贯的决策。决策支持系统的主要组件提供这些决策，我们将在讨论决策支持系统的各种分类方法之后，逐一介绍这些主要组件。

3.3　思考与回顾

1. 列举决策支持系统主要的特征和功能。

2. 说明向一个工作群体提供支持和为一项群体工作提供支持之间的不同之处，并解释区分这些概念的重要性。

3. 终端用户在电子数据表格中可以运用哪种决策支持系统？

4. 为什么决策支持系统中包含一个模型很重要？

3.4　决策支持系统的分类

人们曾将决策支持系统的应用程序划分为很多类（Power，2002；Power and Sharda，2009）。通常，决策支持系统的设计过程及操作和执行过程因决策支持系统的类型而不同。然而，我们要记住：不是所有的决策支持系统都属于同一类型。大部分决策支持系统属于由国际信息系统学会特殊兴趣小组（Association for Information Systems Special Interest Group on Decision Support Systems，AIS SIGDSS）提出的决策支持系统的范畴。首先，我们要了解由国际信息系统学会特殊兴趣小组提出的决策支持系统的分类；之后，我们要知晓其他著名的分类，这些类别与前面提到的分类会有一定的交叉。

AIS SIGDSS 提出的决策支持系统分类

国际信息系统学会特殊兴趣小组采用的是由鲍尔（Power，2002）提出的一个简单的关于决策支持系统的分类方法。决策支持系统可分为以下类型：

- 通信驱动和群决策支持系统；
- 数据驱动的决策支持系统；
- 文件驱动的决策支持系统；
- 知识驱动的决策支持系统、数据挖掘技术和管理专家系统的应用程序；
- 模型驱动的决策支持系统。

有些决策支持系统可归属于上述分类中的两个或两个以上的类型，它们被称为复合决策支持系统。下面，我们讨论以上五种基本的类型。

通信驱动和群决策支持系统　通信驱动和群决策支持系统包括那些运用计算机、协作技术和通信技术，为组织解决可能不涉及决策过程的群体问题提供支持的决策支持系统。对任何一种群体工作提供支持的决策支持系统都属于这一类，包括那些对会议、协同设计甚至供应链管理提供支持的决策支持系统。围绕在社区开发的、合作中应用的知识管理系统也属于这一类型。我们将在后面几章对此展开具体讨论。

数据驱动的决策支持系统　数据驱动的决策支持系统主要与数据有关，它将处理后的数据制成信息，决策者便可看到该信息。许多运用联机分析处理技术和数据挖掘技术开发出来的决策支持系统都属于这一类型。该类型的系统对数学模型的要求不多。

在该类型下，数据仓库中的数据库对决策支持系统的结构起到至关重要的作用。早期基于数据库的决策支持系统主要利用关系型数据库的配置。关系型数据库通常处理大量描述性的、结构严谨的信息。基于数据库的决策支持系统具备强大的报表输出功能和查询功能。实际上，这种决策支持系统属于商务智能的领域，是一种现行的应用程序。在有关数据仓库的开发和企业绩效管理的章节中，我们将看到与这一分类相关的几个实例。

文件驱动的决策支持系统　文件驱动的决策支持系统依靠知识编码、分析、研究和检索对决策过程提供支持。所有基于文本的决策支持系统从本质上讲都属于这一类型。大部分知识管理系统属于这一类型。这类决策支持系统对数学模型的应用也没有过多的要求。比如，我们为美国国防军火中心（U. S. Army's Defense Ammuntions Centers）开发的一个系统就属于这种类型。文件驱动的决策支持系统的根本目标就是为包含各类文件形式（例如，口头、书面和多媒体）的决策过程提供支持。

知识驱动的决策支持系统、数据挖掘技术和管理专家系统的应用程序　在这类决策支持系统中，知识技能被用来为具体的决策提供支持。所有人工的、基于智能的决策支持系统从本质上讲都属于这一类型。当决策支持系统利用符号进行存储时，该系统就属于这一类型，人工神经网络和专家系统也属于这一类型。由于这些智能决策支持系统或基于智能的决策支持系统能够带来很多好处，因此许多企业都选用了这类系统。如第 2 章所述，人们将这类决策支持系统用于自动决策系统的开发，其基本思想是运用规则来使决策过程自动化。这些规则从本质上讲可以是某一专家系统，也可以是具有类似结构的系统。在大多数电子商务活动中，迅速地作出决策是十分重要的。

模型驱动的决策支持系统　基于一个或多个（大型或综合型）最优或类比模型开发出的决策支持系统，主要包括模型形成、模型维护、分布式计算机环境中的模型管理和 what-if 分析。许多大型的应用程序都属于这一类型。著名的例子包括宝洁（Farasyn et al.，2008）、惠普（Olavson and Fry，2008）等公司所使用的系统。

这种系统强调利用模型来优化一个或多个目标（例如利润）。在决策支持系统的开发中，最常见的终端用户的决策支持系统开发工具是微软 Excel。Excel 包括多个数据包、一个线性编程包（Solver）以及很多金融和管理科学模型。我们将在下一章对其进行详细研究。我们也可以利用特殊的工具来开发金融规划模型，3.12 节将作介绍。

复合决策支持系统　复合（或混合）决策支持系统是指上述类型中的两个或多个决策支持系统。通常，专家系统能够通过一些优化得以改进，数据驱动的决策支持系统能够为大型优化模型提供支持。数据驱动的决策支持系统将数据图形化，有时文件对于理解生成的结果起到至关重要的作用。

复合决策支持系统中的一个例子是由 WolframAlpha（wolframalpha. com）提出的产品。它将外界数据库、模型、运算法则、文件等中的知识整合到一起，为具体的问题提供答案。比如，它能够收集并分析一只股票近期的数据，并将该股票与其他股票进行比较。它也能够告诉你，在做运动时你将消耗多少卡路里或者某一药物的副作用。尽管人们对复合决策支持系统的开发仍处于初级阶段，但从它将不同领域中的各种知识整合于一体这一角度来看，复合决策支持系统的确是很有开发价值的系统。

霍尔萨普尔和惠斯顿提出的分类

霍尔萨普尔和惠斯顿（Holsapple and Whinston，2000）将决策支持系统分为以下六种类型：基于文件的决策支持系统、基于数据库的决策支持系统、基于电子数据表格的决策支持系统、基于计算机的决策支持系统、基于规则的决策支持系统和复合决策支持系统。这些类型与国际信息系统学会特殊兴趣小组所提出的决策支持系统的类型基本相似：

● 基于文件的决策支持系统与文件驱动的决策支持系统一致。

● 基于数据库的决策支持系统就是国际信息系统学会特殊兴趣小组所提出的数据驱动的决策支持系统。

● 基于电子数据表格的决策支持系统大致上是模型驱动的决策支持系统的另一种形式。在基于电子数据表格的决策支持系统中，人们利用电子数据表格和嵌入式程序来开发和管理模型。与电子表格类似的程序包括初级数据库管理系统，它能与数据库管理系统迅速联系，并管理一些基于数据库的决策支持系统的性能，尤其是描述性知识。

● 基于计算机的决策支持系统与模型驱动的决策支持系统一致。

● 基于规则的决策支持系统包括大部分知识驱动的决策支持系统、数据挖掘技术和管理专家系统的应用程序。

● 复合决策支持系统包括以上两个或两个以上的系统，并且它的定义与国际信息系统学会特殊兴趣小组提出的定义一致。

奥尔特提出的分类

奥尔特（Alter，1980）提出的分类是基于"系统输出这一行动的含义的深度"或系统输出可以为决策提供直接的支持（或决定）的程度。据此，我们将决策支持系统分为七种类型（见表 3—1）。前两种类型是面向数据的，执行数据检索或数据分析功能；第三种类型既处理数据又处理模型。其他四种类型是基于模型的决策支持系统，提供仿真功能、优化或计算功能以得出答案。这些类型明显与国际信息系统学会特殊兴趣小组提出的数据驱动的决策支持系统、模型驱动的决策支持系统和复合决策支持系统的分类一致。

表 3—1　　　　　　　　　不同类型的决策支持系统的特点

分类依据	具体类型	实现功能	任务的类型	用户	使用环节	时间特点
基于数据	文档加密系统	连接数据本身	技术	非管理人员	简单的调查	非常规
	数据分析系统	临时分析数据	技术、分析	分析人员或管理人员	数据的操作与展示	非常规或周期性的
基于数据或模型	信息分析系统	包含多数据库和小型模型的临时性分析	分析、规划	分析人员	编制报告，开发小型模型	非常规、按要求
基于模型	会计模型	根据会计的概念进行标准化计算，以估计未来的结果	规划、预算	分析人员或管理人员	输入项目的预估；输出预估的金额	周期性的（每周、每月、每年）
	表现模型	估计指定操作的结果	规划、预算	分析人员	输入可能的决策；输出预估的金额	周期性的或非常规（临时性）分析

续前表

分类依据	具体类型	实现功能	任务的类型	用户	使用环节	时间特点
	最优化模型	对混合问题计算得出最优化方案	规划、资源配置	分析人员	输入约束条件和目标；得到答案	周期性的或非常规（临时性）分析
	意见模型	计算得出建议性的决策	技术	非管理人员	输入决策情境的结构描述；输出得到建议性的决策	每天或周期性的

资料来源：Condensed from Alter（1980），pp. 90—91.

其他有关决策支持系统的分类

其他有关决策支持系统的重要分类包括：（1）机构决策支持系统和ad hoc决策支持系统；（2）个人支持系统、群体支持系统和企业支持系统；（3）独立支持系统和群支持系统；（4）专门定制的系统和成品系统。下面逐一讨论。

机构决策支持系统和ad hoc决策支持系统 机构决策支持系统（institutional DSS）（Donovan and Madnick，1977）用于处理重复性的决策。一个典型的例子是项目组合管理系统（portfolio management system，PMS），好几家银行利用该系统为投资决策提供支持。人们不断地通过机构决策支持系统来解决完全相同或类似的问题，因此，随着应用的增多，该系统不断得到修正和改进。值得注意的是，并非企业中的所有人都会使用机构决策支持系统。决策问题的重复性决定了选择机构决策支持系统还是ad hoc决策支持系统。

ad hoc决策支持系统（adhoc Dss）通常用于处理一些既无法预料也不具有重复性的具体问题。ad hoc决策通常包括战略性的规划议题，有时也包括一些管理控制问题。随着决策支持系统的发展，在决策支持系统的开发工作中，对使用一两次的决策支持系统进行调整是一项很重要的工作。许多ad hoc决策支持系统的应用程序已发展成机构决策支持系统，原因有二：一是，已解决的问题再次出现，需要系统提供支持；二是，以前使用过的ad hoc决策支持系统可以用来解决企业中其他类似的问题。

个人支持系统、群体支持系统和企业支持系统 人们将由决策支持系统提供的系统支持划分为三种不同的、互不相关的类型：个人支持、群体支持和企业支持（Hackathorn and Keen，1981）。

个人支持。它关注的是在一项单独的任务或决策中有所作为的个体，这项任务和其他任务是相互独立的。

群体支持。它关注的是一群致力于完成各自的任务，但这些任务彼此紧密相关的人。例如，在一个典型的金融部门里，一个决策支持系统可向多名从事某项预算准备工作的员工提供支持。如果将临时性使用的决策支持系统的功能加以扩大，它就成为群体支持的决策支持系统。值得注意的是：它与群支持系统不同，群支持系统是向一组工作人员提供协作和信息传递的支持。

企业支持。它关注的是包含一系列操作，来自不同功能区域、不同地点并拥有大量资源的企业任务或活动，这也可被认为是对企业范围内的支持。开篇案例就涉及这一层次的支持。

独立支持系统和群支持系统 一些决策支持系统的研究者和实践者（如，基恩）曾将决策支持系统的主要模型比喻成正午时分从大厅中走出的孤独的决策者（Keen，1980）。

小型的决策确实如此，但是，在大部分企业里，无论决策是公共的还是个人的，是属于日本人的、欧洲人的、美国人的还是属于其他人的，大多数决策都是通过集体力量、互相合作而提出的。

在群组中工作是一件复杂的事情，群支持系统中的计算机能够提供支持。起初，开发群支持系统的目的是使同一房间中的所有参与者同时进行操作。如今，我们可以通过网络使用群支持系统，并可在任何时间或地点进行操作。相关的应用包括课程管理软件，如 Blackboard 远程学习系统，它能为上课的所有个人和群组提供支持；作为一个内容管理系统，它向上课的学生提供支持；作为一种群支持系统，它通过自身的讨论列表、电子邮件功能和虚拟教室进行操作。这种协作模式中最好的例子可能是维基技术（如，wikipedia.org），它广受欢迎。另一个例子是微软的网络平台。我们将在第 10 章讨论更多的内容。

专门定制的系统和成品系统

许多决策支持系统是专为个人和企业（例如开篇案例中的系统）而开发的。然而，在一些企业中可能会出现某些相似的问题。例如，医院、银行和大学都有许多类似的问题。同理可知，某些功能性领域（如金融、会计）中的非日常问题可能在不同领域或企业的相同的功能性领域中再次出现。因此，开发一种具有一般框架（有时可做一些修改）并可应用于多个企业中的决策支持系统是非常有意义的事情。这样的决策支持系统被称为成品决策支持系统，许多商家（如，Cognos，MicroStrategy，Teradata）均销售这类系统，该系统基本具备数据库、模型、界面和其他支持功能，而且人们只需将企业的数据和商标输入系统即可。联机分析处理技术和数据挖掘技术的经销商为各种功能性领域（包括金融、房地产、市场营销和会计）提供决策支持系统的样板。由于具有高弹性和低成本的优势，成品决策支持系统的数量持续增加。通常，它们将互联网技术用于数据存取和信息交流，将网络浏览器用于界面，同时轻松地将联机分析处理技术和其他方便使用的决策支持系统软件工具结合在一起。

术语中存在一个容易混淆之处：当企业开发出机构决策支持系统时，由于结构问题，企业会以一种临时性的方式使用该系统。虽然企业可开发庞大的数据库，但还会使用联机分析处理工具来查询和进行临时性分析，进而解决非重复性问题。决策支持系统具有以下特征：可以是临时性的也可以是经常性的；可以是专门定制的，也可以是成品。一些实施企业资源计划、客户关系管理、知识管理和供应链管理的公司向客户提供决策支持系统的网上应用程序。尽管在有效地利用这些系统之前，我们通常需要对系统进行修改（有时对主要部分进行修改），但这些系统也可被认为是成品系统。

3.4　思考与回顾

1. 列举国际信息系统学会特殊兴趣小组提出的决策支持系统的类型。
2. 给出文件驱动的决策支持系统的定义。
3. 将霍尔萨普尔和惠斯顿提出的分类与国际信息系统学会特殊兴趣小组提出的决策支持系统的分类进行比较。
4. 列举经常性和临时性使用的决策支持系统各自的功能。
5. 给出成品系统的定义。

3.5　决策支持系统的组件

　　决策支持系统的应用程序由数据管理子系统、模型管理子系统、用户接口子系统和基于知识的管理子系统构成（见图3—6）。

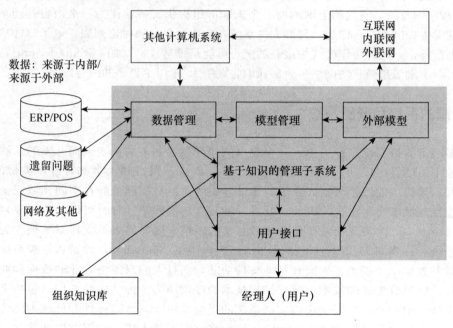

图3—6　决策支持系统的组成

数据管理子系统

　　数据管理子系统包括数据库，该数据库包含与环境相关的数据，并由名为"**数据库管理系统**"（database management system，DBMS）的软件所管理。该子系统能与企业数据库建立连接，而企业数据库是一个存储公司相关决策数据的仓库。这些数据通常存储在数据网络服务器上，通过该数据网络服务器可以进行数据的存取。

模型管理子系统

　　模型管理子系统是一个软件包，包括金融学、数据学、管理科学模型，或其他能够提供系统分析功能和适当的软件管理功能的量化模型。开发自定义模型时也需要模式化语言，这种软件通常称为**模型库管理系统**（model base management system，MBMS），该组件能与企业内外部的模型存储库建立连接。为了能够在应用服务器上运行，这个模型的求解方法和管理系统都应用了网页开发系统（如Java）。

用户接口子系统

　　用户可通过用户接口子系统与决策支持系统进行信息交流，以操作决策支持系统，而且用户被视为系统的一部分。研究者认为，决策支持系统的一些独特的功能是从计算机和决策者的频繁互动中衍生出来的。在大多数决策支持系统中，网络浏览器提供一个熟悉的、连贯的图形用户界面结构。对于本地使用的决策支持系统，电子数据表格也能提供一个熟悉的用户接口。

基于知识的管理子系统

基于知识的管理子系统能支持其他任何一种子系统，也能作为一个独立组件运行。该系统为决策者提供知识信息以增强其判断力，也能与企业的知识仓库（知识管理系统的一部分，有时也称为组织知识库）相互联系，其中网络服务器可传递知识。许多人工智能方法已在网络开发系统（如 Java）中得以实现，并能与其他的决策支持系统的组件兼容。

从定义中可以得出，决策支持系统必须包括以下三个主要组件：数据库管理系统、模型库管理系统和用户接口。基于知识的管理子系统是可以选择组件的，而且通过为三个主要组件提供情报来发挥作用。在其他的管理信息系统中，用户也被视为决策支持系统的一个组件。

决策支持系统组件如何集成一体

决策支持系统的应用程序系统由上述组件构成，该系统能与企业内部局域网或互联网相连。这些组件通常利用互联网技术进行信息交流，并且通常由网络浏览器提供用户接口。图 3—6 展示了决策支持系统的结构图及其组件，该结构图能够让人们更好地了解决策支持系统的大致构造。表 3—2 对每一个组件进行了描述，同时也对决策支持系统的功能作了综述。该表将有助于理解本章后面的内容。

表 3—3 是一个有关网络和决策支持系统之间相互影响的例子。因为网络技术的改革创新使我们在处理、使用和思考决策支持系统方面作出很多改变，所以这些影响和作用都非常重要。接下来，我们会对每一个组件进行更深入的介绍。在后面几章，我们还会提供更多的细节。

表 3—2　　　　　　　　　　　　　　　决策支持系统的功能一览表

整体功能			
用户接口	数据	模型	知识
易使用 为了决策支持系统的循环使用、修改和构造	结合众多问题和场景，连接多种数据来源、数据类型和格式	有众多分析功能，可以提出建议和引导	连接多种人工智能工具，为其他三个组件提供智能，并直接提供解决问题的思路

各组件的功能			
用户接口	数据	模型	知识
一个连贯的图形用户界面，一般以客户端呈现用户输入设备 输出格式和设备的多样性	数据的形式和类型的数量 数据的延伸、获取和完善，特别是通过本地的多维的数据通道	用来构建模型库的模型： a. 多种类型 b. 保存、整理、完善 c. 预先整理这一批模型建模工具	人工智能库 为用户提供帮助的技术： a. 用户接口 b. 数据库 c. 模型库

灵活的交互风格的多样性	数据连接功能：	模型的处理和使用工具	决策过程中提供直接的帮助
用户和开发者之间的沟通支持	a. 检索/查询	模型库管理功能	实现自主决策
用户的知识支持	b. 报表/展示	模型文件	决策中直接进行符号推理的能力
获得、存储、分析（追踪）对话	c. 用户/有效掌握数据用户和服务者的数据管理功能	追踪模型的用途	利用准确度更高的工具（如专家系统、人工神经网络等）得出更让人信服的决策
灵活且适应性强的交互方式支持决策支持系统成分的完善	可视的逻辑数据的数量数据文件追踪数据的用途灵活且适应性强的数据支持	灵活且适应性强的模型支持	

资料来源：Based on R. H. Sprague and E. Carlson，*Building Effective Support*，Prentice Hall，Englewood Cliffs，NJ，1982，p. 313. Reprinted by permission of Prentice Hall.

表 3—3 决策支持系统的组件和网络的影响

决策支持系统组件	网络的影响	给网络带来的影响
数据库管理系统	数据库服务器直接提供数据 连贯的、友好的图像用户界面 为查询数据库提供直接的方法 为数据、信息和知识提供连贯的交流通道 通过便携式设备（PDA、手机等）连接数据 与数据仓库建立连接 与内外部数据建立连接 运用移动商务和通用商务设备进行数据传输 用户进行直接的连接 内联网与外联网 基于网络的开发工具 新的编程语言和系统 在机构间进行数据库的向外延伸，这使得公司范围内的系统都可使用数据库 与数据库有关的信息建立连接	一种研究电子商务、移动商务和通用商务的方法（必须将交易记录进行保存，然后以此为基础进行操作） 寻找用户，进行交叉销售和向上销售，帮助系统建立网络链接，会对网络信息传播产生影响 数据库网络服务器为了分析和使用模型来高效、有效地进行决策，而存储网络数据（通过网络智能和网络分析）
模型库管理系统	与模型、借助 Java 程序和其他网络开发系统开发的模型求解方案建立连接 因为这些模型非常容易使用，所以可以为没有接受过培训的管理人员（和分析人员）提供帮助 借助基于网络的人工智能工具为决策支持系统提供模型和解决方案方面的建议 与模型的相关信息建立连接	基础架构设计和迭代的改良 网络基础设施问题的模型和解决方案 改进网络信息传递的模型 预测新的软硬件的可行性的模型
用户接口对话系统	网络浏览器提供了一种灵活的、连贯的以及熟悉的决策支持系统图像用户界面 与用户接口的相关信息建立连接 在网络上对实验性用户接口进行测试、分装和使用 在基于网络的界面工具的帮助下，运用基于人工智能的工具与用户进行直接的沟通	图像用户界面和计算机鼠标会帮助定义网络浏览器是怎样工作的 用户对他们会怎样与数据、信息和模型等建立连接有较高期待 在网络上可以进行语音识别和语音的生成 网络上会呈现新的基于图像的信息展示方法

续前表

决策支持 系统组件	网络的影响	给网络带来的影响
基于知识 的 管 理 系统	与人工智能的方法建立连接 与人工智能方法的相关信息建立连接 与知识建立连接 基于网络的人工智能工具表现为 Java 小 　程序或者其他网络开发系统工具的形式 已运用的人工智能工具为用户提供直接的 　连接	人工智能的方法能够很好地指导网络设计和信 　息传输 ES 会对互联网交流、服务器和客户的软硬件出 　现的问题进行诊断 ES 和个体会对硬件问题进行诊断，并提出特定 　的维修方法 智能检索引擎对用户模式的学习 当有问题出现或者预计有问题出现时，智能代 　理已全面掌握了网络环境，并对技术人员进 　行调整
用户	网络工具和链接会对用户的态度和期望产 　生较大的影响 使得用户期望对信息、其他资源和其他用 　户已经建立了连接并且百分之百可信	网络链接的扩散通过网络对业务发展带来帮助 电子商务的普及对高速的服务器、客户和业 　务渠道均提出了要求

3.5 思考与回顾

1. 列举决策支持系统的主要组件，并简要描述其定义。
2. 解释各个组件是如何利用网络的。
3. 一个基于知识的组件是如何为其他组件提供帮助的？
4. 描述一个决策支持系统及其组件的基本架构。

3.6 数据管理子系统

数据管理子系统包括以下组件：
● 决策支持系统数据库；
● 数据库管理系统；
● 数据目录；
● 查询工具。

图 3—7（阴影区域）将这些组件通过图解的方式展现出来。从该图中可以看出数据管理子系统和决策支持系统中其他部分之间的相互作用以及一些数据源之间的作用。我们稍后会对这些组件及其功能进行简要介绍，并在第 5 章进行深入讨论。

数据库

数据库（database）是一个为满足企业需求和结构、可供多人多用途使用的相互关联数据的集合。我们在此提供数据库的基本知识。

数据库具有多种配置方式。在许多决策支持系统的实例中，人们通过数据网络服务器

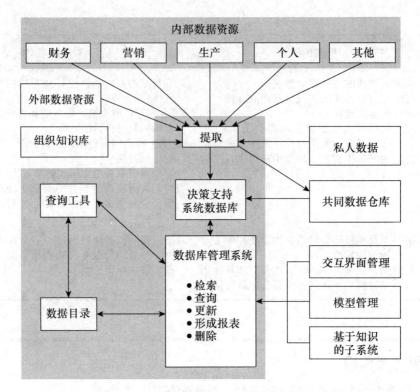

图 3—7　数据管理子系统的结构

从数据库或大型主机数据库系统中提取数据。其他决策支持系统的应用程序会按需开发具体的数据库。决策支持系统的应用程序中，我们可以按数据源的不同使用多个数据库。用户通常希望通过网络浏览器存取数据，也就是说，不必考虑数据源，只需通过数据库的网络服务器传递数据。如图 3—7 所示，决策支持系统数据库中的数据是人们从企业内部和外部的数据源，或者属于一个或多个用户的个人数据库中提取的，提取出的结果直接进入某一应用程序的数据库或企业的数据库（如果存在的话）（参见第 5 章内容）。下面的实例将说明，人们如何将其应用于其他应用程序。

内部数据主要来自企业的交易处理系统，其中一个典型的实例是月工资单。根据决策支持系统的需要，功能区域里的操作数据可能包含市场营销的相关数据（如电子商务中的网络交易）。内部数据还包括机器维护行程安排、预算分配、未来销售预测、脱销产品的成本和未来雇佣计划。我们可以通过网络浏览器从局域网中获得内部数据，局域网是一个基于网络的内部系统。如今，数据库也包含用于分析的内部数据。

外部数据包括行业数据、市场调研数据、人口普查数据、地区就业数据、税率表和国家经济数据。这些数据来自政府部门、贸易协会、市场调研公司、经济预测公司和企业从外部收集的数据。与内部数据类似，外部数据可以保存在决策支持系统的数据库中，并在使用决策支持系统时直接存取。在许多实例中，人们利用互联网（如通过在线服务或搜索引擎）获得数据。例如，美国国家气象局（U. S. National Weather Service）和美国人口普查局（U. S. Census）会将相关数据提供给政府、大学和民间机构。

私人数据包括决策者使用的提纲、具体数据和评价。

数据组织

决策支持系统应该有单机的数据库吗？答案是：视情况而定。在小型、临时性使用的决策支持系统中，模型可以直接添加数据，有时也可从更大的数据库中直接提取数据。对于运用大量数据的大型企业，如沃尔玛、AT&T 和美国航空公司（American Airlines），数据存储在数据库中并在需要时使用。值得注意的是，数据库是一个具有非易失性、易清理、格式标准的大型数据存储集合，通常用于分析而不是交易。有关交易的数据会被聚合在一起，然后导入数据库。

尽管一些决策支持系统会从交易处理系统中提取交易数据，但那些数据通常被转移到另一个数据源（如数据库或其他的大型数据库管理系统）中，这样分析软件与一体化解决方案系统（transacion-processing system，TPS）就不会相互干扰了。（我们在第 5 章讨论数据库时对其作出详细说明。）

一些大型决策支持系统拥有完备、多源的决策支持系统数据库。独立的决策支持系统数据库无须与企业的数据库分开存放，考虑到经济因素，我们可以将两者存储在一起。Respicio et al.（2002）描述了一个致力于制定生产计划和安排、基于电子数据表格的决策支持系统。这个决策支持系统拥有独立数据库，一般存储在 Excel 电子表格中，该表格中的数据源于遗留数据库。根据决策支持系统的解决方案对遗留数据库进行的更新会被上传。决策支持系统数据库可以和其他系统分享同一个数据库管理系统。

决策支持系统的数据库包括多媒体对象（如，图片、地图、音频资料等），而用可扩展标记语言（eXtensible Markup Language，XML）表示的面向对象的数据库也会应用于决策支持系统。由于可扩展标记语言已经成为移动设备（如，PDA、手机、笔记本电脑和台式电脑）中标准的数据翻译方法，因此这个数据库随着移动设备应用程序使用的增加而变得越来越重要，标准网络浏览器也开始运用可扩展标记语言格式来获取数据。

数据提取

为了开发或安装决策支持系统的数据库或数据仓库，我们通常需要从很多渠道获得数据，这种操作过程被称为**提取**（extraction）。它一般包括文件的引用、总结、标准化过滤和数据的凝练，这种过程也被称为提取、转换和加载。当用户从决策支持系统的数据库中获得报表时，该过程就是提取数据的过程。

通常会由数据库管理系统来管理整个提取过程，人们从内部和外部的数据源提取数据仓库中的数据（见第 5 章），该过程的关键就是将从不同渠道获得的数据整合到一起。数据挖掘技术和联机分析处理系统能够从这些系统以及以 HTML 和 XML 文件格式存储的网络资源中直接提取数据，并将它们转换成适合分析的格式。电子数据表格系统（如 Excel）从某种程度上来说也具备类似的功能。

数据的提取并不是复杂琐碎的过程。管理信息系统专家通常将该过程结构化，这样用户就无须处理那些复杂的具体细节了。实现提取过程的合理结构化需要投入很多精力，为了提取所需的数据，我们必须准确地查询几个相关的数据表格，这些表格可能分布在多个独立的数据库中。我们必须将提取的数据整合到一起，这样就生成了一个有用的数据库。

数据库管理系统

数据库管理系统创建、管理和升级数据库。人们开发决策支持系统时，在很多情况下都存在一个标准的业务关联数据库管理系统。我们通常可以通过大型销售商（如，微软、IBM、甲骨文）购买数据库管理系统，但是现在组件往往使用一些低成本、开放资源的系统，例如 MySQL（mysql.com）。有效的数据库及其管理能够为许多管理活动提供支持，例如，为开发和维护各类数据关系提供支持并生成报表。然而，只有在数据因决策模型而整合时，决策支持系统的力量才真正体现出来。

查询工具

通常在开发和使用决策支持系统时，我们有必要进行数据的读取、操纵和查询，这些功能都包含在**查询工具**（query facility）中。它接收来自其他决策支持系统组件（见图3—7）的数据请求，思考如何满足这些请求（如有需要，请参考数据目录），然后清楚地阐述对于具体细节的要求并将结果反馈给请求的发出者。查询工具中包括一种特殊的查询语言（如结构化查询语言）。程序语言（如 NET 和 Java）和其他系统也会直接使用结构化查询语言的架构。决策支持系统中查询系统的重要作用是选择和处理（如，接受计算机的一个指令：收集 2006 年 6 月东南部地区的所有销售情况，并按照销售人员对销售记录进行整理）。尽管这对用户而言很容易理解，但这是一项很关键的工作。用户看到的是带有简单的数据查询请求的屏幕显示，点击按钮后，屏幕上会出现一个动态的超文本标记语言（或者其他网络结构的）页面，并且该页面上的表格里会清晰地罗列出查询结果。

数据目录

目录（directory）就是数据库中所有数据的编目。它包括数据定义，其主要功能是回答有关数据项目的可用性、数据源头及其精确含义的相关问题。通过浏览数据、识别问题所在领域和机会，目录可以在决策过程的情报阶段很好地发挥支持作用。与其他目录一样，数据目录能帮助增加和删除词条及找回具体的相关信息。数据库网络服务器执行所有的数据库组件，对网络浏览器屏幕上的内容作出回应。网络使我们读取、使用和存储数据的方式发生了很大的改变。接下来，我们将了解一些重要的数据库和数据库管理系统中的一些问题，这些问题中有的普遍存在，有的只存在于特定的决策支持系统中。

数据库及其管理系统中的关键问题

尽管存在许多因数据库而产生并影响着数据库的问题，我们在这里仍重点讨论对决策支持系统有重要影响的四个方面的问题，即：数据质量、数据整合、可扩展性和安全性。

数据质量　数据管理中的关键问题就是数据质量。正如我们在第 2 章讨论的，决策者（尤其是执行者和管理者）通常认为他们得到的数据和信息并不是他们工作中真正需要的。

质量差的数据导致质量差的信息，因而直接导致了信息的浪费。如果我们不能相信数据，那么任何分析都不能以数据为基础，这就应了"根不正，苗必歪"（garbage in/garbage out，GIGO）这句俗语。质量差的数据会导致分析过程失败或进展不顺利。例如，如果客户关系管理系统提供的数据不准确，就可能导致多次联系客户、客户分组错误等问题，也就可能产生销售机遇丧失和客户满意度下降的后果。质量差的数据主要会导致浪费（English，2002，2005；Getting Clean，2004；Gonzales，2004），生产过程中的浪费会导致重新执行任务。English（2005）指出，运营利润的 10%～20% 被用于支付因信息碎片和重新执行任务所花代价（如，为了防止作出错误的决定而更新信息）。一份研究报告显示，美国的公司每年因数据质量差而导致的损失超过 6 000 亿美元（Erickson，2002）。

很多领域的专家对数据质量方面的研究感兴趣，他们关注数据挖掘技术、客户关系管理、供应链管理等。如果无法确定决策中所采用的数据的质量和连续性，你就不能确信自己所做的决策。

数据清理（如确认和核查）工具与在数据库中清理数据的工具不同。清理和匹配数据的工具可从 Firstlogic 公司、Group 1 软件公司、Trillium 软件公司、DataFlux 公司和其他公司购买。

数据整合 决策者希望从他们的信息系统中获得一致的数据。数据和信息分布在大多数公司的每一个角落，当我们需要开发企业系统乃至独立的决策支持系统时，必须从各种数据源中收集数据并将其整合为统一的形式，这样大家才能够达成共识。美国国家安全局（U. S. Department of Homeland Security）曾为了将半独立机构和独立机构的数据加以整合而付出极大的代价。起初，我们通过企业信息端口将数据整合到一起并作为独立的整体，关键在于真正对数据形成一个整体的看法。可能出现一个个体的端口可以读取不同数据源的相似数据，而另一个个体端口无法读取的情况，这两个人以为眼前的数据是相同的，但实际上不是。正如在数据质量问题中，为了使取得的数据一致，我们必须对元数据中的所有数据、数据来源及其精确度和准确度进行仔细的分析。

当我们运行类似于客户关系管理系统的系统时，整合问题变得尤为关键。有关客户的信息可能分散在多个数据库中，但是客户希望只有一家独立的企业跟他们联系。当我们将信息转移到一个新的系统中时，数据整合就变得十分关键。即使我们准备将内容整合到内容管理系统中，也可能出现一些大问题。比如，约克国际（York International）为从内容管理系统中将 8 000 多份工程文件整合到标准内容管理系统中仅用了一周，但是它花费了数月时间处理数据的读取和安全问题。中间件（如 ECI Services 提供的产品）能够通过浏览文件、发现问题并解决问题来提供一些帮助（Raden，2005；Siluer，2005）。企业信息集成产品，如 DB2 信息整合器、Oracle 可扩展标记语言数据综合体、信息工程整合能力中心、可扩展标记语言标准化，均对数据库的整合起到帮助作用。

可扩展性 大型数据库（和数据仓库）存在重大的可扩展性问题。随着存储和读取的数据不断增加，处理时间和存储空间也在增加，有时是急剧增加。互联网显然已成为应用程序的主要推动力，尤其在企业内部。从数据库大小和分析类型的角度来看，物理学、生物学、医药学和工程学发挥的作用越来越大，遗传学方面的一个例子是，为基因组项目提供所需的不同类型和大小的数据。医药行业需要大型数据库，不仅是为了处理医药许可，而且是为了分析并预测新型药物的疗效。除此之外，我们将发现数据库管理系统中的常规领域也会出现重大的变化，涉及数据模型、读取方法、查询处理算数方法、并发控制、恢复、查询语言和数据库管理系统的用户接口。相关技术（如数据挖掘）趋于成熟，新型存储技术和搜索机制不断开发出来。比如，有一部分存储问题可以通过仔细分离数据并把它们分散到多重磁盘驱动器上来解决，多个处理器可同时读取同一驱动器。多重处理器群组、对称多重处理器（symmetric multiprocessing system，SMP）系统和拥有适当的并行处理软件的大型并行处理器（massively parallel processing，MPP）硬件系统，能提供有效的并行搜索和读取功能。

数据安全性　数据库管理系统中一个急需解决的重要问题是数据的安全性。在未经授权的情况下，对不安全数据的读取可能对企业的金融财富造成巨大损害。一些实例中，数据安全性受保密法律（如在医药行业实施的法律）的制约。有时，在未经授权的情况下，对数据进行读取可能会导致数据的损坏或篡改。因此，我们必须通过安全措施（如身份证、密码）来防止他人在未经授权的情况下读取数据。同时，我们需要知道是谁在读取数据，他们是如何进入数据库的，以及系统允许个人对数据进行何种程度的修改。我们可以将数据加密，这样即使他人在未经授权的情况下读取数据，看到的也是无法理解的密码。

3.6　思考与回顾

1. 为什么一个决策支持系统一般都有自己的数据库？
2. 描述内部数据、外部数据和私人数据之间的异同。
3. 描述数据库管理系统的组件：查询、目录和数据本身。
4. 数据库管理系统的主要功能是什么？
5. 什么是数据的提取？
6. 查询的功能是什么？
7. 目录的功能是什么？

3.7　模型管理子系统

模型管理子系统包括以下组件：
- 模型库；
- 模型库管理系统；
- 建模语言；
- 模型目录；
- 模型执行、整合和命令处理器。

图 3—8 显示了这些组件及其与决策支持系统其他组件的交互界面。接下来，我们将对每一个组件的定义和功能进行描述。

模型库

模型库（model base）包含常规和特殊的统计、金融、预测、管理科学模型和其他的量化模型，这些模型在决策支持系统中发挥分析作用。激发、运行、改变、合成和检验模型的功能使决策支持系统有别于其他基于计算机的信息系统。我们将模型库中的模型划分为四类：战略模型、战术模型、运营模型和分析模型。另外，还存在模型构建块和例行程序。

战略模型（strategic models）被用来为高管的战略性计划提供支持。其应用程序包括设立电子商务企业、设定公司目标、计划公司合并、选择工厂位置、分析环境影响和创建非常规性的资本预算。一个决策支持系统的战略模型的例子是：西南航空（Southwest Airlines）利用该系统编制精确的经济预算，以使公司能识别战略性机遇（Songini，2002）。

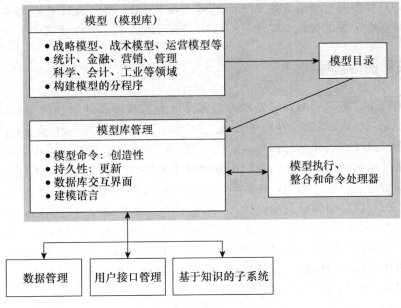

图 3—8　模型管理子系统的结构

西南航空决策支持系统中的核心部分是大型的线性规划模型，该模型允许公司执行者按需求提前多年制定大型、昂贵的设施的采购计划。联邦快递利用基于科学基金网络信息系统（internet-based science information system，ISIS）的决策支持系统作出战略性决策。

中层管理者利用**战术模型**（tactical models）辅助调配和控制企业资源。战术模型的例子包括选择网络服务器、规划劳动力需求、制定销售计划、制定工厂结构的决策和计算常规的资本预算。战术模型通常只对企业的子系统（如会计部门）开放，所提供支持的时间范围从一个月到两年不等，同时它需要利用一些外部数据，但利用最多的还是内部数据。

人们利用**运营模型**（operational models）为企业日常的工作活动提供支持。经典的决策包括电子商务交易审查（如采购）、通过银行个人贷款的审核、产品规划、库存管理、维修计划以及质量管理。运营模型主要为一线管理者的决策过程提供支持，所提供支持的时间范围从一天到一个月不等。通常，这些模型只需要利用企业的内部数据。

一个很好的实例是美国一家拥有上百家分行的大型银行所开发的模型。该银行开发出人工神经网络模型（投资资金大概是 30 万美元），并利用它来决定是否该向一些贷款申请者放贷。该系统作出的精确预测避免了该银行雇佣额外的贷款人员，使得该银行在开发模型的第一年就节省了 20 万美元。

人们利用**分析模型**（analytical model）对数据进行分析。分析模型包括数据模型、管理科学模型、数据挖掘数学公式、金融模型等。我们有时将这些模型和其他模型（如战略性计划模型）整合到一起。Humana 公司利用分析模型筛选医疗保险中的受保群体。

业务分析（包括预测分析）的基础包括所有这些分析模型。业务分析的工具通常是基于网络的，于是便出现了网络分析的概念。我们通常将这些工具应用于网络系统，这些工具的一个功能就是辅助并监控电子商务。通常，业务分析软件是易于使用的。

我们可以将模型库中的模型按照功能区域（如金融模型、产品控制模型）划分，也可以按照学科（如数据模型、管理科学分配模型）划分。决策支持系统中模型的数量从几个到几百个不等。决策支持系统的模型基本上是靠数学知识构建的，也就是说，人们通过公式构造模型，并可以通过决策支持系统的工具（如 Excel）提前设计这些公式。我们可将这些公式存储在电子数据表格中以便日后所用，也可以为了一次性使用编写公式。

模型构建块和例行程序

除了战略模型、战术模型和运营模型等模型之外，模型库还包括**模型构建块**（model buliding blocks）和例行程序。在构建计算化模型时，我们利用的软件组件包括随机数发生器例行程序、曲线或线性例行程序、现值计算例行程序和回归分析程序，我们也可以通过多种方式来使用这种构建程序。我们可以单独使用数据分析这样的应用程序，但它们也可作为大型模型的一部分，比如，现值组件可以是自制或外购模型的一部分。我们利用一些构建程序来决定模型中的变量和数值，正如我们在预测模型中通过使用回归分析来创建趋势线。构建程序在决策支持系统的业务开发软件中是开放的，比如 Excel 中的功能和增加功能、联机分析处理技术和数据挖掘技术软件中的一般建模结构。我们在 Java 和其他网络开发系统中直接使用模型，这使模型的存取和整合更加简化。我们将在 3.12 节介绍一种被称作 Planners Lab 的模型建构语言。

构建决策支持系统的模型组件

构建程序之后，我们必须考虑决策支持系统所需的模型和解决办法的各种类型。通常在开发的初级阶段，整合模型类型很有意义，但随着对决策问题的深入了解，这些步骤可能会改变。一些决策支持系统的开发系统包括很多组件（如来自 Lumina 决策系统的 Analytica），但另一些系统只有一个独立的组件（如 Lindo）。通常，我们将一种模型组件产生的结果（如预测）作为另一种模型（如生产规划）的输入。在某些情况下，建模语言是一种产生解算器的输入的组件，然而在其他情况下，两者是合并到一起的。

我们可以采取多种方式对模型分类。对决策模型的一种简单分类是基于模型输入是确定的（决定性的）还是不确定的（可能性的）。决定性模型的组件包括那些用于线性规划设计的特殊组件（如网络程序设计、整数程序设计）和组件（如非线性规划设计）、模型语言（如 AMPL 和 GAMS）、计划评价与审查技术（PERT）和网络计划技术（CPM）图表（通常嵌入项目管理软件）、动态程序设计等。在可能性方面上，模型的经典组件包括用于预测的组件（如预测分析工具）、Markov 模型、排序、模拟等。其他被认为既是决定性的也是可能性的组件包括路线选择、安排和生产计划，其中每一个组件都包括很多模型组件。联机分析处理技术和数据挖掘软件中通常包含这些组件。

建模工具

由于决策支持系统会处理半结构化或非结构化的问题，它通常运用程序设计工具和语言来按客户要求开发模型，例如，NET 框架语言、C++和 Java。我们可以同时使用联机分析处理软件和数据分析中的模型，即使是模拟语言（如 Arena）和数据包（如 SPSS）也可以提供模型工具，而且人们利用专用程序语言开发出这些模型工具。我们通常在中小型的决策支持系统或者不是很复杂的决策支持系统中使用电子数据表格（如 Excel），我们将在本书的很多重要实例中运用 Excel。

模型库管理系统

模型库管理系统软件具有以下四大功能：
- 开发模型（利用程序设计语言、决策支持系统工具和/或子程序、其他构件程序）；
- 开发新的例行程序和生成报表；
- 升级和改变模型；
- 操控模型数据。

模型库管理系统能够在数据库中将模型通过适当的连接方式建立起相互的联系。

模型目录

模型目录的功能和数据库目录的功能类似。它是模型库中所有模型和其他软件的目录，包括模型的定义，其主要作用是解答有关模型可用性和功能的问题。

模型执行、整合和命令

通常，模型管理控制以下活动：模型执行是指控制模型实际运行的过程。模型整合是指将所需模型整合到一起，比如指导一个模型（如预测模型）的输出并让另一个模型（如线性的程序设计模型）处理该输出，或将决策支持系统和其他应用程序整合在一起。Portucel Industrial（葡萄牙一家大型造纸商）使用一个将六个模型整合到一起的决策支持系统：三个能力统筹规划模型、两个削减计划模型和一个需求预测模型（Respicio et al.，2002）。

关于决策支持系统的一个有趣的问题是：在不同情况下应该使用何种类型的模型。模型库管理系统无法选择模型，因为该选择过程需要专业技能，所以选择过程是人为决定的。这可以看成是辅助知识组件中模型库管理系统的潜在自动区域。另一个更有意思且不易察觉的问题是：我们在模型的一种具体的分类下，运用何种方法才能解决具体问题。比如，分配问题（如向 10 个人分配 10 项工作）是一种运输问题，这是一种网络流量问题、线性规划设计问题或数学优化问题，通常在解决较为特殊的结构时，使用特殊的解决方法更为有效，换句话说，解决分配问题的特殊方法应该比应用运输问题算式更好，但并不总是行之有效。对于复杂的问题，根据其特殊性可采用多种方式来解决这一具体问题。同样，选择适当的解决方法时，我们可以用知识组件来辅助该过程。

20 世纪 90 年代后期，人们将模型库管理系统的组件应用于基于网络的系统，如 Java 小程序或其他网络开发系统中的组件。

3.7　思考与回顾

1. 模型被分为战略模型、战术模型、运营模型和分析模型。为什么这样分类？试就每一类举一个例子。
2. 列举一些模型库管理系统的主要功能。
3. 比较数据库管理系统和模型库管理系统的特征和结构。
4. 为什么决策支持系统的模型选择具有一定难度？
5. 在模型选择中，一个知识组件能起到怎样的作用？

3.8 用户接口（对话）子系统

用户接口（user interface）包括用户与决策支持系统或任一管理支持系统之间交流的所有方面。它不仅包括硬件和软件，还包括与易用性、存取性和人机交流有关的各种因素。一些管理支持系统专家认为用户接口是最重要的一个组件，因为它是管理支持系统的能量、灵活性和易用性等特点的来源。另外一些人认为用户接口是从用户角度考虑的系统，因为它是系统中用户唯一可见的部分。

即使有计算机和量化分析技术，管理者也不愿意尽可能多地利用这些技术，其中很大一部分原因是它们的用户接口不易操作。网络浏览器被认为是一种有效的决策支持系统的图形用户界面，因为它有很强的灵活性及易用性，而且通过它能直接找到所需的信息和数据。网络浏览器本质上已促进了门户网站和面板的开发。

用户接口子系统的管理

一个被称作**用户接口管理程序**（user interface management system，UIMS）的软件已用来管理用户接口子系统。用户接口管理程序由几个程序构成。用户接口管理程序也被称为对话生成管理系统。

用户接口操作流程

管理支持系统中的用户接口操作流程如图 3—9 所示。用户通过一种经用户接口管理程序处理的行为语言和电脑进行互动，它便于用户与模型管理子系统及数据管理子系统之间进行交流。在高级系统中，用户接口的组件包括自然语言处理器或能够通过图形用户界面使用的标准**对象**（object）（如下拉菜单、按钮）。

决策支持系统的用户接口

决策支持系统（和数据、信息及知识）的存取实际上是通过网络浏览器完成的，包括声音的输入和输出、便携式装置和直接遥感设备（主要便于输入）。接下来我们将讨论这些内容，并预测界面的未来发展。

我们通常通过网络浏览器技术（或至少与界面类似的技术）进入决策支持系统，网络浏览器向用户提供门户网站或面板使其进入系统。如果我们按用户的要求为其开发出一款界面，那么这个界面通常是图形用户界面。网络浏览器技术已经让我们对有关软件的形式和体验的期望发生了变化。许多决策支持系统都具有信息挖掘功能（即，在数据中查找问题的根源）和交通信号灯标记功能（如，绿色代表没有问题出现；红色代表问题已经出现；黄色代表问题正在出现）。

我们可以通过多种途径将决策支持系统应用于网络。第一，用户可以登录局域网并激活已开发的决策支持系统的应用程序，他们需要做的就是看到数据所包含的信息或细化数据及其他信息。在决策支持系统运行之后，用户便能看见结果。第二，用户能从网络上获得关于使用决策支持系统应用程序的建议和帮助。第三，用户可以就决策支持系统的结果

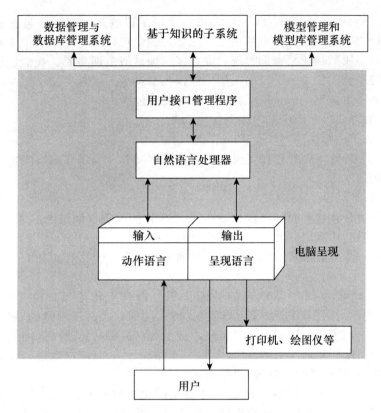

图 3—9 用户接口系统的结构

各抒己见。第四，用户可以合作实施由决策支持系统模型得出的解决方案。

网络工具为群支持系统与知识管理系统以及内容管理系统、企业信息系统、客户关系管理提供了交流合作的机会。假如网络浏览器是用户进入决策支持系统和数据的常用通道，那么大部分软件经销商（尤其那些提供数据库端口的经销商）会提供网站门户或面板，这就使得用户可以获得数据和方法来解决问题。

IBM 的 WebSphere 门户网站（ibm. com/websphere）让员工可以在舒适的环境中参与到商务过程中，使得人们可以相互合作并更快更好地作出决策，这包括 IBM 的电子商务和供应链管理的应用。WebSphere 门户网站提供了一些功能，这些功能允许企业联系其供应链（通过客户结识的经销商）上的每个人，因而使合作更顺畅、更有效。通过微软数字面板和 IBM WebSphere 门户网站，我们可以有效地获得企业信息系统（从供应链管理到知识管理）。其他许多公司提供类似的功能，包括将不同种类的知识体系联系起来的 correlate.com，微软的 SharePoint 门户网站平台，等等。

人们开发出可上网的便携式设备，包括笔记本和台式电脑、PDA、口袋掌上电脑（PDA 的另一种类型）以及手机。这些设备大都具有直接上网的功能，它们支持内置键盘的手写输入和外置键盘的拼写输入。一些决策支持系统的用户接口采用自然语言输入（如人类语言中的文本），因而用户能通过一种含义丰富的方式方便地表达自己的想法。由于人类语言具有复杂性，因此，我们发现开发出能翻译人类语言的软件是相当困难的。然而，这些程序包变得越来越精确，相信它们最终会成为一个精确输入、输出的语言翻译软件。（要了解相关研究，请登录卡耐基·梅隆大学语言技术研究院的网站 lti. cs. cmu. edu。）

短信服务（short message service，SMS）使得手机输入变得越来越普遍，因为人们经常在一些消费决策的应用程序中使用它。比如，我们可以发送一条短信来在谷歌上搜索某一话题，它最实用的功能是查询附近的商业区、地址或电话号码。我们也可以将其应用于其他决策支持系统的任务中。比如，用户可以在单词后面输入"定义"二字，以便查询该词的定义，如"定义 extenuate"。其他一些功能还包括：

- 翻译："翻译西班牙语中的'谢谢'一词"。
- 查询价格："内存为 32GB 的 iPhone 的价格"。
- 计算器：尽管你可能只想用手机的内置计算器功能，为了获取答案，你可能会将数学表达式作为短信发送。
- 货币转换："10 美元兑换成欧元"。
- 体育赛事得分和比赛时间：仅仅输入一个球队的名字（如纽约巨人队），然后就可以通过谷歌了解最新比赛得分和下一场比赛时间。

这种基于短信服务的搜索功能也可用于其他搜索引擎，包括雅虎和微软的新搜索引擎产品 Bing。

苹果公司的 iPhone 是一款领先的智能手机，在其上市之后，许多公司都在开发iPhone 的应用程序来为用户的购买决策提供支持。比如，亚马逊网站的 iPhone 应用程序可让用户在店铺中拍摄任一物品，然后将照片传至亚马逊网站。亚马逊网站的图示运算法则试图将物品的图像和数据库中的真实产品一一匹配，然后向用户发送一个和亚马逊网站类似的页面，让用户体验即时的产品价格比较。

这些设备以及个人电脑中的声音输入是很大众化并且相当精确的（但不是很完美）。当我们同时使用声音输入和声音标识软件（包括可以随时使用的文本转语音软件）时，语音指示伴随着行动和输出被激发。这些功能在决策支持系统中能够随时使用，并且之前描述的便携式装置也具备这些功能。一个有关声音输入用于决策支持系统中的例子是谷歌的411 服务，人们除了可以通过短信服务进行登录外，也可以输入一个电话号码登录（目前主要在美国提供该服务），用户拨打 1-800-GOOG-411，并口述来电位置及所要搜索的信息类型。比如，用户可以说出自己的邮政编码，然后说"送比萨来"，谷歌提供搜索结果，甚至可以给商家打电话安排送比萨。这种以顾客为导向的技术正在寻找商机。比如，手机公司 Alltel（现在归入 Verizon 旗下），为客户提供一种能将手机短信转成文本形式的电子邮件并将其发至电子邮箱的功能。

随着决策支持系统和数据存取设备的发展，个人音乐播放器（如 iPod 和其他 MP3 播放器）能播放数据、图片和视频（通过播客），这使得它们能够展示便携式信息并与决策支持系统建立有效的连接。

除了文本转语音功能外，手势对理解人类的语言起到重要的作用。访问 ananova.com，我们可以看到一个关于人工播报新闻的例子；访问 alicebot.org，我们可以看到一个关于自然语言文本处理和语音输出功能的例子。当你点击 Alice 时，她将密切关注屏幕上你的鼠标光标的一举一动。具备会话功能的 Alice Silver Edition 在 2004年获得了著名的罗布纳奖（Loebner Prize），不论有没有动画人物，我们都可以使用语音生成（如文本转语音）功能。SitePal（sitepal.com）按月收取少量费用，提供带表情的动画人物。其他类似的软件是免费的（见 Natural Soft 有限公司的 naturalreaders.com），付费的版本具备更多功能。微软代理技术在文本中提供声音输入和语音生成功能。

近期，人们在企业绩效管理中尝试通过决策支持系统将物理装置中的数据提取出来，并直接用于业务分析。比如，射频识别（radio frequency identification，RFID）芯片能记录从有轨车接收器传来的数据或工厂里产品生产过程中产生的数据。我们可以在重要的位置下载这些传感器（如记录一个物件状态的传感器）中的数据，并能将该数据及时地传送到数据库或数据仓库中。通过分析数据，我们可对所监控的物体的位置作出判断。沃尔玛和百思买正开发这种技术用于供应链管理，同时其他的公司也正有效地使用这种传感器网络。

人们不断地升级用户接口的硬件和软件。软件方面，科学家在声音识别、自然语言双向处理、语音输入（语音识别）、语音输出（语音转文本）和语言翻译方面不断地作出改进。其中是否包括输入和输出的手势还不确定。另外，我们可将虚拟现实技术应用到数据展示中，比如，它能使决策者对数据分析更有把握。人工智能方法和技术直接影响这些改进的效果。比如，伦敦戈德史密斯大学（London's Goldsmiths College）和美国康奈尔大学（Cornell University）的科学家正致力于开发一种使计算机在和用户进行交流之后，能够识别用户情绪并对其作出回应，甚至能帮助用户更好地理解他们自己的情感的系统。康奈尔大学的科学家还在研发一种能够处理人类语义模糊性的计算机。可参阅 Anthes（2006）获得更详细的资料。

硬件方面，由于受分子大小的限制，虚拟输出的质量和大小受到制约。尽管如此，信息的呈现日趋完善，尤其是在 PDA 和移动电话上。视频会议系统也越来越令人有身临其境之感。事实上，所有这些发展都属于远程呈现技术。读者可以访问维基百科网页（en. wikipedia. org/wiki/Telepresence）来深入了解该领域的发展。随着越来越多的大型公司进入远程呈现技术这 领域，我们将可通过视频和远程呈现进行决策。

决策支持系统的发展

我们在本节介绍了决策支持系统的三大组件、近期出现的一些技术和方法论，及其对决策支持系统和决策过程的影响。决策支持系统组件的发展促进了数据仓库、数据挖掘、联机技术、网络技术及决策支持系统的应用程序在各种新功能领域中的发展。在决策支持系统中，硬件和软件的功能有明显的联系。硬件的体积变得越来越小，但其速度和其他功能不断提高。数据库和数据仓库的容量迅猛增大。数据仓库现在能为供应商提供百万兆的销售数据，也能为大型新闻网站提供百万兆的内容。

网络工具不仅要提高浏览器和服务器的性能、改善 Java 和其他开发系统，而且要改善决策支持系统的界面、数据及模型存取功能。然而，如之前所讨论的，可扩展性仍然是一个问题。如今，并行处理硬件和软件的技术已经可以基本解决可扩展性问题。

我们期望看到决策支持系统组件之间更多的无缝集成，因为它们均采用网络技术，尤其是可扩展标记语言。这些基于网络的技术已成为开发决策支持系统的关键，人们通过该技术减少了基于网络的决策支持系统中的技术障碍，并简化了获得与决策相关的信息的过程，降低了运行成本。同时，这些技术通过移动设备使模型驱动的决策支持系统便于管理者和员工使用。

人工智能不断地改进决策支持系统。快速智能搜索引擎是其产物之一，还有其他一些产物，尤其是在界面的使用方面。智能代理使得人们可以在改进接口、处理自然语言和创建面部表情时保持多样性。人们可以轻松地整合人工智能解决方案，将之纳入决策支持系统或将之作为一种决策支持系统。

人们将越来越多的决策支持系统嵌入或连接到大部分专家系统。决策支持系统中一个有待提高的方面是：群支持系统中企业层面上的支持合作。在教育领域就是如此。决策制定在一定程度上对信息系统中几乎每一个新的方面均提供支持。因此，决策支持系统直接或间接地影响着客户关系管理、供应链关系管理、企业资源计划、知识管理、产品生命周期管理、商务应用管理（business application management，BAM）、企业绩效管理和其他的企业信息系统。由于这些系统的升级，那些运用了数学、统计学甚至描述性模型的灵活的决策组件即使深藏于系统中也扩大了规模并增强了功能。

人们更加频繁地整合决策支持系统中不同类型的组件。例如，为了提高决策质量，人们将地理信息系统与其他传统决策支持系统的组件和工具整合在一起。

3.8　思考与回顾

1. 使用用户接口系统的主要目的是什么？
2. 描述用户交互过程。
3. 用户接口管理程序的主要功能是什么？
4. 阐述为什么决策支持系统的界面通常会使用网络工具。
5. 列举用户接口的四项新发展。
6. 列举除了用户接口的发展外，决策支持系统的四项发展。

3.9　基于知识的管理子系统

由于许多非结构化乃至半结构化的问题过于复杂，因此我们需要用专业的知识和技能来解决。这些专业知识和技能可以来自专家系统或者另一个智能系统。因此，先进的决策支持系统都配有一个被称为基于知识的管理子系统的组件，为解决问题提供相关的专业知识，并且可以提供关于加强决策支持系统与其他组件之间的合作方面的知识。专家系统、神经网络、智能代理、模糊逻辑、案例推理系统等都能够为决策支持系统提供知识组件。基于知识的专家系统和数学建模可以在一些方面得到整合，它们包括基于知识的辅助系统、智能模型决策系统和决策分析专家系统。其中，基于知识的辅助系统可以支持部分决策过程不受数学的支配（如，选择一个模型类别或者算法）；智能模型决策系统能够帮助开发、应用和管理模型数据库；决策分析专家系统能够将不确定参数整合到决策分析过程中。因而，知识组件组成了一个或多个智能系统。

与数据库和模型管理软件一样，基于知识的管理软件也为智能系统提供必要的执行和整合功能。这里需要注意的是：知识管理系统是一个典型的面向文本的决策支持系统，而不是一个基于知识的管理系统。包含这样一种组件的决策支持系统可以称为智能的决策支持系统、经营决策层、专家支持系统、主动决策支持系统或者基于知识的决策支持系统。大多数数据的收集与应用都包含智能系统，如人工神经网络和专家系统中的法则归纳法。人们通常使用这些智能系统来寻找数据中潜在的有益的模式。此外，许多联机分析系统都包含人工神经网络和数据归纳工具，其中数据归纳工具能够为专家系统提取和简化规则。

3.9　思考与回顾

1. 列举可以组成一个基于知识的管理系统的工具。
2. 基于知识的管理系统为决策支持系统整体或者组件提供了怎样的功能？

3.10　决策支持系统的用户

需要面对管理支持系统所支持的决策的人被称为用户、管理者或者决策者。然而，这些术语不能全面地反映出存在于用户与管理支持系统使用模式之间的异质性（Alter，1980）。每个用户的职位、认知偏好与能力以及制定决策的方式（如决策风格）都不尽相同。这里所说的用户可以是一个个体，也可以是一个群体，最终取决于负责这项决策的人。尽管用户没有被视为决策支持系统的一个主要组件，但是通过定义可以判断出，它可以提供人类智能。作为主要负责制定决策的个体或群体，用户可以在指导一个决策支持系统的开发和使用的同时提供相应的专业知识，智能对于系统的成功和正确使用至关重要。如果一个决策支持系统的主要用户被另一个知识匮乏的用户（就决策制定的问题和环境而言）所替代，通常情况下，决策支持系统不会发挥应有的作用。

一个管理支持系统一般有两类用户，即管理者和参谋。参谋（如，金融分析家、生产规划师、市场调查专家等）的数量与管理者的比例大约为 3 : 2，他们使用电脑的机会比管理者更多。在设计一个管理支持系统时，对于设计师来说，了解谁将真正亲自使用该系统是非常重要的。一般来说，管理者比参谋更希望系统容易操作；参谋则倾向于注重细节，在日常工作中，他们更希望使用复杂的操作系统，并且对管理支持系统的计算能力非常感兴趣。这就是联机分析系统的第一批用户是参谋的原因。

通常来说，分析员是管理者和管理支持系统的中间人。一般情况下，**中间人**（intermediary）的作用是让一个管理者在不实际参与操作的情况下从一个决策支持系统中获益。下面几种不同类型的中间人对管理者有不同的支持方式。

- **助理**（staff assistant）有应对管理问题的专业知识和使用决策支持技术的一些经验。
- **专家级工具用户**（expert tool users）能够熟练应用一种或多种类型的解决问题的专业工具。同时，一个专家级工具用户能够执行那些具有解决问题技巧或受过特殊训练的人才能完成的任务。
- **业务（系统）分析员**（business（system）analysts）对应用领域有一定的了解，并且受过正式的工商管理专业教育（不是计算机科学方面的），同时在使用决策支持系统的构造工具方面有着丰富的经验。
- **协调员（在群支持系统中）**（facilitators（in a GSS））通过控制和协调软件的使用来支持分组工作的人员的工作。此外，协调员也负责执行工作组会话。

在管理者和参谋的范畴内，许多重要的子范畴也影响着管理支持系统的设计。例如，用户可以通过组织层级、功能范围、教育背景和对分析支持的需求来区分管理者。用户也可以通过受教育程度、功能范围及与管理的关系来区分参谋。最初，用户可能需要分析员的帮助来获取所需的数据，但是，在创造和使用决策支持系统方面，现今的用户都是典型的实践者。

3.10 思考与回顾

1. 列举并描述决策支持系统用户的两个分类。
2. 列举并描述四种中间人。
3. 为什么大多数用户在使用决策支持系统时都选择亲身实践？

3.11 决策支持系统的硬件

在计算机硬件和软件技术方面，决策支持系统更新的进度是同步的。管理支持系统的功能和可用性受计算机硬件的影响，人们可以在管理支持系统软件设计的前、中、后期选择硬件，但是通常情况下这些硬件都是由组织中正在使用的硬件决定的。

显然，管理支持系统是在标准的硬件环境中运行的。通常来说，人们选用的主要的硬件包括组织的服务器、配有合法数据库管理系统的计算机主机、工作站、个人电脑，或者客户机/服务器系统。而分布式决策支持系统是在多种类型的网络中运行的，其中包括互联网、内联网和外联网，并且它为移动设备提供了访问网络的可能性，这些移动设备包括个人笔记本电脑、平板电脑、掌上电脑和手机。就这个领域中实施决策的能力而言，网络的可访问性变得尤为重要，尤其是对于针对销售人员和技术人员来说。

事实上，决策支持系统的硬件标准是数据库管理系统能通过一个网络服务器从已有的服务器、数据仓库或者合法的数据库中获取数据。一般来讲，用户可以通过客户电脑（或者移动设备）上的网络浏览器访问决策支持系统，服务器、主机、一些外部系统乃至客户电脑上运行的数据包都可以直接为这个系统提供模型。

万维网的功能对决策支持系统有重要的影响，主要表现在以下几个方面：首先，网络可以辅助决策支持系统的数据库同时收集外部数据和内部数据；其次，在管理过程中，网络可以为决策支持系统的建立者与用户提供交流和合作的机会；最后，人们可以通过网络来下载决策支持系统软件，使用由公司提供的决策支持系统的应用软件，或者从应用服务提供商那里在线购买软件。所有主流数据库供应商（如 IBM、微软、甲骨文、Sybase 等）通过在网络服务器上直接运行软件来提供网络功能。通过网络技术，人们能够访问数据仓库，也能够访问在主机上运行或者转移到小的精简指令集计算机工作站的合法系统。由此可见，许多模型都是在快速运行的机器上求解的，但是它们也在网络服务器中运行，可能是在后台运行，也可能是通过其他的系统（如主机）进行访问。

目前，最优化、仿真、数据系统和专家系统都在 Java 环境下运行。这些技术的进步简化了对数据、模型和知识的访问过程，并且方便了它们的集成。同时，主管信息系统/门户网站和联机分析处理系统通过网络工具为开发决策支持系统的应用程序提供了有力的帮助。为了与数据库和模型进行交互操作，新的软件开发工具（如 Java、PHP 和 .NET Framework）都自带屏幕对象（如按钮、正文框），这些都为决策支持系统的开发者直接访问网络提供了帮助。这就从许多方面简化了开发者的任务，尤其是通过网络浏览器技术提出了一种通用的开发工具和一种通用的开发接口结构。另外，一个相关的开源平台 Ruby on Rails（rubyonrails. org）已经出现。

3.11　思考与回顾

1. 为什么决策支持系统的软、硬件选择都需要参考公司的现有系统？
2. 列举用户在使用决策支持系统时可能会使用的电脑和移动设备。
3. 列举决策支持系统的应用中可能选择的硬件。
4. 解释为什么在决策支持系统开发和使用的过程中需要用到网络。

3.12　决策支持系统的模型化语言：Planners Lab

如上所述，决策支持系统可以通过传统的编程语言或者电子数据表格程序来进行开发和应用。今天，需要编程专家运用像 Java 这样的编程语言进行模型开发，但是大多数商务人士习惯于使用电子数据表格，因为终端用户很熟悉电子数据表格的操作界面和操作流程，所以许多决策支持系统都是由电子数据表格构建的。然而，当人们使用电子数据表格来构建一个大规模的项目时，会出现文件和故障诊断方面的问题。在电子表格中，人们很难理解由其他人创建并嵌套的复杂关系，这就使得修改由其他人创建的模型变得更加困难。因此，一个相关的问题渐渐显现出来：计算机编程的公式中出现越来越多相似的错误，所有的方程式以引用单元格的形式出现，人们很难发现错误的所在。其实，这些问题早在研发上一代决策支持系统的开发软件时就被指出，但是，当时的软件是在 20 世纪 80 年代的电脑主机上运行的，这些问题没有得到及时的解决并延续至今。不过，Planners Lab 是针对当今的计算环境和应用环境进行开发而得到的产品，在本节，我们将进一步介绍和解释这个软件。（本节绝大部分内容都是根据杰拉尔德·瓦格纳（Gerald Wagner）博士提供的材料改编的。）

在决策支持系统出现之初，由位于得克萨斯州奥斯汀市的 Execucom 系统公司研发的交互式财务计划系统是一款非常成功的软件产品。这里需要指出的是，Execucom 公司是由杰拉尔德·瓦格纳博士创办的，同时，交互式财务计划系统有与 Planners Lab 相似的模式化语言。当时，交互式财务计划系统是财务策划的主导软件包，当时有 1 500 多家公司和政府机构以及 2 500 多所大学都在使用该系统。

Planners Lab 是决策支持系统构建工具的一个很好的例子。该软件对于学术机构是免费开放的，人们可以登录 plannerslab.com 免费下载所需的资料。Planners Lab 主要包括两个部分：（1）一种易于使用的基于代数排列符号的模型构建语言；（2）一个易于使用的、方便看到模型输出结果的现有最完善的选项，例如，通过回答关于 what-if 和目标寻求方面的问题，人们可以分析假设变化时产生的结果。通过这些部分的有机结合，业务管理者和分析员能够提出、审核和质疑那些构成决策制定方案基础的假设。

Planners Lab 让决策者可以提出关于未来的多角度的假设。通常，每一个 Planners Lab 模型都是一个关于未来假设的集合。不过一般情况下，假设很可能来自过往表现、市场调研和决策者的想法，在这里我们仅列举一些数据的来源。然而，大多数关于未来的假设均来自决策者所积累的经验，并且它们一般都是通过观点的形式呈现出来。

在这里，公式的最终集合就是一个 Planners Lab 模型。这个模型实际上相当于在一个特定的情境中讲述了一个可读性强的故事，同时，Planners Lab 也可以帮助决策者用他自己的语言和假设来描述他的计划，在描述业务假设的过程中，它利用仿真器来促进与决策者之间的交流对话。在这个过程中，所有的假设都应该使用英语（或者用户自己的母语）进行描述。

学习使用 Planners Lab 的最好办法就是使用其软件并且予以密切关注。该软件可以在 plannerslab.com 上下载，并且相关教程都已包含在该软件中。大家可以参考 Courtney（2008）提供的另外一个教程。

提出假设

在举例之前，我们需要记住每个 Planners Lab 模型的发展过程都要经历三个阶段。首先，人们需要指出/确定时间段；其次，人们需要构建这个模型；最后，对包含模型数据和假设的公式进行研究探索。

我们实际应用的 Planners Lab 建模软件更像是生活中的一个财务分析员、商务分析员或者执行助理。建模软件需要决策者紧密合作，以便在模拟逻辑的过程中获得他们的想法，现在我们来看一个典型的案例。

在这里，财务副总裁需要根据一项新的研发计划描述的投资状况来制定决策。他召集了 Planners Lab 分析员、研发部副总裁和其他能够解决这个问题的专业人士一起来开会议。他们开会的房间配有一台视频投影仪，并且每位分析员均配有一台笔记本电脑。在会议的开始，这位财务副总裁首先阐述了当前面临的问题，然后，其他人根据自己对当前情况的理解对这个问题进行阐述，因为所有参加会议的人以前都使用过 Planners Lab，因此他们都熟悉自己的任务（例如，他们知道何时该给出他们关于假设的看法）。此时，分析员便扮演了一个会议记录员的角色（而不是一个协调员或者领导者）。当每个人谈论他们对于假设的看法时，分析员已经通过 Planners Lab 软件将他们的想法记录下来了。例如，当研发部副总裁说："我认为这个投资需要 45 万美元以及超过 3 年的时间"，这时分析员会问："您能说得更详细一些吗？您可以把它细化为诸如人力成本、空间成本和设备成本等具体的成本吗？"当决策者静静思考的时候，分析员会继续整理假设，此时，建模过程也在进行中。假设的形式与下面这种形式类似：

周期＝3 年（2010 年，2011 年，2012 年）

每个员工的工资＝95 000

人力成本＝员工人数×每个员工的工资

员工人数＝2，4，6

每个员工所占面积（平方英尺）＝150

每平方英尺空间成本＝24

空间成本＝每平方英尺空间成本×每个员工所占面积×员工人数

总成本＝人力成本＋空间成本

图 3—10 显示了这些公式是如何呈现在一个 Planners Lab 模型中的，即使是没有接受过培训的人也能理解它的含义。这个例子的规划周期是 3 年。2010 年该公司会有 2 个员工，2011 年会增加到 4 人，2012 年会增加到 6 人。人力成本是通过员工人数乘以个人工资

计算出来的，每个员工的平均工资是 95 000 美元。空间成本是以每平方英尺 24 美元的价格乘以每个员工占据 150 平方英尺的标准，再乘以员工人数计算出来的。在这里，任何东西和任何形式的拼写都可以用来给变量命名。假设的顺序可以随意排列，假设的用词可以随意选择，并且计算指令也可以用任意形式进行定义。

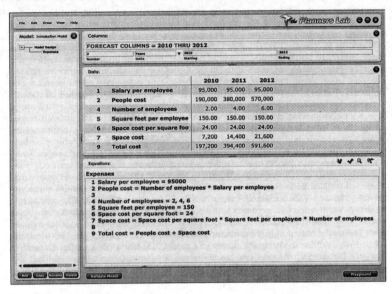

图 3—10　一个基于加载方程可显示时间、假设、数据和结果列表的模型示例

Planners Lab **教程举例**

在一个欢迎界面下，Planners Lab 程序可以为用户创建一个新的模型，或者打开一个可能在本机上已存储的模型，再或者打开一个网络上的模型。与此同时，用户可以借助两种方式来创建一个新的模型：（1）点击"新建"按钮（如图 3—11 所示）；（2）在文件目录下选择"新建"按钮。

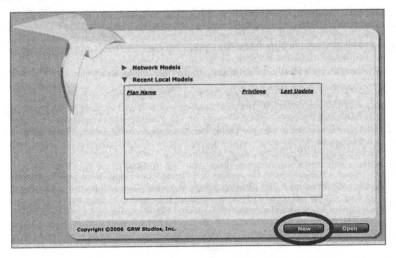

图 3—11　启动时的初始界面

　　用户点击"新建"按钮后，此软件便准备从零开始为用户开发一个新的模型。人们会发现，这个教程中所使用的例子与准备一个咨询提案的模型类似。Planners Lab 模型中的公式可以输出到微软 Word 中（稍后会提到它的操作步骤），整个模型中的公式会全部展现出来。我们现在看到的这些例子可以为大家今后的实际应用提供很好的参考。

　　通过观察我们可以发现，Planners Lab 的菜单位于窗口的顶端并且分为五个部分：文件、编辑、页面布局、视图和帮助。由于页面有限，菜单的有些部分在这里不予讨论。不过，用户应该熟练地使用菜单的各个部分；那些没有提及的部分都是很直观、容易理解的。

　　图 3—12 显示了数据表格（如箭头 1 所示）。我们发现主节点上的数据显示在界面上，而其他节点上的数据并没有显示出来，另外，电子数据表格可以被打开也可以被关闭。用户如果想在界面上显示数据，可以先点击工具栏中的"视图"按钮，然后点击电子数据表格。此外，为了显示多个节点上的公式，人们可以先按住控制键，然后点击节点。

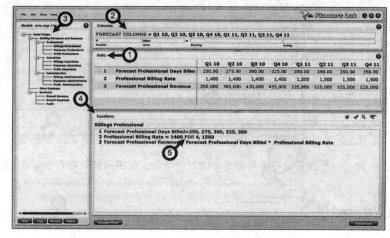

图 3—12　模型概要（左侧）和强调的保留文字

　　在下面的例子中，合同将在 2010 年第一季度开始执行并且持续两年的时间。人们可以用 Q1 10 到 Q4 11 来表示时间（如图 3—12 中的箭头 2 所示）。人们对时间段的定义可以采取灵活多样的方式，在其他的例子中，人们可能会用"Q1～Q8"、"Quarter 1～Quarter 8"，或者"Quarter 1 2010～Quarter 8 2011"等方式来表示。不过在使用 Planners Lab 时，人们需要记住的首要原则是：用最容易理解的方式来定义事物。

　　在这个模型中，概要显示在左侧的窗口中（如图 3—12 中的箭头 3 所示）。这个层次树是一个用来定义模型中组成部分的纲要，它的作用类似于一本书的概要或者目录。它将一个模型分成细小的部分，这样做是为了使这个模型易于维护并且易于向用户解释各部分的功能。这个模型中的树形目录是由节点和子节点组成的。在实际操作中，用户可以根据自己的需要定义这个树形结构，并且可以随意地给节点和子节点命名。当然，有些用户可能不想将这个模型分成不同的部分，因此他们可以将所有的假设融合为一个节点。

　　在这个例子中，第一级节点包括专业人员、同事和管理人员。这就意味着有这样三类人参与了这个提议。此外，用户可以随意地给节点命名。例如，"专业人员"可能被命名为"资历深的人"。尽管这个软件对节点的名称不关注，但需要注意的是拼写和实物应该保持一致。

　　在这个例子中，每一个一级节点下还包括关于收入、支出和利润的子节点。此外，这个模型可以以任何形式展示出来；在这个模型中，没有什么是人们可以预先决定的。这里需要指出的是，相同变量的名称可以在多个节点中使用。

用户下一步需要做的就是在树形图中给每个节点加上公式（如图 3—12 中的箭头 4 所示）。通过观察可以发现，等式左侧的变量通常是用红色标记的。

在这个模型中，需要记住的一个经验法则是：如果数据或者假设在时间段之间发生变化，需要用逗号分隔开。例如，专业预测人员的雇佣天数在第一个时间段为 250 天，在第二个时间段为 275 天，在第三个时间段为 300 天，在第四阶段为 325 天，然后剩下的时间段共有 350 天。需要记住的另一个经验法则是：等式中的最后部分会被应用到所有剩下的时间段中。因此，这个例子中 350 天的雇佣天数要横跨第 5～第 8 个季度。

我们将要看到的下一个等式是用来解释说明专业人员收费率问题的。请注意 "FOR" 这个词（如图 3—12 中的箭头 5 所示），在这个软件中，人们把这种词定义为关键词或者保留词。关键词通常有一个特殊的目的和意义，即简化建模过程。在这个例子中，FOR 意味着期望值。专业人员收费率在这四个时间段的比率均是 1 400，在所有剩下时间段中的比率是 1 500，稍后将看到使用频率最高的关键词的列表。如果想要了解关于关键词的其他信息，可以登录 plannerslab. com 进行查询，也可以通过这个软件的帮助命令获得相关信息。

人们需要仔细观察子节点中的专业人员支出费用，并且注意等式中 "IN" 这个词（如图 3—13 中的箭头 1 所示）。IN 指的是在另一个节点中涉及变量的一种方式。在这个例子中，在专业人员收入节点上，专业预测人员收入等于专业人员每天的工资乘以专业预测人员雇佣天数。只要遵循一种逻辑来理解这些等式，就可以明白这些等式是有意义的。在这种情况下，剩下的节点和这些节点上的等式的意义都应该是清晰的。

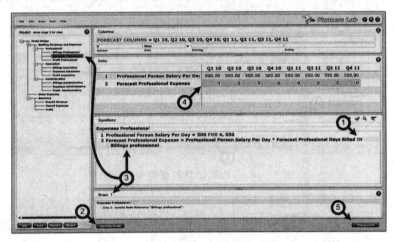

图 3—13 模型验证选择的易错处

为了检查建模中的错误，人们可以点击 "验证" 按钮（如图 3—13 中的箭头 2 所示）。软件的这种功能可以帮助用户了解任何一个错误（如图 3—13 中的箭头 3 所示）。在这个模型树中，软件会用橘色来强调有错误的节点。此外，在每个节点的等式中，错误会用橘色标注，在这些等式下面都有一个描述错误的窗口。例如，当人们提到变量 "Billings Professional" 时，若 "professional" 首字母没有大写，这个问题便会被标记出来。因为 Planners Lab 软件中的变量是区分大小写的，所以上述例子在此软件中是一个错误。只要稍加练习，用户可以很容易地找到并改正错误。在这个模型中，最常见的就是一致性错误，在上述例子中，人们允许变量出现拼写错误，但是必须保持一致。

在图 3—13 中，人们可以看到电子数据表格中专业预测人员支出的值是 0（如图 3—13 中的箭头 4 所示）。出现这种现象的原因是那个节点的等式在实践中没有显示出来。

在讨论模型结果之前，我们可以对模型做一些改变，使其包含风险和不确定因素。因为与之前所举的例子相差甚远，所以人们对于不确定因素的改变还没有明确的认识。例如，在之前的例子中，专业预测人员雇佣天数在第一个时间段为 250 天，但是，这个数字很有可能并不是 250。若在 Planners Lab 中使用 Monte Carlo 模拟器，人们就可以很容易地解决这个问题。

在这个例子中，我们使用的概率分布是三角分布。并且，我们将三角分布中的三个项目定义为最小值、最有可能的值和最大值。在这里，我们使用的关键词是"TRIRAND"（如图 3—14 所示）。在 Planners Lab 软件中，我们使用 TRIRAND 来表示这三个项目。在这个例子中，这三个项目可以表示为 TRIRAND（225，250，300）。我们可以将这个公式简单地解释为专业预测人员的雇佣天数最少为 225 天，最有可能达到 250 天，最多不能超过 300 天。当我们检验结果时，这种做法的意义便显而易见。

如果想要查看结果，人们可以点击"演示"按钮（如图 3—13 中的箭头 5 所示）。在点击"演示"按钮之后，用户应注意观察制表的那排图标（如图 3—15 中的箭头 1 所示）。图表中每个图标的功能稍后将会详细地讨论。

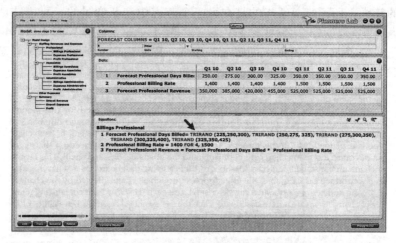

图 3—14 TRIRAND 的蒙特卡罗模拟

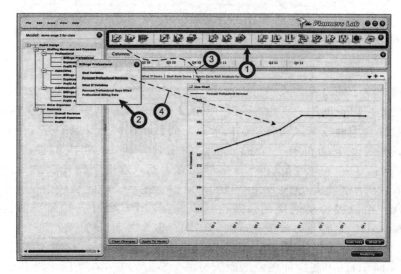

图 3—15 界面中的图表选项

整个软件使用的都是拖拽技术。为了获得一个折线图，用户可以先将折线图标拖到打开的窗口中，然后确定在折线图中所要展示的内容。用户所打开的窗口通常被叫做舞台。例如，当点击专业人员的收入节点时，人们会观察到其中的变量被自动地划分为目标变量和 what-if 变量（如图 3—15 中的箭头 2 所示）。假设其他变量影响目标变量，而目标变量不影响其他变量，在这种情况下，专业人员收费率是影响专业预测人员收入的一个变量。同时，what-if 变量能够决定它们对一个目标变量（如利润）的影响。

人们可以通过将折线图标拖放到打开的窗口来画一个折线图（如图 3—15 中的数字 3 所示）。此时，这个图是空的。为了展示专业预测人员收入的数据，人们可以先将那个变量的名称拖放到这个空白图的顶端（如图 3—15 中的数字 4 所示），然后放下它，此时数据便会自动显示出来。在该图中，人们可以任意选择图表的组合，并且对任何数据都可以采用相同的步骤进行制图。稍后我们会对每类图表进行总结和解释。

图 3—16 描绘了一些用户可能在这个模型中使用的图表的例子：第一幅图是一个折线图，第二幅图显示了相应的柱状图，第三幅图是一个标有选择变量的表格，第四幅图是一个蒙特卡罗风险分析示意图。我们会稍后对每类图表进行详细的解释。在这个软件中，我们会看到许多图表可以同时在一个窗口中显示。不过，同时显示太多的图表会使人感到混乱，并且每个图表都会变得更小。我们将窗口中图表的这种布局叫做"仪表盘"。这种布局形似一个逼真的仪表盘。我们都知道 what-if 分析建立在一个变量的基础上，因此在这个模型中，所有受变量影响的图表都会发生连锁反应。

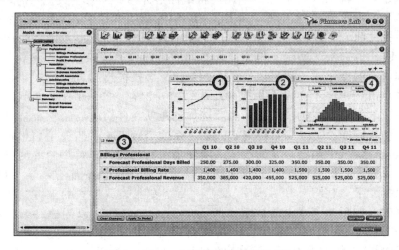

图 3—16　一个阶段的图表类型界面

人们可以创建许多仪表盘，每个仪表盘又包含许多图表。为了创建一个新的仪表盘，人们可以点击符号"＋"（如图 3—17 的箭头 1 所示）。此外，人们可以给每个仪表盘单独命名（如图 3—17 的箭头 2 所示）。在操作过程中，用户可以通过点击切换键从一个仪表盘转换到另一个仪表盘，以此来改变角度。在这个模型中，对人们有帮助的 Planners Lab 的工具包含 what-if 图表和目标寻求图表。这些图表使得用户能够在所选的 what-if 变量中模拟改变的效果。人们在使用的过程中会注意到，其中一些图表类型有问号的标记；这种标记意味着相关的数据可以被编辑，而这些图表就是为了提出假设的问题（如图 3—17 中的数字 3 所示）。

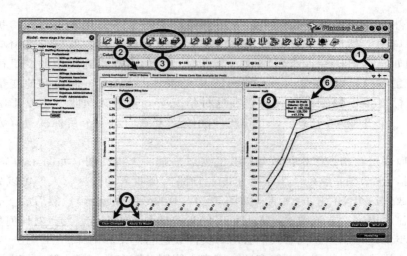

图 3—17　what-if 分析图形

图 3—17 显示了目标变量在 what-if 变量——专业人员收费率（如数字 4 所示）中的改变。用户可以仅仅通过抓住一个具体的数据点或者源范例中的整条线来完成这个过程，即先将它拖到指定的地方并放下。在这个过程中，目标变量（如利润）发生改变的影响也同时显现出来了（如图 3—17 中的数字 5 所示）。在该图中，较细的线显示假设的变量（专业人员收费率）增长了大约 14%。这个变化的影响会马上在代表利润这个目标变量的细线上显现出来，增幅大概为 44%。当用户将鼠标指针移动到某个数据点时，一个文本框便会与源范例和假设范例同时出现（如图 3—17 中的箭头 6 所示）。如果这个用户想要改变源案例的数据并将它移动到新的 what-if 数据时，人们可以通过点击"应用到模型"按钮（如图 3—17 中的箭头 7 所示）来完成。然而通过选择"清除改变"按钮（见箭头 7），用户可以还原所有的变化。一般来说，所有的变化都会被模型自动存储起来，直到两个按钮中的一个被点击，程序才会做出相应的反应。若要保存一个 what-if 案例，人们首先应该在文件菜单中选择打开案例清单项，然后选择创建新文件，之后给它命名便可完成。

图 3—18 向我们描绘了一个目标寻求方案。在这个例子中，假设用户想在每个专业人员每天的工资这一变量中作出必要的改变来增加公司的利润，即每个阶段的增长幅度大约为 5 万美元。首先，我们可以观察到这个目标寻求图的图标栏中都有一个"目标图"。然后，可以将目标变量"利润"和 what-if 变量"每个专业人员每天的工资"拖放到空白的目标寻求图表中（如图 3—18 中的数字 1 所示）。之后，人们可以创建一个单独的折线图来显示 what-if 变量。人们可以拖住目标线将利润值增加大约 15 万美元后放下。在此图中，颜色较浅的线代表了为利润所设定的目标；另一条折线显示了为实现目标利润，what-if 变量需要进行怎样的变化。由该图可知，颜色较浅的线代表了 what-if 的案例，而较深颜色的线代表了源案例。

在结束这部分内容之前，我们应对风险分析图表进行深入的解释。想要创建一个风险分析图表，首先应该将风险分析图标拖放到打开的窗口（钟形的曲线）中。在这里，我们将目标变量"利润"也拖放到此图表中。需要注意的是，任何一个目标变量都可以被使用，但是每次只能使用一个变量。在这个例子中，用户已经选择了预先给定的蒙特卡罗的迭代次数（如图 3—19 中的数字 3 所示）。它的缺省值是 500。然后，用户通过点击"模拟"按钮（如图 3—19 中的数字 4 所示）来运行模拟。

图 3—20 中的结果显示了 2011 年第一季度 500 次迭代后的结果。如果想查看另一个季度的结果，人们可以将滑动条移动到另一个季度。在这个例子中，因为我们想要看到一

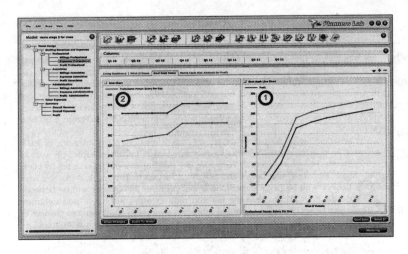

图 3—18 在目标寻求中有必要改变 what-if 变量以使目标变量达到预期结果

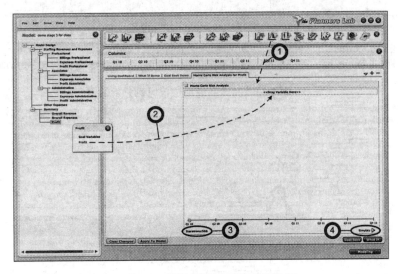

图 3—19 蒙特卡罗模拟的开始选项

个置信水平为 95% 的置信区间，所以需要点击"左"文本框和"右"文本框并将数字 2.5 填入其中。结果就是：在 95% 的置信水平下，我们有理由相信这个季度的利润值在 242 339.05～255 211.86 美元之间。不过，用户要注意最左边和最右边的柱形，它们可以移动到任何可以显示高于或者低于标注值百分比的地方。

图 3—21 显示了另一种类型的图表。这个变量树形图（如数字 1 所示）尤其适用于两个目的。一个目的是帮助用户排除程序中的错误（例如，变量是否与期望值相关）；另一个目的是能够容易地向他人解释模型中变量之间互相影响的关系。为了创建一个变量树形图，用户可以将变量树形图标拖到打开的窗口中并且将目标变量一同拖上来（如数字 2 所示）。在整个过程中，只需要提供一个目标变量。在这个例子中，我们用到了利润这个目标变量。接下来，可以点击所有带"＋"标记的按钮来打开所有的关联部分（在该图中，所有的关联部分已经被打开）。因此，该图以一个清晰且易于理解的方式向我们显示了这个模型中的变量是如何与目标变量利润相联系的。

在这个例子中，一个代表利润的折线图也被拖放到打开的窗口中（如图 3—21 中的数字 3 所示）。现在可以看到右下角有两个按钮，其中一个是"目标寻求"按钮，另一个是

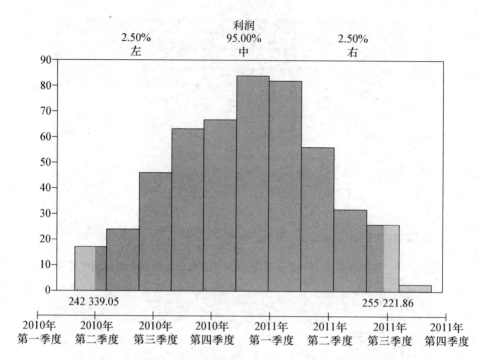

图 3—20　用蒙特卡罗模拟进行风险分析的例子

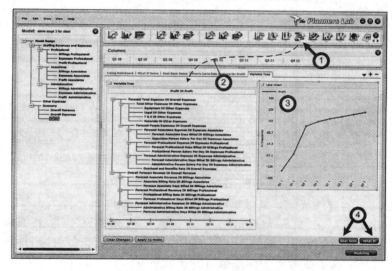

图 3—21　利用变量树来观察模型中各变量间的关系

"what-if" 按钮（如图 3—21 中的数字 4 所示）。当点击其中任何一个按钮时，用户都会打开一个窗口，接下来便可以直接在打开的窗口中编辑等式，而不需要将数据点拖放到一个图表中或者在 what-if 表格中改变值的大小。例如，我们可以点击 "what-if" 按钮，那么可在图 3—22 中屏幕底部的位置看到一个新打开的窗口（如数字 1 所示）。与此同时，what-if 变量可以从模型概要或者变量树形图中直接拖放到这个窗口中。在这个例子中，我们将专业人员收费率从变量树形图拖到了窗口（如数字 2 所示）。我们发现窗口中马上显示出如下等式：专业人员收费率 IN 专业人员营业额＝1 400 FOR 4，1 500。之后，用户便可以编辑这个等式，如将 1 400 变为 1 800，并且将 1 500 改为 1 600（如数字 3 所示）。

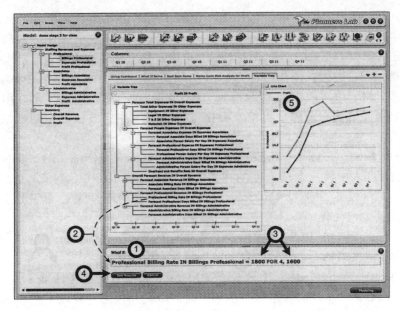

图 3—22　通过编辑等式在界面中进行 what-if 分析和目标导向搜索

接下来，可以点击"查看结果"按钮（如数字 4 所示）来观察这种方法是如何影响利润折线图的（如数字 5 所示）。通过对比可知，这种演示 what-if 分析的方法比前文中所描述的方法更有效。因此，目标寻求过程可以用一个目标变量和一个 what-if 变量按照相似的方法来完成。

Planners Lab 图表的总结

图 3—23 总结了 Planners Lab 中的关键图表。在进行解释之前，我们可以按客户的具体要求绘制图表。注意，左上角挨着图表类型名称的是一个看起来像按钮的方块，我们点击这个方块便可以看到可用的选项，不同的图表类型有不同的选项，这些选项的功能包括改变折线或者柱的颜色、横向或者纵向显示柱状图等。这里我们不会对每个选项的使用方法进行解释，但是这些选项的用法不言自明。

	折线图		what-if 折线图		目标寻求折线图
	柱状图		what-if 柱状图		目标寻求折线图
	表格		what-if 表格		目标寻求表格
	影响分析		风险分析		变量树形图
	饼状图		留言条		

图 3—23　Planners Lab 的重要图例

折线图　折线图是用一条折线上所显示的数据点来代表所选的变量。折线图可以为人们在时间序列数据中认清趋势或者异常值提供帮助。通常，what-if 折线图采用颜色较浅的折线与普通的折线图中的折线相区别。一般将时间段标注在横轴上，而将所选变量的范围标注在纵轴上。当一个图第一次出现时，用户不必采取任何行动，因为所有的时间段都会自动显示出来。然而，用户可以将任何一个显示出来的时间段拖出窗口，在这种情况下，只要将时间段标签拖出即可。同样，用户可以选取任何一个变量，然后将其拖出窗口；也可以选取图例中变量的名称或者图中的折线，然后将其拖出窗口。

what-if 折线图　与折线图相似，what-if 折线图在每个时间段利用折线为所选取的变量制图。在这个例子中，用户只能选择 what-if 变量。what-if 折线图允许用户创建一个 what-if 方案，并且通过在图表中将单个数据点拖动到不同层级或者拖动整条折线来实施方案。

目标寻求折线图　目标寻求折线图为所选的一个目标变量制图。除了目标变量外，用户也可以通过在图表中将一个选项拖动到指定的区域来提供一个 what-if 变量。现在，用户能够为目标变量设定一个期望的值，并且通过这个程序知道：为了达到这个目标，what-if 变量需要如何变化。

柱状图　与折线图相似，柱状图描绘了所有时间段内所选的目标变量和 what-if 变量。同样，时间段显示在横轴上，所选变量的范围标注在纵轴上。

what-if 柱状图　what-if 柱状图只允许使用 what-if 变量。为了改变一个 what-if 变量的值，人们可以点击一个柱的顶端来获取一个时间段，并且将它移动到指定的层级。人们会发现只有浅色的部分可以移动，因为这部分代表了 what-if 案例。而颜色较深的部分仍然保持着实际的值，人们可以将其作为一个参考。与此同时，人们通过点击控制键或者转换键实现移动多个柱状图的功能。

表格　一个表格允许用户列出所选变量的数据。人们可以在表格的顶端拖动一个完整的节点并且显示一个节点上的所有变量，而不是一次拖放一个变量。其他的图表类型也可以进行这样的操作。然而，其他图表类型通常只包含少许变量，表格则不需要担心这个问题。

what-if 表格　what-if 表格是 what-if 柱状图和折线图的一个替代品。这种形式的 what-if 分析可能是最有效的。在 what-if 表格里，用户可以准确地找出一个确切的值，而这在折线图或者柱状图中是很难做到的。

目标寻求表格　目标寻求表格可以与目标寻求柱状图和折线图相匹敌。当用户想要给一个 what-if 变量选择一个确切的值时，这种表格形式是非常有用的，而这种功能在折线图或者柱状图中是不太可能实现的。

影响分析　在影响分析中，用户可以确定 what-if 变量对一个选定目标变量的影响。通常，用户输入的是一个目标变量和多个 what-if 变量。通过使用一个滑动条，用户可以将所选择的一个百分比变动值应用到所有的 what-if 变量中。同时，目标变量的影响（百分比变动）也会显示出来。每个 what-if 变量分别受到一定的影响，但不会互相影响。

风险分析　这个图是为了清晰地反映一个输出变量中的风险或者不确定性因素，这个输出变量同时也受输入变量中不确定性因素的影响。Planners Lab 中的两个风险分析功能是 TRIRAND 和 NORRAND。

变量树形图　变量树形图是描述所选目标变量对于其他变量的依赖程度的树形图，这意味着对所有 what-if 变量的分等级的描述都对目标变量有影响。这对人们迅速、简单地观察变量之间的关系是非常有用的，例如人们在排除一个模型中的程序错误时。

饼状图　一个饼状图显示了横跨所有时间段的几个变量的百分率的分布情况。

留言条　留言条对于在仪表盘上放置便条是很有帮助的。人们可以轻松地将一个便条拖放到任何位置，然后在文本框中打字。它有助于对数据进行注释和演示。

常用的 Planners Lab 关键词

COMMENT（评论）　COMMENT 允许用户在模型中插入评论。它常用于增加解释性的评论。这里有一个简单的例子。

> 增长率＝1.2，PREVIOUS＊1.02
> COMMENT 在这里是指基于我们在过去所看到的事实。

FOR（持续时间段）　关键词 FOR 是重复横跨时间段（列）的值的简写。下面是一些典型的例子：

> 价格＝10，12 FOR 2，15

这意味着价格在第一个时间段是 10 美元，在接下来两个时间段是 12 美元，在之后剩下的两个时间段是 15 美元。

> 每小时收费价格＝20，22，24 FOR 3

也可以写为：

> 每小时收费价格＝10，22，24，24，24

但是 FOR 这个词是简写。这个公式也可以简写为：

> 每小时收费价格＝20，22，24

因为 24 是这个等式中最后的期限，它用来表示所有剩下的时间段。

THRU（经过）　关键词 THRU 用来表明一个变量按照另一个变量的名称来命名的简写。用户可以在关键词 SUM 中看到它的用法。

SUM（总数）　关键词 SUM 即计算数据的总和。这里有一个例子：

> 产品 A 的收入＝10
> 产品 B 的收入＝15
> 产品 C 的收入＝25
> 所有产品的收入＝SUM（产品 A 的收入 THRU 产品 C 的收入）

TOTAL（合计）　关键词 TOTAL 即计算数据的总和。在 Planners Lab 中，关键词 TOTAL 表示计算所有值的总和，这些值与一个模型或者一个模型一系列节点中的一个变量名称有关。思考下面的例子：

> 公司利润＝TOTAL（产品利润）

这个等式计算了模型的所有节点中与变量——产品利润有关的所有数据。

另一种情况就是在所选的节点中详细地说明一个变量的名称。这里有一个例子：

> 树形图中的利润＝TOTAL（树形图类型 1 中的利润 THRU 树形图类型 4 中的利润）

NPV（净现值）　NPV 用来计算净现值，通常用来决定某个工程投资的价值（例如，安装新的设备或者建造新的建筑）。这就像你的储蓄账户的内部信息，比如说，你在一定的利率（如 10%）下将钱存入一个账户。最初的本金以每年 10% 的利率获得利息。如果你在 1 月 1 日存入 100 美元，到 12 月 31 日，你的账户中将拥有 110 美元。如果你将它们继续留在账户中，到第二年的 12 月 31 日，账户中的总金额等于 110 美元乘以 1. 10，依此类推。

使用 NPV，你可以反过来考虑。你可以将未来的现金流折成现值，而不是计算最初的本金按照一定的利率增长后的价值。在第一个时间段，你可以在末期得到现金流并且将其按照 1 加折现率的比率进行分配。使用 NPV，你可以提供一个折现率（如 0.10），类似于利率。在第二个时间段，现金流会按照 1 加折现率的平方的比率进行分配，将每年的 NPV 加总，最后得到整个工程期间的现值。每年 NPV 的总和是这个工程所值的美元高于或者低于贴现率的部分。

举一个简单的例子：

净现值＝NPV（最初的投资，现金流，贴现率）

最初的投资、现金流、贴现率这些变量在你的模型中已经进行了描述。现金流是在每个时间段中资金流入和资金流出之间的差别。

IRR（内部收益率）　IRR 用来计算内部收益率。它与净现值关系密切。在 NPV 等于 0 的地方会出现贴现率。举一个简单的例子：

内部收益率＝IRR（最初的投资，现金流）

贴现率可以是你的一个安全的储蓄账户的利息率。因此，如果内部收益率大于贴现率，人们可以冒险投资以获得更大的收益。

TREND（趋势）　TREND 通过运用简单的线性回归来预测一个变量的时间序列，这里，时间段是"独立的"变量。举一个例子：

投资金额＝1 000，1 500，2 000，TREND

在这个例子中，人们在投资金额的每个时间段中可以看到一条清晰的上升的直线。通常，这条线不会很明显，但是总有一条最佳拟合线会穿过尽可能多的数据点。而趋势的功能就是使用最佳拟合线来评估所有剩下时间段的数据。

FORECAST（预测）　FORECAST 是另一种简单的线性回归。当一个变量依赖另一个变量时，预测工作可以进行。与在 TREND 中把时间段作为一个独立的变量不同，在这里一个变量被用来预测另一个变量的功能。举一个例子，假设有一个六列的模型：

单位价格＝295，275，300，325，350，400
销售数量＝47 000，59 000，50 700，FORECAST（单位价格）

这六个时间段的单位价格分别为 295，275，300，325，350，400。这个软件之后会计算前三个时间段的单位价格和销售数量之间的关系（相互联系）。利用这个信息，它能够计算剩下三个时间段的销售量，因为此时的销售量是基于最后三个时间段的单位价格累积的。

COL（栏）　当人们需要在列中进行操作，或者需要访问一个指定的列时，关键词 COL 会被用到指定的列的等式中。举一个例子：

年＝SUM（COL1 月 THRUCOL 12 月）

在这个例子中，预测栏被细分为从 1 月到 12 月。

IN（里）　关键词 IN 用来指示一个变量，它位于等式中所使用的现有的节点之外。举一个例子：

"节点 A"的等式：

b＝2

q＝8

"节点 B"的等式：

a＝5

b＝6

合计＝20＋a IN 节点 A · （b IN NOde A＋b IN 节点 B＋q IN 节点 A/4）

MOVAVG（移动平均数）　移动平均数的功能是计算最后三个时间段中的移动平均数。它通常用来对目标进行预测。举一个例子：

销售额＝200，400，600

平均销售额＝移动平均数（销售额）

PREVIOUS（之前的）　当一个栏中的变量的值是从之前的一个栏中获得时，关键词 PREVIOUS 就会被应用到一个等式中。这个关键词是人们比较常用的。位移列数指定了与需要检索的先前的值相隔的距离，如果没有特别指定位移列数，我们可以默认列数为 1。如果一个变量以 PREVIOUS 命名，之前列表中的变量值也会被使用。如果变量没有值可供使用，那么我们可以默认变量的值为 0。举一个例子：

销售额＝17 000，20 000，PREVIOUS ＊1. 07

（或者）

销售额＝17 000，20 000，PREVIOUS 2 ＊ 1.07 销售比率＝5，6，7

（或者）

销售额＝10 000，PREVIOUS 2 销售比率 ＊ 2 000

其他不常用的关键词

在 Planners Lab 中还有许多其他功能可以使用。这里我们不作介绍，可以在网上或者软件的帮助功能里查到相关内容。其他有趣的关键词包括：BCRATIO，CEILING（对数字取整为最接近的整数或最接近的多个有效数字），FLOOR（将参数 NUMBER 沿绝对值减小的方向取整），FUTURE，IF … THEN … ELSE，LN（返回数的自然对数），MA-TRIX（矩阵），MAX（返回选定数据库项中的最大值），MIN（返回选定数据库项中的最小值），POWER（返回数的乘幂结果），ROUND（将数取整至指定数），STDEV（根据数据库中选定项的示例估算标准偏差），等等。

第4章
建模与分析

学习目标

1. 理解管理支持系统的基本概念。
2. 阐述管理支持系统和数据、用户之间的关系。
3. 理解几种著名的模式。
4. 理解如何在少量的备选项中构建决策。
5. 描述电子数据表在管理支持系统建模和寻找解决方案的过程中是如何应用的。
6. 解释最优化、仿真和启发式检索的基本概念，并且阐述何时会使用这些概念。
7. 描述如何构建线性规划模型。
8. 理解在解决管理支持系统问题的过程中使用的检索方法。
9. 解释算法技巧、全盲检索和启发式检索之间的区别。
10. 描述如何处理多目标。
11. 解释灵敏度分析、what-if 分析和目标寻求的含义。
12. 描述管理支持中的关键问题。

　　在本章，我们介绍决策支持系统中一个十分重要的组成部分——模型库及其管理问题。建模是一个非常复杂的问题，它既是一门艺术，又是一门科学。本章的目的并不是要求你必须学会建模和分析的方法，而是让你对决策支持系统的相关概念以及它们在决策过程中的应用有所了解。你需要知道，我们这里所说的建模与数据建模的概念相关，但不要混淆了这两个概念。我们在介绍影响图之前会介绍许多基本概念和建模的定义，影响图可以帮助决策者勾勒出问题模型甚至解决问题。之后，我们用电子数据表介绍建模的思想。接下来，我们讨论一些成功的、经过时间验证的模型和研究方法的结构与应用，比如最优化、决策分析、决策树、层次分析法、检索方法、启发式编程以及仿真。

智利早午餐服务竞拍模型

问题

经济学家总是喜欢说"世上没有免费的午餐",但是智利负责学校拨款的政府机构 Junta Nacional de Auxilio Escolary Becas（JUNAEB）就创造了一个例外。JUNAEB 会为智利的公立小学和中学里的 200 万个孩子提供上学期间的早餐和午餐。在这样一个有 14％ 的 18 岁以下孩子生活在贫困线以下的发展中国家,许多孩子的主要营养来源就是这些免费的早餐和午餐。

1980 年,JUNAEB 开始通过竞拍的方式寻找供应商,最初只有 3 家公司投标,在 90 年代增至 30 家,直到今天都维持着这一水平。

基于需要采购的食品数量,JUNAEB 通常在与商家进行价格协商时拥有很大的主动权。然而到 90 年代后期,JUNAEB 仍然根据主观判断来与商家建立合作关系,而且对于合作关系的评判标准也不成熟,这就使得投标者很容易给 JUNAEB 的官员们造成一些不适当的压力。供应商不愿意降低成本和提高效率,使得 JUNAEB 不得不以很高的价格买进一些质量不好的产品。

1997 年,JUNAEB 的董事会找了一组专家,为学校早午餐服务的竞拍活动重新设计一种新的机制。这种机制对单轮投标、密封投标和混合式竞拍中的投标作了规定,并且是基于整数线性规划设计的。新模型当年投入使用,在随后的几年里,JUNAEB 不断地更新和完善这个模型。这个模型是管理科学支持（Management Science Support，MSS）模型的一种有趣的长期应用。

解决方案

为了完成竞拍,智利被划分为 120 个学校分区或者称为区域单元。JUNAEB 每年将 1/3 的分区中学校的免费餐饮服务进行竞拍,然后与合作方签订 3 年期的合同。每当 JUNAEB 开始联系和登记有合作意向的供应商时,就意味着要开始新的竞拍了。JUNAEB 会对供应商从管理、技术和财务方面进行考核,然后淘汰不能满足最低要求的供应商。对符合条件的供应商的分类依据是：（1）它们的财务和执行能力；（2）它们的技术和管理能力。

在将供应商分类后,JUNAEB 会公布投标的规则。有合作意向的商家通过在线系统上交它们的竞标书,每一份竞标书都会包括商家准备实施的一个针对用餐服务以及价格的技术性的项目。技术项目必须满足 JUNAEB 的要求,比如营养和卫生方面的要求。通过这种方式,JUNAEB 可以保证提供的食物是符合统一标准的。

满足这些条件的商家会继续留在投标程序中,之后将对它们的报价进行比较。根据商家的分类,一份标书可以覆盖 1～12 个区域单元。商家递交竞标书的数目没有限制,每一份标书都是独立的。如果 JUNAEB 选择了一家公司的投标,这家公司就需要负责标书中对应的区域单元里所有学校的餐饮服务。

因为 JUNAEB 允许商家申请多个区域的承包资格,所以商家可以很好地利用规模经济。与相邻区域共用基础设施、数量折扣、交通便利性和人员都会对规模经济造成影响。商家一般会上交多份标书,这些标书既可能涉及一个区域单元,也可能涉及多个区域单元。JUNAEB 允许商家投标的区域单元有不同的组合,这就使得竞拍变成了混合式的竞拍,也就增加了找到最优的承包方案的难度。

每一份标书都包含了在相应区域提供

早午餐服务的价格。除此之外，JUNAEB 也要求商家对这些服务的一些替代方案进行报价，比如说如果需要满足更高的营养需求，价格会变为多少。供应商会对不同层次的需求进行报价，这样就降低了因为不可预见的意外（比如老师罢工）而导致食物需求减少时商家所面临的风险。如果食物需求比预期增加，那么商家也可以提供一些适当的优惠。

新模型的目标就是在开支最小的前提下选择一种最优的混合承包方案来满足所有区域单元的需求。JUNAEB 对商家的评估或者商家自己的服务质量指标都是影响合同的重要因素。其他限制条件还包括：

● 一个地区供应商的数量限制。如果一个地区供应商太少，就会加大供应中断的风险，而如果一个地区供应商过多，就会加大管理的难度。

● 每个商家的合约数目上限。这是由这个商家的其余合约数、服务质量指标、财务和执行能力共同影响的一个函数。

● 最低价格。如果一个商家提供的价格最低是因为它低估了成本，则商家会陷入"成功者的诅咒"，增大遭遇亏损和财务危机的可能性。为了避免这种事情发生，应该杜绝出现不切实际的超低价格。

除此之外，还需要考虑不同的饮食结构和需求程度等情况。把所有可能的变量考虑在内，大概需要分析 700 种情况。实际上，决策者可能只愿意评估不到 200 种情况。

要找到每种情况下的最优解决方案，这个问题就转换成了一个整数型线性规划问题。每一份竞标方案都转换成了一个是与非的问题，对每个方案不是接受就是拒绝。方案的限制条件有两个，一个是对每个地区商家的数量限制，另一个是竞标成功的商家的数量限制，与这些限制条件有关的变量也应该考虑在内。

无疑，这个混合式投标方案模型的难度限制了其得到更广泛的应用。对于这个模型的求解极具挑战性：这个实例中有 90 000 个两点变量，却要在很短的时间内求解。JUNAEB 的合作委员会将根据这些方案的质量和鲁棒性对不同的情况进行评估。比如，这个模型让 JUNAEB 能够分析需求量为 100% 时的最优方案和需求量为 80% 时的最优方案。

值得注意的是，委员会确定的是签订合同需要考虑的情况，但是最优化模型建立在一个特定的场景下。完成一个包括数据收集处理、风险管理、法律程序和场景分析的过程一般不会超过 10 天。

结论

在智利的免费早午餐活动中运用最优化模型进行竞拍，同时 JUNAEB 加强管理，取得了显著的社会效益。比如，比较 1999 年的竞拍结果（使用新模型）和 1995 年的竞拍结果（使用原有分析过程），可以发现，商家提供的食物的营养水平、餐饮服务的基础设施以及食品加工的劳动条件都有了持续的改进。虽然这些进步导致开支增加了 24%，但是每一餐的平均价格只上升了 0.76%。总的来说，这个新模型每年为政府节约了近 4 000 万美元，这相当于 300 000 个孩子的饮食开支。

运用数学模型来辅助制定合同，可以帮助 JUNAEB 节省很多经费，原因如下：

● 新模型所表示的过程是客观的、透明的，这就避免了供应商向决策者施加不必要的压力。

● 整个过程是一个整体，各个部分相互依存，这就使得商家必须进行竞争并且尽可能地提高生产力。参与到这个过程中的商家提高了管理水平，改善了服务质量，降低了价格，并且获利。实际上，一项由 JUNAEB 进行的调查对模型启用前后商家的平均利润做了比较，结果显示商家的平均利润率从 3.2% 上升至 4.9%，平均净资产收益率从 28% 上升至 38%，这个结果表明，商家的投资比例在上升。

● 允许商家投标多个区域单元的承包项目，这样商家可以更好地利用规模经济。

● 在每一种情况下，JUNAEB 都可以找出满足所有约束条件的价格最低的承包方案。这项工作通过人工是很难完成的。如果通过人工完成，最后得出结论需要的花费比最优方案多 2%，即 1 000 万美元，相当于 40 000 个孩子的午餐开支。

这个模型最大的成功在于，模型可持续使用。JUNAEB 在 1997 年提出这个模型，之后开始使用。至今，智利政府已经运用混合式竞拍方式签订了金额近 20 亿美元的合同。2002 年，国际运筹学会联合会（International Federation of Operational Research Societies，IFORS）对其颁发了 IFORS 奖，以表彰其对运筹学研究发展所作出的贡献，以及其在发展中国家对运筹学的完美应用。

思考题

1. 智利政府面临什么决策问题？

2. 一个不运用模型的决策过程可以达到理想的目标吗？

3. 如果让你来做这样的决策，你会用哪些其他的方法？

4. 你可以想到用这样的竞拍模型去解决其他什么问题？

我们可以从中学到什么

OR/MS Today 上刊登了许多关于成功使用管理科学支持系统的案例。本案例描述了对于其中一种模型——竞拍模型的一个很有意思的应用。竞拍模型可以应用在任何地方。也许对于竞拍模型最有名的一个应用就是 eBay 网站，在这个网站上商家和顾客都参与到实际的竞拍中。另一个你比较熟悉的例子就是，在谷歌和其他一些搜索引擎中，在输入一个特定的关键词以后，赞助广告在页面上的位置是由其价格决定的。

这个案例反映了管理科学模型的作用不仅仅限于私人企业的应用，它也可以帮助政府进行决策。在发展中国家，公立的社会项目往往会带来巨大的政府开支。这个案例的成功表明，复杂的决策工具在这类事情上是有帮助的。一个项目的一点小修改，也许就可以节约很大的一笔开支，而这些开支可以让人们的生活水平得到明显的提高。这个案例也表明，这种模型可成功应用于其他国家。

我们准备对一些分析模型的细节进行讨论，其中包括如何对它们进行求解，以及在决策过程中这些模型如何帮助决策者做出决策。在此之前，我们会先介绍一些其他组织所面临的问题，以及它们是如何运用模型来解决问题的。

资料来源：Adapted from J. Catalán, R. Epstein. M. Guajardo, D. Yung, L. Henriquez, C. Martínez, and G. Weintraub, "No Such Thing as a Free Lunch?" *OR/MS Today*, April 2009, Lionhrtpub. com/orms/orms-4-09/frlunch. html（accessed June 2009）.（Reproduced and edited with permission from *OR/MS Todaty* and the authors.）

4.1 管理支持系统建模

Pillowtex（ProModle，2009）、Fiat（ProModle，2006）以及宝洁（Camm et al.，1997）等公司使用的应用程序描述了怎样将模型整合到决策支持系统，从而给组织带来成功。虽然本书不会详述具体案例，但是接下来可以由此入手讨论建模学习。

仿真模型可以提高组织的决策能力，并可以让组织看到决策带来的影响。Fiat 每年通过仿真节省下来的生产经费就达 100 万美元。2002 年盐湖城冬奥会运用仿真来设计大多数场馆的安全系统、安排车辆运输。这种预测技术使得盐湖城奥组委对极其复杂的车辆分布网络在一系列场景中进行建模和测试，这些场景涉及安保、天气、运输系统。借助模型，一些公司每年至少可以节省 2 000 万美元。因此，即使公司面临财务压力，也会从有限的资源中挤出一点投资于更有效率的解决方案。Pillowtex 是一家拥有 2 亿美元资产，生产枕头、床垫和 T 恤的公司，已经申请破产，它需要对工厂进行重组，以使公司的净利润最大化。它应用了一个仿真模型来开发新的精益生产环境，以降低成本、增加产量。公司预计，使用这个模型可以立即节省超过 1 200 万美元（见 ProModle. com）。

宝洁建模案例的经验

在大多数决策支持系统中，建模是关键因素；在一个以模型为基础的决策支持系统中，建模是必要条件。许多类型的模型通常会有一些用于解决每个问题的特殊技术。仿真是一种常见的建模方法，但是还有一些其他的方法。例如，宝洁用最优化方法来重新设计它的分配系统。宝洁的北美决策支持系统供应链的重新设计使用以下几个模型：

- 基于算法的数学模型。该模型用于估计运输费用，作为决策支持系统的一部分直接进行编码。
- 需求预测模型（建立在统计基础之上）。
- 配送中心位置模型。这种模型使用标准线性/整数优化软件包来处理聚合数据（一种特殊的建模技术）。
- 运输模型（如线性规划模型的专门版本）。该模型用来计算从生产中心到配送中心（从以往的模型中分离出来）再到顾客手中的最佳运输路线。该模型需要和配送中心位置模型结合，然后借助商业软件求解。系统依次解决这两个问题。决策支持系统必须提供整合商业软件模型的接口。
- 金融和风险仿真模型。该模型需要考虑一些定性的因素，并且需要决策者的判断。
- 为用户接口设计的地理信息系统（是一个有效的地理数据模型）。

宝洁的案例说明，一个决策支持系统可以由几个模型组成———一些模型是标准的，另一些模型是定制的，所有模型整合起来支持公司的战略决策。它也进一步说明，一些模型是内嵌于决策支持系统软件包的，另一些则需要为决策支持系统进行外部开发，还有一些会在需要时被决策支持系统所接受。有时，为了准备足够的模型数据并进行评估，需要投入很大的精力；在宝洁的案例中，大约有 500 名员工为这个课题忙活了近一年。此外，所有模型必须整合在一起，模型也许会被分解和简化，有时局部最优化方法也是可行的。最后，在制定决策时人的主观评价是使用模型需要考虑的一个重要方面。

其他建模案例的经验

从前面的描述中可以看出，建模不是一个简单的任务。想要获得更多的信息，请查阅 Stojkovic and Soumis（2001），该案例给出了一个用来调度航空公司航班和飞行员的模型；Gabriel et al.（2001）给出了一个美国国家能源经济形势模型；Teradata（2003）给出了位于柏灵顿北方圣大非公司（Burlington Northen Santa Fe）的模型，这一 **数学（量化）模型**（mathematical（quantitative）models）（使用一系列的符号和表达式来表示实际的情况）被用来优化车体性能，并被嵌入联机分析处理工具。模型开发者必须平衡模型的简化和表现需求，才能捕捉足够多的现实信息，从而为决策者提供有用的支持。

将模型应用到现实世界可以节省数万美元支出或者增加数万美元收入。美国航空公司通过美国航空决策技术公司（American Airlines Decision Technologies，AADT）将模型广泛应用于 SABRE 系统。美国航空决策技术公司在许多新技术及其应用领域（包括管理在内）处于领先地位。例如，通过优化飞机提升和降落的高度，每周可以节省 700 万美元的燃油费用。美国航空决策技术公司在 20 世纪 80 年代早期每年就可以节省数亿美元，而且它的增量收入每年超过 10 亿美元，超过了航空公司本身的收入（Horner，2000；Mukherjee，2001；Smith et al.，2001）。Christiansen et al.（2009）给出了用于航运公司的运作的应用模型，也给出了一种名为 TurboRouter 的决策支持系统，用于船舶调度和安排。据称，使用该系统仅三周，一家公司就提高了其港口的利用率，在很短的时间内产生了 100 万～200 万美元的额外利润。

建模需完成事项

接下来主要讨论建模过程中要完成的事项，例如问题识别、环境分析、变量识别、预测、多重模型的使用、模型分类（适当的选择）、模型管理以及基于知识建模。

问题识别和环境分析 我们在第 2 章深入地讨论了问题和环境分析。一个非常重要的方面是**环境扫描和分析**（environment scanning and analysis），包括监测、扫描以及解释收集来的信息。决策不是免费的午餐。分析领域范围、环境力量和变化情况是很重要的。决策者需要确定组织文化和企业决策过程（例如，谁做决定，中心化程度如何）。问题很有可能来自环境因素，商务智能/商务分析工具可以帮助我们通过扫描来确定问题。这个问题必须在统一框架下为所有相关人员理解，因为问题最终会通过某一个模型展现出来。否则，这个模型就无法为决策者提供帮助。

变量识别 模型变量（如决策变量、结果变量、不可控变量）的识别十分关键，因为这些变量之间存在联系。影响图是数学模型的图像模型，有助于识别变量。为大家所知的一种影响图是认知地图，可以帮助决策者更好地理解问题，特别是变量及其相互作用。

预测 预测（forecasting）就是预言未来。预测分析的方式对于构建和操纵模型很重要，因为当一个决策实施时，无法马上看到结果。决策支持系统是典型的被设计用来判断未来会如何的系统，传统的管理信息系统则报告现在是怎样的或者以前是怎样的。对过去进行灵敏度分析没有任何意义，因为现在已成定局。随着许多软件供应商开发的软件的复杂操作（如模型开发）自动化程度提高，预测变得越来越简单。例如，令供应商高兴的是，SAS（sas.com）的高性能预测系统嵌入了其预测分析技术，与大多数其他预测软件包相比，SAS 的自动化程度更高。

电子商务需要进行大量预测，同时也提供了进行预测所需的丰富信息。电子商务活动迅速产生，购物信息被收集起来并用于生产预测。部分分析涉及简单的需求预测，此外，预测模型可以使用产品生命周期需求信息、市场信息以及顾客信息来分析整体形势，从而在理想情况下增加产品和服务的销售，这样的信息可以用来制定价格和促销计划。

许多机构使用各种定量和定性的方式预测产品和服务需求。但是直到最近，大多数公司才将它们的顾客和潜在顾客分成几个经过实践检验的类别。顾客的特点固然很重要，可是如何用合适的包装在合适的时间以合适的价格出售给合适的顾客也很重要。公司越能精确地做到这一点，获得的利润也就越多。此外，一个公司要清楚何时不可以向某个顾客群体出售某种产品或某个品类。这么做的目的在于识别终身客户带来的利益。客户关系管理系统和收益管理系统（revenue management system，RMS）很大程度上依赖于预测技术，这种技术通常被称为预测分析。这些系统可用于预测谁是最好（最有价值）的客户（也包括最不好的客户），还可用于集中识别以合适的价格吸引这些客户的产品和服务。

多重模型　决策支持系统包括多个模型（有时有 10 多个），每一个对应决策问题的不同部分。例如，宝洁供应链的决策支持系统包括定位配送中心的位置模型、生产策略模型、需求预测模型、成本计算模型、财务和风险仿真模型，还包括一个地理信息系统模型。其中一些模型是标准的，以嵌入的方式整合到决策支持系统中。另一些模型尽管也是标准的，但不是以嵌入式模型存在，而是以独立的软件存在，为决策支持系统提供接口。非标准模型必须从零开始建立，宝洁模型通过决策支持系统整合到一起来进行多目标决策。虽然成本最小化是既定目标，但还会有其他的目标，就如在制定最终决策之前，管理者会用政策性的或其他的标准来衡量和检查解决方案。

模型分类　表 4—1 将决策支持系统分成七类，并列出每类具有代表性的几种技术。每种技术可以应用于**静态模型**（static model）或**动态模型**（dynamic model），这些模型可以在确定、不确定或者存在风险的情况下构建。为了加快建模速度，可以使用特殊的决策分析系统，这些系统里包含嵌入式建模语言和功能，比如电子数据表、数据采集系统、联机分析处理技术、建模语言，这些都可以帮助分析者构建模型。在稍后的章节中会介绍其中的一个系统。

表 4—1　　　　　　　　　　　　　　　模型类别

类别	过程和目标	代表性技术
通过少量备选方案进行最优化	从少量的备选方案中找到最好的解决方法	决策表、决策树形图、层次分析法
优化算法	使用逐步改善的程序，从大量的备选方案中找到最好的解决方法	线性模型和其他数学模型、网络模型
优化解析公式	使用公式一步步找到最好的解决方法	库存模型
仿真	通过实验在备选方案中找到足够好或最好的解决方法	几种不同的仿真
启发法	通过规则找到足够好的解决方法	启发式编程、专家系统
预测模型	对给定场景进行预测	预测模型、马尔可夫分析
其他模型	运用公式进行 what-if 分析	金融模型、排队模型

模型管理　模型和数据一样，通过类似于数据库管理系统的模型库管理系统进行管理，以保持模型的整体性和性能。这样的管理方式能够对类似于数据库管理系统的模型管理系统有所帮助。

基于知识建模　决策支持系统使用的模型大多数为量化模型，然而专家系统大多使用定性的、基于知识的模型，构建可用的模型需要一定的知识。后面的章节将会描述基于知识的模型。

当今的建模趋势　当今的一种建模趋势是利用开发模型库和解决方案技术库。有些代码可以直接通过网络免费运行，还有一些则可以通过个人电脑、网络机器或服务器下载并运行。这些强大的优化仿真软件易于获得，即便是那些只做过课堂练习的决策者也可以很方便地使用这些工具。例如，位于伊利诺伊州的阿贡国家实验室数学和计算机科学小组（Mathematics and Computer Science Division at Argonne National Laboratory）维护提供优化的 NEOS 服务器（neo. mcs. anl. gov/neo/index. html）。人们可以通过点击运筹学和管理科学协会（Institute for Operations Research and the Management Sciences，IN-FORMS）网站（informs. org）上的"Resource"来链接其他网站。运筹学和管理科学协会的网站上有大量建模和解决方案的资源。*OR/MS Today* 是运筹学和管理科学协会的一个出版物，其网站（lionhrtpub. com/orms. shtml）上包括其他仿真软件的链接，我们可以很快地获得一些资料。

另一个明显的趋势是开发及使用网络工具和软件来访问甚至运行软件，以完成建模、优化及仿真等。简化现实世界问题的应用模型有很多种，然而，想要有效地使用模型和解决问题的技术，必须从开发简单模型和解决简单问题开始积累经验，但是这一点常常被忽视。还有一个趋势是，人们对于模型和解决方案在现实世界能做什么缺乏了解。有些组织拥有关键分析员，他们知道如何有效地使用模型。这样的组织常见于收益管理领域，从航空、旅馆、汽车租赁发展到零售、保险、娱乐和许多其他的领域。客户关系管理也使用模型，但它们对于使用者而言是透明的。随着管理模型应用的日益广泛，数据量和模型的规模越来越大，这就使得使用数据仓库来提供数据以及使用并行计算硬件在合理的时间内寻求解决方法成为必然。

有一个一直存在的趋势，那就是管理支持系统的模型对于决策者的透明度不断提高。例如，**多维分析（建模）**（multidimensional analysis（modeling））涉及多维数据分析。在多维分析（建模）和其他案例中，数据基本上是以大多数决策者熟悉的电子数据表格形式呈现给决策者的。许多决策者过去熟悉的数据立方体现在被访问数据仓库的联机分析处理技术代替。尽管这些方法可能使得建模更加容易，但同时也会忽略许多对决策方案十分重要的微妙的解释。建模涉及用趋势线进行数据分析和用统计原理建立联系，但它涉及的内容远不止这些，而是复杂得多。

还有一种趋势是为模型建立模型来帮助分析。**影响图**（influence diagram）是模型的图形表示，也就是模型的模型。一些影响图软件包可以形成和获得组合模型。

4.1　思考与回顾

1. 列举三个建模时得到的教训。
2. 列举并描述建模中存在的主要问题。
3. 决策支持系统中使用的模型有哪些主要类别？
4. 在行业中，为什么模型没有以本应该的或本可以的使用频率来使用它？
5. 如今的建模趋势是怎样的？

4.2　决策支持数学模型的结构

接下来，我们将讨论关于管理支持系统的数学模型的话题，其中包括模型的组成和结构。

决策支持数学模型的组成

所有的模型都由四个基本部分组成（见图 4—1）：结果（输出）变量、决策变量、不可控变量和中间变量。数学关系把这些变量联系在了一起。在非量化模型中，关系是象征性的或者定量的。决策的结果基于所作出的决策（如决策变量的值），不能被决策者所控制的（环境中的）因素以及变量之间的关系。建模过程涉及识别变量和变量之间的关系。对模型求解决定了以上变量以及结果变量的价值。

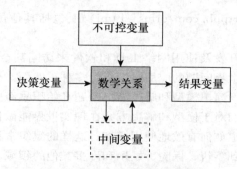

图 4—1 量化模型的大致结构

　　结果（输出）变量 结果（输出）变量（result（outcome）variables）反映了系统的有效水平，显示了系统运行效果如何以及是否达到了它的目标，这些变量是输出。有关结果变量的例子见表 4—2。结果变量又称因变量。中间变量在建模过程中用来识别中间结果。在因变量的案例中，因变量描述的事件发生之前，必须有另一事件发生。结果变量依赖于决策变量和不可控变量。

表 4—2　　　　　　　　　　　　　　模型组成部分的例子

领域	决策变量	结果变量	不可控变量和参数
金融投资	投资替代物和数量	总利润、风险 投资回报率 每股的收入 流动比率	通货膨胀率 基础利率 竞争
市场营销	广告预算 广告渠道	市场份额 顾客满意度	顾客的收入 竞争者的行动
生产制造	生产什么及生产多少 库存水平 补偿机制	总费用 质量 员工满意度	机器性能 技术 生产资料价格
会计	计算机的使用 审计表	数据处理费用 错误率	计算机技术 税率 法律要求
运输	运输计划 智能卡的使用	总运输费用 支付的浮动时间	运输距离 规定
服务	员工水平	顾客满意度	服务需求

　　决策变量 决策变量（decision variables）描述了备选执行方案，该变量由决策者控制。比如，投资问题中股票投资数量是一个决策变量；行程安排问题中的决策变量是人员、时间和行程安排。其他的例子见表 4—2。

　　不可控变量（参数） 在任何一个决策情景中，都有影响决策变量但决策者无法控制的因素。这些因素中，不变的叫做**不可控变量（参数）**（uncontrollable variables（parameters）），变化的叫做变量。这些因素可以是基础利率、城市的建筑条例、税收规定和公共事业费（其他的例子见表 4—2）。以上大多数因素都是不可控的，因为它们取决于决策者工作所处的系统环境。有些变量限制了决策者，形成了所谓的问题的约束。

　　中间变量 中间变量（intermediate result variables）描述了数学模型中的中间结果。比如，在进行机器日程安排时，损坏是一个中间变量，总利润是结果变量。另一个例子是员工的工资，这构成了一个管理上的决策变量：它决定了员工的满意度，而员工满意度决定了生产水平。

管理支持系统数学模型的结构

量化模型的组成部分通过数学表达式——等式和不等式——连接起来。

一个非常简单的金融模型是：

$$P = R - C$$

式中，P 表示利润，R 表示收入，C 表示成本。这个等式描述了变量之间的关系。另一个众所周知的金融模型是简单的现金流现值模型，其中，P 表示目前的价值，F 表示将来以货币支付的报酬，i 表示利率，n 表示年限。利用这个模型，就可以计算利率为 10% 时，5 年后挣得的 10 万美元在今天的价值，计算公式如下：

$$P = 100\,000/(1 + 0.5) = 62\,092$$

我们将在下一节介绍更多的复杂的数学模型。

4.2　思考与回顾

1. 什么是决策变量？
2. 列举并大致描述线性规划的三个主要成分。
3. 解释中间变量的作用。

4.3　确定性、不确定性和风险[①]

第 2 章描述了西蒙决策过程理论的一部分内容，其中涉及评价和比较备选方案，在这个过程中，需要对每个备选方案未来的产出进行预测。决策场景通常基于决策者对预测结果的了解程度，从完全了解到完全不了解分成三类（见图 4—2）：确定性、风险和不确定性。

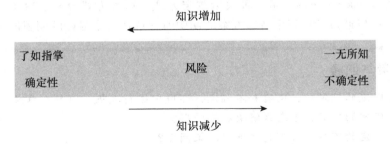

图 4—2　决策制定的范畴

当我们建模时，任何一种情况都有可能发生，所以适用于每种场景的模型也不相同。

---

① 本书的 4.3 节、4.5 节、4.7 节以及 4.10 节的部分内容改编自 Turban and Meredith (1994)。

确定情况下的决策制定

在具有**确定性**（certainty）的情况下制定决策时，假设可以获取完整的信息，所以决策者知道每一个行为产生的后果（在一个确定的环境中），也许不是百分之百地知道结果，没有必要计算所有的结果，但是这种假设简化了模型，使它变得容易处理。决策者之所以看起来好像可以完美地预测未来，是因为每个方案被假设只会产生一种结果。比如，投资美国国债这一方案让投资者可以知道投资到期时能获得多少回报。确定情况下的决策制定常见于针对短期（一年以内）的结构化问题。确定型模型开发和求解都相对简单，也可以获得最优结果。许多金融模型建立在假设的确定性之下，即使对市场不是百分之百地确定。

不确定情况下的决策制定

在具有**不确定性**（uncertainty）的情况下制定决策时，决策者认为每个行为都会产生几种结果。相对于存在风险的情形，这种情况下决策者不知道也无法估计可能的结果的发生概率。不确定情况下的决策制定比确定情况下的决策制定更难，因为没有足够的信息可供参考。这样的建模需要评估决策者或组织对于风险的态度（Nielsen，2003）。

管理者试图尽可能地避免不确定性，哪怕是用假设的方式。与处理不确定性相比，他们更愿意尝试去获得更多的信息，以便问题可以在确定（可以认为"几乎"确定）的情况下或可估计（假设）风险的范围内得到处理。如果没有足够的信息，而问题又必须在不确定的情形下解决，就会比其他情形更难定义。

存在风险情况下的决策制定

存在风险[①]情况下的决策制定，也称概率情况下的决策制定或者随机决策制定。在有风险的情况下，决策者必须考虑每个备选方案的多个可能的结果，每种结果都给出了发生的概率，假设给定产出的长期概率是可获得的或者可估计的，在这些假设之下，决策者能评价每个备选方案的风险程度（计算风险）。很多重要的商业决策都是在假定的风险下做出的。

风险分析（risk analysis）是一种决策制定方式，这种方式分析了每个备选方案的风险。风险分析可以通过计算每个备选方案的期望值并选择一个最好的期望值来进行。

4.3　思考与回顾

1. 在假定的确定性、风险和不确定性环境中进行决策，有什么意义？
2. 在假定的确定性下怎么解决决策问题？
3. 在假定的不确定性下怎么解决决策问题？
4. 在假定的风险下怎么解决决策问题？

---

① 术语"风险"和"不确定性"的定义由芝加哥大学的奈特（F. H. Knight）提出。另外，类似的定义也适用。

4.4　使用电子数据表建模的管理支持系统

　　模型的开发和使用可以在许多的程序语言和系统中完成，包括三代、四代、五代程序语言、计算机辅助软件工程系统（computer-aided software engineering，CASE）和其他可以自动生成软件的系统（例如，影响图软件通常可以生成可用的模型，有时甚至可以求解这些模型）。本书把重点放在电子数据表、建模语言和透明数据分析工具上。前面的章节已经介绍了一些以电子数据表为基础的模型。

　　凭借强大的建模能力和高度的灵活性，电子数据表软件包很快就成了公认的易于使用的模型应用软件，帮助人们开发用于商业、工程、数学和科学等诸多领域的应用程序。电子数据表功能强大，包括统计和预测，以及其他建模和数据管理功能、函数和标准程序。随着电子数据表的发展，越来越多的函数功能被添加进来，用于结构化并解决某类特定模型问题。在这些附加功能中，许多附件用于支持决策支持系统的开发，这样的附件包括进行线性优化和非线性优化的 Solver（Frontline System Inc.，solver.com）和 What's Best!（Lindo 的一种，Lindo System Inc.，lindo.com）；用来研究人工神经网络的 Braincel（Jurik Research Sofeware，Inc.，jurikres.com）和 NeuralTools（Palisade Corp.，palisade.com）；遗传算法软件 Evolver（Palisade Corp.）；用于仿真研究的 @RISK（Palisade Corp.）。类似的附件可以免费或以很低的价格获得。（使用网页进行搜索，不断有新的附件投入市场。）

　　电子数据表无疑是最流行的终端用户建模工具（见图 4—3），因为它包含了许多强大的金融、统计、数学和其他函数。电子数据表可以运行像线性规划和回归分析那样的建模任务。电子数据表已经变成一种分析、计划和建模的重要工具（Farasyn et al.，2008；Hurley and Balez，2008；Ovchinnnikov and Milner，2008）。

	A	B	C	D	E	F	G
1							
2							
3		用 Excel 编写的简单贷款计算模型					
4							
5							
6	贷款额			$150 000			
7	利率			8.00%			
8	贷款年限			30			
9							
10	贷款月数			360	=E8*12		
11	月利率			0.67%	=E7/12		
12					=PMT (E11, E10, E6, 0)		
13	每月还贷额			$1 100.65			
14							

图 4—3　用于计算每月还款额的简单的 Excel 贷款计算模型

电子数据表的其他重要功能包括 what-if 分析、单目标求解、数据管理和可编程性能。使用电子数据表，很容易通过改变一个单元格的值来查看即时结果。单目标求解通过指定目标单元格、目标值和需要改变的单元格来实现。可以使用小的数据表来管理大量的数据，也可以将部分数据导入数据表进行分析，这一点对于联机分析处理技术使用多维数据模块来说非常重要；实际上，大多数联机分析系统在加载数据之后的外观和给人的感觉与高级电子数据表软件相同。模板、宏和其他的工具提高了电子数据表构建决策支持系统的效率。

大多数电子数据表程序包有良好的无缝整合能力，因为它可以读写通用文件，还可以非常容易地与数据库和其他工具进行交互。Excel 是最流行的电子数据表程序包。图 4—4 给出了一个简单的贷款计算模型，其文本框中的内容用于解释那些包含公式的单元格。单元格 E7 中的利率变化会立即影响单元格 E13 中的每月还款额，结果是可以马上进行观察和分析的。如果需要对特定的每月还款额进行求解，可以用单目标求解来计算合适的利率或者贷款额。

	A	B	C	D	E	F	G	H
1								
2								
3		使用 Excel 中的 Prepayment 函数编写的贷款动态计算模型						
4								
5								
6		贷款额			$150 000			
7		利率			8.00%			
8		贷款年限			30			
9								
10		贷款月数			360	=E8*12		
11		月利率			0.67%	=E7/12		
12								
13		每月还贷额			$1 100.65	=PMT (E11, E10, E6, 0)		
14								
15								
16								
17		简单的贷款动态模型示例（Excel 电子表格）						
18						连续 270 个月，每月		
19						支付 100 美元预付款		
20			$100.00					
21		=$E$13	=$C$20	=B24+C24				
22		月份	正常支付额	预付额	支付总额	应还本金		
23		0				$150 000	=B23*(1_$E$11)−D24	
24		1	$1 100.65	$100.00	$1 200.65	$149 799		
25		2	$1 100.65	$100.00	$1 200.65	$149 597		
26		3	$1 100.65	$100.00	$1 200.65	$149 394		
27		4	$1 100.65	$100.00	$1 200.65	$149 189		
28		5	$1 100.65	$100.00	$1 200.65	$148 983	复制第 24 行和第 25 行的单元格，	
29							然后一直粘贴到第 383 行，以获	
30							得连续 360 个月的结果	

图 4—4　简单的贷款动态模型示例（Excel 电子数据表）

在电子数据表中可以建立静态模型或动态模型，例如，图 4—3 中的每月贷款计算模型是静态的。虽然时间会影响借款者，但是这个模型给出了每月需要还款的数额。动态模型则不同，它表示的是随时间的推移而发生的变化。图 4—4 中给出的贷款计算模型指出了预付款随时间变化对应还本金的影响。风险分析可以将内嵌的随机数据生成器整合到电子数据表中，用于开发仿真模型。

每隔一段时间就会有关于电子数据表用于模型的应用的报道。*Interface* 的一期特刊描述了很多这样的实际应用，我们将在下一节学习如何使用一个基于电子数据表的优化模型。

4.4　思考与回顾

1. 什么是电子数据表？
2. 什么是电子数据表的附件？这些附件在决策支持系统的开发和应用过程中发挥了怎样的作用？
3. 解释为什么电子数据表对决策支持系统的开发具有一定的引导作用。

4.5　数学规划概述

第 2 章已经介绍了优化的基本思想。**线性规划**（linear programming，LP）是数学建模优化工具中最著名的技术；在线性规划中，所有变量之间的关系都是线性的，被广泛应用于决策支持系统。线性规划模型在实践中有很多重要的应用，包括供应链管理、产品组合决策、路线安排等。特殊形式的模型也可以应用于特定的场合。

数学规划

数学规划（mathematical programming）是用于解决管理问题的一系列工具。在这些管理问题中，决策者必须解决这样一类管理问题：在一系列相互冲突的活动中分配有限的资源以优化一个可测量的目标。比如，给各种产品（活动）分配机器工时（资源）就是一个典型的分配问题。线性规划分配问题一般具有以下特征：

- 用于分配的经济资源是有限的；
- 资源用于产品或服务的生产；
- 使用资源的方式有两种以上，该方式也可以叫做解决方案或规划；
- 使用资源的每个活动（产品或服务）都能产生与目标相关的回报；
- 分配会受到多个条件或要求的约束，这叫做限制。

线性编程分配模型以下列合理的经济学假设为基础：

- 不同分配的回报可以比较，即它们可以用同一单位进行衡量；
- 任何分配的回报都是独立于其他分配方式的；
- 回报总额是不同的活动产生的回报之和；
- 所有已知数据都是确定的；
- 资源以最经济的方式使用。

分配问题通常有大量的解决方案。基于潜在的假设，解决方案的数量可以是有限的也可以是无限的。一般情况下，不同的解决方案产生不同的效果。在可行的解决方案中，至少有一个是最好的，从某种意义上讲，这个方案达成目标的程度是最高的。该方案也叫做**最优解决方案**（optimal solution），可以通过使用特殊的算法求解。

线性规划

每一个线性规划问题都由决策变量（求解对象）、目标函数（线性数学函数，用于联系决策变量和目标，衡量目标达成效果，进行优化）、目标函数系数（单位利润或成本系数，给出单位决策变量对目标的贡献率）、约束条件（以线性等式或者不等式的形式出现，用于描述对资源和/或需求的约束，通过线性关系将变量联系起来）、取值范围（描述约束条件、变量的上限和下限）以及输入/输出（技术）系数（给出某个决策变量的资源利用）。

用于产品组合的线性规划模型构建

生产专用计算机的 MBI 公司需要做一个决定：波士顿的分公司下个月生产多少台计算机？MBI 考虑生产两种类型的计算机：CC-7，需要 300 个工作日的人力和 1 万美元的原材料；CC-8，需要 500 个工作日的人力和 1.5 万美元的原材料。每台 CC-7 的利润是 8 000美元，每台 CC-8 的利润是 12 000 美元。分公司每个月有 200 000 个工作日的人力，每个月的原材料预算为 800 万美元。市场每个月至少需要 100 台 CC-7 和 200 台 CC-8。问题是：怎样决定每个月生产多少台 CC-7 和 CC-8 才能使公司的利润最大化？在现实世界中，很可能需要几个月的时间来获得有关这一问题的数据，收集数据时，决策者一定会找到构建需要求解的模型的方法，基于网络收集数据的工具将对此有帮助。

一个线性规划建模的例子

标准的线性规划模型可以按照上面描述的 MBI 公司的问题来开发。线性规划模型有三个组成部分：决策变量、结果变量和不可控变量。

决策变量如下：

X_1＝要生产的 CC-7 的数量

X_2＝要生产的 CC-8 的数量

结果变量如下：

总利润＝Z

目标是总利润最大化：

$Z＝8\,000X_1＋12\,000X_2$

不可控变量如下：

生产能力约束：$300X_1＋500X_2≤200\,000$（天）

预算约束：$10\,000X_1＋15\,000X_2≤8\,000\,000$（美元）

CC-7 的市场需求：$X_1≥100$（台）

CC-8 的市场需求：$X_2≥200$（台）

这些信息汇总在图 4—5 中。

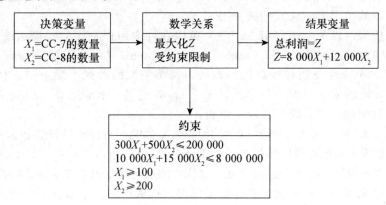

图 4—5 产品组合例子的数学模型

这种模型还有第四个隐藏起来的成分，每个线性规划模型都有一些内部的中间变量不会显示出来。当等式左边严格小于等式右边时，人力和预算限制可能都有一些余量。余量用松弛变量表示，说明还有多余的可用资源。当等式左边严格大于等式右边时，市场需求可能会有一些剩余，剩余用剩余变量表示，说明还有一定空间可以调节这些约束等式的右边。这些松弛变量和剩余变量是中间变量，它们对决策者有很大的价值，因为在对线性规划解决方案进行经济 what-if 分析时需要用以上变量建立敏感性参数。

产品组合模型有无限个可能的解决方案。假设一个生产计划不受总量的限制——对于月度生产计划来说该假设是合理的，我们想得到一个利润最大化的方案。幸运的是，Excel 提供规划求解加载项，借助该加载项可以轻松地获得产品组合问题的最优方案。我们可以把数据直接输入 Excel 电子数据表，激活规划求解加载项，确定目标（将目标单元格设为最大利润值）、决策变量（设定可变单元格）和约束条件（确保第一、第二行元素消耗量总和小于或等于最大值，第三、第四行大于或等于最小值）。同样，在选项窗口中，我们选中"假设线性模型"和"假设非负值"，然后点击"求解问题"按钮。接下来，把三项——"答案"、"敏感性"和"限制"都选中——来获得一个最优方案（$X_1 = 333.33$，$X_2 = 200$，利润＝＄5 066 667），如图 4—6 所示。你也可以尝试一下。

		X1	X2		总消耗量	限值	
2							
3		产品组合模型					
4							
5		X1	X2		总消耗量	限值	
6	决策变量	333.333 3	200			结果变量	
7	总利润	8	12		5 066.666		
8	生产能力	0.3	0.5		200	200	
9	预算	10	15		6 333.333	8 000	
10	X1 下限	1	0		333.333 3	100	
11	X2 下限	0	1		200	200	
12							
13							

图 4—6 用 Excel 规划求解生成的产品组合模型示例

备选方案的评估和最终的选择取决于使用何种标准。我们要尽力选择最好的解决方案吗？一个足够好的结果能够让我们满意吗？

线性规划模型（以及细化和衍生模型）可以在许多用户友好的建模系统中直接使用。比较有名的两个系统是 Lindo 和 Lingo（Lindo System，Inc.，lindo.com；可获取试用版）。Lindo 是一个线性规划和整数规划系统，说明模型的方式本质上与按代数方式定义一样。基于 Lindo 的成功经验，公司开发了 Lingo，它是一种包含 Lindo 强力优化模型和用于解决非线性问题的扩展模型的建模语言。

数学规划的使用十分常见，线性规划的使用尤其如此，有标准的计算机程序可用。许多决策支持系统集成工具包含最优化函数，如 Excel。另外，通过 Excel、DBMS 和类似的工具很容易与其他寻求最优化的软件进行交互。最优化的过程通常包含在决策支持的实施中。

最常见的优化模型可以通过很多种数学规划方式来建立，包括以下方法：

- 分配法（物品的最佳匹配）；
- 动态规划；
- 目标规划；
- 投资法（回报最大化）；
- 线性规划和整数规划；
- 用于计划和排程的网络模型；
- 非线性规划；
- 替代法（资金预算）；
- 简单库存模型（经济订货批量）；
- 运输模型（运输成本最小化）。

4.5　思考与回顾

1. 列举并解释线性规划中所包含的假设。
2. 列举并解释线性规划的特点。
3. 描述一个分配问题。
4. 给出产品组合问题的定义。
5. 给出混合问题的定义。
6. 列举几个常见的最优化模型。

4.6　多目标、灵敏度分析、what-if 分析和目标寻求

本章介绍了求解过程与评估，其中，评估是得出推荐方案之前的最后一步。

多目标

分析管理决策的目标是，在尽可能大的范围内评估每个备选方案，使得管理者可以最快地达成目标。遗憾的是，当今的管理问题很少用像利润最大化这种单一的目标来进行评估。当今的管理系统更加复杂，单一目标的管理系统十分少见。相反，管理者需要同时考

虑**多目标**（multiple goals），其中一些可能会有冲突。不同的利益相关者有不同的目标，因此，有必要根据对各个目标的影响来分析每个备选方案（Koksalan and Zionts，2001）。

例如，一家营利性企业除了要挣钱外，还需要扩大规模、开发新产品、雇用新员工、保障工人安全、为社会服务。管理者希望在满足股东需求的同时享有高的薪酬和在职消费额度，员工则希望挣更多的钱并获得更多的福利。在制定决策（如一项投资）之前，上述目标中有一些可能是统一的，有一些则是相互冲突的。Kearns（2004）介绍了在 IT 投资项目中怎样将层次分析法与整数规划相结合来进行多目标决策，我们将在 4.8 节介绍层次分析法。

许多决策理论的量化模型建立在单个效率量度的比较的基础之上，效率量度通常以决策者效用的形式出现。因此，在比较解决方案的效率之前，有必要将多目标问题转化为单个效率问题，这是线性规划模型处理多目标的一种常见的方法。

在分析多目标时，可能会遇到以下困难：

- 通常很难得到关于组织目标的具体描述；
- 不同时间、不同情形下决策者对于特定目标的重要性的设定不同；
- 不同组织层次、不同部门看待目标和次目标的标准不同；
- 目标随组织及其所处环境的变化而变化；
- 备选方案之间的关系以及它们在决策中的影响可能很难量化；
- 复杂问题的决策者往往是一群人，每个决策者都有自己的计划；
- 每个人对每个目标的重视程度和给予的优先级不同。

使用管理支持系统时，处理多目标的方法有多种，常见的有：

- 效用理论；
- 目标规划；
- 使用线性规划，以约束的形式来表述目标；
- 打分系统。

灵敏度分析

建模者根据输入的数据进行预测和假设，许多数据用于评估不确定的未来。模型的结果依赖于这些数据。灵敏度分析用于评估输入数据及参数的变化对提议方案（如结果变量）的影响。

灵敏度分析对于管理支持系统来说特别重要，因为它允许在改变条件或满足不同决策情形下的需求时有更大的灵活性和适应性，使得人们可以更好地理解模型及其试图描述的决策情形，允许管理者输入数据以增加模型的置信度。灵敏度分析可以测试以下关系：

- 外部变量和参数的改变对结果变量的影响；
- 决策变量的改变对结果变量的影响；
- 不确定性对估计外部变量的影响；
- 变量间不同依赖关系的影响；
- 条件变化时决策的鲁棒性。

灵敏度分析应用于：

- 修正模型以消除过高的敏感性；
- 增加灵敏变量或参数的细节；
- 更好地估计外部灵敏变量；
- 修改真实的系统来减少实际的敏感性；

● 接受和使用敏感的（有弱点的）真实世界，从而对实际结果进行连续、紧密的监控。

灵敏度分析的两种类型是自动灵敏度分析、试误。

自动灵敏度分析　自动灵敏度分析在标准的量化模型（如线性规划）中完成。比如，在不会对某个方案产生显著影响的前提下，这类灵敏度分析会给出某个输入变量或参数的变化范围。自动灵敏度分析仅限于特定变量，并且被限制为一次只能变动一个单位。尽管如此，这种分析仍非常有效，因为它可以很快设定变量或参数的范围和限制。例如，在前述关于 MBI 公司产品组合的问题中提到过，自动灵敏度分析属于线性规划求解方案报告的一部分。Solver 和 Lindo 都提供灵敏度分析。灵敏度分析可以用来判断如果 CC-8 的市场需求限制减少一个单位，净利润是否会增加 1 333.33 美元。市场需求可以一直减少到 0，更多细节见 Hillier and Lieberman（2005）以及 Taha（2006）。

试误　模型改变给一个或几个变量带来的影响可以通过简单的试误方法来判断：改变输入数据，然后再次求解，重复几次之后，方案就可以逐步得到改善。这样的实验方法有两种类型：what-if 分析和目标寻求分析，可以在类似 Excel 的建模软件中方便地进行。

what-if 分析

what-if 分析可以解决这样的问题：如果某个输入变量、假设或参数值改变了，将会发生什么？下面举一些例子：

● 如果库存的搬运费用增加了 10%，库存的总费用将会发生什么改变？

● 如果广告预算增加了 5%，市场份额将会如何变化？

通过合适的用户接口，管理者可以很容易地向计算机模型咨询这类问题，并很快得到答案。进一步说，管理者可以同时分析多个问题，从而可以将比例或其他问题数据按需要进行更改。决策者也可以在没有程序员的情况下直接分析。

图 4—7 给出了一个用电子数据表进行现金流问题 what-if 分析的例子。当使用者改变

	A	B	C	D	E	F	G	H	I
1			通过改变原始销量（单元						
2	单位预算	$1.20	格B2）和销量增长率（单						
3	单位成本	$0.60	元格B3）来估计年利润。						
4									
5	原始销量	120	原始销量每季度增长3%，年						
6	销量增长率	0.04	净利润为127美元。与假设每						
7			季度4%的增长率的情形进行						
			比较。						
8	年净利润	$182							
9									
10		2006 年现金流动模型							
11		Qtr 1	Qtr 2	Qtr 3	Qtr 4	总数			
12	销售额	120	125	130	135	510			
13	预算	$144	$150	$156	$162	$611			
14	变动成本	$72	$75	$78	$81	$306			
15	固定成本	$30	$31	$31	$32	$124			
16	净利润	$42	$44	$47	$49	$182			

图 4—7　Excel 格式的 what-if 分析示例

初始销量（由 100 改为 120）及销售增长率（由 3% 改为 4%），程序会立即重新计算年净利润（由 127 美元变为 182 美元）。首先，初始销量是 100，每季度增长 3%，获得年净利润为 127 美元。初始销量改变为 120，销售增长率改变为 4%，年净利润就达到了 182 美元。what-if 分析常见于专家系统，它让使用者可以针对系统问题改变问题的答案，从而对方案进行修正。

目标寻求

目标寻求（goal seeking）可以计算为了实现目标输出所必需的输入值。它给出了一种逆向求解方法。下面给出了一些例子：

- 如果想达到 15% 的年增长率，需要多少研发预算？
- 需要多少护士才可以让急诊室病人的平均等待时间减少到 10 分钟以内？

图 4—8 给出了一个目标寻求的例子。例如，Excel 表中财务计划模型中的内部回报率就是净现值为 0 的利率。根据第 E 列给出的一系列年回报信息，我们就可以计算出计划投资的年净现值。通过使用目标寻求方法，我们可以得出使得年净现值为 0 的内部回报率。我们的目标是使年净现值等于 0，而净现值决定了包括现金流和投资在内的内部回报率。通过改变利率，可以使年净现值变为 0，其结果就是 38.770 59%。

	A	B	C	D	E	F	G	H	I
1									
2	投资问题				投资资金：		1 000.00		
3	单目标求解的例子				利率：		10%		
4									
5	找到净现值为 0 时的利率			年	年回报		净现值计算		
6				1	$120.00		$109.09		
7				2	$130.00		$118.18		
8				3	$140.00		$127.27		
9				4	$150.00		$136.36		
10				5	$160.00		$145.45		
11				6	$152.00		$138.18		
12				7	$144.40		$131.27		
13				8	$137.18		$124.71		
14				9	$130.32		$118.47		
15				10	$123.80		$112.55		
16									
17					净现值结果：		$261.55		

图 4—8　目标寻求分析

利用目标寻求计算收支平衡点

一些模型软件包可以直接计算收支平衡点，这是目标寻求的一个重要应用。它可以用来决定那些产生零利润的决策变量（如产量）。

在许多一般的应用程序中，很难实施灵敏度分析，因为已经编写好的程序会限制人们进行 what-if 分析。在决策支持系统中，what-if 分析和目标寻求的操作必须简单方便。

4.6　思考与回顾

1. 列举一些在分析多目标问题时可能遇到的问题。
2. 列举进行灵敏度分析的原因。
3. 解释为什么一个管理者可能会使用 what-if 分析。
4. 解释为什么一个管理者可能会进行目标寻求。

4.7　决策分析：决策表与决策树

备选方案有限且数目不大的决策可以使用**决策分析**（decision analysis）方法来建模（Arsham，2006a；2006b；Decision Analysis Society，decision-analysis. society. informs. org）。使用这种方法时，备选方案以表或图形的方式显示，包含备选方案对目标的预期贡献和贡献实现的可能性。然后，通过评估所有方案来选择最好的决策。

单目标决策可以使用决策表或决策树来建模，多目标（标准）决策可以通过其他的方法来建模，本章后面会进行介绍。

决策表

决策表（decision tables）能够以系统的表格形式方便地为分析提供组织信息和知识。比如，一家投资公司在考虑三个方向的投资：债券、股票或者大额存单。这家投资公司只对一个目标感兴趣：在一年内获得最大收益。如果公司关注其他的目标，比如安全性或者资金的流动性，问题就归类于多目标决策分析（Koksalan and Zionts，2001）。

收益取决于未来的经济状况（常被称为自然状态），经济状况通常分为稳健增长、经济萧条和通货膨胀。专家估计不同经济状况下的几种收益如下：

● 如果经济稳健增长，则债券收益为 20%，股票收益为 15%，大额存单收益为 6.5%。

● 如果经济总体萧条，则债券收益为 6%，股票收益为 3%，大额存单收益为 6.5%。

● 如果出现通货膨胀，则债券收益为 3%，股票会损失 2%，大额存单收益为 6.5%。

于是，问题就是选择最佳的备选投资方案。假定备选方案是不相关的。50%投资债券、50%投资股票的组合被视为新的备选方案。

投资决策问题可以看成是两人博弈（Kelly，2002）。投资者做出一个选择（如一个动作），然后一种自然状态发生（如做出一个动作）。表4—3 给出了数学模型的收益情况。表中包括决策变量（备选方案）、不可控变量（经济状况，如环境）和结果变量（项目收益，如投资结果）。相关的所有模型都以电子数据表的形式展示出来。

表 4—3　　　　　　　　　　　　　　　投资问题决策表模型

备选方案	自然状况（不可控变量）		
	经济稳健增长（%）	经济萧条（%）	通货膨胀（%）
债券	12.0	6.0	3.0
股票	15.0	3.0	−2.0
存款	6.5	6.5	6.5

如果这是确定性决策问题，就可以知道经济状况，并根据经济条件来选择最好的投资方式；如果不是，就必须考虑两种情况的不确定性与风险。对于不确定的投资环境，人们不知道每种自然状况发生的可能性。对于存在风险的情形，则假设每种自然状况的发生概率。

处理不确定性　处理不确定性的方法有好几种。比如，乐观决策法预设每个备选方案可能发生的最好结果，然后选择最好结果当中最好的一个（如股票）。最小最大法则预设每个备选方案的最大损失，然后在其中选择损失最小的备选方案（如大额存款）。另外一种方法是简单地假定所有的经济状况出现的可能性是相等的（Clemen and Reilly，2000；Goodwin and Wright，2000；Kontoghiorghes et al.，2002.）。每一种分析不确定性的方法都有一些严重的问题。不管哪种可能性发生，分析员都应该尝试收集足够多的资料信息，这样才能在假设的确定性和风险下处理问题。

处理风险　对于风险分析问题，最常见的解决方法是选择最高期望值的备选方案。假设专家预期经济稳健增长的可能性是 50%，经济萧条的可能性是 30%，通货膨胀的可能性是 20%。决策表会被改成包含已知各种经济状况可能性的表（见表 4—4）。将各个结果与对应概率相乘之后相加，可得到期望值。例如，投资债券的收益的期望值是 12×0.5＋6×0.3＋3×0.2＝8.4%。

表 4—4　　　　　　　　　　　　存在风险情形下的决策与解决方案

备选方案	经济稳健增长的可能性 50%	经济萧条的可能性 30%	通货膨胀的可能性 20%	期望值（%）
债券	12.0	6.0	3.0	8.4（最大值）
股票	15.0	3.0	−2.0	8.0
存款	6.5	6.5	6.5	6.5

因为每个潜在结果的效用与期望值不同，这种方法有时会成为一种危险的策略。即使产生灾难性损失的可能性极小，期望值看上去会很合理，投资者也可能不愿意承担损失。比如，假设一个财务顾问提出一个"几乎确定"的 1 000 美元的投资项目，可以让你的资金在一天之后成倍增长，有 99.99% 的可能盈利，但是仍然有 0.01% 的可能损失 50 万美元。这种投资的期望值为：

$$0.999\ 9(2\ 000-1\ 000)+0.000\ 1(-500\ 000-1\ 000)=999.90-50.10$$
$$=949.80（美元）$$

这种可能的损失对于一个不是百万富翁的投资者而言是灾难性的。根据投资者承受损失的能力，一项投资具有不同的期望效用。请记住一点，投资者都只有一次做决定的机会。

决策树

决策树是决策表的一种替代方法（比如 Mind Tools Ltd. 的决策树，mindtools. com）。**决策树**（decision tree）通过图表展示问题之间的关系，以紧凑的形式处理复杂的情况。但是在备选方案和自然状态较多的情况下，决策树会变得很臃肿。TreeAge Pro（TreeAge Software Inc., treeage.com）和 PrecisionTree（Palisade Corp., palisade.com）包含强大、直观、复杂的决策树分析系统。这些公司也提供优秀的决策树分析应用案例。

表 4—5 展示的是一个简单的多目标投资案例（该决策中的备选方案用有时会相互冲突的多个目标来评估）。表中的三个目标（标准）是收益、安全性和资金的流动性。这是基于我们假定的事实，也就是说，每种选项只有一种可能的结果；更复杂的风险和不确定性都可以考虑进来。其中一些结果是定性的（如低或高）而不是定量的。

表 4—5　　　　　　　　　　　　　　　多重目标

备选方案	收益（%）	安全性	资金流动性
债券	8.4	高	高
股票	8.0	低	高
存款	6.5	非常高	高

Clemen and Reilly（2000），Goodwin and Wright（2000），Decision Analysis Society（faculty.fuqua.duke.edu/daweb）给出了更多的决策分析的相关资料。虽然可能会非常复杂，但还是可以在有风险的情况下直接将数学规划应用于决策。本书后面的部分会讨论其他处理风险的方法，其中包括仿真、计算可信度和模糊逻辑。

4.7　思考与回顾

1. 什么是决策表？
2. 什么是决策树？
3. 在决策过程中怎样运用决策树？
4. 多目标是什么意思？

4.8　多标准决策的两两对比法

在第 2 章，我们介绍了多标准（目标）决策。最有效的方法之一是使用基于决策优先级的权重分析法。然而，通过计算权重来得出最佳解决方案需要管理者给出权重或者优先级，这一任务十分复杂，而定量变量的引入使得这个过程更加复杂。还有一种多标准决策方法是由 Satty（1996，1999）（见 expertchoice.com 和本书的网站）提出的层次分析法。

层次分析法

层次分析法（analytic hierarchy process，AHP）由 Thomas Satty（1995，1996）提

出，使用多组标准和备选方案（选择）来呈现多标准问题（多目标、多目标对象）的优秀的模型结构，常用于商业环境。决策者使用层次分析法将一个决策问题分解成相关的标准和备选方案。层次分析法将对标准的分析与备选方案分离开来，这样能够帮助决策者将注意力集中于较小的可控制的部分。层次分析法以一种结构化的方式处理定量和定性决策标准，并且使得决策者能够更快、更熟练地做出权衡。

Expert Choice（expertchoice. com，该网站提供演示程序）是一个优秀的层次分析法商业软件。该软件以倒置树的方式展示问题，顶点代表目标。目标点包含所有权重之和（1.000）。目标点的下一级上的点是代表标准的点，属于决策者需要考虑的重要因素。将目标分解为标准，同时为标准分配权重（所有标准权重之和为 1）。在分配权重的过程中，决策者将比较相应的标准；第一个标准与第二个对比，第一个与第三个对比……第一个与最后一个对比；然后，第二个与第三个对比……第二个与最后一个对比；最后是倒数第二个与倒数第一个对比。这种方式可以确立每个标准的重要性，也就是目标的权重是怎么分配给每一个标准的（每一个标准有多重要）。这种主观的方法使用了数学矩阵，处理过程对于用户来说是透明的，因为操作细节对于决策者来说并不重要，最后会得到不一致性指数，从而判断不一致性、判断错误或者简化错误。层次分析法与决策理论是一致的。

决策者可以进行口头对比（如，一个标准比另一个重要）、图表对比（使用柱状图或者饼状图）、数值对比（使用矩阵图或 9 级量表）。相对于矩阵，学生与专家习惯使用图表和口头叙述的方式来进行对比（根据一个非正式的样本）。

在这里讨论的简单案例中，每一个标准下面都有相同的备选方案。与目标一样，每个标准会将它们的权重分配给每一个备选方案，所有备选方案权重之和为 1。决策者需要同时考虑特定标准和备选方案，并根据偏好进行对比分析。每一个标准下面的备选方案要进行成对分析。同样，三种比较方式都可以使用，同时每一组都会给出一个不一致性指数。

最后，整合所有的结果并用柱状图展示出来，权重最高的备选方案为正确的选择。然而，在某些情况下，正确的选择并不一定是最合适的。比如，如果有两个相同的备选方案（如在买汽车时有两款完全相同的汽车可供选择），两者权重一致，因而没有最大权重。而且，如果最佳的几个备选方案的权重很相近，那么很有可能在比较过程中忽略了一个可以将这几个备选方案区分开来的标准。

Expert Choice 有一个灵敏度分析模块。一个名为"Comparium Teamtime"的团队分析软件使用同一模型形成一组决策者的结果。这个版本的软件可以在互联网上使用。

总的来说，Expert Choice 中的层次分析法试图根据决策标准和备选方案生成决策者偏好（效用）结构，从而帮助决策者做出专业的决策。

除了 Expert Choice 之外，其他的一些软件包也支持通过两两比较备选方案来给出权重。例如，Web-HIPRE 系统（hipre. hut. fi）包含层次分析法和其他权重分析法，允许决策者创建一个决策模型，输入比较偏好来分析最优备选方案。这些权重可以使用层次分析法或其他方法计算得出。该程序可以作为 Java 小程序在网络上运行，也可以很容易地在本地部署和在线运行，非商业用途是免费的。要运行 Web-HIPRE，必须先进入该网站，运行一个 Java 小程序，用户可以通过为决策树的每一层节点命名并输入问题要素来输入问题，模型定义完毕之后，用户可以为标准/子标准/备选方案层的节点输入比较偏好，一切就绪之后，软件使用合适的分析算法给出模型的最终结果。该软件还可以进行灵敏度分析来判断哪些标准和子标准在决策过程中起决定性作用。最后，Web-HIPRE 系统也可以在团队工作中使用。

ChoiceAnalyst 也可以用来进行对比分析决策。它也是一个多标准决策工具，但是并不使用层次分析法。下面的信息是开发这款软件的 Cary Harwin 提供的。ChoiceAnalyst 使用一种直接的方法，利用梯度自由、概率以及统计来生成一个使用置信水平、置信区间（默认值是模型选项）以及序列计算的样本。然后可以计算出一个全局最小值，相应的方案具有由偏好对比权重矩阵得出的最大权重，是决策者最满意的方案，收敛所需的迭代次数取决于所需求解的模型。

通过一次考虑一个标准，ChoiceAnalyst 可以将复杂的问题分解成一系列简单的问题进行成对比较。在建立决策模型（见图4—9）时，只需要向三个窗口输入数据。用户需要列出所有备选方案，同时给出判断标准以及反映标准重要性的权重。最后，如果不同决策者根据自身知识或者经验对决策有不同看法，则使用者需要列出每个决策者赋给各个标准的权重。

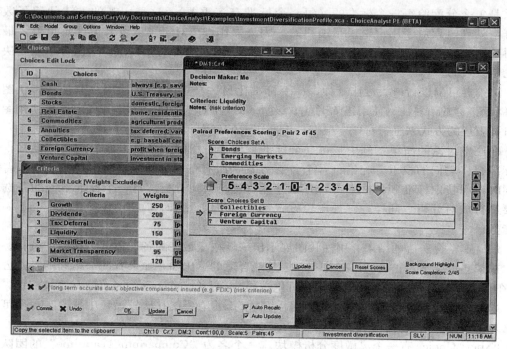

图4—9　ChoiceAnalyst 的屏幕截图

然后，ChoiceAnalyst 根据列出的标准，给出一对随机的备选方案。使用者可以根据现在的标准选择较好的备选方案（权重大小）。一旦评估完所有的成对比较备选方案，ChoiceAnalyst 就会计算并在 PDF 中给出结果。使用者可以在 choiceanalyst.com 网站上获取试用软件。

4.8　思考与回顾

1. 什么是层次分析法？
2. 应用层次分析法的步骤是什么？
3. 层次分析软件和 ChoiceAnalyst 这样的软件有什么不同？

4.9　问题求解的检索方法

接下来介绍几种用于问题求解选择阶段的检索方法，包括分析技术、算法、全盲检索和启发式检索。

在设计阶段识别可行的方案之后，在问题求解的选择阶段需要寻找一个可以解决问题的合适的行动步骤。根据备选方案使用的标准和建模方法，检索方法可以从三种主要方法中选择。图 4—10 给出了这些检索方法。对于规范性模型，比如基于数学规划的模型，无论是否使用分析方法，都会用到穷举法（比较所有备选方案的结果）。在描述性模型中只比较一定数目的备选方案，可以使用全盲检索也可以使用启发式检索。通常所得出的结论会指引决策者进行检索。

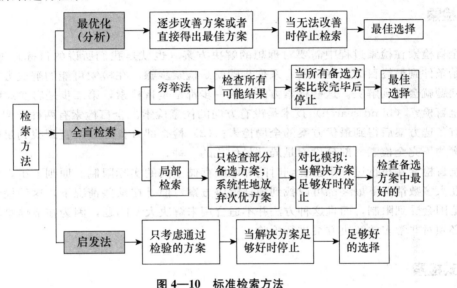

图 4—10　标准检索方法

分析技术

分析技术使用数学公式来直接获取最理想的解决方案或者预测一个确定的结果。分析技术通常用来解决一些战术上的、运营性的结构化问题，比如资源分配和库存管理方面的问题。在解决较复杂的问题时，我们通常使用全盲检索或者启发式检索方法。

算　法

分析技术可以通过使用一些算法来提高检索的效率。算法是一个用于寻找一个最佳解决方案的逐步检索的过程（见图 4—11）。注意，可能会有不止一个最佳方案，所以我们会说"一个"最佳解决方案而不是"唯一"的最佳解决方案。算法能够生成和测试解决方案从而寻求可以改进的地方，当发现改进之处时，就可以基于选择原则（比如发现的目标值）来测试新方案是否有所改进，直到不能发现可以提高的空间为止。使用有效的算法可以解决大多数数学规划问题。网络搜索引擎就是利用算法来提高搜索速度并获得精确结果的。谷歌的检索算法非常好，雅虎为了使用该算法，每年都要花费数百万美元。

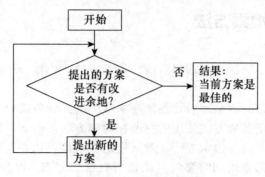

图 4—11 算法的使用流程

全盲检索

全盲检索在检索过程中需要对理想的解决方案（也就是我们所说的目标）进行描述。从初始条件到最终目的所经历的一系列步骤就是检索步骤，在检索可能的解决方案的过程中，问题就会得到解决。这些检索方法的第一步都是全盲检索，第二步是启发式检索。

全盲检索（blind search）技术是没有方向的任意检索。全盲检索有两种类型：（1）检查所有备选方案后得到最优方案的全局检索；（2）检查部分备选方案直到找到足够好的解决方案的不完全检索。部分检索是局部最优化的一种。

全盲检索在执行过程中会受到时间和电脑存储空间的实际限制。原则上讲，全盲检索方法在大多数情况下最终都可以找到最佳解决方案，但是在某些情况下，这种检索方法的检索范围会受到限制，而且这种方法并不适合用来解决大型问题，因为在最佳答案找到之前，必须对非常多的解决方案进行检验。

启发式检索

很多应用程序可以使用一些规则来指导检索过程，同时通过启发法减少必须检索的数量。**启发法**（heuristics）是某个应用程序中非正式地用于判断的知识，包含对某个领域进行正确判断的规则。启发法使用领域知识指导问题的求解过程。**启发式编程**（heuristic programming）是使用启发法解决问题的过程，这一操作过程类似于算法，但是会通过限制检索规模或者提前停止检索来减少要检索的解决方案。通常，启发式检索中的规则要么在实践中可行，要么在理论上可靠。

4.9　思考与回顾

1. 什么是检索方法？
2. 列举不同的解决问题的检索方法。
3. 全盲检索的使用局限是什么？
4. 算法和启发式检索有哪些异同点？

4.10　仿　真

仿真（simulation）是对现实的模拟。在管理支持系统中，仿真是一种在计算机上使用管理系统模型进行实验（如 what-if 分析）的技术。

通常情况下，真正的决策具有不确定性。因为决策支持系统在处理半结构化和非结构化问题时，复杂的现实可能无法用优化模型或者其他模型轻易地表示出来，但可以用仿真来进行处理。仿真是决策支持系统中经常使用的一种方法。

仿真的主要特点

严格来讲，仿真并不是一种模型：模型通常反映现实，而仿真是代表性地模仿现实。从实际来看，与其他类型的模型相比，仿真模型对现实的简化更少一些。除此之外，仿真只是进行实验的一种技术。因此，仿真涉及测验模型中决策变量或不可控变量的特定值，并观察对输出变量的影响。杜邦公司的决策者最初选择购买更多的轨道车，然而，另一个备选方案可以更好地调度现有的轨道车，经过测试之后发现系统有剩余的运输能力，从而为杜邦省下了一大笔钱。

仿真是一种描述性方法，而不是标准化方法。仿真不能自动搜索最优方案。反之，仿真模型描述和预测的是给定系统在不同情况下的特点。在计算出各种特点的价值后，就会选出最好的备选方案。仿真通常情况下会重复试验很多次，从而获得某一行为整体影响的估计值以及方差。计算机仿真适用于大多数问题，但是还有一些著名的手动的仿真（如，一个城市的警察部门用狂欢游戏轮船模拟巡逻车调度）。

最后，只有当一个问题过于复杂而不能用数值优化技术来解决时，才使用仿真。在这种情况下，**复杂性**（complexity）是指：难以针对问题制定优化方案（如，假设不成立）、制定过程过于庞大、变量之间的相互影响太多，或者问题本身就是随机的（如，存在风险或不确定因素）。

仿真的优势

在管理支持系统中使用仿真有以下几个原因：

● 理论很直白。

● 可以大幅缩短时间，让管理者尽快了解许多政策的长期影响（1～10 年）。

● 仿真是描述性的而不是标准化的。允许管理者提出假设问题。管理者可以用试错的方法来解决问题，并能以更低的成本、更低的风险，更快、更准确地做出决定。

● 管理者可以使用不同的方案来试验并判断哪一个决策变量或哪一部分环境是真正重要的。

● 一个准确的仿真模拟要对问题有精确的了解，才会促使管理支持系统建立者不断地与管理者沟通。这是决策支持系统开发所需要的，因为这能使开发者和管理者更好地了解问题，也更容易获得潜在的决策方案。

● 仿真模型是从管理者的角度建立的。

● 仿真模型是根据特定问题建立的，对其他问题无效。所以管理者无须了解其他知识，仿真模型的每一部分都对应于真实系统的某个部分。

- 仿真可以用来处理各种问题，例如库存、人员以及高层管理职能（如长期计划）。
- 仿真会自动生成许多重要的绩效指标。
- 仿真通常是唯一能轻松处理非结构化问题的决策支持系统建模方法。
- 一些相对简单易用的仿真软件包随时可用（如蒙特卡罗仿真）。包括电子数据表附件提供的软件包（如@RISK）、影响图软件、Java（和其他网络开发）数据包，以及后面会讨论的视觉交互仿真系统。

仿真的劣势

仿真的劣势主要有以下几点：

- 不能保证找到最优的解决方案，但是能找到相对好的方案。
- 仿真建模既耗时又昂贵，尽管新的建模系统比以往的容易使用。
- 由仿真得到的解决方案和推论往往不能应用于其他问题，因为该模型具有特殊性。
- 管理者有时很容易理解仿真，以至于忽视了分析方法。
- 仿真软件有时需要特定的技能，因为规范的解决方法都很复杂。

仿真方法论

仿真包括建立一个真实系统的模型，并进行可重复的实验。这一方法论由以下几部分组成，如图 4—12 所示。

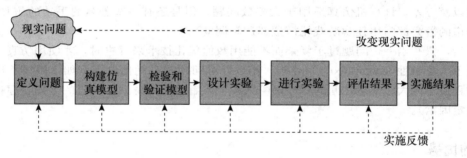

图 4—12 仿真过程

1. 定义问题。仔细检查并归类现实问题，详细说明为什么该问题适用仿真模拟。对该系统的边界、环境和其他此类问题的说明都在这一步进行。

2. 构建仿真模型。这一步包括确定变量及变量之间的关系，进行数据采集。一般来说，这一过程用流程图描述，然后会编写一个电脑程序。

3. 测试和验证模型。仿真模型必须以合适的方式再现所研究的系统。通过测试和验证来保证这一点。

4. 设计实验。在模型通过验证之后，就需要设计实验，这一步需要确定仿真运行时间。在实验中，有两个重要且相互冲突的目标：准确度和成本。为谨慎起见，需要分辨平均情况（随机变量的平均数和众数）、最好情况（如，低成本、高收入）、最坏情况（如，高成本、低收入）。这些都有助于确定决策变量范围和工作环境，并让仿真模型调试更加顺利。

5. 进行实验。这个实验涉及的范围包括从生成随机数字到结果展示的所有事情。

6. 评估结果。需要说明结果。除了标准的统计工具，还可以使用灵敏度分析工具。

7. 实施结果。实施仿真的结果和实施其他模型的结果没有区别。然而，仿真成功的概率要比其他模型高，因为管理者会更多地参与仿真建模过程。更高的管理者参与度会带来更高的实施成功率。

从网上可以获得很多仿真软件包。它们通常是根据如图 3—4 所示的决策支持系统架构开发的：用户通过一个浏览器连接到主服务器，这个服务器连接到优化服务器和数据库服务器，优化服务器和数据库服务器可能连接到为模型提供数据的数据仓库。

仿真的类型

仿真的主要类型包括：概率仿真、依时性仿真和非依时性仿真、面向对象的仿真以及可视化仿真。下面加以讨论。

概率仿真　在概率仿真中，有一个或多个独立变量（如库存问题中的需求）是随机变量，遵循一定的概率分布，可以是离散分布或连续分布。

● 离散分布表示的事件可能结果的个数是有限的，也就是说服从离散分布的随机变量的值是有限的。

● 连续分布表示的事件可能结果的个数是无限的，结果个数服从某个函数，比如正态分布。

表 4—6 给出了两种分布类型。概率仿真是在蒙特卡罗仿真技术的支持下完成的，也是杜邦所采用的方法。

表 4—6　　　　　　　　　　　　　　　离散与连续的概率分布

日需求量	离散概率	连续概率
5	0.10	
6	0.15	
7	0.30	日常需求服从均值为 7、标准差为 1.2 的正态分布
8	0.25	
9	0.20	

依时性仿真和非依时性仿真　非依时性仿真不需要知道事情发生的确切时间。例如，我们知道某一特定产品的日需求量是三件，但是我们不关心在一天中的哪个时间需要这种产品。还有一些情况下仿真中的时间根本不是影响因素，例如在稳态工厂控制设计的情形下。然而，在处理电子商务中的排队问题时，重要的是了解精确的到达时间（知道顾客是否有必要等待）。这就是依时性仿真。

面向对象的仿真　通过使用面向对象的仿真方法来开发仿真模型已取得很大进展。SIMPROCESS（CACI Products Company，caciasl. com）就是一个面向对象的过程建模工具，使用者可以使用基于屏幕的对象（如地铁）来创建仿真模型。统一建模语言（Unified Modeling Language，UML）是用于面向对象或基于对象的系统和应用程序的建模工具。因为统一建模语言是面向对象的，所以它可以被用于建立复杂的实时系统的模型。统一建模语言非常适用于建模。一个实时系统是一个软件系统，它与环境进行连续、及时的交互，例如决策支持系统、信息和通信系统（Selic，1999）。而且，基于 Java 的仿真本质上都是面向对象的。

可视化仿真　计算机处理结果的图形化显示是人机交互和问题求解最成功的发展之一。它可以使用动画。下一部分会讨论这个问题。

仿真软件

有成百上千个仿真软件包可以用于解决各种决策问题。大多数是基于网络的系统，常用的软件包一般基于 Java，许多在线的仿真范例都是用 Java 编写的。电脑软件包包括 Analytica（Lumina Decision Systems，lumena. com），Excel add-ins Crystal Ball（Decisioneering，decisioneering. com），@ Risk（Palisade Corp.，palisade. com）。网络系统包括 WebGpss（GPSS，webgpss. com）和 SIMUL8（SIMUL8 Cor.，SIMUL8. com）。还有一个重要的商务类型软件是 Arena（arenasimulation. com）。

仿真案例

Saltzman and Mehrotra（2001）使用仿真方法来分析一个呼叫中心。Jovanovic（2002）研究如何使用仿真来安排分布式系统的任务，这一点对于网格计算机网络管理非常重要。Dronzek（2001）使用仿真来改善军队医院的重症监护，该研究分析了人们对卫生保健系统提出的修改建议，利用仿真模型来分析潜在改变的影响，而无须破坏已有的监护流程，也无须改变员工、患者或设施。瑞士信贷第一波士顿银行（Credit Suisse First Boston）使用 ASP 仿真系统来预测投资的潜在风险和回报（Dembo et al. 2000）。

因为在测试新产品时使用仿真（如，碰撞测试和风洞测试）成本更低且可以产生更精确的结果，所以通用汽车在汽车设计阶段延迟了汽车实体模型的构建（Stackpole，2005；Gallagher，2002；Gareiss，2002；Witzerman，2001）。Witzerman（2001）描述了通用汽车是如何使用仿真来提高油漆车间机器人的性能的。通用汽车如今所用的仿真工具都很有效，并已成为改进汽车的主要驱动力。现在通用汽车仅用 18 个月的时间就能开发出一款新车，以前要用 48 个月。除了生产率外，其产品质量也得到提升。

4.10　思考与回顾

1. 仿真的特点是什么？
2. 仿真具有什么优缺点？
3. 仿真的步骤是怎样的？
4. 列举并介绍仿真的分类。

4.11　可视化交互式仿真

接下来介绍一些方法，这些方法用于在不同场景中运行不同备选方案时，向决策者展示各种决策场景。这些强大的方法克服了常规方法的不足，并使现有的解决方案更可靠，因为这些软件具备可视化功能。

常规仿真的不足之处

仿真是成熟的、有用的、描述性的、以数学为基础的方法，可用于洞悉复杂的决策场景。

然而，决策者通常无法通过仿真看到针对复杂问题的解决方案是如何随时间的推移而演变的，也无法与仿真进行交互（这一点对于培训和教学十分有用）。一般情况下仿真是在实验结束后才给出统计结果。决策者也不是仿真开发和实验不可分割的一部分，他们的经验和判断也不能直接使用。如果仿真结果与决策者的直觉或判断不一致，就会出现一个信任鸿沟。

可视化交互式仿真

可视化交互式仿真（visual interactive simulation，VIS）也叫做**可视化交互式建模**（visual interactive modeling，VIM）或可视化交互问题解决方法，可让决策者看到模型是如何运行的以及模型是如何与决策交互的。这一技术在运营管理的决策支持系统领域已取得巨大的成功。用户可以在与模型交互时运用自己的知识来进行判断并尝试不同的策略。对测试备选方案的问题和影响做进一步了解是有益处的。决策者对模型验证也有所贡献。使用可视化交互式仿真的决策者通常支持并信赖所获得的结果。

可视化交互式仿真采用计算机图形来展示不同管理决策的影响。与普通图形不同，在计算机图形中，用户可以调整自己的决策过程并看到调整的结果。可视化模型是决策制定或者问题解决中不可分割的一个图形组件，而不仅仅是一种沟通工具。可视化交互式仿真在电脑屏幕上以图形的方式展示不同决策的影响，就像宝洁在用最优化方法重新设计供应链时使用地理信息系统一样。一些人认为图形展示较好，能帮助管理者了解决策情况。Swisher et al.（2001）应用面向对象的可视化仿真，检验网上的诊所向家庭提供高质优价保健服务的能力。该仿真系统识别显著影响指标的最重要的输入因素，如果这些因素得到适当管理，就可以降低成本、提高服务水平。许多 Java 可视化交互式仿真的示例可以直接在网上运行。

可视化交互式仿真可以展示静态或动态系统。静态模型用图像的形式显示某一决策在某个时间点的结果，动态模型用动画的形式展示系统随时间的推移发生的演变。一些可视化仿真技术已加入了虚拟现实的概念，虚拟现实创造了一个人工模拟的世界，以便在人工模拟场景中训练、娱乐或者查看数据。例如，美国军队使用可视化交互式仿真系统让地面部队熟悉地形或者城市，从而快速适应环境。飞行员也借助可视化交互式仿真来模拟攻击，从而熟悉目标。可视化交互式仿真软件也可以使用地理信息系统。

可视化交互式模型和决策支持系统

在决策支持系统中，可视化交互式模型已被多次用于制定运营管理决策。该方法会从一个工厂（公司）目前的状况出发，为其构建一个可视化交互式模型（就像启动水泵一样方便）。这一模型在电脑上快速运行，允许管理者观察这个工厂在将来会如何运行。

排队管理是可视化交互式模型的一个很好的例子。例如，决策支持系统通常需要为不同的决策备选方案计算多种性能指标（如系统等待时间）。复杂的排队问题就需要靠仿真来解决。可视化交互式模型会在仿真运行时给出不断变化的队列长度，并且会根据输入变量的变化，以图形的方式给出 what-if 分析的答案。

可视化交互式模型还可以与人工智能相结合。两种技术的结合实现了许多新的功能，包括以图形化的方式建立系统和了解系统的动态性。Silicon Graphics、惠普制造的高速并行计算机使得实时的大型、复杂的动画仿真变得可行。例如，电影《玩具总动员》及其续集本质上是可视化交互式模型的应用。在一些系统，特别是用于军事和视频游戏产业的系统中，有"思维"的人物表现出来的智力水平相当高，可以与用户进行互动。

通用的商业的动态可视化交互式仿真软件随手可得。几段关于可视化交互式仿真应用程序的完美录像检查了 Orca VSE（Ocra 股份有限公司，orcacomputer.com）的结果。Ocra VSE 允许进行简单的系统实施和检测，其他的可视化互动式仿真软件程序有 GPSS/PC（Minuteman Software, minutemansoftware.com）和 VisSim（Visual Solutions, Inc., vissm.com）。想要了解更多关于仿真软件的信息，请查阅 *Society for Modeling and Simulation International*（scs.org）和 *OR/MS Today* 上的年度软件调查（orms-today.com）。

4.11　思考与回顾

1. 给出可视化仿真的定义，并将其与常规仿真进行比较。
2. 描述可视化交互式仿真吸引决策者的特点。
3. 操作管理中是如何运用可视化交互式仿真的？
4. 动画公司是怎样运用可视化交互式系统的？

4.12　定量分析软件包及模型库管理

定量分析软件包（quantitative software packages）是提前制定的（有时被称为现成的）模型和最优化系统，有时作为其他量化模型的模块。这样的软件包可以作为决策支持系统主要的或次要的建模组件，此外，有些完整的软件包可以视为现成的决策支持系统。后者开发和销售的对象是某个具体的应用，而前者可能被用作开发模型的工具。我们将在下一部分进行简单的讨论。

Excel 电子数据表系统包含成百上千的模型，从函数到附件（如规划求解）。利用可以导入电子数据表的数据，Excel 具备为许多决策场景生成可用结果的能力。

联机分析处理系统是集优化、仿真、统计和人工智能于一体的软件包，可以访问大量的数据并进行分析。一些联机分析处理软件包（如 SAS 和 SPSS）最初只具备分析能力，后来又加入了数据管理功能，陆续增加了其他功能。例如 Oracle 财务套件从最初的 DBMS 发展到具有建模能力的软件。诸如 MicroStrategy（microstrategy.com 或 teradatauniversitynetwork.com）和 Megaputer PolyAnalyst（megaputer.com）等数据挖掘软件，包含模型和求解方法，可以自动激活或者由用户直接激活。下一章，我们会介绍许多数据挖掘技术和软件。

传统的统计软件包和管理科学软件包同样可以建立模型和解决方案。*OR/MS Today*（orms-today.com）上可以找到许多这种类型的资源。收益管理系统（RMS）主要用来确定如何通过正确的渠道以正确的价格将正确的产品卖给正确的用户。与 CRM 类似，RMS 主要关注基于时间和价格的竞争。航空公司使用这样的系统来确定每趟航班的每个座位的正确价格。这些系统也可用于零售业、娱乐业以及其他行业。RMS 往往涉及判断用户的行为，使用成熟的经济学和优化模型来确定在特定时间内可以不同价位提供的产品或服务的价格和数量。

模型库管理

现在你了解了不同的模型类别及求解方法，你需要认识到管理模型和求解方法是很重要的，特别是用于企业层面的大型决策支持系统。这是模型库管理系统（MBMS）的工作，这种软件包从理论上讲具有与 DBMS 相似的能力，用于管理、操纵和运行嵌入决策支持系统的模型。**关系型模型库管理系统**（relational model base management，RMBMS）和**面向对象的模型库管理系统**（objected-oriented model base management systems，OOMBMS），可提供模型管理系统的各种能力，分别对应于 RDBMS 和 OODBMS。

模型管理是一项极其艰巨的任务，因为模型库与数据库不同，数据库可能有三个很常用的数据库和两个正在部署的数据库，模型库则有数百个模型类别和许多可用于不同模型的算法。另外，在不同的组织机构中模型的使用方式也不一样。因此，每一种问题用到的MBMS 都是独一无二的。我们无法以同一种方式来管理统计模型、仿真模型和最优化模型。

4.12　思考与回顾

1. 解释像 Excel 这样的电子数据表模型是怎样应用于决策支持系统的。
2. 解释联机分析处理为什么是一种仿真系统。
3. 识别模型的三种类型，并列举出每一种类型可以解决的两种问题。
4. 列出模型管理有难度的原因。

第Ⅲ部分
商务智能

这一部分的学习目标包括：

1. 学习商业分析和商务智能中的数据挖掘；

2. 学习执行数据挖掘项目的程序和方法；

3. 了解人工神经网络在数据挖掘中的角色和功能；

4. 了解数据挖掘（包括文本挖掘和网络挖掘）的当前变化；

5. 熟悉文本挖掘和网络挖掘的程序、方法和应用；

6. 学习数据仓库和数据市场的知识；

7. 熟悉数据可视化的不同发展趋势；

8. 了解企业绩效管理及其实施的方法论。

第 5 章
商务智能的数据挖掘

📖 学习目标

1. 了解将数据挖掘定义为商务智能的使能技术。
2. 了解商业分析和数据挖掘的目标和效益。
3. 认识数据挖掘的大范围应用。
4. 学习标准化的数据挖掘过程。
5. 理解数据挖掘中数据预处理所涉及的步骤。
6. 学习数据挖掘的不同方法和算法。
7. 建立对现有数据挖掘软件工具的认识。
8. 了解数据挖掘的缺陷和误区。

一般来说，数据挖掘是一种从某一组织机构收集、组织并存储的数据中发展商务智能的方法。很多组织机构大范围地应用数据挖掘技术来进一步了解其客户以及自己的操作管理，并据此解决复杂的组织问题。在本章，我们将把数据挖掘作为商务智能的一种支持技术来介绍，阐述数据挖掘项目的标准程序，并在应用主要数据挖掘技术的过程中帮助理解专业知识，形成对现有软件工具的认识，了解数据挖掘的缺陷和误区。

开篇案例

数据挖掘进入好莱坞

预测一部电影的票房收入（如财务盈利）是一件有趣且充满挑战的事情。根据一些专家的意见，由于在预测产品需求方面存在一定的困难，电影行业是"一片充满了直觉与狂野猜想的土壤"，从而使得好莱坞的电影业务成了有风险的活动。在这种观点的支持下，美国电影协会（Motion Picture Association of America）的常任主席兼CEO杰克·瓦伦蒂（Jack Valenti）说："直到在黑暗的影院中电影开始放映，火花在屏幕与观众之间飞起，没人可以告诉你一部电影在市场中将如何运作。"在娱乐行业的专业期刊中，支持这种论述的案例、陈述以及描述相关经历的文章比比皆是。

与其他试图阐明这个极具挑战性的现实问题的研究者一样，拉梅什·沙尔达和杜尔孙·德伦（Ramesh Sharda and Dursun Delen）已经在探索数据挖掘的应用，在一部电影上映之前（当电影还只是一个概念性的想法时）对其票房收入进行预测。在他们广泛宣传的预测模型中，他们将一个预测（或者回归）问题转化为一个分类问题；也就是说，基于电影的票房收入，他们将其划分到九个类别中的一个，从"彻底失败"到"轰动一时"不等，使其成为一个多项式问题，而不是对票房收入进行数值估计（见表5—1）。

数据

数据是从各类与电影相关的数据库（如，ShowBiz，IMDb，IMSDb，AllMovie，等等）中收集得到的，并整合到一个单独的数据集中。该数据集被用于开发的一些模型，其中包括1998—2006年发行的2 632部影片。表5—2提供了对独立变量及其说明的总结。关于这些独立变量的更多描述性细节及论证，可参阅Sharda and Delen（2007）。

表5—1 基于收入的电影分类

等级	1	2	3	4	5	6	7	8	9
收入（以10万美元计）	<1（彻底失败）	1~10	10~20	20~40	40~65	65~100	100~150	150~200	>200（轰动一时）

表5—2 独立变量汇总

独立变量	取值数	所有可能取值
MPAA分级	5	G，PG，PG-13，R，NR
竞争力	3	高、中、低
星级价值	3	高、中、低
类型	10	科幻片、史诗片、现代剧、政治戏、惊悚片、恐怖片、喜剧片、卡通片、动作片、纪录片
技术效果	3	高、中、低
续集	1	是、否
屏幕数量	1	正整数

方法

使用一系列数据挖掘方法，比如人工神经网络（ANN）、决策树、支持向量机（SVM）以及这三类方法的混合形式，沙尔达和德伦开发了预测模型。他们将1998—2005年的所有数据作为训练集数据，来构造预测模型；将2006年的数据作为测试集数据，来对模型的预测准确度进行评估和比较。图5—1展示了SPSS的PASW Modeler（即以前的Clementine数据挖掘工具）的屏幕截图，该工具被用来对解决预测问题的流程图进行描述。流程图的左上方显示了模型的开发过程，其右下角展现了模型的评估（如，测试或者得分）过程（更多关于PASW Modeler工具及其用法的详细信息可以在本书的网站上找到）。

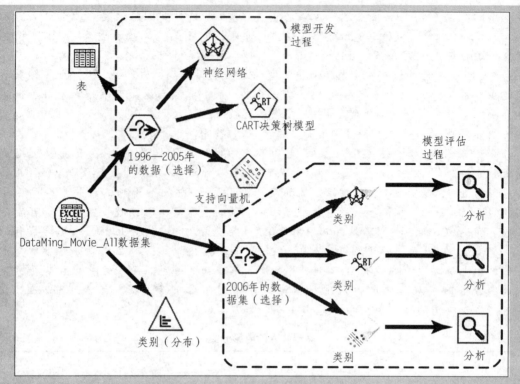

图5—1　票房收入预测系统的流程图截图

资料来源：Used with permission from SPSS.

成果

表5—3提供了三种数据挖掘方法，以及综合使用这三种方法的预测结果。第一项性能指标是正确分类的百分比，可称之为宾果游戏（Bingo）。表中同样记载了1-Away正确分类率（如在一个类别中）。该结果表明，支持向量机在这些个体预测模型中的表现最好，其次是人工神经网络，效果最差的则是CART决策树算法。一般来说，混合模型比个体模型的表现更好，其中混合算法（在该算法中较均衡地运用了三种方法）的效果最佳。对于决策者而言，更为重要并且在表中显而易见的是，相对于个体模型，从混合模型中获取的标准差要更低。

表5—3　　　　　　　　　　对于个体与混合模型的预测结果列表

性能指标	预测模型					
	个体模型			混合模型		
	SVM	ANN	CART	随机分布	强型决策树	聚变（平均）
总数（Bingo）	192	182	140	189	187	**194**
总数（1-Away）	104	120	126	121	104	**120**
准确度（%，Bingo）	55.49%	52.60%	40.46%	54.62%	54.05%	**56.07%**
准确度（%，1-Away）	85.55%	87.28%	76.88%	89.60%	84.10%	**90.75%**
标准差	0.93	0.87	1.05	0.76	0.84	**0.63**

结论

研究者称，这些预测结果比该领域已

发表文献的叙述更为准确。除了票房收入预测结果具有较高准确度外，这些模型也可以用来更加细致地分析（并且潜在地最优化）决策变量，从而使得收入最大化。准确地说，为了更好地理解不同参数对于最终结果的影响，用于模型构建的参数可以通过用于训练的预测模型来改变。在这个普遍被视为灵感度分析的过程中，某娱乐公司的决策者能够发现，从准确度相对较高的层面来看，某个男演员（或者某个具体的上映日期，或者更多特技的加入）能够给电影的收入带来多大价值，从而使得相关系统能够成为一项无价的决策辅助手段。

思考题

1. 好莱坞的决策者为何应该使用数据挖掘？

2. 对于好莱坞管理者而言最大的挑战是什么？你认为还有哪些行业面临类似的问题？

3. 你认为研究者应该使用所有相关数据来构建预测模型吗？

4. 在你看来，为什么研究者会选择将一个回归问题转化为一个分类问题？

5. 你认为这些预测模型应当如何被使用？你能为这样的模型考虑一个好的生产系统吗？

6. 你认为决策者能够轻松地适应这样一个信息系统吗？

7. 为了对案例中所描述的预测模型进一步加以改善，应当采取哪些措施？

我们可以从中学到什么

对于决策者而言，娱乐行业充满了各种有趣且充满挑战的问题。采用正确的决策来管理大量资金对于该市场中许多公司的成功（或者仅仅是生存）而言是极其重要的，而数据挖掘能对这类拥有大量数据但知识较为缺乏的商业环境进行更好的管理。本案例中的研究清晰地描述了数据挖掘在预测与解释一部电影票房收入方面的强大作用，但绝大部分人认为对电影票房的预测是一门艺术并且难以实施。在本章中，你将会看到一系列数据挖掘应用，在许多行业中通过使用数据来利用其竞争优势解决复杂问题。

资料来源：R. Sharda and D. Delen, "Predicting Box-Office Success of Motion Pictures with Neural Networks," *Expert Systems with Applications*, VOL 30, 2006, pp. 243–254; D. Delen, R. Sharda, and P. Kumar, "Movie Forecast Guru: A Web-based DSS for Hollywood Managers," *Decisions Support Systems*, VOL. 43, NO. 4, 2007, pp. 1151–1170.

5.1　数据挖掘的基本概念和应用

1999 年 1 月，阿尔诺·彭齐亚斯（Arno Penzias）博士（诺贝尔奖获得者，贝尔实验室前首席科学家）在接受《电脑世界》（*Computerworld*）的采访时说："不久的将来，在企业的数据库中进行数据挖掘将会是公司的一项关键应用。"公司未来的关键应用是什么？这是《电脑世界》提出的一个老生常谈的问题，他的回答是"数据挖掘"。他补充道："数据挖掘将变得越来越重要，并且公司将不会放弃客户的任何信息，因为这些信息将会变得非常有价值。倘若不这样做，你就必然会破产。"托马斯·达文波特（Thomas Dovenport）2006 年也曾在《哈佛商业评论》上发表文章表达类似的看法。他指出，公司最新的战略武器便是决策分析方法，还列举了亚马逊、美国第一资本投资国际集团（Capital One）、万豪国际（Marriott International）和其他公司的相关案例，这些公司运用分析方法对客户有了更好的了解，并在为用户提供最优质的服务时，通过优化延伸供应链来使投资回报最大化。这种成功取决于公司对客户、供应商、业务流程和延伸供应链的进一步了解。

这种了解大多源于对公司所收集的大量数据的分析。在过去的几年里，存储和处理数据的成本越来越低，因此，电子形式数据的存储量以惊人的速度增长。大型数据库的构造使得对数据库中的数据进行分析成为可能，而"数据挖掘"这个术语最初就用来描述发现数据中事先不为人所知的模式的过程。如今，为了利用数据挖掘来增加销售量，一些软件供应商对数据挖掘的定义进行了延伸，将大部分形式的数据分析纳入其中。但在本章中，我们采用的是数据挖掘的最初定义。

尽管"数据挖掘"是一个相对较新的术语，但关于它的思想很早就有了。许多数据挖掘中使用的技术源自传统数据分析以及 20 世纪 80 年代初已形成规模的人工智能。那么为什么商业界会突然对它如此感兴趣呢？较为明显的原因如下：

- 在日益饱和的市场中，客户千变万化的需求和欲望引发了更加激烈的全球化竞争。
- 隐含在大量数据源中未开发的价值得到了广泛认知。
- 数据库记录的合并和一体化实现了对客户、供应商、交易等的单一视图。
- 以数据仓库的形式可将各类数据库整合到同一个位置。
- 数据处理和存储技术正以指数级的速度发展。
- 数据处理和存储在硬件和软件上的费用正大量减少。
- 商业活动日益个性化（信息源向非物质形态转变）。

互联网生成的数据在数量和复杂程度上正迅猛增加，大量的基因组数据正在全世界范围内产生和积累，而诸如天文学和核物理等学科也会定期形成庞大的数据。医疗和医药研究人员不断地生成和存储大量数据，并将其应用于数据挖掘程序，以采用更好的办法来准确诊断和治疗疾病，并发现新的改进型药物。

从商业角度来讲，数据挖掘在金融、零售、医疗机构方面的应用最为广泛。数据挖掘常用来发现和减少保险索赔和信用卡使用中的欺诈行为（Chan et al.，1999），识别客户的购买模式（Hoffman，1999），发展有价值的客户（Hoffman，1998），利用历史数据确定交易规则，以及使用购物篮分析帮助增加盈利。数据挖掘的广泛应用能够帮助企业更好地找到目标客户，随着电子商务的普及，对数据挖掘的需求也会随着时间的推移变得更为迫切。

定义、特性和优点

数据挖掘（data mining）对在大量数据中发现或"挖掘"知识进行了描述。若从类比的角度来考虑，人们很容易发现，使用"数据挖掘"这个词是不恰当的。因为从岩石或泥土中开采黄金，挖掘的是黄金而不是岩石或泥土，所以将数据挖掘称为"知识挖掘"或"知识发现"可能会更好。尽管数据挖掘的字面意思和实际含义并不相符，但它已经成为行业人士的一个重要选择。其他与数据挖掘有关的名称还有很多，如知识提取、模式分析、数据考古、信息采集、模式搜索、数据采集。

从技术上讲，数据挖掘是一个运用统计、数学、人工智能技术在大量数据集中识别和提取有用信息和后续知识（或模式）的过程。这些模式可以以业务规则、相似度、相关性、趋势或预测模型的形式呈现出来（Nemati and Barko，2001）。而从字面意思来看，可将数据挖掘定义为"在存储于结构化数据库的数据中识别有效、新颖、有潜在价值并最终可理解的非平凡过程"，其中，数据库中的数据是以由分类变量、定序变量和连续变量所构成的记录形式组织在一起的（Fayyal et al.，1996）。在这个定义中，相关关键术语的含义如下：

- 过程是指数据挖掘会包含很多迭代步骤。

● 非平凡是指这个过程会涉及一些实验式检索或推理，也就是说，这个过程并不像预定义问题的计算那么顺利。

● 有效是指所发现的模式应该有足够的把握适用于新的数据。

● 新颖是指对于所分析的系统环境中的用户来说，他们事先并不知道这些模式。

● 潜在价值是指对于用户或者任务而言，所发现的模式应当是有利可得的。

● 最终可理解是指这些模式应该具有商业意义，能让用户在使用后说："这很有价值，但我为什么没想到？"即使这种效果不会立即显现，至少也应在一些后期工作开展之后显现。

数据挖掘并不是一门新的学科，而是为了利用许多学科形成的新定义。它严格定位于许多学科（如统计学、人工智能、机器学习、管理科学、信息系统和数据库）的交集处（见图 5—2）。随着这些学科的不断发展，数据挖掘正逐步在从大型数据库中提取有用信息和知识方面取得进步。作为一个新兴领域，它在很短的时间内吸引了大量关注。

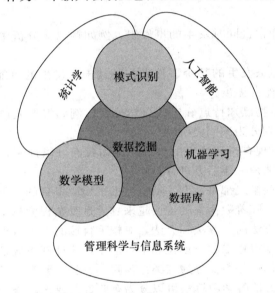

统计学　模式识别　人工智能

数据挖掘

机器学习

数学模型

数据库

管理科学与信息系统

图 5—2　数据挖掘是多个学科的交集

以下是数据挖掘的主要特点和目标：

● 大型数据库中常常会有隐藏得很深的数据，有时甚至包括几年前的数据。在许多案例中，数据会被净化并整合到一个数据仓库中。

● 数据挖掘的环境通常是一个客户机—服务器架构，或者是基于 Web 的信息系统架构。

● 包括先进的可视化工具在内的新型顶尖工具，能够找到埋藏在企业档案或公共记录文件中的信息矿石，还可以进一步处理和同步数据来得到正确结果。前沿的数据挖掘系统也会对软数据（如，存储在 Lotus Notes 数据库中的非结构化文本、互联网或者企业内联网上的文本文件）的实用性进行探究。

● 数据挖掘的用户往往都是终端用户。即使有极少数人完全不具备编程技能，他们依然可以运用数据钻取和其他动力查询工具来询问特殊问题并迅速获得答案。

● 意外的收获不仅需要意外的发现，也需要终端用户在整个过程中创造性地思考问题，例如对研究结果进行解释。

● 数据挖掘工具需要与电子表格和其他软件开发工具结合起来使用。这样，可以快速对所需处理的数据进行分析与部署。

● 由于大量数据和搜索行为的存在，有时需要使用并行处理来进行数据挖掘。

一个能够有效利用数据挖掘工具和技术的公司可以获得并保持战略竞争优势。数据挖掘为组织提供了一个不可或缺的决策环境，通过将数据转化为战略武器来发现新机遇。关于数据挖掘战略利益的更详细讨论见 Nemati and Barko（2001）。

数据挖掘如何实施

数据挖掘使用现有的相关数据，通过建立模型来确定数据集中所显示属性间的模式。该模型是一种数学表达式（简单的线性关系或者极复杂的非线性关系）。该表达式表示了数据集所描述对象（如客户）各属性间的模式。说明性的模型解释了属性间的相互关系和相似度；预测性的模型则对某些属性的未来取值进行了预测。通常，数据挖掘主要对以下四种模式进行识别：

1. 关联是指发现通常会同时发生的事件组，例如购物篮分析中的啤酒与尿布就常常会同时出现。

2. 预测是指根据过去发生的某个事件来判断其未来发生的可能性，例如预测"超级碗"的冠军或某一天的绝对温度。

3. 聚类是指根据事物已知特点确定其自然分组，例如根据人口结构及其过去购物行为的历史数据来把客户划分为不同类别。

4. 时序关系用于发现有时间顺序的事件，例如我们可以预测，一个拥有支票账号的银行客户会在拥有投资账户一年后办理存款账户。

几个世纪以来，这些模式都是人们手动从数据中提取得到的，但是如今数据量的增大需要更加自动化的方法。随着数据集的规模越来越大且复杂程度越来越高，间接的自动数据处理工具运用复杂的方法论、方法和算法，对较为直接的人工数据分析进行了扩展。处理大型数据集的方法正变得越来越自动化和半自动化，这种现象就是指数据挖掘。

一般来讲，数据挖掘任务主要分为三类：预测、关联、聚类。基于从历史数据中提取模式的方法，数据挖掘方法的学习算法可以分为有监督的或无监督的两类。有监督学习算法的训练数据既包含描述属性（如独立变量或决策变量）也包含类别属性（如输出变量或结果变量）；无监督学习算法的训练数据则仅包含描述属性。图 5—3 展示了对数据挖掘任务的一项简单分类，以及学习方法和每项数据挖掘任务的常用算法。

预测 预测（prediction）一般是指对未来所发生事件进行描述的一种行为。预测与简单的猜测是不同的：在进行预测时，需要对经验、建议以及其他相关信息加以考虑。根据所预测事件的性质，我们还可以更为专业地将其称为分类（以明天的天气预报为例，所预测结果可被标注为"阴雨"或"晴天"）或者回归（以明天的气温为例，所预测结果是一个实数，如 65°F）。

分类 分类（classification）也可以称为有监督的归纳，它在所有数据挖掘任务中应用得最为普遍。分类的目标是对数据库中所存储的历史数据进行分析，并自动生成可以预测未来行为的模型。该归纳模型包含了对训练数据集中所有记录的概括，它能对预定义类别进行有效区分。我们希望这个模型可以用来对其他未分类记录进行分类预测，以及准确预测现实中将要发生的事情。

常见的分类工具包括机器学习方面的神经网络和决策树，传统数据统计方面的逻辑回归和判别分析，以及粗糙集、支持向量机和遗传算法这样的新兴工具。在许多人看来，基

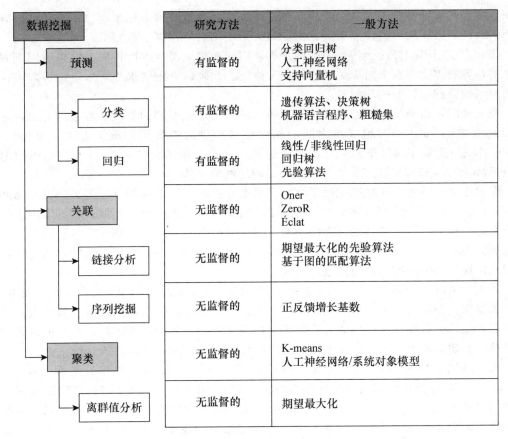

图 5—3 数据挖掘任务的简单分类

于统计的分类方法（如逻辑回归和判别分析）关于数据的假设（如独立性和正态性）不切实际。这样的评论限制了这种分类技术在数据挖掘分类项目中的应用。

　　神经网络（关于这项机器学习算法的详细内容参见第 6 章）涉及数学结构的发展（类似于人类大脑中的生物神经网络），它能从过去的经验中学习，这种经验的表现形式为结构良好的数据集。当相应变量的数量很多并且它们之间的关系既复杂又不精确时，神经网络方法会比较有效，但它也有缺点，例如通常不能对所做的预测进行合理的解释，还需要进行大量的训练。然而随着数据集规模的增大，训练所需的时间也在呈指数级增加。因此，神经网络一般不能对非常大的数据集进行训练。上述因素以及其他原因一起限制了神经网络在数据丰富的领域中的应用。

　　根据所输入的变量值，决策树能把数据划分到有限的类别中。它本质上是"如果……那么……"句型的层次关系，并且比神经网络要快很多，最适合用于分类数据和区间数据。因此，如果要把连续变量纳入决策树框架，就需要先对其离散化，也就是把连续型变量值转变成区间和类别的形式。

　　一个相关的分类工具是规则归纳。与决策树不同的是，规则归纳能够直接从训练数据中归纳得出"如果……那么……"句型的规则，并且不要求数据本身具有层次关系。其他更为新兴的工具（如支持向量机、粗糙集和遗传算法等）都被逐步归入分类算法库。第 13 章在讨论智能系统时将会更详细地介绍这些算法。

　　聚类 聚类（clustering）是指将一些事物（如物体、事件等，它们都存储在一个结构数据集中）的集合划分为几个部分（或自然群组），每个部分中成员的特点相似。与分类不同，聚类的类标签是未知的。在用所选定的算法处理数据集并根据事物本身的特点确定事物的共性之后，就可以建立聚类。由于聚类是使用启发式算法确定的，并且对于同一个数据集而言使用不同算法会得到不同的聚类，因此在将聚类技术所得到的结果应用到实际中之前，可能需要专家来对聚类进行解释和修改。在确定合理的聚类之后，就可以用这种方法对新的数据进行分类和解释了。

毫无疑问，聚类技术包括最优化。它的目的就是建立不同的群组，群组内部成员之间的相似性最大，而不同群组成员之间的相似性最小。最为常用的聚类方法主要包括 K-means 算法（起源于统计学）和自组织映射算法（起源于机器学习），其中自组织映射算法是 Kohonen（1982）研究出的一种独特的神经网络结构。

企业通常有效地运用数据挖掘系统中的聚类分析来进行市场细分。聚类是确定物品类别的一种方法，从而使同一聚类中的物品比不同聚类中的物品更为相似。它可以用于细分客户并进行相应指导，使其能够在恰当的时间，以恰当的形式和价格，针对不同类别的客户开展恰当的产品营销活动。聚类分析同样可以用于识别相关事件或事物的自然分组，以便识别出这些群组的特点并对其进行描述。

关联 关联（association）也称数据挖掘中的关联规则挖掘，如今已十分常见及成熟，可用来发现大型数据库中变量之间的独特关系。由于条形码扫描器这类自动数据收集技术的出现，使得关联规则的应用成为零售界一种用于知识发现的普遍工具，可在记录大规模交易信息的超市销售点系统中发现商品之间的规则，也可称之为购物篮分析。

关联规则的两种常用衍生工具是**链接分析**（link analysis）和**序列挖掘**（sequence mining）。链接分析可以自动发现许多有价值对象之间的联系，比如网页之间的关系、学术刊物作品之间的引用关系；序列挖掘则能够按照事件发生的顺序来确定其关系。关联规则中使用的算法包括常见的 Apriori（需要确定高频数据集），FP-Growth，OneR，Zer-oR，Eclat。

可视化和时间序列预测 在数据挖掘中，可视化技术与时间序列预测技术通常都是相关的。可视化可以与其他数据挖掘技术结合使用，以便更清楚地理解各项潜在关系；时间序列预测所处理的数据则是同一变量在不同时间所获取和存储的一系列取值。这些数据能用来开发模型，以推断出同一现象在未来的取值。

假设驱动/发现驱动的数据挖掘 数据挖掘可以由假设或发现驱动。**假设驱动的数据挖掘**（hypothesis-driven data mining）是指在用户给出一个命题后能够验证这个命题的真实性。例如，一个营销经理说："DVD 播放器的销售量与电视机的销售量有关系吗？"

发现驱动的数据挖掘（discovery-driven data mining）则用来发现数据集中隐藏的模式、关联规则以及其他关系。它可以揭示组织事先并不知道甚至没有想到的事实。

5.1　思考与回顾

1. 给出数据挖掘的定义。为什么数据挖掘会有这么多不同的名称和定义？
2. 是什么因素使得数据挖掘变得非常流行？
3. 数据挖掘是一种新的规范吗？请给出解释。
4. 数据挖掘的主要方法和算法有哪些？
5. 数据挖掘的主要方法之间有哪些显著不同？

5.2　数据挖掘应用

在解决复杂的商业问题方面，数据挖掘已经成为一种非常普及的工具。事实表明，它在许多领域都是非常成功和有用的，下面将举例说明。这些商业数据挖掘应用的目的是解决亟待解决的问题，或者发现一个新兴的商业机遇来增强企业的可持续竞争优势。

● 客户关系管理。客户关系管理是传统营销的延伸，它的目的是通过深入了解客户的需求来建立一对一的客户关系。企业通过与客户的一系列交易（如，产品查询、销售、服务、保修）逐步建立关系，积累了大量的数据。在对其赋予人口和社会经济属性之后，这些信息量丰富的数据就可以用来：（1）确定新产品或服务最有可能的买家（如客户分析）；（2）发现客户流失的根本原因以便留住客户（如流失分析）；（3）发现产品和服务的时变关系来使销售量和客户价值最大化；（4）确定最具盈利价值的客户，并发现他们的需求以便增强客户关系，最终使销售量最大化。

● 银行业务。银行也可以使用数据挖掘做到：（1）在贷款申请程序中自动准确地预测最有可能拖欠贷款的人；（2）发现具有欺诈性的信用卡和网上银行交易；（3）向用户出售他们最可能买的产品或服务来使用户价值最大化；（4）通过准确地预测银行机构（如，ATM 机、银行分行）的现金流来优化现金回报。

● 零售与物流。在零售行业，数据挖掘可以用来：（1）准确预测某一零售区域的销售量来决定正确的库存水平；（2）识别不同商品之间的关系（使用购物篮分析），以便调整店面布局，使销售量最大化；（3）预测不同商品类型（如，根据季节和环境的不同划分）的消费水平，以便优化库存，最终使销售量最大化；（4）在供应链的产品流动过程中，通过分析感应和射频数据信息来发现感兴趣的模式（尤其是那些有保质期限的产品，它们的保质期短，易腐，易受污染）。

● 制造和生产。制造业中数据挖掘可以用来：（1）利用传感器数据事先预测机械故障（称为状态检修）；（2）确定生产系统中的异常和通用性来优化制造能力；（3）发现新的模式来确定和提高产品质量。

● 经纪及证券交易。经纪商和交易商可以使用数据挖掘做到：（1）预测债券价格会在何时变化及其变化大小；（2）预测股市波动的范围和方向；（3）对具体问题和事件对整体市场走势的影响进行评估；（4）识别和防范证券交易中的欺诈行为。

● 保险。保险业可以使用数据挖掘做到：（1）预测财产索赔数额和医疗保险费用，以便获得更好的业务规划；（2）在分析索赔和客户数据的基础上，确定最优利率计划；（3）预测哪些客户更倾向于购买具有特殊功能的新保险；（4）识别和防范不正当索赔和欺诈活动。

● 计算机硬件和软件。在计算机领域，数据挖掘可以用来：（1）在故障发生前预测磁盘驱动器故障；（2）识别和过滤垃圾网页内容和电子邮件；（3）检测和防范计算机网络安全问题；（4）识别存在潜在安全问题的软件产品。

● 政府和国防。数据挖掘也可以应用于军事方面，比如：（1）预测动用军事人员和装备的成本；（2）预测对手的行动，以便采取较为有效的交战策略；（3）预测能源消耗，以便进行更好的计划和预算；（4）对军事行动中的经验教训进行分类识别，以便在组织中更好地共享知识。

● 旅游业（航空公司、旅馆/度假酒店、租车公司）。数据挖掘在旅游业可以用来：（1）预测不同服务（飞机的座位类型、旅馆或酒店的房间类型、租车公司的汽车类型）的销售额，以便对服务进行最优定价，从而将最大限度地提高收入作为一个随时间变化的交易功能（通常称为收益管理）；（2）预测不同地区的需求，以便更好地分配有限的组织资源；（3）找出最有利可图的客户，向其提供个性化服务，以维持客户回头率；（4）发现员工流失的根本原因，从而留住有价值的员工。

● 卫生保健。数据挖掘在卫生保健方面的应用包括：（1）发现没有医疗保险的人以及出现这种现象的原因；（2）确定不同治疗方法间的新型成本效益关系，以便制定更有效的策略；（3）预测不同服务地点的需求水平和时机，以便更好地分配组织资源；（4）发现客户和员工流失的深层次原因。

● 医学。在医学领域，数据挖掘的使用可以看作对传统医学研究非常有价值的补充，其中传统医学本质上主要包括临床医学和生物医学。数据挖掘分析可以用来：（1）确定提高癌症病人成活率的新模式；（2）预测器官移植的成功率，以便制定更好的供体器官匹配策略；（3）确定人类染色体（即基因组）中不同基因的功能；（4）发现症状和疾病（或疾病和治疗办法）之间的关系，来帮助医疗专家及时做出正确的决策。

● 娱乐业。数据挖掘在娱乐业成功应用于：（1）分析观众数据来决定在黄金时段播放什么节目，以及在哪里插入广告才能使收入最大化；（2）在电影制作前，预测其财务上成功的可能性来决定是否投资，以及如何使收入最大化；（3）预测不同地点和不同时间的需求，更好地安排娱乐节目，以最优地分配资源；（4）制定最优的定价策略，以使收入最大化。

● 国土安全和执法。数据挖掘在国土安全和执法领域可以用来：（1）确定恐怖行为的模式；（2）发现犯罪模式（地点、时间、犯罪行为以及其他相关属性），能够及时地帮助侦破刑事案件；（3）通过分析特殊的感官数据来预测和消除对国家关键基础设施的潜在生物和化学武器攻击；（4）确定并停止对关键信息基础设施的恶意攻击（通常称为信息战）。

● 体育。数据挖掘也能用来提高美国职业篮球联盟（NBA）中各支球队的表现。例如，"先进侦察兵"（Advanced Scout）是一项基于 PC 的数据挖掘应用，可被教练用来在篮球比赛的各项数据中发现感兴趣的模式。由于用户可以把模式应用到录像带中，因此模式的解释性得到了增强，详见 Bhandari et al.（1997）。

5.2　思考与回顾

1. 数据挖掘的主要应用领域有哪些？
2. 写出至少五个特殊数据挖掘应用及这些应用的普遍特点。
3. 你认为数据挖掘在哪个应用领域中的作用最为突出？为什么？
4. 你还可以想到本节中未提到的其他数据挖掘应用领域吗？请给出解释。

5.3　数据挖掘流程

为了系统地实施数据挖掘项目，我们通常会使用一般性流程。基于数据挖掘的最佳实践，数据挖掘研究者和实践者提出了几种流程（工作流或按部就班的方法），以最大限度地增加成功执行数据挖掘项目的机会。现在已有几种标准化流程，本节将介绍其中最常用的。

跨行业数据挖掘标准流程（Cross-Industry Standard Process for Data Mining, CRISP-DM）可以说是最流行的一种标准化流程，它是一家欧洲企业财团在 20 世纪 90 年代中期提出的数据挖掘非专利标准（CRISP-DM，2009）。图 5—4 说明了它的整个过程，一共有六步，其中第一步是充分理解该项业务和数据挖掘项目的需求（如应用领域），最后一步是得到满足特定业务需求的解决方案并开展相关工作。尽管这些步骤本质上是连续的，但是通常都会进行大量回溯。由于数据挖掘是由经验和实验所驱动的，并且依赖于问题所处的环境和分析人员的知识/经验，因此整个过程需要反复进行（通常需要来回重复很多次），并且相当耗时。因为后续步骤是建立在其前一步输出的基础之上，为了避免整项研究从一开始就处于不正确的状态，需要格外注意前面的步骤。

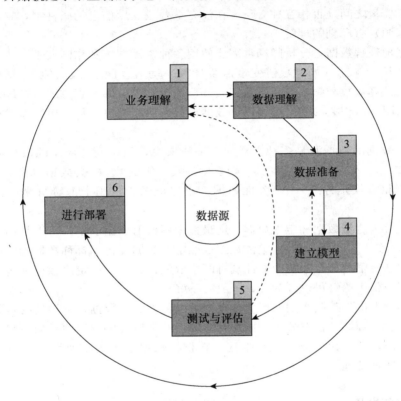

图 5—4 CRISP-DM 数据挖掘流程的六个步骤

资料来源：Adapted from CRISP-DM. org.

第一步：业务理解

任何数据挖掘研究中的关键在于，知道开展这项研究是为了什么。为了回答这个问题，需要透彻地理解经营管理所需的新知识和一个明确的、与研究相关的经营目标。关于一些特殊的目标的问题如下："近期那些转向竞争对手的顾客有哪些共同特点？""我们的顾客的典型形象是怎样的？他们每个人能够为我们创造多少价值？"为此，需要实施项目计划以寻找这些知识，安排人员负责收集数据、分析数据以及汇报发现的结果。在该阶段需要编制支持研究所需经费的预算，即使是一个非常粗略的数字也可以。

第二步：数据理解

数据挖掘是用来解决具体的商业任务的，而不同的商业任务需要不同的数据集。在对业务有了清晰的理解之后，数据挖掘流程的主要活动就是从许多可用的数据库中识别相关数据。在数据识别和选择阶段需要考虑一些关键问题，首要的且最重要的是，分析人员必须简洁明了地描述数据挖掘任务，以保证关联性最强的数据可以被识别出来。例如，零售业的数据挖掘项目以女性消费者的人口统计特征、信用卡交易、社会经济学属性为基础，来确定她们的消费行为特点。此外，分析人员还要对数据源（如，相关数据以何种形式储存在哪里；收集数据的流程是什么样的——是自动形式还是人工形式；谁负责数据收集工作，数据更新的周期有多长）和变量（如，最相关的变量有哪些；变量中有没有同义词或同音异义词；变量之间是否相互独立——在没有重叠或互斥信息的条件下，它们能否作为完整的信息来源）有深刻的理解。

为了更好地理解数据，分析师经常需要使用各种统计方法和作图技术，比如对每个变量进行简单的统计汇总（如，数值变量需要计算平均值、最小/最大值、中值、标准差；分类变量则要计算众数和频率表）以及相关分析，绘制散点图、直方图、箱线图。仔细识别和选择数据源及最相关的变量，可以让数据挖掘算法能够更容易、更快地发现有用的知识模式。

用于选择数据的数据源是多种多样的。一般来说，用于商业应用的数据源包括人口统计数据（如，收入、受教育程度、家庭人口数、年龄）、社交数据（如，业余爱好、俱乐部会员资格、娱乐方式）、事务性数据（销售记录、信用卡消费情况、支票签发情况），等等。

数据可以分为定量数据和定性数据。定量数据用数值数据表示，可以是离散的（如整数），也可以是连续的（如实数）。定性数据也称定类数据，包括标称数据和定序数据，其中标称数据包括有限的非有序值，如性别有两个取值：男、女；定序数据则包括有限的有序值，例如客户信用等级可以分为好、一般、不好。

从某种程度上讲，某些类型的概率分布也可以称为定量数据，它描述的是数据的分布方式和分布形状。例如，正态分布数据是对称的，通常呈现出钟形曲线的形状。定性数据可以转换为数值，并用频率分布进行描述。在根据数据挖掘的商业目标选择好相关数据后，就可进行数据处理了。

第三步：数据准备

数据准备（更多情况下称为数据预处理），是为了对数据进行分析，运用数据挖掘方法对之前步骤所得到的数据进行各项处理。与 CRISP-DM 的其他步骤相比，数据处理是最耗时间和精力的，大多数人认为这一步甚至花了整个数据挖掘过程 80% 的时间。之所以要在该步骤花如此多的时间，是因为实践中所得到的数据一般都是不完整的（缺少属性值、缺少有价值的属性或者只包含汇总数据）、有噪音的（数据中有错误值或异常值）、非一致的（在规则和名称中包含差异）。图 5—5 展示了把实际数据转换为可挖掘数据集的四个主要步骤。

在数据预处理的第一步，要从确定的数据源中收集相关数据（已在前面的"数据理解"步骤中实现）；要选择必要的记录和变量（基于对数据的深入理解，将不必要的部分过滤掉）；将从多个数据源中收集的记录进行整合（基于对数据的深入理解，妥善处理同义词和同音词）。

数据预处理的第二步是数据清洗，也称数据清理。此步骤需要对数据集中的各项值进行识别和处理。在一些情况下，存在缺失值是数据集中的一种反常现象。因此，需要对它

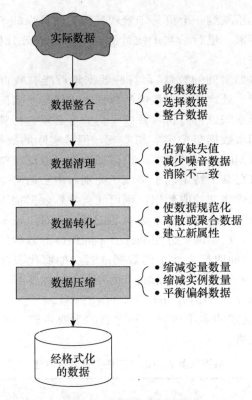

图 5—5　数据处理的步骤

们进行估算（使用最可能值）或将它们忽略；而在另一些情况下，存在缺失值是数据集中的一种正常现象（如，高收入的人经常不填写"家庭收入"一栏）。在这一步中，分析人员应该识别出噪音数据（如异常值）并把它们消除。此外，数据的不一致（变量值较为特殊）应通过领域知识和/或专家意见来进行处理。

在数据预处理的第三步，需要将数据进行转化，以便更好地进行处理。例如在许多情况下，数据是在所有变量的最大值和最小值之间进行规范化，以减小某个变量（数值较大的变量，如家庭收入）对其他取值较小的变量（如亲属数或服务年数这种比较重要的变量）所造成的潜在偏差。另外一种转换方法是离散或聚合。有时会把数值变量转换为分类值，如低、中、高；而在其他情况下，为了得到一个更适合计算机处理的数据集，需要通过概念分层将标称变量特殊值的范围缩小到一个较小的集合中（如，人们会选择使用几个区域来表示一个变量的位置，而不是使用 50 个不同的值）。不过，有时也会选择根据现有变量建立新变量，以放大数据集中所收集变量的信息。例如在器官移植数据中，会使用一个单变量来表示血型匹配情况（1 表示匹配，0 表示不匹配），而不是分别使用捐赠者和接受者的血型变量。这种简化在增加信息量的同时，也能降低数据之间关系的复杂程度。

数据预处理的最后一步是数据压缩。尽管数据挖掘人员希望数据集越大越好，但是数据太多也会成为一个难题。简单地说，数据挖掘项目中使用的数据可以看成是有两个维度的平面文件：变量（列数）和实例/记录（行数）。在有些案例（拥有复杂微阵列数据的图像处理和基因组项目）中，变量的数量非常庞大，分析人员需要把它压缩到可操作的规模。由于可将变量视为从不同角度看待某一现象的不同维度，因此在数据挖掘中这个过程也叫做维数压缩。尽管目前还没有很简单的方法可以完成这项工作，但是我们可以使用以下方法来将数据规模成功压缩到一个更易于管理且相关性最强的子集：使用前人发表文献的结果；咨询该领域的专家；进行恰当的统计测试（如主成分分析或独立成分分析）；综合使用这些方法。

关于另外一个维度（如实例的数量），有些数据集可能有数百万甚至上亿条记录。即使计算能力呈指数级发展，处理这么大规模的数据也仍然是不实际且不可行的，此时就需要提取数据的子集作为样本来进行分析，并以子集数据必须包括整个数据集中的所有相关模式为假设前提。这在同质数据集中很容易实现，但是实际的数据基本不可能是同质的。因此，分析人员在选择数据时要极其谨慎，以保证数据可以反映整个数据集的本质，并且确定所选择数据并不是来自某个特定的子集或子类别。由于通常会根据某一变量对数据进行排序，如果从数据顶部或底部抽取数据，则可能会导致数据集因所引数据中的一些特殊值而产生偏差，因此应该随机地选择样本集中的记录。而对于偏斜数据来说，简单的随机抽样并不能达到预期效果，这就需要分层抽样（不同组群的数据按照相应的比例出现在样本数据集中）。可以通过多抽取代表性小的数据或者少抽取代表性大的数据的方法，来有效平衡高度偏斜的数据。研究表明，与未经平衡处理的数据集相比，经过平衡处理的数据集所产生的模型更具预测性（Wilson and Sharda，1994）。

表 5—4 总结了数据处理的本质内容，并把它的主要步骤（及其问题描述）总结为一份包括其任务和算法的表格。

表 5—4　　　　　　　　　　数据预处理中的各项任务及潜在方法

主要任务	子任务	常用方法
数据整合	访问并收集数据	SQL 查询、软件代理、网络服务
	选择数据并进行过滤	领域专家、SQL 查询、统计测试
	对数据进行整合	SQL 查询、领域专家、本体驱动的数据映射
数据清理	处理数据中的缺失值	用最合适的值（平均值、中位数、最小值/最大值、众数）代替缺失值（归集）；用某个诸如"ML"的常量来表示缺失值；删去缺失值的记录；不做任何处理
	识别并删除噪音数据	用简单的统计方法或聚类分析识别出数据（如平均值和标准差）异常；在识别后删除异常值，或者用分级法、回归或简单均值的方法对其进行平滑处理
	找到并消除错误数据	识别数据集中的错误值（不是异常值），例如奇异值、不一致的类标签、奇异分布；在识别后通过领域专家来纠正这些错误值，或者删除这些记录
数据转换	使数据规范化	通过使用一系列规范化技术，在每项数值变量中将取值减小到一个标准范围（如，0~1 或者 −1~+1）
	离散或汇总数据	在需要的情况下，使用测距技术或者基于频率的分级技术，将数值变量转化为离散表达形式；对于分类变量而言，则需要通过运用合适的概念分层来减少值的数量
	构建新的属性	运用一系列数学函数（像加法和乘法一样简单，或者像 log 转换函数一样复杂）
数据压缩	减少属性数量	主成分分析、独立成分分析、卡方检验、相关性分析、决策树归纳分析
	减少数据记录数量	随机抽样、分层抽样、由专家和知识驱动的目的性抽样
	处理不对称数据	多抽取代表性小的数据或者少抽取代表性大的数据

第四步：建立模型

在此步骤中，需要选择并使用多种建模技术来满足特定的业务需求，同时对所建立的各种模型进行评估和比较分析。对于某一项数据挖掘任务而言，并不存在公认的最好方法或算法，因此应当使用一系列可行的模型种类以及准确定义的实验和评估策略，来识别适用于该项任务的最好方法。即使是某种单一方法或算法，也要对许多参数进行核对，以获得最佳结果。一些有特殊需求的方法可能还需要对数据进行格式化，因此常常需要回溯到数据准备那一步。

根据业务需求，数据挖掘任务可以是预测（或者是分类或回归），可以是关联分析，也可以是聚类，其中每一项任务都可以使用多种方法和算法。有些方法在本章前面已作解释，大部分更普遍的算法将在本章后半部分进行介绍，如分类用的决策树、聚类用的 k-means、关联规则挖掘用的 Apriori 算法。

第五步：测试与评估

在第五步中，将会对所开发模型的准确性和概括性进行评价，同时评估所选用模型是否满足业务目标：如果满足，应该达到何种程度（如开发和测试更多的模型）；如果时间和预算允许，还有一个选项就是在现实场景中测试所开发的模型。尽管我们希望所开发模型的输出与最初的商业目标相关，但也许会得到其他一些发现，它们也许与最初的目标并不相关，但可以提供一些关于未来发展的信息或暗示。

这一步非常关键且具有挑战性。只有查明和认定了从所开发知识模型中获得的商业价值，数据挖掘的价值才能实现。在所发现的知识模式中决定其商业价值取向就像是在玩拼图，所提取出来的模型就是需要根据特定的商业目的拼凑到一起的拼图块。这项工作成功与否取决于数据分析员、商业分析员和决策制定人员（如企业经理）的协作。由于数据分析员可能不能完全理解数据挖掘的目的及其商业意义，而且商业分析员和决策者很难用技术性的语言解释通过复杂的数学方法得到的结果，因此他们之间的交流就变得极其必要。为了恰当地解释知识模型，常常需要使用一系列的制表和可视化技术，比如，数据透视表、结果的交叉制表、饼状图、直方图、箱线图、散点图。

第六步：进行部署

对模型的开发和评估并不是数据挖掘项目的终点。即使利用模型的目的只是对数据进行简单的探索，但是所获取的知识必须以终端用户可以理解且能从中受益的方式组织和展现出来。根据不同的需求，这一步可以像做报表一样简单，也可以像在整个企业内重新实施数据挖掘过程一样复杂。很多情况下，是顾客而不是数据分析人员来进行部署工作。然而，即使分析员不参与到部署工作中，对于顾客而言，为了能够最终利用所创建的模型，对之前所采取的操作有所了解也是较为重要的。该步骤还包括对所部署的模型进行维护。商场情况瞬息万变，反映商业行为的数据也在改变。随着时间的推移，基于之前数据建立起来的模型（以及嵌入其中的模式）可能会变得过时、不相关、有误导性。因此，如果数据挖掘结果能够成为日常业务及其环境的一部分，那么对模型的监控和维护就变得很重要，采取精心准备的维护策略可以避免对挖掘结果的长期错误使用。为了对数据挖掘结果的部署进行有效监控，需要一个关于监控流程的详细计划。对于复杂的数据挖掘模型而言，这并不是一项简单的任务。

其他数据挖掘的标准化流程和方法

为了成功地应用数据挖掘，应当将其看作一项遵循标准化方法的流程，而不是一套自动化软件工具和技术。除了 CRISP-DM，还有另外一种比较有名的方法，即 SAS 协会于 2009 年开发的 SEMMA 方法。SEMMA 这个缩写词表示抽样（sample）、挖掘（explore）、修改（modify）、建模（model）、评估（assess）。

由于从统计上来说数据样本很有代表性，因此 SEMMA 方法可以很容易地使用探索性统计和可视化技术，选择和变换最为重要的预测变量，并对变量建模以预测其结果，确认模型的准确性。SEMMA 的图形化表示如图 5—6 所示。

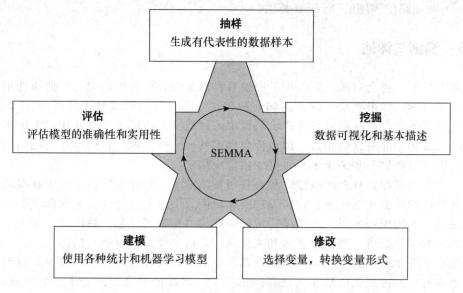

图 5—6　SEMMA 数据挖掘流程

通过评估 SEMMA 过程中每个阶段的结果，模型开发人员可以决定如何对由以前的结果产生的新问题进行建模，并因此为了对数据进行细化而回溯到探索阶段。也就是说，与 CRISP-DM 一样，SEMMA 也是由高度重复的实验周期驱动的。CRISP-DM 和 SEMMA 的主要区别在于，CRISP-DM 采用了一种更为全面的数据挖掘方法——包括对业务和相关数据的理解；SEMMA 则隐含地做出如下假设：数据挖掘项目的目的和目标及其恰当的数据源已经得到确定和理解。

一些从业者通常将术语"**数据库知识发现**"（knowledge discovery in databases, KDD）作为数据挖掘的同义词。Fayyad et al.（1996）将数据库知识发现定义为：一种使用数据挖掘技术的流程，以发现数据中有用的信息和模式。相对于数据挖掘，这涉及使用算法对通过 KDD 得到的数据模式进行识别。KDD 是一个包括数据挖掘的综合过程，其输入包括组织数据。企业数据仓库能够确保 KDD 有效执行，因为它提供了单一的数据来源用以进行挖掘。Dunham（2003）对 KDD 过程进行了总结，它包括以下几个步骤：数据采集、数据预处理、数据转换、数据挖掘和解释/评估。图 5—7 显示了针对以下问题的查询结果，即"你用于数据挖掘的主要方法是什么"（由 kdnuggets.com 于 2007 年 8 月提出）。

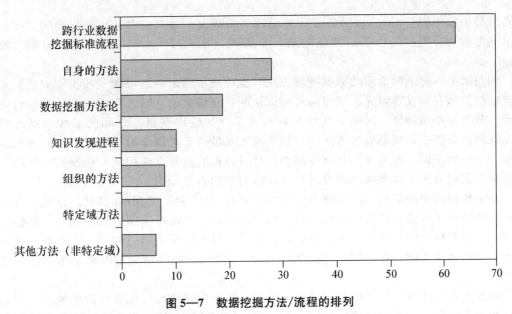

图 5—7　数据挖掘方法/流程的排列

资料来源：Used with permission from kdnuggets.com.

5.3　思考与回顾

1. 数据挖掘的主要流程有哪些？

2. 在你看来，为什么数据挖掘项目的早期阶段（对商业的理解和对数据的理解）所花时间最长？

3. 列举出 CRISP-DM 流程的阶段并对其给出简短定义。

4. 数据预处理的主要步骤有哪些？简要描述每个步骤并提供相关的案例。

5. CRISP-DM 与 SEMMA 有何不同？

5.4　数据挖掘方法

有多种方法可用于进行数据挖掘的研究，包括分类、回归、聚类和关联。对于这些方法中的每个类别，大多数数据挖掘软件工具都采用了不止一种技术（或算法）。本节将介绍最常用的数据挖掘方法，并说明其代表性技术。

分　类

对于现实问题而言，分类也许是最常用的数据挖掘方法。作为机器学习技术家族中受欢迎的一员，分类从以往数据（一系列信息——特征、变量、先前所标记事物的特征、对象或事件）中学习其模式，以便将新的实例（未知标签）归类到它们所对应的组或类。例如，人们可以使用分类来预测某一天的天气会是晴天、雨天还是多云。较常见的分类任务包括：信贷审批（即大的信用风险或小的信用风险），存储位置（如好、中、差），目标市场（如潜在的客户或没有希望的客户），欺诈检测（即是与否），通信行业（如可能/不可能转到另一家手机公司）。如果需要对类标签（如晴天、雨天或多云）进行预测，那么这样的问题称为分类；而如果所预测的是一个数值（如温度为 68°F），则称该问题为**回归**（regression）。

即使聚类（另一种常用的数据挖掘方法）也可用于确定一组事物（或类别成员关系），两者之间仍然存在显著差异。通过向算法提供两种变量类型（输入和输出）的有监督学习过程，分类对事情特征（如独立变量）及其成员（如输出变量）之间的函数关系进行学习；在聚类分析中，则是通过算法中只包括输入变量的无监督学习过程来了解对象的成员关系。与分类不同，聚类并不具有强制执行学习过程的监督（或控制）机制，它使用一种或多种启发式方法（如多维距离度量）来发现对象的自然分组。

分类型预测中最常见的两步骤方法是模型开发/训练和模型测试/部署。在模型开发阶段，需使用一系列输入数据，包括实际类标签的集合。而在对模型进行训练后，该模型则要用来对保留样本的精度进行评估测试，并最终针对实际应用进行部署。在此处，该模型用于对新的数据实例预测类别（此处类标签是未知的）。在评估模型时需要考虑以下几个因素：

- 预测的准确性：即该模型对新的或之前未见的数据进行类标签预测的能力。预测精度是对分类模型最为常用的评估指标。为了对其进行计算，测试数据集的实际类标签用于与模型所预测类标签进行匹配。对精度的计算可以用准确率来表示，它是模型对测试数据集样本正确分类的百分比。（更多相关内容将在本章后面部分介绍。）
- 速度：计算成本涉及模型的生成与使用，因此我们认为计算速度越快越好。
- 稳健性：指鉴于噪音数据或数据缺失和错误值，模型依然能够相当准确地进行预测的能力。
- 可扩展性：指鉴于相当大的数据集，依然能够有效构造预测模型的能力。
- 解释性：模型理解和洞察的水平（例如，模型如何根据某些预测结果得出结论，能够得出什么结论）。

预测分类模型的真实准确率

在分类问题中，精确估计的主要来源是混淆矩阵（也称分类矩阵或列联表）。图 5—8 显示了一个混淆矩阵的两类分类问题。沿着对角线从左上角到右下角的数字表示正确的决策，不在这条对角线上的数字则表示误差。

		真实类别	
		正类	反类
预测类别	正类	正确的正类总数 (TP)	错误的正类总数 (FP)
	反类	错误的反类总数 (FN)	正确的反类总数 (TN)

图 5—8　两类分类结果列表的简单混淆矩阵

表 5—5 提供了分类模型的常见精度公式。

表 5—5 分类模型的常见精度公式

公式	描述
正确的正类率＝$TP/(TP+FN)$	正确正类总数除以总体正类总数所得比值
正确的反类率＝$TN/(TN+FP)$	正确反类总数除以总体反类总数所得比值
精确度＝$(TP+TN)/(TP+TN+FP+FN)$	正确分类的实例数（正类与反类）除以总体实例数所得比值
准确度＝$TP/(TP+FP)$	正确正类总数除以正确正类总数与错误正类总数之和所得比值
覆盖率＝$TP/(TP+FN)$	正确正类总数除以正确正类总数与错误反类总数之和所得比值

当分类问题不是两类分类问题时，混淆矩阵将会变大（涉及一个方阵与对应类标签唯一编号的大小），并且精度公式只限于每类的准确率以及整体分类的准确度。

$$(正确分类率)_i = \frac{(正确分类)_i}{\sum_{i=1}^{n}(错误分类)}$$

$$(整体分类的精确度)_i = \frac{\sum_{i=1}^{n}(正确分类)}{总实例数}$$

对有监督的学习算法所导出的分类模型（或分级）的准确性进行评估是很重要的，原因有二：首先，它可用于估计未来的预测精度，这意味着值为 1 的置信水平应当存在于预测系统的分类输出中；其次，它可用于从给定数据集中选择一个分类器（在众多受过训练的分类模型中识别出"最好"的一个）。对用于分类型数据挖掘模型的估计方法而言，以下几种是最为流行的。

简单分割 简单分割（simple split）（或保留样本，或测试样本估算）将数据划分为两个互斥子集，称为训练集和测试集（或保留集）。常见的方法是指定 2/3 的数据作为训练集，剩下的 1/3 作为测试集。训练集用于导流器（模型构建器），所构建的分类器则需对测试组进行测试。而当分类器是一个人工神经网络时，会出现例外。在这种情况下，数据会被划分成三个互斥的子集：训练集、验证集和测试集。其中，验证集在模型构建过程中使用，以防止溢出（更多关于人工神经网络的内容可以在第 6 章中找到）。图 5—9 显示了简单的分割方法。

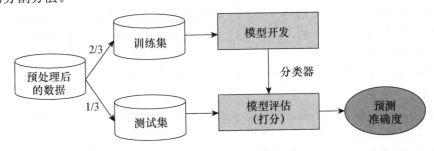

图 5—9 简单的随机数据分割

这种方法的主要问题是，它假设两个子集中的数据是同一类型（即有相同的属性）。

因为这是一种简单的随机划分方法，并且在现实数据集中有关分类变量的数据是不整齐的，所以这种假设可能是不成立的。为了改善这种状况，分层抽样法将不同的层级作为输出变量。虽然这种简单分割方法已有所改进，但仍然存在来源于单一随机划分的相关偏差。

k-折交叉验证　在比较两种及两种以上方法的预测准确性时，为了尽量减少与在训练集与保留集数据样本中进行随机抽样相关的偏差，人们可以使用一种叫做 **k-折交叉验证**（*k*-fold cross-validation）的方法，也可称之为旋转预测的方法。在该方法中，整个数据集被随机分成 *k* 个大致相等、相互排斥的子集。分类模型都要训练和测试 *k* 次，每一次所有子集都要训练，但随后有 1 次折叠需要作为剩下的测试集来进行测试。一个模型整体精度的交叉验证估计是通过简单地取 *k* 个个体精度平均值的方法来计算，如下列公式所示：

$$\text{CVA} = \frac{1}{k} \sum_{i=1}^{k} A_t$$

式中，CVA 表示交叉验证准确度，*k* 表示折叠次数，*a* 表示每次折叠的准确性度量（如，命中率、灵敏度、特异度）。

额外分类评估方法　其他较为普及的评估方法包括：

- 留一法。留一法类似于 *k*-折交叉验证法，此处 *k* 取值 1。也就是说，由于数据点较多，随着模型的发展，每个数据点都必须用于测试一次。这是一种耗时的方法，但有时对于小数据集是一个可行的选择。

- 自助法。在**自助法**（bootstrapping）中，为了训练并测试余下的数据集部分，需要从原始数据中抽取固定数量的样本。该过程需要被重复多次。

- Jackknifing 法。它类似于留一法。在 Jackknifing 法中，需要通过在估算过程的每一次迭代中留下一个样本来对精确度进行计算。

- 计算 ROC 曲线下面积。**ROC 曲线下面积**（area under the ROC curve）是一种图形评估技术，其中 *Y* 轴表示正确的正类率，*X* 轴表示错误的反类率。ROC 曲线下的面积值表示分类器的预测精度层次：值为 1 表示一个完美的分类器，值为 0.5 则表示精度和随机法相差不大。在现实中，面积值一般介于这两个极端值之间。例如，在图 5—10 中，*A* 的分类性能要优于 *B*，而 *C* 的预测精度与掷硬币之类的随机选择相差不大。

分类技术　许多技术（或算法）可以用于分类建模，包括以下部分：

- 决策树分析。决策树分析（机器学习技术）可以说是数据挖掘领域最为流行的分类技术。对该技术的详细描述包括下面部分。

- 统计分析。多年来，在机器学习技术出现之前，统计技术一直是重要的分类算法。统计分类技术包括逻辑回归和判别分析，这两者都假设输入和输出变量之间的关系在本质上是线性的，数据是正态分布的，并且变量是不相关且相互独立的。这些假设的可疑性质引导了其向机器学习技术的转变。

- 神经网络。这些都属于可用于解决分类问题的最为流行的机器学习技术。第 6 章将对该技术进行详细说明。

- 基于案例的推理。为了将一个新的案例分配到最合适的类别中，这种方法需要使用历史案例来认识其共性。

- 贝叶斯分类器。基于过去所发生的事情，通过使用概率论来建立分类模型，将一个新的案例放到最合适的类别中。

- 遗传算法。利用类似于自然进化的方法构造以定向搜索为基础的机制，来对数据样

正确的正类率（灵感度）

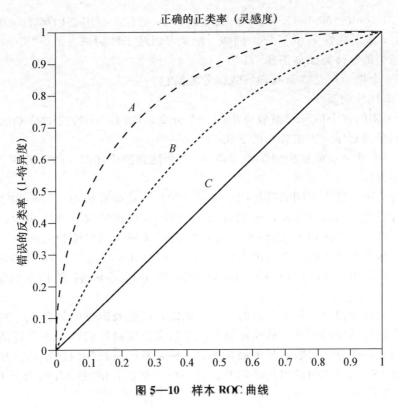

图 5—10　样本 ROC 曲线

本进行划分。

● 粗糙集。该方法考虑了类标签的局部组成部分，以就分类问题对模型（合集或者规则）构建中的类别进行预定义。

对所有分类技术进行完整描述超出了本书的范围，因此，此处只介绍了几种最常用的方法。

决策树　在描述决策树的细节之前，我们需要讨论一些简单的技术。首先，决策树包括可能对不同模式分类具有影响的许多输入变量。这些输入变量常被称为属性。例如，如果我们仅仅基于两个特征——收入和信用率——来构造对贷款风险分类的模型，那么这两个特点将作为属性，并且结果输出将会是类标签（如，低风险、中等风险或高风险）。其次，一棵树包括分支和节点。一个分支代表使用一个属性来对一个模式进行分类的测试结果（基于测试），末端的叶节点则表示对于一个模式而言的最终类型选择（一条从根节点到叶节点的分支链，可以表示为一个复杂的 if-then 语句）。

决策树的基本思想是，它递归地划分训练集，直到划分所得子集全部或大部分由来自一类的实例组成。树的每个非叶节点包含一个分割点，该分割点是对一个或一个以上属性的相关测试，决定了数据如何被进一步划分。在一般情况下，决策树算法从训练集中构建初始树并得到纯粹的叶节点（即所得子集完全由一类实例组成），然后对树进行修剪，以提高其泛化性以及对测试数据的预测准确度。

在树的生长阶段，通过对数据的递归划分来构造树，直到每个子集要么是纯粹的（如，所包括成员都是同一类别的），要么规模很小。其基本思想是，对于所提出的问题，其答案能够提供最多的信息，这与在玩"Twenty Questions"时我们所做的十分相似。

用于划分数据的分割方法取决于分割中所用属性的类型。对于连续型属性 A 而言，割集是以 value(A)<x 的形式表示的，x 表示属性 A 的"最优"分割值。例如，基于收入的

割集表示为"Income＜50 000"。对于离散型属性 A 而言，割集是以属于 x 的 value（A）形式表示的，x 表示属性 A 的子集。例如，割集可以基于性别来表示："男 vs 女"。

构建决策树的整体算法如下所示：

1. 创建一个根节点并将所有训练数据分配给它。

2. 选择最佳分割属性。

3. 为所分割的每个值，对根节点添加一个分支。同时按照特定的分割线以及分支模式，将数据划分为互斥（不重叠）的子集。

4. 对每一个叶节点重复步骤 2 和步骤 3，直到达到停止标准（如，该节点中的个体都属于同一类标签）。

如今已经提出了许多不同的算法用于创建决策树。这些算法的主要不同之处在于：分割属性（和分割值）的确定方式，分割属性（分割相同的属性仅一次或多次）的顺序，每个节点的分割次数（二叉树和三元数），停止准则以及树（预剪枝和后剪枝）的修剪。一些知名的算法包括来源于机器学习的 ID3（其次是作为 ID3 改进版本的 C4.5 和 C5），来源于统计学的分类和回归树（CART），以及来源于模式识别的卡方自动交叉检验（CHAID）。

在建立一个决策树时，每个节点的目标是确定其属性及属性的划分点。其中，划分点能够对训练集进行最好的划分，从而使该节点上的类别更具代表性。为了评估决策树的分割，已经提出了一些分割指数，其中最常见的两种是基尼系数和信息增益。基尼系数用于 CART 和 SPRINT（决策树的可扩展的并行化感应）算法，信息增益则用于 ID3（和它的新版本 C4.5 和 C5）。

基尼系数（Gini index）已应用于经济学中，对人口的贫富差距进行衡量。同样的概念可以用来描述一个特定类的纯度，该特定类是沿着某个特定属性或变量进行分支得到的结果。最好的分割方法是在所建议的分割点处进行分类，从而提高数据集的纯度。让我们简要地研究一下基尼系数的计算方式：

如果一个数据集 S 包含来源于 n 个类的实例，则基尼系数的定义为：

$$gini(S) = 1 - \sum_{j=1}^{n} p_j^2$$

式中，P_j 是数据集 S 中类别 j 的相对频率。如果一个数据集 S 被分割为两个子集 S_1 和 S_2，其大小分别为 N_1 和 N_2。所分割数据的基尼系数包含 n 个类别的实例，其基尼系数被定义为：

$$gini_{split}(S) = \frac{N_1}{N} gini(S_1) + \frac{N_2}{N} gini(S_2)$$

一般选择提供了最小 $gini_{split}(S)$ 值的属性/分割组合来分割节点。在这样的判定中，应当列举出每个属性所有可能的分割点。

信息增益（information gain）是在 ID3 算法中使用的分割机制，该算法也许是最广为人知的决策树算法。ID3 算法由罗斯·昆兰（Ross Quinlan）于 1986 年开发，此后，C4.5 和 C5 算法也相继由他开发出来。ID3（及其变种）的基本思想是，使用一个"熵"的概念来替代基尼系数。**熵**（entropy）对数据集中不确定性或随机性的程度进行了测量。如果子集中的所有数据都只属于一个类别，那么在该数据集中便不存在不确定性或随机性，因此熵便是零。这种方法的目的是，通过构建子树使每个最终子集的熵为零（或接近零）。让我们来看看对信息增益的计算。

假设有两个类，P（正）和 N（负），并且在数据集的实例中有 p 个属于类型 P，n 个属于类型 N。如果数据集 S 中任意一个实例属于 P 或者 N，那么所需判定的信息量可定义为：

$$I(p,n) = -\frac{p}{p+n}\log_2\frac{p}{p+n} - \frac{n}{p+n}\log_2\frac{n}{p+n}$$

假设使用属性 A 可以将数据集分割为子集 $\{S_1, S_2, \cdots, S_v\}$。如果 S_i 包含 p_i 个类型 P 中的实例以及 n_i 个类型 N 中的实例，那么熵或者在所有子树 S_i 中需要划分目标的期望信息为：

$$E(A) = \sum_{i=1}^{v} \frac{p_i + n_i}{p+n} I(p_i, n_i)$$

然后，根据属性 A 的分支获得的信息为：

$$Gain(A) = I(p,n) - E(A)$$

对于每一个属性而言，这些计算都将被重复，且具有最高信息增益的属性被选择作为分割属性。这些分割指数的基本思路非常相似，但各自算法的具体细节有所不同。ID3 算法及其分割机制的详细定义可见 Quinlan（1986）。

数据挖掘的聚类分析

聚类分析是一种重要的数据挖掘方法，用于将项目、事件或者概念划分到可称为聚类的群组中。该方法常用于生物学、医学、遗传学、社会网络分析、人类学、考古学、天文学、字符识别，甚至管理信息系统的开发。随着数据挖掘的日益普及，相关技术已被应用于企业，特别是营销方面。聚类分析已被广泛用于欺诈检测（包括信用卡和电子商务诈骗）和当代客户关系管理系统中客户的市场细分。随着聚类分析的作用得到认可，更多的企业应用正不断发展。

聚类分析是一种探索性数据分析工具，用于解决分类问题。其目标是将案例（如，人、物、事件）分类为群组或群集，从而使同一群体中成员之间的关联度较强以及不同群体中成员之间的关联度较弱。每个群集都描述了其成员所属的类。聚类分析中很明显的一维案例是为大学里的班级建立得分域，从而能够对其进行等级分配。这类似于美国财政部在 20 世纪 80 年代建立新税率时所面临的聚类分析问题。群集的一个科幻例子发生在J. K. 罗琳（J. K. Rowling）的《哈利·波特》（Harry Potter）一书中，分院帽为霍格沃茨魔法学校中的一年级学生分配了宿舍。另一个例子涉及如何为参加婚礼的客人安排坐席。就数据挖掘而言，聚类分析的重要性在于，它可以从以前未曾出现的方面出发，揭示数据的组织和结构。而一旦发现了这些组织和结构，其内容都是非常合理且有用的。

聚类分析的结果可以用于：

- 确定一个分类方案（如客户类型）。
- 为描述人口提出合适的统计模型建议。
- 就识别、定位和诊断性的目的而言，需要明确规则以便为新的案例分配类别。
- 为之前曾被广泛定义的概念提供如何定义、排列和改变的方法。
- 寻找典型案例，用以标记和表示不同类别。
- 就其他数据挖掘方法而言，可以减少问题的数量和复杂性。
- 在一个特定领域中识别离群值（如稀有事件检测）。

确定最佳聚类数　聚类算法通常需要指定所找到群组的数目。如果这个数目不是从先验知识中得到的，那么应以某种方式选择该数目。遗憾的是，并不存在一种最佳方法来计算群组的数目。因此，可用几种启发式方法。最常用的方法如下：

- 查看方差百分比，可以将其解释为群组数目的函数。也就是说，如果选择了一些集群，那么在增加另一个群集的情况下就无法得到更好的数据模型。具体而言，如果用曲线图来表示由群组所解释的方差百分比，那么在某一点处的边际增益将下降（图中将给出其角度），而该点正好表明了所选择群组的数目。
- 设定群集数为 $(n/2)^{1/2}$，其中 n 是数据点的数目。
- 使用 Akaike 信息准则（AIC），这是一项比较好的措施，适用于（基于熵的概念）确定聚类数目。
- 使用 Bayesian 信息准则（BIC），这是一个确定群组数目的模型选择标准（基于最大似然估计）。

分析方法　聚类分析可以基于以下一种或多种一般方法：

- 统计方法（包括分级法与非分级法），例如 k-means，k-modes 等；
- 神经网络（为自组织映射结构，即 SOM）；
- 模糊逻辑（如模糊 c-means 算法）；
- 遗传算法。

这些算法一般都与两种通用方法之一共同运行：

- 分割。在分割类别中，所有项目在一开始都处于一个类别中并逐步分割。
- 聚合。在聚合类别中，所有项目都处于各个群集中，这些群集会逐渐融合。

大多数聚类分析方法包括使用**距离度量**（distance measure）来计算项目之间的类似程度。常用的距离度量包括欧几里得距离（即通过尺子测量得到的两点之间的一般距离）和曼哈顿距离（也称两点之间的直线距离或出租车距离）。通常情况下，它们都是以所测得的真实距离为基础，但在此处并非如此，而是像通常在信息系统开发中出现的情况那样。加权平均值可用于构建这些距离。例如，在一个信息系统开发项目中，通过其输入、输出、处理和使用特定数据，该系统的各模块之间可以存在相关性。然后通过项目配对，将这些因素合并成单个距离度量。

k-means 聚类算法　k-means 算法（其中 k 代表预定的群组数量）可以说是最有参考价值的聚类算法，它以传统的统计分析为基础。正如其名称所示，该算法将每个数据点（客户、事件、对象等）分配给离群组中心（也称质心）最近的对应群集，其中群组中心是群集中所有数据点的平均值。也就是说，它的坐标是集群中所有点在每个维度上的算术平均值。该算法的步骤如图 5—11 所示：

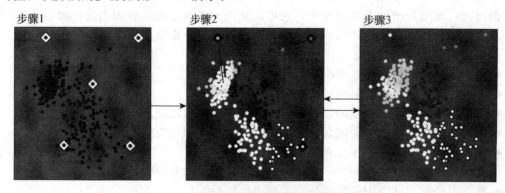

图 5—11　**k-means 算法步骤的图形化展示**

初始化步骤：选择群组的数目（即 k 的值）。

步骤 1　随机产生 k 个随机点作为初始群集中心。

步骤 2　将每个点分配到最近的聚类中心。

步骤 3　重新计算新的聚类中心。

重复步骤：直到收敛准则得到满足，否则重复步骤 2 和步骤 3（通常是点到对应群集的分配变得稳定）。

关联规则挖掘

关联规则挖掘是一种常用的数据挖掘方法，常作为案例来说明什么是数据挖掘，以及它能为技术比较娴熟的人做些什么。绝大多数人可能听说过杂货店中啤酒和尿布的销售之间存在的著名的关系。随着故事的传播，大型连锁超市（也许是沃尔玛，也许不是；对于是哪家连锁超市没有达成共识）对客户的购买习惯进行了分析，发现从统计角度出发，对啤酒和尿布的购买存在显著的相关性。据推测，存在这种相关性的原因是，由于父亲（通常是年轻人）不太可能经常前往体育酒吧，因此当他们在超市为孩子买尿布时（尤其是周四），也会顺便购买啤酒。这个发现促使连锁超市将尿布与啤酒放在一起，从而导致两种商品的销量增加。

从本质上讲，关联规则挖掘的目的是发现大型数据库中变量（项目）之间有价值的关系（关联性）。由于在商业问题上得到成功应用，它通常被称为购物篮分析。购物篮分析的主要思想是，识别通常一起购买的不同产品（或服务）之间的强关联（在同一个篮子里出现在一起，要么是杂货店中的实体购物篮，要么是电子商务网站上的虚拟购物篮）。例如，购物篮分析可能会发现一种模式，比如"如果一个客户购买了手提电脑和病毒防护软件，那么他有 70% 的可能性也会接受延长服务计划"。购物篮分析的输入是一项简单的销售点交易数据，会将一起购买的多项产品和/或服务都列在同一项交易实例中，这类似于购买收据的内容。其分析结果是宝贵的信息，可以用来更好地了解客户购买行为，以便在交易中实现利润最大化。一个企业可以通过以下方式利用这些知识：（1）将有关联的物品放在一起，使客户能够更方便地将它们都放入购物篮中，而不会在购买其中一件物品时忘记还要购买另一件（增加销量）；（2）通过包装来推广项目（如果其中一件物品有折扣优惠，就不要对另一件打折出售）；（3）将它们彼此分开，从而使客户用一定方式来搜索到它们，从而会看到和购买其他物品。

购物篮分析的应用包括交叉营销、交叉销售、店面设计、产品目录设计、电子商务网站设计、网络广告的优化、产品定价、销售/促销配置。从本质上讲，购物篮分析能够帮助企业从客户的购买模式中推断出他们的需求和喜好。而在业务领域之外，关联规则被成功用于发现症状与疾病之间的关系、病人的特点与治疗之间的关系（在医疗决策支持系统中得到应用），以及基因与其功能之间的关系（在基因学项目中使用），等等。

有这样一个问题询问了关联规则挖掘可以发现的模式/关系："是否所有的关联规则都是有趣的和有用的？"为了回答这个问题，关联规则挖掘一般使用两种常用指标：**支持度**（support）和**置信度**（confidence）。在定义这些术语之前，让我们通过显示一条关联规则来对该技术有所了解：

$$X \Rightarrow Y[S\%, C\%]$$

$$\{\text{Laptop Computer}, \text{Antivirus Software}\} \Rightarrow \{\text{Extended Service Plan}\}[30\%, 70\%]$$

式中，X 表示产品和/或服务，称为先导（left-hand side，LHS）；Y 表示产品和/或服务，称为后继（right-hand side，RHS），二者存在关联。S 表示支持度，C 则表示该规则的置信度。一个规则的支持度是指对这些产品和/或服务（即 LHS＋RHS＝笔记本、电脑防病毒软件以及扩展服务计划）在同一交易项中一同出现频率的测评。也就是说，支持度表示的是包含特定规则所提到的所有产品和/或服务的交易项在数据集中的比例。在这个例子中，数据库显示 30％的交易项中都存在这三种产品出现于同一张销售单据上的情况。一条规则的置信度则表示对 RHS 所表示产品和/或服务与 LHS 所表示产品和/或服务一同出现频率的测算；也就是说，它指的是包括 LHS 以及 RHS 的交易项在所有交易项中所占的比例。换句话说，它是一个条件概率，在含有 LHS 的交易规则中发现 RHS 的存在。

有多种算法可用于产生关联规则，其中广为人知的算法包括 Apriori，Eclat 以及 FP-Growth。这些算法只能做一半的工作，即在数据库中识别项集。一旦识别频繁出现的项集，它们就需要被转换成用先导和后继表达的规则。对来源于频繁项集的规则进行确定是一个简单的匹配过程，但这个过程在大型事务数据库中可能是比较耗时的。即使规则的每个部分都有许多事务，实践中后继部分通常也只包含一个事务。接下来，我们将对最流行的用于识别频繁项集的算法进行介绍。

Apriori 算法 Apriori 算法（Apriori algorithm）是用来发现关联规则的最常用的算法。给定一组项集（如，零售交易集，每一条中都包括了所购买的单个物品），算法总能试图找到至少是最小数量项集（如，达到最小支持度）的子集。Apriori 采用自下而上的方法，其中频繁子集每次可以得到扩展（一个称为候选生成的方法，即频繁子集的大小从包含一个事务的子集增加到包括两个事务的子集，再到包含三个事务的子集，等等），并且每个层级的候选组需要根据最小支持度的数据进行测试。当子集不能进一步成功扩展时，算法便会结束。

考虑下面的例子：一家杂货店根据库存单位（SKU）跟踪销售交易项，从而知道哪些东西通常被一起购买。交易项的数据库以及识别频繁项集的后续步骤如图 5—12 所示。交易项数据库中的每个 SKU 对应于一个产品，例如"1 ＝黄油"，"2 ＝面包"，"3 ＝水"，依此类推。Apriori 算法中的第一步便是对每个事务的频数（即支持度）进行计数（一项项集）。对于这个过于简单的例子，我们可以设定其最小支持度为 3（或 50％，这意味着如果它在数据库的 6 个交易项中至少出现了 3 次，那么一个项集可被表示为一个频繁项集）。因为所有的一项项集的支持度至少为 3，所以它们都被认为是频繁项集。然而，如果有

原始交易数据		一项项集		两项项集		三项项集	
交易编号	库存单位（项目编号）	项集（库存单位）	支持度	项集（库存单位）	支持度	项集（库存单位）	支持度
1	1,2,3,4	1	3	1,2	3	1,2,4	3
1	2,3,4	2	6	1,3	2	2,3,4	3
1	2,3	3	4	1,4	3		
1	1,2,4	4	5	2,3	4		
1	1,2,3,4			2,4	5		
1	2,4			3,4	3		

图 5—12 对 Apriori 算法中频繁项集的识别

任何一个一项项集不是频繁的，它们就不会被列为二项项集中可能包含的组成部分。在这种方式下，Apriori 算法将会对含有全部可能项集的树进行修剪。如图 5—12 所示，使用一项项集，能够生成所有可能存在的二项项集，并且交易项数据库会计算它们的支持度。由于二项项集 {1, 3} 的支持度小于 3，因此它不应该被包含在频繁项集中，该频繁项集则可用来生成下一级项集（三项项集）。该算法似乎特别简单，但只适用于小的数据集。在更大的数据集，尤其是那些包括大量小型事务以及少量大型事务的数据库中，搜索和计算是一个工作强度较大的过程。

5.4 思考与回顾

1. 识别出至少三种主要的数据挖掘方法。

2. 举例说明在何种情况下分类是一项合适的数据挖掘技术，在何种情况下回归是一项合适的数据挖掘技术。

3. 列出至少两项分类技术并给出它们的简要定义。

4. 就比较和选择最佳的分类技术而言，存在一些什么标准？

5. 简述在决策树中采用的通用算法。

6. 对基尼系数进行定义。它衡量的是什么？

7. 举出一个例子，说明在该情况下聚类分析是一项合适的数据挖掘技术。

8. 聚类分析和分类之间的主要差别是什么？

9. 用于聚类分析的方法有哪些？

10. 举出一个例子，说明在该情况下关联分析是一项合适的数据挖掘技术。

5.5 数据挖掘软件工具

许多软件供应商能够提供强大的数据挖掘工具。这些厂商包括 SPSS（PASW Modeler，前身为 Clementine），SAS（Enterprise Miner），StatSoft（Statistica Data Miner），Salford（CART，MARS，TreeNet，RandomForest），Angoss（KnowledgeSTUDIO，KnowledgeSeeker）以及 Megaputer（PolyAnalyst）。可以看出，大部分较为流行的工具是由最大的统计软件公司 SPSS，SAS 和 StatSoft 开发的。大多数的商务智能工具供应商（例如 IBMCognos，Oracle Hyperion，SAP Business Objects，MicroStrategy，Teradata 以及 Microsoft）也提供一定水平的数据挖掘功能，并将这些功能整合到了自己的软件产品中。不过这些商务智能工具的主要功能还是集中于多维建模和数据可视化，它们并不被认为是数据挖掘工具厂商的直接竞争对手。

除了这些商业工具外，几个开放源代码和/或免费的数据挖掘软件工具也可在网上获取。比较流行的免费（开源）数据挖掘工具是 Weka，它是由许多来自新西兰的怀卡托大学（University of Waikato）的研究者开发的（该工具可以从 cs. walkato. ac. nz/ml/WEKA/下载）。Weka 提供了大量针对不同数据挖掘任务的算法，并且有一个直观的用户界面。另外一个免费（用于非商业用途）的数据挖掘工具是 RapidMiner（由 Rapid-I 开发，它可以从 rapid-i. com 下载）。它具有强大的图形用户界面，提供了较多的算法，并结合了各种数据可视化功能，从而使之有别于其他的免费工具。诸如 Enterprise Miner，PASW

和 STATISTICA 之类的商业工具与诸如 Weka 和 RapidMiner 之类的免费工具的主要区别是计算效率。对于涉及相当大数据集的数据挖掘任务，用免费软件来运行可能需要更长的时间，并且在某些情况下甚至是不可行的（即，由于电脑内存的低效使用，软件会意外停止运行）。表 5—6 列出了一些主要的数据挖掘产品及其对应的网站。

表 5—6   **部分数据挖掘软件**

产品名称	网站（URL）
Clementine	spss. com/Clementine
Enterprise Miner	sas. com/technologies/bi/analytics/index. html
Statistica	statsoft. com/products/dataminer. htm
Intelligent Miner	ibm. com/software/data/iminer
PolyAnalyst	megaputer. com/polyanalyst. php
CART，MARS，TreeNet，RandomForest	salford-systems. com
Insightful Miner	insightful. com
XLMiner	xlminer. net
KXEN（Knowledge eXtraction ENgines）	kxen. com
GhostMiner	fqs. pl/ghostminer
Microsoft SQL Server Data Mining	microsoft. com/sqlserver/2008/data-mining. aspx
Knowledge Miner	knowledgeminer. net
Teradata Warehouse Miner	ncr. com/products/software/teradata_mining. htm
Oracle Data Mining（ODM）	otn. oracle. com/products/bi/9idmining. html
Fair Isaac Business Science	fairisaac. com/edm
DeltaMaster	bissantz. de
iData Analyzer	infoacumen. com
Orange Data Mining Tool	ailab. si/orange/
Zementis Predictive Analytics	zementis. com

数据挖掘研究中越来越流行的一套商务智能软件是微软的 SQL Server，它的数据和模型存储在相同的关系数据库环境中，使模型管理成为一项相当轻松的任务。**微软企业联盟**（Microsoft Enterprise Consortium）成为全球出于学术目的——教学和研究——而访问微软的 SQL Server 2008 软件的一个平台。该联盟已经成立，使全世界的大学即使不在自己校园内、没有必需的硬件和软件，依然能够访问企业。该联盟提供了广泛的商务智能开发工具（如，数据挖掘、多维数据集生成、业务报表），以及来自 Sam's Club，Dlliard's 和 Tyson's Foods 的大量现实数据集。SQL Server 2008 商务智能开发套件的屏幕截图如图 5—13 所示，它显示了用于客户流失分析的决策树。微软企业联盟是免费的，并且只能用于学术目的。阿肯色大学（University of Arkansas）沃尔顿商学院运行了一个企业系统，允许联盟的成员和学院的学生使用简单的远程桌面连接来访问这些资源。关于如何加入该联盟以及简易教程和实例的详细信息，可以在 enterprisewaltoncollege. uark. edu/mec/上找到。

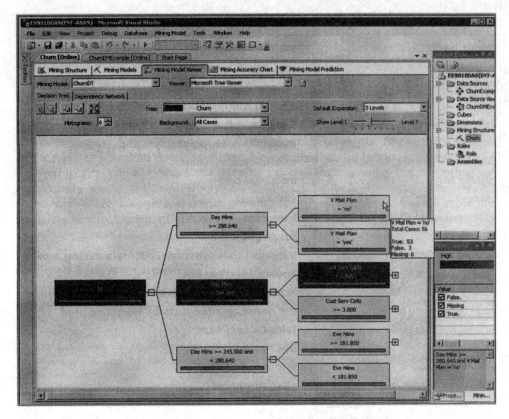

图 5—13　SQL Server 2008 中决策树开发的屏幕截图

资料来源：Microsoft Enterprise Consortium and Microsoft SQL Server 2008.

　　2009 年 5 月，kdnuggets. com 对数据挖掘社区就下列问题进行了投票调查："在过去 6 个月里，在实际项目中，你曾用过什么数据挖掘工具（不只是为了评估）？"为了使结果更具代表性，调查特意剔除了工具软件供应商的投票。在过去的几年里，SPSS Clementine 和 SPSS Statistics 之间、SAS Enterprise Miner 和 SAS Statistics 之间有很强的相关性，因此调查把相关工具系列的票数合并在了一起。总体上，对 364 张独立投票进行了计数，并得出其排名，发现最流行的工具是 SPSS PASW Modeler，RapidMiner，SAS Enterprise Miner 和 Microsoft Excel。相较于前几年的投票结果而言（2008 年的数据可参见网站 kd-nuggets. com/polls/2008/data-mining-software-used. html），在商业工具中，SPSS PASW Modeler，StatSoft 以及 STATISTICA 的使用增长率最大。而在免费工具中，RapidMiner 和 Orange 的增长率最高。所有结果如图 5—14 所示。

5.5　思考与回顾

1. 最流行的商业数据挖掘工具有哪些？
2. 在你看来，为什么最流行的工具都是由统计公司开发的？
3. 流行的免费数据挖掘工具有哪些？
4. 商业数据挖掘软件工具和免费数据挖掘软件之间的主要区别是什么？
5. 就选择一个数据挖掘工具而言，你的五项标准是什么？对其进行解释。

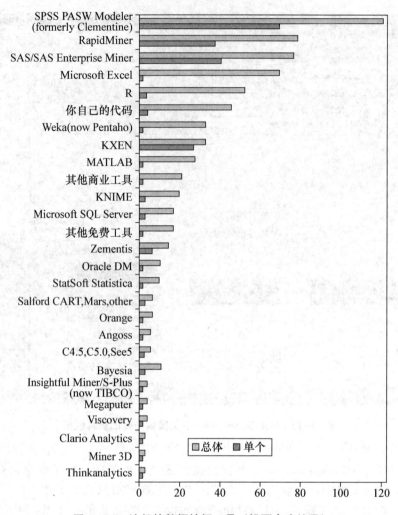

图5—14　流行的数据挖掘工具（投票表决结果）

资料来源：Used with permission of kdnuggets.com.

5.6　有关数据挖掘的夸张说法与误区

　　数据挖掘是一种强大的分析工具，使企业管理人员能够提前通过观察过去的性质来预测未来。它可以帮助营销人员揭示客户行为的秘密模式。数据挖掘的结果可以用来增加收入，减少支出，识别欺诈行为，并找到商业机会，为提升企业的竞争优势提供一个全新的领域。随着数据挖掘不断发展和成熟，出现了一些夸张的说法，表5—7列出了部分常见的说法（Zaima，2003）。

表5—7　　　　　　　　　　　　　　　有关数据挖掘的夸张说法

夸张的说法	现实
数据挖掘能提供即时的、神话预言式的预测。	数据挖掘是一个多步骤的过程，需要深思熟虑、主动设计和使用。
数据挖掘还没有成熟的商业应用。	这种当前最先进的技术已经可以用于几乎任何业务。

续前表

夸张的说法	现实
数据挖掘需要一个单独的、专用的数据库。	随着数据库技术的发展，已不需要一个专用的数据库，尽管这样做可能是可取的。
只有那些拥有高学历的人才可以进行数据挖掘。	基于较新的 Web 的工具，使各种水平的管理者都可以进行数据挖掘。
数据挖掘仅适用于有大量的客户数据的大型企业。	只要数据能准确地反映业务或其客户，公司就可以利用数据挖掘。

我们应当理解这些夸张的说法只是传言，现实中数据挖掘者已经取得了巨大的竞争优势。

以下 10 种数据挖掘的误区往往在实践中出现（Skalak，2001；Shultz，2004），因此应当尽量避免：

1. 选择错误的数据挖掘问题。

2. 忽略赞助者对于数据挖掘的认识，没能让他们了解数据挖掘真正能做什么和不能做什么。

3. 没有为数据准备留下充足的时间。数据准备的工作量比我们一般理解的要更大。

4. 只关注汇总结果而不是单个记录。IBM 公司的 DB2 IMS 具有突出反映单个情况的优势。

5. 不太注重对数据挖掘过程与结果的跟踪。

6. 忽略可疑的结果，迅速进行其他的挖掘。

7. 反复无目的地运行数据挖掘算法。实际上，认真思考数据分析的下一步是十分重要的，数据挖掘是一项对动手性能力要求很高的活动。

8. 相信数据告诉你的所有事情。

9. 相信你自己的数据挖掘分析告诉你的所有事情。

10. 用与你的赞助者所采用的方法不同的方法来测评你的结果。

5.6 思考与回顾

1. 关于数据挖掘最常见的夸张说法有哪些？

2. 在你看来，出现数据挖掘的这些夸张说法的原因是什么？

3. 最常见的数据挖掘错误有哪些？如何将其最小化或者予以消除？

第6章
人工神经网络与数据挖掘

📖 学习目标

1. 理解人工神经网络的概念及定义。
2. 了解生物神经网络与人工神经网络之间的异同。
3. 了解各种类型的神经网络结构。
4. 了解人工神经网络的优点和局限性。
5. 理解在前向神经网络中反向传播学习是如何进行的。
6. 了解使用神经网络的具体步骤。
7. 了解神经网络的广泛应用。

神经网络是一种先进的数据挖掘工具，可以在其他技术无法产生令人满意的预测模型时发挥作用。正如其字面含义，神经网络的建模灵感源自生物学，但神经网络本质上是一种统计学建模工具。在本章，我们将介绍神经网络的基础、结构类型、应用以及实施神经网络项目的步骤。

开篇案例

用神经网络预测投票结果

很多地区现在都以各种方式激励开展新的旅游业务，以期促进增收和就业，振兴当地经济，一个例子就是对废除禁止赌博的法律的大力支持。美国的绝大多数地区都通过投票来使不同类型的赌博合法化，有些投票还进行了不止一次。赌博合法化的支持者宣称，发展赌博旅游业可以为很多地区在社会文化（如，更好的居住环境、更多的休闲机会、更强的文化认同等）、经济（如，改善工作的机遇、更高的可支配收入、税收增加等）等领域带来显著的长期利益。

虽然一些人认为赌博合法化对内陆城市和经济萧条地区的复兴至关重要，但是公众对赌博合法化普遍持谨慎甚至抵制态度。赌博合法化之所以没有得到足够的支持，其原因就在于公众的感知以及实际生活中的伦理问题。反对赌博的人士认为，这样的行为是对宗教信仰和职业道德的公然藐视，并且会带来政治腐败、欺诈、洗钱以及有组织犯罪等问题，会逐步破坏传统的家庭和社会价值以及责任，也将引发多种不负责任的行为。此外，赌博还会导致财政的负外部性，例如州政府要增加对公共福利及警力的支出。各地一般会采取以下三种方式来应对赌博合法化：（1）通过法庭来依法禁止赌博行为；（2）依法使赌博合法化并通过监管许可法来对其进行控制，（3）忽视这一政治上颇有争议的问题。

虽然已经有大量文献就赌博及彩票合法化这一问题从行为学或社会经济学角度进行了剖析，但是关于赌博投票结果预测的文献还不多见。为了填补这一空白，Sirakaya et al.（2005）使用人工神经网络（ANN）来深入了解影响赌博合法化及禁止赌博的因素。与其他用来分析赌博相关数据集的预测方法相比，这种方法得到的结果更准确。

为了识别那些会对投票结果产生影响的因素，研究者分析了过去公开的研究成果，访问了博彩业的专家，并研究了借助行为学建立起来的理论基础。在深入思考之后，研究者提出了一些可能影响投票行为的变量。

数据

研究数据是通过原始数据采集和二手数据采集方法获得的。与赌博投票结果（对赌博议案投赞成票或反对票）有关的原始数据是从全美 50 个州选举办公室得到的，二手数据则是通过多种来源收集的：郡级宗教数据（其中包括教堂及其信众的数量信息）以及其他郡级数据（如人口估计、年龄、个人收入、种族、性别、贫困水平以及受教育水平），这些数据都提取自美国人口普查局和各州数据中心。数据集共有 1 287 条记录，每条记录代表一个郡曾经的投票结果。经过变量辨识及降维分析，研究者决定将以下变量用到他们的人工神经网络模型中：

- 投票类型Ⅰ（赌博/对赌，一个二进制变量）；
- 投票人口百分比（实数数值变量）；
- 中等家庭收入（整数数值变量）；
- 信众人口百分比（实数数值变量）；
- 男性人口百分比（实数数值变量）；
- 贫困水平（实数数值变量）；
- 失业率（实数数值变量）；
- 少数族裔比例——有色人种百分比（实数数值变量）；
- 45 岁以上人口百分比（实数数值变量）；
- 标准都会统计区（是/否，一个二进制变量）。

因变量是投票结果，其取值是"赞成"（即，郡里大多数居民赞成赌博合法化）及"反对"（即，郡里大多数居民反对赌博合法化）。

解决方案

研究者选择使用多层感知器神经网络架构（即，采用反向传播学习算法的前向神经网络），这种结构被认为是解决这种分类问题的优秀预测器。图 6—1 展示了用于该研究的神经网络模型结构。正如图 6—1 所描绘的那样，信息在前向神经网络中从左向右流动，始于输入数据，经过隐含神经元的加权，最终产生输出。此时，将输出与相应的实际结果相比较，并将差值（误差或 Δ）在网络中进行反向传播来调整神经元权重（反向传播学习），使得当相同或相似的输入再次出现时，误差可以变小。

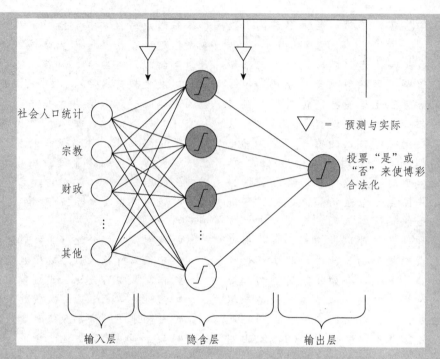

图6—1　神经网络模型的图示

构建人工神经网络模型的步骤如下：

1. 验证数据，检查有无缺失值、空值。将那些含有缺失值和/或空值的记录从数据集中移除。

2. 对数据集中的记录（行）进行随机化处理以保证能得到完全随机化的数据集，其中该数据集的任何一部分都可以代表整体数据集的特征。

3. 随机化的数据集（包含1 287条记录）被分为3个独立的数据文件：（1）训练数据；（2）交叉验证数据；（3）测试数据。由于记录在分割之前就经过了随机化处理，因此可以保证每个数据集各自体现出模型的整体特征。一种习惯做法是将数据集按以下比例分为三部分：60%的数据用于训练（773条记录），20%的数据用于交叉验证（257条记录），20%的数据用于测试（257条记录）。为了优化神经网络模型的预测能力，交叉验证和训练数据集要同时使用。当训练模型的预测能力达到了最优水平时，就要将神经网络的权重保存下来以用于测试数据。

4. 进行灵敏度分析来确定训练后的神经网络模型中输入与输出之间的因果关系。

成果

本研究的目的是建立并测试一种可以预测社会对商业博彩持支持或反对态度的模型。这一研究还用人工神经网络来特别检验了影响赌博活动合法化的因素。共有257个郡对博彩业投反对票，模型1（预测反对票）正确预测出了其中的201个；共有257个郡对博彩业投赞成票，模型2（预测赞成票）正确预测出了其中的198个。

使用测试数据集（这些数据没有用于建模过程）进行检验时，人工神经网络预测投票结果的平均正确率为82%（即每5个郡中有4个预测正确）。研究人员对训练后的神经网络进行灵敏度分析，识别出了博彩投票结果预测中的重要变量。这些变量包括：郡里的宗教倾向（即信徒比例）、郡里的种族多样性（即少数族裔比例），以及该郡是否为美国人口普查局确定的标准都会统计区（Metropolitan Statistical Area,

MSA）。与传统观念不同的是，各郡的经济特征（即，中等家庭收入、贫困水平、失业率）和年龄分布（即 45 岁以上人口的比例）并不是影响投票结果的显著因素。

决策者以及博彩业可以用这一研究结果（以及类似研究的结果）来预测哪个地区会通过赌博提案，以及哪个地区会强烈反对这一提案。识别出的因素可以用来预测并针对那些很可能会接受赌博合法化的地区，以便有效地利用资源来宣传赌博业并避免博彩业与当地社会可能产生的潜在冲突。

思考题

1. 为什么研究公众对于赌博合法化的态度非常重要？

2. 哪些因素可能被用来预测关于博彩/赌博活动投票的民意？你还能想出其他在这个案例中未提到的因素吗？

3. 对一个郡来说，博彩/赌博业的潜在利弊分别是什么？

4. 为什么认为人工神经网络擅长分析这类社会选择问题？

5. 该研究的结果是什么？谁可以利用这些结果？如何利用这些结果？

6. 通过网络搜索两个应用人工神经网络来预测民意的案例。

我们可以从中学到什么

正如你在本章将看到的，神经网络可以应用于很多领域——从基本的商业问题如评估客户需求，到分析及提高安全性，再到改善医疗保健。本案例展示了神经网络在预测民意上的创新性应用，而以前大多数专家认为这是不可预测的。实际上，传统观念认为试图预测民意投票结果是在做无用功，并且这类模型的准确度也与掷硬币（即，随机选择）不相上下。但是，本案例证明了如果我们能够努力识别出潜在影响因素，那么绝大部分事物都可以应用数据挖掘技术（特别是神经网络技术）来进行预测和分析。正如本案例所述，人工神经网络不仅可用于预测复杂社会事件的结果，而且可以用来揭示其深层推动力。

资料来源：E. Sirakata, D. Delen and H-S. Choi, "Forecasting Gaming Referenda," *Annals of Tourism Research*, Vol. 32, No. 1, 2008, pp. 127-149; D. Delen and E. Sirakaya, "Determining the Efficacy of Data-Mining Methods in Predicting Gaming Ballot Outcomes," *Journal of Hospitality & Tourism Research*, Vol. 30, No. 3, 2006, pp. 313-332.

6.1　神经网络的基本概念

神经网络模仿了大脑进行信息处理的方式。这些模型的灵感源于生物学，但是它们并不是大脑实际工作方式的翻版。在预测和商业分类应用方面，神经网络被人们所看好，这要归功于其从数据中"学习"的能力、非参数特性（即无须严格假设）与泛化的能力。**神经计算**（neural computing）是机器学习的一种模式识别方法。神经计算的结果通常被称作**人工神经网络**（artificial neural network，ANN）或**神经网络**（neural network）。神经网络在商业领域的应用较广，如模式识别、预测、分类等。神经网络计算是所有数据挖掘工具的关键组成部分，在金融、营销、制造、运营、信息系统等众多领域中都有大量应用。因此我们希望，阅读完本章，读者能够对神经网络的模型、算法及应用有更深的理解。

人类大脑进行信息处理和解决问题的能力的机理仍然扑朔迷离，而现代计算机在这些领域的很多方面还无法与之相比。人们通常假设，从大脑的研究结果中获得启迪和支撑的模型或系统与生物神经系统有着类似的结构，并且可以表现出类似的智能。基于这种自下而上的方法，人们运用从生物学中获得的灵感开发了人工神经网络（也称连通式模型、并行分布处理模型、仿神经系统或神经网络），用这种看起来十分合理的模型来完成多种多样的工作。

生物神经网络是由大量互连的**神经元**（neurons）组成的，每个神经元都有**轴突**（axons）和**树突**（dendrites）。它们还有指状突用来进行相邻神经元之间的通信，而这种通信是通过收发电信号和化学信号来完成的。与生物结构相类似的是，人工神经网络是由互连的、被称为人工神经元的简单处理单元构成的；与生物神经元类似，人工神经网络中的神经元也要通过集体同时协作来进行信息处理。除此之外，人工神经网络还拥有一些与生物神经网络相似的优点，比如学习能力、自组织能力以及支持容错的能力等。

人工智能网络的研究之路并非坦途，众多研究者为之奋斗了半个多世纪。对人工智能网络的正式研究始于麦卡洛克和皮茨（McCulloch and Pitts）在 1943 年的首创性工作。这两位研究者从生物实验和观察中获得了灵感，并引入了一种由二进制人工神经元构成的简单模型，这些人工神经元具有一些生物神经元的特征。麦卡洛克和皮茨用信息处理机来模拟大脑，并用大量的互连二进制神经元来构建他们的神经网络模型。这些工作使得神经网络研究在 20 世纪 50 年代末 60 年代初开始流行。但是在对早期的神经网络模型（被称为感知器（perceptron），不使用隐含层）进行了全面分析后，明斯基和帕佩特（Minsky and Papert）在 1969 年对这一领域的研究潜力给出了悲观的评价，大家对于神经网络也就失去兴趣了。

在接下来的 20 年里，由于新的网络拓扑、激活函数以及学习算法不断涌现，神经系统科学及认知科学得到发展，对人工神经网络的研究又再次兴起。理论与方法上的进步扫除了多年前影响神经网络研究的障碍。众多诱人的研究成果表明，神经网络正被越来越多的研究者所接受和推崇。此外，由于其在神经信息处理上的优秀特性，神经网络在解决复杂问题时具有更大的优势。人工神经网络已经被用于解决各种应用中的大量复杂问题。神经网络的成功应用再次激发了工商界人士的兴趣。

生物神经网络与人工神经网络

人脑是由被称为神经元的特殊细胞构成的。当一个人受伤时，这些细胞不仅不会死亡，而且可以自动补充（其他细胞都会通过繁殖来产生替代自身的细胞，然后死亡）。这一现象就可以解释为什么人类可以在一段较长的时间里保持记忆，但是在衰老的时候这些记忆会逐渐失去——因为脑细胞开始逐渐死亡。信息存储需要大量的神经元，而每个网络都包含数千个高度互连的神经元。因此，大脑可以被视为一个神经网络的集合。

获得学习和应对环境变化的能力需要智力。大脑和中枢神经系统控制着思考、学习、理解、推理等行为，大脑受到伤害的人则会在学习及回应环境变化时感到比较困难。不过，这种问题可以通过大脑中没有受伤的部分进行新的学习来有效弥补。

图 6—2 描绘了一个神经网络的局部，这个部分是由两个细胞组成的。细胞本身包含了**细胞核**（nucleus），它是神经元的中心处理部分。细胞 1 的左侧是树突，它向细胞提供输入信号；其右侧是轴突，它通过轴突末端向细胞 2 发送输出信号。细胞 2 的轴突末端与树突合为一体。信号在传输时可以保持不变，也可以由突触来修改这些信号。一个**突触**（synapse）可以增减神经元间的连接强度，也可以激励或抑制后面的神经元。这就是信息在神经网络中的存储方式。

人工神经网络有效模拟了生物神经网络。神经计算实际上利用了生物神经系统中非常有限的一些概念，与其说人工神经网络是对人脑的模拟，不如说它是大脑的一个精密模型。神经概念通常被用于软件仿真，来对网络结构互连单元（也被称为人工神经元或神经

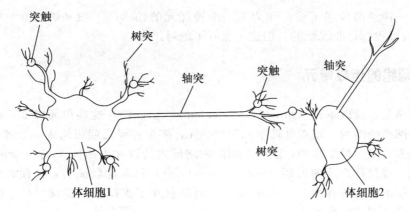

图 6—2　生物神经网络（局部）：两个互连的细胞/神经元

节点）过程中的大量并行处理进行模拟。人工神经元接收到类似于模拟电化学脉冲的输入，这些电化学脉冲是由生物神经元的树突从其他神经元处接收到的；人工神经元的输出则对应于生物神经元通过轴突发送的信号。权重可以用来改变这些人工信号，这一过程与突触中所发生的物理变化是类似的（见图 6—3）。

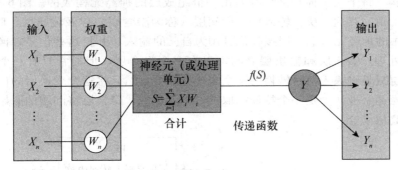

图 6—3　人工神经元的信息处理过程

　　人工神经网络的很多范式都能用于解决各种问题。区分众多神经元模型的最简便方法也许就是：分析它们在结构上是如何模拟人脑、如何处理信息以及如何通过学习来完成指定任务的。

　　由于灵感源自生物学系统，因此神经网络的主要处理单元是单个神经元，这些神经元会模拟人脑神经元的工作方式。这些人工神经元从其他神经元或外部输入处接收信息，完成输入变换，接着将经过变换的信息传递给其他神经元或者外部输出。这一过程与现在公认的人脑工作过程非常相似。神经元之间传递信息的过程可以被看成是一种激活或者触发特定神经元产生回应的方式，而这是基于收发信息或激励来完成的。

　　Zahedi（1993）对人工神经网络的双重作用进行了研究。一方面，生物学领域的一些概念可以用于改进计算机的研究。人工神经网络技术可以应用于复杂信息处理及机器智能；另一方面，神经网络可以作为简单的生物学模型来检验关于真实的生物学神经信息处理系统的相关假设。不过，在数据挖掘及商业分析的背景下，我们所关注的依然是神经网络在机器学习和信息处理方面的应用。

　　神经网络的结构会从本质上影响信息处理方式。神经网络可以有一层或者多层神经元，这些神经元可以是高度互连或者全部互连的，也可以只是特定层之间互连的。神经元之间的连接会有一个相应的权重。实际上，神经网络所拥有的知识就封装在与神经元互连所对应的各项权重之中。每个神经元都能计算出输入神经元的值的加权和，然后将经过输入变换的这一神经值传递下去，作为下一个神经元的输入。一般来讲，单个神经元的输入/输出变换过程都是非线性的，但这一点并不绝对。

人工神经网络的组成单元

神经网络是由**处理单元**（processing elements）组成的，这些单元以不同的方式组织起来形成了网络的结构。基本处理单元即神经元，多个神经元便可构成一个神经网络。神经元的组织方式是多种多样的，这些不同的网络形式就被称为拓扑（topologies）。前馈反向传播范式（或简称为**反向传播**（backpropagation））目前比较流行，该模型中的神经元可以将某一层的输出连接到下一次的输入，但是它并不支持反馈连接（Haykin，2009）。反向传播是最常用的网络范式。

处理单元　人工神经网络的**处理单元**（processing elements，PE）是人工神经元。如图 6—3 所示，每个神经元可以接收、处理输入信号并传递单个输出信号。输入信号可以是原始输入数据，也可以是其他处理单元的输出信号。输出信号可以是最终结果（如，1 代表"是"，0 代表"否"），也可是其他神经元的输入。

网络结构　每个人工神经网络都是由一群组成层的神经元构成的。图 6—4 显示了一个典型结构。请注意这三层：输入层、中间层（称为隐含层）以及输出层。**隐含层**（hidden layer）中的神经元从上一层接收信号作为自己的输入，并将这些信号转换为输出信号以备进一步处理。输入层和输出层之间可以有多个隐含层，但通常只有一个隐含层。此处，该隐含层只是将输入信号转换为一个非线性组合，然后将这个变换后的信号传递给输出层。隐含层通常被认为是一个特征抽取机，也就是说，隐含层将问题的原始输入转换为该输入的更高层组合。

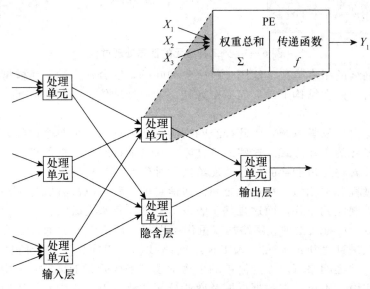

图 6—4　有一个隐含层的神经网络

与生物网络类似，人工神经网络的组织结构（即拓扑或者体系架构）并不需要相同。也就是说，神经元之间相互连接的方式是不同的。信息处理过程中，很多处理单元要同时进行计算工作。这种**并行处理**（parallel processing）不同于一般计算过程中的串行处理，而是对大脑的工作方式进行了模拟。

网络信息处理

在确定神经网络的结构之后，就可以开始处理信息了。现在我们介绍与网络信息处理有关的几个重要概念。

输入 每项输入都对应于一个属性。比如说，在决定是否发放贷款时，属性可以包括申请者的收入水平、年龄以及房产所有状态。属性的数值或者表达式即神经网络的输入，这些数据需要经过进一步的处理来将符号数据转换为有意义的输入，或者需要对数据进行比例变换。

输出 神经网络的输出包含了对问题的解答。比如说，在贷款批准的例子中，输出就是"批准"或者"不批准"。人工神经网络会为输出赋值，比如 1 代表"是"，0 代表"否"，而神经网络的最终目标就是计算出这些输出值。通常情况下，由于一些神经网络只使用两个输出值，一个为"是"，另一个为"否"，因此需要对输出进行后处理。常常需要将输出值四舍五入到最近的取值（即 0 或 1）。

连接权重 连接权重（connection weights）是人工神经网络的重要单元，它们表示输入数据或者在层级之间传递数据的连接的相对强度（或数值）。换言之，权重表明了就某一个处理单元以及最终输出而言每个输入的相对重要性。权重之所以重要，是因为它们存储了学习到的信息模式。神经网络的学习就是通过反复进行权重调整来完成的。

求和函数 求和函数（summation function）计算了每个进入处理单元的输入信号的加权和。求和函数中，在每个输入值与其相应的权重相乘之后再对所有结果求和，便得到加权和 Y。对于一个有 n 个输入的处理单元（见图 6—5（a）），其加权和的计算公式为：

$$Y = \sum_{t=1}^{n} X_i W_i$$

对于某层的多个处理神经元中的第 j 个神经元（见图 6—5（b）），公式变化为：

$$Y_j = \sum_{t=1}^{n} X_i W_{ij}$$

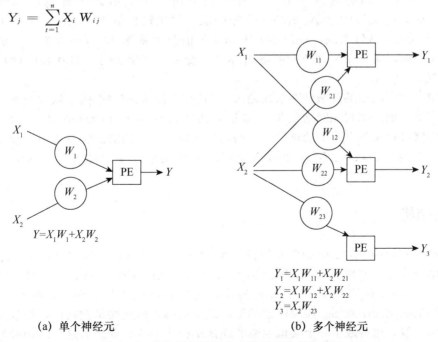

(a) 单个神经元 (b) 多个神经元

图 6—5 单个神经元和多个神经元的求和函数

传递函数　求和函数计算了神经元的内部激励，或者说是激活水平。基于这一水平，神经元或许可以产生输出。内部激活水平与输出之间的关系可以是线性的，也可以是非线性的。这个关系可以用多类**传递函数**（transformation（transfer）functions）中的一种来表示。这个变化函数将进入某个神经元的输入组合以产生输出，而这些输入是从其他神经元或者数据源传送过来的。对传递函数的选择会影响神经网络的性能。**S 形（逻辑激活）函数**（sigmoid（logical activation）function）（或称 S 形传递函数）是取值范围从 $0\sim1$ 的 S 形传递函数，也是一种流行的非线性传递函数，其公式为：

$$Y_T=\frac{1}{(1+e^{-Y})}$$

式中，Y_T 是 Y 经过变换（归一化）之后的值（见图 6—6）。

求和函数：$Y=3(0.2)+1(0.4)+2(0.1)=1.2$
传递函数：$Y_T=1/(1+e^{-1.2})=0.77$

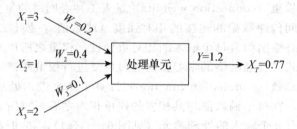

图 6—6　人工神经网络传递函数的例子

这种变换将输出水平修正到一个合理的取值范围内（通常是在 $0\sim1$ 之间）。在输出到达下一层之前，需要对信号进行变换。如果不做这样的变换，输出值就会非常大，特别是在有多个神经元层的情况下。有时人们会用一个阈值来代替传递函数。**阈值**（threshold value）是指神经元输出的一个障碍值，如果输出值小于阈值，就不能被传递到下一层神经元。举例来说，任何不大于 0.5 的值都被算作 0，任何大于 0.5 的值都被算作 1。我们可以对每个处理单元的输出都进行变换，当然也可以只在最终输出节点进行该类变换。

隐含层　实际应用的复杂性要求在输入层和输出层之间有多个隐含层以及相应的大量权值。很多商业的人工智能网络包含 3～5 层，共计 10～1 000 个处理单元。一些实验性的人工智能网络会使用数百万个处理单元。因为每增加一层，所需的训练力量会呈指数级增大，计算负担也会随之增加，所以在商业系统中使用超过 3 个隐含层的网络是非常少见的。

神经网络结构

神经网络的结构（关于模型以及算法，见 Haykin，2009）有很多种，最为常见的包括前向网络（带有反向传播）、联想记忆网络、反馈网络、Kohonen 自组织特征映射模型 SOM 以及 Hopfield 网络。带有反向传播的前向网络结构如图 6—4 所示，图 6—7 是一个反馈神经网络的结构示意图。需要注意的是，这个结构中的连接是定向的，神经元之间有大量的双向连接，这构成了一个类似混沌的连接结构。一些学者认为这一结构较好地模拟了人脑中生物神经元的工作方式。本章后面还将简要介绍一些其他的网络结构。

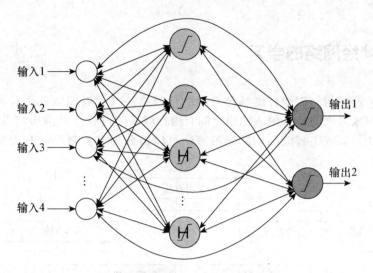

图 6—7 反馈式神经网络的结构

说明：H 表示一个没有目标输出的"隐藏"神经元。

神经网络模型的结构取决于它所要完成的任务。比如，神经网络可以被用作分类器、预测工具或者通用优化器。神经网络分类器通常是一个多层模型，信息将从某一层传递到其下一层，用来实现该网络某一输入到特定类别的映射。这一类别需要通过识别网络输出来确定，分类器应用会在本章后面章节中有所涉及。

最后，训练网络来完成预定任务的方式是区分模型的又一特征。神经网络的学习可以分为有监督和无监督两种。在**有监督学习**（supervised learning）的情况下，一个样本训练集可用来就网络的问题域对网络进行"指导"，其中该训练集（输入和期望输出）会在网络中反复出现，而网络在当前形态下计算得到的输出将与期望输出相比较。**学习算法**（learning algorithm）指的是人工神经网络所使用的训练步骤，它决定了神经互连权重如何根据实际输出与期望输出之差来进行调整。对网络互连权重的更新将持续进行，直到达到训练算法的停止标准（例如，所有样本都必须在某一容忍度水平下被正确分类）。

采用**无监督学习**（unsupervised learning）方式的网络，会通过与环境的反复交互来学习一种模式，而不是试图学习一个目标答案。这种学习方式可以被看作一个神经网络根据特定任务自组织或者聚集神经元的过程。

在解决分类和预测问题时，多层、前向神经网络被认为是可靠的模型类型之一。正如其名，该类模型在结构上都包含多层的神经元。信息在网络中的传递是单向的，从网络输入层进入，穿越一个或多个隐含层，直到输出层。每层的神经元都只与下层的神经元相连接。

6.1 思考与回顾

1. 什么是人工智能网络？
2. 解释术语：神经元、轴突和突触。
3. 人工神经网络的权重是如何作用于网络的？
4. 求和函数的作用是什么？
5. 传递函数的作用是什么？

6.2 人工神经网络的学习

使用人工神经网络时需要仔细选择合适的学习算法（或者训练算法）。学习算法会影响神经网络学习输入之间或者输入输出之间有潜在联系的过程。目前研究者已经开发出了数百种学习算法，而人工智能网络的学习算法可以被分为有监督学习和无监督学习两种，如图6—8所示。

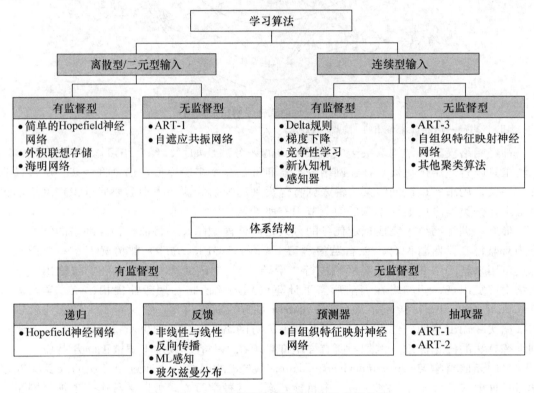

图6—8 人工神经网络学习算法和结构的分类

资料来源：Based on L. Medsker and J. Liebowitz, *Design and Development of Expert Systems and Neural Computing*, Macmillan, New York, 1994, p. 166.

有监督学习需要使用一个已知相应输出的输入集。比如在贷款的例子中，记录借款人是否偿还贷款的数据集就包含了一个输入参数集和假定已知的输出。在有监督学习的类型中，实际输出和期望输出的差值将被用来调整神经网络的权重。另一种略有变化的方法会在网络调整权重以获得正确结果的同时，对于每一次输入实验都会简单地告知输出是否正确。这一学习类型的例子包括反向传播以及Hopfield网络（Hopfield，1982）。

采用无监督学习的网络只能获得输入激励。这种网络是**自组织**（self-organizing）的，也就是说它通过内部机制进行组织，使得每个隐含处理单元都可以有策略地对不同的输入激励集（或多组激励）产生响应。没有信息可以揭示何种分类（即输出）是正确的或者网络输出对开发者是否有用（这在集聚分析中是有用的），但对于那些用来给输入分组的网络来说，其总的类别数量是可以通过设置模型参数控制的。最后，人们需要通过检查最终的分类来为结果赋予意义并且判断它们的有用程度。这种学习类型的例子包括**自适应共振**

理论（adaptive resonance theory，ART）（试图在无监督模式下像人脑一样工作的神经网络结构）和 Kohonen 自组织特征映射（用于机器学习的神经网络模型）。

　　正如前面提到的，研究者针对不同的决策领域提出了大量不同的神经网络范式。前向多层感知器便是已被证明可以有效解决分类问题（如破产预测）的神经模型之一。多层网络拥有连续取值的神经元（即处理单元），它采取了有监督学习的方式，在输入层和输出层之间包含一个或多个节点层（即隐含层）。图 6—9 展示了一个典型的前向神经网络。信息从输入节点进入网络，其所得"决策"从输出节点流出，而隐藏节点使用互联权重，包含了从输入到输出（即决策）的恰当映射。

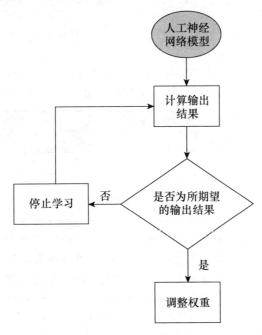

图 6—9　有监督学习的人工智能网络学习过程

　　反向传播学习算法是实现前向神经网络有监督训练的标准方式。它是一种迭代梯度下降技术，期望实现实际输出与期望输出（已在训练集中给出）之间的误差函数最小化。输出节点首先对误差信号进行计算，并从该节点开始对互连权重进行调整，权重实际上包含了映射函数。误差信号会逐层反向传播，直到输出层。在后面的章节中会进行详细讨论。

人工神经网络的一般学习过程

　　采用有监督学习方式的人工神经网络借助归纳法来完成学习过程。也就是说，连接权重是从现有的信号中推断出来的。常规的学习过程包括以下三个步骤：

　　1. 计算当前输出。
　　2. 比较当前输出与目标输出。
　　3. 调整权重并重复此过程。

　　当存在可供比较的输出值时，可以先设置连接权重并启动学习过程。权重可以通过一些规则来设置，也可以随机设置。对应于一组输入的实际输出（Y 或者 Y_T）与该输入的目标输出（Z）之间的差值就是误差，也被称作 Δ（Δ 是微积分学科中的一个希腊字母符号，意为"差值"）。

学习的目标是通过调整网络权重来使 △ 最小化（也就是将误差尽量减小到 0）。实现这一目标的关键是以正确的方向来改变权重，从而减小 △（即误差）。在后面的章节中我们将演示这一过程是如何实现的。

人工神经网络的信息处理需要识别活动的模式（即模式识别）。在学习过程中，互连权重将会根据进入系统的训练数据进行调整。

不同的人工神经网络计算 △ 的方式是不同的，其区别在于所选用的学习算法。目前已经有数百种学习算法应用于各类情况及构造之中，我们将在本章的后面部分讨论其中一部分算法。

网络是如何学习的

设想有一个神经元要学习一种经典的符号逻辑问题——"或运算"。两个输入元素为 X_1 和 X_2，如果其中至少有一个为正，那么结果也为正。这一逻辑可以表示如下：

	输入		
情况	X_1	X_2	预期结果
1	0	0	0
2	0	1	1（正）
3	1	0	1（正）
4	1	1	1（正）

我们必须通过训练神经元来识别输入模式，并根据相应的输出来对输入进行分类。这一过程就是将这 4 个输入模式提供给神经元，让权重可以在每次迭代后得到调整（利用估计的输出与预期输出之间的误差反馈）。这一步骤将不断重复，直至权重趋向于一个一致性的集合，使得神经元可以正确地区分这四种输入为止。表 6—1 所示的结果是用 Excel 得到的。在这个简单的例子中，我们使用了一个阈值函数来对输入求和。在求得输出之后，实际输出和目标输出之间的误差（即 △）就被用来更新权重，以提高结果的准确性。在学习过程中的每一步，对于神经元 j 都有：

$$\Delta = Z_j - Y_j$$

表 6—1   有监督学习的例子[a]

步骤	X_1	X_2	Z	初始权重		Y	Δ	最终权重	
				W_1	W_2			W_1	W_2
1	0	0	0	0.1	0.3	0	0.0	0.1	0.3
	0	1	1	0.1	0.3	0	1.0	0.1	0.5
	1	0	1	0.1	0.5	0	1.0	0.3	0.5
	1	1	1	0.3	0.5	1	0.0	0.3	0.5
2	0	0	0	0.3	0.5	0	0.0	0.3	0.5
	0	1	1	0.3	0.5	0	0.0	0.3	0.7
	1	0	1	0.3	0.7	0	1.0	0.5	0.7
	1	1	1	0.5	0.7	1	0.0	0.5	0.7
3	0	0	0	0.5	0.7	0	0.0	0.5	0.7
	0	1	1	0.5	0.7	1	0.0	0.5	0.7
	1	0	1	0.5	0.7	0	1.0	0.7	0.7
	1	1	1	0.7	0.7	1	0.0	0.7	0.7

续前表

步骤	X_1	X_2	Z	初始权重		Y	Δ	最终权重	
				W_1	W_2			W_1	W_2
4	0	0	0	0.7	0.7	0	0.0	0.7	0.7
	0	1	1	0.7	0.7	1	0.0	0.7	0.7
	1	0	1	0.7	0.7	1	0.0	0.7	0.7
	1	1	1	0.7	0.7	1	0.0	0.7	0.7

a. 参数：$\alpha=0.2$，阈值为 0.5，若（$W_1 \times X_1 + W_2 \times X_2$）的值不大于 0.5，则输出为 0。

上面的 Z 和 Y 分别是目标输出和实际输出。调整过的权重为：

$$W_i(最终) = W_i(初始) + \alpha \times \Delta \times X_i$$

式中，α 表示控制学习速度的参数，称为**学习率**（learning rate）。学习率的选择会影响神经网络学习的快慢以及准确性：较高的学习率会造成权重调整过大，使得算法在可能的权重值之间来回跳动，却始终达不到在端点之间某处的最优值；过低的学习率则会延缓学习过程，也将导致次优权值的出现。在实践中，神经网络的分析者会通过测试多个不同的学习率来获得最优的学习效果。

在很多学习过程中，我们通常还会引入一个称为**动量**（momentum）的平衡参数，它被用来平衡学习速率。从本质上来说，学习率旨在修正误差，动量则旨在减缓学习过程。目前用于神经网络的很多软件都会自动选择这些参数，用户也可以通过测试这些参数的不同组合来手动设置。

如表 6—1 所示，每次计算都要用到一对 X_1 和 X_2、对应的或运算值以及神经元的初始权重 W_1 和 W_2。在初始化过程中，需要用随机值作为初始权重，同时选择较低的数值作为初始的学习率以及 α 值。Δ 是用来推算最终权重的，本次迭代的最终权重将作为下次迭代（即表中的下一行）中的初始权重。

每一项输入的权重初始值将按照已给出的表达式进行修正，从而为其下一项输入（即表中的下一行）分配值。若输入的加权和大于阈值（0.5），则将下一行的输出 Y 设为 1；否则，将 Y 设为 0。在第一步中，四个输出中的两个是不正确的（$\Delta=1.0$），并且也没有求得一个一致性的权重集。在之后的步骤中，学习算法不断改善结果，并最终求得了一个可以给出正确结果的权重集（在表 6—1 的步骤 4 中，$W_1 = W_2 = 0.7$）。一旦确定了权重集，该神经元就可以快速地进行或运算了。

在研究人工神经网络的过程中，每一次尝试都是为了解决某一种已知学习算法特有的问题。虽然学习算法有大量的变化形式，但其内在的核心概念都是相似的。

反向传播

反向传播（反向误差传播的简称）在神经计算的有监督学习算法中应用得最为广泛（Principe et al.，2000），且极易实现。一个反向传播网络包括一个或多个隐含层，可以认为这种类型的网络是前馈的，因为处理单元的输出与同层或下一层中某一节点的输入之间没有互相连接。外部提供的正确模式被用来与神经网络在（有监督的）训练中所得的输出相比较，这一反馈可以用来调整权重，直至网络可以尽可能地将全部训练模式进行正确分类（要事先设置误差容忍度）。

反向传播从输出层开始，实际输出和预期输出之间的误差被用来修正前一层的连接权重（见图 6—10）。对于任一输出神经元 j，误差（Δ）$= (Z_j - Y_j)(df/dx)$，其中 Z 和 Y 分别表示预期输出与实际输出。在实践中，Sigmoid/逻辑激活函数被认为是计算神经元输出的一种有效方式，即 $f=[1+\exp(1-x)]^{-1}$，其中 x 与神经元的输入值加权和成比例。使用 Sigmoid/逻辑激活函数的导数 $\mathrm{d}f/\mathrm{d}x=f(1-f)$，误差就可以表示为预期输出与实际输出的简单函数，其中因子 $f(1-f)$ 是用来约束误差修正范围的逻辑函数。对于第 j 个神经元而言，其每一项输入的权重都将按照求得的误差进行等比例变化。我们也可以用类似的方式推导出更复杂的表达式，通过从输出层开始并遍历每一个隐含层来对前一层神经元对应的权重进行修正。这种复杂方法是一种迭代方式，用以解决非线性优化问题。这种问题与多元线性回归所针对的问题在含义上是极其相似的。

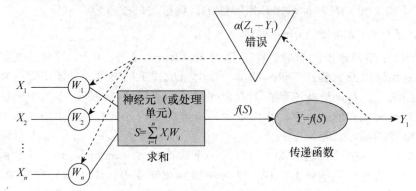

图 6—10　单一神经元的误差反向传播

学习算法的步骤如下：

1. 使用随机值来初始化权重，设置其他参数。
2. 读入输入向量和预期输出。
3. 正向遍历每一层，计算实际输出。
4. 计算误差。
5. 从输出层到每一个隐含层反向修改权重。

对于整个输入向量集而言，以上步骤将不断重复，直至预期输出和实际输出的误差在某一预设范围内。在事先给定每一次迭代的计算要求的情况下，训练一个大型网络可能会花很长的时间。因此，一种经过变化的形式是一个信号集前向传递，同时反向送入一个总误差来加速学习过程。有时根据初始随机权重和网络参数的不同，神经网络并不能达到某一令人满意的性能水平。在这种情况下，我们就要产生新的随机权重，或许还要修改网络参数乃至网络结构。当前的研究都力图开发新算法并使用并行计算机来改进这一学习过程，比如遗传算法（将在第 13 章介绍）可以指导我们进行网络参数的选择，以充分利用预期输出。实际上，绝大部分商业人工神经网络的软件工具如今都使用遗传算法来帮助用户，使其网络参数"最优化"。

6.2　思考与回顾

1. 简要描述反向传播。
2. 学习算法中设置阈值的目的是什么？
3. 设置学习率和动量的目的是什么？
4. 神经网络中实际输出和预期输出之间的误差是如何影响权重的？
5. 通过网络搜索前向神经网络的其他学习算法。

6.3 开发基于神经网络的系统

虽然人工神经网络的开发过程和传统的计算机信息系统的结构化设计方法相似，但是前者还有一些独特的步骤，或者具有一些不同的方面。在描述开发过程之前，我们假设系统开发的准备步骤已经成功完成，比如确定信息需求、进行可行性分析、获得高层支持等。这些准备步骤对每一个信息系统都是最基础的。

如图 6—11 所示，人工神经网络应用的开发过程包括九步。在第一步，收集用于训练

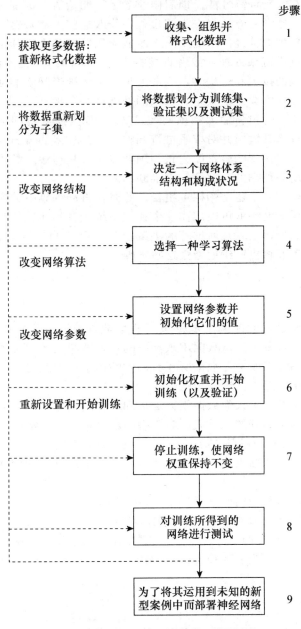

图 6—11 人工神经网络的开发过程

和测试网络的数据。重要的是，我们需要考虑神经网络是否可以解决特定的问题，是否存在足够的数据以及这些数据是否可以获得。在第二步，我们要找到训练数据并为测试网络性能制定计划。

在第三步和第四步，我们要选择网络结构和学习方法。某开发工具是否存在或者开发人员的能力高低可能会决定神经网络的构造类型。此外，某些结构已被证实可以很好地解决某种类型的问题（比如在下一小节将介绍，多层前向神经网络可以用来进行破产预测）。在这两步，我们要重点考虑神经元的具体个数和层数，可以通过一些利用遗传算法的程序包来选择网络设计。

一些参数会影响将网络调整到预期学习性能水平的过程。第五步的工作包括初始化网络权重和参数，以及在收到训练性能反馈后修改参数。初始值对训练过程的效率和耗时通常有很大影响，因此一些学习方法会在训练过程中修改这些参数来提高性能。

在第六步，我们要根据神经网络的要求来改变应用数据的类型和格式。我们可能需要通过编写软件来对数据进行预处理，或者直接在人工神经网络的程序包里完成这些操作。在设计数据存储及处理的技术和过程时，要考虑重复训练神经网络的便利性和效率。应用数据的表示方法和排序通常会影响效率和结果的准确性。

在第七步和第八步，通过将输入和预期/已知输出数据提供给网络，我们将重复进行训练及测试。网络将计算其输出并对权重进行调整，直到求得的输出与相应的已知输出之间的误差减小到一个可以接受的容忍度为止。预期输出及其与输入数据之间的关系是从历史数据（即第一步中所得数据的一部分）中推断出来的。

在第九步，将会得到一个稳定的权重集合。此时，将训练集中的输入值输入网络便可以得到预期输出。这样的网络就可以用作一个独立系统或者其他软件系统的一部分，当输入新的输入数据时，它的输出就是所推荐的决策。

在下面的部分，我们将更详细地考察这些步骤。

数据收集及准备

人工神经网络开发过程的前两个步骤包括收集数据，以及将它们分成训练集和测试集。训练数据用来调整权重，测试数据用来验证网络，这两类数据必须包含全部有助于解决问题的属性。由于系统只能学习数据所能够提供的信息，因此对于构建一个好的系统而言，数据的收集与准备是最为关键的步骤。

通常，数据越多越好。更大的数据集会延长训练时的处理时间，但训练的准确性会得到改善，并且能更快地得到好的权重集。对于中型数据集，一般随机选择其中80%的数据用来训练网络，另外20%的数据用来测试网络。对于小型数据集，一般将全部数据同时用来训练和测试。对于大型数据集，我们可以选择其中一个足够大的样本，并将它当作一个中型数据集处理。

例如，假设银行想构建一个基于神经网络的系统，以利用客户的财务数据判断它们是否会破产。银行首先需要识别出哪些财务数据可以用作输入，以及如何获得它们。以下五项属性可作为适用的输入：（1）流动资产/总资产；（2）留存收益/总资产；（3）息税前利润/总资产；（4）股票市值/总负债；（5）销售额/销售总额。输出是二元变量：破产或者非破产。

选择网络结构

在识别出训练数据集和测试数据集之后，下一步我们要设计神经网络的结构。这一步包括选择**拓扑结构**（topology），并且决定输入节点、输出节点、隐含层数量、隐含节点数量。商业应用中常用的是多层前向拓扑，虽然其他模型也开始在商业中得到应用。

输入节点的设计必须根据数据集的属性来进行。比如在破产预测的例子中，银行可能会选择一个三层结构，它包括一个输入层、一个输出层和一个隐含层。输入层包含五个节点，每个节点对应一个变量；输出层包含一个节点，值为 0 表示破产，值为 1 表示安全。确定隐含节点数量就需要用一些技巧了。人们提出了一些启发式方法，但没有一个是真正无可置疑的最佳方案。一种经典方法是选择输入节点数和输出节点数的平均值。在前面这个例子中，隐含节点数可能是（5+1）/2＝3。图 6—12 展示了一个用于票房预测的 MLP 人工神经网络结构。

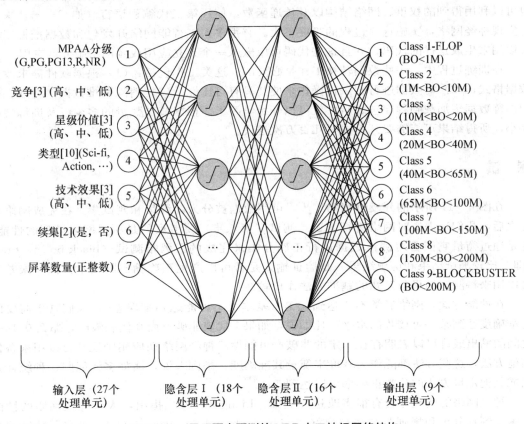

图 6—12　用于票房预测的 MLP 人工神经网络结构

选择学习算法

在选定网络结构后，我们需要找到一种合适的学习算法，来寻找一个适用于训练数据并能达到最佳预测准确度的连接权重集。对于破产预测问题中的前向拓扑，我们一般使用反向传播算法。因为市面上有很多可用的商业程序包，所以没有必要自己实施学习算法。因此，我们可以选用一个合适的商业程序包来分析数据。

训练网络

训练人工神经网络是一个迭代过程，该过程从一个随机权重集开始，并逐渐提高网络模型和已知数据集之间的适合度。迭代将一直进行下去，直到误差之和被调整到预定的可接收范围内。反向传播算法通过对学习率和动量这两个参数进行调整，来控制达到目标的速度。这些都决定了训练集中计算值和实际值之差异率。一些软件包在它们的启发式方法中还可能引入一些自己的参数来加速学习过程，因此在使用这类软件时一定要仔细阅读说明。

在实践中神经网络是如何实现的呢？在现有系统中实现神经网络之前，分析者或者开发者首先要进行足够的测试来确认神经网络可以胜任预期工作。一些神经网络接口（在计算机中表示操作系统最外面的一层）可以生成 C++、Java 或者 VB 代码，这些代码可以嵌入其他系统。这些系统可以访问源数据，或者直接被图形用户界面调用，并且这些过程都独立于神经网络开发系统。或者，在使用开发工具对人工神经网络进行训练之后，我们也可以利用得到的权重、网络结构以及传递函数，使用第三代编程语言（如 C++）来自行实现神经网络，实施这一过程的难度不大。有很多人工智能网络开发包和数据挖掘工具可以用来生成这样的代码，并且这些代码可以嵌入一个独立应用或者网络服务器应用。

在训练过程中，一些数据转换工作是必要的。这类工作包括：（1）根据软件需求改变数据格式；（2）对数据进行归一化操作来使其具有可比性；（3）消除疑难数据。将准备好的训练数据集加载到程序包之后，就可以开始学习了。根据节点数量的多少以及训练集的大小，所得结果可能需要几千或者几百万次迭代。

测　试

在图 6—11 所示的开发过程第二步，可用数据被分为训练集和测试集。在完成网络训练之后，我们还需要对网络进行测试。测试（第八步）要考察的是所得网络模型的性能，这是通过衡量它能否对测试数据进行正确分类来完成的。**黑箱测试**（black-box testing）（即，比较测试结果和历史结果）是验证输入是否可以产生正确输出的基本方法。误差项可以用来将测试结果与已知的基准方法作比较。

在性能方面，网络通常不会达到完美（基本上不可能达到零误差），我们真正需要的是准确度达到某一可接收的水平。比如说，如果 1 代表非破产而 0 代表破产，那么 0.1～1 之间的输出或许可以表明存在一定的非破产可能性。神经网络在应用中通常可以用来替代其他方法，这些方法都能作为基准来衡量其准确度。举例来说，诸如多元回归这种统计方法或其他定量方法的分类正确率可以达到 50%。

神经网络的实现还会有很多改进。例如，Liang（1992）指出，人工神经网络的性能比多重判别分析和规则归纳法都要好。Ainscough and Aronson（1999）研究了神经网络模型在零售额预测方面的应用，该模型中包含了多种输入（如常规销售额、各种促销等）。研究者将自己所得的结果与使用多元回归的结果进行比较，发现修正的 R^2 值（相关系数）从 0.5 提高到 0.7。如果用神经网络代替人工操作，人工处理的性能水平和速度就可以作为判断测试阶段是否成功的标准。

测试计划中必须包括常用数据以及潜在疑难情况。如果测试结果显示可能会出现较大偏差，就必须重新检查训练集，并且可能重新训练（或许输入集中应该剔除一些"糟糕的"数据）。

请注意，我们不能将神经网络的结果完全等同于那些用统计学方法找到的答案。例如，在分段线性回归中，有时输入变量被认定是不显著的。但是由于神经计算的性质，神经网络或许能够用这些不显著的变量获得较高的准确度。如果把这些变量从神经网络模型中剔除，就有可能出现性能下降的情况。

人工神经网络的实现

实现（即部署）人工神经网络的解决方案通常需要与其他计算机信息系统相连接，进行用户培训也是必要的。要实现系统改进以及长期稳定运行，就要重视运行中的监控以及向开发者进行及时的反馈。另外，在部署阶段的早期就取得用户和管理层的信任也是非常重要的，这有利于保证用户能够顺利接受并使用这一系统。

6.3　思考与回顾

1. 列出完成神经网络项目所需的九个步骤。
2. 在开发神经网络的过程中需要考虑哪些设计参数？
3. 在实践中，完成训练/测试之后，如何实现神经网络？
4. 在训练神经网络的过程中需要调整哪些参数？

6.4　用灵敏度分析来揭开人工神经网络的黑箱

神经网络是解决众多应用领域中复杂的现实问题的有效工具。虽然我们已经证明了人工神经网络在很多情形下都是最优的预测器或者聚类识别器（相对于其他传统方法而言），但是在一些应用中我们仍然需要了解神经网络的具体工作机理。一般来说，人工神经网络被看作一个黑箱，这个黑箱可以解决复杂问题，但是我们难以对其能力进行解释。这种情况一般被称为"黑箱"现象。

解释清楚模型中的"内部存在"是很重要的，只有这样才能确保网络训练恰当并且在部署到商务智能环境中之后可以正常运转。如果训练集较小（由于数据收集成本过高）或者系统出错的后果很严重，我们就需要"探其究竟"了。配置汽车的安全气囊就是一个例子。在这个例子中，数据收集的成本大（车祸）以及出错后果的严重性（危及人身安全）都是显而易见的。另外一个具有代表性的例子是贷款申请的处理。如果一个申请人的贷款申请被拒绝，那么申请人有了解原因的权利。预测系统可以帮助放贷机构来辨别申请的优劣，但是在这个例子中仅仅提供预测结果是不够的，放贷机构还需要得到做出该预测的理由。

研究者已经提出了一系列技术来对经过训练的神经网络进行分析和评估。这些技术清晰地解释了神经网络是如何工作的，也就是阐明了网络是如何由输入得到输出的。灵敏度分析是这些方法中的佼佼者，可以用来揭开经过训练的神经网络这一黑箱。

灵敏度分析是用来在经过训练的神经网络的输入和输出之间寻找因果关系的方法。在进行灵敏度分析时，我们要暂停（经过训练的）神经网络的学习能力，以使网络权重不发生改变。灵敏度分析的基本步骤就是对网络输入在允许的值域内进行系统的调整，对于每个输入变量都要记录下相应的输出变化（Principe et al.，2000）。图 6—13 显示了这一过程。第一个输入在其均值周围的正负区间内变化，变化的标准差由用户确定（分类变量的所有可能值都可以使用），同时其他输入变量固定为各自的均值或者众数。根据用户的要求在均值正负区间内调整第一个输入值，并计算网络的输出，同时需要对每个输入变量重复上面的步骤。最终我们可以得到一份报告，该报告总结了每个输出是如何随各个输入的变化而变化的。生成的报告通常会包含一个柱状图（x 轴上会标出数值），说明每个输入变量所对应的灵敏度值。

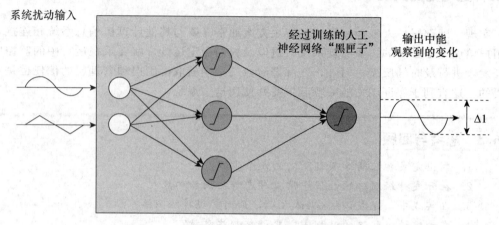

图 6—13　人工神经网络模型灵敏度分析的图示

6.4　思考与回顾

1. 什么是"黑箱"现象？
2. 为什么说明人工神经网络的模型结构是很重要的？
3. 灵敏度分析是如何进行的？
4. 通过网络搜索其他的人工神经网络说明方法。

6.5　一个神经网络项目的范例

下面我们描述一个神经网络的典型应用，其中神经网络被用来预测公司的破产可能性，它使用了与 Wilson and Sharda（1994）相同的数据和类似的实验设计。同时，从比较的角度出发，我们还将对比神经网络与逻辑回归的性能。

Altman（1968）的研究已经成为很多使用判别分析和逻辑回归来研究破产分类的比较基准，后续的研究已经识别出其他多个可以提高预测性能的属性。虽然我们认识到使用更复杂的输入可以使网络性能有所提高，但是这里仍沿用了 Altman（1968）研究中的财务比率。所使用的财务比率包括：

X_1：流动资产/总资产；

X_2：留存收益/总资产；

X_3：息税前利润/总资产；

X_4：股票市值/总负债；

X_5：销售额/总资产。

第一步，我们需要收集相关数据。我们可以从《穆迪产业手册》（*Moody's Industrial Mannuals*）中采集样本数据，该手册中包括 1975—1982 年的运营企业与破产企业的记录。这个样本包括 129 家企业，其中 65 家在此期间陷入破产，另外 64 家企业则运转良好。我们从破产企业在破产前发布的最终财务报表中获取所需数据。也就是说，我们可以提前一年预测企业是否破产。

第二步,我们将数据集分为训练集和测试集。因为划分的方法将会影响到实验结果,所以我们可以通过重采样来创建多对不同的训练集和测试集,这也可以确保匹配的训练集与测试集之间没有重叠。例如,要构建一个包含 20 个模式的训练集,我们可以在收集到的数据集中随机选择 20 个;另外选择 20 个模式/记录来创建测试集。

此外,这类研究的结果会受到训练集和测试集中非破产企业与破产企业比例的影响。也就是说,全部企业中包括一定比例的濒临破产的企业。这一基础比率可能会从两个方面对预测方法的性能产生影响。其一,在破产企业只占很小比例(即低基础比率)时,预测方法可能效果不佳。这是由于预测方法没有识别出分类所需的特征。其二,训练样本和测试样本的基础比率可能不同。如果用某一基础比率的训练集来创建分类模型,那么这个模型对于基础比率不同的测试集还适用吗?这是个很重要的问题,因为如果基于某一基础比率的分类模型对其他基础比率的数据集也能够得到预期结果,就可以通过使用基础比率更高的数据集来构建模型。

为了研究这一比例对两种方法性能的影响,我们在组合测试集时使用三种不同的比例(或称基础比率),同时保持训练集的基础比率为 50/50。在使用三种比例获取测试集时,第一种测试集中有 50% 为破产企业,有 50% 为非破产企业;第二种测试集中有 80% 为非破产企业,有 20% 为破产企业;第三种测试集中有大约 90% 为非破产企业,有 10% 为破产企业。我们并不知道破产企业的确切比例,但是一般认为 80/20 以及 90/10 这样的比例是比较接近真实情况的。

在组合以上不同的测试集时,都要通过蒙特卡罗重采样从原始的 129 家企业中生成 20 个不同的训练—测试集对。也就是说,在原始数据中一共要生成 60 个不同的训练—测试集对。在任何情况下,训练集和测试集中的企业应当都是唯一的(即,两个数据集不可重叠)。这一限制保证了性能测试的强度。

总结一下,神经网络和逻辑回归模型的训练集中都含有等比例的企业类型,这一数据集可用来确定分类函数;但是测试集包括 50/50、80/20 以及 90/10 三种比例,用来评估训练效果。

第三步到第六步涉及神经网络实验的准备工作。我们也许用过一些能够实现反向传播训练算法的神经网络软件包,来构建并测试训练完毕的神经网络模型。我们要确定神经网络的规模,包括隐含层的数量以及隐含层中的神经元数量。例如,一个可能的结构或许包括 5 个输入神经元(每个输入对应着一个财务比率)、10 个隐含神经元以及 2 个输出神经元(一个用来表明破产企业,另一个用来表明非破产企业)。图 6—14 给出了这一网络配置的图示。神经输出值的范围是 0~1,其中输出节点 BR 表示该企业可能会破产,NBR 则表示不会破产。

在训练过程(第六步)中,神经网络的用户要做出两个艰难的决定:到什么时候神经网络可以充分学习完毕,以及用来判断测试集分类是否正确的误差阈值是多少。一般来讲,这些问题要使用训练允许误差和测试允许误差来解决,这两个允许误差表明了分类结果被认为"正确"时可接受的方差水平。

第七步是真正的神经网络训练过程。本例中,在训练神经网络时,我们要用启发式反向传播算法来确保收敛(即,训练集中的全部企业都被正确分类),同时将训练集反复送入神经网络软件,直到软件能够充分学习到属性和企业是否破产之间的联系。然后,为了精确评估网络的预测效率,我们要将测试集送入神经网络并记录正确分类的个数。

在判断分类是否正确时,测试阈值被设定为 0.49。也就是说,只有当一个输出节点的

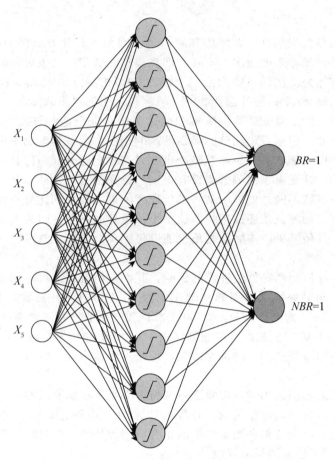

图 6—14 一个用于破产预测的典型人工神经网络模型

值超过 0.5 时，它才会被用来评估网络分类是否正确。若两个输出节点的水平同时大于 0.5 或同时小于 0.5，都会被认为是错误分类。

为了比较神经网络和经典统计学方法的性能，我们用一个统计学软件包 SYSTAT 来实施逻辑回归方法。表 6—2 给出了两种不同方法的平均分类正确率，此处对于三种不同基础比率的测试集各取了 20 个样本。当测试集中有相同比例的破产企业与非破产企业时，神经网络的分类正确率是 97.5%，逻辑回归则为 93.25%。相似情况下，当测试集包括 20 070 家破产企业时，神经网络的分类正确率是 95.6%，逻辑回归则为 92.2%。

我们使用了一种非参数检验——Wilcoxon 配对检验——来评估两种方法的分类正确率之间是否存在显著差异。表 6—2 中已经用注释标出了那些在统计学上有显著差异的实例。一般情况下，神经网络的性能要显著优于逻辑回归。

表 6—2 　　　　　　　　　　　**神经网络和逻辑回归的性能比较**

标准	测试比例					
	50/50		80/20		90/10	
	神经网络	逻辑回归	神经网络	逻辑回归	神经网络	逻辑回归
总体分类正确率	97.5[a]	93.25	95.6[a]	92.2	95.68[b]	90.23
破产企业分类正确率	97.0[a]	91.90	92.0	92.0	92.5	95.0 ($P=0.282$)
非破产企业分类正确率	98.0[a]	95.5	96.5[a]	92.25	96.0[b]	89.75

a. $P<0.01$；b. $P<0.05$。

表 6—2 还给出了破产企业和非破产企业的预测正确率。在预测破产企业时，如果测试集的企业类型比率为 50/50，则神经网络的预测要显著优于逻辑回归；若类型比率为 80/20，则两种方法的正确率相同；若类型比率为 90/10，则神经网络的性能要稍弱于逻辑回归（尽管并不显著）。在预测非破产企业时，神经网络要显著优于逻辑回归模型。

近期的研究探讨了神经网络在预测企业失败方面的性能。这些研究一般都将神经网络与传统的统计学方法（如判别分析、逻辑回归等）相比较。此外，近期一些研究还比较了神经网络与其他人工智能方法，比如决策树、支持向量机、粗糙集以及一个规则归纳系统的变种等。本小节的目的就是阐明如何运用神经网络项目来预测破产，并不一定需要说明神经网络在这一问题域的预测中做得更好。

6.5 思考与回顾

1. 预测企业失败要用到哪些参数？
2. 在本次实验中数据是怎样分为训练集和测试集的？
3. 结合上下文解释重采样的含义，以及在这个问题中重采样是如何使用的。
4. 在本次实验中神经网络的网络参数有哪些？
5. 如何将输出含义转换为破产或非破产？
6. 在本次实验中是如何将神经网络与逻辑回归进行比较的？

6.6 其他常见的神经网络范式

至此，本章已经详尽地描述了基于 MLP 的神经网络，但这只是神经网络类型中的一种。如今研究者已经提出了上百种不同的神经网络，其中有很多是 MLP 模型的变形，它们只是在输入表达、学习过程、输出处理等过程的实现方面有所差异。但是，其他类型的神经网络与 MLP 模型的差别很大。本章后面将会介绍这类模型中的一部分，其中包括径向基函数网络、概率型神经网络、广义回归神经网络以及支持向量机。很多在线资源都详细描述了这些类型的神经网络，StatSoft 公司网站上的电子书就是一个不错的选择（stat-soft. com/textbook/stathome. html）。虽然 MLP 是最流行的人工神经网络结构，但了解其他类型对我们也是很有帮助的。下面我们将介绍其他常用的神经网络结构中的两种：Kohonen 自组织特征映射以及 Hopfield 网络。

Kohonen 自组织特征映射

Kohonen 自组织特征映射（Kohonen's self-organizing feature maps，简称 Kohonen 网络或 SOM）是由芬兰教授图沃·科霍恩（Teuvo Kohonen）率先提出的，并逐渐成为最流行的数据挖掘结构之一。SOM 提供了一种在较低维空间（通常比数据维度低一二维）中表达多维数据的方法，这一降低向量维度的过程本质上就是被称为向量量化的数据压缩方法。此外，Kohonen 方法还建立了这样一个网络，以一种保持训练集中全部拓扑关系的方式来存储信息。

　　SOM 最令人感兴趣的是它以无监督的方式进行数据分类学习。在类似反向传播这类有监督学习的训练方法中，训练数据包含的是向量对——一个输入向量和一个目标向量。在这种情况下，输入向量被送入网络（通常是一个多层前向网络），输出则被用来与目标向量进行比较。如果目标输出和实际输出不同，就要对网络权重稍作调整来减小网络误差。这一过程将重复多次，其间要用到多组向量对，直到能够通过网络得出预期输出。与之相反的是，SOM 并不需要目标向量，在对训练数据分类进行学习时，它不需要任何的外部监督。

　　在深入探讨这一方法的细节之前，我们最好忘记所有关于神经网络的知识。如果我们还用诸如神经元、激活函数和前向/循环连接之类术语来考虑 SOM，可能很快就会晕头转向。所以，暂时忘记我们从本章前面几节中掌握的所有知识，准备来认识一个新的神经网络范式吧。

　　SOM 网络结构　　为了便于理解，我们使用一个二维 SOM 来进行说明。这个网络是一个由"节点"构成的二维阵列，这些节点都与输入层完全连接。图 6—15 展示了一个由 4×4 个节点构成的极小型 Kohonen 网络，这些节点都与输入层相连接（有三个输入），表示一个二维向量。

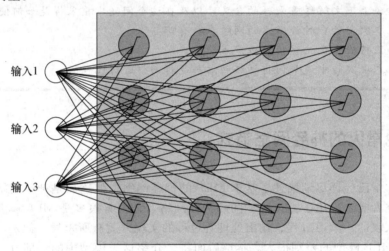

图 6—15　一个 4×4 的 Kohonen（SOM）网络结构

　　在阵列中，每个节点都有一个特定的拓扑位置（网格中的一个 x，y 坐标），以及一个与输入向量有相同维度的权重向量。也就是说，如果训练数据都是 n 维向量 V（例如，V_1，V_2，V_3，…，V_n），那么阵列中的每个节点都会含有一个相应的 n 维权重向量 W（W_1，W_2，W_3，…，W_n）。

　　SOM 学习算法　　与其他类型的神经网络不同，SOM 无须指定目标输出。在训练过程中，节点权重会适应输入向量来进行调整。阵列中与输入向量最相似的节点（及其周围的邻近节点）将得到选择性优化，以使其能够与输入向量所属分类中的数据更相似。通过初始分布随机权重以及后来的多次迭代，SOM 将最终形成一个稳定区的映射。每个区实质上都是一个特征分类器，所以我们可以把这个图形输出看成是一种输入空间的特征映射。任何新的、从未出现过的输入向量进入网络后，都会激发那些具有相似权重向量的区域之中的节点。

　　SOM 的训练过程包括以下步骤，并且会经过多次迭代（算法的细节见 ai-junkie. com/ann/som/som3. html）：

1. 初始化每一节点的权系数。

2. 从训练集中选择一个向量并将其送入阵列。

3. 检验每个节点，计算哪个节点的权系数与输入向量最相似。识别出最相似的节点，这一节点通常被称为最优匹配单元（best matching unit，BMU）。

4. 计算 BMU 的邻近区域半径。这一半径初始值较大，一般设为"阵列"半径，但是它会随每一步骤的进行而逐渐减小。在这一半径内的任意节点都被认为是在 BMU 的邻近区域内。

5. 调整每个邻近节点（步骤 4 中找到的节点）的权系数，使它们与输入向量更相似。节点离 BMU 越近，其权系数调整越大。

6. 将步骤 2 到步骤 5 重复 n 次，或者直到满足其他可停止的标准为止。

这些步骤的计算细节可以参考 Haykin（2009），这里就不一一赘述了。

SOM 的应用　SOM 常用于可视化识别。使用这一方法，人们可以轻松地"看出"海量的各类数据项（例如，多维结构化或非结构化数据，如图像、音频、录像以及文档）之间的关系。在图像识别方面，SOM 可以帮助人们从数据库的大量图像中搜寻相似的二维或三维图片，这对于使用自动人脸识别来辨认罪犯的执法机构来说是大有裨益的。此外，这项技术还可以帮助人们在网站或所没收的计算机内的大量图像中识别儿童色情图片。其他的 SOM 应用还包括：

- 书目分类（edpsciences. org/articles/aas/pdf/1998/10/ds1464. pdf）；
- 图像浏览系统（cis. hut. fi/picsom）；
- 医学诊断；
- 分析地震活动；
- 语音识别（这是科霍恩最初使用这一结构的目的）；
- 数据压缩；
- 声源分离（cis. hut. fi/projects/ica/cocktail/cocktail_en. cgi）；
- 环境建模；
- Vampire 分类（hut. fi/~jslindst/vtes/）。

Hopfield 网络

Hopfield 网络是另外一种有趣的神经网络结构，最早由约翰·霍普菲尔德（John Hopfield）于 1982 年提出。在 20 世纪 80 年代早期的一系列研究论文中，他证明了由非线性神经元组成的高度互联网络可以极有效地解决复杂的计算问题。这些网络可以提供新颖快捷的方法来解决服从某些约束条件的预期目标求解问题。

Hopfield 神经网络的主要优点之一就是其结构可以在电子电路板特别是 VLSI（very large-scale integration）上实现，以用作支持并行分布式处理的在线解算程序，因此它常被用于解决优化或数学建模问题。Hopfield 网络结构使用了三种常见方法来构建能量函数——惩罚函数、拉格朗日乘子以及原始对偶法。当能量函数达到稳定状态时，我们就认为已经找到了问题的最优解。Hopfield 网络已经被成功地应用于解决三类数学问题：线性、非线性与混合整数问题（Wen et al. , 1990）。

从结构上看，一个普通 Hopfield 网络用一个全连接的单个大型神经元层来表示。全连接是指每个神经元都与网络中所有其他神经元相连（如图 6—16 所示）。另外，每个神经元的输出都取决于其之前的值。Hopfield 网络的应用之一就是解决经典的旅行商问题

（traveling salesman problem，TSP）。在这个问题中，网络中的每个神经元表示旅客在一次 TSP 旅行中访问位于 m 的城市 n 的期望度。我们通过给定互连权重来表示对 TSP 问题可行解的约束（例如，规定一个城市只能在一趟旅行中出现一次）。我们还需给出一个能量函数来表示模型的目标（例如，使 TSP 旅行的总距离最短），这一目标将用来判断是否得到了最优可行解，若已获得，则停止神经网络的进一步变化。初始网络中神经元的值是随机的，互连权重是给定的，神经元的值会随每次迭代不断更新。神经元的值将逐渐趋于稳定，并达到最终状态（由全局能量函数驱动），而该状态代表了问题的一个解。在网络进化过程中的这一阶段，神经元的值（n，m）表示了 TSP 旅行中的城市 n 是否应当处于位置 m。虽然 Hopfield and Tank（1985）以及其他研究都声称在解决 TSP 问题上取得了巨大的成功，但进一步的研究证明了这些方法在寻找"全局"最优解的问题上仍然不太成熟。不过由于霍普菲尔德充分利用了神经结构的内在并行性，这种用以解决经典优化问题的新颖方法能够帮助解决诸多复杂的优化问题。

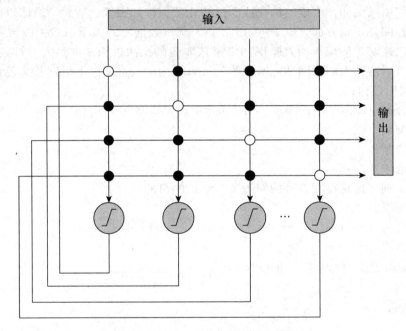

图 6—16　一个简单的 Hopfield 网络

　　Hopfield 网络与前向网络的不同之处在于，其神经元高度互连，神经元间的权重趋于固定，并且无须训练。在应用 Hopfield 网络来解决优化问题时也会面临一定的复杂性和挑战，即需要正确配置互连权重，并且找到合适的全局能量函数来驱动网络进化过程。

6.6　思考与回顾

　　1. 列出一些神经网络的不同类型。

　　2. MLP 网络和 Kohonen 网络的一个关键不同之处是什么？

　　3. Kohonen 网络的别名是什么？

　　4. 简要描述一个 Hopfield 网络。

6.7　人工神经网络的应用

　　人工神经网络能够对现实世界中的复杂问题进行建模，所以研究者和从业人员开发了大量的人工神经网络应用，其中很多应用都解决了过去认为无解的问题。在最高的概念层上，神经网络的常见应用可以分为以下四个大类（有点类似于数据挖掘应用的大致分类）：

　　1. 分类。神经网络可以通过训练来预测一个分类（即，类标签）输出变量。从数学意义上说，这一应用就是将一个 n 维空间分为各种区域，并且对于空间中的任意一点，都能够判断它属于哪个区域。很多实际应用都采用了这一思路，比如**模式识别**（pattern rec-ognition）。模式识别将每个模式都变换为一个多维点，并将其归入某一个表示一种已知模式的特定组。用于分类的神经网络类型包括前向网络（如，有反向传播学习的 MLP）、径向基函数以及概率型神经网络。

　　2. 回归。神经网络通过训练也可以用来预测数值类型（即，实数或整数）的输出变量。如果网络能够很好地匹配一个根据已知数值序列建立的模型，就可以用它来预测未来的结果。一个明显的回归应用实例就是对股票市场指数的预测，所使用的人工神经网络类型包括前向网络（如，有反向传播学习的 MLP）以及径向基函数。

　　3. 聚类。有时某个数据集过于复杂，以至于我们找不到一种显而易见的方法来将这些数据分成不同类型。我们可以用人工神经网络来识别这些数据的特征，并在没有关于数据的先备知识的情况下将数据分为不同类型。这种方法有助于对商业及科学数据进行自然分组。所使用的人工神经网络类型包括自适应共振理论（Adaptive Resonance Theory，ART）以及 SOM。

　　4. 关联。神经网络经过训练还可以用于"记住"一些独特的模式，使得在某一模式的变形出现时，该网络可以将该变形与其存储器中最相似的一个模式进行关联，并给出这一模式的原始版本。这一功能对于恢复噪音数据、识别有噪音或不完全数据中的对象及事件都有很大帮助。所使用的人工神经网络包括 Hopfield 网络。

　　人工神经网络在多个领域都得到应用。Wallace（2008）、Fadlalla and Lin（2001）都对人工神经网络在金融业的应用做了调查。很多研究都试图应用神经网络来理解并预测金融市场，Collard（1990）认为其用于商品交易的神经网络模型可比其他交易策略带来更高的利润；Kamijo and Tanigawa（1990）使用神经网络对东京证券交易所的数据进行绘图及解读，发现这一模型要优于"买入持有"策略（即，囤仓策略或长期持有策略）；Fish-man et al.（1991）用各种经济指标建立一个神经模型来预测未来五天标准普尔 500 指数变化的百分比，并宣称这一模型的预测结果比该领域的专家使用相同指标所得出的结果更加精确。虽然早期的神经网络研究都声称在预测金融市场的某些特征方面取得了一些成功，但这类市场在本质上仍然是不可预测的。

　　训练成功的神经网络可以用来确定是否批准贷款申请（Gallant，1998）。研究还证明了神经网络能比抵押贷款业务员更加准确地预测申请者的贷款偿付能力（Collins et al.，1988）。神经网络成功应用的另一领域是预测企业债券评级以及它们的收益率（Dutta and Shakhar，1988；Surkan and Singleton，1990）。在这一方面，神经网络要优于回归分析和其他数学模型工具。该研究的一个主要结论是：神经网络提供了一个更为普遍的框架来将企业的财务信息与其债券评级联系起来。

　　神经网络得到成功应用的另一个领域就是体育赛事结果预测。在近年的研究中，

Loeffelholz et al. （2009）使用神经网络来预测 NBA 球队的胜负。研究者使用了 620 场 NBA 比赛的统计数据来训练多个不同的神经网络模型，包括前向、径向基、概率型以及广义回归神经网络，同时对使用哪些特征来训练网络可以得到最佳预测效果进行了研究。他们将根据网络得出的结果与数名篮球专家的预测进行了比较，其中性能最佳的网络预测胜负的平均正确率为 74.33%，而专家的正确率只有 68.67%。

在另一项有关体育的研究中，Iyer and Sharda（2009）对神经网络应用于评估及挑选板球运动员的最佳组合进行了研究。为了构建模型，研究者使用 1985 年以后到 2006—2007 赛季的数据来训练并测试了数个神经网络，该模型可以根据板球手不久前的成绩准确预测他们在不久之后的表现。他们将神经网络模型的预测结果与运动员在 2007 年世界杯上的真实表现进行了比较（板球手都是相同的），结果表明神经网络模型确实可以进行准确预测，因此可以将它作为挑选队员的重要决策支持工具。

神经网络还可以用来预防商业诈骗。美国大通曼哈顿银行（Chase Manhattan Bank）成功应用神经网络来解决信用卡诈骗问题（Rochester，1990），并发现神经网络要优于传统的回归方法。同样，神经网络也被银行用于签名验证来防范银行交易诈骗（Francett，1989；Mighell，1989），这些网络在识别伪造物方面要明显优于任何人类专家。

神经网络的另一个重要应用是时间序列预测。很多研究都试图使用神经网络来进行时间序列预测，例如 Fozzard et al.（1989）、Tang et al.（1991）以及 Hill et al.（1994）。研究者普遍认为神经网络方法至少不逊于（甚至优于）相应的统计学方法，如 Box-Jenkins 预测方法。

神经网络的一个崭新并极具前景的应用领域便是医疗保健及药物。因为神经网络可以捕捉到并表现出高度复杂的关系，所以常被用来探索大型医疗保健、药物及生物学数据库中的模式。在近年发表的一份研究报告中，Das et al.（2009）宣称所研发的基于人工神经网络的系统能够有效诊断心脏病。通过使用克里夫兰心脏疾病数据库，研究者证明了使用神经网络进行心脏病诊断的分类准确度可以达到惊人的 89%。

在近期的另一项研究中，Güler et al.（2009）使用人工神经网络开发了一个诊断系统，该系统可以检测出外伤性脑损伤的严重程度。研究者发现对于正常情况以及轻度、中度和重度的脑损伤，神经学家和人工神经网络系统所给出的分类结果是显著相似的。如果能够将这一有着极高专业知识要求的分类问题自动化，那么人们就可以更快地决策并采取行动，从而挽救更多的生命。

20 世纪 80 年代末以来，关于神经网络的研究很多，它在很多方面的应用都令人感兴趣。在网络上简单地搜索一下就会发现，除了本章所列举的这些例子，神经网络还有大量新的应用，值得关注的包括侵入追踪（Thaler，2002）、网络内容过滤（Lee et al.，2002）、汇率预测（Davis et al.，2001）以及医院床位分配（Walczak et al.，2002）。

通常情况下，适合用人工神经网络解决的是那些输入为分类或数值型数据，且输入输出间的关系并非线性或者输入数据不是正态分布的问题。在这种情况下，经典的统计学方法也许就不够可靠了。因为人工神经网络不对数据分布做任何假设，所以在数据并未恰当分布时，它所受到的影响要小于传统统计学方法所受到的影响。最后，在一些情况下，神经网络只是提供了另外一种方法来针对现状构建预测模型。由于在实验中我们可以轻松地利用现有的软件工具，因此对于任何数据建模问题，都值得我们通过探索神经网络的力量来解决。

6.7　思考与回顾

1. 列出神经网络在会计及金融领域的一些应用。
2. 神经网络在体育领域有哪些应用？
3. 神经网络是如何应用于医疗保健行业的？
4. 神经网络在信息安全方面有哪些应用？
5. 通过网络搜索神经网络在国土安全方面的应用。

第 7 章
文本挖掘与网络挖掘

学习目标

1. 描述文本挖掘，并理解文本挖掘的意义。
2. 了解文本挖掘与数据挖掘的区别。
3. 了解文本挖掘的不同应用领域。
4. 了解实施文本挖掘项目的过程。
5. 了解如何使用不同的方法来引入基于文本数据的结构。
6. 描述网络挖掘的目标和益处。
7. 了解网络挖掘的三大分支。
8. 了解网络内容挖掘、网络结构挖掘以及网络日志挖掘。

　　文本挖掘和网络挖掘与商务智能和决策支持系统息息相关，本章将对这两方面内容进行较为全面的介绍。网络挖掘和文本挖掘在本质上都是数据挖掘的衍生品，但是由于文本数据和网络流量数据要比结构化数据库中的数据多出一个数量级，因此了解一些可以用来处理大量非结构化数据的方法是很重要的。

开篇案例

出于安全和反恐目的的文本挖掘

　　假设你是处理美国大使馆一起人质劫持事件的决策者，正试图分析以下问题："谁在指挥这些恐怖分子？""这起恐怖袭击事件背后的原因是什么？""他们这伙人还会袭击其他大使馆吗？"尽管可以获得各种信息源，但是你很难有效且高效地利用如此大规模的信息来做出更好的决策。决策依赖于危机中准确及时的情报，那么如何利用计算机来协助这一决策过程呢？Genoa 项目①是美国国防高级研究计划局（Defense Advanced Research Projects Agency，DARPA）全面信息识别计划的一部分，力图提供更先进的工具和技术，从而快速地分析当前形势，为更好地决策提供支持。Genoa 项目还为发现可付诸行动的信息（即，相关的知识金矿）中的模式特别提供了知识发现工具，以更好地"挖掘"相关信息源。

Genoa 项目所面临的挑战之一是如何让终端用户更方便地获取由分析工具所发现的知识，以及将这些知识以一种精确有用的形式嵌入情报产品。MITRE 是一个非营利的公益性创新研究机构（mitre.org），致力于通过开发基于文本挖掘的软件系统来解决这一问题。该系统将允许用户通过点击鼠标选择各种文本挖掘工具，并将它们组合起来，以创建一个复杂的滤波器来完成当前所需的任何知识发现功能。在这里，一个滤波器就是一个接收输入信息并将其转化为更加精简有用的表达方式的工具，同时它也可以去除输入信息中不相关的部分。

例如，为了能够对之前所讨论的危机状况作出回应，分析师可以使用文本挖掘工具在大量新闻源中找到有价值的信息。关于这类文本挖掘工具应用方式的一个例子就是 TopCat，这是 MITRE 开发的一个系统，可以从一批文档中识别出不同主题，并显示每个主题中的关键人物。TopCat 利用关联规则挖掘技术来识别人、组织、地点和时间之间的直接联系（分别显示为 P、O、L 和 E，如图 7—1 所示）。通过对这些联系进行分组，就可以创建如图 7—1 所示的三个主题群。这些主题群是用 6 个月内来自全球多个平面媒体、广播和视频新闻源的总共 6 万多条新闻建立的。

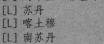

聚类 1	聚类 2	聚类 3
[L] 坎帕拉	[P] 蒂莫西·迈克维	[E] 选举
[L] 乌干达	[L] 俄克拉何马城	[P] 诺罗敦·拉那烈
[P] 约韦里·穆塞韦尼	[P] 特里·尼克尔斯	[P] 诺罗敦·西哈努克
[L] 苏丹		[L] 曼谷
[L] 喀土穆		[L] 柬埔寨
[L] 南苏丹		[L] 金边
		[L] 泰国
		[P] 洪森
		[O] 红色高棉
		[P] 波尔布特

图 7—1　聚类 6 万多条新闻得到的主题

资料来源：Mitre Corporation，www.mitre.org（accessed May 20，2009）.

比如，这个工具使分析师可以找出爆炸事件相关人员的关联，例如"迈克维和尼克尔斯属于同一个组织"，这不但是进一步分析的开始，还可以带来新的知识。这些知识可以用于分析模型，以预测某一恐怖组织是否会在未来几天袭击其他地区。与之相似的是，第三个主题揭示了柬埔寨大选的关键人物。这些信息可以用来帮助预测柬埔寨是否会爆发危机，而这对美国在当地的利益具有潜在的影响。

现在，假设用户想了解更多关于最后一个主题（即柬埔寨大选）所涉及的人。分析师不必阅读相关报道中的大量文字，他可以创建一个包含生平介绍滤波器（与

①　Genoa 开始于 1997 年，并于 2003 年变成 Genoa Ⅱ。其上一代程序，即 Total Information Awareness，在 2003 年转变为 Topsail。这两个程序被认为是政府主导的涉及隐私和人权的间谍程序。

TopCat 所用的类似）的主题检测滤波器来收集相关报道中关键人物的情况。这样，就可以得到一个简单明了的主题概要。

通过高效的句法分析、主题词表的使用以及一些简单的自然语言处理技术，DARPA 所资助研发的摘要滤波器可以从一批文档中识别并整合关于某人的描述。它还可以从这些文档中提取与这些人有关的重要句子，这需要按照文档中出现的人名、地名、词条项的近似性、项频率及其与文档集合中其他项的关联对句子赋予权重来实现。

TopCat 中的摘要滤波器也可以为 MITRE 的广播新闻导航（Broadcast News Navigator, BNN）提供类似的功能。BNN 使用这一功能来不间断地收集广播新闻，以提取所提及的命名实体和关键词，并识别包含这些内容的相关文本和句子。摘要滤波器中有一个参数用来规定目标长度或缩减率，允许生成不同长度的摘要。例如，允许摘要更长意味着其他人（如波尔布特）的情况也会出现在摘要中。

这个例子展示了怎样利用诸如 TopCat 摘要滤波器这样的现代知识发现工具对文本集合进行挖掘，从而在不同细节水平上揭示重要的关联。实现 TopCat 功能所用的基于组件的方式使这些滤波器可以方便地集成到情报产品之中，如自动情报报告及简报工具、仪表盘。这些摘要滤波器可以与"briefing book"网页中的特定区域相连接，这一区域是合作的分析师团队所共享的。当一个文档或文档文件夹落入一个滤波器所连接的区域时，这个滤波器就会处理这些文本数据，并以文本摘要或可视化图表的形式将信息展现在该区域中。

思考题

1. 文本挖掘是如何在危机中得以应用的？

2. 什么是 Genoa 项目？实施像 Genoa 这样的项目的动机是什么？

3. 什么是 TopCat？TopCat 的用途是什么？

4. 什么是摘要滤波器？

5. 分析一下文本挖掘工具在反恐领域的应用前景。

我们可以从中学到什么

几十年来，文本挖掘工具已经成为国家情报计划（如信息识别计划）的一部分。DARPA 和 MITRE 合作开发能够对基于文本的信息源进行自动过滤的设备，从而及时生成可用的信息。它们采用了基于组件的架构，使得这一复杂系统的各个部分都可以相对于信息系统的其余部分独立地修改、使用以及重复使用。这些基于文本的文档分析工具通过对关联、分类和聚类分析的有效利用，展示了从大量新闻报道中提取知识的能力。知识发现工具和技术在情报领域中所取得的成就表明，在不远的将来，这些工具和技术还有可能完成哪些工作。

资料来源：MITRE Corporation, mitre.org (accessed on May 20, 2009); J. Mena, *Investigative Data Mining for Security and Criminal Detection*, Elsevier Science. Burlington, MA, 2003.

7.1 文本挖掘的概念与定义

在当今信息时代，我们收集、存储并通过电子媒介发布的数据及信息的数量迅速增加。绝大部分以文本形式保存的商业数据实质上都是非结构化数据。梅里尔·林奇和加特（Merrill Lynch and Garter）的研究结果显示，85%～90%的企业数据都是以某种非结构化形式获取并存储的（McKnight, 2005）。这项研究还显示，这些非结构化数据的规模每

18 个月就要翻一番。在当今商业世界中，知识就是力量，而知识又是从数据和信息中获得的，所以那些充分有效地利用其文本数据源的企业能够获得有助于其做出更佳决策的必要知识，并且能够获得相对于落后企业的竞争优势。这就是当代商业大背景下文本挖掘的意义所在。

文本挖掘（text mining）亦称文本数据挖掘或文本数据库中的知识发现，是指从大量非结构化数据源中提取模式（有用的信息及知识）的半自动化过程。前面提到，数据挖掘是从结构化数据库的数据中识别模式的过程，这些模式是有效的、新的、潜在可用的以及最终可理解的。同时在结构化数据库中，数据以类别变量、有序变量或者连续变量的结构组织成一个个记录。文本挖掘与数据挖掘的相同之处在于，它们都有相同的目的以及相同的处理过程。不同之处则在于，文本挖掘过程的输入是一系列非结构化（或半结构化）的数据文件，例如 Word 文档、PDF 文件、文本片段、XML 文件等。文本挖掘实质上可以看作一个包括两个步骤的处理过程，其中，第一步是对基于文本的数据源做结构化处理，第二步是使用数据挖掘的方法和工具从基于文本的结构化数据中提取有关信息和知识。

在有大量数据生成的领域里，文本挖掘的好处显而易见。这些领域包括法律（法庭判例）、学术搜索（文献检索）、金融（季度报告）、医药（出院小结）、生物（分子的相互作用）、科技（专利文件）以及市场营销（客户评价）等。例如，通过投诉（或表扬）及保修索赔等方式与客户进行自由的、基于文本的互动，企业可以客观地发现产品和服务中不尽如人意的地方，并将其作为提高产品开发水平、改善服务配置的输入项。与此相似的是，市场推广方案和重点客户群都将产生大量数据。如果不将产品或服务的反馈限定于某种格式，客户就会用自己的方式来表达他们对企业产品和服务的看法。非结构化数据的自动化处理产生很大影响的另一个领域是电子通信及电子邮件。文本挖掘不仅可以用来识别、过滤垃圾邮件，还可以根据重要等级来对电子邮件进行自动排序，并且可以生成自动回复（Weng and Liu，2004）。下面列出了一些常见的文本挖掘应用领域：

- 信息提取：使用模式匹配寻找预定文本串，来识别文本中的关键短语和关系。
- 话题跟踪：根据用户特征描述和用户浏览过的文档，文本挖掘可以预测该用户可能感兴趣的其他文档。
- 摘要：通过概括文档来节省读者的时间。
- 分类：识别文档主题，并根据主题将文档归入一组预定义类别。
- 聚类：在没有预定义类别的情况下将相似的文档分组。
- 概念连接：通过识别共同的概念并将有关文档连接起来，帮助用户找到那些使用传统搜索方法可能找不到的信息。
- 问答：针对给定的问题，通过知识驱动的模式匹配寻找最优解答。

7.1 思考与回顾

1. 什么是文本挖掘？它与数据挖掘的区别是什么？
2. 文本挖掘作为一种 BI 工具为何日渐流行？
3. 文本挖掘有哪些常见的应用领域？

7.2 自然语言处理

早期的一些文本挖掘应用使用一种名为"词袋"（bag-of-words）的简化表示法，这一表示法将一批基于文本的文档结构化，从而将这些文档归入两个或多个预定义的类别，或者将它们聚类为自然分组。在词袋模型中，像句子、段落或整篇文档这样的文本都被表示为一组词语，而不考虑其语法或词语的出现顺序。现在，一些简单的文档分类工具还在使用词袋模式。例如，在垃圾邮件过滤中，一封邮件就可以被视作一个无序的词汇集合（一个词袋），这个集合将与预先确定的两个不同的词袋进行比较。其中一个词袋包含从垃圾邮件信息中找到的词汇，另一个词袋中包含从正规邮件中找到的词汇。尽管有些词汇可能是两个词袋所共有的，但是"垃圾"词袋中会包含更多的与垃圾信息有关的词汇，例如股票、万艾可、购买等；"正规"词袋中则有更多与用户的朋友或工作地点有关的词汇。一封邮件的词袋与这两个词袋的匹配程度决定了该邮件是垃圾邮件还是正规邮件。

人类自然而然地就以某种顺序或结构来使用词汇。我们以句子的形式来使用词汇，句子既有语义结构也有句法结构。所以，自动化的方法（如文本挖掘）需要寻找一种超越词袋的解释，并且在运行时包含更多语义结构的方法。目前文本挖掘的趋势就是使用大量的高级特征，这些特征都可以通过自然语言处理获得。

研究表明，词袋法或许不能为文本挖掘（如分类、聚类、关联等）提供足够好的信息内容。循证医学就是一个很好的例子。循证医学中很重要的一点是，在临床决策中充分利用可获得的最佳研究成果，这就要求对平面媒体信息的有效性和相关性进行评估。马里兰大学的一些研究人员用词袋法构建了实证评估模型（Lin and Demner，2005）。他们使用了常用的机器学习法，并从联机医学文献分析和检索系统（Medical Literature Analysis and Retrieval System Online，MEDLINE）中收集了超过 50 万篇研究文献。在他们的模型中，每个摘要都表示为一个词袋，其中每个词条在经过词干还原后都表示为一个特征。尽管他们使用了常用的分类方法和可靠的实验设计方法，但是预测结果并不比直接猜测更好，这或许表明词袋还不能足够好地表现这一领域的研究文献，因此我们需要使用像自然语言处理这样更为先进的技术。

自然语言处理（natural language processing，NLP）是文本挖掘的重要组成部分，是人工智能和计算语言学的一个分支学科。该学科研究的是怎样通过将人类的描述性语言（如文本文件）转化为易于计算机程序处理的规范表达（即，以数字数据及符号数据的形式）来"理解"自然人类语言的问题。自然语言处理的目标是超越语法驱动的文本处理（常称为词频统计），实现对自然语言的真正理解和处理，这就需要同时考虑语法限制、语义限制以及上下文。

"理解"一词的定义和范围是自然语言处理中一个主要话题。我们知道，自然的人类语言是模糊的，并且真正理解某一含义需要掌握有关该主题的大量知识（除了词汇、句子和段落所表达的内容之外），那么计算机能够以相同的方式、相同的准确度来像人类那样理解自然语言吗？很可能不行！自然语言处理已经在简单词频统计的基础上有了长足的发展，但是要达到真正理解自然人类语言的境界仍然任重而道远。下面列出了一些在实施自然语言处理时常会遇到的问题：

● 词性标注：在对应的特定文段中，按某一词性（如名词、动词、形容词、副词等）对文中的词条进行标注是很难的，因为词性不仅由词条的定义决定，而且会受上下文的影响。

- 文本分割：像中文、日文、泰语这样的书面语言是不存在词边界的。在对这些语言进行文本解析时就需要识别词边界，但这是很难的。与之类似的是，在分析口语时，对语音进行细分也是个难题，因为连续表达字母和单词的语音会相互融合。
- 词义消歧：很多词汇有不止一种含义，因此要选出其中最贴切的含义就需要考虑词汇的上下文。
- 句法歧义：自然语言的语法是有歧义的，所以需要考虑多种可能的句子结构。选择最合适的结构需要同时考虑语义信息和上下文信息。
- 不规则或有瑕疵的输入：外国口音或地方口音、发声障碍、文本中的印刷错误或语法错误等问题都会让语言处理变得更加困难。
- 言语行为：一个句子可看成是说话者的一个行为，但句子本身或许没有包含足够的信息让我们来定义这一行为。例如，"你能通过这门课吗"的回答是简单的"是"或"否"，对"你能把盐递给我吗"的回答则需要身体上的动作。

人工智能研究者长久以来的梦想就是找到一个可以自动阅读文本并获取其中知识的算法。通过对已解析的文本使用学习算法，来自斯坦福大学自然语言处理实验室的研究人员开发出了可以自动识别文本中的概念和概念间关系的方法。通过应用一种与众不同的程序来处理大量文本，他们的算法可以自动捕获成百上千条词语的知识，并用这些知识明显改善 WordNet 的知识库。WordNet 是一个手工编码的数据库，其内容包括英语词汇及其定义、同义词以及同义词组间的各种语义联系。WordNet 是自然语言处理应用的主要资源，但是人工搭建并维护这一数据库的成本很高。通过自动将知识引入 WordNet，就有可能以较低的成本使这个数据库成为自然语言处理领域中更大、更全面的资源。

自然语言处理得到成功应用的一个重要领域就是客户关系管理。一般来说，客户关系管理的目标是通过更好地理解客户需求、更有效地响应客户需求（包括真实需求及感知到的需求）来使客户价值最大化。客户关系管理的一个重要领域就是情感分析，其中自然语言处理起到了重要作用。**情感分析**（sentiment analysis）是一种使用大量文本数据源（网帖形式的客户反馈）来检测对特定产品或服务的正面及负面评价的技术。

情感分析为各种应用提供了巨大机遇。例如，它在竞争分析、市场分析方面功能强大，在风险管理方面也能够对不利的谣言进行检测。IBM 研究者开发的一种情感分析方法就试图从一系列文档中提取对于特定主体（如产品或服务）的正面或负面情感（Kanaya-ma and Nasukawa，2006）。情感分析的主要问题是识别情感是如何在文本中表达的，并分辨出所表达的是对于该主体的正面（有利）评价还是负面（不利）评价。若要提高情感分析的准确性，恰当识别情感表达及主体之间的语义关系是很重要的。通过对语义分析、句法分析器和情感词汇的综合运用，IBM 的系统能够从网页和新文献中寻找态度及观点，并且精度较高（75%～95%，因数据有所不同）。

通过计算机程序对自然人类语言的自动处理，自然语言处理在各类工作中都有成功应用，而这一工作以前只能由人类完成。下面列出了这些工作中最常见的内容：

- 信息检索：一门搜索相关文档、寻找其中特定信息、根据信息生成元数据的学科。
- 信息提取：信息检索的一种，其目标是从机器可读的非结构化文档中自动提取结构化信息，比如在某一领域中经过分类，并且根据上下文和语义进行了良好定义的数据。
- 命名实体识别：也称实体识别以及实体提取。它是信息提取的子任务，试图定位文本中的原子元素，并将其归入预定义的类别。这些类别可以是人名、组织名、地点、时间、数量、币值、比例等。

● 问答系统：能够自动回答用自然语言给出的问题，换言之，当给出一个人类语言的问题时，要生成一个人类语言的回答。为了找到一个问题的答案，计算机程序可能要用到一个预先结构化的数据库，或者一系列自然语言文档（一个文本语料库，比如 World Wide Web）。

● 自动文摘：利用计算机程序创建一个文本文档的压缩版本，其中涵盖了原始文档的要点。

● 自动语言生成：系统将计算机数据库中的信息转换为可读的人类语言。

● 自然语言理解：系统将人类语言的范例转换为更规范的表达，使其易于计算机程序处理。

● 机器翻译：自动将一种人类语言翻译为另一种人类语言。

● 外语朗读：一种能够帮助非母语用户用正确的发音和语调来朗读外语文本的计算机程序。

● 外语写作：一种能够帮助非母语用户用外语写作的计算机程序。

● 语音识别：将语音词汇转换为机器可读的输入。给出一个声音片段，系统要据此生成一个口述文本。

● 文语转换：也称语音合成，是一种能够自动将常规语言文本转换为人类语音的计算机程序。

● 文本校对：一种阅读文本校样稿来检查并修改错误的计算机程序。

● 光学字符识别：自动将手写、打印或印刷文本的图片翻译为机器可编辑的文本文档。

文本挖掘的成功和普及在很大程度上要归功于自然语言处理在生成及理解人类语言方面的进步。自然语言处理技术使从非结构化文本中抽取特征成为可能，使得多种数据挖掘技术可以用来从中提取知识（新颖、有用的模式和关系）。从这个角度来看，文本挖掘就是自然语言处理与数据挖掘的结合。

7.2 思考与回顾

1. 什么是自然语言处理？
2. 自然语言处理与文本挖掘有什么关系？
3. 自然语言处理的优点与难点是什么？
4. 自然语言处理常用于哪些工作？

7.3 文本挖掘应用

随着各组织机构所收集非结构化数据不断增加，价值主张和文本挖掘工具的普及度也不断增加。现在很多机构都认识到了使用文本挖掘工具从基于文档的数据仓库中提取知识的重要性。下面我们介绍文本挖掘的部分典型应用。

市场应用

文本挖掘可以用来分析客户服务中心的非结构化数据，从而促进交叉销售和向上销售。由客户服务中心记录生成的文本以及与客户通话的记录都可以用文本挖掘算法分析，来获得与客户对公司产品和服务看法相关的、新颖的、可付诸实施的信息。此外，博客、独立网站上用户对产品的评论、论坛帖子都是客户意见的"金矿"。这些丰富的信息经过恰当的分析，就能用来提升满意度以及客户的生命周期价值（Coussement and Van den

Poel，2008）。

文本挖掘对于客户关系管理的重要性日渐凸显。企业可以利用文本挖掘来分析大量非结构化文本数据以及从组织数据库中提取的相关结构化数据，来预测客户的观点及随后的购买行为。Coussement and Van den Poel（2009）成功地应用文本挖掘来显著提升了模型预测客户流失的能力，从而在实施保留策略时可以准确识别那些最可能离开企业的客户。

Ghani et al.（2006）使用文本挖掘开发了一个能够推断产品显性和隐性属性的系统来增强零售商分析产品数据库的能力。产品以属性—价值对（attribute-value pair）而不是原子实体的方式被记录在系统中，这样能潜在地使很多商业应用更为有效，包括需求预测、商品分类优化、产品推荐、不同零售商和制造商之间的分类比较以及产品供应商选择等。该系统允许企业将其产品用属性和属性值来表示，并不需要大量人工。这个系统利用零售商网站上的产品描述，运用有监督和半监督学习方法来学习这些属性。

安全应用

绝密的 ECHELON 监控系统是文本挖掘在安全领域中最大型、最突出的应用之一。正如传言所说，ECHELON 被认为可以识别电话、传真、电子邮件以及其他类型数据的内容，并且窃听通过卫星、公用交换电话网和微波链路传输的信息。

2007 年，EUROPOL 开发了一个集成系统，它可以对海量结构化和非结构化数据进行访问、存储和分析，从而追踪传统的有组织犯罪。这一系统被称作情报支持全面分析系统，旨在集成当今市场上最先进的数据挖掘和文本挖掘技术。这个系统使得 EUROPOL 在支持其在国际层面的执法目标上有长足的进步（EUROPOL，2007）。

在美国国土安全部（Department for Homeland Security）的指导下，美国联邦调查局（U. S. Federal Bureau of Investigation，FBI）和中央情报局（Central Intelligence Agency，CIA）共同开发了一个超级计算机数据挖掘与文本挖掘系统。它们希望用该系统创建一个庞大的数据仓库，该仓库包含多种数据挖掘和文本挖掘模块，以满足联邦、州和地方执法机构对于知识发现的需求。在这个项目启动之前，FBI 和 CIA 均有自己独立的数据库，并且这些数据库之间几乎没有互连。

文本挖掘中另一个与安全有关的应用是**欺诈检测**（deception detection）。Fuller et al.（2008）对一大批罪犯（嫌疑人）的供词进行文本挖掘，开发了一个能够分辨欺骗性供词与真实供词的预测模型。该模型利用从文本供词中提取的丰富线索进行预测，并使测试组的准确率达到了 70%。考虑到线索仅仅来源于文本供词（没有口头或视觉线索），能够达到这样的准确率已经非常成功了。此外，与其他测谎技术（如测谎仪）相比，这种方法并不具备干扰性，而且不仅可以用于文本数据，还可能（潜在地）用于录音誊本。

生物医学应用

文本挖掘在医学界，特别是生物医学领域有很大的发展潜力，这是因为：第一，这个领域中的已发表文献和可发表渠道（特别是开源期刊的出现）都呈指数级增长；第二，与其他大多数领域相比，医学文献更标准化且更有序，因此是更值得挖掘的信息源；第三，医学文献的术语相对固定，具有相对标准化的本体。下面介绍的是一些实验性研究，在这些研究中文本挖掘技术被成功地用于从生物医学文献中提取新模式。

像 DNA 微阵列分析、基因表达系列分析（serial analysis of gene expression，SAGE）

和蛋白质组学质谱分析之类的实验性技术会产生与基因和蛋白质相关的大量数据。与其他实验性方法一样，在已知信息（与所研究的生物实体相关）的背景下分析这些海量数据是必要的。对于实验的验证和解释而言，文献是一个特别宝贵的信息源。因此，开发一个可以帮助进行这种解释的自动文本挖掘工具是当今生物医学研究所面临的一个重要挑战。

了解蛋白质在细胞中的位置可以帮助我们弄清蛋白质在生物学过程中的作用，判断其能否作为药物靶点。文献中描述了大量位置预测系统，其中一些专门用于特定生物体，另一些则试图对更大范围的生物体进行分析。Shatkay et al.（2007）提出了一个利用多种基于序列和文本的特征来预测蛋白质位置的综合系统。该系统的主要创新之处在于其选择文本源和特征，并将它们与基于序列特征相整合的方法。研究者用先前所用的数据集和用于测试系统预测能力的新数据集来测试系统，其测试结果表明系统始终优于前人的成果。

Chun et al.（2006）描述了一个从 MEDLINE 文献中提取疾病与基因关系的系统。研究者用 6 个公用数据库构建了一个关于疾病和基因名称的词典，并通过词典匹配提取出备选的关系。因为词典匹配会产生大量错误判断，他们开发了一种基于机器学习的命名实体识别（named entity recognition，NER）方法，来将疾病/基因名中的有误识别过滤掉。他们发现，关系提取能否成功很大程度上取决于 NER 滤波的性能，滤波可以将关系提取的精确度提高 26.7%，但是会以查全率的小幅下降为代价。

图 7—2 简单描述了一个用于探索生物医学文献中基因—蛋白质相互关系（或蛋白质相互作用）的多级文本分析过程（Nakov et al.，2005），这个简化的例子采用了生物医学文本中的一个简单句子。首先，（在最下面三级）用**词性标注**（part-of-speech tagging）和浅层句法分析来对文本进行分词处理；接下来，将分割后的词条（词语）与领域本体的分层表示进行匹配，从而得到基因—蛋白质相互关系。该方法（和/或其变体）在生物医学文献中的应用有助于解决人类基因组计划中的复杂问题。

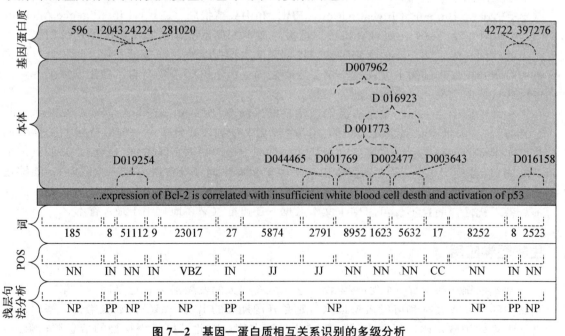

图 7—2 基因—蛋白质相互关系识别的多级分析

资料来源：P. Nakov, A. Schwartz, B. Wolf, and M. A. Hearst, "Supporting Annotation Layers for Natural Language Processing," *Proceedings of the Association for Computational Linguistics*（ACL），interactive poster and demonstration sessions, 2005, Ann Arbor, Michigan, pp. 65-68.

学术应用

文本挖掘对于那些掌握大型数据库，且需要利用信息索引来增强信息检索功能的出版商来说至关重要。它在科学学科中更是如此，而这些学科中的书面文本通常包含高度特定的信息。这方面目前已经进行了一些相关探究，比如《自然》（*Nature*）提出的开放文本挖掘界面（Open Text Mining Interface，OTMI）和美国国立卫生研究院（National Institutes of Health，NIH）的公共杂志出版文档类型定义（Journal Publishing Document Type Definition（DTD）），它们为机器提供语义线索，能够帮助机器应答包含在文本中的特定查询，同时保留出版商对公众访问设置的壁垒。

学术机构也开始着手研究文本挖掘。例如，由曼彻斯特大学和利物浦大学合作设立的国家文本挖掘中心（National Centre for Text Mining）为学术界提供了与文本挖掘相关的自定义工具、研究设备以及建议。研究首先关注的是生物学及生物医学中的文本挖掘，并逐步扩展到社会科学领域。在美国，加州大学伯克利分校的信息学院正在开发一个名为"BioText"的程序来协助生物科学研究人员进行文本挖掘及分析。

正如本节所述，文本挖掘在多个不同学科中都有广泛应用。

7.3　思考与回顾

1. 列举文本挖掘在市场上的一些应用，并对其进行简单讨论。
2. 如何在安全及反恐领域应用文本挖掘？
3. 在生物医学领域，文本挖掘有哪些前途广阔的应用？

7.4　文本挖掘流程

文本挖掘研究若要成功，就要遵循一种基于最佳实践的合理方法。我们需要一个类似于数据挖掘项目中的行业标准——CRISP-DM 这样的标准化流程模型（见第 5 章）。尽管 CRISP-DM 中的大部分都可用于文本挖掘项目，但是一个用于文本挖掘的具体流程模型要包括更复杂的数据预处理活动。图 7—3 是一个典型文本挖掘流程的高阶关联图（Delen and Crossland，2008）。这个关联图体现了流程的范围，强调了其与大环境的接口。从本质上讲，它画出了特定流程的边界，明确标识出什么是包含在文本挖掘流程中的，什么是排除在外的。

如同关联图所表明的那样，这一基于文本知识发现流程的输入（方框左侧的箭头线）是经过收集、存储以及该流程可用的结构化和非结构化数据。该流程的输出（方框右侧的箭头线）则是特定背景下的知识，可以用于决策。流程的约束（方框上侧的箭头线）包括软件和硬件限制、隐私以及在处理以自然语言形式表现的文本时所遇到的难题。流程的机制（方框下侧的箭头线）包括合适的方法、软件工具以及领域知识。文本挖掘（在知识挖掘的背景下）的首要目标是对非结构化（文本化）数据进行处理，来提取有意义的、可付诸实施的模式，从而提高决策水平。

从高层的角度来看，文本挖掘流程可以被分解为三项连贯的任务，每项任务都有特定的输入来生成某些输出（见图 7—4）。如果出于某些原因，一个任务的输出不符合预期，就需要回到前一项任务，并执行该任务。

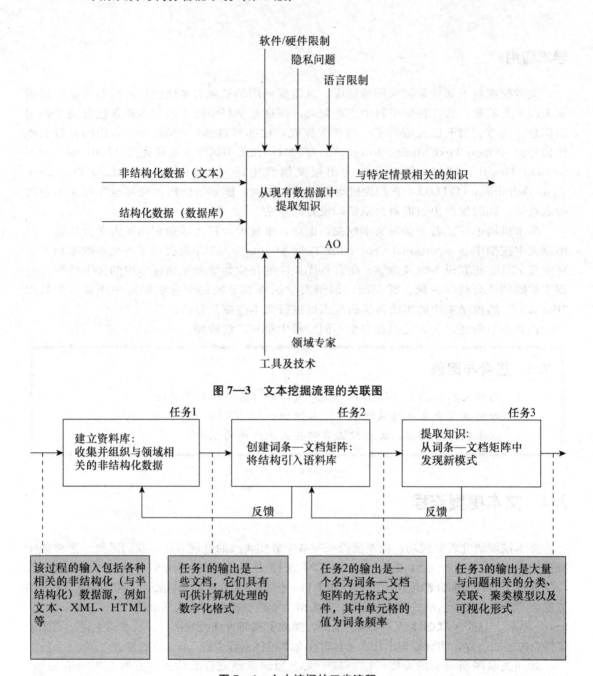

图7—3　文本挖掘流程的关联图

图7—4　文本挖掘的三步流程

任务1：建立语料库

第一项任务的主要目的是收集所有与研究背景（兴趣域）相关的文档。这一集合包括文本文档、XML文件、电子邮件、网页和便笺。除了已有的文本数据，也可以用语音识别算法对录音进行誊写，并使之成为文本集的一部分。

在采集工作完成后，我们就要开始对文本文档进行转换和组织，使它们都具有相同的表现形式（如ASCII文本文件），使计算机能够对其进行有效处理。文本组织可以很简单，比如一个文件夹里存储的一批数字化文本摘录，也可以是特定领域的一系列网页链接。很多商用的文本挖掘软件工具都将文本组织视作输入项，并将它们转化为一个平面文件来进行处理。也可以在文本挖掘软件之外准备平面文件，再将它们输入文本挖掘应用。

任务 2：创建词条—文档矩阵

这项任务要用数字化、有组织的文档（语料库）来创建**词条—文档矩阵**（term-document matrix，TDM）。在 TDM 中，行表示文档，列表示词条。词条和文档之间的关系用索引进行刻画。图 7—5 是 TDM 的一个典型例子。

词条　　　　　　文档	投资风险	项目管理	软件工程	开发	SAP	…
文档1	1			1		
文档2		1				
文档3			3		1	
文档4		1				
文档5			2	1		
文档6	1			1		
…						

图 7—5　一个简单的词条—文档矩阵

任务 2 的目标是将一系列有组织的文档（语料库）转换为一个 TDM，其中各单元格中的值是最恰当的索引。可假设文档的实质可以用该文档中的一系列词条及词频来表示。但是，在刻画文档时全部的词条都重要吗？答案明显是否定的。诸如冠词、助动词以及语料库中几乎所有文档都使用的词条就没有区别，因此这些词条应当被排除出索引过程。这些词条通常称为停词，专门用于某一研究领域，并且应当由该领域的专家进行识别。另一方面，我们可以预先确定一些要用来对文档进行索引的词条（这一词条列表可被称为保留词或保留词典）。此外，对同义词（一对可以认为意思相同的词语）以及特定短语（如"埃菲尔铁塔"）可以事先设定，这样能使索引更加精确。

为了准确创建索引，我们还需要再进行另外一次过滤：词干还原。词干还原将词语缩减为其词根，使得动词的不同语法形式或偏差能被识别并按同一个词语来检索。例如，词干还原可以保证"modeling"和"modeled"都被识别为词语"model"。

第一代 TDM 包括语料库中所有被识别的独特词条（作为语料库的列）、所有的文档（作为语料库的行）以及每个文档中每个词条的出现次数（作为语料库的单元格值），并将停词表中的词条排除出去。如果语料库中有相当多的文档，那么 TDM 就很可能有非常多的词条。处理这样的大型矩阵可能会很费时。而且更重要的是，还可能会提取出不准确的模式。为此我们必须做出决定：（1）索引的最佳表示是什么？（2）我们该如何将矩阵的维度减小到易于处理的程度？

表示索引　完成对输入文档的索引并计算出文档的初始词频之后，我们要进行一些额外的变换来对所提取的信息进行概括和集聚。初始词频逐渐反映出一个词语在每个文档中的显著性或重要性。特别是那些在某一文档中频繁出现的词语，我们将这些词语称作该文档内容的最佳叙词，但是不能想当然地认为词频本身与其作为文档叙词的重要程度是成正比的。例如，如果一个词语在文档 A 中出现一次，但是在文档 B 中出现三次，那么这并不足以说明该词语作为叙词，在文档 B 中的重要性是在文档 A 中的三倍。为了获得更为一致的 TDM 来进一步分析，我们需要将这些初始索引进行归一化处理。在这里需要用一些其他的方法来将词条归一化，而不能直接使用它们在文档中的实际词频。下面是一些最常用的归一化方法（StatSoft，2009）：

● 对数词频：可以使用对数函数来对原始词频进行转换。这种转换将对原始词频及其对后续分析结果的影响程度有所抑制。

$$f(wf) = 1 + log(wy) \qquad wf > 0$$

式中，wf 是原始词频，$f(wf)$ 是对数变换后的结果。这一转换可应用于 TDM 中所有大于零的原始词频。

● 二进制词频：类似地，我们可以用一个更简单的变换来计算一个词条是否被用在一个文档中。

$$f(wf) = 1 \qquad wf > 0$$

这样得到的 TDM 矩阵只包含 1 和 0，表示相应的词语出现或不出现。这类转换也将抑制原始词频对后续计算和分析的影响。

● 逆文档频率：不同词条的相对文档频率是另一个需要谨慎考虑的问题，我们要在后续分析所用的索引中体现这一点。例如，一个表示"猜测"含义的词条可能在所有文档中频繁出现，但是另一词条，比如说"软件"，可能出现的次数比较少。其原因在于，人们在多种语境中都有可能进行"猜测"，无论其具体主题是什么；但"软件"是一个语义更集中的词条，只可能出现在与计算机软件有关的文档中。一种被称为逆文档频率（inverse document frequencies）（Manning and Schutze，2009）的常见变换非常有用，它既可以表现出词语的特征（文档频率），也可以表现出词语出现的总体频率（词条频率）。第 i 个词语和第 j 个文档的变换可以写为：

$$idf(i,j) = \begin{cases} 0 & wf_{ij} = 0 \\ (1 + \log(wf_{ij})) \log \dfrac{N}{df_i} & wf_{ij} \geqslant 1 \end{cases}$$

式中，N 是文档总数，df_i 是第 i 个词语的文档频率（含有该词语的文档数）。因此，该公式既用对数函数对简单词频进行了抑制（如上所述），又包含了一个权重因子，当词语在所有文档中都出现时，该因子为 0，当词语只出现在一个文档中时，该因子取最大值。我们可以看出这一变换创建索引的方式，并使其既能反映词语出现的相对频率，又能体现词语在分析所涉及文档时的语义特性。该方法是该领域中最常用的转换方法。

降低矩阵维度　因为 TDM 通常规模庞大并且非常稀疏（很多单元格的值都是 0），所以另一个重要的问题就是："如何将矩阵的维度降低到易于处理的程度？"有一些方法可以用来控制矩阵规模：

- 让一个该领域的专家检查词条列表，清除那些与研究背景无关的词条（但这是一个人工的、劳动密集的过程）。
- 清除那些在极少数文档中出现极少的词条。
- 使用奇异值分解法。

奇异值分解（singular value decomposition，SVD）与主成分分析紧密相关，是一种将输入矩阵（输入文档数×提取词条数）的总维度降低到一个低维空间的方法，其中每个连续维度表示（词语和文档之间的）可能的最大变化程度（Manning and Schutze，2009）。理想状况下，分析人员可以识别出两个或三个最突出的维度，它们可以解释词和文档之间的大部分差异（不同），并识别出可以组织这些词和文档的潜在语义空间。当维度识别完毕，我们便可提取文档所包含（讨论或叙述）内容的深层"含义"。特别地，假设矩阵 A 表示一个 $m×n$ 的词条出现矩阵，m 是输入文档数，n 是选出的词条数。我们可以用 SVD 计算得到 $m×n$ 正交矩阵 U、$n×r$ 正交矩阵 V 以及 $r×r$ 矩阵 D，使得 $A=UDV'$，并且 r 为 $A'A$ 的特征值总数。

任务 3：提取知识

我们使用结构良好的 TDM，或者再加上一些其他的结构化数据元素，就可以在所处理的特定问题的语境中提取新模式。提取知识的方法主要有：分类、聚类、关联和趋势分析，下面简要介绍一下。

分类　对某些对象进行分类可能是在分析复杂数据源时最常见的知识发现方法。分类是将一个给定的数据实例归入一组事先确定的类别。在文本挖掘领域中所用的分类被称为文本分类（text categorization），其目标就是在给定一组类别（主题、论题或概念）以及一系列文本文档的情况下，为每个文档寻找合适的主题，这需要通过用训练数据集建立的模型来实现，并且训练数据集中包括文档和实际的文档分类。如今，自动文本分类已经在很多情况下得到应用，包括自动或半自动（交互式）文本检索、垃圾邮件过滤、网页在分层目录下的分类、自动生成元数据、检测类型等。

文本分类的两个主要途径是知识工程和机器学习（Feldman and Sanger，2007）。在知识工程方法中，我们要将专家关于类别的知识以陈述或者程序上的分类规则等形式编码到系统之中。而在机器学习方法中，我们可以使用一个一般归纳过程，通过学习一组重新分类的实例来构建一个分类器。随着文档数量呈指数级上升，并且知识专家越来越难加入其中，机器学习方法日渐普及。

聚类　聚类是一个无监督的过程，其中对象被分到一个个"自然"组中，这些组称为簇（cluster）。在分类中，我们要用一些预先分类好的训练实例，并基于各个类别的描述性特征来构建模型，从而对新的、未分类的数据进行分类；但是在聚类中，我们要在没有任何先备知识的情况下将一系列未分类的对象（如文档、客户评论、网页）聚集为一个个有意义的簇。

聚类也有着广泛的应用，从文档检索到改善网页内容搜索。实际上，聚类的一个重要应用就是对像网页这样的海量文本集合进行分析和导航。其中的一个基本假定就是相关文档之间的相似度比不相关文档之间更高。如果这个假设成立，就可以根据文档内容的相似度对文档进行聚类，从而提高搜索的有效性（Feldman and Sanger，2007）。

- 提高搜索查全率：因为聚类是基于总体相似度而非单个词条出现与否，所以聚类可以提高基于查询的搜索查全率，即如果一条查询与一个文档相匹配，就会返回整个簇。

● 提高搜索精确度：聚类还可以提高搜索精确度。随着集合中文档数量的增加，查看匹配文档列表的难度也在不断增大。聚类可以依据文档相关程度将这些文档分为数个更小的组，并根据相关性进行排序，最后只返回那些最相关小组里的文档。

两种最常用的聚类方法是分散/聚集聚类以及特定查询聚类：

● 分散/聚集（scatter/gather）：这种文档查看方式使用聚类在不能明确地搜索查询的情况下提高查看文档的效率。从某种意义上说，这种方法动态生成集合的内容目录，并根据用户的选择对其进行调整和修改。

● 特定查询聚类：该方法采用了层次聚类法，其中与查询最相关的文档被归入一个个小簇，将这些小簇嵌套进一个含有不太相关文档的较大簇，从而创建一个文档相关程度的谱。该方法对于现实中的大型文档集合有着稳定、良好的性能。

关联 关联的正式定义和详细描述在数据挖掘那一章（第5章）已经给出。生成关联规则（或者解决购物篮问题）的重点就是要识别相匹配的频繁集。

在文本挖掘中，关联明确反映了概念（词条）或概念集之间的直接关系。概念集关联规则 $A \Rightarrow C$ 表示 A、C 两个频繁概念集之间的关系，可以用支持度和置信度来加以量化。其中，置信度是指在含有 A 中全部概念的文档子集之中同时含有 C 中全部概念的文档的比例。支持度是指含有 A 和 C 中全部概念的文档比例（或数量）。例如，在一个文档集合中概念"软件实施失败"也许常与"企业资源计划"和"客户关系管理"等词一同出现，因此它们有较显著的支持度（4%）和置信度（55%），这意味着4%的文档同时包含这三个概念，而在包含"软件实施失败"这个概念的文档中，有55%的文档也包含"企业资源计划"和"客户关系管理"。

使用关联规则的文本挖掘可以用来对公开文献进行分析，从而绘制出禽流感的爆发和发展图（Mahgoub et al.，2008）。其主要思想是自动识别地理区域、扩散种群和防治（治疗）措施间的关联。

趋势分析 趋势分析是文本挖掘中一种较新的方法，该方法以某种概念为基础，即不同类型概念的分布是文档集合的函数。换言之，对于相同的概念集，不同的集合会导致不同的概念分布。因此，我们可以比较两个分布，如果它们来自不同的子集合，就不可能完全一致。在该分析方法中，值得注意的一个方面是，两个来自同一来源（如同一学术期刊集）的集合会来自不同的时间点。Delen and Crossland（2008）应用**趋势分析**（trend analysis）在大量学术论文（发表在三种顶级学术期刊上）中识别信息系统领域关键概念的演变。

正如本节所述，很多方法都可以用来进行文本挖掘。

7.4 思考与回顾

1. 文本挖掘流程的主要步骤是什么？
2. 为什么要将词频归一化？词频归一化的常用方法有什么？
3. 什么是奇异值分解？它是如何用于文本挖掘的？
4. 从语料库中提取知识的主要方法有哪些？

7.5 文本挖掘工具

随着越来越多的机构开始认识到文本挖掘的价值，由软件企业和非营利机构提供的软件工具也越来越多。下面介绍一些常见的文本挖掘工具，我们将它们分为商业软件工具和免费软件工具。

商业软件工具

下面是一些最常用的文本挖掘软件工具。很多公司都在网站上提供了产品的演示版。

1. ClearForest 提供文本分析和可视化工具。

2. IBM Intelligent Miner 数据挖掘套装包含数据挖掘和文本挖掘工具，现已全部集成至 IBM 的 InfoSphere 数据仓库软件之中。

3. Megaputer Text Analyst 为任意形式的文本提供语义分析、摘要提取、聚类、导航以及自然语言检索，这些功能可根据搜索的需要进行动态调整。

4. SAS Text Miner 提供一系列丰富的文本处理和分析工具。

5. SPSS Text Mining for Clementine 可以从客服中心记录、博客、电子邮件及其他非结构化数据中提取关键概念、观点和关系，并将其转化为结构化格式以用于预测建模。

6. Statistica Text Mining 提供了易用的文本挖掘功能以及卓越的可视化功能。

7. VantagePoint 提供了一系列交互式图形视图和分析工具，具有强大的文本数据库知识发现能力。

8. Provalis Research 推出的 WordStat 分析模块可以分析文本信息，例如对开放式问题的问答、访问等。

免费软件工具

一些非营利机构提供免费的软件工具，其中一些是开源的：

1. GATE 是领先的文本挖掘开源工具。它有一个免费的开源框架（或 SDK）以及一个图形开发环境。

2. LingPipe 是一套 Java 库，用于对人类语言进行分析。

3. S-EM（Spy-EM）是一个文本分类系统，可以从未分类数据中进行学习。

4. Vivisimo/Clusty 是一个网络搜索和文本聚类引擎。

7.5　思考与回顾

1. 最常用的文本挖掘软件工具有哪些？

2. 为什么文本挖掘工具大多由统计软件公司提供？

3. 你认为相对于商业工具来说，选用免费文本挖掘工具的优点和缺点分别是什么？

7.6　网络挖掘概览

万维网（World Wide Web，简称网络）存储了海量的数据和信息，包罗万象。网络也许是世界上最大的数据和文本库，而且网络上的信息量还在飞速地与日俱增。我们在网络上可以找到很多有趣的信息，如：谁的主页链接到了其他页面上，有多少人链接到了某一个网页上，某个网站的结构是什么样的，等等。此外，每次访问网站、使用搜索引擎、点击链接、在电子商务网站上进行交易，都会产生额外的数据。尽管以网页形式编码为HTML 或 XML 的非结构化文本数据是网络的主要内容，但是网络结构中还含有超链接信息（到其他网页的链接）和用法信息（访客与网站进行交互的日志），所有这些信息都为知识发现提供了丰富的数据。分析这些信息可以帮助我们更好地利用网站，并增进与网站访客的联系，提高网站对于他们的价值。

但是根据 Han and Kamber（2006）的观点，在网络上实现有效、高效的知识发现时，也会面对一些挑战：

● 网络过大，难以进行有效的数据挖掘：网络十分庞大而且增长迅速，我们很难估计其规模。由于网络的规模巨大，我们不可能建立一个数据仓库来对网络上所有的数据进行复制、存储和整合，这就对数据采集和整合提出了挑战。

● 网络过于复杂：网页的复杂性远远高于传统的文档集合。网页没有一个统一的格式。它们所包含的自定义格式和内容变化远远多于任何书籍、文章或其他传统的基于文本的文档集合。

● 网络过于动态化：网络是一个高度动态的信息源。不仅网络规模迅速增长，而且其内容也在实时更新。博客、新闻、股票行情、天气预报、体育赛事比分、报价、公司广告以及难以计数的其他类型的信息在网络上不断更新。

● 网络并非针对某一领域：网络为多种行业服务，连接着数十亿台工作站。网络用户有着不同的背景、兴趣和使用目的。大多数用户对于信息网络的结构一无所知，也不会意识到他们的每一次搜索所需要的高昂成本。

● 网络包罗万象：网络中只有很小的一部分是真正与某个人（或某项工作）相关、对其有用的，并且据说网络上 99％的信息对于 99％的网络用户来说都是无用的。尽管这看起来并不明显，但是一般来说，一个人确实只关注网络上很少的一部分内容，但是那些预期结果可能被淹没在他所不关心的其他网络信息之中。寻找网络中真正与某一用户或其所从事工作相关的部分是网络搜索的核心问题。

面对这些挑战，很多研究人员致力于提高网络数据资源发掘及利用的有效性和高效性。一些基于索引的网络搜索引擎不断搜索网络，并用某些关键词来检索网页。一个熟练的用户可以用这些搜索引擎对一些严格限定的关键词或词组进行搜索，从而对文档进行定位。但是，一个简单的基于关键词的搜索引擎会存在很多问题：第一，针对一个主题，无论其范围大小，都容易找到成百上千篇文档，这就使得搜索引擎返回的文档数量过大，而且其中的很多文档与主题的关系并不大；第二，很多与某一主题高度相关的文档可能并不含有那些确切的关键词。与基于关键词的网络搜索相比，网络挖掘是一种卓越（也更富有挑战性）的方式，它可以显著提高网络搜索引擎的能力。这是因为，网络引擎可以识别权威网页、对网络文档进行分类，并且可以解决基于关键词搜索带来的很多歧义与模糊之处。

网络挖掘（Web mining）又称网络数据挖掘，是发现网络数据内在关系（即令人感兴趣的有用信息）的过程，网络数据表现形式可以是文本、链接或用法信息。网络挖掘这一术语是由 Etzioni（1996）率先使用的，今天的很多会议、期刊和书籍都在关注网络数据挖掘。网络挖掘是一个不断发展变化的科技和商务实践领域。图 7—6 展示了网络挖掘的三个主要领域：网络内容挖掘、网络结构挖掘与网络用法挖掘。

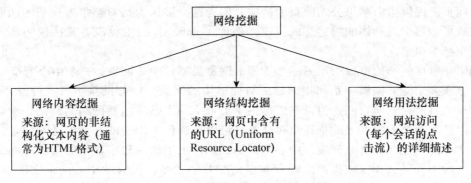

图 7—6 网络挖掘的三个主要领域

7.6 思考与回顾

1. 网络中的知识发现面临哪些主要挑战？
2. 什么是网络挖掘？网络挖掘与一般的数据挖掘有什么不同？
3. 网络挖掘的三个主要领域是什么？

7.7 网络内容挖掘与网络结构挖掘

网络内容挖掘（Web content mining）是指对网页中有用信息的提取。文档或许会以一些机器可读的格式被提取出来，从而可以自动生成一些网页信息。**网络爬虫**（Web crawlers）被用来自动浏览网站内容。所收集的信息会包括文档特征，这些特征与文本挖掘中所用的相似，此外还会包括一些额外的概念，比如文档层次。网络内容挖掘也可用来对搜索引擎产生的结果进行改善。例如，Turetken and Sharda（2004）描述了一个可视化系统，它可以接收某搜索引擎（如 Google）的搜索结果，阅读排位最靠前的 100 个文档，用 IBM Intelligent Text Miner 处理这些文档并对它们进行聚类，之后将结果以图形格式展示出来。

除了文本以外，网页上还有超链接，它们从某一个页面指向其他页面。超链接包含大量隐含的人类注释，这些注释有助于对其权威性的推测。如果一个网页开发者将一个指向其他网页的链接放在页面中，就说明该开发者认可该页面。如果一个给定的页面能被网络上不同的开发者所认可，就表明了该页面的重要程度，也可能说明它是权威网页（Miller，2005）。因此，海量的网络链接信息就提供了关于网络内容相关度、质量及结构的丰富信息，所以它是网络挖掘的丰富资源。

当我们在网络上搜索与某一主题有关的信息时，在获得一些相关的高质量网页之余，通常还会得到大量的无用网页。使用基于权威页面的索引可以改善搜索结果及相关页面的排序。权威或**权威页面**（authoritative pages）的概念源自早期的信息检索，信息检索使用期刊文章的引用文献来评估研究论文的影响（Miller，2005）。虽然概念源于此，但是研究文献的引用和网页的超链接仍有明显的不同。首先，不是对所有的超链接都能表示认可（一些链接是出于导航的目的，还有一些是付费广告）。不过在这种情况下，只要对大部分超链接能够表示认同，那么大体上的结果还是有效的。其次，出于商业利益和竞争利益，一个权威页面很少会将其网页链接到其同领域竞争对手的权威页面。例如，微软可能不愿意在其网页上提供指向苹果公司网页的链接，因为这会被认为是对竞争者权威的认同。最后，权威页面很少是具体的描述性的页面。例如，Yahoo! 的主页没有直接说明自己实际上是一个搜索引擎。

网络超链接的结构可以引出另一个重要的网页类型：中心网页。一个**中心网页**（hub）是指一个或多个能够提供一系列指向权威页面链接的网页。中心网页本身或许并不重要，只有少量的链接会指向它们，但是它们提供了关于某一主题的重要网站的链接。一个中心网页可以是一个个人主页上的推荐链接列表，可以是课程页面上的推荐参考网站，也可以是某一主题的专业综合资源列表。中心网页隐式地给出了某一较小领域的权威页面。实质上，优秀的中心网页和权威页面之间存在紧密的共生关系：优秀的中心网页之所以优秀，是因为它指向了优秀的权威页面；一个优秀的权威页面之所以优秀，是因为它被很多优秀的中心网页共同指向。中心网页与权威页面间的这种共生关系，使得从网络上自动检索到高质量内容成为可能。

计算中心网页和权威页面时公认的最常用、提及最多的算法就是**超链接导向搜索**（hyperlink-induced topic search，HITS）。该算法是 Kleinberg（1999）创建的，此后由多位研究人员做了改进。HITS 是一种链接分析算法，它使用网页含有的超链接信息对网页进行排序。在网络搜索中，HITS 算法会为某一特定查询采集一个基本文档集，并为每个文档递归计算中心值和权威值。为了收集基本文档集，我们要从搜索引擎中取得一个与查询相匹配的根集（root set）。对于每一个被检索的文档而言，一些指向原始文档的文档以及其他一些被原始文档所指向的文档都要加入文档集，作为原始文档的邻域。文档识别和链接分析的迭代过程将一直持续，直到中心值和权威值收敛。接下来，这些值将用于对特定查询生成的文档集合进行索引及指定优先权。

网络结构挖掘（Web structure mining）是从网络文档内嵌的链接中提取有用信息的过程。它被用来识别权威页面和中心网页，它们都是现代网页排名算法的基石，而网页排名算法对诸如 Google 和 Yahoo! 这类常用的搜索引擎而言极其关键。如同指向一个网页的链接能够表明一个网站的普及度（或权威度），网页（或整个网站）内的链接或许可以表明特定主题的深度。链接分析对于理解大量网页间的相互关系非常重要，而在理解了它们的相互关系之后，我们就能更好地理解特定的网络社区、网络族或者网络集团。

7.7 思考与回顾

1. 什么是网络内容挖掘？它与文本挖掘有何不同？
2. 给出网络结构挖掘的定义。它与网络内容挖掘有何不同？
3. 网络结构挖掘的主要目标是什么？
4. 中心网页和权威页面分别是什么？什么是 HITS 算法？

7.8 网络用法挖掘

网络用法挖掘（Web usage mining）是指从网页访问和交互所产生的数据中提取有用信息。Masand et al.（2002）认为访问网页至少可以产生三类数据：

　　1. 存储在服务器访问日志、引用记录、代理日志和客户端 cookie 中的自动生成的数据。

　　2. 用户信息。

　　3. 元数据，比如网页属性、内容属性以及用法数据。

　　分析从网络服务器中采集的信息可以帮助我们更好地理解用户行为。对这些数据的分析通常被称为**点击流分析**（clickstream analysis）。企业可以利用数据和文本挖掘技术来从点击流中识别有用模式。例如，我们可以了解到 60% 的访客在搜索"毛伊岛的宾馆"前都搜索了"到毛伊岛的机票价格"。这样的信息对于确定在何处投放网络广告是非常有用的。点击流分析还可以帮助我们了解访客何时会访问某网站。例如，如果某企业了解到其网站上 70% 的软件下载都发生在晚上 7 点到 11 点，那么它就可以据此进行规划，在繁忙时段提供更好的客户支持和网络带宽。图 7—7 展示了从点击流数据中提取知识的过程，以及利用所提取出来的知识改善流程、网站以及增加客户价值的方式。Nasraoui（2006）列出了网络挖掘的如下应用：

　　1. 确定客户的生命周期价值。

　　2. 设计跨产品的交叉销售策略。

　　3. 评估促销活动。

　　4. 依据用户访问模式，对用户群准确投放电子广告和优惠券。

　　5. 根据事前了解的规则和用户信息来预测用户行为。

　　6. 根据用户的爱好和信息向用户提供动态信息。

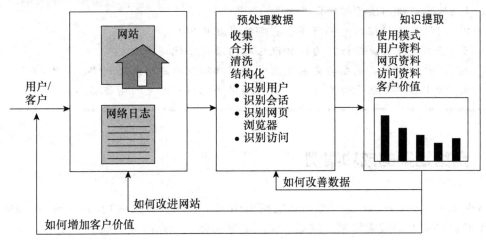

图 7—7　从网络用法数据中提取知识

　　Amazon. com 提供了一个非常好的例子，它展示了如何自动利用网络用法的历史记录。当一个注册用户再次访问 Amazon. com 时，网站会根据用户的名字来向他送上问候。这实现起来很简单，只要读取一个 cookie（一个由对应网站在用户计算机上写入的小文本文件）就可以识别用户。Amazon. com 还会根据用户的购买记录和相似用户的关联分析，在个性化商店中为用户显示出可供选择的商品。该网站还会提供特别的"Gold Box"报价，在较短的时间内提供优惠的价格。所有这些推荐的实现都涉及对访客的细致分析以及用户群组的建立，这就要用到聚类、序列模式发现、关联以及其他的数据挖掘和文本挖掘技术。

　　表 7—1 列出了一些网络挖掘产品。

表 7—1 网络用法挖掘软件

产品名称	产品描述	URL
Angoss Knowledge Webminer	结合了 ANGOSS Knowledge STUDIO 和点击流分析	angoss. com
ClickTracks	可以在网站上显示访客模式	clicktracks. com
LiveStats from DeepMetrix	实时日志分析、网站上的现场演示	deepmetrix. com
MegaputerWebAnalyst	数据挖掘和文本挖掘功能	megaputer. com/products/wm. mp3
MicroStrategy Web Traffic Analysis Module	流量要点、内容分析以及网络访客分析报告	microstrategy. com/Solutions/ Applications/WTAM
SAS Web Analysis	分析网站流量	sas. com/solutions/webanalytics/
SPSS Web Mining for Clementine	提取网络事件	spss. com/ web _ mining _ for _ clementine
WebTrends	对网络流量信息进行数据挖掘	Webtrends. com
XML Miner	一个应用模糊逻辑专家系统规则对 XML 进行数据挖掘和文本挖掘的系统和类库	scientio. com

7.8 思考与回顾

1. 给出网络用法挖掘的定义。
2. 网络用法挖掘在电子商务中有哪些潜在应用？
3. 什么是点击流分析？为什么说它对网络用法挖掘很重要？
4. 用户访问网页或参与交互活动时，网络服务器可以采集到哪些种类的信息？
5. 指出各主要电子商务网站基于网络用法挖掘所开发的增值功能。

7.9 网络挖掘的成功案例

Ask. com（ask. com）是一个知名的搜索引擎。它认为自己成功的一个根本原因就是能够不断提供更好的搜索结果。但是，仅用定量指标（如点击率、放弃和搜索频率）无法准确地判断搜索结果的质量，因此还需要一些其他的定量和定性的指标。通过定期对用户进行调查，Ask. com 综合运用了定量及定性指标作为关键性能指标的基础，比如"找到其所需内容的用户比例"、"愿意再次使用该网站的用户比例"以及"对搜索结果的有用程度排序"，还使用了开放式问题来评估用户体验。Ask. com 将这些定量及定性数据进行整合，就可以了解其"Ask 3D"计划的进展，不过在测试中如果仅从定量指标上看，新旧两种方案在性能上并没有什么不同。

Scholastic. com（scholastic. com）是一个在线书店，主营儿童教育书籍。它发现一些访客并没有购买商品。关键的问题是："哪里出问题了？""为什么这些访客不买东西？""我们怎样才能赢回这些顾客的心？"对数据的进一步分析表明，部分原因在于用户在该网站上没能找到他们需要的书。例如，购物者在寻找他们很多年前读过的重印书时，会想当然地认为 Scholastic 仍然有这些书。在这种情况下，该公司利用"顾客之声"数据来发现人们所需要的绝版书。这一基于网络的数据量化了未被满足的市场需求以及这些需求对未来购买行为的影响。Scholastic 开始在其网站上提供一些老书，并且推出了一项新功能，使得顾客经过注册，就可以在缺货书到库后收到邮件通知。在收到邮件的顾客中，有35％的顾客购买了该书。

St. John Health System 是一个拥有 8 家医院、125 个医疗单位、超过 3 000 名医师的医疗保健机构。它的 CRM 数据库中存有超过 110 万名患者的信息。其网站会追踪关于网站交互（例如，健康评估的在线注册以及医师的诊疗安排）的满意度数据，以确定要将多少新患者纳入这个卫生系统。因此，尽管医疗保健市场的竞争日益激烈，消费群不断缩小，但是 St. John 的新病患增加了 15％，并且 1/4 的投资回报来源于对提高网站满意度的投入。这一成功改变了整个机构的思路，现在它相信在线客户满意度是一个有多种价值的关键指标。St. John 利用从网站获得的数据来监控其广告计划，以吸引更多的人访问网站。对于那些致力于提升满意度的跨部门项目，它也非常重视，并进行拨款。此外，它还将客户的意见看作企业经营决策的核心依据。

像 Ask. com、Scholastic 和 St. John Health System 这些有前瞻性的企业都在积极地利用网络挖掘系统来解答一些至关重要的问题："谁"（who）、"为什么"（why）和"怎么做"（how）。正如我们所看到的那样，将这些系统有效并高效地进行整合将会带来显著收益，这种收益不仅表现为收入的增长，而且表现为客户忠诚度和满意度的提升。

随着企业的广告费、资源和客户不断向在线渠道转移，人们相信，相对于那些只会用直觉、本能和猜测来进行分析的管理人员，那些积极利用网络挖掘技术来全面了解客户的管理人员将获得更大优势。

7.9　思考与回顾

1. 为什么要进行网络挖掘？
2. 请用自己的话阐明网络挖掘的利弊。
3. 网络挖掘成功案例的共同特点有哪些？

第8章 数据仓库

学习目标

1. 理解数据仓库的基本定义和概念。
2. 理解数据仓库的架构。
3. 能够描述数据仓库的开发和管理过程。
4. 能够解释数据仓库的运行机制。
5. 能够解释数据仓库在决策支持中的作用。
6. 能够解释数据集成及数据提取、转换和加载过程。
7. 能够描述实时（主动）数据仓库。
8. 理解数据仓库的管理和安全问题。

20 世纪 80 年代末以来，数据仓库的概念一直备受关注。本章将介绍数据仓库的基本知识，数据仓库是数据中一个重要的类别，最初用于决策支持，能够提供强大的分析能力。

开篇案例

DirecTV 借力主动数据仓库走向繁荣

DirecTV 的例子将说明交互式数据仓库和商务智能产品是如何遍布企业界的。DirecTV 使用了 Teradata 和 GoldenGate 的软件解决方案开发产品，该产品可以几乎实时地将其数据资产集成到企业的方面面。该公司的数据仓库主管杰克·古斯塔夫森（Jack Gustafson）公开表示，该产品在连续使用的过程中早已收回成本。DirecTV 这个旨在部署实时事务数据管理方案的技术决策为企业带来了商业效益，而且远远超过了技术人员最初的预期。

DirecTV 以其直播卫星电视服务而闻名，并利用先进的高清编码、交互式特色、数字录像服务为电视的发展做出了很多贡献。DirecTV 雇用了超过 13 000 名来自美国和拉丁美洲的员工，2008 年的收入超过了 200 亿美元，用户总数接近 5 000 万。

问题

在持续的快速成长中，DirecTV 也面临着挑战，即在瞬息万变的市场条件下，如何处理每日递增的客户来电所产生的大量事务数据。多年前，这家公司就开始寻找一个更好的方案来为企业提供呼叫中心活动的日报。管理层希望能够将这些报告用于包括客户服务的评估和维持、吸引新客户以及防止客户流失等多项用途中。同时，DirecTV 的技术团队还希望能够降低目前数据管理系统施加给 CPU 的资源负载。

尽管早期部署的数据仓库已经较好地满足了公司的需求，但是随着业务的发展，其局限性越发清晰。在使用主动数据仓库方案之前，数据每晚都会以批处理模式通过"拉"的方式抽取出来，这一过程不仅耗时很长并且使系统的负担很重。每日向数据仓库上传批量数据早已成为标准流程，很多企业沿用至今。如果一个企业的商业竞争力不包括数据的及时性，那么每日上传流程或许可以在企业中运转良好。但遗憾的是，DirecTV 需要考虑数据的及时性。DirecTV 的商业用户都处于快速变化的消费者市场，要管理海量的呼叫，所以他们需要及时地访问客户呼叫数据。

解决方案

起初，新数据仓库系统的目标是至少每天向呼叫中心发送最新数据，但是集成解决方案的出现使得这一目标变为每 15 分钟更新一次数据。古斯塔夫森解释说："我们希望不同城市之间广域网（WAN）上的数据延迟可以控制在 15 分钟以内。"

该项目的次要目标是简化对变更数据的捕获方式，以减少开发者的维护工作量。尽管最初的需求中并不包括多平台间的数据搜寻，但是在 DirecTV 看到了 GoldenGate 集成系统的能力之后，这种情况发生了改变。GoldenGate 允许对一系列数据管理系统和平台进行集成。DirectTV 的产品中包括 Oracle、HP NonStop 平台、IBM DB2 系统以及 Teradata 数据仓库，"GoldenGate 让我们不用绑定到一个系统上，"古斯塔夫森说，"这吸引了我们。我们既要从呼叫记录中获取数据，也会从 Nonstop 以外的其他数据源获取数据。如果我们要购买一个数据搜寻工具，那么希望它可以与我们所支持的全部平台相互兼容。"

成果

随着系统的能力逐渐清晰，其潜在的商业价值也越来越明显。"这个系统在应用中表现出了巨大商业价值，它使我们可以对客户流失情况进行实时估测。"古斯塔夫森说，"我们问自己：'既然我们能够实时获得这些报告，那么我们可以利用它们做些什么呢？'"利用这些数据的一种方法就是针对目标客户采取行动来直接降低客户流失率。呼叫中心的销售人员可以利用随手可得的最新数据，联系那些刚刚要求中止服务的客户，并可以在当天的几小时后提供一份新的销售报价来保留客户。一旦 IT 团队部署了必需的报表工具，就可以针对特定用户展开促销活动来留住他们，并为他们提供特殊报价。这类行动显然发挥了作用，古斯塔夫森表示："实施这一项目之后，我们的客户流失率明显下降。分析人员对我们的行动大加赞赏。他们利用这些实时数据来分析客户，并于当天为客户提供一个新的报价。"

该系统也被用来将客户服务呼叫记入日志，将用户在使用中报告的技术故障不断反馈回来。这就使得管理人员可以更好地评估和应对现场报告，提高服务水平，以及减少派遣技术人员的次数。呼叫中心的实时报告还可以根据每日的呼叫量信息，来协助管理呼叫中心的工作负荷。利用呼叫量信息，管理人员可以对每日呼叫量和异常报告的历史均值进行比较。

在另一个原本并未预料到的商业应用中，该公司利用实时运行报告来进行订单管理和欺诈检测。欺诈管理专家可以访问并检查新客户的实时订单信息，然后利用这些信息来清除那些欺诈订单。古斯塔夫森指出："这使我们不必提供上门服务，降低了劳动力和产品的成本。"

思考题

1. 为什么 DirecTV 使用主动数据仓库是非常重要的？

2. 在开发集成主动数据仓库的过程中，DirecTV 遇到了哪些挑战？

3. 指出传统数据仓库和主动数据仓库（例如 DirecTV 所部署的）的主要不同之处。

4. DirecTV 可以从实时系统中获得哪些相对于传统信息系统的战略优势？

5. 你认为为什么像 DirecTV 这样的大型机构必须拥有强大的数据仓库？

我们可以从中学到什么

本案例展示了实施主动数据仓库及商务智能支持方案的策略价值。DirecTV 可以充分利用来自整个企业的数据资产，有需要的知识工作者可以在任何地点、任何时间使用这些数据。通过把所有雇员的信息资料放在同一页面上，数据仓库将机构内的多种数据库集成到一个单独的企业内部单元，从而为企业生成具有一致性的数据。此外，数据还被实时提供给有需要的决策者，供他们在决策过程中使用，并最终转化为企业在行业中的战略竞争优势。这个例子的重要借鉴意义在于：部署一个实时的、企业级的主动数据仓库，并实施将其用于决策支持的策略，可以为组织带来显著效益。

资料来源：L. L. Briggs, "DurecTV Connects with Data Integration Solution," *Business Intelligence Journal*, Vol. 14 No. 1, 2009, pp. 14-16; "DirecTV Enables Active Data Warehousing with GoldenGate's Real-time Data Integration Technology," *Information Management Magazine*, January 2008; directv. com.

8.1 数据仓库的定义和概念

在使用决策支持系统和商务智能工具的同时结合使用实时数据仓库是实施业务流程的一种重要方式。在开篇案例所展示的场景中，一个实时（主动）数据仓库通过分析各类数据源的海量数据来进行决策支持，及时为关键流程提供结果。数据仓库中具有一致性的数据以容易理解的形式展现，这些数据可以扩大 DirecTV 创新性业务流程的边界。在实时数据流的辅助下，DirecTV 可以了解其业务的现状并迅速找出问题，而找出问题是分析问题、解决问题最重要的第一步。此外，客户可以实时获得其订阅、电视服务以及其他账户的信息，这也是该系统所具有的一个明显竞争优势。

决策者需要关于业务、趋势和变化的准确、可靠的信息。数据通常分散在不同的业务系统中，因此管理人员通常只能依据部分信息来尽力进行决策。数据仓库突破了这一障碍，它可以在有需要的任何时间、任何地点，以一致、可靠、及时、有效的形式，访问、集成并组织关键的操作型数据。

什么是数据仓库

简单地说，**数据仓库**（data warehouse，DW）是用于决策支持的数据库，它所存储的当前数据和历史数据也可用来帮助组织内的各级管理人员。数据通常以一种适于分析处理（例如，联机分析处理、数据挖掘、查询、报告以及其他的决策支持应用）的形式进行结构化处理。数据仓库是一个面向主题的、集成的、时变的、非易失性的数据集合，用以辅助管理人员的决策支持过程。

数据仓库的特点

数据仓库的基本特征如下（Inmon，2005）：

● 面向主题：数据是按具体的主题（如销售、产品或客户）来进行组织的，只包含有关决策支持的信息。面向主题的数据使用户可以决定其业务要如何开展（how），以及为何要这样开展（why）。数据仓库不同于操作型数据库，因为大部分操作型数据库都是面向产品的，旨在处理需要更新数据库的交易。面向主题的数据有助于更全面地了解组织现状。

● 集成的：集成与面向主题紧密相关。数据仓库必须将来自不同数据源的数据按具有一致性的格式进行存放。因此，数据仓库必须处理命名冲突以及不同测量单位之间的差别。数据仓库被假定是完全集成的。

● 时变的：数据仓库存储的是历史数据。这些数据不一定提供现状信息（除了在实时系统中）。通过这些数据可以发现趋势、偏差以及长期关系，并用于预测、比较及决策。每个数据仓库都有其时间质量。时间是所有数据仓库都必须支持的一个重要维度。从多个来源获得的用于分析的数据会包含多个时间点（如，日、周、月）。

● 非易失性：数据输入数据仓库之后，用户不能再更改或更新数据。陈旧的数据会被舍弃，变更的数据则被记录为新数据。

这些特点使得数据仓库特别适合数据访问。它还具有一些其他的特点：

● 基于网络：一般来说，数据仓库都可为基于网络的应用提供一个高效的计算环境。

● 关系型/多维：数据仓库使用关系型架构或者多维架构。Romero and Ablelló（2009）对多维架构进行了概述。

● 客户/服务器结构：数据仓库使用客户/服务器结构使终端用户可以轻松访问。

● 实时：更新型的数据仓库提供实时的（或者说主动的）数据访问及分析功能（Basu，2003；Bonde and Kuckuk，2004）。

● 包含元数据：数据仓库包含元数据（关于数据的数据），记录了数据是如何组织的以及如何有效利用这些数据。

数据仓库是数据的存储库，而数据仓储从字面意义上看是指存储数据的整个过程（Watson，2002）。数据仓库是一个可以生成应用的环境，这些应用可以提供决策支持功能，允许快速访问商业信息，并且可以洞察商业形势。数据仓库的三个主要类型是数据集市、操作数据存储以及企业级数据仓库。下面，除了讨论这三类数据仓库外，我们还将对元数据进行介绍。

数据集市

数据仓库将整个企业内的数据库结合起来，**数据集市**（data mart）的规模则通常较小，只涉及某个特定项目或部门。数据集市是一个数据仓库的子集，通常只包含单个主题（如营销、运营）。数据集市可以是从属的，也可以是独立的。**从属型数据集市**（dependent data mart）是从数据仓库直接生成的子集，其优点是使用了具有一致性的数据模型，并可以提供质量信息。从属型数据集市支持单一企业级数据模型，但是必须先建立数据仓库。从属型数据集市确保终端用户所看到的数据与数据仓库的其他用户所看到的相同。数据仓库的成本很高，所以只有大公司才会使用。很多企业选择了成本低、规模小的独立型数据集市。**独立型数据集市**（independent data mart）是一个服务于某个战略业务单元（strategic business unit，SBU）或部门的小型数据仓库，其数据源不是企业级数据仓库。

操作数据存储

操作数据存储（operational data store，ODS）提供了客户信息文件（customer information file，CIF）的一个较新版本。这类数据库通常用作数据仓库的临时数据中转区。与数据仓库中的静态数据不同，ODS 的内容会随着业务运营进行更新。ODS 用于涉及关键性任务的短期决策，而不是与企业级数据仓库相关的中长期决策。ODS 类似于短期记忆，只保留最近的信息。相比之下，数据仓库类似于长期记忆，会存储永久信息。ODS 将来自多个源系统的数据合并，提供易失的当前数据的一个近实时的、集成的视图。ODS 的数据提取、转换和加载（ETL）过程（本章稍后介绍）与数据仓库的 ETL 过程是完全相同的。最后，若要对事务数据进行多维分析，可以建立**操作集市**（oper marts）（Imhoff，2011），其数据来源于 ODS。

企业级数据仓库

企业级数据仓库（enterprise data warehouse，EDW）是一个大型数据仓库，用于整个企业层面的决策支持。开篇案例中介绍的 DirecTV 建立的就是这类数据仓库。规模大的特性使得从众多数据源集成的数据具有同一标准格式，从而有效地进行商务智能和决策支持应用。EDW 用于为多种决策支持系统（DSS）提供数据，这些 DSS 包括客户关系管理（CRM）、供应链管理（SCM）、企业绩效管理（BPM）、业务活动监控（BAM）、产品生命周期管理（PLM）、收益管理，以及某些情况下的知识管理系统（KMS）。

元数据

元数据（metadata）是数据的数据（Sen，2004；Zhao，2005）。元数据描述了数据的结构和一些含义，可以使用户更有效地使用数据。Mehra（2005）指出，只有少数机构真正理解了元数据，能够理解如何设计和实施元数据战略的机构更是寥寥无几。元数据通常被放在术语中进行定义，例如技术元数据和业务元数据。模式是我们看待元数据的另一个角度。从模式的角度来看，我们可以将元数据区分为语法元数据（描述数据语法的数据）、结构元数据（描述数据结构的数据）以及语义元数据（描述某一领域内数据含义的数据）。

下面，我们将解释传统的元数据模式，以及如何通过企业元数据的整体集成方法来实施一个有效的元数据战略。这种整体方法包括本体论和元数据登记、企业信息集成、ETL以及面向服务的体系结构（service-oriented architectures，SOA）。建立一个元数据驱动的成功企业，其关键需求包括有效性、可扩展性、可重用性、互操作性、高效性，以及性能、演进、权利、灵活性、分离、用户界面、版本划分、通用性以及低维护成本。

　　Kassam（2002）的研究表明，业务元数据所包含的信息可以加深我们对传统数据（即结构化数据）的理解。元数据的主要用途就是给出上报数据的背景，即提供可以创造知识的浓缩信息。尽管业务元数据很难被有效提供，但是它可以使结构化数据释放出更多潜能。数据的背景信息对于每个用户来说不一定都是相同的。元数据可以在许多方面协助将数据和信息转化为知识。元数据为元业务架构奠定了基础（Bell，2001）。Tannenbaum（2002）描述了如何识别元数据需求。Vaduva and Vetterli（2001）对数据仓储中的元数据管理进行了综述。Zhao（2005）描述了元数据管理成熟度的五个等级：（1）随机状态；（2）发现；（3）管理；（4）优化；（5）自动化。这些等级可以帮助我们理解企业在元数据应用中所处的阶段和水平。

　　元数据是数据的描述或者摘要，元数据的设计、创建、使用及其配套标准都应该考虑道德伦理问题。对元数据所含信息的收集和占有都会涉及伦理问题，包括在设计、收集和传播阶段产生的隐私和知识产权问题。

8.1　思考与回顾

1. 什么是数据仓库？
2. 数据仓库与数据库的区别是什么？
3. 什么是 ODS？
4. 数据集市、ODS 和 EDW 的区别是什么？
5. 解释元数据的重要性。

8.2　数据仓储过程概览

　　无论是私人机构还是公共机构，都在以日益加快的速度不停地收集着数据、信息和知识，并将它们存储在计算机系统中。对这些数据和信息的维护和使用就变得极其复杂，在可扩展性问题出现后尤其如此。此外，随着网络接入（特别是互联网）的可靠性和有效性的提高，有访问信息需求的用户持续增加。同时使用多个数据库——无论它们是否集成在一个数据仓库中——是一项十分艰巨的任务，需要一定的专业知识，但同时也可以带来远超其成本的巨大利益（见开篇案例）。

　　很多组织都需要创建数据仓库——存储可用于决策支持的海量时序数据。数据从多种外部和内部数据源导入，经过清洗后，再整理为符合组织需求的形式。在将数据存入数据仓库之后，可以为某个特定领域或部门创建数据集市。另一种方式是先为有需要的部门创建数据集市，然后将它们集成为一个 EDW。但通常情况下，数据只是被简单地存入个人电脑或者保持其原始状态，由 BI 工具进行直接操作。

　　图 8—1 说明了数据仓库的概念。下面是数据仓储过程的一些主要组成部分：

● 数据源：数据可能来源于多个独立的操作型遗留系统，也可能来自外部数据提供者（比如美国人口普查局），还可能来自一个 OLTP 或 ERP 系统。以网络日志形式存在的网络数据也可能是数据仓库的一个数据源。

● 数据提取：使用用户自建程序或者商业软件（称为 ETL）来提取数据。

● 数据加载：数据被加载至中转区，并在那里被转换和清洗。之后，数据就可以被加载到数据仓库了。

● 综合数据库：从本质上讲，是 EDW 在支持全部的决策分析，这是通过提供来自不同数据源的摘要及详细信息完成的。

● 元数据：对元数据进行维护，使其可以被 IT 人员及用户访问。元数据包括关于数据的软件程序，以及用于组织数据摘要的规则。数据摘要可以使索引和检索更加容易，特别是当它与网络工具一同使用时。

● 中间件工具：中间件工具使数据仓库可以被访问。像分析人员这样的高级用户可以编写自己的 SQL 查询。其他用户则可能需要在一个托管的查询环境（例如 Business Objects）下来访问数据。商业用户会使用很多前端应用来与数据存储库中的数据进行交互，这些应用包括数据挖掘、OLAP、报表工具以及数据可视化工具。

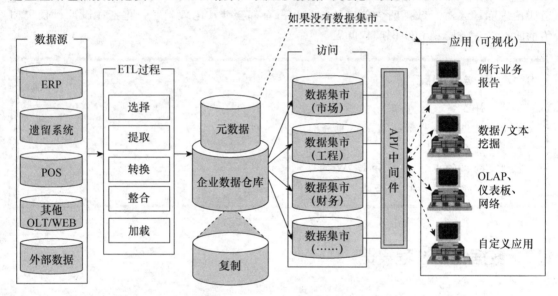

图 8—1   数据仓库框架和视图

8.2   思考与回顾

1. 描述数据仓储过程。
2. 描述数据仓库的主要组成部分。
3. 指出中间件工具的作用。

8.3   数据仓库的架构

数据仓库有几个基本架构。双层架构和三层架构是比较常见的（见图 8—2 和图 8—3），但有时也会使用简单的单层架构。Hoffer et al.（2007）通过将数据仓库划分为以下三部分来区分这些架构：

1. 数据仓库本身，包括数据和有关软件。
2. 数据采集（后端）软件，用来将数据从遗留系统和外部数据源提取出来，对它们进行合并和汇总，并将其加载到数据仓库中。

3. 客户端（前端）软件，使得用户可以对数据仓库内的数据进行访问和分析。

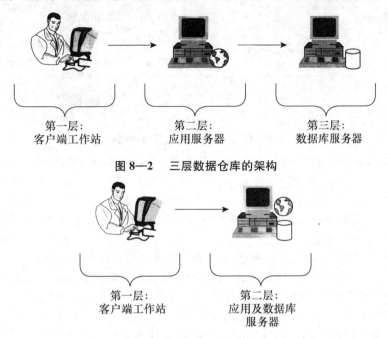

图 8—2 三层数据仓库的架构

第一层：
客户端工作站

第二层：
应用服务器

第三层：
数据库服务器

第一层：
客户端工作站

第二层：
应用及数据库
服务器

图 8—3 双层数据仓库的架构

在三层架构中，其中一层是业务系统，包含数据及用来采集数据的软件；数据仓库在另外一层；第三层包含 DSS/BI/BA 和客户端（见图 8—2）。数据仓库中的数据经过两次处理，以易于进行多维分析和展现的格式存放到另外一个多维数据库中，或者复制到数据集市中。三层架构的优点在于将数据仓库的功能分离出来，消除了资源限制并使创建数据集市更容易。

在双层架构中，DSS 引擎在物理上与数据仓库运行在同一硬件平台上（见图 8—3）。因此，与三层架构相比，这种架构会更加经济。但是对于那些要运行数据密集型的决策支持应用的大型数据仓库来说，使用双层架构会带来性能问题。

很多共识都有一个绝对性的假设，即不管组织所处的环境如何与独特需要是什么，必然有一个解决方案优于其他方案。很多咨询人员和软件商只关注架构中的一部分，因此他们根据组织需求来提供协助的能力和动力都受到了限制，也使得这些架构决策更加复杂。不过这些方面正得到研究和分析。例如，Ball（2005）为那些计划实施 BI 应用，并且已经决定要用多维数据集市，但是不确定哪种层架构更合适的机构提供了一个决策准则。其准则的中心是要预测对空间和访问速度的需求。

数据仓库和互联网是两个重要技术，为管理企业数据提供了重要的解决方案。将这两种技术整合就产生了基于网络的数据仓库。图 8—4 展示了这种基于网络的数据仓库的架构。该架构有三层，包含 PC 客户端、网络服务器和应用服务器。在客户端，用户需要一个互联网连接和一个网络浏览器（最好能兼容 Java）来操作熟悉的图形用户界面。互联网/内联网/外联网是客户端和服务器之间的通信媒介。在服务器端，利用网络服务器来管理客户端和服务器之间的信息流入和流出。这是由数据仓库和应用服务器来共同支持的。基于网络的数据仓库具有多个引人注目的优势，包括易于访问、平台独立以及成本较低。

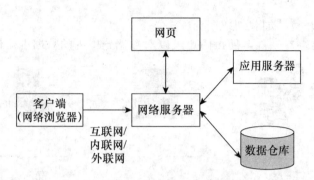

图8—4　基于网络的数据仓库架构

先锋集团（Vanguard Group）将企业数据集成的架构改为基于网络的三层架构，为客户提供与内部用户相同的数据视图（Dragoon，2003）。与此相类似，希尔顿酒店集团使用一个网络设计企业系统，将其全部的独立客户/服务器系统都迁移到一个三层数据仓库中。这一变动耗费了380万美元的投资（含人工），影响了1 500名用户，但是它使得处理效率（速度）提升了六倍。部署该系统之后，希尔顿预期每年可以节省450万～500万美元。最后，希尔顿试用了戴尔公司的聚类技术（即并行处理）来增强可扩展性和提高速度（Anthes，2003）。

从架构上看，数据仓库的网络架构与其他数据仓库的架构类似，在设计中要选择是将网络数据仓库与事务服务器相连，还是将其作为独立的服务器。在设计基于网络的应用时，页面加载速度是一个重要的考虑因素。因此，必须谨慎规划服务器的容量。

在确定要使用哪种架构时必须考虑一些问题，其中包括：

● 使用哪种数据库管理系统（DBMS）？很多数据仓库都是使用关系型数据库管理系统（relational database management system，RDBMS）来建立的。Oracle（甲骨文公司，oracle.com）、SQL Server（微软公司，microsoft.com/sql）和DB2（IBM公司，306.ibm.com/software/data/db2）是最常用的。这些产品都同时支持客户/服务器架构和基于网络的架构。

● 是否使用并行处理和/或分区？并行处理使得可以用多个CPU来同时处理数据仓库的查询请求并提供可扩展性。数据仓库的设计者需要确定是否要对数据库表进行分区（即划分为更小的表）来保证访问效率以及分区的规则。这是一个重要的考量因素，因为一般数据仓库里都保存着海量的数据。Furtado（2009）对并行和分布式数据仓库的研究进行了综述。Teradata（teradata.com）创新性地成功实施了这一方法，并发表了一些评论。

● 是否使用数据迁移工具来向数据仓库加载数据？将数据从一个现有系统转移到数据仓库是一项乏味而又艰巨的任务。由于数据资产的多元性和所处位置的不同，数据迁移可能是一个相对简单的过程，也可能是一个长达数月的工程。对现有数据资产进行彻底评估所得到的结果可以用来确定是否使用迁移工具，以及需要这些商业工具中的哪些功能。

● 用什么工具来支持数据检索和分析？通常情况下，使用专业工具对数据进行周期性地定位、访问、分析、提取、变换并将其加载到数据仓库中是必要的。我们必须在下列选项中作出选择：（1）自己开发迁移工具；（2）从第三方提供者处购买工具；（3）使用数据仓库系统提供的工具。对于过度复杂的、实时的数据迁移来说，专业的第三方ETL工具是必要的。

其他架构

数据仓库架构设计的观点大体上可被分为企业级数据仓库设计和数据集市设计（Golfarelli and Rizzi，2009）。图 8—5 展示了基本架构设计类型以外的另外一些选择，它们既不是纯粹的 EDW，也不是纯粹的 DM，而是传统架构的融合或者超越。这些引人注目的架构包括集中星形架构和联邦式数据仓库架构。图 8—5 所示的五种架构是由 Ariyach andra and Watson（2006b）提出的。在此之前，Sen and Sinha（2005）进行了较为广泛的研究，提出了 15 种不同的数据仓储方法。这些方法的来源被分为三个大类：核心技术供应商、基础设施供应商和信息建模公司。

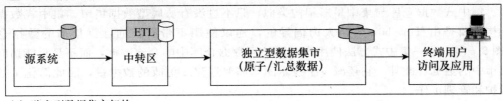

（a）独立型数据集市架构

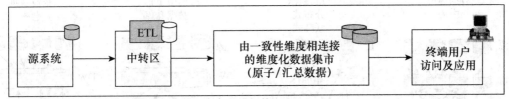

（b）具有相连接的维度数据集市的数据集市总线架构

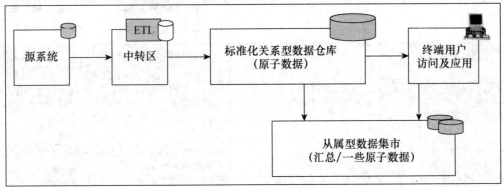

（c）集中星形架构（企业信息工厂）

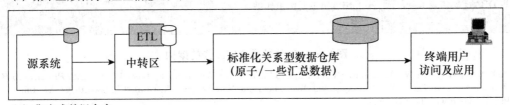

（d）集中式数据仓库

（e）联邦式架构

图 8—5　其他数据仓库架构

资料来源：Adapted from T. Ariyachandra and H. Watson，"Which Data Warehouse Architecture Is Most Successful?" *Business Intelligence Journal*，Vol. 11，No. 1，First Quarter，2006，pp. 4-6.

数据仓库文献对一系列架构进行了更多的讨论，这些架构包括独立型数据集市、连接维度数据集市的数据集市总线架构以及联邦式数据集市（Ariyachandra and Watson，2005，2006a），见图 8—6。独立型数据集市的运行是相互独立的，因此它们会有不一致的数据定义和不同的维度及量度，使得在不同集市间分析数据变得困难（即，获得"唯一准确的版本"是非常困难的）。集中星形架构关注如何建立一个可扩展和可维护的基础结构，以一种迭代的方式进行开发，一个主题范围接着一个主题范围，所开发出的是从属型数据集市。集中式数据仓库与集中星形架构类似，只不过没有从属型数据集市。集中式数据仓库架构主要是由 Teradata 公司大力倡导的，建议使用不带有任何数据集市的数据仓库（见图 8—7）。这一集中式方法使用户可以访问数据仓库中的全部数据，而不是只能访问数据集市中的数据。此外，它还减少了技术团队需要迁移或更改的数据量，因此简化了数据的维护和管理工作。

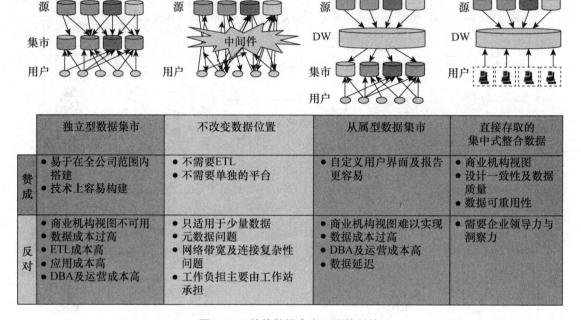

	独立型数据集市	不改变数据位置	从属型数据集市	直接存取的集中式整合数据
赞成	• 易于在全公司范围内搭建 • 技术上容易构建	• 不需要ETL • 不需要单独的平台	• 自定义用户界面及报告更容易	• 商业机构视图 • 设计一致性及数据质量 • 数据可重用性
反对	• 商业机构视图不可用 • 数据成本过高 • ETL成本高 • 应用成本高 • DBA及运营成本高	• 只适用于少量数据 • 元数据问题 • 网络带宽及连接复杂性问题 • 工作负担主要由工作站承担	• 商业机构视图难以实现 • 数据成本过高 • DBA及运营成本高 • 数据延迟	• 需要企业领导力与洞察力

图 8—6 其他数据仓库工作的架构

资料来源：Based on W. Eckerson, "Four Ways to Build a Data Warehouse," *What Works*：*Best Practices in Business Intelligence and Data Warehousing*，Vol. 15, The Data Warehousing Institute Chatsworth, CA, June 2003, pp. 46-49. Used with permission.

联邦式方法是对自然力量的一种妥协，这种力量使得建立完美系统的最佳计划难以成行。这种方法采用了所有可能的方式，将来自多个源的分析资源进行集成，来满足不断变化的需求或商业环境。联邦式架构在本质上涉及异构系统的集成。在联邦式架构中，现有的决策支持结构保持不变，根据需要从那些源中获得数据。联邦式方法需要中间件供应商的支持，他们可以就分布式查询和连接能力提出建议。这些基于可扩展标记语言的工具使用户获得了分布式数据源的全局视图，这些数据源包括数据仓库、数据集市、网站、文档以及业务系统。当用户从视图中选好查询对象并按下提交按钮后，工具会自动查询分布式数据源，将结果进行连接，并展现给用户。由于性能和数据质量等问题，大部分专家认为联

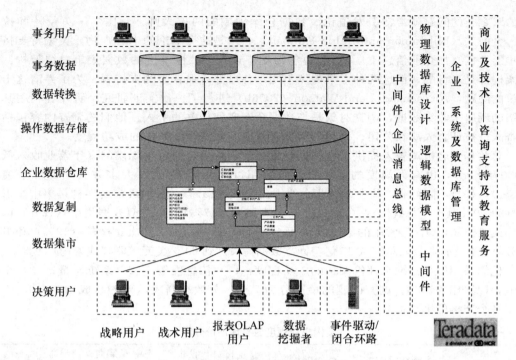

图 8—7 Teradata 公司的 EDW

资料来源：Teradata Corporation (teradata. com). Used with permission.

邦式方法是对数据仓库的很好补充，但无法替代数据仓库（Eckerson，2005）。

Ariyachandra and Watson（2005）指出了 10 个可能影响架构选择决策的因素：

1. 机构内各部门的信息独立性；
2. 高级管理层的信息需求；
3. 对数据仓库需求的紧迫性；
4. 终端用户的工作性质；
5. 资源限制；
6. 在实施前对数据仓库的战略观；
7. 与现有系统的兼容性；
8. 企业内部 IT 人员的能力；
9. 技术性问题；
10. 社会和政治因素。

关于信息系统项目和 DSS、BI 项目的文献中也给出了一些成功因素，很多因素与上面的 10 个因素是相似的。技术性问题不仅仅涉及提供那些已经可用的技术。技术性问题很重要，但通常更为重要的是行为问题，例如满足高级管理层对信息的需求以及开发过程中的用户参与（社会/政治因素之一）。每个数据仓库架构都有其最有效的特定应用，并能给企业带来最大化的利益。但是从总体上看，数据集市在实践中似乎是最无效的结构，详见 Ariyachandra and Watson（2006a）。

哪种架构是最好的

自从数据仓库成为现代企业的一个关键组成部分之后，诸如"哪种数据仓库架构是最好的"之类的问题就常常引发争论。数据仓库领域的两位大师——比尔·英蒙特和拉尔夫·金博尔（Bill Inmon and Ralph Kimball）——是这类争论的中心人物。英蒙特支持集中星形架构（如企业信息工厂），金博尔则支持具有一致性维度的数据集市总线架构。许多架构都是可行的，但这两种方案截然不同，各自都有强有力的支持者。为了弄清这个有争议的问题，Ariyachandra and Watson（2006b）进行了一次实证研究。研究者利用基于网络的调研来收集数据，调查对象是与数据仓库实施相关的个人。他们的调查内容包括被调查人、被调查人所在公司、公司的数据仓库以及数据仓库架构的成功程度。

总共 454 名被调查人提供了有用的信息。被调查的公司有小规模的（年营业收入低于 1 000 万美元），也有大规模的（年营业收入超过 100 亿美元）。大多数公司都位于美国（60%），来自不同行业，其中金融业企业占比最大（15%）。采用最多的架构是集中星形架构（39%），其次是总线架构（26%）、集中式架构（17%）、独立型数据集市（12%）以及联邦式架构（4%）。最常用的数据仓库平台是 Oracle（41%），其次是微软（19%）和 IBM（18%）。平均营业收入总额从 37 亿美元（数据集市）到 60 亿美元（联邦式架构）不等。

他们采用四个标准来评价架构的成功程度：（1）信息质量；（2）系统质量；（3）个人影响；（4）组织影响。调查问题的最高分为 7 分，分数越高表示架构越成功。表 8—1 展示了各个架构的平均得分。

表 8—1 架构成功程度的平均评价分数

	独立型数据集市	总线架构	集中星形架构	集中式架构 （无从属型数据集市）	联邦式架构
信息质量	4.42	5.16	5.35	5.23	4.73
系统质量	4.59	5.60	5.56	5.41	4.69
个人影响	5.08	5.80	5.62	5.64	5.15
组织影响	4.66	5.34	5.24	5.30	4.77

研究结果表明，独立型数据集市的所有指标得分都是最低的。这一发现证实了"独立型数据集市是糟糕的架构方案"这一普遍观点。所有指标得分次低的是联邦式架构。企业并购有时会导致异构决策支持平台的存在，这些企业至少在短期内可能会选择联邦式架构。研究发现，联邦式架构从长期来看并不是最理想的方案。但有趣的是，总线型、集中星形和集中式架构的平均得分是相似的。得分的差异非常小，不足以表明某种架构优于其他架构，至少简单地比较这些成功标准是无法得出结论的。

研究者还收集了有关数据仓库的应用范围（如，从次一级部门到整个公司）和规模（即，存储的数据量）的数据。他们发现，集中星形架构常在企业级应用和大型数据仓库中实施。他们还研究了实施不同架构所需的成本和时间。总体上看，集中星形架构的实施成本最高、时间最长。

8.3 思考与回顾

1. 双层架构和三层架构的主要相似点和不同点是什么？

2. 网络是如何影响数据仓库设计的？

3. 列出本节讨论的数据仓库架构。

4. 在决定采用哪种架构开发数据仓库时应当考虑哪些问题？请列出 10 个最重要的因素。

5. 哪种数据仓库架构最好？为什么？

8.4　数据集成及数据提取、转换和加载过程

全球化竞争的压力、投资回报率、管理和投资者的查询以及政府监管，使企业经理不得不重新思考他们应当如何对业务进行整合与管理。通常情况下，决策者要访问多个数据源，所以对这些数据源必须加以整合。在数据仓库出现之前，主要用数据集市和 BI 软件来访问数据源，但是这种方法比较费力。即使使用了基于网络的现代数据管理工具，要识别那些要访问的数据并将它们提供给决策者也不是简单的任务，需要数据库专家的帮助。而且随着数据仓库的规模不断增大，数据集成问题也越来越多。

业务分析的需求不断演化。企业并购、监管要求以及新渠道的引入都可能导致 BI 需求的变化。除了历史的、清洗过的、统一的和基于时间点的数据，企业用户对访问实时的、非结构化的数据和/或远程数据也有越来越多的需求，并且一切都必须与现有数据仓库的内容相整合（Devlin，2003）。此外，通过 PDA，使用语音识别和合成技术来访问数据已经变得司空见惯，这让集成问题更加复杂（Edwards，2003）。很多集成项目都涉及企业级系统。Orovic（2003）给出了一个清单，列明了在开展这类工作时什么是有效的，什么是无效的。将来自多种数据库及其他异构数据源的数据恰当集成是很难的，但是如果不能恰当地完成这项工作，就会严重影响企业级系统，例如 CRM、ERP 以及供应链项目（Nash，2002）。也可以参见 Dasu and Johnson（2003）。

数据集成

数据集成（data integration）包括三个主要步骤，即：数据访问（从任一数据源访问和提取数据的能力）、数据联合（多个数据存储区的业务视图的集成）以及变化捕获（基于对企业数据源变化的识别、捕获和传送）。如果实施得当，数据就可以被访问，也可以被大量的 ETL 和分析工具以及数据仓库环境所使用，详见 Sapir（2005）。诸如赛仕软件公司（SAS Institute Inc.）等供应商已经开发出了强大的数据集成工具。赛仕的企业数据集成服务器包括客户数据集成工具，可以在集成过程中提高数据质量。Oracle 商务智能套件也可以协助进行数据集成。

数据仓库的一个主要用途就是将来自多个系统的数据集成起来。多种集成技术都可以实现数据集成和元数据集成：

- 企业应用集成（EAI）；
- 面向服务架构（SOA）；
- 企业信息集成（EII）；
- 提取、转换和加载（ETL）。

企业应用集成（enterprise application integration，EAI）为将数据从源系统推送到数据仓库提供了工具。它包括对应用功能的集成，关注不同系统之间的功能共享（而不仅仅是数据共享），从而实现灵活性和可重用性。传统上，EAI 方案关注在应用程序界面（application program interface，API）层面上实现应用的重用。近来有人利用具有完善定义及文档的 SOA 粗粒度服务（一系列业务流程或功能）实现了 EAI。使用网络服务是一种实现 SOA 的专业方式。EAI 可以帮助将数据采集到近实时数据仓库中，或者将决策传递到 OLTP 系统中。现在有很多不同的方法和工具来实现 EAI。

企业信息集成（enterprise information integration，EII）是一个不断发展的工具领域，可以用来集成来自多种数据源（如关系型数据库、网络服务以及多维数据库）的实时数据。这是一个从源系统中提取数据来满足信息查询要求的机制。EII 工具利用预定义的元数据来生成视图，这些视图使得集成数据在终端用户看起来是有联系的。XML 或许是 EII 中最重要的方面，因为 XML 可以给数据加标签，可以在创建时加，也可以后来再加。这些标签可以被扩展，也可以被修改，以适应几乎任何领域的知识。

物理数据集成一直是数据仓库和数据集市创建集成视图的主要机制。EII 工具的出现（Kay，2005），使得新的虚拟数据集成变得可行。Manglik and Mehra（2005）讨论了新数据集成模式的好处和局限性，这种新模式可以对传统的用来全面展现企业概况的物理方法进行扩展。

下面我们转而讨论将数据加载到数据仓库的方法：ETL。

提取、转换和加载

数据仓储过程在技术上的核心就是**提取、转换和加载**（extraction，transform，and load，ETL）。ETL 技术已经存在一段时间了，是处理和使用数据仓库的工具。ETL 过程是任何以数据为中心的项目的必要组成部分；ETL 过程通常会占用这类项目 70％的时间，因此 IT 经理常常要面临挑战。

ETL 过程包括提取（即，从一个或多个数据库中读取数据）、转换（即，将提取出的数据从先前的格式转换为所需要的格式，使其可以被放入数据仓库或者其他的数据库）以及加载（即，将数据放入数据仓库）。转换是通过使用规则、查表或将数据与其他数据进行比较来完成的。这三个数据库功能被集成到一个工具中，来将数据从一个或多个数据库中提取出来，并将它们放入另外的、统一的数据库或者一个数据仓库之中。

ETL 工具还可以实现数据在数据源和目的地之间的传输，并将传输过程中数据元素的变化情况记入文档；它还可以在需要的时候与其他应用交换元数据，也可以对全部的运行过程和操作进行管理。ETL 过程的目的就是将集成的、清洗过的数据加载到数据仓库中。ETL 过程所用的数据可以来自任何数据源：一个主机应用、一个 ERP 应用、一个 CRM 工具、一个平面文件、一个 Excel 表格甚至一个消息队列。图 8—8 对 ETL 过程进行了概括。

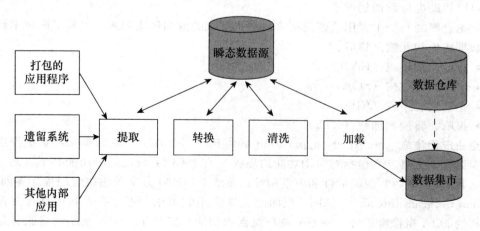

图 8—8　ETL 过程

　　将数据迁移到数据仓库的过程涉及从所有相关数据源提取数据。数据源或许含有从 OLTP 数据库提取的文件、电子表格、个人数据库（如 Microsoft Access）或者其他外部文件。通常情况下，所有这些输入文件都被写入一系列中转表，中转表是用来进行加载操作的。一个数据仓库会包含很多业务规则，这些规则定义了数据该如何使用、汇总规则、编码属性的标准化以及运算法则等。与源文件有关的任何数据质量问题都要在数据被加载到数据仓库之前解决。设计完善的数据仓库带来的好处之一就是这些规则会存储在元数据库中，并主要应用于数据仓库。这一点不同于 OLTP 方法，后者的数据和业务规则散布在系统各处。将数据加载到数据仓库的过程可以用数据转换工具来完成，这些工具会提供 GUI 来帮助开发和维护业务规则；这一过程也可以用更传统的方法来完成，比如用编程语言（如 PL/SQL、C＋＋或 .NET 框架语言）开发一些程序或者实用工具来加载数据仓库。企业要做出这个决策并不容易。以下问题会影响到企业是购买数据转换工具还是自己开发：

- 数据转换工具是否价格昂贵；
- 数据转换工具是否有较长的学习曲线；
- 在 IT 企业学会使用数据转换工具之前，是否难以测定企业的进展情况如何。

　　从长远来看，转换工具的使用会简化企业数据仓库的维护工作。转换工具还有助于进行数据检测和清洗（即清除数据中的异常）。OLAP 和数据挖掘工具都会受到数据转换质量的影响。

　　摩托罗拉公司是有效实施 ETL 的一个范例，公司使用 ETL 来为其数据仓库加载数据。摩托罗拉从 30 个不同的采购系统中收集信息，并发送到它的全球 SCM 数据仓库，来分析公司支出总额（Songini，2004）。

　　Solomon（2005）将 ETL 技术分为四类：复杂、可行、简单、基本。大家一般都认为，随着数据仓库项目的推进，复杂类别的工具可以使 ETL 过程形成更完善的文档，并实现更精确的管理。

　　尽管可以由程序员来为 ETL 开发软件，但是使用现成的 ETL 工具更加简单。下面列出了选择 ETL 工具的一些重要标准（Brown，2004）：

- 对不限数量的数据源架构进行读写的能力；
- 对元数据的自动捕获和传送；
- 一贯符合开放标准；
- 便于开发者和用户使用的界面。

　　实施大量的 ETL 或许表明数据管理不善以及缺乏有连续性的数据管理战略。Karacsony（2006）指出，冗余数据的程度与 ETL 过程的数量之间存在直接联系。若将数据看作一项企业资产并管理得当，对 ETL 的投入就可以明显减少，冗余数据也可以基本消除。这样就可以减少维护成本，实现更高效的开发并同时提高数据质量。设计不当的 ETL 过程会导致较高的维护成本、变更成本以及更新成本。因此，企业应当慎重考虑使用何种技术和工具来开发和维护 ETL 过程。

　　现在有一些封装好的 ETL 工具。数据库供应商目前提供的 ETL 功能可以改善独立的 ETL 工具，并与之竞争。SAS 承认数据质量的重要性，并提供了业界第一个完全整合的方案，该方案将 ETL 和数据质量融为一体，来将数据转化为具有战略价值的资产。其他的 ETL 软件供应商还包括微软、甲骨文、IBM、Informatica、Embarcadero 以及 Tibco 公司。有关 ETL 的更多信息，可以查阅 Golfarelli and Rizzi（2009）、Karaksony（2006）和 Songni（2004）。

8.4　思考与回顾

1. 描述数据集成。
2. 描述 ETL 过程的三个步骤。
3. 为什么 ETL 过程对于数据仓库非常重要？

8.5　数据仓库开发

数据仓库项目对于任何组织机构来说都是一项主要业务，它比一个简单的主机选择及实施复杂得多，因为它涉及很多部门以及很多输入输出接口，并将对它们产生影响；数据仓库项目还可以是 CRM 业务战略的一部分。数据仓库可以带来很多好处，既有直接的也有间接的。直接的好处包括以下几方面：

- 终端用户可以用多种方式进行更全面的分析。
- 使生成企业数据的一致化视图成为可能（即，数据一致）。
- 可以获得更好、更及时的信息。数据仓库使得信息处理可以在低成本的服务器上进行，而不必使用价格昂贵的业务系统，更多的终端用户信息请求可以在更短的时间内得到处理。
- 可以提高系统性能。数据仓库解放了生产流程，因为一些业务系统的报表需求被转移到了 DSS。
- 数据访问被简化。

终端用户在利用这些直接的好处的同时也获得了间接的好处。从总体上看，这些直接的好处提高了业务知识水平，展现了竞争优势，改善了客户服务和满意度，促进了决策制定过程并协助改进了业务流程，这些都为竞争优势的获得与提高做出了很大的贡献。（Parzinger and Frolick（2001）讨论了如何通过数据仓库来创造竞争优势。）有关企业如何获得超额的回报水平，详见 Watson et al.（2002）。数据仓库可以带来很多潜在的好处，但是数据仓库项目需要投入大量的资金和时间，所以企业通过合理规划其数据仓库项目来争取成功是非常必要的。另外，企业必须考虑成本。Kelly（2001）描述了一种 ROI 方法，该方法将所有的好处分为几类：经营者的好处（即，通过增强传统决策支持功能节省费用）、采集者的好处（即，因信息自动化采集和传播而节省费用）以及用户的好处（即，使用数据仓库进行决策节省费用或者增加收入）。成本包括硬件、软件、网络带宽、内部开发、内部支持、培训以及外部咨询等方面的开支。净现值（net present value，NPV）是根据数据仓库的预期使用年限计算得出的。由于其利益大约是按经营者 20％、采集者 30％、用户 50％这样的比例分配的，因此凯利（Kelly）认为用户应当参与开发过程，这一点对于想要为企业带来变革的系统来说至关重要，也是常常被提到的一个成功因素。

清晰定义业务目标，从管理层的终端用户那里获得项目支持，设定合理的期限、预算以及预期，这些对于一个成功的数据仓库项目都是至关重要的。数据仓库战略是成功推行数据仓库的详细计划。战略应当指明企业的目标、选择目标的理由，以及企业在达到目标后要做些什么。企业还要考虑自己的愿景、结构和文化。Matney（2003）介绍的步骤有助于建立一个灵活高效的支撑战略。在数据仓库的计划和支撑都具备之后，企业就需要对数据仓库供应商进行考核。表 8—2 给出了一个供应商清单的例子；还可参见数据仓库研究所（twdi. com）以及 DM Review（dmreview. com）。很多供应商都会提供其数据仓库及 BI 产品的试用。

表 8—2　　　　　　　　　　　　数据仓库供应商清单的范例

供应商	产品
组合国际（cai. com）	一整套数据仓库（DW）工具及产品
DataMirror（datamirror. com）	DW 治理、管理以及性能方面的产品
DAG（dataadvantagegroup. com）	元数据软件
戴尔（dell. com）	DW 服务器
易博龙（embarcadero. com）	DW 治理、管理以及性能方面的产品
哈特-汉克斯（harte-hanks. com）	客户关系管理（CRM）产品和服务
惠普（hp. com）	DW 服务器
蜂鸟（hummingbird. com）	DW 引擎及探索仓库
海波龙（hyperion. com）	一整套 DW 工具、产品及应用
IBM（ibm. com）	DW 工具、产品和应用
Informatica（informatica. com）	DW 治理、管理以及性能方面的产品
微软（microsoft. com）	DW 工具及产品
甲骨文（包括仁科和希柏）（oracle. com）	DW、ERP 和 CRM 工具、产品以及应用
赛仕软件研究所（sas. com）	DW 工具、产品和应用
西门子（siemens. com）	DW 服务器
赛贝斯（sybase. com）	一整套数据仓库工具及应用
Teradata（teradata. com）	DW 工具、产品及应用

数据仓库供应商

McCloskey（2002）阐述了六个在创建供应商清单时要考虑的要素：财务实力、ERP 联动、有资质的咨询顾问、市场份额、产业经验以及已确立的伙伴关系。数据可以从商品展览会以及企业网站获得，也可以向企业提出对于某一产品信息的请求。

Van den Hoven（1998）将数据仓库产品分为三类。第一类所处理的功能包括数据定位、数据提取、数据转换、数据清洗、数据传输以及将数据加载到数据仓库中。第二类是数据管理工具——数据库引擎，用来存储、管理数据仓库及元数据。第三类是数据访问工具，使终端用户可以对数据仓库内的数据进行分析。这类工具包括查询生成器、可视化、EIS、OLAP 以及数据挖掘功能。

数据仓库开发方法

很多组织机构都需要建立用于决策支持的数据仓库。有两种相互竞争的方式可供选择。第一种是比尔·英蒙（Bill Inmon）的方法，他常被称为"数据仓库之父"。英蒙支持自顶向下的开发方法，采用传统的关系型数据库工具来满足企业级数据仓库的开发需求，也被称为 EDW 方法。第二种方法是拉尔夫·金博尔的方法，他提出了一个自底向上的方法，采用维度模型，也被称为数据集市方法。

了解这两种模型的异同可以帮助我们理解数据仓库的基本概念（Breslin，2004）。表 8—3 比较了这两种方法。我们还将描述这些方法。

表 8—3 　　　　　　　　　　　　　**数据集市方法和 EDW 方法的比较**

	数据集市方法	EDW 方法
范围	一个主题	多个主题
开发时间	数月	数年
开发成本	1 万美元到数十万美元	100 万美元以上
开发难度	低到中等	高
分享所必需的数据	共有数据（业务范围内）	共有数据（企业内各部门间）
数据源	只有一些业务系统和外部系统	很多业务系统和外部系统
规模	MB 到数 GB	GB 到 PB
时间范围	近实时以及历史数据	历史数据
数据转换	低到中等	高
更新频率	每小时、每天、每周	每周、每月
技术		
硬件	工作站和部门服务器	企业服务器和大型计算机
操作系统	Windows 和 Linux	Unix、Z/OS、OS/390
数据库	工作组或者标准数据库服务器	企业数据库服务器
使用		
并发用户数	数十	数百到数千
用户类型	业务领域分析师和经理	企业分析师和高级行政人员
业务焦点	对业务领域内的行动进行优化	多职能优化及决策

资料来源：Adapted from J. Van den Hoven, "Data Marts: Plan Big, Build Small," in *IS Management Handbook*, 8*th* ed., CRC Press, Boca Raton, FL, 2003; and T. Ariyachandra and H. Watson, "Which Data Warehouse Architecture Is Most Successful?" *Business Intelligence Journal*, Vol. 11, No. 1, First Quarter 2006, pp. 4-6.

Inmon 模型：EDW 方法　　英蒙的方法强调自顶向下的开发，使用已确立的数据库开发方法及工具，例如实体联系图（entity-relationship diagram，ERD）以及调整过的螺旋式开发方法。EDW 方法并不妨碍数据集市的建立。由于 EDW 可以提供一致的、全面的企业视图，因此它对这一方法来说是理想的。Murtaza（1998）给出了一个用于开发 EDW 的框架。

Kimball 模型：数据集市方法　　金博尔的数据集市战略是一种"大计划、小工程"的方法。一个数据集市就是一个面向主题或者面向部门的数据仓库。但它是一个缩小版的数据仓库，只关注对于特定部门（如营销部门或销售部门）的请求。该模型采用维度数据建模，这一过程从制表开始。金博尔所支持的这一开发方式需要采用自底向上的方法，对于数据仓库来说，这种方法意味要一次建一个数据集市。

哪种模型最好　　世界上并没有一个"放之四海皆准"的数据仓库战略。一个企业的数据仓库战略，可以从一个简单的数据集市演进到一个复杂的数据仓库，来满足用户的需求和企业业务需要，增强企业管理数据资源的能力。对于很多企业来说，数据集市通常方便易用，公司可以借此获得实施和管理数据仓库的经验，并为业务用户带来访问数据的便利。此外，数据集市通常还可表明数据仓库技术的商业价值。归根结底，开发一个 EDW 是理想的。但是开发单独的数据集市通常可以为开发 EDW 提供很多便利，特别是当企业不能或不愿意投资一个大型项目时。数据集市可以展现出其灵活性，也可以为企业带来利益，所以企业有可能因此投资 EDW。表 8—4 对这两种模型的基本特征的区别进行了总结。

表 8—4 　　　　　　　　　　Inmon 模型和 Kimball 模型的基本区别

特征	Immon 模型	Kimball 模型
方法和架构		
总体方法	自顶向下	自底向上
架构结构	企业级（原子）数据仓库为各部门数据库提供数据	数据集市对单个业务过程建模，企业一致性是通过数据总线和一致维度来实现的
方法复杂度	非常复杂	相对简单
与已有开发方法的比较	源自螺旋式方法	四步过程；与关系型数据库开发系统（RDBMS）方法不同
对物理设计的讨论	相对周密、彻底	相对不足
数据建模		
数据定向	由主题或数据驱动	面向过程
工具	传统的工具，如实体联系图、数据流图	维度模型；与关系模型不同
终端用户可访问性	低	高
基本思想		
主要受众	IT 专业人员	终端用户
在企业中的地位	企业信息工厂中不可分割的一部分	操作型数据的转换器和保持器
目标	基于被证实有效的数据库方法和技术，提出一个过硬的技术方案	提出一个技术方案，使得终端用户更容易直接查询数据，并有合理的响应时间

资料来源：Adapted from M. Breslin, "Data Warehousing Battle of the Giants: Comparing the Basics of Kimball and Inmon Models," *Business Intelligence Journal*, Vol. 9, No. 1, Winter 2004, pp. 6 - 20; and T. Ariyachandra and H. Watson, "Which Data Warehouse Architecture Is Most Successful?" *Business Intelligence Journal*, Vol. 11, No. 1, First Quarter 2006.

数据仓库开发的其他考虑因素

一些机构组织想将其数据仓库工作全部外包出去。它们不想处理软件、硬件采购事务，也不想管理自己的信息系统。一种变通的办法是使用托管的数据仓库。在这种情况下，由其他企业来开发并维护数据仓库，该企业应当具有丰富经验和专业知识。但是，这种方法会引发安全和隐私方面的担忧。

数据仓库结构：星形架构

图 8—1 展示了一个典型的数据仓库架构。数据仓库的架构可以有很多变体，其中最

重要的一个就是星形架构。数据仓库设计是基于维度模型概念。**维度模型**（dimensional modeling）是一个基于检索、可以支持大容量查询访问的系统。星形架构是用来实施维度模型的工具。一个星形架构包括一个中央事实表，周围有数个**维度表**（dimension tables）（Adamson，2009）。事实表中有很多行，对应着被观察到的事实。事实表包含进行决策分析所需的属性、用于查询报告的描述性属性以及用来连接维度表的外部键。决策分析属性包括性能指标、业务度量、汇总量以及所有其他分析企业业绩所需的指标。换言之，事实表主要表明了数据仓库支持决策分析的哪些方面。

　　围绕着中央事实表（以外部键相连接）的是维度表。维度表包含有关中央事实行的分类信息和汇总信息。维度表还包含对事实表中数据进行描述的属性，它们说明了数据将被如何分析。维度表与中央事实表中的行具有一对多的关系。一些维度可以支持产品事实表，例如位置、时间和大小。星形架构设计可以使只读数据库结构具有查询响应快、简单以及易于维护等特点。Raden（2003）的研究结果表明，只要遵循一些规则，建立一个星形架构来实现实时更新是一种简单的方法。图8—9展示了一个星形架构的例子。

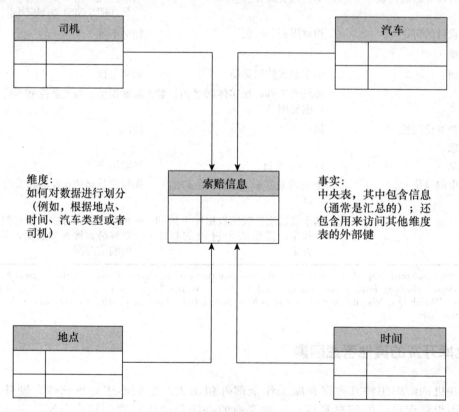

图 8—9　星形架构

　　数据仓库的**颗粒**（grain），也称粒度（granularity），是指数据仓库所支持的最高细节层次。粒度表明了数据仓库是高度汇总的还是包含详细的事务数据。如果将粒度定得很高，那么数据仓库或许不能支持细节查询来钻取数据。**下钻**（drill-down）分析是一个在汇总价值之外进行探究的过程，用以对摘要中的每项具体事务进行研究。低粒度会使数据仓库存储更多的数据。大量的细节或许会延长相应的时间，从而影响查询性能。因此，在评估数据仓库项目时，很重要的一点就是要确定真正需要的粒度水平。Tennant（2002）对元数据的粒度问题进行了讨论。

数据仓库实施问题

实施数据仓库通常是一项浩大的工程，必须根据既定的方法进行规划和执行。但是，项目会涉及很多方面，然而没有人是全能专家。这里，我们讨论的是关于数据仓库的特定理念和问题。Inmon（2006）给出了一个行动集，数据仓库系统程序员可以利用它们来调整数据仓库。

Reeves（2009）和 Solomon（2005）提供了一些指南，涉及需要回答的关键问题、应当重视的风险以及一些有助于成功实施数据仓库的步骤。其中列出了 11 项主要任务，这些任务可以并行处理：（1）建立服务水平协议以及数据刷新需求；（2）识别数据源及其管理政策；（3）数据质量规划；（4）数据模型设计；（5）ETL 工具选择；（6）关系型数据库软件及平台选择；（7）数据传输；（8）数据转换；（9）数据过程；（10）将计划过程进行清理并存档；（11）终端用户支持。

遵循上述指南可以增大企业成功的概率。在给定企业级数据仓库方案的规模和范围的情况下，不对上述问题早做筹划就会使失败的风险大大增加。

Hwang and Xu（2005）就数据仓库的成功问题做了研究。结果表明，数据仓库的成功是一个多方面的概念。他们提出，在建设数据仓库的同时应当牢记建设的目的是提高用户的生产率。这会带来很多非常重要的益处，包括灵敏的信息检索以及更好的信息质量。研究结果还表明，成功取决于具有不同维度的因素。

人们希望知道与其他公司相比，自己的 BI 和数据仓库方案怎么样。Ariyachandra and Watson（2006a）提出了一些用于衡量 BI 和数据仓库的成功的基准。Watson et al.（1999）就数据仓库的失败进行了研究。他们的研究结果表明，人们从不同的角度来定义"失败"，Ariyachandra and Watson（2006a）的研究也证实了这一点。数据仓库研究所（Data Warehousing Institute，tdwi.org）建立了一个数据仓库成熟度模型，企业可以应用该模型来评估其进展。这一模型提供了一个快捷的工具来判断企业数据仓库方案当前的进展如何，以及下一步需要向何处发展。成熟度模型包括六个阶段：出生前、婴儿期、少儿期、青少年期、成人期和智者期。商业价值随数据仓库向后续阶段的发展而不断增大。这些阶段是通过很多特征找到的，这些特征包括范围、分析结构、高级管理人员的看法、分析类型、项目管理、资金、技术平台、变动管理以及实施。详见 Eckerson et al.（2009）以及 Eckerson（2003）。

Saunders（2009）用容易理解的烹饪来类比数据仓库的开发。Weir（2002）具体描述了实施数据仓库的一些最优方法，包括以下一些指南：

- 项目必须与企业战略和商业目标相吻合；
- 高管、经理和用户都要充分参与项目；
- 管理用户对已完成项目的预期是非常重要的；
- 要考虑适应性；
- 项目必须由 IT 人员和业务人员共同管理；
- 必须建立企业—供应商关系；
- 只加载已经清洗过的数据以及企业了解其质量的数据；
- 不要忽视培训需求；

- 要有政治意识。

数据仓库项目会有很多风险。大部分风险也存在于其他项目中，但是数据仓库的风险会更大，因为数据仓库是高成本、大规模的项目。在项目初期就应当对每一个风险进行评估。Adelman and Moss（2001）描述了一些风险，包括以下几点：

- 缺乏使命或目标；
- 不了解源数据的质量；
- 技术不到位；
- 预算不足；
- 缺乏配套软件；
- 不了解源数据；
- 资助不足；
- 用户不懂计算机；
- 政治因素或者圈地斗争；
- 不切实际的用户预期；
- 架构风险及设计风险；
- 范围延伸和需求变动；
- 失去对供应商的控制；
- 多个平台；
- 关键人员离开项目组；
- 失去赞助者；
- 过多地采用新技术；
- 需要对业务系统进行调整；
- 地域分布式环境；
- 团队的地理及语言文化。

业界人士发现，在开发数据仓库的过程中会产生大量错误。Watson et al.（1999）讨论了这样的错误会如何造成数据仓库的失败（还可参见 Barquin et al.，1997）。Turban et. al（2006）指出的失败原因包括：忽略了文化因素、不合适的架构、不明确的商业目标、丢失信息、不切实际的预期、低水平的数据汇总以及数据质量低下。

要开发一个成功的数据仓库，慎重考虑以下问题是非常重要的：

- 项目开始时没有找到合适的相关发起人。你需要一个能够掌控必要资源的人作为发起人，来支持、投资数据仓库。你还需要一个广受其他主管尊重的人作为项目驱动者，他应该对技术保有正常的质疑精神，并且是一个果断又灵活的人。你还需要一个 IS/IT 经理来领导这个项目。

- 设定不可能完成的预期目标。你不会希望在真相大白的时刻让高层经理们沮丧。每个数据仓库项目都有两个阶段：第一阶段是推销阶段，在这个阶段你要在内部推销这个项目，即向那些能带来所需资源的人说明项目的益处。第二阶段就是努力奋斗来实现第一阶段所描述的预期目标。

- 存在管理关系上的幼稚行为。不要简单地宣称数据仓库可以帮助经理做出更好的决策。这种说法可以被理解为你暗示他们至今都在进行错误的决策。你在推销项目时可以说经理们将得到有助于决策的信息。

- 将获得的全部信息都加载到数据仓库中。不要让数据仓库变成数据填埋场。这会使系统的使用速度不必要地下降。现在实时计算和分析越来越流行。数据仓库必须停止工作并以一种及时的方式来加载数据。

● 认为数据仓库的数据库设计与事务数据库设计完全相同。大体上说，它们是不一样的。数据仓库的目标是对数据的集合进行访问，而不是像事务处理系统那样只访问单个或几个记录。两者的内容也不相同，从数据的组织方式上就可以明显地看出来。DBMS 倾向于非冗余的、标准化的和关系型的，数据仓库则是冗余的、非标准化的和多维的。

● 选择一位技术导向而非用户导向的数据仓库经理。数据仓库成功的关键之一就是要理解"用户必须得到他们所需要的"，而不是为了技术目的去追求先进技术。

● 专注于传统的面向内部记录的数据，忽视外部数据以及文本、图像、声音、视频数据的价值。数据会以多种格式呈现，必须在恰当的时间以恰当的格式使恰当的人访问数据。必须对数据进行恰当的分类。

● 传送定义重叠和混乱的数据。数据清洗是数据仓库的一个重要方面，包括对整个企业内部相冲突的数据定义和格式进行统一。从公司管理结构来看，这一过程是很难完成的，因为它涉及变化，特别是管理层的变化。

● 相信关于性能、容量和扩展性的承诺。数据仓库通常都超出最初的预期，需要更大的容量和更快的速度。要提前进行扩展规划。

● 相信当数据仓库建成并运行后，所有问题就都解决了。DSS/BI 项目需要不断演进、完善。每次部署都是一次原型过程的迭代。通常还需要向数据仓库加入更多的不同数据集、更多的分析工具来支持现有的以及更多的决策者。必须对高能耗和年预算进行规划，因为成功的项目源自一个成功的开始。数据仓库是一个连续的过程。

● 关注临时数据挖掘和周期报告而不是警报。数据仓库中信息的自然发展是这样的：（1）从遗留系统中提取数据，对数据进行清洗，然后将它们加载到数据仓库中；（2）支持临时报告直到理解了用户需求；（3）将临时报告转换为定期报告。通过这一过程可以了解人们的需求并为之提供相应功能。这一过程看似合情合理，但并不是理想的，甚至是不可行的。经理们非常繁忙，需要抽出时间来阅读报告。警报系统要优于周期报告系统，这使数据仓库变得十分关键。警报系统会监控流入数据仓库的数据流，并在关键事件发生时及时通知那些需要了解情况的人。

Sammon and Finnegan（2002）对数据仓库技术的 4 个资深用户进行了研究。通过概述组织应用数据仓库的 10 个必需品，研究者可以捕捉到用户的习惯做法。组织可以用这些信息在内部评估数据仓库项目成功的可能性，并找出需要在实施前加以注意的部分。其必需的模型包括以下方面：

● 一个业务驱动的数据仓库方案；

● 高层的支持和保证；

● 基于实际预期的资金承诺；

● 一个项目组；

● 关注元数据质量；

● 灵活的企业数据模型；

● 数据管理；

● 一个有关数据提取方法/工具自动化的长期规划；

● 关于数据仓库与现有系统兼容性的知识；

● 硬件/软件概念验证。

Wixom and Watson（2001）定义了一个数据仓库的成功模型，指出了七个重要的实施因素，并将它们分为三类（组织因素、项目因素和技术因素）。这七个因素是：（1）管理支持；

（2）推动者；（3）资源；（4）用户参与；（5）团队技能；（6）源系统；（7）开发技术。

在很多企业中，只有获得高层对开发的强有力支持，并且有一个项目推动者，数据仓库项目才能取得成功。虽然这些条件对于任何 IT 项目而言都成立，但是对于数据仓库来说尤其重要。数据仓库的成功实施可以建立起一个体系框架结构，这一结构允许进行整个企业范围内的决策分析；某些情况下，数据仓库的成功实施还可以使企业的客户和供应商得到访问权，这就提供了更全面的 SCM。实施基于网络的数据仓库使访问海量数据更加容易，但是难以确定与数据仓库有关的硬效益。硬效益指的是可以用货币形式表示的企业效益。很多企业的 IT 资源是有限的，所以必须确定项目的优先次序。管理方面的支持以及一个有力的项目推动者可以确保数据仓库项目能够获得成功实施所需的必要资源。数据仓库资源可能需要大量的投入，在某些情况下还需要高端处理器并增加大量直接访问存储设备。基于网络的数据仓库还可能有特别的安全需求，来确保只有授权用户才能够访问数据。

数据建模及访问建模中用户的参与是数据仓库开发的关键成功因素。在数据建模的过程中，专家需要确定哪些数据是必需的，定义与这些数据有关的业务规则，并确定还需要哪些集合和其他计算。访问建模要确定如何从数据仓库中提取数据，并帮助定义哪些数据需要检索，这有助于建立数据仓库的物理定义。它还可以指出是否需要从属型数据集市以方便信息检索。数据仓库的开发和实施中所需的团队技能包括对数据库技术及所用开发工具的深入了解。正如前面所提到的，源系统和开发技术涉及很多输入，以及用来对数据仓库进行加载和维护的过程。

海量数据仓库和可扩展性

除了灵活性以外，数据仓库还需要支持可扩展性。可扩展性的主要问题包括数据仓库中的数据量、数据仓库的预期增长速度、并发用户数以及用户查询的复杂度。一个数据仓库必须在水平方向和垂直方向上都能进行扩展。数据仓库的增长是数据增长及需求的函数，数据仓库的扩张是为了支持新的业务功能。数据增长或许是加入了当前周期数据（如本月数据）和/或历史数据的结果。

Hicks（2001）对大型数据库和数据仓库进行了描述。沃尔玛一直在不断增大其海量数据仓库的规模。人们认为，沃尔玛使用了一个数百 TB 规模的数据仓库来完成销售趋势研究、库存跟踪以及其他工作。IBM 近期公布了其 50TB 数据仓库的基准程序（IBM，2009）。美国国防部正在使用一个 5PB 的数据仓库及知识库来保存 900 万名军事人员的医疗记录。由于需要存储器来将新闻片段存档，因此 CNN 也拥有一个 PB 规模的数据仓库。

数据仓库的规模是以指数速率扩张的，所以可扩展性是一个重要的问题。良好的可扩展性意味着查询及其他数据访问功能将与数据仓库的规模保持线性增长的关系（理想情况下）。Rosenberg（2006）研究了改善查询功能的方式。在实践中，人们已经研究出了多种专门的方法来创建可扩展的数据仓库。对于数百 TB 及以上规模的数据仓库来说，可扩展性是很难实现的。TB 规模的数据有很大的惰性，占据了大量的物理空间，需要功能强大的计算机来支持。一些企业用并行计算，另一些企业则用智慧索引及搜索方案来进行数据管理。一些企业将它们的数据分别存储到不同的物理数据存储器上。随着更多的数据仓库达到 PB 规模，更好的可扩展性解决方案不断涌现。

Hall（2002）也就可扩展性问题进行了研究。AT&T 是部署、利用海量数据仓库的业界领袖。AT&T 拥有一个 26TB 的数据仓库，可以对电话卡冒用进行检测，还可以对那些与绑架及其他犯罪行为相关的电话进行调查。它还可以对电视观众票选美国偶像的数百万个电话投票进行统计。

Edwards（2003）提供了一个成功实施数据仓库的范例。Jukic and Lang（2004）对有关开发中境外资源的使用、数据仓库及 BI 应用的支持等方面的趋势和具体问题进行了研究。Davison（2003）指出，与 IT 相关的离岸外包每年以 20%～25% 的速度增长。在对境外数据仓库的项目进行考量时，应当对文化和安全性予以慎重考虑（Jukic and Lang，2004）。

8.5 思考与回顾

1. 列出数据仓库的好处。
2. 列出选择数据仓库供应商的几条标准，并解释其重要性。
3. 自底向上的数据仓库开发方法是否使用了企业数据模型？
4. 描述 Inmon 和 Kimball 数据仓库开发方法的主要异同。
5. 列出数据仓库架构的不同类型。

8.6 实时数据仓库

数据仓库和 BI 工具以前只关注如何帮助经理进行战略及战术决策。随着数据量的增加及更新速度的不断加快，数据仓库在现代商业中的角色发生了根本性的转变。对很多企业来说，传统的数据仓库或数据集市已经不能满足在整个企业内部快速做出一致性决策的需求。传统的数据仓库不具有业务关键性，通常以周为基准对数据进行更新，这并不能实现对事务的近实时响应。

在未来，更多的数据将以更快的速度流入，同时需要及时应用于决策，这意味着企业需要实时的数据仓库。这是因为决策支持已经成为运营所需，集成的 BI 也需要闭环分析，而且之前的 ODS 将无法支持现在的需求。

2003 年，由于实时数据仓库的出现，人们开始使用这些技术进行业务决策。**实时数据仓库**（real-time data warehousing，RDW），也称**主动数据仓库**（active data warehousing，ADW），是在数据可用时通过数据仓库加载、提供数据的过程。它是由 EDW 的概念演化而来的。RDW/ADW 的主动特性是对传统数据仓库功能在战术决策方面的补充和扩展。企业内部与客户和供应商直接联系的人员将可以随时随地基于信息作出决策。如果 ADW 能够为客户和供应商直接提供信息，那么会有更好的效果。用于决策的信息访问的范围和影响可以对客户服务、SCM、物流及其他绝大多数方面产生积极影响。电子商务是主动数据仓库需求的主要刺激因素（Amstrong，2000）。例如，在线零售商 Overstock.com 将其数据用户连接到一个实时数据仓库。全球最大的网上银行 Egg plc 的客户数据仓库是以近乎实时的方式更新的。

随着商业需求的增加，数据仓库的需求也在不断增加。在基本水平上，数据仓库只需要报告发生了什么。在较高的水平上，就需要进行一些分析。随着系统的发展，它还要提供预测功能，这就达到了操作化的更高水平。在最高水平上，ADW 可以使事件发生（例如，建立销售和市场营销方案，或识别、利用机会等）。图 8—10 显示了这一演进过程。Wrembel（2009）对数据仓库的演进管理进行了综述。

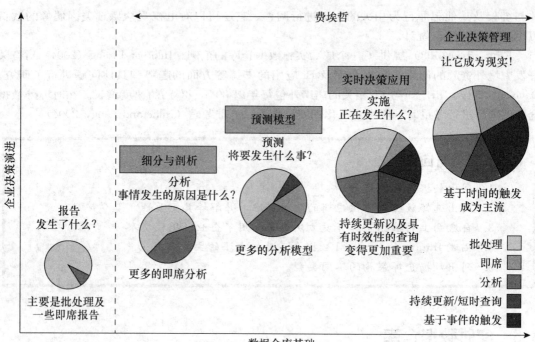

图8—10　企业决策的演进

资料来源：Courtesy of Teradata Corporation. Used with permission.

　　Teradata 公司提出了支持 EDW 的基本要求，以及主动数据仓库的新特性，这些数据仓库要保证数据的新鲜度、性能及数据可用性，还要支持企业决策管理（图8—11 给出了一个例子）。

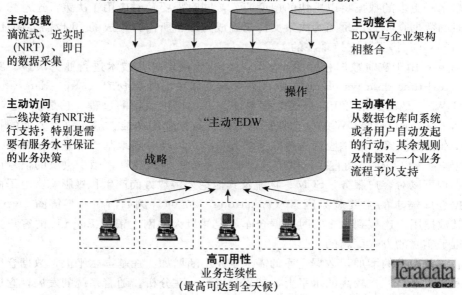

图8—11　Teradata 的主动 EDW

资料来源：*Source*：Courtesy of Teradata Corporation.

一个 ADW 可以为推动企业战略战术的决策支持提供一个集成信息资源库。企业可以利用实时数据仓库技术，而不是每晚从 OLTP 系统中批量提取操作数据存入 ODS，在事件发生时将 OLTP 系统中的数据进行汇集，并立刻移动到数据仓库中。这使得数据仓库的即时更新以及 ODS 的淘汰成为可能。此时，企业就可以立刻对 RDW 和历史数据进行战略及战术查询。

Basu（2003）的研究结果表明，传统的数据仓库和 RDW 的最主要区别在于数据采集范式。需要使用实时数据的情形如下：

● 不能花一整天来等待操作数据被加载到数据仓库以便进行分析。

● 迄今为止，数据仓库一直在捕捉的是企业的固定状态，而不是能够反映每个状态的变化以及类似模式的增量实时数据。

● 使用传统的集中星形架构来使元数据保持同步很难。与利用一个大型数据仓库将数据集中以供 BI/BA 工具使用相比，开发、维护多个系统并保证它们的安全性的成本很高。

● 在每晚大批量加载的情况下，大型数据仓库每夜加载所必需的 ETL 设置和处理能力或许会非常高，并且这些过程会花很长时间。具备实时数据收集功能的 EAI 可以减少或避免夜间的批量流程。

尽管 RDW 能够带来这些好处，但是开发 RDW 也会带来它所特有的问题。这些问题涉及架构、数据建模、物理数据库设计、存储和可扩展性以及可维护性。此外，访问数据的时间不同，哪怕是微秒级的差别，都需要提取、创建不同版本的数据，这会使团队成员感到困惑。详见 Basu（2003）和 Terr（2004）。

实时方案对 BI 活动提出了一系列的挑战。尽管实时数据仓库并不是对于每个方案都是理想的，但是在企业要确定一种合理的方法来处理项目风险、纳入适合的规划和专注于质量保证活动时，使用实时数据仓库或许会成功。认识到常见的挑战，并遵循最优实践，就可以降低某些问题的严重程度，而这些问题是包含 BI/BA 方法的复杂数据仓库系统经常遇到的。详细的讨论及实际实施可以参见 Burdett and Singh（2004）和 Wilk（2003），还可参见 Akbay（2006）以及 Ericson（2006）。

美国大陆航空公司（Continental Airlines）的航班管理仪表盘应用展示了在与客户进行面对面交流时实时 BI 访问数据仓库的能力。业务人员使用实时系统来找出大陆航空航班运行中的问题。在另一个例子中，UPS 投资 6 亿美元以应用实时数据和流程。该投资预期会减少 1 亿投递里程，每年可节省 1 400 万加仑燃料，这都是通过对其实时包裹流技术进行管理来实现的（Malykhina，2003）。表 8—5 对传统数据仓库环境与主动数据仓库环境作了比较。

表 8—5　　　　　　　　　　　传统数据仓库环境与主动数据仓库环境的比较

传统数据仓库环境	主动数据仓库环境
只进行战略决策	战略及战术决策
其结果有时难以衡量	根据操作运营来衡量结果
每天、每周、每月进行数据流通都是可接受的；数据汇总通常是适用的	只有数分钟内的全面、详细的数据是可接受的
用户并发数中等	可以同时有大量（1 000 或更多）用户访问并查询系统

续前表

传统数据仓库环境	主动数据仓库环境
用来确认或检查现有流程和模式的报告是有严格限制的；通常使用预先建立的汇总表或数据集市	使用灵活的临时报告以及机器辅助建模（如数据挖掘）来发现新的假设和联系
高级用户、知识工作者、内部用户	操作人员、呼叫中心、外部用户

资料来源：Adapted from P. Coffee, "'Active' Warehousing," eWeek, Vol. 20, No. 25, June 23, 2003, p. 36; and Terdata Corp., "Active Data Warehousing," teradata.com/t/page/87127/index.html (assessed April 2006).

实时数据仓库、近实时数据仓库、零延迟仓库以及主动数据仓库是实践中描述同一概念时所使用的不同名称。Gonzales（2005）给出了 ADW 的不同定义。根据冈萨雷斯（Gonzales）的说法，ADW 是唯一可以按需提供战术与战略数据的选择。开发 ADW 的架构与比尔·英蒙创建的企业信息工厂架构相类似，仅有的区别是在单一环境中两类数据的存储不同。但是，对于按需提供战术与战略数据来说，基于 XML 和网络服务的 SOA 也是一种选择。

实时数据仓库的一个关键问题在于，不是全部数据都需要持续更新。这在实时生成报告时会造成麻烦，因为一个人的结果可能与其他人的不同。例如，一家公司使用 Business Objects Web Intelligence 时发现了实时智能的一个问题。极小的时间差异就会使所生成的实时报告存在不同（Peterson，2003）。另外，对于某些数据来说，持续更新是不必要的（如，三年或更久以前的课程成绩）。

实时需求改变了我们在设计数据库、数据仓库、OLAP 以及数据挖掘工具时的考虑方式，因为它们需要在查询发起时不断更新。但是这样做的重大商业价值已经得到了验证，所以企业在业务流程中采用这些方法是非常重要的。在实施这些项目时，谨慎规划是关键。

8.6 思考与回顾

1. 什么是 RDW？
2. 列出 RDW 的好处。
3. 传统数据仓库和 RDW 之间的主要差别是什么？
4. 列出 RDW 的一些驱动因素。

8.7 数据仓库管理及安全问题

数据仓库为企业提供了一种可以有效创造并使用的独特竞争优势。由于其庞大规模和内在本质，数据仓库需要强有力的监控来保持令人满意的效率和生产力。数据仓库的成功治理和管理所需的技能和水平都要超过传统数据库管理员（database administrator, DBA）所需的水平。一个**数据仓库管理员**（data warehouse administrator, DWA）应当熟悉高性能软件、硬件以及网络技术。他还应当具有可靠的商业洞察力。因为 BI 系统及 DSS 要从数据仓库中获得数据来协助经理进行决策活动，所以 DWA 应当熟悉决策过程，以对数据仓库结构进行恰当的设计和维护。对 DWA 来说特别重要的一点是，DWA 要在满足现有需求、保持数据仓库性能稳定的同时，保证快速改进所需的灵活性。最后，一个 DWA 必须拥有出色的沟通能力。Benander et al.（2000）描述了 DBA 和 DWA 之间的关键不同之处。

　　信息的安全性和隐私是数据仓库专业人员最关注的事情。美国政府已经通过了相关条例（如，《金融现代化法案》（Gramm-Leach-BlileyAct），1996 年《健康保险流通与责任法案》（HIPAA）），对客户信息管理制定了强制性要求。因此，公司必须遵守多项隐私条例，建立有效且灵活的安全程序。Elson and LeClerc（2005）的研究结果表明，要有效实现数据仓库的安全性，需要关注以下四个要点：

　　1. 制定有效的公司及安全方面的政策和措施。有效的安全政策应当从企业高层开始执行，要与企业内的所有员工进行良好沟通。

　　2. 实施合理的安全措施和技术来限制访问。这包括用户鉴权、访问控制以及加密技术。

　　3. 限制对数据中心环境的物理访问。

　　4. 建立一个有效的内部控制审查程序，重点关注安全和隐私。

　　最后请记住，通过移动设备访问数据仓库应当谨慎。在这种情况下，应当仅以只读方式来访问数据。

　　近期，数据仓库的发展将由一些重要的因素（例如，数据量、日渐降低的延迟容忍度、数据类型的多样性和复杂性）和一些不太重要的因素（例如，最终用户对于仪表盘的尚未满足的要求、平衡计分卡、主数据管理、信息质量）共同决定。Moseley（2009）和 Agosta（2006）根据这些推动因素断定，数据仓库的发展趋势是注重简单、实用以及性能。

8.7　思考与回顾

　　1. 企业应该采取哪些步骤来确保数据仓库中客户数据的安全性和机密性？

　　2. 一个 DWA 需要具备哪些技能？为什么？

第9章
企业绩效管理

学习目标

1. 理解企业绩效管理的性质。
2. 理解将战略与执行相联系的闭环过程。
3. 能够描述一些计划和管理报告的最佳方法。
4. 能够区分绩效管理与绩效考核的不同。
5. 理解企业绩效管理方法的重要作用。
6. 能够描述平衡计分卡和六西格玛法的基本要素。
7. 能够描述计分卡和仪表盘之间的差异。
8. 理解仪表盘的一些基础设计。

企业绩效管理（BPM）是决策支持系统、企业信息系统以及商务智能的产物。从市场的角度看，BPM已经有几十年的历史。正如决策支持一样，BPM并不仅仅是一项技术，而是包含一整套旨在提高企业财务和经营绩效的流程、方法、度量及应用。

本章将考察BPM所包含的过程、方法、度量以及系统。由于BPM与DSS和BI的不同之处在于BPM关注的是战略和目标，因此本章将从探究企业战略及执行的概念以及这两者之间存在的鸿沟入手。

开篇案例

哈拉斯的两个低谷

创建于1937年的哈拉斯娱乐公司（Harrah's Entertainment）是全球最大的博彩公司，在运营的大多数时间里，这家公司都有财务上的盈利，发展迅速。2000年，该公司拥有 21 家酒店赌场，覆盖美国的 17 个地区，雇用员工 4 万多人，服务的顾客超过 190 万名。到 2008 年，酒店赌场增至 51 家，遍布六大洲，拥有 85 000 名员工以及 4 000 多万名顾客。哈拉斯的发展大部分要归功于其高超的市场运作、客户服务以及收购战略。

问题

哈拉斯不仅是博彩业的领头羊，而且在商务智能及绩效管理领域也长期处于领先地位。与其竞争者不同的是，哈拉斯一般不在豪华的酒店、购物中心或景观上大量投资。其运营所依赖的商业战略聚焦于如何"更好地了解顾客，为他们提供周到的服务，对他们的忠诚给予奖励，使得他们在游玩途中随时随地都会寻找哈拉斯赌场的身影"（Watson and Volonino, 2001）。这一战略的执行包括创新营销、信息技术的创新应用和卓越的运营。

这一战略可以追溯到 20 世纪 90 年代末，当时加里·洛夫曼（Gary Loveman）在哈拉斯担任首席运营官。如今，洛夫曼已经是哈拉斯娱乐公司的主席、总裁兼首席执行官。在加入哈拉斯之前，洛夫曼曾在哈佛大学商学院担任副教授，在零售营销及服务管理方面经验丰富。进入哈拉斯后，他的任务是将哈拉斯变成一个"市场导向的、能够建立顾客忠诚度的公司"（Swabey, 2007）。当时，哈拉斯别无选择，因为它没有资金可以像竞争对手（如百乐官）那样修建新的奢华赌场和娱乐中心。它打算通过理解顾客行为和偏好来实现投资回报率的最大化。该公司解释说，在这样一个高度竞争的博彩市场中，商业成功的关键在于吸引并保留顾客，因为顾客的忠诚度和满意度能成就或毁灭一家公司。而吸引和保留顾客需要的不仅仅是大量的房间和优美的环境。企业的目标应该是引诱赌博者在哈拉斯花更多的钱。

哈拉斯当时已经有两三年的积分卡数据，因此它对其顾客有了较多了解（Swabey, 2007），但是焦点小组的表现证实了管理层的猜测——他们或许有积分卡，但是他们并不忠诚，他们的近 65% 的赌博支出流向其他地方。第一步就是找出哈拉斯的顾客是谁，分析表明：（1）超过 80% 的营业收入来自约 25% 的顾客；（2）大多数顾客都是"普通人"（中老年人），而且挥金如土之人并不是受到豪华酒店的吸引而来（Shill and Thomas, 2005）。哈拉斯应该如何收集、分析并充分利用数据，找到合适的顾客类型以实现顾客终身价值的最大化呢？

解决方案

哈拉斯的答案是一项已获专利的名为"Total Gold"的顾客忠诚度计划，现在被称为"Total Rewards"计划。该计划不只是为了用现金和积分来奖励客户在哈拉斯的赌博及其他活动，更重要的是，它为公司提供了有关顾客及其行为的海量的实时交易数据。这些数据通过奖励卡采集，奖励卡用来记录顾客的各类活动（例如，在餐厅的消费，在任意类型赌博活动中的胜负）。

这些数据将被输入一个集中数据仓库，哈拉斯的所有员工都可以访问。这一数据仓库构成了一个闭环营销体系的基础，使得哈拉斯可以清晰界定其营销活动的目标，从而执行和监控这些活动，并了解对于某种类型的顾客，哪类活动的回报最高。最终，哈拉斯建立了一个"差异化忠诚度及服务框架，来持续改善顾客服务以及商业成果"（Stanley, 2006）。该系统还是哈拉斯业务系统的实时数据源，业务系统可以在顾客赌博及参加其他活动的时候对顾客体验产生影响。

成果及新问题

在过去的十年里，哈拉斯的"Total Rewards"计划和闭环营销体系带来了可观的回报，包括（Watson and Volonino, 2001）：

● 哈拉斯赌场建立起品牌形象。

● 顾客保留度提高，带来几百万美元的收益。

● 同时光顾哈拉斯多处产业的顾客不断增加，带来了数百万美元的利润。

● 信息技术投资的内部收益率提高。

最终效益体现在，哈拉斯的顾客的消费额相对于竞争对手逐年大幅递增，为哈拉斯带来了数亿美元的附加收入。

该体系赢得了众多奖项（例如，TDWI Best Practices Award），并成为很多案例分析的主题。它被认为是"当今将分析应用于实践的最为惊人的成功案例"（Swabey，2007）。当然，奖项和赞美并不能保证明日的成功，特别是在面对全球经济滑坡的时候。

在2007年底之前的十年里，在美国的所有产业中，博彩业的股票指数是最高的（Knowledge@W. P Carey，2009）。过去两年里情况却发生了变化，一度被认为不受经济低迷影响的博彩业由于资本市场及世界经济的崩溃而损失惨重。在像拉斯维加斯这样的城市中，不仅酒店入住率下降，而且游客的平均开支也在缩减。很多赌场的情况一直不太稳定，因为它们依靠举借巨额债务来修建更新、更大的酒店赌场，且缺乏储备资金来应对收入下滑。

与竞争对手不同，哈拉斯从来没有"大厦情结"（Shill and Thomas，2005）。不过，哈拉斯与竞争对手一样面临巨大的经济问题。2009年前3个月，哈拉斯的运营亏损达1.27亿美元，这已比2008年有所改善，2008年前3个月，运营亏损达2.7亿美元。2008年1月，哈拉斯被股权投资公司阿波罗管理公司（Apollo Management）和得州太平洋集团投资公司（TPG Capital）收购，其当年的债务负担倍增（总值达到240亿美元）。如今，债务已经使这家公司濒临破产。

因此，尽管哈拉斯多年以来拥有备受赞誉的绩效管理体系，并且在数据应用及预测分析方面是公认的领先者，但是它和那些"准备不足"的竞争者面临相同的战略难题和经济问题。

哈拉斯继续依赖其营销活动来扩大需求。此外，它还采取了多种行动来降低债务和削减成本。2008年12月，哈拉斯完成了一项债务交换计划，使得其总债务减少了11.6亿美元，并且还在实施另外一项削减债务的到期日延长计划，该计划的金额达280万美元。与其他大多数博彩公司一样，哈拉斯解雇了其拉斯维加斯赌场的1 600名员工，降低了经理的薪酬，并在经济下滑时期暂缓了401K的投入（401K计划是美国的一项养老金制度）。哈拉斯推迟了凯撒宫超过660个房间的完工日期，不过顾客积极预订的凯撒宫新娱乐中心还在继续建设。

哈拉斯还采用"效率管理"过程的结果来激励管理人员，这一过程是由丰田公司首创的，被其称为精益运营管理（Lean Operations Management）。精益运营管理是一种绩效管理框架，主要关注效率而非有效。哈拉斯已经在其涉足的多个领域启动了试点计划，并打算在2009年推广到全公司。

思考题

1. 请描述哈拉斯的营销战略。哈拉斯的战略与其竞争对手有何不同？

2. 哈拉斯的 Total Rewards 计划是什么？

3. 哈拉斯闭环营销体系的基本要素是什么？

4. 哈拉斯的营销战略的结果是什么？

5. 哈拉斯面临的经济问题是什么？Total Rewards 体系经过修改可应对这些问题吗？

我们可以从中学到什么

多年里，哈拉斯的闭环营销体系使其可以实现一个与竞争者有明显差异的战略。该体系还为监控运营和战术中的关键指标提供了工具。该体系的问题之一在于，其预测的前提假设是需求是不断增长的，至少是稳定的。短期内，在需求急剧下降或不存在的情况下，或者经济发生根本性变化的情况下，该体系难以进行预测。正如哈拉斯的首席执行官洛夫曼所说，"我们所经历的并不是一场衰退，而是金融领域的一次根本性调整，经过很长一段时间我们已经逐渐习惯了，但未来局势如何尚未完全明晰"。

资料来源：Compiled from Knowledge@W. P. Carey, "High-Rolling Casinos Hit a Losing Streak", March 2, 2009, knowledge. wpcarey. asu. edu/article. cfm? articleid = 1752♯ (accessed July 2009); S. Green, "Harrah's Reports Loss, Says LV Properties Hit Hard," *Las Vegas Sun*, March 13, 2009, lasvegassun. com/news/2009/mar/13/hurrahs-reports-loss-says-lv-properties-hit-hard(accessed July 2009); W. Shill and R. Thomas, "Exploring the Mindset of the High Performer," *Outlook Journal*, October 2005, accenture. com/Global/Research_ and _ Insights/Outlook/By _ Issue/Y2005/ExploringPerformer. htm(accesseg July 2009); T. Stanley, "High. Stakes Analytics," *Information Week*, February 1, 2006, informationweek. com/shared/printableArticle. jhtml? articleID = 177103414 (accessed July 2009); P. Swabey, "Nothing Left to Chance," *Information Age*, January Age January 18, 2007, information-age. com/channels/information-management/features/272256/nothing-left-to-chance. html (accessed July 2009); and H. Watson and L. Volonino, "Harrah's High Payoff from Customer Information," *The Data Warehousing Institute Industry Study* 200-*Harnessing Customer Information for Strategic Advantage*; *Technical Challenges and Business Solutions*, *January* 2001, terry. uga. edu/~hwatson/Harrahs. doc(accessed June 2009)。

9.1　企业绩效管理概览

正如本章所展示的那样，哈拉斯的闭环营销体系具备了一个绩效管理体系的全部特征。实质上，这一体系使得哈拉斯可以调整其战略、计划、分析系统和行动，使其绩效可以得到明显提升。哈拉斯的经历还表明，要实现高绩效，还需要关注更为广泛的领域，而不能只关注几点（如，只关注营销或客户忠诚度）；还需要质疑和探讨假设的能力，特别是在充满不确定性的时期。企业要获得持续的成功，就需要不断地适应环境。企业的绩效管理流程是用来评估变革影响、调整业务以求得生存和发展的首要机制（Axson，2007）。

BPM 的定义

在企业和贸易文献中，表示绩效管理之意的术语，包括 CPM（corporate performance management）、EPM（enterprise performance management）、SEM（strategic enterprise management）以及 BPM（business performance management）。"CPM"一词是由市场分析企业 Gartner（gartner. com）提出的。EPM 是与甲骨文的 People Soft 相关的术语。SEM 是 SAP（sap. com）所使用的术语。在本章中，我们只使用 BPM，这一术语最初是由 BPM 标准小组提出的，并且现在 BPM 论坛上仍在使用。企业绩效管理指的是企业用来衡量、监控及管理企业绩效的业务流程、方法、度量和技术。它包括三个关键组成部分：

- 一系列整合的闭环管理及分析流程，由技术支持，用于处理财务及经营活动。
- 企业用来界定战略目标并依据目标对绩效进行衡量及管理的工具。
- 一系列核心流程，包括与企业战略相关的财务和运营计划、汇总及报告、建模、分析以及关键绩效指标。

BPM 和 BI 的比较

BPM 是 BI 不断发展的产物，吸收了 BI 的很多技术、应用和方法。当 BPM 第一次被作为一个独立概念提出时，BPM 和 BI 之间的区别就让人有些困惑。BPM 只是具有相同概念的一个新名词吗？BPM 是 BI 的下一代，还是这两者之间有本质上的差别？这些困惑一直延续到了今天，这是由以下原因造成的：

- BPM 是由营销 BI 工具和套件的公司来推广和销售的。
- BI 的不断发展使得两者之间原本存在的很多差异逐渐消失了（例如，BI 曾经只关注部门级的项目，而非企业级的）。
- BI 是 BPM 的关键组成部分。

BI 现在用来描述用于访问、分析与企业相关的数据并进行报告的技术。它包含很多种类的软件，例如即席查询、报告、联机分析处理、仪表盘、计分卡、搜索、可视化等。这些软件产品起初都是独立工具，但是 BI 软件供应商将它们整合到了 BI 套件中。

BPM 已经被刻画为"BI＋规划"，即 BPM 将 BI 和规划功能聚合成为一个统一的平台——一个规划、监控及分析的循环（Calumo Group，2009）。BPM 所包含的流程都不是新的。事实上几乎每一家大中型企业本来就具有向整体战略规划和运营计划反馈的一套流程（预算、详细规划、执行和衡量）。BPM 添加的是一个用来将这些流程、方法、度量和体系整合为一个统一的解决方案的框架。

BI 的做法和软件基本上都是整体 BPM 解决方案的一部分。但 BPM 并不只是软件，它还是一个企业级战略，旨在防止企业在优化本地业务的同时忽略了整体企业绩效。BPM 并不是一个一次性项目或者关注各部门的项目。BPM 是一系列不间断的流程，如果执行得当，就会在企业上上下下产生全面的影响。它"帮助用户采取行动来实现他们的'共同使命'：完成绩效目标、执行公司战略以及为利益相关者带来价值"（Tucher and Dimon，2009）。

这并不是说 BI 项目不能面向战略、集中控制或者对一家企业的诸多方面产生影响。例如，美国运输安全管理局（Transportation Security Administration，TSA）使用一个名为"绩效信息系统"（performance information system，PIMS）的 BI 系统来追踪客运量、危险物品以及旅客总吞吐量（Henschen，2008）。该系统是基于 MicroStrategy（microstrategy.com）的 BI 软件搭建的，每日的高级用户超过 2 500 名，每周的临时用户超过 9 500 名。PIMS 中的信息对于 TSA 的运营是很关键的，某些情况下还要有美国国会授权。TSA 从上到下的雇员都使用该系统，并因此在 2007—2008 财年节省了约 1 亿美元的开支。这一系统在战略和运营上十分重要，但它并不是 BPM 系统。

主要的区别在于，BPM 系统是由战略驱动的。它包含一系列闭环的流程，将战略与执行相连接，使企业绩效得到优化（见图 9—1）。这一环路意味着实现最优绩效的流程如下：设置目标（即制定战略）、制定实现目标的预案和计划（即规划）、依据目标监控实际绩效（即监控）以及采取恰当行动（即行动和调整）。在 9.2~9.5 节中，我们将详细考察这些主要流程。

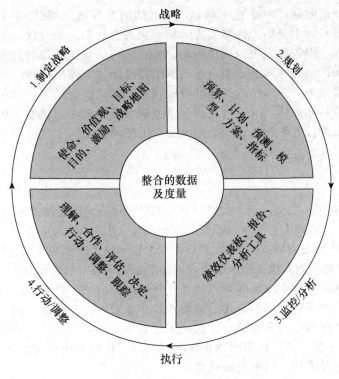

图 9—1 BPM 循环

资料来源：W. Eckerson，"Performance Management Strategies：How to Create and Deploy Performance Management Strategies," *TOWL Best Practices Report*，2009.

9.1 思考与回顾

1. 给出 BPM 的定义。
2. BPM 与 BI 的区别是什么？它们的相似之处又是什么？
3. 请简单描述 TSA 的 PIMS 系统。
4. 列出 BPM 的主要流程。

9.2 战略：我们想去向何方

现在假设你是一名长跑运动员，正在为即将到来的赛事紧张训练。在准备过程中，假设你的教练对你说："我从未对比赛考虑过多。我甚至不确定长跑的距离是多少，但是我认为你应当每天跑 8 小时，直到比赛的那天。船到桥头自然直。"如果你的教练这么说，你会认为你的教练疯了。很显然，如果要制定一个合理的训练计划，你就需要了解自己要参加的是什么比赛（例如，是马拉松、半程马拉松还是 10 英里马拉松）。你还需要知道自己的优势和劣势是什么，从而确定要实现的目标是否可行，以及需要做哪些事情来实现你的目标（例如，解决在比赛最后几英里的冲刺速度上的问题）。

你也许会感到惊讶，有如此多企业的运营方式几乎和这个教练如出一辙，特别是在充满不确定性和挑战的时期。对于这一问题，一般的回答都是："制定一个战略并建立一个正式计划速度太慢且太不灵活。你需要更大胆、更符合我们这个时代特点的行动。如果你花时间来确定目标、设置优先级、构建战略、管理成果，其他人就会领先于你到达终点。"但是，如果没有明确的目标，企业很难在备选的行动路线中做出选择。如果没有明确的优先级，就不可能确定如何在多个选择之间分配资源。如果没有计划，就不可能指导员工的行动。如果没有分析和评估，就不可能确定哪些机会可能成功，哪些会失败。目标、优先级、计划再加上批判性思维，就是一个定义明确的战略的全部。

战略规划

"战略"一词有很多定义。让人们感到困惑的是，这一术语还经常和其他词汇结合使用，例如"战略愿景"、"战略重点"等。不管这些词在意义上有何区别，它们实际上都在解决一个问题："我们将来要去向何方？"对大多数企业来说，这个问题的答案就在他们的战略规划之中。你可以把战略规划看作一份地图，它详述了企业从现在到未来愿景的具体行动路线。

一般来说，战略规划由高层起草，从企业整体角度出发。可见，战略规划主要是为公司的业务部门或职能部门制定的。无论规划涉及什么层级——企业层面、业务部门或者职能部门，战略规划过程中通常包括下面这些工作。

1. 进行现状分析。该分析将回顾企业的现状（"我们现在身在何处？"），并为财务绩效和经营绩效设立基准线，明确关键趋势。

2. 确定规划周期。一般来讲，企业以年为单位制定计划，周期一般为 3～5 年。在很大程度上，这一周期是由市场的波动性、可预测性、产品生命周期、企业规模、技术创新速率以及产业的资本密集度决定的。如果市场波动大、预测难、产品生命周期短、企业规模小、创新速度快、资本密集度低，那么规划周期就应相应缩短。

3. 进行环境扫描。环境扫描是企业的一次标准 SWOT 评估。它会识别出潜在或正在影响企业的关键客户、市场、竞争者、政府、人口、利益相关者以及产业因素，并将其按优先程度排序。

4. 识别关键成功因素。**关键成功因素**（critical success factor，CSF）指的是那些企业必须表现出色以在市场上获得成功的事情。对于一个以产品为中心的公司而言，产品质量和产品创新就是其关键成功因素。对于一个像沃尔玛这样的低成本供应商来说，配送能力就是一个关键成功因素。

5. 完成缺口分析。与环境扫描类似，缺口分析用来识别企业在流程、结构、技术及应用方面的内部优势及劣势，并按优先程度排序。缺口反映了战略需要和企业目前的能力之间的差距。

6. 创建战略愿景。企业的**战略愿景**（strategic vision）为企业提供了一幅远景图，描绘了企业未来将会变成什么样——在产品和市场上的转变。通常来说，愿景表达了其战略重点，并指出其现状和所期望的状态。

7. 制定企业战略。这一步所面临的挑战是，基于前面步骤的数据和信息制定与战略愿景相契合的战略。常识告诉我们，战略需要充分发挥企业优势、利用机遇、消除弱点、应对威胁。企业需要保证这一战略是内部一致的，企业文化与战略相协调，并且有足够的资源和资金确保这一战略实施。

8. 识别战略目标及战略指标。没有为经营和财务计划流程提供清晰指导的战略规划是不完全的。在制定经营或财务计划之前，企业必须确立战略目标，并将其精炼为定义明晰的长期目标。一个**战略目标**（strategic objective）是一个笼统的陈述或者大致的行动方针，规定了企业的预定方向。在将战略目标与运营计划或者财务计划相联系之前，这一目标必须被转化为一个定义明确的战略指标。一个**战略指标**（strategic goal）是战略目标在一段指定时间内的量化。例如，如果一个企业的目标是提高资产回报率（ROA）或者总体盈利能力，那么这些目标就要被转化为量化指标（例如，将 ROA 从 10％提高到 15％，或者将利润率从 5％提高到 7％），这样企业才能细化其运营计划来完成这些指标。战略指标为运营执行提供指导，并使得进展可以与总体目标相比较。

战略缺口

制定长期战略是一回事，执行这一战略又是另一回事。在过去的几十年里，很多研究强调了长期存在于很多企业中的战略规划与战略执行之间的缺口。Monitor Group 近期对高级主管进行的调研（Kaplan and Norton，2008）以及世界大企业联合会（Conference Board 2008）都指出，"战略执行"是管理人员的第一要务。与此相似，Palladium Group 的统计数据显示，90％的企业没有能够成功执行它们的战略（Norton，2007）。造成"战略缺口"的原因很多，主要有以下四种：

1. 交流。在很多企业中，只有极少一部分员工理解企业战略。Palladium Group 认为这一比例低于 10％（Norton，2007）。一方面，员工如果从未见过或者听说过这一计划，就很难或者说根本不可能按照战略规划来制定决策并采取行动。另一方面，即使计划得到传播，战略通常也未被清晰表达，使得没有人真正明白他们的行动与计划是相符还是相悖。

2. 奖金与激励。将报酬与绩效挂钩是成功执行战略的重点。但是激励计划通常只与短期财务业绩，而非战略规划或者战略行动相联系。追求短期收益最大化会影响理性决策。此外，Palladium Group 指出，70％的企业未能将中层管理人员的激励与其战略挂钩（Norton，2007）。

3. 焦点。管理人员通常将时间花在问题的细枝末节上，而忽视了其核心部分。大量的时间可能被用来争论预算条目，而很少关注战略、财务计划与战略的联系或者这些联系的前提假设。Palladium Group 提出，在很多企业中，85％的经理每月只花不到一小时来讨论战略（Norton，2007）。

4. 资源。除非战略行动可以得到足够的资金和资源支持，否则就很有可能会失败。Palladium Group 发现，只有不到 40％的企业将它们的预算与战略规划挂钩（Norton，2007）。

9.2　思考与回顾

1. 为什么企业需要一个精心制定的战略？
2. 战略规划过程中的基本任务是什么？
3. 制定战略和实际执行中的缺口的来源有哪些？

9.3　计划：我们如何实现战略

当业务经理知道并理解了企业的战略目标和指标（what）后，就可以提出具体的运营计划和财务计划了（how）。运营计划和财务计划回答了两个问题：企业将采取什么策略和行动来实现战略规划中的绩效指标？执行这一战略的预期财务业绩是怎样的？

运营计划

运营计划（operational plan）将企业的战略目标和指标转化为一系列定义完善的策略和行动、资源需求以及未来某一时间段（通常是一年，但也有例外）的预期成果。实质上，一个运营计划就如同一个用来确保企业战略能够实现的项目计划。很多运营计划都包括一系列策略和行动的组合。运营计划的成功关键在于其整体性。战略驱动策略，策略驱动成果。从根本上讲，在运营计划中定义策略和行动需要与战略规划中的关键目标和指标直接挂钩。如果某个策略与一个或多个战略目标或指标之间没有任何联系，管理人员就会质疑这一策略及其所涉及的行动的必要性。9.7 节中探讨的 BPM 方法就是用来确保这些联系存在的。

运营计划可以以策略为中心，也可以以预算为中心（Axson，2007）。对于一个以策略为中心的计划，企业需要设置策略来实现战略规划中的目标和指标。与此不同的是，对于一个以预算为中心的计划，企业需要制定一个财务计划或者预算来加总得到预期的财务价值。表现卓越的企业一般都采用以策略为中心的运营计划，这意味着它们制定运营计划的第一步是确定达到某个指标所要使用的备选策略和行动。例如，如果一家企业想要使利润率增长达到 10%（利润率由营业收入与开支之差除以营业收入得到），那么首先要确定利润率增长的方式：是增加营业收入，还是削减开支，抑或是两者的某种组合？如果该企业关注营业收入，那么接下来要考虑的问题就是：是打算进入新市场，还是增加现有市场的销售额？是打算改善现有产品，还是推出新产品，抑或两者兼有？这些备选方案和相关的行动需要依据各自的总体风险、资源需求以及财务可行性来谨慎权衡。

财务计划及预算编制

在大多数企业中，资源都是稀缺的。如果资源并不稀缺，企业就可以随心所欲地投入人力和财力去应对机遇和困难，并且在竞争中获得压倒性的胜利。但是在资源稀缺的条件下，企业需要把人力和财力投入到战略及相关策略上。企业的战略目标和关键指标应当作为企业有形及无形资产分配的自上而下的驱动器。当持续经营业务明显需要支持的时候，关键资源就应当被分配到最重要的战略项目和优先项目上。大多数企业利用它们的预算和薪酬方案来分配资源。不过这两者都需要根据企业战略目标和指标进行谨慎调整，以成功实施战略。

企业实现这一调整的最佳方法是在其运营计划的基础上制定财务计划，或者更直接地说，依据其具体的策略和行动来对其资源进行分配并编制预算。例如，如果策略是构建一个新的销售渠道，那么营业收入和成本的预算需要分配给这一渠道，而不是仅仅分配给某一职能单位，比如营销部门或者研发部门。没有这类策略性资源计划，就不可能对那些策略和整体战略的成功进行评价。这一类型的联系能够帮助企业避免"随机的"预算削减问题，"随机的"预算削减很容易影响到相关的战略。基于策略的预算编制能够确保特定预算项目与特定策略或行动之间很好地建立了联系，并且员工也充分了解了这一联系。

　　财务计划和预算编制流程有一个逻辑结构，该结构通常始于策略，策略会产生某种形式的收入。对于销售商品或服务的企业来说，产生收入的能力基于其直接生产商品及服务的能力，或者获取正确的商品及服务的能力。设定一个收入额之后，企业就可以知道要实现这一收入水平所需的成本。通常情况下，这需要多个部门的投入。也就是说，这一流程需要协作，职能之间的依存关系需要得到清楚地传达和理解。除了协同性的投入之外，企业还需要增加各类间接成本及所需的资本成本。这些信息在合并后就可以反映出策略的成本，以及将计划付诸实施所需的现金量。

9.3　思考与回顾

　　1. 运营计划的目的是什么？
　　2. 以策略为中心的计划是什么？以预算为中心的计划是什么？
　　3. 财务计划的主要目的是什么？

9.4　监控：我们做得如何

　　在运营计划和财务计划的执行过程中，企业的绩效必须得到监控。监控绩效的完整框架必须解决两个关键问题：监控什么以及如何监控。由于不可能观察到所有的事情，因此企业需要集中注意力监控特定的问题。企业在确定了指标或量度之后，就需要制定一个用于有效监控并应对这些因素的战略。

　　在 9.6 节和 9.7 节中，我们将详细考察如何通过 BPM 系统确定监控对象。现在我们只是想指出，这些对象通常是由战略规划中的 CSF 以及指标确定的。例如，如果一家仪器制造商的一个战略目标是提高现有产品线的总体利润率，在未来三年中每年实现 5% 的增长。那么接下来这家公司就要在这一年中监控其利润率来判断趋势，看是不是能达到每年 5% 的增长率。同样，如果这家公司计划在未来两年内每季度推出一个新产品，就需要对预定时期内的新产品推出进行追踪。

诊断控制系统

　　大多数公司都采用诊断控制系统来监控企业绩效并纠正其与现有绩效标准的偏差。即使是没有正规的 BPM 流程或系统的企业也都这样做。**诊断控制系统**（diagnostic control system）是一个控制系统，意味着它具有输入、一个将输入转化为输出的处理过程、一个与输出比较的标准，以及一条反馈通道来传递输出与标准之间的偏差信息，从而采取行动。实质上，任何信息系统都可以用作诊断控制系统，只要它能够做到：（1）预先设置目标；（2）衡量输出；（3）计算绝对或相对绩效偏差；（4）利用偏差信息作为反馈来修正输入和/或处理过程，使得绩效可以重新与当前的指标及标准相一致。图 9—2 显示了诊断控制系统的关键组成部分。平衡计分卡、绩效仪表盘、项目监控系统、人力资源系统以及财务报告系统都可用作诊断系统。

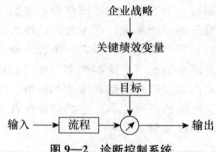

图 9—2　诊断控制系统

资料来源：R. Simons，Performance Measurement and Control Systems for Implementing Strategy，p. 207，Prentice Hall，Upper Saddle River，NJ，2002.

　　一个有效的诊断控制系统鼓励例外管理。经理会定期接收预定的异常报告，而不必持续监控一系列内部处理流程和指标并比较实际结果与计划结果。与预期相符的指标几乎不会受到重视，但是只要发现了一个明显差异，经理就需要投入时间和精力来调查偏差原因，并采取适当的补救行动。

差异分析的误区

　　在很多企业中，绝大部分例外分析关注的是职能部门不能达到预期目标时的负面差异，很少有人对正向差异进行回顾以发现潜在机遇，也很少有人在分析时关注差异模式的基础假设。请仔细思考图 9—3 中所示的两条路径。在这幅图中，*A* 与 *B* 之间的虚线表示某一特定时间段内的计划或者说预期的结果。由于计划在实际操作中会有一些较小的偏差，因此实际结果与预期结果之间可能会存在微小的偏差。当偏差大到超出预期时，就被视为需要改正的操作失误。在这种情况下，经理通常会指导员工来尽其所能地让计划回到正轨。如果收入低于计划，他们就会被责备没有努力销售。如果成本超出计划，他们就会被告知不能再花钱了。

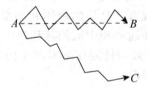

图 9—3　是操作偏差还是战略问题

　　但是，如果我们的战略假设（而不是行动）本来就是错的呢？如果企业需要改变其战略方向从而转向 *C*，而不是继续执行原有计划呢？做这类决策的唯一方法是对更多的指标进行监控，而不是局限于实际绩效与预期绩效的比较。无论使用什么诊断控制系统，都需要对基本假设、因果关系以及预期战略的总体有效性进行追踪。例如，设想有一个致力于新产品推出的增长战略。该战略通常是基于某些市场需求或者某些供应商的部件可用性的假设。随着战略的实施，管理人员不仅要监控与新产品相关的收入和支出，还需要监控市场需求、部件可用性及其他关键假设。

9.4　思考与回顾

　　1. 监控框架能回答的关键问题有哪些？

2. 诊断控制系统的关键组成部分有哪些？
3. 什么是例外管理？
4. 从管理角度看，差异分析的一个主要缺陷是什么？

9.5 行动与调整：我们怎样能够做得不同

无论一家公司是想实现业务增长，还是只想改善运营，实际上所有战略都要依赖于新项目——创造新产品、进入新市场、获得新客户或生意、精简某些流程以提高效率。大多数公司都以乐观而非客观的态度来着手启动这些新项目，而忽略了一个基本现实：大多数新项目和新事业都会以失败告终。失败的概率有多大？很明显，这与项目类型有关（Slywotsky and Weber，2007）。好莱坞电影的失败率大约是 60%，兼并和收购的失败率也差不多是 60%，IT 项目的失败率达到 70%，新的食品产品的失败率为 80%，新药品的失败率更高，达到约 90%。从总体上来看，大多数新产品或事业的失败率在 60%～80% 之间。

一个项目失败的原因有很多，有可能是所考虑的选择或者方案太少，有可能是没有预测到竞争对手的动向，有可能是忽略了经济或社会环境的变化，有可能是没有准确预测市场需求，还有可能是低估了成功所需的投资额，这些只是所有可能原因中的很小部分。由此可见，对于一家企业来说，持续地监控成果、分析所发生的情况、判断发生的原因并进行相应的行动调整至关重要。

重新思考一下哈拉斯的闭环营销体系，这一体系展示在图 9—4 中。正如该图中所描绘的，整个流程有五个基本步骤：

1. 该环路开始于对营销活动或测试流程的可量化目标的定义，定义形式是实验测试组与控制组顾客的预期值或预期结果。

2. 执行这项活动或测试。活动的目的是在合适的时间提供合适的报价和信息。对顾客以及他们所受待遇的选择都是根据他们先前在哈拉斯的经历来确定的。

3. 对于每位顾客对该活动的反应进行追踪。不仅要衡量反应率，还要追踪其他的指标，例如激励所产生的收入，以及激励是否引起了行为的正向变化（如，提高了访问频率、访问概率，或者增加了不同赌场之间的交叉活动）。

4. 评估该活动的有效性，这是通过确定该活动的净值以及相对于其他活动的盈利能力来完成的。

5. 哈拉斯了解到哪些激励对顾客行为产生最有效的影响或者能使利润率得到最大提高。这些知识将用于对其营销方法进行持续修正。

多年来，哈拉斯进行了数千次这样的测试。尽管这五个步骤都很重要，但是哈拉斯不断地对其战略进行分析和调整以获得最佳效果，从而使自己有别于其竞争对手。

与哈拉斯相类似，大多数企业都投入了大量金钱和时间来制定计划、收集数据并生成管理报告。但是这些企业中的大多数在绩效管理方法上都相形见绌。正如 Saxon Group 的研究所指出的那样（Axson，2007）：

> 大多数企业都试图采用半个世纪前的管理方法来管理日益多变且复杂的流程。详尽的五年战略规划、静态的年度预算、按日历进行的报告以及令人伤透脑筋的详细财

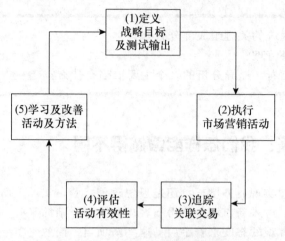

图 9—4 哈拉斯的闭环营销模型

资料来源：H. Watson and L. Volonino, "Harrah's High Payoff from Customer Information," The Data Warehousing Institute Industry Study 2000-Harnessing Customer Information for Stategic Advantage：Technical Challenges and Business Solutions, January 2001. terry. uga. edu/~hwatson/Harrahs. doc（accessed June 2009）

务预测，都是在管理变化及不确定性方面基本无效的工具。但是很多企业依然将它们作为管理流程的基础。

Saxon Group 咨询公司是由戴维·阿克森（David Axson）领导的，他曾就职于一家全球战略顾问公司 Hackett Group，是最佳实践咨询、标杆管理及转型咨询服务的领军人物。阿克森曾参与超过 300 项标杆管理研究。从 2005 年年中到 2006 年年中，Saxon Group 对来自北美、欧洲和亚洲的超过 1 000 名财务主管进行了调研或者通过召开工作会议的方式来了解企业管理方面的现状。这些公司涵盖了全部主要行业。大约 25％的公司年收入低于 5 亿美元，55％的公司年收入在 5 亿～50 亿美元之间，还有 20％的公司年收入超过 50 亿美元。

以下是 Saxon Group 调查结果的摘要（Axson，2007）：

● 只有 20％的企业采用了综合绩效管理体系，尽管与五年前不足 10％相比已经有所提高。

● 每 10 家企业中只有不到 3 家企业所制定的计划会清晰地指出主要项目或行动的预期结果。大多数企业只关注错的事情。财务计划没有显示每项行动的预期成本和收益，也没有指出所需的总体投资。策略计划没有描述所要采取的主要行动。

● 在向管理人员报告的信息中，超过 75％的信息都是历史资料，关注的是内部；只有不到 25％的信息是对未来的预测，或者关注的是市场。

● 普通的知识工作者只将其不到 20％的时间用在具有更高价值的分析和决策支持工作上。对具有更高价值的任务所需数据进行搜集、验证之类的工作会耗费他们大多数的时间。

普通公司的这种规划及报告方法的影响在于，管理人员几乎没有时间来从战略视角回顾结果，决定哪些工作应当以不同的方式完成，并且按照修订的计划行事。实际上，企业的战略、策略与预期结果之间几乎没什么联系（Axson，2007）：

……使得很多企业在事情没有按计划进行时处于危险境地（大部分情况下都是如此）。如果对策略和目标之间的因果联系没有清晰的理解，对于今天的行动能否产生明天的预期结果，你就几乎没有信心。拥有最佳做法的企业不一定做出了更好的预测或者计划，但是它们准备充分，在快速识别变化或问题、诊断根源并且采取纠正行动方面做得非常出色。

9.5　思考与回顾

1. 为什么 60%～80% 的新项目或事业都以失败告终？
2. 请描述哈拉斯闭环模型的基本步骤。
3. 根据 Saxon Group 的研究结果，普通公司的绩效管理做法是什么样的？
4. 为什么只有很少的公司有时间分析其战略及策略结果，并依据分析采取纠正行动？

9.6　绩效考核

BPM 的基础是**绩效考核体系**（performance measurement system）。西蒙斯（Simons，2002）对绩效考核体系的描述如下：

> 通过将实际结果与战略目标和指标进行对比，可以帮助经理追踪企业战略的实施情况。一个绩效考核体系通常包括将商业目标和反映进展情况的定期反馈报告相结合的系统方法。

所有的考核实际上都是关于对比的。原始数据基本上没有什么价值可言。如果你被告知，一个销售人员在一个月内的成交率为 50%，这几乎没有意义。但是如果你被告知，该销售人员去年的月成交率为 30%。那么很明显，这个趋势是好的。如果你还被告知，公司所有销售人员的成交率是 80% 呢？很明显，这个销售人员需要加把劲了。正如西蒙斯的定义所指出的那样，在绩效考核过程中，对比主要围绕着战略目标和指标来进行。

KPI 和业务指标

"一般化"指标同"与战略一致"的指标是有区别的。**关键绩效指标**（key performance indicator，KPI）常用于指代后者。一个 KPI 表示一个战略目标，用来根据目标衡量绩效。根据 Eckerson（2009）的观点，KPI 是多维的。也就是说，KPI 具有多类特征，包括：

- 战略。KPI 是战略目标的体现。
- 指标。KPI 根据具体的指标来衡量绩效。指标是在战略、规划以及预算会议中确定的，可以有多种形式（如，成就目标、削减目标、绝对目标等）。
- 值域。指标具有绩效值域（如，超过、达到或者低于指标）。
- 编码。这些值域被编入软件，使得绩效可以可视化显示（如，绿、黄、红）。编码可以基于百分比或者更复杂的规则。
- 时间范围。指标会被明确相应的时间范围，在这个时间范围内指标必须被完成。一个时间范围通常被划分为更小的区间，来制定绩效里程碑。
- 基准点。指标的衡量要根据基线或者基准点进行。上一年的结果通常被用作基准点，不过也可以采用任意数字或者外部基准点。

通常对于作为"结果"的 KPI 与那些作为"驱动"的 KPI 要进行区分。结果 KPI 有时也称作"滞后指标"（lagging indicator），衡量过去活动的产出（如收入）。它们在本质上通常都是与财务相关的，但也有例外。驱动 KPI 有时也称作"领先指标"（leading indicator），衡量那些对结果 KPI 有显著影响的活动。

在某些领域，驱动 KPI 有时也称作业务 KPI，这有点矛盾（Hatch，2008）。大多数企业收集了各类不同的指标。正如其名称所表明的那样，这些指标针对的是企业的业务活动和绩效。下面的例子给出了这些指标所涉及的业务领域的类别：

- 客户绩效。有关客户满意度、问题解决的速度和准确度以及客户保留的指标。
- 服务绩效。有关服务电话解决率、服务续期率、SLA 遵从性、交付绩效以及回报率的指标。
- 销售业务。新的销售渠道、销售会议以及服务订单的平均完成时间。
- 销售计划/预测。有关购买价格准确度、采购订单履行率、预测计划比率以及不可变更合同的指标。

一个业务指标是不是战略性的取决于公司及其使用这些指标的方式。在很多例子中，这些指标是战略成果的关键驱动力。例如，Hatch（2008）回忆了一个中型酒水经销商的例子，这个经销商在上游受到供应商的联合压榨，在下游还要受到零售商的联合压榨。为了应对这一现状，它决定关注四个业务指标：现有/准时库存可用性、出色的"开放"订单价值、全新账户、推销成本以及营销投资回报率（return of marketing investment，RMOI）。其努力的结果是一年内营业收入增长了 12%。很明显，这些业务指标是关键驱动力。但是正如后面章节中所要谈到的，在很多案例中，公司仅仅评测了那些容易获得的数据，而几乎从未考虑为什么要收集这些数据。这样的结果明显是对时间、精力以及金钱的浪费。

现有绩效考核体系的问题

如果你对当今的大多数公司进行调查，你会发现很难找到一家宣称自己没有绩效考核体系的公司。其中最流行的体系是卡普兰和诺顿（Kaplan and Norton）的平衡计分卡（BSC）的变体。各类调查和基准研究指出，无论在何处，都有 50%～90% 以上的公司曾经实施了某种类型的 BSC。例如，从 1993 年开始，贝恩公司（Bain & Company）每年都对大量的各类国际高级管理人员进行调查，从而确定企业广泛采用的是何种管理工具。2008 年的调查结果是基于 1 400 多名管理人员的回应得出的。调查结果显示，有 53% 的公司正在使用 BSC。但在多数情况下，当同一管理人员被要求描述他们的 BSC 时，他们好像并不太清楚是什么构成了"平衡"。但是 BSC 的创始人卡普兰和诺顿很清楚这一点（1996）：

> BSC 方法的中心是与企业战略方向相联系的考核系统的整体性。它主要从四个方面加以考量，能衡量客户、内部、学习以及成长性方面的财务指标。

Saxon Group 发现，绩效考核的绝大部分是财务上的衡量（65%），并且关注历史性指标（80%），而且对内部的关注要多于外部（75%）。这些公司真正拥有的只是"计分卡"———一套报告、表格以及详细展示，使其可以对实际结果和预期结果相比较，以得出一大堆杂乱无章的指标。

以日期为导向的财务报表是大多数绩效考核体系的一个主要组成部分。这很正常，原因如下：第一，这些体系中的大多数内容都在财务部门的管辖范围之内。第二，大多数企业（Saxon Group 认为是 67%）将计划过程视为每年都要完成的财务活动。第三，大多数管理人员很少相信财务和业务数据之外的数据。调查显示，管理人员重视各种不同类型的信息（如，财务、业务、市场、客户方面的信息），但是他们认为除了财务和业务领域外，大多数数据都是可疑的，并且他们不想拿自己的职位为信息质量下赌注。

将财务数据作为一个绩效考核体系的核心，其缺点是众所周知的。最常提到的几个缺陷是：

- 财务指标通常按照组织结构而不是产生指标的流程进行上报。
- 财务指标是历史指标，只表明发生过什么，而不表明为什么发生或者将来要发生什么。
- 财务指标（如管理费用等）通常是分配的产物，与产生它们的潜在流程无关。
- 财务指标关注短期情况，基本不提供长期信息。

财务短视并不是困扰企业实施绩效考核体系的唯一问题。过度考核与间接考核也是现有体系所面临的主要问题。

我们常常可以看到，企业自豪地宣布它们正在对 200 个甚至更多的公司级指标进行考核。很难想象一辆车的仪表盘上如果有 200 个刻度盘，这辆车该怎么开。同样，企业的仪表盘上如果有 200 个刻度盘，那么我们要驾驭这家企业也会遇到麻烦。我们都知道，一个人很难同时关注大量问题，有的事情会被简单地推到一边。企业很少撤下它们已有的指标，使得这类过载问题进一步恶化。如果某些新数据或者数据请求出现，就会被简单地加入清单。如果今天有 200 个指标，明天可能就是 201 个，后天可能就增加到 202 个。尽管计划不断改变，问题与机遇此消彼长，但是企业不会花精力去判断现有的指标清单是否仍适用。

管理人员对很多考核指标都缺乏直接控制。Michael Hammer（2003）称之为"间接原理"。一方面，企业需要监控像每股收益（earning per share，EOS）、股本回报率（return on equity，ROE）、盈利能力、市场份额以及客户满意度之类的指标。另一方面，这些指标只能间接获得。能够被控制的是单个工人或者雇员的行动。遗憾的是，任何个别行动对企业战略或者业务部门战略的影响都是微不足道的。真正至关重要、需要控制的是战略商业模型或者方法，从公司高层到负责执行底层行动的个人，自始至终关注企业目标。

有效的绩效指标

很多书都就绩效指标的优劣问题给出了指导。一个好的绩效指标组合的基本特征是：

- 指标应当关注重要因素。
- 指标应当是过去、现在及未来的融合。
- 指标应当平衡股东、雇员、合作伙伴、供应商及其他利益相关者的需求。
- 指标应当实现上自高层、下至底层的全覆盖。
- 指标应当基于研究和实际，而不是武断确定的。

正如前面提到的，尽管所有这些特征都很重要，但是一个真正有效的绩效考核体系的关键在于具有一个优秀的战略。指标需要从企业和业务部门的战略及实施战略所需的关键业务流程中提取。当然，知易行难。如果做起来真的那么容易，大多数企业现在就都已经用上有效的绩效考核体系了，但是实际上并非如此。

9.6 思考与回顾

1. 什么是绩效考核体系？
2. 什么是 KPI？其特征是什么？
3. KPI 与业务指标有何不同？
4. 只用财务指标考核绩效的缺陷有哪些？
5. 什么是间接原理？
6. 一个好的绩效指标组合应具有哪些特征？

9.7 企业绩效管理的方法

绩效考核不仅仅是计分。一个有效的绩效考核体系应当帮助企业做到以下几点：

- 使顶层战略目标与底层行动保持一致。
- 及时识别机会与问题。
- 确定优先级，并根据优先级来分配资源。
- 当基本流程和目标发生改变时对指标进行相应调整。
- 详细描述责任，并据此理解实际绩效，对成绩进行奖励与认可。
- 在有数据保证时采取行动来改善流程和程序。
- 以更可靠和更及时的方式来进行规划及预测。

企业要完成这些目标以及其他目标，就需要一个全面的或者系统的绩效考核框架。在过去的 40 年甚至更久的时间里，涌现出了各类体系，其中，作业成本法（activity-based costing，ABC）关注财务状况，全面质量管理（total quality management，TQM）面向流程。在下面的讨论中，我们将考察两种应用广泛、面向 BPM 基础流程的方法：平衡计分卡（thepalladiumgroup. com）以及六西格玛（motorola. com/motorolauniversity. jsp）。

平衡计分卡

绩效管理体系中最著名同时应用最广泛的要数**平衡计分卡**（balanced scorecard，BSC）。卡普兰和诺顿在 1992 年发表于《哈佛商业评论》的文章《平衡计分卡：驱动绩效的指标》中首次明确表述了这一方法。1996 年，他们出版了一本富有开创性的著作——《平衡计分卡，将战略转化为行动》（*The Balanced Scorecard：Translating Strategy into Action*），该书记录了企业是如何使用 BSC 在财务指标之外补充非财务指标，并且就企业战略进行沟通和实施的。在过去的数年里，BSC 已经如同可乐一样成为通用名词，用来指代各种类别的计分卡，无论它是平衡性的还是战略性的。作为对这一术语滥用的回应，卡普兰和诺顿在 2000 年出版了新作《战略聚焦型企业：采用平衡计分卡的公司是如何在新的商业环境中蓬勃发展的》（*The Strategy-Focused Organization：How Balanced Score-card Companies Thrive in the New Business Environment*），该书旨在再次强调 BSC 方法的战略本质。2004 年出版的《战略地图：将无形资产转化为有形成果》（*Strategy Maps：Converting Intangible Assets into Tangible Outcomes*）秉承了这一主旨，描述了如何将战略目标与经营策略和行动相联系的详尽流程。他们于 2008 年出版的最后一本著作《平衡计分卡战略实践》（*The Execution Premium*）聚焦于横亘在战略构想制定与运营执行之间的战略缺口。

平衡的含义　从一个高层次的角度来看，平衡计分卡既是一种绩效考核方法也是一种管理方法，可以协助企业将其财务、客户、内部流程、学习与成长的目标及指标转化为一套可行的措施。作为一种衡量方法，BSC 可以用来克服财务聚焦型系统的局限性，它通过将企业的愿景和战略转换为一套相互关联的财务及非财务战略、度量、指标和措施来实现。非财务目标有以下三个维度：

- 客户。这些目标明确了企业若要实现其愿景应如何面对客户。
- 内部业务流程。这些目标详述了企业为了满足其利益相关者和客户的需求所必须擅长的流程。
- 学习和成长。这些目标指出了企业要实现愿景应如何提高其变革与改进的能力。

总的来说，这三个维度组成了一个简单的因果关系链："学习与成长"驱动了"内部业务流程"的变革，产生有关"客户"的结果，这些结果用来达成企业的财务目标。稍后提到的图 9—5 展示了一个简单的链条的例子。

在 BSC 中出现"平衡"一词是因为指标的组合应当包含下列指标：

- 财务与非财务；
- 先行性与历史性；
- 内部和外部；
- 定量与定性；
- 短期与长期。

保持战略与行动的一致性　作为一种战略管理方法，BSC 使企业可以令其行动与总体战略保持一致，这一点是通过一系列相互关联的步骤完成的。不同的书中介绍的具体步骤不尽相同，在卡普兰和诺顿 2008 年出版的著作中列出了一个六阶段流程：

1. 构思并创建战略。构建并阐明企业的使命、价值观和愿景；通过战略分析找出影响战略的内部及外部力量；定义企业的战略方向，阐明企业要实现什么以及如何实现。
2. 规划战略。将战略方向的陈述转化为明确的目标、度量、指标、措施和预算以指导行动，并使企业上下保持一致，确保有效地执行战略。
3. 使企业保持一致。确保业务部门和辅助部门的战略与企业战略协调一致，确保充分激励员工来执行战略。
4. 规划业务。确保战略所需的改变都转化为业务流程的改变，确保资源能力、运营计划以及预算可以反映出战略的方向和需求。
5. 监控和学习。通过正式的业务审查会议来判断短期财务和运营绩效是否与具体指标相一致，通过战略审查会议来判断总体战略是否得到成功执行。
6. 战略测试与调整。通过战略测试及调整会议判断战略是否有效、基本假设是否仍然成立、战略是否需要随时间的推移进行修改或者调整。

从表面来看，这些步骤与图 9—1 所示的闭环 BPM 循环十分类似。这并不奇怪，因为 BSC 方法就是一种 BPM 方法。但是 BSC 方法与 BPM 方法的区别在于，BSC 使用了两个独有的创新性的工具——战略地图和平衡计分卡。

战略地图和平衡计分卡相辅相成。**战略地图**（strategic map）通过给出关键企业目标中的一系列因果关系，来详细描绘价值创造的过程，这些目标包括 BSC 的全部维度——财务、客户、流程、学习与成长。平衡计分卡会跟踪可行指标以及与各类目标相关的指标。它们共同帮助企业转化、沟通和衡量战略。

图9—5展示了一个虚构公司的战略地图和平衡计分卡，其中包括用来帮助企业达成其指标的措施组合。从这张地图上我们可以看到，该企业有四个目标，涵盖了BSC的四个维度。与其他的战略地图一样，这张地图始于财务目标（即，增加净收入）。这一目标由客户目标驱动（即，增加客户保留数）。接下来，客户目标又是内部流程目标（即，提高呼叫中心绩效）的结果。这张地图的最下层是学习目标（如，减少雇员流失）。

	战略地图：关联的目标	平衡计分卡：度量及指标		战略方案：行动计划
财务	增加净收入	净收入增长	增长25%	
客户	增加客户保留数	维持保留率	提高15%	改变许可及维持合同
流程	提高呼叫中心绩效	解决问题的时间	缩短30%	呼叫中心的流程标准化
学习与成长	减少雇员流失	主动离职率	降低25%	提高薪酬与奖金

图9—5　战略地图和平衡计分卡

战略地图上的每个目标都有相应的度量、指标和措施。例如，"增加客户保留数"这一目标可由"维持保留率"来衡量。对于这一度量，我们可以将指标设定为在上年业绩的基础上增加15％。实现这一目标的方法之一是改变（简化）许可及维持合同。

总的来说，像图9—5这样的战略地图是公司假设模型的一部分。当我们针对各类措施给出具体名字（个人或者团队）之后，这个模型就可以将企业的底层行动与顶层战略目标协调一致。将实际结果与预期结果相比较，企业就可以判断出该假设所体现的战略是否存在问题，或者针对该假设各个部分的行动是否需要调整。

图9—5给出的战略地图相对简单和容易，只展示了企业的部分情况。大多数战略地图更复杂，并且覆盖了更广泛的目标。由于它们的复杂性，卡普兰和诺顿引入了"**战略主题**"（strategic theme）这一概念。"战略主题将战略分割为数个不同的价值创造过程"，每个战略主题都表示这一系列相关的战略目标。例如，在图9—5中，这一系列目标可以被称为"客户管理"。如果图9—5中的这家虚构公司还想通过收购竞争者来增加净收入，那么它也许会有一个"合并和收购"主题。战略主题的核心思想就是简化对战略进行构思、执行、跟踪及调整的流程。

六西格玛

六西格玛（Six Sigma）自20世纪80年代正式创立以来，被世界各地的企业广泛采用。通常情况下，六西格玛不被用作绩效管理方法，而是作为流程改进方法，使企业可以细致检查其流程、定位问题并采取改进措施。近年来，一些企业开始认识到使用六西格玛对于战略目标的价值。在这些企业中，六西格玛为衡量并监控那些与企业盈利能力相关的关键流程提供了工具，并促进了整体业务绩效的提高。由于六西格玛注重业务流程，它还为解决已经发现或检测出的绩效问题提供了一种简单的方法。

六西格玛的定义　六西格玛最早出现于 20 世纪 70 年代末，尽管它的很多理念都可以追溯到更早的质量改进努力（en. wikipedia. org/wiki/Six_Sigma）。"六西格玛"一词是由摩托罗拉工程师比尔·史密斯（Bill Smith）首创的。实际上，六西格玛是摩托罗拉的联邦注册商标。在 70 年代末及 80 年代中前期，摩托罗拉在内部及外部压力的驱使下实施了六西格玛。从外部来看，其竞争者能够提供质量更高、价格更低的产品，这使摩托罗拉在市场上遭受了打击。从内部看，一家日本企业接管了一家制造 Quasar 电视机的美国摩托罗拉工厂，其使用常规操作程序所生产的电视机的缺陷率是原先的 1/20。这使摩托罗拉的高管不得不承认他们的质量不太好。为了应对这些压力，摩托罗拉的 CEO 鲍勃·高尔文（Bob Galvin）带领企业走上了一条名为"六西格玛"的质量之路。从那时起，包括通用电气、联合信号、杜邦、福特、美林、卡特彼勒和东芝在内的世界各地数以百计的企业相继使用六西格玛，并且使营业收入增加了数十亿美元，提高了盈利水平。

在六西格玛中，一个企业被看成是一系列流程的组合。商业活动是指将包括供应商、资产、资源（如资本、原材料、人力）、信息在内的投入通过其他人或者过程转化为一系列产出的诸多活动。表 9—1 列出了一些能够影响企业整体绩效的业务流程的类别。

表 9—1　　　　　　　　　　　　　　　**业务流程的类别**

会计与评估	学习与创新
行政与设备管理	维护与合作
审计与改进	合作伙伴与联盟
业务规划与执行	生产及服务
商业政策及程序	采购及供应链管理
全球营销及销售	招聘与开发
信息管理及分析	研发
领导力及盈利能力	

资料来源：P. Gupta，*Six Sigma Business Scorecard*，2nd ed.，McGraw Hill Professional，New York，2006.

西格玛（σ）是希腊字母，统计学家用这个字母表示过程中的变异性。在质量领域，变异性是缺陷数量的同义词。公司的业务流程中有大量的变异性。从数字上看，正常情况下百万缺陷机会数（defects per million opportunities，DPMO）为 6 200～67 000。举例来说，如果一家保险公司处理 100 万件索赔，那么在正常操作程序下，这些索赔中的6 200～67 000 件可能是有缺陷的（如，处理不当、表格有错等）。这种变化程度代表一个3～4 西格玛的绩效水平。企业要达到六西格玛的绩效水平，就必须将缺陷数量降低到3.4DPMO 以下。因此，六西格玛是一种致力于将业务流程中的缺陷数量降到尽可能接近 0DPMO 的绩效管理方法。

DMAIC 绩效模型　六西格玛基于一个简单的绩效改进模型，称为 DMAIC。与 BPM类似，**DMAIC** 是一个闭环业务改进模型，包括对流程的界定（define）、衡量（measure）、分析（analyze）、改善（improve）及控制（control）等步骤。这些步骤的介绍如下：

1. 界定。定义改善活动的目标和界限，在公司高层，目标就是企业的战略目标；在基层（部门或者项目层面），目标则侧重于具体的业务流程。

2. 衡量。衡量现有体系，建立量化指标来获得统计上有效的数据，这些数据可用来对进展进行监控，看其是否朝着前一步所定义的目标发展。

3. 分析。分析该体系，找到方法来消除当前体系或流程的绩效与预期目标之间的差异。

4. 改善。采取行动，通过找到更好、成本更低或者速度更快的方式来消除差异。利用项目管理及其他规划工具来实施这一新方法。

5. 控制。通过修改薪酬和激励体系、政策、程序、制造资源计划（manufacturing resource planning，MRP）、预算、操作指导或其他管理体系，将改善后的体系制度化。

对于新流程，所使用的模型被称作 DMADV（界定、衡量、分析、设计及核实）。一般来说，DMAIC 和 DMADV 基本上都用于处理运营问题。但是，没有什么可以妨碍将这些方法应用到战略问题（如企业盈利能力）上。

精益六西格玛　近年来，有人开始关注六西格玛与精益制造（lean manufacturing）、精益生产或者简单的精益的结合（en. wikipedia. org/wiki/Lean_manufacturing）。精益的早期概念可以追溯到亨利·福特（Henry Ford）基于工作流程对大规模生产的应用，后来这一概念与丰田的生产流程相结合（被称作丰田生产系统）。"精益生产"一词是约翰·克拉夫奇克（John Krafcik）于 1988 年在题为"精益生产系统的胜利"的文章中率先提出的，该文章发表在《斯隆管理评论》（*Sloan Management Review*）上，是基于作者在麻省理工大学斯隆管理学院的硕士论文完成的，克拉夫奇克在进入麻省理工大学之前曾是丰田和大众汽车联合项目中的一名质量工程师。

六西格玛和精益生产要解决的都是质量问题，表 9—2 对这两种方法进行了比较。

表 9—2　　　　　　　　　　　　　　　精益生产与六西格玛的比较

特征	精益生产	六西格玛
目的	消除浪费	减少变异性
重点	流程	问题
方法	很多小的改进	消除根源
绩效指标	流程所耗用时间减少	统一的输出
结果	浪费减少、效率提高	变化更少，输出一致

资料来源：Compiled from P. Gupta，Six Sigma Business Scorecard，2nd ed. ，McGraw-Hill Professional，New York 2006.

如表 9—2 所指出的，精益生产关注消除浪费或无增值的活动，六西格玛则注重减少变异性或者提高流程的一致性。从精益的角度来说，浪费（或者称作 muda）有多种形式（Six Sigma Institute，2009）：

- 超出需求的过度生产；
- 等待信息的下一处理步骤；
- 不必要的物料运输；
- 过度增值和无增值流程；
- 超过最低限度的库存；
- 不必要的人员流动；
- 生产不合格的部件。

精益可以应用于任何类型的生产或者工作流，并不仅限于制造，其目标是检查流程以消除浪费。下面是一些浪费的例子，它们可能出现在呼叫中心处理客户请求或者投诉的时候。

- 过度生产——给每个人发送了所有信息；

- 等待——人们等着接收信息；
- 运输——将一个呼叫转接给多个接线员；
- 处理过程——对信息发布的过度审批；
- 库存——等待被应答的呼叫者；
- 移动——取回印刷的指导手册；
- 缺陷——提供给呼叫者的信息有误。

精益生产为六西格玛带来的是速度（Poppendieck，2009），因为精益生产消除了无增值的步骤。一旦处理流程只包含增值步骤，六西格玛可用来保证这些步骤以尽可能一致的方式被执行。例如，在呼叫中心的例子中，一旦取回印刷的指导手册的恰当步骤确定了，下一步就是决定这些步骤怎样以一种一致的方式来执行。

六西格玛的回报　六西格玛专家及权威都立即对这一方法给予了好评，并指出像通用电气和霍尼韦尔（Honeywell）这样的企业是体现其价值的证明。通用电气前 CEO 杰克·韦尔奇（Jack Welch）在 1995 年启动了这一项目，公开宣称"六西格玛帮助我们将营业利润率从 1996 年的 14.8% 提升到了 2000 年的 18.9%"。后来，一份来自卡特彼勒的收入公告（2009）显示，该公司将因其六西格玛项目节省 30 亿美元。有人指出，家得宝（Home Depot）等企业是实施六西格玛失败的例子（Richardson，2007）。家得宝大张旗鼓地实施六西格玛是由前 CEO 罗伯特·纳德利（Robert Nardelli）推动的，他曾就职于通用电气。当家得宝走向衰落，并被其竞争对手劳氏公司攻城略地时，纳德利离开了家得宝并宣布六西格玛并不像它所宣称的那样成功。同样，六西格玛的反对者指出，如果一家公司只对生产效率感兴趣，那么这一框架能够运作良好，但是如果一家公司想通过创新来驱动成长，那么这一框架就不灵了（Hindo，2007）。霍尼韦尔发言人的一份声明就这一争论给出了一个更为平衡的观点，他指出，"六西格玛并不是最终的全部解决方案，它只是一套处理工具，我们不会建议一家企业的绩效只依赖于采用这些工具"（Richardson，2007）。

六西格玛与其他商业措施没有什么不同，你需要制定计划并建立指标来对进展进行评估，如果未能实现预期目标，你要做出调整。做到下面这些可以极大地提高六西格玛的成功率（Wurzel，2008）：

- 将六西格玛与企业战略整合。六西格玛在减少流程变异性方面功能强大，目前更多的企业将实施六西格玛获得卓越业绩作为公司战略的一部分。
- 用六西格玛来支持企业目标。成功的部署基于一些只能由六西格玛解决的重要商业挑战或风险。识别挑战意味着企业所有的领导者都要清楚为什么企业要采用基于六西格玛原理的战略。
- 关键的管理人员要参与。企业必须让全部的关键领导者共同设计六西格玛的部署。如果管理者认为实施六西格玛只是从他们那里拿走资源，而不是为他们增加能力并帮助他们更加成功地实现目标，他们是不会全力予以协助的；如果他们认为实施六西格玛只是在消耗重要的预算分配，而不是为可观财务回报奠定基石，也不会主动帮忙。
- 项目选择流程要基于潜在价值。最有效的六西格玛企业都有一个严格的项目流程；对于一个项目能为利益相关者产生多少价值的评估驱动着这一流程，它可以被认为是传递价值与付出努力之间的权衡。
- 项目和资源之间存在临界数量。一些企业以培训少量人员、启动几个示范项目来作为部署的开始。另一些公司则试图在开始的 6 个月内完成全公司的快速部署，培训出数百名"黑带选手"并启动几十个项目。"黑带选手"指的是那些在六西格玛方面训练有素或者经过认证的雇员，他们将投入全部时间来执行六西格玛项目。这两种方式中的任意一种都是可行的，但是每家企业都有自己的六西格玛的临界水平。

● 正在推进的项目得到主动管理。使用六西格玛涉及一些专业技能——比如处理并分析数据的能力，但更重要的是具备优秀的领导技能。对领导力的强调还与一家企业如何挑选人才来填补"黑带选手"的空缺有关。将最有前途的人放到"黑带选手"之位起初会比较艰难，但是他将很快为企业带来成效与改变。

● 对成果需要严格跟踪。六西格玛的结果应当是"现收现付"并且经客观的团体确认的。太多的企业低估了利用可靠的工具来判断项目结果及影响的重要性，或者低估了创建这样一个体系的难度。在规划部署的时候，一家企业必须考虑可能的财务结果的领先指标或者关键绩效指标。至少要定期评估项目周期和项目价值，以了解这些数据的变化。

为了提高六西格玛措施的成功率，包括摩托罗拉、杜克大学医院等在内的一些企业将这些措施与 BSC 措施相结合。通过这种方法，它们的质量措施就直接与其战略目标及指标相联系。同样，Gupta（2006）开发了一种被称为六西格玛计分卡的混合方法，直接将六西格玛中的流程改善方面与 BSC 中的财务维度联系起来。

9.7　思考与回顾

1. 有效绩效管理体系的特征是什么？
2. BSC 的四个维度是什么？
3. BSC 中的"平衡"一词是什么意思？
4. BSC 是如何使战略与行动保持一致的？
5. 什么是战略地图？
6. 什么是战略主题？
7. 六西格玛指的是什么？
8. DMAIC 模型的基本步骤是什么？
9. 请比较精益生产与六西格玛。
10. 请列举提高六西格玛实施成功率的几种方法。
11. 请比较 BSC 和六西格玛。
12. 如何整合 BSC 与六西格玛？

9.8　企业绩效管理技术及应用

在本章，我们将 BPM 定义为一个涵盖性术语，包括了企业用于衡量、监控及管理企业绩效的流程、方法、指标和技术。在 9.2～9.7 节，我们考察了流程、指标和方法。在本节，我们简单介绍剩下的部分——支撑技术及应用。这里的讨论较为简单，因为很多基础技术都在本书其他章节中作了介绍。

BPM 架构

系统架构（system architecture）指的是系统的逻辑设计和物理设计。逻辑设计涉及系统的功能要素及其交互。物理设计详述了如何实现逻辑设计，并采用一系列具体技术来进行部署，例如网络浏览器、应用服务器、通信协议、数据库以及其他类似的技术。从物理的角度看，任何 BPM 解决方案或者实施都有可能极其复杂。从逻辑的角度看，它们通常都非常简单。从逻辑上讲，BPM 系统包括三个基本部分或者说层（见图 9—6）。

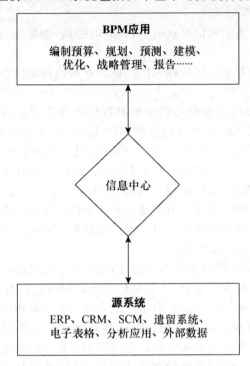

图 9—6　BPM 逻辑系统架构

● BPM 应用。这一层为那些将用户交互与源数据转换为预算、规划、预测、报告、分析等的流程提供支持。每个企业在实施 BPM 时的具体应用不尽相同，会根据自身的具体需求和战略焦点有所变化。任何 BPM 解决方案必须是足够灵活、可扩展的，使企业可以找到它们自己的路，包括决定该使用哪些应用以及何时开始。不过实际上，有一些 BPM 应用是十分常见的。我们稍后将讨论这些应用。

● 信息中心。大多数 BPM 系统都需要来自各类源系统（如 ERP 或 CRM 系统）的数据及信息。这些数据及信息可以通过多种方式访问。但是在一个设计完善的 BPM 系统中，来自这些系统的数据通常被映射并存储到一个中心位置，通常是一个数据仓库或者数据集市。

● 源系统。这一层表示的是全部的数据源，它们所包含的信息要输出到 BPM 信息中心。对于大多数大型企业来说，其中包括来自各类企业系统的财务及其他运营数据。完整的解决方案还将访问关键的外部信息，例如产业趋势以及竞争者情报，从而使企业对竞争环境及企业绩效有更为深入的了解。BPM 应用很少直接访问源数据。一般来说，ETL 应用、EAI 应用或者网络服务会用来移动或者连接信息中心的数据。

BPM 应用　BPM 需要各类应用来覆盖从战略规划到运营规划及预算，再到监控，最终到调整及行动的整个闭环流程。尽管流程覆盖面较广，但是产业分析集团 Gartner 认为，这些流程中的大部分都可以使用以下应用来解决（Chandler et al. , 2009）：

1. 战略管理。战略管理可以为企业提供一种打包方案，为战略规划、建模及监控提供支持，从而提高企业绩效、加快管理决策并促进合作。这些解决方案通常与战略地图或方法（如平衡计分卡）有关。战略管理可以包括以下功能：

● 使用"基础案例扩展"或者"基于措施"的方法以及情景建模来创建高级业务规划并对其进行评估。

● 使用类似项目管理的工具来对行动/目标进行管理，使得经理可以按照战略执行具体任务。

● 使用计分卡和战略地图来记录战略、目标和任务；衡量绩效；为整个企业的交流提供协作的氛围。

● 使用仪表盘来聚合并显示指标和 KPI，使企业可以快速检查这些信息，再用其他 BI 工具对它们进一步处理。

BPM 套件应当至少提供仪表盘功能来帮助以用户易于理解的方式展示绩效信息。但是更优秀的企业正在实施战略地图（相连的 KPI 框架），使用计分卡软件将 BPM 与 PM 的其他方面相互连接，因此，战略管理成为 BPM 套件中越来越重要的方面。

2. 预算、规划及预测。这些应用支持对预算、规划及预测中各部分的创建，包括短期财务指标、长期规划和高层战略规划。这些应用应当将工作流能力投入到对预算/规划创建、提交及审批的管理中，并且为预测及方案的动态创建提供帮助。还应当支持企业规划模型的开发，这一模型将运营计划与财务预算相联系。此外，还必须能够与特定领域的应用（如供应链规划）进行数据共享。

3. 财务合并。这类应用使企业可以根据不同的会计准则及联邦法规对财务数据进行协调、合并以及汇总。这些应用是 BPM 的基础部分，因为它们为那些要与其他 BPM 应用分享以分析与目标之间差异的财务信息构建经过审计的企业级视图。

4. 盈利能力建模及优化。这些应用包括在高粒度水平上确定和分摊成本的作业成本法（ABC）应用，以及作业基础管理应用，它使得用户在不同成本及资源配置战略下对盈利能力的影响进行建模。一些应用已经在传统 ABC 关注点的基础上向前迈进，使得企业可以根据其包装战略、捆绑战略、定价战略及渠道战略对营业收入及成本进行分配。

5. 财务、法定及管理报告。BPM 应用需要专业的报表工具将产出转换为结构化的财务报表，还需要支持一般公认会计准则（Generally Accepted Accounting Principles，GAAP）中特定的表示形式，如美国 GAAP 或者国际财务报告准则，还要包括像双曲树这样的可视化技术，支持对实际数据与预算或目标之间差异的分析。

商业 BPM 套件

BPM 市场上有些软件企业提供套件，套件中的 BPM 核心应用（如预算、规划及预测；盈利能力建模及优化；计分卡；财务合并；法定及财务报告）至少有三个。

增长的主要驱动力来自用户不断地将基于电子表格的应用更新为更稳健的分析工具。BPM 与任一行业中的每个企业都是相关的，这是因为所有企业都需要分析（如，盈利能力分析及绩效评估）以及管理信息（如，财务管理报告、预算和法定报告）来支持 CFO 和财务团队，并将管理信息提供给领导小组，这是 BPM 所关注的核心领域之一。

在过去的三四年里，BPM 市场最大的变化是 BPM 厂商的合并。在较早的数年里，BPM 市场由专业厂商所控制，包括海波龙、康格诺（Cognos）和 SAS，后来，甲骨文收购了海波龙，IBM 收购了康格诺，SAP 收购了博奥杰（Business Objects），现在，这个市场由大型供应商控制，包括甲骨文海波龙、IBM 康格诺以及 SAP 博奥杰。这些大型供应商再加上恩富软件（Infor）和 SAS，占据了 BPM 市场 70% 的份额。

正如我们对所关注的大量软件市场所做的那样，Gartner 为 BPM 套件供应商建立了一个魔力象限（Chandler et al.，2009），这一象限按照企业的执行能力及其前瞻性进行了定位，将这两种维度相结合就得到了厂商的四种类型。图 9—7 展示了每种类型的 BPM 软件厂商，根据 Gartner 的说法，甲骨文海波龙、SAP 博奥杰和 IBM 康格诺都处于领导者象限，这就恰好印证了大型厂商领导 BPM 市场这一现实。

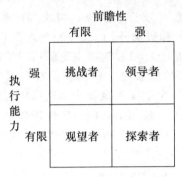

图 9—7　Gartner 的魔力象限

　　一个套件必须至少有三个基本的 BPM 应用才能被 Gartner 魔力象限所考虑，这意味着各类套件所提供的功能是类似的。表 9—3 对领导者象限中的三个 BPM 套件的各类应用进行了总结。

表 9—3　　　　　　　　　　　　　SAP、甲骨文和 IBM 所提供的应用

BPM 应用	SAP 博奥杰 企业绩效管理	甲骨文海波龙 绩效管理	IBM 康格诺 BI 及财务绩效管理
战略管理	战略管理	战略财务、绩效计分卡	BI 计分卡、BI 分析
预算、规划及预测	业务规划及合并	规划	规划
财务合并	财务合并、公司间协调	财务管理	财务总管
盈利能力建模与优化	盈利能力及成本管理	盈利能力及成本管理	
财务、法定及管理报告	博奥杰 BI、XBRL 发布	绩效计分卡	BI 报告、BI 计分卡、BI 仪表盘
其他 BPM 应用	支出绩效管理、供应链绩效管理	资本资产规划、劳动力规划、综合业务规划	
数据管理应用	财务信息管理	财务数据质量管理、数据关系管理	决策流

　　资料来源：Compiled from sap. com/solutions/sapbusinessobjects/large/enterprise-performance-management/index. epx（accessed July 2009）oracle. com/appserver/business-intelligence/hyperion-financial-performance-management/hyperion-financial-performance-management. html（accessed July 2009）；ibm. com/software/data/cognos（accessed July 2009）.

9.8　思考与回顾

1. 什么是逻辑系统架构？
2. BPM 架构的三个重要元素是什么？
3. 请描述 BPM 应用的三个主要类别。
4. BPM 市场近三四年来发生的主要变化是什么？
5. Gartner 魔力象限的基本类别是什么？各个类别中的厂商分别有哪些？

9.9 绩效仪表盘和计分卡

计分卡和仪表盘是绝大多数绩效管理系统、绩效考核系统以及 BPM 套件中常见的组成部分。**仪表盘**（dashboards）和**计分卡**（scorecards）都可以提供重要信息的可视化展现，这些信息被整合到一个屏幕上，只要简单浏览就可以了解信息，对信息的探究也更加容易。图 9—8 展示了一个典型的仪表盘。我们假设有一家软件公司，为软件开发者提供专业的绘图及可视化展示部件。这个仪表盘展示了这家虚拟软件公司的各类 KPI。该公司通过网络来销售产品，利用嵌入一些网站的横幅广告来提升其主页的访问量。从这个仪表盘可以很容易看出，"代码之家"网站上的横幅广告为其带来了最大的访问量，该网站的每次展示点击率也是最高的（在这个例子中，"代码之家"每展示 100 次该软件公司的横幅广告，会有略多于两个的访客点击该横幅广告）。总体来看，横幅广告总共有超过 2.05亿次展示，一共带来 220 万次的主页访问量、120 万次的产品页面访问量以及 100 万次的下载。根据仪表显示，"横幅广告带来的访问率"以及"有下载行为的访客比率"的增长都超过目标（即，这两项在阴影部分之上），并且每次点击的成本约为 0.8 美元。这个仪表盘使终端用户可以看到横幅广告统计数据及仪表指标的不同，数据可以按时间周期或者产品分类（右上方的下拉式菜单）。

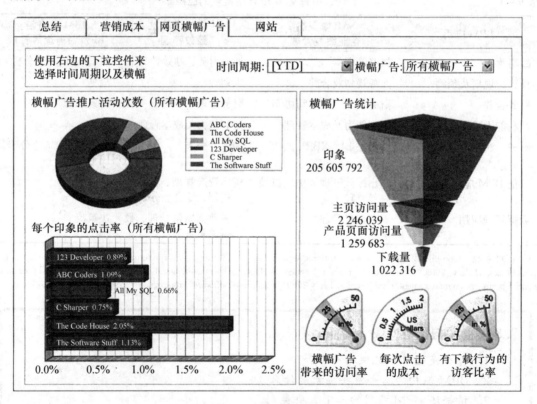

图 9—8 仪表盘示例

资料来源：Dundas Software, dundas. com/Gallery/Flash/Dashboards/index/aspx（accessed July 2009）.

仪表盘与计分卡

在行业杂志中，仪表盘和计分卡在绝大多数情况下是可互换使用的，尽管我们在前面提到，各类 BPM 厂商通常分别提供仪表盘和计分卡应用。虽然仪表盘和计分卡有很多相同之处，但两者还是有区别的。一方面，高级管理人员、经理及员工使用计分卡来按照战略目标和指标监控战略协调性及成功情况，正如前面所指出的，最著名的例子就是 BSC。另一方面，仪表盘用于业务层及战术层，经理、监督人员和操作人员使用业务仪表盘来监控详细的每周、每日甚至每时的操作绩效，例如，这类仪表盘或许会用来监控产品质量；同样，经理和员工使用战术仪表盘来监控战术行动，例如，这类仪表盘或许被用于监控营销活动或销售绩效。

仪表盘设计

仪表盘并不是一个新概念，它的起源至少可以追溯到 20 世纪 80 年代的 EIS。现在，仪表盘无处不在，例如，数年之前，弗雷斯特研究公司（Forrester Research）估计世界上规模最大的 2 000 家企业中有 40% 以上的企业在使用这项技术（Ante and McGregor, 2000）。Dashboard Spy 网站（dashboardspy. com/about）推动了这项技术的普及，这家网站提供了数以千计的 BI 仪表盘、计分卡以及 BI 界面的描述和截屏，这些工具被各种规模的企业、非营利机构以及政府部门所使用。

埃克森（Eckerson）是一位著名的 BI 专家，对仪表盘尤其精通。他认为仪表盘最与众不同的特征是它的三个信息层（2006）：

1. 监控。将图形、摘要数据用于监控关键绩效指标。
2. 分析。将经过总结的高维数据用来分析问题根源。
3. 管理。根据详细的业务数据确定要采取哪些行动来解决问题。

正是由于具有这些层，仪表盘在单个屏幕中装入了大量信息。根据 Few（2005）的观点，"仪表盘设计的主要挑战就是将所有需要的信息都显示在一块屏幕上，而且要简洁、不混乱，使信息可以被迅速理解吸收"。大体上说，仪表盘显示了关于现状的量化指标。要加快对数据的消化吸收，这些数据就要被放到情景之中，这意味着要将所关心的数据与其他基准数据或者目标数据进行比较，指出数据质量是好还是差，指出趋势是更好还是更糟，并且利用专业显示工具或者组件来设置可比较及评价的情景。

一种将数据置于情景之中的方式是比较。数据本身几乎没有意义，如果有人告诉你一家公司上季度的销售收入是 2 000 万美元，你很难判断这个数字对这家公司的绩效意味着什么，但是如果有人告诉你这家公司本季度预算为 2 500 万美元，上年同期预算为 3 000 万美元，就可从不同的角度来分析数据，基于这些比较，你或许可以推测出企业绩效并未达到预期。BPM 系统中通常对历史值、预测值、目标值、基准值或平均值、同一指标的多个实际值，以及其他指标值进行比较（如，将收入与成本进行比较）。在图 9—8 中，各类 KPI 通过与目标值的比较来引入情景，收入通过与营销成本的比较来引入情景，各销售阶段的数值通过与其他阶段数值的比较来引入情景。

即使使用了比较性的指标，企业明确指出某一数据是好是坏、是否向正确的方向发展也是非常重要的，没有这类评价性的指示，要判断某一数据或结果的状况将会十分费时。一般来说，专门的可视化对象（如交通信号灯）或者可视化属性（如颜色编码）都可用来设置评价情景。对于图 9—8 中的仪表盘来说，颜色编码同计量工具一起用来指明 KPI 是好还是坏，指针同销售渠道的各个阶段一起用来指明这些阶段的结果是上升还是下降了，并且这样的升降是好还是不好。尽管在这个例子中没有使用，但是其他的颜色（如红色和橙色）可用来表示各个计量工具的其他状态。

要从仪表盘中发现什么

虽然绩效仪表盘与标准绩效计分卡不同，但是它们也有一些相同的特征。第一，它们都适用于更大型的 BPM 或绩效考核系统，这意味着它们的基础架构就是更大型系统的 BI 或绩效管理架构。第二，所有设计完善的仪表盘和计分卡都有如下特征（Novell，2009）：

- 它们使用可视化组件（如，图表、绩效栏、计量工具、交通信号灯等）来突出那些需要进行处理的数据和例外。
- 它们对用户是透明的，这意味着用户只需要接受极少的培训，很容易上手。
- 它们将来自各类系统的数据组合为一个单一的、整合的、统一的业务视图。
- 它们使企业可以对底层数据源或报告向下钻取，从而提供有关底层比较及评价情景的更多细节。
- 它们展示了一个动态的、现实的、及时更新数据的视图，使得终端用户可以与企业的任何近期变化保持同步。
- 它们需要极少的自定义编码，甚至不需要自定义编码来实施、部署及维护。

9.9　思考与回顾

1. 计分卡和仪表盘的主要区别是什么？
2. 业务仪表盘和战术仪表盘的区别是什么？
3. 仪表盘提供哪些信息层？
4. 为仪表盘上的具体指标挑选显示工具的重要标准是什么？
5. 一个设计完善的仪表盘有什么特征？

第 IV 部分

协作、沟通、群支持系统与知识管理

这一部分的学习目标包括：

1. 理解小组作业的概念和过程；

2. 描述基于信息技术的协作和沟通是如何支持小组作业的，尤其是如何支持决策制定的；

3. 理解群件和群支持系统的基本原理和性能；

4. 描述知识管理的基本原理和性能；

5. 描述知识管理工具及其与决策支持的关系；

6. 建立知识管理、协作和沟通之间的相互联系。

全球范围内已经有数百万人和数千组织成功应用了本书第1～第9章所提到的决策支持和商务智能相关概念和工具，来支持其决策制定。然而，个体决策者并不能脱离世界而单独发挥作用。群体（或者团队）的成员往往要在一起工作、制定决策。众多行之有效的计算机化的方法已经形成，用以支持各个工作组在复杂的情况下和不同的场景中完成任务。第 IV 部分描述了几种不同情形下的协同计算，用以支持在同一地点或不同地点工作的人们（详见第 10 章），知识管理的基本原理则是第 11 章的主题。

群决策支持系统是最早出现的由计算机支持的协同决策制定的专业化形式。如今，众多的群支持系统技术使得电子会议和虚拟会议的召开更加便利。现在，许多组织即使在异步模式（即不同时间和不同地点）下也可以通过网络使用群支持系统，直接或间接地支持决策制定。同样，知识管理可以被看成是企业范围内协同计算的典型形式，它能够识别组织内部的有用知识，并且能够使任何人在任何时间、任何地点以某种有意义的形式获取所需知识。Web 平台支持大多数协同支持系统，包括数据、信息和知识的共享，以及决策制定。

第 10 章
协同计算支持技术与群支持系统

学习目标

1. 理解小组作业、沟通和协作的基本概念和过程。

2. 描述计算机系统如何促进企业内的沟通和协作。

3. 解释时间/地点框架的概念和重要性。

4. 解释群件（如群支持系统）的基本原理和性能。

5. 理解过程增益、过程损失、任务增益、任务损失等概念，能够解释群支持系统如何引入、增加或减少这些增益或损失。

6. 描述对决策制定的间接支持，尤其是同步环境下的间接支持。

7. 熟悉主流厂商的群支持系统相关产品，包括 Lotus、微软、WebEx 和 Groove 等厂商的产品。

8. 理解群决策支持系统的概念，描述如何在决策室内组织一次电子会议。

9. 描述群决策支持系统的三种部署形式。

10. 尤其要学会描述群决策支持系统如何利用并行和匿名的方式，以及这些方式如何产生过程/任务增益和损失。

11. 理解 Web 如何使协同计算和虚拟会议的群支持成为可能。

12. 描述支持、协作领域中新兴技术的作用。

13. 定义创造力，解释计算机是如何促进其发展的。

人们通常在一起工作，组织内绝大多数复杂的决策都是由群体共同制定的。组织内部的决策制定日益复杂，使人们对会议以及小组作业的需求日益增加。由于团队成员可能位于不同地点甚至在不同时间工作，因此支持小组作业尤其强调沟通、基于计算机的协作以及工作方法的重要性。群体支持是决策支持系统的一个关键元素。有效的、基于计算机的群支持系统能够提高任务绩效和增加主要业务的收益，减少相应的损失。创造力属于决策制定的另外一个重要元素，而协同计算能够培育并增强创造力。

宝洁公司通过群支持系统驱动创意生成

在俄亥俄州西切斯特的一个房间里不断有好的创意产生，这些创意几乎与所有人息息相关。这个房间就是具有传奇色彩的宝洁公司的"创意中心"，在这里，人们可以跨越公司的界限以物理的或虚拟的形式聚在一起进行头脑风暴，以构思新产品、解决问题或组建更好的团队。

宝洁公司的各品牌产品在一天之内可以和全世界的人们发生多达 30 亿次的亲密接触，始创于 1837 年的小型的、家庭经营的肥皂和蜡烛公司（由威廉·普罗克特和詹姆斯·甘布尔（William Procter and James Gamble）这对连襟合伙创办）已经成长为全球最大的日用消费品公司之一。宝洁公司雇用了 80 多个国家的 138 000 多名员工，为 180 多个国家的消费者提供产品和服务，是一个成功运营全球业务的杰出企业。宝洁公司拥有一个规模巨大、实力强大的品牌组合，这些品牌包括帮宝适、汰渍、潘婷、福杰仕（Folgers）、碧浪、护舒宝、Bounty、品客、Charmin、Downy、爱慕斯、佳洁士、金霸王、吉列、Actonel 和玉兰油，涵盖洗浴用品、厨房清洁用品及其他用品。

问题

要在日用消费品领域开展业务，最根本的就是持续不断地推出能够改变消费者日常生活且经济、方便、高品质的产品。要想在消费者需求不断变化的领域保持竞争力，公司必须能够有效且高效地管理其产品和过程。为此，很多公司通过创造新产品或改进原有产品来迎合甚至超出消费者的预期，在过去，很多日用消费品公司都是这样做的。然而，很多公司对自己在产品创新领域进行投资所产生的低回报颇有微词，尤其是在当前的经济条件下，那些能够真正高效地设计和生产创新性产品的方法从未如此重要，为了应对挑战，并且使之转变为潜在的竞争优势，宝洁公司决定对其新产品创新进行流程再造。

解决方案

上述问题的解决方案是一套以计算机为媒介的群支持系统，该系统不但使创新过程变得更快，而且使这一过程变得更好。宝洁公司将其新建的创新设施称为"创新中心"，该创新中心在其位于辛辛那提的总部附近，现在则成为更广泛的创新孵化器。由宝洁公司董事长兼首席执行官雷富礼（A. G. Lafley）创建的这一设施将企业员工与消费者紧密地联系在一起，以进行真正意义上的协作和创新。

这家专注于消费者需求和创新性产品设计的公司得到了回报。2007 年，宝洁公司在美国《商业周刊》推出的"全球最具创新力的企业"排行榜中位列第七，同年，沃顿商学院授予宝洁公司"日用消费品技术奖"（Consumer Goods Technology Award）。

宝洁公司使用 GroupSystems 公司的系统以支持有效协作和头脑风暴，这一工具是一种交互式的、基于 Web 的解决方案，能够帮助团队产生创意、制定决策，并在诸如产品研发、财务、营销、人力资源等领域采取集体行动。宝洁利用位于创意中心或其他地方的 ThinkTank（一种用于团队协作的群件系统软件）协调相同时间、相同地点和相同时间、不同地点的团队。

"ThinkTank 是我的交互工具箱中的一个关键工具"，作为创新推动者的部门主管里克·格雷戈里（Rick Gregory）如是说，"我可能会将 ThinkTank 与自定义的音乐播放列表、右键设置、快捷模板、Post-It notes（桌面便利贴，记事管理软件）、big paper 和 hula hoops 等软件和功能结合起来使用"。

宝洁公司的内部"用户"会向协调团队寻求策划和召开会议方面的帮助。协调人员往往会向各小组推荐使用 ThinkTank，这一工具不仅能够加快会议进程、丰富会议成果，还能减少协调人员花在准备会议文件上的时间。

会议主持人使用 ThinkTank 的"分类"功能进行头脑风暴以产生创意，然后利用"组织"功能将这些想法进行分组，形成通用的"桶"（buckets）。这一解决方案通过识别分歧、鼓励集中讨论、提倡反复投票等缩短创意列表的方式帮助各个小组达成共识。

成果

宝洁公司创新中心利用计算机支持的协作工具（如 ThinkTank）所获得的最显著的收益如下：

● 匿名机制的影响力。ThinkTank 的引入为会议召开增加了匿名机制这一重要驱动力，这一驱动力在实体会议以及虚拟会议中都是缺失的。参与者可以在 Think-Tank 界面输入他们的评论或想法，可以针对关键问题进行匿名投票，宝洁公司负责创新指导的特雷莎·帕里（Teresa Parry）发现，这一机制在会议涉及敏感议题或牵扯多个级别的人员时尤其有效。"匿名机制能够打破头衔/职位带来的隔阂，因为这是完全匿名的。"帕里说，"当群体中出现紧张气氛或者有敏感话题时，我都将其作为一种突破性的工具。"因为参与者会输入他们的想法，ThinkTank 也鼓励他们分享针对那些想法的评论，这可以使会后的会议记录更加完整。

● 快速生成创意的能力。帕里同样把 ThinkTank 视为加速创意（新想法）生成的一种解决方案。参与者可以很快速地贡献自己的想法，并且能够很轻松地在原有想法的基础上进行完善，直到他们通过 ThinkTank 的投票过程达成一致。例如，为了解决有关产品要求方面的一个紧迫问题，宝洁公司的一个小组只有一天的时间来制定备选方案，帕里利用 ThinkTank 帮助他们记录想法、详尽阐述赞成或反对每个想法的理由，并形成一份潜在解决方案的简短清单。"我的内部客户对于会议所取得的成果欣喜若狂，就获取同样的信息所花的时间来说，远远超出了她的预期。"她说，"可以肯定的是，在记录想法以及让人们共同完善这些想法方面，使用 Think-Tank 要比使用便利贴快得多，开会时使用 ThinkTank 软件要比使用其他任何替代方案都更节省时间。"

● 减少会后工作。在客户满意度方面，ThinkTank 同样能够为宝洁公司的协调人员节省时间，减少繁重的工作。作为一个服务部门，创新中心会在会后为其客户提供会议的所有相关记录，这就意味着，会后人们不用辛苦地去整理其他人的笔记，"平均来看，ThinkTank 或许可以减少三小时的会后工作。"Parry 说，"它完整记录了在某一地方召开的会议的内容，这就意味着，有了它，我们可以很快地向客户反馈信息。"

在像宝洁公司这样的组织中，创造力和速度是竞争优势的必要因素，诸如 ThinkTank 等群支持系统使组织成员能够比以往任何时候都更快、更好地工作。

思考题

1. 什么原因促使宝洁公司部署群支持系统？

2. 赞成或反对使用以计算机为媒介的协作系统的理由是什么？

3. 什么是创新中心？它用来做什么？哪些人使用它？

4. 创新中心的好处有哪些？你能想到本例中没有提到的其他好处吗？

5. 本例中提到的"内部客户"指谁？他们如何从创新中心获益？

6. 讨论一下在采用和不采用计算机技术的两个不同的过程中，进行共享和协作分别存在哪些困难。

我们可以从中学到什么

开篇案例详细阐述了团队如何在协作技术和规程的支持下取得难以置信的成就。当前，经济发展的快节奏要求每个公司都必须进行快速而持续的创新。群支持系统（如本案例中提到的 GroupSystems 公司的 ThinkTank 系统）使人们可以从不同身份和背景的人提出的想法中选出最好的想法。随着问题变得越来越复杂，以计算机为媒介的群支持系统日益成为当今企业必不可少的一部分，它能使头脑风暴、创意生成和决策制定变得更加便利。

资料来源："ThinkTank Drives Ideation in Procter & Gamble's 'Innovation Gym,'" groupsystems. com/resources/custom/PDFs/case-studies/Procter％20Gamble％20Case％20Study. pdf（accessed June 2009）；Procter & Gamble, pg. com/company。

10.1 群体决策制定：特点、过程、收益以及障碍

管理者以及其他知识工作者需要持续不断地制定决策、设计和制造产品、制定政策和战略、开发软件系统等。当人们在群体（或团队）中工作时，就要完成小组作业（或团队工作）。**小组作业**（groupwork）主要指由两个或更多的人一起完成某项工作。

小组作业的特点

小组作业具有以下一些功能与特点：

- 一个群体执行一项任务（这项任务有时是决策制定，有时则不是）。
- 群体成员可能位于不同地点。
- 群体成员可能在不同时间工作。
- 群体成员可能为同一组织工作，也可能为不同的组织工作。
- 一个群体可能是永久性的，也可能是临时性的。
- 一个群体可能处于同一管理层级，也可能跨几个层级。
- 小组作业可能产生协同作用（产生过程或任务增益），也可能引起冲突。
- 小组作业可能提高生产率，也可能降低生产率。
- 任务可能很快完成。
- 所有团队成员在同一地点会面几乎是不可能的，或者成本太高，尤其当这一团队是因紧急目的而成立时。
- 有些工作所需的数据、信息或知识往往分布于多处，有些甚至可能处于组织外部。
- 需要团队成员之外的专家。
- 群体往往执行很多任务，然而，群体中的管理者和分析师经常专注于决策制定。
- 群体内得到所有（或者至少大多数）成员支持的决策更加容易实施。

群体决策制定过程

即使在分层组织中，决策制定通常也是一个共享过程。一个群体可能参与一个决策的制定或者参与一个与决策制定相关的任务，例如制作一份备选方案的简短清单，或者确定选择标准以评估可选方案并对这些方案进行排序。以下活动及过程描述了决策会议的主要特征：

- 决策地点非常重要，因此很有必要将团队成员召集在一起开会。
- 会议是由一组具有相同或相近背景的人共同参与的团体活动。
- 会议结果往往在一定程度上取决于与会人员的知识、选择和判断，以及与会人员对结果的支持程度。
- 会议结果还取决于群体的构成，以及采用的决策制定过程。
- 分歧要么通过与会人员表决处理，要么通过协商或者仲裁解决。
- 群体成员可能在同一地点面对面开会，也可能组成一个虚拟团队，在开会时分别位于不同的地点。
- 群体决策制定过程有可能创造收益，同时也可能引发机能失调。

小组作业的好处和局限性

一些人把会议（小组作业的常用形式）看成是必需的，另一些人则认为开会完全是浪费时间，很多事情可能因此出现错误。与会者可能没有清楚地理解他们的目标，或许没有关注重点，或许有隐藏的意图；许多与会者或许害怕大声发言，使讨论可能被少数几个人控制或主导；对语言、手势或者表达的不同理解往往也会造成误解。表 10—1 提供了一份列表，全面列举了可能降低会议效率的因素（Nunamaker，1997）。团队工作除了存在挑战之外，成本也非常高，几个经理或者主管开一次会议，仅工资成本每小时就要花费数千美元。Panko（1994）曾分析过《财富》500 强企业的会议成本，研究显示，美国每天要开超过 1 100 万场正式的会议，一年则超过 30 亿场，管理者大概要花 20％ 的时间参加 5 人或更多人的正式会议，花在沟通上的时间超过 85％。

表 10—1 小组作业的制约因素

- 等待发言	- 错误的人员构成
- 控制讨论	- 群体思维
- 害怕发言	- 抓不到问题的重点
- 害怕被误解	- 忽略替代性
- 漫不经心	- 缺乏一致性
- 缺乏焦点	- 缺乏计划
- 标准不充分	- 隐藏的意图
- 过早下结论	- 利益冲突
- 信息丢失	- 资源不足
- 心不在焉	- 拙劣的目标定义
- 跑题	

小组作业既可能获得潜在收益（过程增益），也可能遭受潜在损失（过程损失）。**过程增益**（process gain）就是以群体形式工作获得的收益，而如果人们以群体形式工作不幸出现了功能障碍，则称为**过程损失**（process loss）。

改进会议过程

如果参会人员能够意识到哪些环节容易出错，并努力改进会议控制过程，会议就会变得非常有效。研究人员已经找到改善小组作业过程的方法：增加会议收益，同时减少损失（Duke Corporate Education，2005）。其中一些方法被认为属于群体动力学的范畴，两种比较典型的方法是**名义群体技术**（nominal group technique，NGT），以及**德尔菲法**（Delphi method）。NGT 属于群体决策制定方法，这种方法允许每个与会人员在集体讨论或详细说明之前阐述自己的观点，并进行相应的解释，这一方法的主要目标就是，让每个人都提出自己的想法或初衷，进而消除群体思维（以提高决策水平）。德尔菲法则是一种采用匿名调查方式进行投票表决的定性研究方法，它所遵循的重复过程被证明是非常有效的，这一方法可以从针对某些复杂和敏感问题的众多相对独立的专家观点中找到有用的信息。这些方法都属于早期支持小组作业的手工方法，详细内容可参考 Lindstion and Turroff（1975）的相关论述。blogs. techrepublic. com. com/10things/？ p＝263 提供了 10 种提高会议效率的方法。

像 NGT 和德尔菲法这样的人工方法所取得成功的有限性使人们更愿意尝试通过信息技术来支持群体会议（现在，不论是 NGT 还是德尔菲法，在一些组织中都是通过计算机支持来实现的）。

10.1　思考与回顾

1. 给出群组工作的定义。
2. 列举群组工作的五项特征。
3. 描述进行决策制定的群组会议的过程。
4. 描述群组会议的五项潜在收益。
5. 描述来自群组会议的五项损失。

10.2　通过计算机系统支持小组作业

当人们在一个团队中工作时，尤其是当团队成员位于不同的地点，甚至在不同的时间工作时，他们就需要沟通、协调，需要通过多种方式从各个信息源获取各种信息，这就使会议（尤其是虚拟会议）变得更加复杂，从而大大增加产生过程损失的几率。召开会议要遵循一定的过程，这一点是非常重要的。有计算机支持大有裨益，正如开篇案例中提到的宝洁公司的例子，引入计算机支持的其他原因还有：节约成本、快速决策、支持虚拟团队和外部专家的需求、改进决策制定过程。

小组作业可能需要不同层次的协作（Nunamaker，1997）。有时，一个小组可能只需要在个体层面运作，小组成员无须合作，只要个人努力就好，就像一队短跑运动员代表一个国家去参加 100 米比赛一样，最好的个人成绩就代表了整个团队的表现。其他时候，小组成员可能要相互配合，更像接力比赛，他们的工作需要紧密配合，而不是毫不相关的个人努力。有时一个小组要以协同工作的模式运作，比如在一场赛艇比赛中，参赛小组成员只有持续齐心协力才能赢得成功。当然，不同的决策机制支持不同协作层面的小组作业。

几乎所有的组织机构，无论大小，都或多或少采用一些基于计算机的沟通、协作方法和工具来支持团队或群体中人们的工作。例如，美国约翰逊控制有限公司（Johnson Controls）就通过一个集成了供应商应用组件的协作门户减少了 2 000 万美元的生产成本（Hall，2002）。洛克希德马丁公司（Lockheed Martin）因其强大的协作能力赢得了一份 190 亿美元的合同（Konicki，2001）。宝洁公司能够非常迅速地产生创新想法，从而在消费品市场上更具竞争力（详见开篇案例）。

群支持系统概述

对于群体/团队来说，想要高效地合作，恰当的沟通方法和技术是必需的。互联网及其衍生物（内联网和外联网）都属于基础设施，很多以协作为目的的沟通都发生在这些网络之上。基于网络的协作工具能够为组织内部或组织之间的协作及决策制定提供支持，使组织内部和外部的人们都能够获取数据、信息和知识。

组织内部网络化的决策支持可以通过内联网实现。组织内部人员可以利用互联网工具和程序通过企业信息门户开展工作，具体的应用包括重要的内部文件和流程、公司地址列表程序、电子邮件程序、接入工具和软件分发程序。

外联网可以把不同组织的人连接到一起。例如，几家汽车制造商通过外联网把它们的供应商和分销商连接起来，让供应商和分销商帮助自己处理库存及客户投诉（详见 covisint.com）。当多家供应商在设计和制造技术上必须合作时，外联网就被用来将这些不同的团队联系起来进行产品设计。有许多基于网络的协作程序和工具都是可用的，如在开篇案例中介绍的程序，又如欧特克有限公司（Autodesk）的专业建筑设计软件 Architectural Studio 和 CoCreate 公司的 OneSpace 软件，这些软件支持多名设计人员同时工作。

计算机被用来支持小组作业和群体决策制定已经有几十年的历史了。近来，协同工具受到很多关注，除了因为这些工具能够加快决策制定之外，更主要的原因是这些工具能够更好地节约成本（如减少差旅成本）。这类计算机化的工具通常被称为群件。

群　件

很多计算机化的工具被开发出来用以提供群体支持，这些工具被称为**群件**（groupware），因为其主要目的就是支持小组作业。群件工具可以直接或间接地支持决策制定，本章的后面部分将对此进行详细介绍，例如，针对某些问题给出创造性的解决方案就是直接支持，一些电子邮件程序、聊天室、即时通信工具、电子会议等则是间接支持。

群件为团队成员提供了一种共享想法、数据、信息、知识及其他资源的途径。不同的计算技术往往会以不同的方式支持小组作业，这取决于团队的目的以及任务和工作所发生的时间/地点。

时间/地点框架

协同计算技术的有效性取决于群体成员所处的位置以及他们收发共享的信息的时间。DeSanctis and Gallupe（1987）提出了一个 IT 沟通支持技术的分类框架，在这一框架中，沟通被分为四个单元，各单元典型的计算支持技术集中展示在图 10—1 中，并且按时间和地点两个维度加以组织。

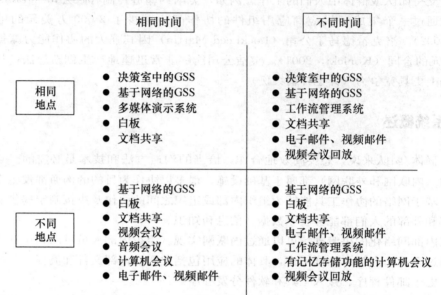

图 10—1　小组作业的时间/地点框架

如果信息的收发几乎是同时的，这种沟通方式就是**同步**（synchronous）或**实时**（real-time）的，电话、即时通信、面对面的会议就是同步沟通的实例。如果信息接收者获取信息的时间与信息发送的时间不同，比如收发电子邮件，就是**异步**（asynchronous）沟通。信息的发送者和接收者可以在同一房间，也可以在不同地点。

如图 10—1 所示，时间和地点的组合可以形成一个四象限的矩阵或者框架。这一框架的四个单元如下：

● 相同时间/相同地点。这种方式中，参与者在同一地点、相同时间面对面开会，例如在传统的会议中或者在决策室里。尽管基于 Web 支持的技术很常用，这种方式仍然是一种重要的沟通方式，因为对于参与者来说为消除分歧而离开自己的办公室有时是至关重要的。

● 相同时间/不同地点。这种方式中，参与者位于不同的地点，但是他们在同一时间进行沟通（通过视频会议）。

● 不同时间/相同地点。这种方式中，人们轮班工作，一班人员为下一班人员留下工作所需的信息。

● 不同时间/不同地点（任何时间，任何地点）。这种方式中，参与者位于不同的地点，并且在不同的时间收发信息。当团队成员正在旅行、日程安排上存在冲突或者在不同时区工作时，就会出现不同时间、不同地点的沟通。

组织中的群体和小组作业（也被称为团队和团队工作）往往是可以增值的。为了团队成员间能够更好地沟通和协作，群件得以持续不断地演变以更加有效地支持小组作业。

计算机能做什么，不能做什么

基于 Web 的现代信息技术提供了一种成本低、快速、有效和可靠的沟通支持方法，但是计算机并不能支持所有的沟通领域。网络化的计算机系统，比如互联网、内联网、外联网以及某些私有专用网，属于支持沟通的使能平台。

接下来，我们将对那些间接支持决策制定的典型工具进行逐一分析。

10.2　思考与回顾

1. 公司为什么要使用计算机来支持群组工作？
2. 描述群组工作的三个协调层级并列举简单的案例。
3. 描述时间/地点框架的组成部分。
4. 计算机在支持群组工作方面存在哪些缺陷？

10.3　决策制定的间接支持工具

有很多工具和方法都可用于支持电子协作、沟通和决策制定，以使这些活动更加顺利。下面将介绍几种常用的间接支持决策制定的工具。

群件工具

群件产品为群体共享资源和想法提供了一种方式。群件意味着即使人们处于同一个房间，也要通过网络来进行联系。许多群件产品在互联网或内联网上都是适用的，可以增进全球范围内许多人之间的协作（Henrie，2004）。群件工具在 Microsoft Windows 和 Office 2007 产品中也是可用的。

支持沟通、协作和协调的群件产品的特征已经在表 10—2 中列出，相关特征后面还附带了简要说明。

表 10—2　　　　　　　　　　　　群件产品及其特征

普遍特征（既可能是同步的，也可能是异步的）

- 嵌入电子邮件、消息系统
- 浏览器接口
- 融入网页制作
- 共享活动的超链接
- 文件共享（包括图片、视频、音频及其他文件）
- 嵌入搜索功能（通过主题或关键字搜索）
- 工作流工具
- 利用企业门户进行沟通、协作及搜索

- 屏幕共享
- 电子决策室
- 对等网络

同步（相同时间）

- 即时通信
- 视频会议、多媒体会议
- 音频会议
- 共享电子白板、智能白板
- 即时视频
- 头脑风暴
- 投票以及其他决策支持（达成共识、日程安排）

异步（不同时间）

- 在线工作区
- 在线讨论
- 用户可以接收/发送电子邮件、短消息
- 用户可以通过电子邮件或短消息收到活动通知
- 用户可以收敛/扩展讨论思路
- 用户可以对消息进行分类（基于日期、作者或已读/未读）
- 自动响应
- 聊天日志
- 公告板、讨论区
- 使用博客、维基、维基日志
- 协同计划和/或协同设计工具
- 使用公告板

　　同步产品与异步产品的比较　　请注意表 10—2 中列出的同步群件产品的特征，此处的同步意味着沟通和协作是实时进行的，异步则指参与者之间的沟通和协作是在不同时间进行的。网络会议、即时消息以及 IP 语音都与同步模式密切相关。与异步模式相关的方法包括电子邮件、维基日志以及在线工作区，参与者能够相互协作，例如，参与同一设计或同一项目，却可以在不同的时间工作。Vignette（vignette. com）、Groove Networks（groove. net）以及 Google Docs（docs. google. com）都允许用户创建在线工作区，用以存储、共享以及协同处理不同类型的文档。根据 Henrie（2004）的研究，供应商提供的许多工具正逐渐趋同，这一趋势的出现主要是由于诸如 Web 2.0、VoIP 以及 AJAX 等新颖的、更先进的技术的出现。

　　群件产品既可以是支持单一任务（如视频会议）的单一产品，也可以是包含多个工具的集成套件。通常，群件技术产品的价格都是相当低廉的，而且很容易与现有信息系统集成。

　　虚拟会议系统　　基于 Web 的系统的改进为**虚拟会议**（virtual meeting）的改进和电子化支持打开了方便之门，允许虚拟会议中的团队成员位于不同地点甚至不同国家。例如，webex. com、gotomeeting. com、wimba. com 以及 facilitate. com 提供的在线会议和展示工具。

　　2001 年的"9·11"事件，以及 2001—2003 年的经济发展速度放缓，使虚拟会议更受

青睐 (Bray, 2004; Powell et al., 2004), 许多公司都采取措施节约成本, 例如 IBM 公司减少了差旅费, 平均每月节省 400 万美元 (Callaghan, 2002)。此外, 支持技术的改进、技术价格的降低, 以及虚拟会议在商务活动中得到认同, 所有这些都推动了虚拟会议系统的发展。

本章后面部分将要讨论, 虚拟会议往往由多种群件工具所支持。我们首先介绍实时支持工具。

实时协作工具

互联网、内联网和外联网为在群体中工作的人们提供了实时、同步交互的极大可能。实时协作 (real-time collaboration, RTC) 工具为公司制定决策、项目合作架起了时空的桥梁。RTC 可以支持图像和文本格式信息的同步通信, 也可以用于远程学习、虚拟教学、个人培训、产品介绍、客户支持、电子商务以及销售等方面。RTC 工具可以单独购买, 也可以按月付费的方式购买服务 (由几家不同的供应商提供)。WebEx 公司就是这样一家供应商 (后续章节将进行详细介绍), 可以提供实时协作的全套软件工具。

电子电话会议　**电话会议** (teleconferencing) 是电子通信技术的一项主要应用, 能使位于两地甚至多地的人们同时参会, 这是支持虚拟会议的一种最简单的基础设施。电话会议可以分为几种类型, 最古老也最简单的方式就是通过电话会议呼叫, 可以支持几个人在三个及以上的地方彼此通话, 这一方法的最大缺点是不支持当面沟通, 一个地方的与会者也无法看到另外一个地方的图形、图表和图像等信息, 尽管第二个缺点可以通过使用传真加以克服, 但这一过程既浪费时间、金钱, 又经常会出现传真质量差的问题。上述问题的解决方案就是电视会议, 与会者既可以看到彼此, 又可以看到相关文档。

电视会议　在**电视会议** (video teleconferencing, 即视频会议) 中, 一个地方的与会者可以看到其他地方的与会者, 与会者的动态图像可以显示在大屏幕或计算机桌面上。起初, 视频会议被压缩成电视直播信号在两点或多点之间传输, 现在, 视频会议作为一项数字技术, 可以通过网络将不同类型的计算机连接到一起。当会议内容被数字化并且通过网络传输时, 就变成了计算机应用。

通过视频会议, 与会者可以共享数据、语音、图像、图形以及动画, 除了语音和视频以外, 还可以同时传送数据。这种**数据会议** (data conferencing) 使在视频会议期间处理文档、交换计算机文件成为可能。同样, 这种会议还支持处于不同地理位置的多个小组共同处理同一项目, 并且通过视频进行实时沟通。

视频会议具有很多好处。例如, 它可以提高员工生产率、减少差旅费、节约重要员工的时间和精力, 同时加快许多业务过程 (如产品开发、合同谈判、客户服务)。视频会议还可以增加沟通的频次和效率, 并且可以保存会议的电子记录, 使会议的某些特定内容可以为将来所用。视频会议同样使在不同地点上课成为可能。最后, 视频会议还可以用于与商业伙伴一起开会, 甚至可以用来面试新员工。

网络会议　网络会议在互联网上召开, 支持少则两人、多则数千人的规模。网络会议允许多个用户同时查看计算机屏幕上的内容, 比如通过 Microsoft Powerpoint 展示的销售推介方案或者产品设计图, 人们通过消息或者同步电话会议进行交互, 网络会议基于互联网召开, 因此比视频会议成本更低。网络会议的一个应用实例就是美国阿拉斯加州的银行, 此地的银行在人口稀少的地区利用公共视频电话亭 (video kiosk) 代替无法被充分利用的实体营业厅来开展业务, 公共视频电话亭可以连接到银行的内联网上, 并提供视频会议设备以支持面对面的交互。其他各种各样的沟通工具，诸如在线投票、电子白板及电子问答板，也会被用到。这些工具可以用于对员工进行新产品或新技术的培训，与投资者召开扩大会议，或通过演示产品介绍接触潜在客户。人们可以通过网络会议观看演讲、参加研讨和讲座，还可以合作进行文本编辑。

网络会议越来越受欢迎。几乎所有的网络会议产品都提供电子白板和投票功能，支持用户进行演示、报告和应用共享。比较受欢迎的网络会议产品主要有微软公司的 Windows Meeting Space，Centra 公司的 EMeeting，Genesys 公司的 Meeting Center，Citrix 公司的 GoToMeeting，Wimba 公司的 Collaboration Suite，以及 WebEx 公司的 Meeting Center。

交互式电子白板　电子白板是一种典型的群件。基于计算机的电子白板与现实世界中的白板一样都要借助白板笔和板擦发挥作用，但有一个比较大的区别：所有参与者都可以加入其中进行涂画，而不像现实世界中只能有一个人站在会议室前面在白板上涂画。会议期间，每个用户都可以在一份单独的文件上观看或涂画，这份文件会被"粘贴"到计算机屏幕的电子白板上。用户可以保存某段时间内电子白板的内容以备将来之用。有些电子白板产品还支持用户插入图像文件，小组成员可以在上面添加注释。

屏幕共享　在协同工作中，团队成员往往位于不同地点。通过使用**屏幕共享**（screen sharing）软件，团队成员可以处理同一份文档，这份文档可以在每个参与者的个人计算机屏幕上显示。例如，两位作者可以共同处理一份底稿，其中一人给出修改建议并进行修改，另外一人则可以看到修改之处。协同工作的人们也可以在相同的电子制表软件及其产生的图形上共同操作，通过键盘或者触摸屏进行修改，这种能力可以加快产品设计、招投标准备以及冲突解决。

Groove Networks（groove. net，现在已成为微软旗下的公司）提供了一种特殊的屏幕共享能力，其产品能够支持在个人计算机上进行联合创造和文档编辑。（详见本章后面部分对 Groove 的讨论）。

即时视频　随着即时通信和互联网电话的广泛应用，将人们通过视频和音频连接起来的想法就随之产生了，可以称之为即时视频，它属于视频聊天室的一种。即时视频允许用户实时聊天，还可以看到参与人员。实现即时视频的一种简单方法就是在参与者的计算机上加装摄像头。更复杂、质量更好的方法则是在即时通信软件中集成现有的在线视频会议服务，在线提供相当于可视电话的服务。

这种想法仍处于起步阶段。CUworld 公司（cuworld. com）是即时视频的先驱之一，其 CUworld 软件的工作原理如下：用户可免费获得 CUworld 软件，这一软件可以压缩和解压视频信号，并通过在线连接传送这些信号。需要召开会议时，用户通过即时通信工具向其在线伙伴发送请求，CUworld 软件访问即时通信服务目录以确定各个用户连接的互联网地址，通过网络地址，参与者的计算机可以通过互联网直接相连，一次视频会议就可以开始了。

即时视频听起来像个很好的产品，但是目前还没有人能够确定此产品在商业上是否可行。

异步沟通支持

异步沟通主要由电子邮件和短消息服务支持。在过去的几年里，我们发现在这方面出现了一些其他的工具，但这些工具并没有得到大规模应用。其中两种主要的工具是博客和维基，将在 10.7 节讨论。其他工具（如在线讨论组、自动应答、工作流以及交互式门户）均不在此讨论。

一种主要的异步工具就是在线工作区（Henrie，2004）。

在线工作区 **在线（电子）工作区**（online (electronic) workspaces）就是在线屏幕，允许人们在同一在线地点共享文档、文件、项目计划、日程等，但并不一定要在同一时间。屏幕共享主要为同步协作而开发，在线工作区则是屏幕共享的延伸和扩展。其中一个例子就是 Vignette 公司的 Intraspect，该产品允许用户为共享和存储文档以及其他非结构化数据设置工作区。另外一个例子就是微软公司的 SharePoint，该产品允许员工创建网站、邀请同事参加讨论并发布文档。Groove Networks 公司销售的一款在线工作区产品特别适合那些经常处于公司防火墙之外的用户。最后，CollabNet 公司提供一款在线工作区产品，特别适用于支持软件开发人员的协作。

10.3 思考与回顾

1. 列举主要的组件工具，并将其分为同步与异步两类。
2. 描述不同类型的电子电话会议，包括网络会议。
3. 描述交互式电子白板与屏幕共享。
4. 描述即时视频。
5. 描述在线工作区。

10.4 集成的群件套件

由于群件技术是基于计算机并且以支持小组作业为目的的，因此将这些技术与其他计算机技术进行集成意义重大，当几个产品集成到一个系统中时，一个软件套件就形成了。对于用户来说，集成几种技术能够节约时间和金钱，例如，Polycom 公司（polycom. com）与软件开发商 Lotus 组成联盟，基于 Lotus Notes 开发了一款集成的桌面电视会议产品，利用这一集成系统，《读者文摘》杂志社（Reader's Digest）构建了多个具有视频会议功能的应用。群件套件可以提供无缝集成。

群件至少包含以下典型功能之一：**电子头脑风暴**（electronic brainstorming）（即基于计算机的头脑风暴）、电子会议、会议日程、日历、计划、冲突解决、模型构建、视频会议、电子文档共享（如，屏幕共享、电子白板、实时记分板）、投票以及组织记忆。一些群件产品，如 Lotus Notes（ibm. com）、Windows Meeting Space（microsoft. com）、Groove（groove. net，现在是微软旗下的公司）、WebEx（webex. com）以及 ThinkTank（groupsystems. com），都能够非常全面地支持上述活动。这些产品被称为"套件"，下面将详细介绍。

Lotus Notes（IBM 公司的协作软件）

Lotus Notes（ibm. com/software/lotus）是第一个被广泛使用的群件（Langley，2004）。Lotus Notes 通过让用户在程序化的 Notes 文档中创建和存取共享信息来实现协作支持。Notes 将众多应用开发工具集成到一个带有图形菜单的用户接口环境中，以实现在线协作支持，这些应用开发工具包括网络会议点播、电子邮件工作组、分布式数据库、电子公告板、文本编辑、（电子）文档管理、工作流、建立共识、投票、排序，以及其他各种应用开发工具。Notes 促进了虚拟公司和跨组织联盟的形成，Notes 将个人信息管理数据扩展到移动或无线设备，如 PDA 和移动电话，使得利用无线设备在线存取关键商业信息成为可能。Notes 同样支持 Linux 和 Windows 系统的多种网络浏览器，并且可提供必要的安全措施帮助保护关键商业信息。该软件还集成了在线提醒和即时通信功能，无须创建单独应用就可以实现同事之间的协作，给那些经常移动、无法接入网络的员工提供了便利。

尽管竞争的加剧使 Notes 的市场份额下降，但该产品仍然在数千组织中拥有数百万名用户。已经有许多应用直接被集成到 Lotus Notes 之中（如，Learning Space，一种支持远程学习的课件程序）。Lotusphere 是 IBM 公司推出的一款会议软件，自带 Workplace 平台，并且与 Domino 服务器实现了集成。Workplace Builder 允许不懂技术的企业用户借助模板创建应用。对于员工数量少于 1 000 人的公司，IBM 公司还提供 Lotus Domino Express。可参见 IBM 公司的成功案例（2006）。

Microsoft Windows Meeting Space 和 Live Meeting

Microsoft Windows Meeting Space 是一款实时协作程序包，包括电子白板（支持相对自由的图形格式，所有参与者可以同时操作）、应用共享（任一 Microsoft Windows 应用文档）、远程桌面共享、文件传送、文本聊天、数据会议、桌面音频和视频会议。这里提到的应用共享较 20 世纪 90 年代早期的白板已有极大改善。Windows Meeting Space 客户端已内置于 Windows 操作系统之中。微软公司还为网络会议提供了一款叫做 Live Meeting 的可托管的网络会议产品。

Groove Networks

Groove Virtual Office 是 Groove 公司（groove. net，现在是微软旗下的公司）生产的一款产品。这是一款提供安全讨论、文件共享、项目管理和会议功能的终端用户应用软件。该软件可以提供无缝的项目文档共享，允许组织内外部的项目团队成员一起工作，可以就项目进展、实时虚拟会议、计划项目和任务的分配和追踪、最新项目信息（在线的或离线的）进行沟通。

Groove Workspace 无论是单独使用，还是与 Groove Enterprise Servers 以及 Hosted Services 一起使用，都可以支持自发的在线/离线协作，从而降低项目成本，加快产品和服务推向市场。Groove Outliner 是一款开放式的头脑风暴工具，允许共享空间的成员创建视频和概念的结构化分级列表。Groove Sketchpad 加强了在画图和设计方面的协作功能。Groove 的协作平台可以跨越公司防火墙工作，并且不需要特殊配置或 IT 管理。可以从网上下载一款非常实用的试用版本（但不具备视频会议功能）。尽管第一次组织会议、将文件下载给用户需要花一段时间，但它绝对是成本低且好用的点对点程序包。Groove Outliner 的屏幕截图见图 10—2。

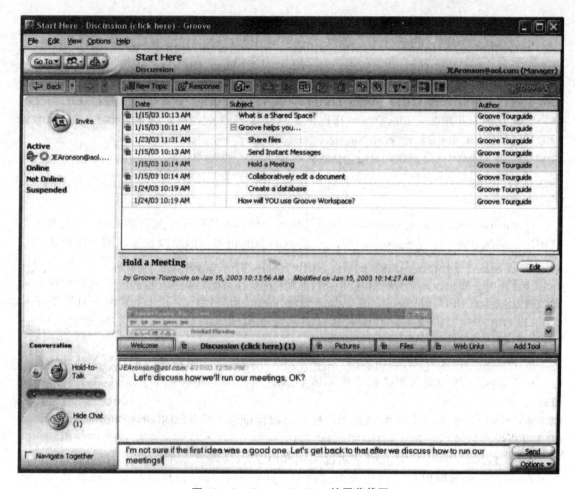

图 10—2　Groove Outliner 的屏幕截图

资料来源：Grove Networks screen shot. Reprinted with permission of Microsoft Corporation.

WebEx Meeting Center 和 PlaceWare Conference Center

　　WebEx Meeting Center（webex. com）是一种按次计费的群件。它提供了一种成本低且简单易行的在网络上召开电子会议的方法，包含召开会议所需的所有功能。WebEx Meeting Center 在标准的 Web 浏览器内集成了数据、语音和视频功能，以支持任何台式机、笔记本或者无线手持设备通过互联网召开实时会议。WebEx 可以支持动态的交互式演示，允许远程的同事和伙伴进行实时协作，提高了产品和服务的展示功能，并且通过支持实时查看、注释和编辑文档增强了文档管理功能。该软件还支持自发的问答会话，通过个人桌面与客户及合作伙伴召开交互式会议可以进一步增进彼此的关系。WebEx 包含共享文档或想法所需的所有工具。WebEx Meeting Center 是一个完全托管的解决方案，无须 IT 人员参与就可以举行在线会议，而且启动成本相当低。WebEx MediaTone Network 同样可以为视频会议提供快速通信。如果想了解一个节约了 600 万美元的有趣案例，可以参见 Smith（2004）。MeetMeNow 是专门为支持集成音频数据而设计的产品。

PlaceWare Conference Center（main. placeware. com/services/pw _ conference _ ctr. cfm），现在是微软旗下的子公司，提供 Live Meeting 产品，并且可以支持多会场实时会议，每个会场最多可以有 2 500 人参加。它可以用来进行产品发布、销售展示、培训以及其他多种活动。Live Meeting 可以很容易地与现有生产工具集成（通过 Microsoft Outlook 的日程表可以很快安排会议），通过增加诸如实时投票、观众反馈、语气提示功能，软件的协同体验进一步增强。PlaceWare 还提供了一个虚拟教室，可以为培训和研讨提供远程学习环境（main. placeware. com/services/virtual_corp_orgs. cfm）。

GroupSystems

GroupSystems（groupsystems. com）MeetingRoom 是第一个完善的同时/同地电子会议程序。后续产品 GroupSystems OnLine 提供的功能相似，但可以在互联网上以异步模式（任何时间/任何地点）运行（MeetingRoom 只能在局域网上运行）。GroupSystems 公司的产品是 ThinkTank，这套工具明显缩短了头脑风暴、战略计划、产品开发、问题解决、需求收集、风险评估、团队决策制定以及其他协作的时间周期。与原来的产品相比，Think-Tank 通过客户化过程使实体（面对面）团队或虚拟团队能够更快、更有效地实现目标。ThinkTank 提供以下功能：

- ThinkTank 是建立在日程、有效参与、工作流、优先级以及决策分析等基础之上。
- ThinkTank 对有关想法和评论的匿名头脑风暴是获取参与者创造力和经验的理想方法。
- ThinkTank Web 2.0 增强的用户接口可以保证参与者无须事前培训就可以参与，他们可以全身心地致力于解决问题和制定决策。
- 参与者共享的所有知识都是通过文档和电子表格形式获取和保存的，通过 Think-Tank，所有这些都可以自动转化为会议纪要，并且所有与会者都会在会议结束后获得这些文档。

作为这一领域的先驱，GroupSystems 的产品被用于很多学术研究，以为下一代 GDSS/GSS 工具奠定（理论和实践）基础。更多有关 ThinkTank 协作套件的详细描述见 10.7 节。

其他供应商

另外一个专业化的产品是 eRoom（现在为 EMC/Documentum 所有，详见 software. emc. com），这一基于网络的工具包可以支持多种协作场景。还有一个产品是 Team Expert Choice（EC11），它是 Expert Choice（expertchoice. com）的附加产品。该软件在决策支持方面的功能有限，主要支持在同一房间召开会议。Wimba（wimba. com）是一个主要适用于教育领域（远程学习）的协作工具。

有关群件套件的结论

像 Lotus Notes/Domino 这类比较成功的**企业协作系统**（enterprise-wide collaboration systems），其开发和运行的成本都是比较高的。为了最大限度地获取这些软件的使用收益，需要由经过培训的全职人员进行应用开发和系统运行维护。Groove 则成本相对低，而且可以为组织提供易于使用、易于安装的协作支持。

据相关产业报告估计，各种形式的群件（如语音会议、视频会议、数据会议、网络会议）已经成为公司决策制定过程中相对成熟的一部分，协同软件市场正迅速增长。这种增长主要由以下因素驱动：第一个驱动因素是因旅行减少节约的时间和金钱，第二个驱动因素是组织的集中化和全球化。

诸如 WebEx Meeting Center（webex. com）、PlaceWare Conference Center（main. placeware. com/services/pw_conference_ctr. cfm）以及 Verizon Conferencing（e-meetings. mci. com）等电子会议服务使任何人只要付很少的租金就可以召开一场会议。

10.4　思考与回顾

1. 什么是整合协作套件？
2. 描述 Lotus Notes/Domino 及其主要功能。
3. 描述微软的协作产品。
4. 对于 Groove 而言什么是独一无二的？
5. 对诸如 WebEx 之类的公司因举行虚拟会议而租用一个场地的过程进行描述。

10.5　决策制定的直接支持工具：从群决策支持系统到群支持系统

决策在很多情况下都是在会议上做出的，其中有些会议的召开就是为了做出某一特定决策。例如，美国联邦政府定期召开会议来确定短期利率，公司董事由股东大会选举产生，组织的预算分配在会议中完成，公司决定录用哪个应聘者通过会议决定。然而，这些决策中有些是非常复杂的（如宝洁公司的决策），还有一些可能是有争议的（如市政府的资源分配问题）。在这种情况下，过程增益和过程损失都将变得更加显著，因此，计算机化的支持工具经常被建议用来减小其复杂程度（Duke Corporate Education，2005；Powell et al.，2004）。这些基于计算机支持的系统在文献中以不同的名称出现，包括群决策支持系统（GDSS）、群支持系统（GSS）、计算机支持协同工作系统（Computer-supported collaborative work，CSCW）及电子会议系统（electronic meeting systems，EMS）。这些系统就是本节的主题。

群决策支持系统

20 世纪 80 年代，研究人员意识到计算机支持的管理决策制定有必要扩展到群体之中，因为主要的组织决策都是由群体（如执行委员会、特别攻关小组或部门）制定的。这就导致了群决策支持系统的出现（Powell et al.，2004）。

群决策支持系统（group decision support system，GDSS）是基于计算机的交互系统，使人们在针对半结构化或者非结构化问题进行决策时更加便利。GDSS 的目标是通过加快决策制定过程和改善决策质量来提高会议的效率。

下面列举了 GDSS 的一些主要特征：

● 其目标是利用信息技术工具为决策制定者提供自动化的子过程，以支持群体决策制定过程。

● 它是经过特殊设计的信息系统，而不仅仅是对现有系统组件的简单配置。它可以被设计用来解决某一类问题，或者支持多个群体层面的组织决策。

● 它鼓励创意生成、冲突解决和言论自由。它包含内在机制以阻止负面群体行为的发展，例如毁灭性的冲突、错误传达和群体思维。

第一代 GDSS 被设计用于支持决策室内的面对面会议，现在这种支持往往通过网络向众多虚拟群体提供。通过电子邮件、传送文档以及查看交易记录等方式，群体可以实现在相同时间或不同时间的沟通交流。当某些决策制定（例如，分配资源、决定解雇哪个人）存在争议时，GDSS 就非常有用。在一个房间内召开实体会议时，GDSS 应用需要一名主持人，在召开虚拟会议时则需要一名协调人或者领导人。

GDSS 可以通过很多种方法改善决策制定过程。比如，GDSS 通常会为计划过程提供一个清晰的结构，这使群体的工作有章可循，而有些应用允许群体使用非结构化技术和方法以支持**创意生成**（idea generation）。另外，GDSS 可以提供快速且方便的外部访问，还可以为决策制定存储所需的信息。GDSS 同样支持信息和由参与者生成的创意的并行处理，同时允许计算机进行异步讨论。这使那些难以管理的大型会议的召开成为可能；有更大型群体参会意味着在会上可以获取更加全面的信息、知识和技巧。最后，投票可以是匿名的，可以即时提供结果，所有经过系统的信息都能被记录下来以便于未来分析（产生组织记忆）。

起初，GDSS 仅限于面对面会议。为了提供必要的技术支持，需要建设一些特殊的设施（如房间）。各个群体通常都具有一个定义清晰、范围相对较小的任务，如稀缺资源的分配，或者长期计划中各个目标优先级的确定。

随着时间的推移，人们越来越清楚地认识到群体的支持需求远比 GDSS 现在所能实现的要更加广泛。正如开篇案例中指出的那样，一项任务并不是一个单独的决策，而是一个巨大的挑战，往往包括多个目标和多个决策，其中一些在项目初期是未知的。此外，支持虚拟团队才是人们真正需要的，这一点越来越清晰，这种支持既包括不同地点/相同时间的情形，又包括不同地点/不同时间的情形。而且，在大部分决策制定案例中，团队更需要间接支持（如，帮助搜索信息或协作），而不是直接支持。尽管 GDSS 经扩展后能够支持虚拟团队，但仍然无法满足其他需求。因此，一个范围更广的术语 GSS 应运而生。在本书中，这些术语都是可以相互替代的。

群支持系统

群支持系统（GSS）是软硬件结合的系统，能够直接或间接地支持群体的决策制定工作。GSS 是一个包含所有形式协同计算的通用术语。在信息技术研究人员意识到可以通过技术开发来支持面对面会议中经常发生的许多活动（如，创意生成、达成共识、匿名评价）以后，GSS 得以逐步发展。

一套完整的 GSS 仍然被认为是定制化的信息系统，但是从 20 世纪 90 年代中期开始，GSS 的某些特定功能被内置到一些标准的生产工具之中，例如，Microsoft Windows Meeting Space Client 就是 Windows XP 操作系统的一部分。大多数 GSS 都是易用的，因为它们都是基于 Windows 的图形用户界面或 Web 浏览器接口。大多数 GSS 的功能相当全面，可以为诸如创意生成、冲突解决和投票等活动提供全面的支持。同样，也有很多商用产品被开发出来只是为了支持团队工作的一两个方面（如，视频会议、创意生成、屏幕共享、维基）。

电子会议系统（EMS）是 GSS 的一种形式，可以支持任何时间/任何地点的会议。群体的任务包括（但不限于）沟通、会议计划制定、创意生成、问题解决、问题讨论、谈判、冲突解决以及群体活动协调，如文档准备和共享。EMS 可能具备桌面视频会议功能，而在过去，GSS 不具备此功能。然而，这两个概念之间并没有清晰的界定，因此可以视为相同的。

GSS 可以配置成多种类型，可以支持在同一地点为解决某一特定问题而召开的群体会议，也可以支持为解决多个问题在多个地点通过通信信道连接而召开的虚拟会议。随着新方法的不断采用，GSS 已经具备了有效支持同步模式和异步模式的能力。

就普通的群体活动通过计算机支持而获得收益来看，GSS 支持信息检索，包括从现有数据库中获取数据值，以及从其他群体成员处检索信息；支持信息共享，将数据显示在公共屏幕上或群体成员的工作站上，供所有群体成员查看；支持信息使用，采用软件技术（如模型库、特定应用程序）、程序、群体问题解决技术等达成群体决策。另外，通过 GSS 还可以提高问题解决（10.9 节将详细讨论）过程中的创造性。

GDSS/GSS 是如何提高小组作业效率的

GSS 的目标是：通过加快决策制定过程（即效率）或者改善结果质量（即效益）为会议参与者提供支持，从而提高会议的效率和效益。GSS 尝试增加过程或任务增益，同时降低过程或任务损失。总体上来说，GSS 已经成功地实现了这一目标（Holt，2002），但有可能出现有些过程或任务增益减少，而有些过程或任务损失增加的情况。通过向群体成员提供支持，可以改善想法、观点和偏好等的生成和交流。这种改善是由某些特定的功能引起的，如**并行机制**（parallelism）（团队的众多参与者可以同时处理同一任务，如头脑风暴或投票）和匿名机制。下面列举了一些 GDSS 支持的特殊活动：

- GDSS 支持信息和创意生成的并行过程（并行机制）。
- GDSS 使大型群体的参与者能够获取更加全面的信息、知识和技能。
- GDSS 允许群体使用结构化或者非结构化的技术和方法。
- GDSS 可以提供对外部信息的简单、快速访问。
- GDSS 允许计算机进行并行讨论。
- GDSS 可以帮助参与者构建全局视图。
- 匿名机制可以让害羞的人为会议做出贡献（即发言并做一些需要做的事）。
- 匿名机制可以帮助阻止会议被某些激进的个人所主导。
- GDSS 为参与者实时、匿名投票提供了多种方法。
- GDSS 为计划过程提供了结构化的说明以保证小组作业有章可循。
- GDSS 可以使多个用户实现实时交互（即，开会）。
- GDSS 可以记录会议的所有信息（即，组织记忆）。

若想获取更多有关 GSS 的成功案例，请登录各供应商的网站查看。在很多案例中，就像开篇案例中所说的那样，协同计算可以引起显著的流程改进和成本节约。

值得注意的是，以计算机为媒介进行创意生成并不意味着电子化的头脑风暴就一定比面对面的头脑风暴要好，事实上，该结论经 Dennis and Reinicke（2004）论证为正确的。这很大程度上取决于环境因素，想要识别并解释相关因素，还需要进行更多的相关研究。

GDSS 设施

目前，在配置 GDSS/GSS 技术时主要有三种选择：（1）作为一种专用决策室；（2）作为一种多功用设备；（3）作为一种基于互联网或内联网的群件，无论群体成员处于何地都可通过客户端运行。

决策室　最早的 GDSS 被建成昂贵的、客户化的专用设施，叫做**决策室**（decision room）（或者电子会议室），配有个人计算机，每个房间前面还配有公共大屏幕。最初的设想是只有董事和高级经理才能使用这一设施。专用电子会议室的软件通常在局域网上运行，房间内的家具和室内陈设都是相当奢华的。电子会议室可以有不同的形状和大小，常规设计的电子会议室包括一个配备 12～30 台联网个人计算机的房间，其中个人计算机屏幕都凹嵌入桌面（便于与会者观看），一台个人计算机服务器连接到大屏幕投影系统，并且通过网络连接显示个人工作站的工作成果，并接收来自会议主持人工作站的信息。室外的个人计算机设备均可连接到服务器上，在那里可以组成小型讨论组，有时与决策室相邻，小型讨论组的成果同样也可以在公共大屏幕上显示。

有些组织（如，大学、大型公司、政府机构）现在仍使用电子决策室，这些决策室可以支持相同时间/相同地点的会议。美国俄亥俄州的一所学校甚至在一辆公共汽车上建立了这样一个便携设施（司机的座位转过来就变成了主持人的座位）。然而，群体成员间仍然存在直接见面的需求和意愿。这样的设施可以很方便地为外部人员或无法参会的团队成员提供视频会议功能，以进行沟通交流。它也能够像那些相当昂贵的计算机实验室一样提供其他的群件功能。当决策议题（如，资源分配或长期计划）存在争议时，决策室就显得非常有用，它可以为决策提供极好的结果支持。

多用途设施　同样可以将 GSS 建设成一个多用途设施。有时，一个多功能计算机实验室或计算机教室也是一个不特别高级却特别有用的 GDSS 或 GSS 房间。例如，在美国佐治亚大学的特瑞商学院（Terry College of Business of The University of Georgia），桑福德馆内一间有 48 个座位的计算机教室就安装了 GroupSystems 公司的 MeetingRoom。这个房间还有第三种用途，那就是作为一个远程学习教室，因为它拥有学术视频会议软件和硬件。因为一个决策室很难将所有的时间都用于小组作业，所以建造一个多功用房间是降低或分摊成本的一种有效方式。

基于互联网/内联网的系统　20 世纪 90 年末以来，大多数 GSS 设施普遍使用基于网络或内联网的群件进行构建，允许群成员在任何地点、任何时间开展协同工作，例如，Lotus Notes，Groove，WebEx，PlaceWare，GroupSystems，Windows Metting Space。这类群件通常都有语音会议和视频会议功能。相对便宜的群件（购买或租用）的效用与个人计算机的能力和低成本结合在一起，使得这种类型的系统极具吸引力。一些群件提供商（特别是 Groove 公司）开发的群件产品可以在对等模式下运行，在这一模式下，每个人都是在整个会议的副本的基础上工作，只需传输文件的不同之处即可，这种能力使得这一方法更加吸引人。

GSS 设施以哪种方式使用　对于第一种和第二种方式，需要一个接受过培训的主持人来协调和促进会议。小组负责人协助主持人一起组织会议。GSS 会议的成功与否很大程度上取决于主持人的能力、活跃度和支持度。对于第三种方式，需要一个协调人，但对协调人的协调能力的要求比前两种方式低很多。

　　建造相应设施以及寻找一个经验丰富的主持人所需的高额成本，加上与会者随时随地的接入请求，减少了人们对前两种方式的需求。因此，第三种方式在今天是最常用的。然而，对于一次任何时间/任何地点会议的每一阶段，通常还是有时间限制的（时间限制的设定要考虑到时区和旅行等因素）。非面对面会议的主要问题就是与会者希望能够看到与他们一起工作的人，一些系统可以获取静态图像，另一些系统则可以利用视频会议功能，通过显示与会者的面部表情甚至肢体语言来增强这方面的感知。

　　表 10—3 给出了一份协同计算/GSS 和互联网之间相互影响的列表。在本章后面部分，我们将以 GroupSystems 公司的 ThinkTank 为例，对 GSS 的部分功能和结构加以详细描述。

表 10—3　　　　　　　　　　　协同计算/GSS 和互联网的相互影响

协同计算/GSS	互联网产生的影响	对互联网的影响
协作	● 为客户单元提供一致的、友好的 GUI	● 由于（基于网络的）CASE 工具以及其他系统分析和设计工具中的相互协作，使管理、硬件、软件和基础设施得到改善
	● 为群体成员提供方便、快捷的接入	● 使网站设计和开发的方法得以完善
	● 提供改进的协作工具	● 允许实时的 Web 访问（如 Groove）
	● 使获取服务器上的数据、信息和知识成为可能	
	● 使文档共享成为可能	
	● 使随时随地协作成为可能	
	● 使公司、客户和供应商之间的协作成为可能	
沟通	● 为群体成员之间提供改进的、快速的沟通，使其可以与数据、信息和知识源相连接	同上
	● 使语音和视频会议得以实现，尤其针对不使用局域网的个人用户	
决策室	● 为客户提供一致的、友好的 GUI	同上
	● 支持沟通	
	● 提供对基于网络的工具的访问	
	● 使决策室设计团队相互协作，从而实现对该设施的显著改进	
混合型设施	同上	同上
协同团队设施（团队成员位于不同地点）	● 提供快速的连接，使实时协作成为可能	同上

10.5　思考与回顾

1. 给出 GDSS 的定义并列举初级 GDSS 软件的局限性。
2. 给出 GSS 的定义并列举其优势。
3. 给出 EMS 的定义。
4. 列举由 GSS 创造的过程增益的改进。
5. 给出决策室的定义。
6. 描述一个 GSS 的多功用设施。
7. 描述基于网络的 GSS。
8. 为什么 GDSS 设施的第三种方式最受欢迎？

10.6　GDSS/GSS 产品工具和成功实施

专为支持决策会议而设计的产品和工具有可能以群件产品或专用软件包的形式出现，例如 ThinkTank。ThinkTank 是 GroupSystems 公司推出的产品包，将 MeetingRoom 和 GroupSystems OnLine 整合为一个单独的软件包，既可以为相同时间/相同地点的面对面会议提供支持，又可以支持相同时间/不同地点的虚拟会议。在开始描述这一软件产品之前，首先看看要做好哪些准备工作以便更好地使用该软件。

组织一场 GSS 会议

面对面的、相同时间/相同地点的电子会议往往遵循一个共同的过程。第一步，群体领导人与主持人会面，策划会议（这是至关重要的）、选择软件工具、确定会议日程。第二步，与会者在决策室内会面，领导人向大家提出一个议题或问题。第三步，与会者输入他们的想法或评论（即头脑风暴），结果会被公开显示出来，因为与会者可以在自己的显示器上看到其他人的输入，所以他们可以进行相关评论或产生新创意。第四步，主持人利用创意组织软件，查找共同的主题、议题和创意，对这些创意进行粗略的分类（即形成关键创意）并添加适当的评论。最新的研究正试图将电子会议的这一部分进行自动化，让所有结果都可公开显示。第五步，领导人发起讨论，这种讨论既可以是口头的，也可以是电子化的，与会者接下来要对这些想法进行优先排序。第六步，在讨论之后，位居前 5～10 名的主题将被输入创意生成软件，这一过程（创意生成、创意组织、优先排序）将不断重复，再进行最终投票。

会议过程中，提醒与会者目前他们处于哪个阶段是非常重要的，这可以使与会者聚焦于长期任务。会议过程中，还有一些其他问题应该注意，包括安全问题（保护有价值的信息以防失窃）、普遍接入（即从家里或其他地点接入）、邀请和信息封装（即与会者必须受到邀请才能参加会议）、与会者的相关信息（即虚拟名片）、显示系统中都有谁（以减少孤独感）、主持人控制（即，开始或结束会议，约束访问）。

图 10—3 概述了 GSS 的主要活动及其与相关工具之间的关系。

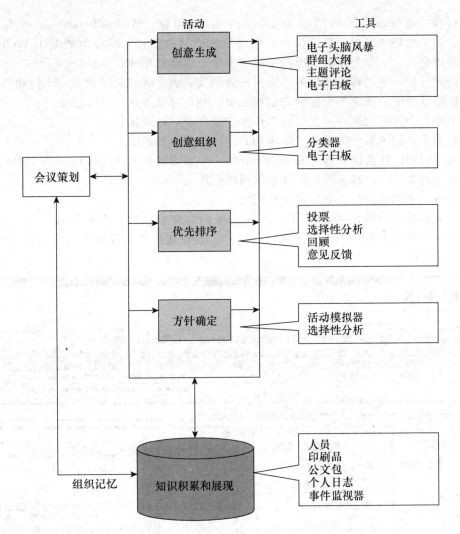

图 10—3　典型的 GSS 活动及相关工具

　　会议策划是其中最关键的一个环节。主持人必须提供适当激励并对会议结果给予适当的投入，必须经常进行沟通并根据责任和义务分配角色和任务，必须明确会议目标和沟通情况。为了清晰地阐述这一过程，先来看看 GroupSystems 公司的产品包——ThinkTank。

GroupSystems 公司的 ThinkTank 产品

　　ThinkTank 是一款群体协作方面的 Web 2.0 应用，可通过 Web 浏览器接入，支持实时或离线的面对面会议或虚拟团队的会议活动（主要应用为头脑风暴，包括创意的识别、组织、排序、评估和记录）。每场会议在 ThinkTank 中都是唯一的，ThinkTank 中包含会议的所有相关信息，包括会议领导人、会议时间、会议地点、日程、与会者、与会者权限、辅助文档、会议记录和会议成果等。

　　每场 ThinkTank 会议都有一个会议领导人。会议领导人负责组织会议，确定会议主题、会议目的、会议开始和结束时间、与会者权限和会议议程。这个领导人通过确定会议日程来实现对会议目的、工作流和会议活动的控制。一个 ThinkTank 会议日程可以是新创建的会议日程，也可以基于一些事前定义好的日程创建，称为 ThinkTank 模板（Templates）。为了更好地组织一场会议，应将会议的辅助文档和一些其他的基于 Web 的资料都链接到该会议。一个会议日程可以由以下多个会议活动组成：

- 行动计划：定义和协调任务，安排任务归属，确定时间期限和下一步行动。
- 选择性分析：基于多个标准确定优先级，制定决策并达成一致意见。
- 中止：会议期间创建一个会议工作流中断环节，以便休息。
- 分类：头脑风暴，对想法、问题和其他讨论项进行组织。
- 预留时间：在会议日程上安排用于介绍、午餐或其他非 ThinkTank 活动的时间。
- 通过投票排序：基于单一标准对项目进行优先排序。
- 调查：组织并执行强有力的民意调查。

领导人选择需要的活动，将其拖拽到日程表的相应位置，即可创建一个会议日程。ThinkTank 的屏幕截图如图 10—4 所示。一旦会议创建完毕，领导人就可以邀请与会者，并开始这场会议。

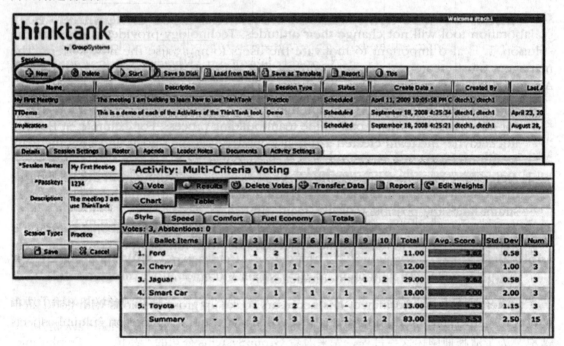

图 10—4　ThinkTank 协作套件的屏幕载图

资料来源：GroupSystems. com.

GroupSystems 公司是一家成熟的、颇受欢迎的群决策支持工具供应商，其他公司也提供一些引人关注的 GSS 软件包。表 10—4 列出了一些这样的工具，通常功能完善但激活时间有限的免费试用版都是可以免费获取的。

表 10—4 GDSS 工具

工具	公司	网址
AnyZing	Zing Technologies	anyzing. com
Facilitate	Facilitate	facilitate. com
Groove	Microsoft	office. microsoft. com/groove

续前表

工具	公司	网址
Grouputer	Grouputer Solutions	grouputer. com
Lotus Notes & Domino	Lotus Software（IBM）	ibm. com/software/lotus
MeetingDragon. com	MeetingDragon	meetingdragon. com
TeamPage	Traction Software	tractionsoftware. com
TeamWorks	TeamWorks	teamworks. si
ThinkTank	GroupSystems	groupsystems. com
WebIQ	ynSyte	webiq. net
Metallion*	Metallion	metallon. org
CoFFEE*	Coffee Soft	sourceforge. net/projects/coffer-soft

* 免费或开源软件产品。

GSS 成功的因素

GSS 的成功很大程度上取决于其结果。如果一个系统可以节约成本（尤其是差旅费），可以支持参与者做出更好的决策，并持续地提高生产率，那么这个系统就是成功的。为了取得成功，GSS 同样需要考虑信息系统成功的常规因素：组织承诺、高层发起者、执行层发起者、用户参与和培训、友好的用户接口等。如果组织文化还不能很好地支持面对面协作，那么在引入 GSS 之前必须加以改进。否则，系统就不能被使用，结果注定是失败的。这也是知识管理中的一个关键问题（详见第 11 章），知识管理同样涉及公司层面的协作，拥有一个专职的、经过培训的、执行力强的主持人至关重要。GSS 必须具有正确的工具以支持组织内部的小组作业，并且必须包括并行和匿名功能以获取过程和任务增益。良好的计划同样是成功召开会议的一个关键因素，电子会议也是如此，糟糕的计划很可能使群体认为 GSS 该为其糟糕的表现负责。最后，GSS 必须阐明成本节约情况，既包括通过提高会议过程的效率和效益节约的成本，也包括通过减少差旅费节约的成本。明确的结果是成功的一个必要条件，但并非充分条件，协作文化也是一个必要条件。

构建协作文化 协作主要与人有关，协作工具并不能改变人们的态度，技术只能提供解决方案以支持协作。激励用户使用这一新系统也是非常重要的，管理人员必须构建一个支持协作的工作环境。根据 Agrew（2004）的论述，这涉及三个简单的步骤：

1. 知道需要什么。让团队成员大声地讲出他们对成功（或绩效）的定义，这是团队建设过程的一部分。例如，在 Beoing-Rocketdyne 公司，团队会拟定一份正式合同明确团队目标以及团队如何运行。

2. 确定资源约束。这包括团队成员的地理分布、汇报关系、动机等所有事情。每个约束条件都会限制团队可以使用的工具。

3. 确定可以使用什么技术来突破资源约束。一定要记住，商业需求比娱乐性、新奇或便于使用的技术更加重要。例如，视频会议以及精细的产品和代码设计工作需要较高带宽的连接支持。

当所有这些都确定之后，组织群体会议时利用好的导入机制引导和训练与会者使用工具是很有必要的。想要获取更多有关文化方面和国际视角方面的知识，详见 de Vreede and Ackermann（2005）。

在线协作的实施问题

本章已经介绍了很多与在线协作相关的问题，但是对规划在线协作时的一些实施方面的问题还必须说明一下。首先，组织只有具备一个有效的协作环境才能与商业伙伴相连接，例如，Lotus Notes/Domino 或者 Cybozu Share 360（cybozu.com）这类群件套件提供的协作环境。另一个问题就是需要将组织内联网上的文件管理产品与协作工具相连接，能够提供这种连接功能的两个产品分别是 WiredRed 服务器和客户端（wiredred.com）以及 eRoom 服务器（software.emc.com）。

还有一个重要问题是协同软件要具备自动翻译功能。这一功能是全球化团队所必需的，这样所有参与者就可以使用不同的语言进行交流了。有关这一问题的讨论，见第 13 章和 Transclick（transclick.com）。

此外，为更容易地整合不同应用并将沟通标准化，建立一套真正的协同环境协议是非常必要的。WebDAV（Web Distributed Authoring and Versioning，网络分布式授权和版本控制协议，详见 webdav.org）就是这样一种协议。

Vignette Collaboration 7.0 是一个可以促进协作管理的工具的实例。对于管理员来说，通过将用户与其在企业中的级别挂钩，这一工具可以支持分类并方便地管理用户的接入权限。这一工具同样支持任何基于 Unicode 统一编码语言的显示、存储和查找功能，并且可以与微软公司的 Live Communications Server 集成，以支持联机提醒和即时通信。

最后，值得注意的是，在线协作并不是所有场景或所有情况的万能药。很多时候，面对面会议仍是必要的。有时，人们还需要面部表情的暗示和物理（身体）上的亲近，这些都是计算机在现阶段所无法提供的（一种称为普适计算的技术尝试通过解读面部表情来减少这方面的一些限制）。

10.6　思考与回顾

1. 列出组织 GDSS 会议的详细步骤。
2. 列出 GroupSystems 的主要产品。
3. 列出 GDSS/GSS 的一些成功因素。
4. 企业应如何创造一种协同文化？
5. 列出 GDSS/GSS 的三个执行问题。

10.7　新兴的协作支持工具：从 IP 语音到维基

在过去的几年里，市场上出现了大量的协作工具。下面对其中比较有代表性的加以介绍。

IP 语音

IP 语音（voice over IP，VoIP）主要指基于互联网协议（IP）通过网络传送话音的通信系统。为了节约成本、提高效率，很多公司将它们的电话系统改为互联网标准。VoIP 同样以**互联网电话**（Internet telephony）著称，可以从 pc-telephone.com 处获取免费的互联网电话软件，大部分浏览器都提供 VoIP 功能。浏览器能够使你接听到从互联网上发起的电话呼叫（通过可能由呼叫方浏览器提供的麦克风和专用 VoIP 软件）。

VoIP 的好处 根据 Siemens Communication 公司（communications. USA. Siemens. com）的研究，VoIP 通信可以带来如下好处。

对于商务活动来说：

● 允许首席信息官（chief information officers，CIO）根据公司的不同沟通需求探索不同的部署选择。

● 通过语音/数据会议降低总成本。

● 通过使用集成应用降低运营成本。

● 为特定应用（如 VoIP）降低服务器端的硬件需求。

● 对安全方面进行整体考虑，通过加密和识别管理增强安全性。

● 允许公司内不同的业务过程之间通信，从而简化工作流。

● 利用优化的会议工具代替商务旅行。

对于用户来说：

● 通过智能化的通信过滤功能消除不必要的中断和无用的活动。

● 提供对实时状态信息的访问，有助于快速决策。

● 无须事先安排语音或视频会议网桥，就可以召开特别会议/协同会议。

● 允许参与者快速、容易地通过多种移动设备接入参加会议。

协同工作流

协同工作流是指支持面向项目和协作类流程的软件产品，截至目前，这些软件都是集中管理的，允许来自不同部门甚至不同物理地点的人们接入和使用。协同工作流工具的目标就是增强知识工作者的能力，与协同工作流相关的企业解决方案的关键在于允许员工在一个集成的环境中沟通、谈判和协作。可以提供协同工作流应用的主流厂商包括 Lotus、EpicData、FileNet 和 Action Techologies。

Web 2.0

Web 2.0 可以理解为第二代 Web 开发和设计，其主要特征包括在互联网上进行便捷通信、信息共享、互动、以用户为中心的设计和协作，它促进了网络社区、托管服务和许多新奇的网络应用的发展和演变。Web 2.0 的应用实例包括社交网站（如，LinkedIn，Facebook，Myspace）、视频共享网站（如，YouTube，Flickr，MyVideo）、维基、博客、糅合、分众分类（folksonomy）。

Web 2.0 网站通常都包含以下特征/技术，可以首字母缩写 SLATES 表示：

● 搜索（search）。通过关键字搜索使信息查找更加容易。

● 链接（links）。点对点连接可以很容易地获取其他相关信息。

● 内容创作（authoring）。内容可以由多用户不断更新。对于维基而言，内容的更新在某种意义上是指用户可以撤销和重做彼此的工作。对于博客而言，内容的更新主要指个人的帖子和评论会随着时间的推移而不断累积。

● 标签（tags）。通过创建标签对内容进行分类。标签都很简单，往往就是一个单词。为便于搜索、避免僵化，应根据用户定义的描述预先分类。

● 扩展（extensions）。功能强大的算法使网络变成一个应用平台，同时也变成一个文档服务器。

● 通知（signals）。RSS（简易信息聚合，也叫聚合内容）技术被用于快速提醒用户内容的改变。

维 基

维基（wiki）可以被视为一种网站上可用的服务器软件，它允许用户通过网络浏览器自由地创建和编辑网页内容（在夏威夷语中，wiki 的意思就是"快速"或"加速"，例如，"Wiki Wike"就是檀香山国际机场豪华班车的名字）。维基支持超链接，并为创建新页面和内部页面之间的交叉链接提供了简单的文本语法规则，它特别适用于协同写作。

维基与群体通信机制是截然不同的，因为维基允许编辑和修改文稿的组织结构和内容。"维基"这一术语也指能够使维基网站更加容易地运行协同软件。

维基允许用户通过网络浏览器以一种简单的标记语言共同编辑文档内容。维基中的一页被称为"维基页"，那些通过超链接实现高度互联的全部页面称为"维基"，实际上，维基就是一个非常简单、易用的数据库。想要获取更多详细信息，请参见 en. wikipedia. org/wiki/Wiki 和 wiki. org。

维基已经发展出多种形式和格式，其中一种就是维基日志。

维基日志 维基日志（wikilog）或维基博客是博客的一种扩展，往往由个人（也可能是一个小组）创建，维基日志也有讨论版。本质上说，维基日志就是一个允许每个人平等接入的博客（维基和博客的结合物，也叫做 bliki），任何人都可以添加、删除或者修改内容，它也比较像放在公共场所带有铅笔和橡皮的活页笔记本，任何人都可以阅读，随手记录，甚至撕下一页等。创建一个维基日志是一个协作的过程。维基中的信息可以被任何人修改或删除（尽管很多维基都会在有关贡献者的背景介绍中保留前一个版本的副本）。与受保护的 Web 页面不同，维基内容的添加完全受其他参与者的支配。想要获得更加详细的信息，请参见 usemod. com/cgi-bin/mb-pl？Wikilog。

维基及其衍生物的商业价值 因为维基相对来说属于新技术，所以很难评估其商业潜力。然而，著名研究机构 Gartner Group 公司称，2009 年至少有 50％的公司将维基作为其主流协作工具（WikiThat. com，2009）。除了能够用于协作外，因为维基是免费的开源通信软件，所以它还可以代替电子邮件。Socialtext（socialtext. com）是一家提供商品化维基产品的主流供应商。

协作中心

B2B 电子商务中应用最广泛的形式就是**协作中心**（collaboration hub），供应链中的各成员利用基于互联网的协作中心减少库存、提高灵活性、增加供应链间的透明度，从而提高制造商、供应商、合约生产商之间的效率。更多细节参见 Turban et al. (2009)。

协作网络

从传统意义上说，供应链成员间的协作往往发生在上下游比较临近的成员之间（例如，制造商与分销商之间，或分销商与零售商之间）。尽管现在有更多的合作伙伴参与其中，但焦点仍是传统供应链已有节点间信息流和产品流的优化。更加先进的方法，如协同计划、预测与补货（协同式供应链库存管理，CPFR，详见 10.8 节），也没有改变这一基本结构。

传统的协作可以引起供应链的纵向整合。然而，网络技术可以从根本上改变供应链的形态、供应链中合作伙伴的数量，以及他们各自所扮演的角色。在一个协作网络中，处于网络中任意一点的合作伙伴都可以绕过传统的合作伙伴相互配合。这种配合可能发生在多个制造商或分销商和新进入者之间，就像软件代理作为聚合器使 B2B 电子商务市场中的物流供应商之间相互配合一样。有关讨论和实例，可参见 Turban et al.（2009）以及 logility.com。

公司（企业）门户

公司（企业）门户（corporate（enterprise）portal）是进入企业网站的一扇大门，使沟通、协作及获取企业信息成为可能。企业门户是一种个性化的单点接入，通过 Web 浏览器可以获取组织内外的关键商业信息。像 Yahoo！和 MSN 等门户都是互联网上普通信息的接入门户，与这类商业门户不同，企业门户为获取某一特定组织放置在互联网、内联网和外联网上的信息和应用提供了一种单点接入方法。各种各样的企业门户使得沟通和协作更加便捷。

10.7　思考与回顾

1. 描述 VoIP 并列出其优点。
2. 给出协同工作流的定义。
3. 给出 wiki 和 wikilog 的定义。
4. 给出协作中心的定义。
5. 给出企业（公司）门户的定义。

10.8　设计、计划和项目管理中的协同

联合设计、协同计划和项目管理分别是三个主要的协同工作领域。

设计和产品开发的协同

协同产品开发需要多个公司联合使用产品设计与开发技术，从而成功地发布产品，减少产品投放市场所需的成本和时间。在产品开发期间，可以通过一个安全的网络实现工程

图与设计图在供应链上各公司之间的共享，涉及合同商、测试设备商、营销公司，以及下游制造商和服务商。其他技术还包括规范、测试结果和设计修改稿的共享，以及利用在线原型获取用户反馈。通过紧密集成和简化沟通渠道，可以缩减开发成本。

实例：卡特彼勒公司缩减产品开发时间

卡特彼勒公司（caterpillar.com）是一家跨国重型机械制造商。在传统运营模式中，供应链周期往往很长，因为运营过程涉及经理、销售人员和技术人员之间纸质文档的传递。为了解决这一问题，卡特彼勒公司通过一个基于外联网的全球协作系统将其工程和制造部门与供应商、分销商、海外工厂和顾客连接在一起。举例来说，依靠这一协作系统，关于一个拖拉机组件的顾客需求，由顾客反馈给卡特彼勒公司经销商，然后传递给设计人员和供应商，所有这些都能够在很短的时间内完成。当机器/车辆还在装配线上时，顾客可以通过外联网检索或修改详细的订单信息，顾客与产品开发者之间的远程协作能力缩短了因重复工作引起的时间延误。供应商也连接到系统中，因此，如果有需求，它们可以将原材料或零件直接送到卡特彼勒公司的修理厂或者直接送给顾客。这一系统同样可用于提高维修和保养效率。

若要获取更全面的有关虚拟协同设计环境的知识，参见 Manninen（2004）。想要了解宝洁公司如何利用 GroupSystems 公司的 ThinkTank 进行协同设计以进行消费品创新，可以参见开篇案例。

供应链管理中的协同计划

协同计划的目的就是将生产、分销计划和产品流通同步，通过扩大化的生产力提高资源利用率，增加消费者反馈，以及减少库存。协同计划中，商业伙伴（制造商、供应商、分销商以及其他合作者）进行原始需求（或销售）预测，按需对预测进行变更，并共享相关信息（如实际销售额和预测值）。这样，所有的合作伙伴根据统一的安排（公共视图）开展工作，通过电子化的链接，所有参与者都可以获取订单并预测执行情况，这些信息是全球可见的。一旦生产计划、订单以及产品发生变化，就能立即触发对所有合作伙伴生产计划的调整。CPFR 就是该领域的一个产业项目。

CPFR 项目　协同计划、预测与补货（collaborative planning, forecasting, and replenishment，CPFR）是一个全产业范围的项目，供应商和零售商在计划和需求预测方面进行协作，以保证产业链上的所有成员可以准备适量的原材料，并且可以按需生产。当实施 CPFR 项目时，所有参与者会共同商定一个标准流程（如图 10—5 所示），这一流程止于订单预测。CPFR 为协作计划提供了一个标准框架，由零售商和供应商决定"联姻的规则"，例如多久或者向哪个层级提供信息。通常情况下，它们共享大量的具体信息，例如推广时间表和销售点的历史信息，它们往往将商店层级的期望作为所有预测的基础。

CPFR 的初衷主要是改善供应链上所有参与者的需求预测，提高它们利用信息共享应用（此类应用已由 Manugistics、Oracle 和 i2 Technologies 公司开发出来）来相互沟通需求预测结果的效率。对于零售商而言，协同预测意味着更少的缺货情形、更小的销售损失和更少的库存积压。对于制造商而言，协同预测意味着更少的加急运输、更适当的库存水平以及更适当的生产规模。

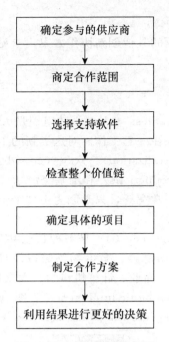

确定参与的供应商

↓

商定合作范围

↓

选择支持软件

↓

检查整个价值链

↓

确定具体的项目

↓

制定合作方案

↓

利用结果进行更好的决策

图 10—5　CPFR 流程模型

除了在一起制定生产计划、预测补货情况外，供应商和零售商还可以利用通用的语言标准和新的信息方法在相关的物流活动（如运输或仓储）中进行协作。

一项调查显示，在 43 家大型食品、饮料和日用消费品公司中有 67％的公司正在研究、试验或实施 CPFR，大约有一半观望 CPFR 的受访者表示会提前实施 CPFR。然而，CPFR 并非适用于所有的贸易伙伴，也并非适用于所有类型的库存量单位（SKU）。根据 Syncra Systems 公司营销副总裁蒂姆·帕多斯（Tim Paydos）的说法，对于促销商品或季节性商品而言，CPFR 无疑已经产生了高额的回报，在实施 CPFR 之前这类商品的库存往往由于需求不确定而不够准确。"如果我打算在 CPFR 方面进行投资，"帕多斯评论说，"我会在能够产生高额回报的产品上实施 CPRF。"

CPFR 战略由沃尔玛和多家标杆合作伙伴推动。当沃尔玛与 Warner-Lambert 公司在李施德林漱口水产品上的先期试验获得成功后，自愿行业间商务标准（Voluntary Interindustry Commerce Standards，VICS）成立了一个下属委员会，专门推动参与的零售商（即沃尔玛的供应商）使用所制定的 CPFR。

CPFR 可用于以公司为中心的 B2B 市场，也可用于卖方市场或买方市场。更多有关 CPFR 好处的相关信息，详见 vics. org/committees/cpfr。

供应商管理库存　通过**供应商管理库存**（vendor-managed inventory，VMI），零售商可以让自己的供应商负责确定什么时间订货，订多少货，零售商要向供应商提供实时信息（如销售点数据）、库存水平以及需要补货的门槛，再次订货的数量也是预先确定的，而且通常情况下这一数量也应由供应商提出建议。通过采用这种方法，零售商不再需要对库存管理负责，需求预测也变得更加容易，无须零售商下订单，供应商就可以在某种商品订货之前发现其潜在需求，这样库存就可以维持在较低水平，缺货的情况也很少发生。沃尔玛于 20 世纪 80 年代最先开始使用这种方法，当时这一方法由电子数据交换（electronic data interchange，EDI）技术支持，现在，这种方法由 CPFR 及其他专用软件支持。VMI 软件解决方案可以由 Sockeye Solutions 公司、Cactus Communications 公司以及 JDA 软件公司提供。详细信息参见 Bury（2004）。

要了解更多解决供应链问题的其他创新协作方案，参见 logility. com。

集体智慧

Wikipedia、Google 和 Threadless 等大型松散组织是大家熟悉的例子，在那里人们通过电子化手段以极其高效的方式在一起工作。对这类新的工作组织模式有多种术语进行描述——彻底分权（radical decentralization）、众包（crowd-sourcing）、群众智慧（wisdom of crowds）、对等生产（peer productions）和维基经济学。这些术语中应用最广的或许就是集体智慧，这一术语的定义非常宽泛，只是因为由多个个体构成的集体一起做事看起来更具智慧（Malone et al.，2009）。

集体智慧（collective intelligence，CI）是一种智慧共享，因多个个体之间有意合作、协作而产生。CI 在人类世界、动物界、微生物领域以及计算机网络中表现为多种形式。对 CI 的研究可以被看作社会学、商业、计算机科学、大众传播以及大众行为学的子学科。集体智慧也被称为共生智慧（symbiotic intelligence）。图 10—6 阐明了 CI 的简单分类，其主要分支包括认知、合作和协调（en. wikipedia. org/wiki/Collective_intelligence）。

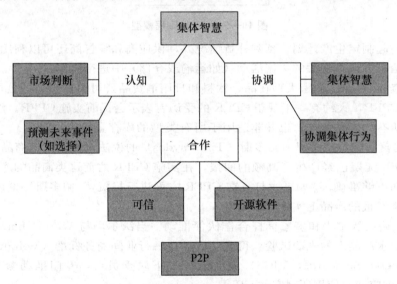

图 10—6　集体智慧的简单分类

资料来源：en. wikipedia. org/wiki/Collective_intelligence.

由于互联网这种通信技术的出现，CI 也可被定义为一种网络形式。Web 2.0 已经使互动成为可能，这样，用户就可以自己生成内容。集体智慧同样鼓励这些形式，以增强对现有知识的社会共享。以下是产生集体智慧所必需的四个主要特征（Tapscott and Williams，2007）：

● 开放。在通信技术发展的早期，个人和公司都不愿意共享创意和知识产权。原因在于，那时的创意可以作为一种资源为公司带来超越竞争对手的优势。而今天，个人以及公司都愿意放松对这种资源的控制而获取共享它们带来的好处。通过合作共享创意能够使产品和过程得到持续改进。

● 对等。这是一个水平层次的组织形式，具备创造信息、知识、技术和物理产品的能力。开源操作系统 Linux 就是一个实例。用户可以自由地对系统进行修改或开发，并且可以将他们变更和改进之后的系统提供给其他人使用。在这种形式的集体智慧中，参与者做出贡献的动机各不相同，但其结果能改善某一产品或服务。大多数人都相信，这种对等模式能够成功是因为它利用了自组织形式——对于某些特定任务，这种生产组织形式要比分级管理形式更加高效。

● 共享。长期以来，这一原则都是众人一直在争论的话题，问题是："针对知识产权的传播是不是应该有法律法规来约束？"已有研究表明，现在越来越多的公司会共享一些信息，并在一定程度上对潜在的或关键的专利进行适当控制。各公司开始意识到，如果它们对其所有的知识产权都进行控制，就会与潜在的机会失之交臂。共享的有限性使得一些公司不得不扩展它们的市场知识，加快其产品投放速度。

● 全球化运作。通信技术的出现促进了全球化公司的形成，尤其是在电子商务领域。互联网的影响非常广泛，以至于全球范围内整合的公司已经不存在地理上的边界。全球化的公司同样也需要全球化的联系，以使其能够进入新市场、获取新创意和新技术。因此，对于企业来说保持竞争力非常重要，否则就会导致客户保有率下降。

集体智慧的实例不断涌现，其中，最有名的当属政党动员一大批人去制定政策、推举候选人以及资助竞选活动。军队、工会和企业关注的问题的范围虽然更窄，但仍然在一定程度上满足集体智慧的定义——集体智慧的严格定义应该是有能力在没有来自"法律"或"客户"的命令或指示的前提下，对任意的情况作出反应。其他有关集体智慧的例子有：

● 维基百科。维基百科是一种在线百科全书，几乎任何人都可以在任何时间进行修改。维基百科背后的概念通常被称为维基经济学，它是一种新的力量，可以让互联网上的人们聚在一起共同创建一个巨大的信息库。维基经济学模糊了消费者和生产者之间的界线，导致了"produser"和"prosumer"（消费者和生产者的集合体）等术语的出现。

● 电子游戏。像模拟人生（The Sims）、光晕（Halo）和第二人生（Second Life）这类虚拟游戏都是非线性的，都要依靠集体智慧来进行扩展。这种共享方式正逐渐影响当代人以及下一代人的心态。

● 在线广告。像 BootB（bootb. com）和 DesignBay（designbay. com）这样的公司正利用集体智慧试图摆脱传统的营销和创意机构。

● 学习者创造内容。学习者创造内容往往发生在一组用户相互协作，对现有资源进行编辑整理以创造一个满足他们需求的生态环境的情况下，往往与共同构架、共同创作、共同设计领域相关，这些领域的学习区可以让学习者自己创造内容。从这个意义上讲，学习者创造内容代表了一种特定的、在可信任网络环境下可以促进集体行动协调的社区。

● 动物行为。如果我们以技术水平来衡量，除了人类，蚂蚁社会要比其他任何动物都富有智慧，蚂蚁社会可以进行农业生产，事实上还可以进行很多种不同形式的农业生产，一些蚂蚁社会有各种形式的饲养活动，例如，有些蚂蚁饲养蚜虫以"挤奶"，切叶蚁则饲养真菌，还会搬运叶子来给真菌喂食。

即使集体智慧这一概念与人们的直觉相悖，但它确实能够起作用。这是为什么呢？麻省理工学院的一群研究人员正在寻找这一问题的答案。Malone et al.（2009）提出了一个确定集体智慧的基本组成部分的框架。研究人员提到的几个关键问题如下：

● 谁来执行这项任务？（普通民众、特定群体、随机人员，等等）

● 他们做这些是为了什么？（金钱、爱情、荣誉，等等）

● 完成了什么？（创作、决定、预测，等等）

● 怎么完成的？（合作、协同、协调，等等）

要了解更多有关集体智慧的信息，参见麻省理工学院集体智慧研究中心的网站（cci.mit. edu/）。

项目管理

开发大型项目需要组织内外大量的单位和个人相互协作，因而需要有效且高效的沟通与协作。

实例：辉瑞公司的计算机辅助文档管理与协同系统

一种新药从研发到投放市场这一过程需要花费 6～10 年的时间，而且只有不到 10％的药品能够真正投放市场，获得美国食品药品监督管理局（Food and Drug Administration，FDA）的批准是最后一步，需要 18～24 个月。美国政府正在向制药企业施压，让其与FDA 协作，以便使该步骤在 12 个月内完成。为了实现这一目标，辉瑞公司开发了一套名为"电子化申请导航系统"（Electronic Submission Navigator，ESUB）的专用系统，其主要功能如下：

● 可以提供一项试验或一个应用过程状态信息的全球视图。

● 通过将世界范围内的药品研发人员连接起来以增强辉瑞公司的竞争优势，ESUB 已经吸引了包括其他制药企业在内的众多商业伙伴与辉瑞公司结成战略联盟，以帮助公司拓展市场、销售药品。

● 通过在不同国家同时提交申请，使辉瑞公司能够更快地渗透到全球市场。

● 使公司具备了每 12 个月推出 5 种新药的能力——这是制药产业内最快的速度。

● 允许安装有全功能系统的便携设备接入，这非常重要，因为 FDA 经常聘用外部顾问。

要了解更多详细信息，参见 Blodgett（2000）和 pfizer.com。

10.8　思考与回顾

1. 给出 DPFR 的定义并描述其过程。
2. 给出 VMI 的定义。
3. 描述项目管理中协同的效益。

10.9　创造力、创意生成以及计算支持

决策制定/问题解决过程中的一项主要任务就是制定可供选择的行动方案，尽管知识和经验对这项任务的执行很有帮助，但是新颖的、创新的想法往往也是经常需要的。这些都可以通过创造力和创意生成加以实现。

创造力

创造力属于人类的特质，可以引导生产行为、物质生产、新颖的实例和创造性产品的出现。创造力是非常复杂的。与个性相关的创造力特性包括创造性、独立性、独特性、热情和灵活性，这些特征都可以通过已广泛使用的 Torrance 创造性思维测试（Torrance Tests of Creative Thinking，TTCT）（Cramond，1995）加以评估。然而，有研究人员已经证实，创造力是可以通过学习加以改进的，它并不像大家原本认为的那样强烈依赖于个人特质。创新型企业逐渐认识到，创造力也许并不是具有某种特质（换言之，作为一个天才）就能产生的必然结果，也许更多地是因为处于一个鼓励创新的工作环境之中（Gatignon et al.，2002）。

当问题确定以后，潜在的评判标准和备选方案往往也就确定了。通常来说，有创造性的想法才能得到更好的解决方案。头脑风暴法中往往存在一些具体的创造性指标：数量（想法的数量）和质量（想法的质量）。通过使用关注创意生成和相关问题的创造性解决方案的评估软件，二者都能够受到积极的影响和促进。

从长期来看，当创造力被释放出来之后，可以大大地提高生产力和盈利能力。创造力在解决问题过程中非常重要（Handzic and Cule，2002），因此为其开发计算机化的支持系统是很关键的。

某些环境因素会对创造力和创意产生刺激作用。满足"认真玩"标准的环境，是创新过程密不可分的一部分。团队成员被大环境中其他富有创造力的人所刺激，能够推动整个团队向前进步。这是如何起作用的呢？有些刺激可能直接来源于一些富有创造力的人相互协同进行头脑风暴时所产生的疯狂想法。这是可以实现的，例如，向一个人展示一组相关（即使并非直接相关）概念。有些刺激甚至来源于员工之间的冲突。有研究表明，不满或不愉快是激发创新的必要条件。经理等管理人员不应该雇用与他相似的人，因为只有差异才会激发刺激；例如，在头脑风暴中，差异可以使观点得以扩大化（Sutton，2001）。正如 Malhotra et al.（2001）论述的那样，"创新，常常来自组织内外部交叉学科的不同个体的合作"。

在激发创造力方面，已经有许多相关的方法被提出并被实践证明是有效的。在不同的框架（例如，从盒子外面看，或者从不同的角度看）下审视创意可以激发创造力（参见 von Oech，2002；creativethink.com 上的"创意思考"部分）。接下来，我们要讨论创意生成和电子头脑风暴中的创造力和创新。

通过电子头脑风暴生成创意

很多创意生成方法和技术已经被广泛采用以增强个体和团队的创造力。创意生成软件（电子头脑风暴软件）可以激发创造性思维的自由传播：想法、文字、图片和概念等在协同原则的基础之上自由地表达。一些软件被设计出来用于增强人脑的创造性思维过程，还可以用于形成新产品构思、市场战略、促销活动、产品名称、标题、广告语或者背景故事，或者仅仅用于头脑风暴。

用很多的想法去"轰炸"用户是创意生成群决策支持软件的一个主要特征。这是很关键的，因为它能够帮助用户从分析模式中走出来，转而进入创造模式。心理学研究表明，人们往往会在想法生成的早期停滞不前，将他们的第一个想法作为他人的思维跳板，后续的想法就可能不再具有显著的创新性，仅仅对最初的想法做少许变化。创意生成软件在发挥人类主观能动性方面更加自由，它可以帮助人们开拓思维并刺激真正独特的想法出现。

根据定义，群决策支持系统中的创意生成是一个群策群力的结果。一个人的想法可以激发其他人的想法，这些想法又可以（在由协作形成的想法链中）激发更多人的想法。在计算机协作支持工具（如 GDSS）的支持下，个体完成所有的思考，软件系统还能够鼓励他们继续进行下去。这一技术是一种匿名的、安全的方法，可以鼓励那些在常规环境中不愿意表达的参与者发表自己的意见。通过交换彼此的想法，结合现有想法和他们的记忆，人们可以获得自己之前没有想到的创造性见解。当各种想法通过这一过程发挥作用时，这一技术可以起到过滤作用。协作所激发的记忆能够激活创造力。信息交换（即学习）可以提高产出和增强创造力。现在市场上有很多价格相对低的创意生成软件。在正确的电子头脑风暴条件下，可以产生更多的想法，并且这些想法往往更加富有创造性。很多不同的环境也已经被探索出来。

通常来说，如果在电子头脑风暴中使用正确的方法，就能够有更多、更富创造性的想法产生。但是这里有一句忠告：一个小组可能从众多想法甚至有创意的想法中获取过程增益，但也有可能因为信息过载或缺乏团队成员的支持而导致过程损失（Dennis and Rein-icke，2004）。每一个生成创意的会议的结果都会被存储在组织记忆中，这样，来自一个会议的结果可用于另外一个会议，从而增强其他人的创造性。

如果一个人要独自进行头脑风暴，那么他需要什么呢？有很多方法可用于增强个人头脑风暴的效果。Stazinger et al.（1999）开发出了一个头脑风暴模拟程序，来帮助独自进行头脑风暴的个人激发更多富有创造性的响应。该研究对比了采用能够随机生成创意的模拟程序和不采用模拟程序对个人决策者的影响，结果发现，使用模拟程序的参与者能够比其他人产生更多、更富创造性的想法。

与头脑风暴有关的认知地图（例如，Banxia 公司的 Decision Explorer），能够帮助个人或团队理清一个杂乱的问题，开发一个共同的框架，同时增强创造力。认知地图可以展示各个概念之间是如何彼此联系的，这样就可以帮助用户组织他们的思维和想法，将他们想要解决的问题形象化（详见 banxia.com）。

提高创造力的软件

尽管电子化的头脑风暴可以增强创造力，但是产生结果仍然主要靠人。接下来，我们会介绍一些软件和方法（有别于头脑风暴），它们可以通过实际完成一些人类所要完成的创造性任务来增强人类的创造力。这些系统中有一些可以表现出创新行为。

可以表现出创新行为的计算机程序　几十年来，人们都在尝试编写出能够表现智能行为的计算机程序。而智能行为的主要特征之一就是创造性。计算机能否进行创新？

智能代理所起的作用与群决策支持系统中的主持人类似。Chen et al.（1995）描述了一个有关智能代理促使想法趋同的试验。在识别重要的会议概念方面，智能代理的表现可以与真实的主持人相匹敌，但是在概念阐述的精确性、相关性方面就逊色不少。此外，代理程序能够比人类更快地完成任务。这一概念仍处于发展初期，但是在支持基于 Web 的群决策支持系统方面具有潜力，因为在网络环境下真实的主持人不可能全天候工作。

Rasmus（1995）描述了三个创造性工具。第一个叫做 Copycat，这一程序可以在字母图案中找到类比规律。识别图案是智能的最本质特征。Copycat 由几个智能代理组成，能够找到类似的字符串（例如，找到将 aabc 转化为 aabd 的类比规律）。这种能力可以推广应用到解决那些需要理解概念和操控对象的其他问题。这一程序能够理解转化的意思，并且能够找到合适的类比规律，这些能力恰恰为"计算机模仿人类创造类比规律"提供了有力证据。第二个系统是 Tabletop，它同样可以找到类比规律。第三个系统 AARON 则是一个源于 15 年研究成果的复杂的艺术绘图程序，它的开发者是哈罗德·科恩（Harold Cohen），他创造了一个完整而全面的知识库用以支持 AARON。许多相似的计算机程序已经被开发出来用于写诗、创作音乐，或者在其他媒介上完成创造性工作。随着知识基础的扩大、处理速度的加快和存储能力的增长，此类程序已经可以创造出高质量的艺术作品。

为解决问题而出现的电子创意生成软件　Goldfire（来自 Invention Machine 公司，invention-machine. com）是一款智能化软件，可以帮助加快技术创新。Goldfire 的语义处理技术可以从公司数据库、内联网以及互联网上读取、理解并提取关键概念。这一软件可以读取内容，创建问题解决树（知识索引），并且可以生成相关文档中有关技术内容的摘要列表。Goldfire 以科学知识和工程知识作为其语义算法的基础，以加快新产品和过程设计方面的创新。

Goldfire 以创新问题解决理论（即 TRIZ，俄语的首字母缩写）为基础。TRIZ 理论最早由根里希·阿特休勒（Genrich Altshuller）及其前苏联同事于 1946 年提出（详见 Altshuller Institute for TRIZ Studies，2006）。它们对超过 200 万份专利发明进行了研究，并根据发明的水平进行了分类，经分析发现了下列创新原则：

- 问题及解决方案在工业领域和科学领域是相同的。
- 技术演进的模式在工业领域和科学领域是相同的。
- 创新就是在产生科学成果的领域之外成功地使用那些科学成果。

有关 TRIZ 理论的提出过程在 *TRIZ Journal*（triz-journal. com）上和 Ideation International 公司（ideationtriz. com）的网站上均有论述。

促进人类创造力的软件　有些软件可以帮助激发创造力。一些软件具有特定功能，另一些软件则可以通过词汇联想或提问的方式来促使用户挖掘他们思维模式中那些新的、未曾考虑过的思考方向，该活动可以帮助用户突破循环的思维模式，摆脱过去的心理障碍，克服因循守旧的思维习惯。这种软件可以用几种不同的方法来释放用户的思想流。Creative WhackPack 就是这类软件的一个例子。

Creative Think 公司（creativethink. com）开发出 Creative WhackPack 产品，由 64 张纸牌构成，可以通过"重击"使你摆脱既有的思维习惯，并且以一种全新的方式看待你的问题。纸牌（"一种物理形式的程序"）被设计用于刺激人们的想象力。幸运的是，所有 64 张图文并茂的纸牌现在已经（作为软件）在网站上运行，你可以通过点击"Give Me Another Creative Whack"按钮来随机选择一张牌。

10.9　思考与回顾

1. 给出创造力的定义。
2. 将创造力与协作和问题的解决联系起来。
3. 列出提高创造力的软件类别。
4. 描述能够表现出智能行为的软件项目。

第 11 章
知识管理

学习目标

1. 定义知识并且描述不同类型的知识。
2. 描述知识管理的不同特征。
3. 描述组织学习及其与知识管理的关系。
4. 描述知识管理周期。
5. 描述知识管理系统中使用的各类技术。
6. 描述知识管理的不同方法。
7. 描述首席知识官和其他参与知识管理的人的活动。
8. 描述知识管理在组织活动中的作用。
9. 描述组织中智力资本的评估方法。
10. 描述知识管理系统是如何实施的。
11. 描述知识管理中人、过程和技术的作用。
12. 描述知识管理举措的优缺点。
13. 描述知识管理如何彻底改变一个组织的职能。

在本章中，我们描述的是知识管理的特征和概念。另外，我们会解释一些公司如何使用信息技术实现知识管理系统，以及这些系统如何改变现代组织机构。知识管理是一个古老的概念，却是一个相对较新的经营理念。知识管理的目标是识别、获取、存储、维护并以一种有意义的形式将有用的知识传递给在任何地方和任何时间组织内需要它的任何人。知识管理关乎组织层面的共享和合作，它具有对我们分享专业知识、做决策和开展业务所用方法加以变革的潜力。

MITRE 通过知识管理了解它应该知道的

自从知识管理在 20 世纪 90 年代中期被首次提出后，很多组织尝试通过知识管理获益，但都以失败告终。然而，有一些企业却从来没有放弃过实现知识管理的希望。拥有三个由联邦政府资助的研发中心的运营商 MITRE，就是其中之一。经过 13 年的发展，始于 1996 年的 MITRE 信息基础设施（MITRE's information infrastructure，MII）项目已经通过实验和内部资助的方式在 MITRE 建立起了一个完善的知识管理环境。该公司形成了一种知识共享的文化氛围，以利用其丰富的专业知识来满足客户的需求。

MITRE 公司是在 1958 年为满足美国政府建造半自动地面防空警备系统（Semi-Automated Group Environment，SAGE）的需求而建立的。SAGE 是一个集成系统，主要用于防御前苏联空袭的威胁。从那以后，MITRE 一直作为一个非营利组织，为联邦政府在民用航空、税务管理和国家安全方面所面临的普遍的、跨组织的问题提供解决方案，为美国利益服务。该公司的愿景是："作为一家公益组织，通过与政府的合作，致力于解决关系国计民生的关键问题，结合系统工程和信息技术进行开拓创新，并提供切实可行的解决方案，做到卓尔不群。"通常情况下，这意味着要在公共部门内部甚至跨部门进行创新、集成和协作，需要有效且高效的知识管理。

问题

MITRE 拥有 6 000 多名分布在世界各地的员工（主要遍布美国，但已扩展到欧洲和东亚地区），这些员工中既包括技术人员，也包括特派专家或业务专家。其中 60% 的员工具有超过 20 年的工作经验，而且大约有 2/3 的员工学历较高，他们必然会运用专业知识。MITRE 具有丰富的人力资源，这些人基本上都是获得美国政府信任的顾问人员。分布在总部以及其他平行机构的技术专家和各领域专家之间的定期沟通与交流，确保独特的高质量解决方案能够快速形成。

对于大型知识密集型公司来说，形成一个个拥有其自身知识库的文化孤岛是很常见的。随着时间的推移，这些孤岛开始相互竞争，进而逐步削弱组织的能力。这就是 MITRE 正在经历的一种局面，它曾导致 1996 年 MII 的出现。MITRE 面临的最大挑战就是构建这样一个环境——它能够让全体员工相互利用彼此的经验来满足大量且复杂的项目研究需求。另外，对 MITRE 的服务需求在规模和复杂度上持续增长，然而其预算却相对维持不变。因此，MITRE 必须找到一种方法来消除各个知识库间的壁垒，并最大限度地利用其知识资产。它不得不逐步形成一种共享的文化。

解决方案

作为在知识管理方面的早期尝试，MII 于 1996 年在公司内实施。这一系统的核心要素就是知识定位器（类似于电话号码簿的功能，它可以集成知识工作者的大量信息，人们可以在某一单一网页上获取这些信息）。从那以后，MITRE 曾尝试许多知识管理方面的举措。

图 11—1 给出了一种可理解的知识管理方法（与 MITRE 采用的方法类似），这一方法可视作对战略、过程和技术的集成，它能够使企业通过获取、创建、共享所需知识并使其具有可行性，来实现企业愿景。如图 11—1 所示，诸如创建知识、共享知识和应用知识这类关键知识管理过程均在企业流程、企业实践和企业文化的背景之下进行。这些过程由大量使能技术支持，包括内联网、信息推送/提取、数据挖掘、专家检索、专家实践数据库、知识地图等技术手段。

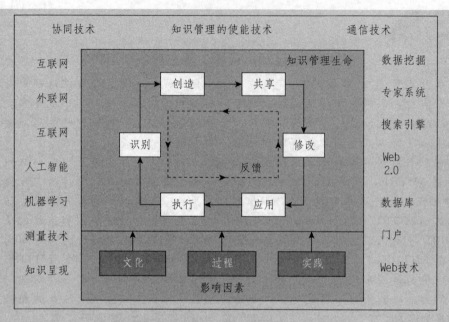

图 11—1 MITRE 的知识管理整体方法

资料来源：Mark T. Maybury, "Knowledge Management at the MITRE Corporation", 2003, mitre. org/work/ tech_papers/tech_papers_03/maybury_knowledge/KM_MITRE. pdf（accessed June 2009）。

MITRE 的知识管理战略是：通过利用内外部的专业知识和资产，支持组织内部个人和群组间的知识转移（如通过技术交流会议等）；通过获取和共享知识资产（如经验数据库）促进知识重用，以及将知识资产中精确获取的知识直接转变为人的知识（知识内化）等方式，提高其业务运营能力。它同时也包括从人们那里获取知识以形成有形的知识资产，并且实现知识在员工中的内化。MITRE 的知识管理主管相当于这一战略在公司内部的管理员，该战略也存在于公司的直属组织及附属组织内。这一情况还可以延伸到各业务单元的知识管理拥护者当中，他们能够促进知识管理举措的落实。

成果

尽管 MITRE 的规模和预算受到政府的严格限制，但是知识管理使该机构能够更快地为其客户提供更多服务。自 1995 年以来，MITRE 已经在各种知识管理系统方面投资了数百万美元；作为回报，MITRE 在降低运营成本、提高生产率方面也

获得了相应的投资回报率。根据公司运营状况，在实施知识管理举措之前，MITRE 只能说是比较成功，但是现在实施知识管理举措之后，MITRE 则是非常成功，因为它们可以在每个项目中利用公司的集体智慧。知识管理系统体现了 MITRE 的公司愿景，对公司来说"这是一种生活方式"，而不仅仅是为了"提供切实可行的解决方案，做到卓尔不群"。因为认识到知识管理的价值，MITRE 仍然在不断寻找通过赋予权力、简化流程和改进技术来改善其共享文化的方法。

思考题

1. 为什么知识管理对 MITRE 的成功至关重要？

2. 什么问题引发了 MITRE 对知识管理解决方案的探索和尝试？

3. 描述 MITRE 开展知识管理的全部路径或方法，并讨论知识管理在个人层面的价值。在这些路径或方法中，是否有你并不认可的呢？

4. 描述 MITRE 知识管理系统的用处。

你能想到在此案例中没有提到的其他益处（无论是否有形）吗？

5. 解释新兴的互联网技术（如 Web 2.0）如何进一步使知识管理系统在 MITRE 的实施成为可能？

我们可以从中学到什么

在像 MITRE 这样的大型公司中，知识就是其核心使能资产，最大限度地利用智力资本势在必行。在其发展早期，MITRE 在鼓励知识共享方面并没有一种结构化的方法，且其知识的少量共享通常也都是发生在非系统化、非正式的情况下。随着市场对其服务需求的增长，MITRE 逐渐意识到更好地利用其智力资本的必要性，并且开始开发知识管理系统。之后，随着许多成功的知识管理举措和系统被开发出来，MITRE 的组织文化也逐渐从"竖井文化"变成了"共享文化"。正如本案例所阐释的那样，知识管理并非一个单一任务或项目，而是许多任务和项目构成的持续过程。企业的成功将会越来越取决于企业将知识管理转变为其生活方式的能力。

资料来源：R. Swanborg, "Mitre's Knowledge Management Journey", *CIO*, February 2009; and M. T. Maybury, "Knowledge Management at the MITRE Corporation", 2003, mitre. org/work/tech _ papers/tech _ papers _ 03/maybury _ knowledge/KM _ MITRE. pdf（accessed June 2009）.

11.1 知识管理导论

知识管理是一门应用广泛的学科，接下来我们给出其定义和解释。

知识管理的概念和定义

开篇案例阐明了识别组织中的知识资产及在组织内分享这些资产的重要性和价值。通过一系列举措，MITRE 开发出了知识管理系统以更好地利用其智力资产或**智力资本**（intellectual capital）——员工的宝贵知识。MITRE 的文化通过部署知识管理系统得以改变，促使公司运营成本显著下降，运营效率提高，公司内部实现更多的协作。虽然知识资产的价值很难度量，但是很多公司都认识到了它的价值。激烈的全球化竞争促使各个公司通过转型为促进知识发展和共享来更好地利用其智力资产。

从组织学习和创新的角度来看，知识管理的理念并不是近期才出现的（Ponzi，2004；Schwartz，2006）。然而在许多组织中，通过使用信息技术工具让之前杂乱无章的组织知识的创造、存储、转化和应用更为方便则是一项新的甚至首创的举措。成功的管理者利用智力资产并认识到其价值已经有很长一段时间了，但它们并没有系统化，而且不能确保为了公司利益的最大化能否合理地共享和传播所获得的知识。知识管理是一个能够帮助组织识别、选择、组织、传播并转化重要信息和专业知识的过程，这些信息和知识是组织记忆的一部分，并且以一种非结构化的方式存在于组织中。**知识管理**（knowledge management，KM）是对组织内员工想法、信息和知识进行的系统化、积极有效的管理。知识的结构化可以使问题解决、动态学习、战略规划以及决策制定更加有效并且高效。知识管理举措主要关注如下几方面：识别知识、以正式的形式阐明知识以便共享、通过重复利用充分发挥知识的价值。能够使知识管理在整个组织内得以实现的信息技术，我们称之为知识管理系统（Holsapple，2003a，2003b；Park and Kim，2006；Sedighi，2006；Zhang and

Zhao，2006）。

在拥有广泛支持的组织氛围以及现代信息技术的背景下，一个组织可以利用其全部的组织记忆和知识来解决世界上任何地方、任何时间出现的任何问题（Bock et al.，2005）。为了组织的成功，知识作为资本的一种形式，在人们之间必须是可交换的，而且必须能够逐渐增长。只有在有关如何解决问题的知识能够被获取时，知识管理才可以促进组织学习，并引起更进一步的知识创造。

知　识

知识与数据和信息是截然不同的（参见图 11—2）。数据是一种事实、测量值和统计信息；信息是经过组织或处理的数据，是及时的（也就是说，来源于数据的相关推论，都是在应用型时间框架中得出的）和准确的（也就是说，尊重原始数据）（Kankanhalli et al.，2005）。**知识**（knowledge）则是前后相关的、可操作的信息。例如：一份给出从一个地点到另一个地点详细行驶方向的地图可以被认为是数据；高速公路沿线设置的可以实时显示因前方几公里处施工而提示车辆减速行驶的交通指示牌可被称作信息。意识到备选路径则可以被认为是知识。在这一案例中，把地图看成是数据是因为它不包含影响从一个地点到另外一个地点行驶时间和行驶条件的相关信息；然而，只有在你具备能够避开施工区域的知识的前提下，了解当前各种状况的信息对你才会有用。这就意味着，在特定的情况下知识具有较强的经验和反馈元素，而这些元素可以将信息与知识区别开来。

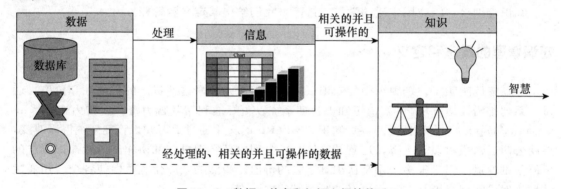

图 11—2　数据、信息和知识之间的关系

拥有知识就意味着可以用它解决问题，而拥有信息却不是这样。有能力采取行动是拥有广泛知识所不可或缺的一部分。例如，有相同背景的两个人在得到相同信息后，很难把这些信息以相同的程度成功运用。因此，在价值增值方面人们的能力是不同的。能力上的不同可能是由于有不同的经历、接受过不同的训练、有不同的视角，也可能是其他因素造成的。然而，数据、信息和知识都可以看成是一个组织的资产，知识能提供比数据和信息更高一层的含义。知识可以传达隐含的意思，因此更有价值，也更有时效性。

和其他组织资产不同，知识有如下特性（Gray，1999）：

● 非凡的杠杆作用和收益递增。知识不会遇到收益减少的现象。当知识被使用时，它并不会减少（或者耗尽），相反却会增加（或者改进）。其消费者可以对其进行扩展，进而增加它的价值。

● 知识碎片化、流失和更新的需要。随着知识的增长，它会产生分支并裂变。知识是动态的，是处于变化中的信息。因此，一个组织必须不断地更新自己的知识库来获取知识，以保持其竞争优势。

● 不确定价值。很难评估一项对知识进行的投资的影响，因为有太多无形的方面难以量化。

● 共享的价值。很难估算出共享个人知识的价值，也很难估计谁会从中获得最大的利益。

在过去的几十年中，工业经济经历了由依赖自然资源向依赖智力资产转变的过程（Alavi，2000；Tseng and Goo，2005）。**知识经济**（knowledge-based economy）已经成为一个现实（Godin，2006）。在商业环境快速变化的情况下，已经不能再用传统的方法。今天的公司在规模上往往比以前大得多，并且在某些领域的营业额极高，从而加速了人们对协作、通信和知识共享方面更优化的工具的需求。公司必须采取相应的策略，通过合理利用其智力资产获取最佳业绩来保持竞争优势（如美国篮球职业联赛（NBA）那样；Berman et al.，2002）。全球化经济与市场竞争要求对顾客需求和问题做出快速响应。对于地理上分布较广的咨询公司和虚拟组织而言，为了提供服务，管理知识是非常重要的。

在认识论（例如，对知识的性质进行研究）、社会科学、哲学和心理学领域，有大量的文献对知识和认知进行了研究。虽然没有关于知识和知识管理的具体定义，但从商业角度来看它们还是比较实际的。作为资源的信息却并不总是有价值的（例如，过多的信息会使我们弄不清什么才是重要的）；作为资源的知识之所以有价值，是因为知识所关注的重点就是重要的事物（Carlucci and Schiuma，2006；Hoffer et al.，2002）。知识蕴含着隐性的理解和经历，这些理解和经历能够辨别知识是否得到合理使用。随着时间的流逝，信息会逐渐累积并衰亡，然而知识却能不断进化。知识在本质上是动态的，这表明，如果个人或组织不能随环境的改变来更新知识，今天的真理可能会变成明天的谬误。更多有关知识管理和知识重用过程潜在缺点的论述，详见 11.8 节。

"智力资本"这一术语经常被用作知识的同义词，表明知识是具有财务价值的。但并不是所有的智力资本都能归类为知识。品牌和客户是智力资本的两个方面，但是在当今市场上智力资本最重要和最有价值的方面实际上是各种形式的知识（Ariely，2006）。尽管智力资本难以测量，但一些行业已经做了尝试。例如，对 2000 年财产意外伤害险领域智力资本总价值的估计为 2 700 亿～3 300 亿美元（Money，2000）。

经验表明，知识会随时间的推移而演变，并且与周遭环境中新的情况和事件发生联系。鉴于知识的类型和应用十分广泛，我们采用了一个简单并且确切的定义：知识是动态的信息。

显性知识和隐性知识

Polanyi（1958）最先清晰界定了组织中显性知识和隐性知识的不同之处。**显性知识**（explicit knowledge）更多地是客观的、理性的、技术方面的知识（如，数据、政策、规程、软件、文档）。**隐性知识**（tacit knowledge）主要应用在主观的、认知的、经验学习的领域；隐性知识往往是非常私人的，并且很难以正式的形式加以表达。Alavi and Leidner（2001）给出了一种分类方法（参见表 11—1），该分类方法定义了一系列不同类型的知识，超越了显性与隐性的简单二元分类。然而，知识管理方面的大多数研究对于知识二分法的分类一直存在争议。

表 11—1　　　　　　　　　　　　　　　　知识的分类

知识类型	定义	例子
隐性的	在特定背景下，该类知识来源于行动、经验和涉入度	与特定客户打交道的最好办法
认知型隐性	思维模式	个人对于因果关系的信念
技术型隐性	知道如何应用于某些特定工作	手术技巧
显性的	可清晰表达的、普遍的知识	某一地区重要客户的知识
个人的	由个人创造和拥有的知识	从已完成项目中获得的启示
社会的	由组织集体行动创造的或共有的知识	团体间的通信规范
说明性的	了解	哪种药物对病情适用
程序性的	知道如何	知道如何服用某种特殊药物
原理知识	知道为什么	理解药物为什么能够起作用
有条件的	知道何时	知道何时开药
相关的	知道相关的	知道某药物和其他药物的相互影响
实务知识	对组织有用的知识	最佳实践、治疗方案、案例分析、尸检

　　显性知识包含政策、程序指南、白皮书、报告、设计、产品、策略、目标、任务、企业的核心竞争力以及 IT 基础设施。它是那种已经被整理（如文档化）成特定形式的知识，这种特定形式在无须人际交互的情况下就可以发给其他人，或转变成过程或策略。例如，如何处理工作申请的相关描述会被记录在公司人力资源政策手册中。显性知识也叫**外显知识**（leaky knowledge），有了这些知识就可能不再需要一个人、一份文件或者一个组织，因为这些知识可以被读取并且准确记录（Alavi，2000）。

　　隐性知识是对一个组织拥有的经验、心智地图、见解、聪敏才智、专业知识、专业技能、商业秘密、技能集、理解力和学习能力的逐步积累，同时也是内嵌在组织内部由组织的人员、流程和价值在过去和现在积累的经验所形成的组织文化。隐性知识，也叫做嵌入式知识（embedded knowledge）（Tuggle and Goldfinger，2004），通常存在于个体的头脑中，或者内嵌于一个部门或分支机构的组织活动中。隐性知识通常涉及专业技能或高水平技术。

　　有些时候，隐性知识很容易被文档化，但由于拥有这些知识的人没有认识到它对其他人的潜在价值，因此这些知识仍然是隐性的。有些时候，隐性知识是非结构化的，没有确定的格式，因此很难编撰，也很难用语言来描述。例如，说明如何骑自行车就很难通过文档清晰表述，因此仍然是隐性知识。成功地转化或分享隐性知识经常是通过关联、实习、见习、交谈以及其他社会和人际交互方式，甚至模拟来实现的（Robin，2000）。Nonaka and Takeuchi（1995）指出，洞察力、直觉、预感、价值观、图像、隐喻和类比等无形资产通常是组织内最容易被忽视的资产。获取这些无形资产对公司达到盈亏底线并达到目标来说是非常关键的。为更加容易地实现隐性知识共享，需要特定的背景和环境，因为在普通环境下隐性知识通常很少被分享（Shariq and Vendel，2006）。

　　过去，管理信息系统部门已经在关注对显性知识的获取、存储、管理与发布。现在，组织认识到在正规的信息系统中整合这两种类型知识的必要性。几个世纪以来，由于其体验性质，导师学徒制已经成为一种把隐性知识从一个人传递给另一个人的缓慢却可靠的方式。当个人离开组织后，就会带走属于他们自己的知识。知识管理的一个重要目标就是保留那些能够轻易离开组织的人们的有价值的技能。知识管理系统指的是运用现代 IT 技术

（如，互联网、企业内联网、外联网、Lotus Notes 平台、软件过滤器、代理程序、数据仓库、Web 2.0）来加强、加快企业内外的知识管理，并使其系统化。

知识管理系统的目的是通过使组织内人力资本的专业知识更加普及，来帮助组织处理营业额、快速变革和裁员等方面的棘手问题。之所以创建该系统，部分原因是保持劳动力增长知识并且提高产量方面的压力持续增长，也是为了帮助大型组织提供稳定的客户服务水平。想要了解更多有关知识和经济的基础知识，参见 Ahlawat and Ahlawat（2006），Holsapple（2003a，2003b）。

11.1 思考与回顾

1. 给出知识管理的定义并对其目的进行描述。
2. 描述数据与知识的区别。
3. 描述知识经济。
4. 给出隐性知识与显性知识的定义。
5. 给出知识管理系统的定义并描述其作用。

11.2 组织学习与变革

知识管理扎根于组织学习和组织记忆理论之中。当组织成员间相互协作并彼此交流想法、所教、所学时，就实现了知识从一个个体到另外一个个体的转化和转移（Bennet and Bennet，2003；Jasimuddin et al.，2006）。

学习型组织

学习型组织（learning organization）是指组织从过去的经验中学习的能力。一个公司想要有所改善和提升，首先就必须学习。学习涉及经验和技能的相互配合。在实践社区中，它们更是密切相关的。实践社区不仅为新人提供学习的环境，而且为新见解提供转化成为知识的背景环境（Wenger，2002）。在本章的后面部分将就实践社区展开讨论。

建立一个学习型组织，必须解决三个关键问题：（1）意义（决定学习型组织的愿景是什么）；（2）管理（决定公司是如何运作的）；（3）度量（评估学习的水平和进度）。一个学习型组织可以很好地执行五项主要活动：系统地解决问题，创造性地尝试，从过去的经验中学习，从其他人的最佳实践中学习，在整个组织内高效并快速地转移知识（Vat，2006）。例如，百思买公司紧紧围绕创建学习型组织以获取最佳实践，进而成功地构建了公司的知识管理体系（Brown and Duguid，2002）。

组织记忆

一个学习型组织必须拥有**组织记忆**（organizational memory），以及保存、展示、共享组织知识的方法和手段。虽然估计的数据各不相同，但大家普遍认为只有 10%～20% 的商业数据能够得到实际应用。组织的政策和规程中记载了其过去的情况。当组织内的个体遇到需要解决的事件和问题时，理想情况下他们可以利用组织记忆来获取显性和隐性知识。通过创造新知识，人工智能可以从组织记忆中获取知识并增加价值。这样，知识管理系统就可以获取新知识，并使这些知识以增强型的形式可用（Nevo and Wand，2005；Jenex and Olfman，2003）。

组织学习

组织学习（organizational learning）是对那些具有影响组织行为的潜力的新知识和新见解的发展。当协作、认知系统、记忆系统被组织成员共享时，组织学习就会发生（Schulz，2001）。

学习技巧主要包含如下几个方面（Garvin，2000）：

- 对新想法的开放态度；
- 对个人偏见的认识；
- 接触未经处理的数据；
- 谦逊的心态。

建立组织记忆对组织的成功来说非常重要（Hinds and Aronson，2002）。信息技术在组织学习中起着非常重要的作用，因此管理人员必须把工作重点放在这一领域以促进组织学习（Ali et al.，2006；Graid，2005；Davenport and Sena，2003；O'Leary，2003）。

因为组织的运行变得越来越虚拟化，所以必须开发组织学习的有效方法。现代协同技术在知识管理中很有帮助。然而，正如我们将在下面论述的那样，组织学习和组织记忆更依赖于人而不是技术。

组织文化

一个组织学习、开发记忆、共享知识的能力依赖于其文化。文化是共享模式的一种基本假设（Kayworth and Leidner，2003；Schein，1999）。随着时间的流逝，组织可以认识到什么有用，什么没用。随着经验成为第二特征，它们成为**组织文化**（organizational culture）的一部分。新员工从他们的导师那里不仅能够学到技能，还能学到组织文化。

公司文化对组织的影响很难测量。然而，强有力的文化通常会产生极高的、可测量的利润：纯收入、投资回报以及股票价格逐年增长（Hibbard，1998）。例如，制药公司 Buckman Laboratories 通过销售新产品来衡量其文化的影响。Buckman 公司通过使知识共享成为其公司核心价值观的一部分，来着手改变其企业文化。在实施知识共享机制后，投产不超过 5 年的产品销售额占比从原来的 22％上升到 33％（Hibbard，1998；Martin，2000）。共享机制或举措以及合适的动机是知识管理成功的关键，这在公共部门尤其难以处理。然而，不鼓励共享的组织文化会严重削弱知识管理的成果（Alavi et al.，2005/2006；Hinds and Aronson，2002；Jones et al.，2006；Riege，2005）。

为了有利于查找并贡献知识，组织往往会鼓励员工使用知识管理系统，但是很难取得实效。Riege（2005）回顾过去的研究成果，识别出了人们不愿意共享知识的一些可能原因：

- 通常缺少时间来共享知识，以及缺少识别其他同事所需特殊知识的时间。
- 担心或害怕共享知识会减少、损害人们的职业安全。
- 对其他人所拥有知识的价值和意义缺乏认识。

- 与需要实践学习、观察、对话和交互来解决问题的技能和经验等隐性知识相比，共享显性知识占据支配地位。
- 看重等级、地位、权力。
- 不充分的获取、评估、反馈和沟通以及对过去错误的容忍会改善个体和组织学习的效果。
- 经验水平不同。
- 知识源和知识接受者之间缺少接触时间和相互关联。
- 贫乏的语言/书面沟通技巧和人际交往技巧。
- 年龄阶段不同。
- 性别不同。
- 缺乏社交网络。
- 受教育程度不同。
- 因担心得不到领导和同事的认可和信赖而垄断智力资产。
- 因担心人们可能会滥用知识或不公正地使用知识而对人们缺乏信任。
- 对信息源的准确性和可靠性缺乏信任。
- 民族文化或种族背景不同，以及与之联系的价值观和信仰不同。

有时一个技术项目之所以失败，是因为技术与组织文化不匹配（与技术、任务和人员之间较低的匹配度相比，这是一个更深层次的问题；参见 McCarthy et al.，2001）。这尤其符合知识管理系统的情况，因为知识管理系统十分依赖于个人对知识的贡献。大多数知识管理系统在实践中失败往往就是因为组织文化的问题（Zyngier，2006）。

成功的组织通常以其使用技术管理项目风险的能力为特征。风险管理和知识管理并不是互斥的管理实践，在组织实践的方法上它们往往是重叠的。

11.2 思考与回顾

1. 给出学习型组织的定义并识别其特征。
2. 给出组织记忆的定义。
3. 描述组织学习。
4. 给出组织文化的定义并找出其与知识管理的关系。

11.3 知识管理活动

这一部分描述在知识管理项目中发生的几个主要活动。

知识管理举措和活动

考虑到全球市场的动态变化和激烈竞争的持续加剧，组织应借助智力资源来减少因员工离开公司导致的智力资本流失，也可以减少公司因多次重复解决同一问题所花的成本。IDC 称，一个拥有 1 000 名知识工作者的组织，每年花在寻找员工所需现有知识、非现有知识以及重新创建知识上的成本绝不止 600 万美元（Weiss et al.，2004）。此外，知识已经被看成是现代企业中产生价值的唯一最重要来源（Weri，2004）。比如，公司可以利用商务智能来寻找机会，并通过开展创收项目对这些机会加以利用。在一些高科技行业（如医药行业），在生死攸关的情况下，保存和应用那些最佳实践知识是至关重要的（Lamout，2003a）。正是因为这些不同类型的困难引发了对知识管理系统化的尝试（Compton，2001；Holsapple，2003a，2003b）。当人们离开一个组织时，他们的知识资产就会随之离开；就像 Taylor（2001）所说的，"智力资产是长着双腿的"。

毕马威会计师事务所（KPMG Peat Marwick）对欧洲公司的一项调查发现，几乎有一半的公司表示由于丧失核心员工而遭受过重大挫折。类似地，英国克兰菲尔德大学（Cranfield University）进行的一项调查发现，大多数对调查做出回应的公司认为它们需要的大部分知识存在于组织内部，但是找到并利用这些知识是持续性的挑战。

大部分知识管理行动具有如下三个目的之一：（1）通常使用地图、黄页和超文本来使知识可见；（2）培养一种知识密集型文化；（3）建立一个知识基础设施。这些目的并不是互斥的，事实上，很多公司尝试将这三个目的作为知识管理计划的一部分。

围绕知识管理有一些活动或过程，包括知识的创造、知识的共享、知识的搜索和使用。有各种各样的术语用于描述这些过程，而与用特定标签标记知识活动相比更重要的是，理解知识如何在一个组织内流动（Wenger et al.，2002）。

知识创造

知识创造就是新视野、新想法或新程序的产生过程。Nonaka（1994）将知识创造描述为隐性知识和显性知识的相互作用，以及知识在个体、团体和组织层面流动而形成的螺旋式增长。知识创造的四个模式分别是社会化、具体化、内在化和组合化。社会化模式是指在组织成员之间通过社会协作和经验共享实现隐性知识之间的转化（如导师制）。组合化模式是指通过合并、归类、再分类形成现有显性知识的方式创造新的显性知识（例如，对市场数据进行统计分析）。其他两种模式则存在隐性知识和显性知识的相互作用和转化。具体化模式是指把隐性知识转化成新的显性知识（例如，编写书面文档来描述解决某一特定客户问题所用的规程）。内在化模式则是指通过显性知识创造新的隐性知识（例如，通过阅读文档获取新颖的见解）。想要获取更多的信息，详见 Wickramasinghe（2006）。

知识共享

知识共享是指间接（通过计算机系统）或者直接地将一个人的想法、见解、方案、经验（即知识）向另外一个人传达。然而在许多组织中，知识和信息并不被认为是可以用来共享的组织资源，而被看成是需要保密的个人竞争武器。组织成员会因为分享个人的知识而不安；如果他们的知识成为组织公共知识的一部分，他们会认为自己的价值在流失。关于组织学习和知识管理的研究提出了可以促进知识共享的条件，包括：信任、兴趣、共同语言等（Hanssen-Bauer and Snow，1996）；创造接近拥有知识的成员的途径（Brown and Duguid，1991）；以自主性、冗余性、必要多样性、目的性、波动性为标志的文化（King，2006）。

知识搜索

知识搜索（knowledge seeking）也称知识溯源（knowledge sourcing）（Gray and Meisters，2003），是对组织内部知识的搜索和应用。缺少时间和报酬可能会阻碍知识共享，对知识搜索而言也同样如此。如果人们认为他们的表现是基于自己想法的创造或原创，有时就不喜欢重用知识。这就是 Alavi et al.（2003）所描述的在全球性消费品销售组织中工作的营销人员遇到的情形。

个人在进行知识创造、共享、搜索时可能会也可能不会使用信息技术工具。例如，讲故事（在第 2 章中描述的一种决策技巧）是一种传播和收集知识的古老方法。关于如何讲故事存在许多微妙之处，这提示故事收集者要关注重要性和细节。讲故事可以被看成是一种语言表达的最佳实践。至于如何在知识管理中运用讲故事这一方法，详见 Gamble and Blackwell（2002）和 Reamy（2002）。

接下来我们将讨论几种知识管理的常用方法。

11.3 思考与回顾

1. 为何企业都需要采取知识管理举措？
2. 描述知识创造的过程。
3. 知识共享的特点是什么？
4. 给出知识搜索（或知识溯源）的定义。

11.4 知识管理的方法

知识管理的两种基本方法是过程法和实践法（详见表 11—2）。接下来，我们不仅将介绍这两种方法，还将介绍混合方法。

表 11—2 用于知识管理的过程法和实践法

	过程法	实践法
所支持的知识类型	显性知识——通过规则、工具和过程加以编撰	大多数隐性知识——不易表达的知识，难以获取或编撰
传播方式	常用的管理手段、规程和标准操作规程，强调依靠信息技术来支持知识创造、知识编撰和知识转化	致力于讲故事和即兴演说的非正式社会团体
优势	提供结构化的方法来利用产生的观点和知识 在知识重用方面实现规模化 提供新的思想火花并对环境的改变做出回应	为产生和转化高价值的隐性知识提供环境
劣势	缺乏对隐性知识的利用 可能会限制创新，致使参与者陷入固定的思维模式	可能导致效率降低 大量的想法缺乏结构化的方法去实现
信息技术的作用	为了将人和可重用的已编撰知识联系起来，需要在信息技术方面进行大量的投资	为了便于交谈以及转移隐性知识，需要在信息技术方面进行适度的投资

资料来源：Compiled from M. Alavi，T. R. Kayworth, and D. E. Leidner，"An Empirical Examination of the Influence of Organizational Culture on Knowledge Management Practices," *Journal of Management Information Systems*，Vol. 22，No. 3，2006，pp. 191-224.

知识管理之过程法

知识管理的**过程法**（process approach）试图通过形式化的管理手段、处理程序和技术来梳理组织的知识（Hansen et al.，1999）。采用过程法的组织会执行明确的政策来管控知识在组织内部的收集、存储和传播。过程法通常会涉及诸如内联网、数据仓库、知识库、决策支持工具、群件（Ruggles，1998）等信息技术来提高组织内部知识创造和分发的速度和质量。过程法的主要缺点是，这种方法不能获取嵌入公司内部的大部分隐性知识，并迫使个人陷入固定的思考模式（Kiaraka and Manning，2005）。这种方法受到许多公司的喜爱，这些公司往往销售满足大众需求的相对标准化的产品。因为产品和服务的标准特性，这些公司中绝大部分有价值的知识都是相当显性的。例如，一家卡祖笛制造商的产品和服务多年来极少变化，因为市场对这一产品有稳定的需求。在这些案例中，知识在本质上是静态的。

即使是像凯捷安永（Cap Gemini Ernst & Young）这样运用隐性知识的大型咨询公司，为了确保过程法的高效实施也投入了大量资金。凯捷安永咨询公司商业知识中心的 250 人管理着一个电子知识宝库，并帮助咨询顾问查找和应用信息。有专人撰写报告并进行分析，以便众多团队可以使用。在凯捷安永咨询公司涉及的 40 多个实践领域中，每个领域都配备了一名员工帮助编撰并存储文档资料。由此产生的各领域数据库通过网络连接到一起（Hansen et al.，1999）。当然，像凯捷安永和埃森哲（Accenture）这样的公司里的咨询顾问并不只依靠人来实现资料文档化从而共享知识，他们也通过彼此交谈共享知识，但是他们确实高度重视编撰化策略（Hansen et al.，1999）。

知识管理之实践法

与过程法相比，知识管理的**实践法**（practice approach）假设大量的组织知识在本质上是隐性的，常用的管理手段、处理程序和技术并不适宜传输对于该类知识的理解。与建立通用系统来管理知识不同，这种方法更侧重于建立共享隐性知识所需的社会环境和实践社区（Hansen et al.，1999；Leidner et al.，2006；Wenger and Snyder，2000）。这些社区是非正式的社会团体，它们有规律地碰面以分享观点、视野和最佳实践。这种方法通常被那些针对特定问题提供高度定制化解决方案的公司所采用。对于这些公司来说，知识通常是通过人和人的交往来实现共享的。协同计算方法（如群支持系统、电子邮件）可以帮助人们沟通。这些公司里有价值的知识在本质上是隐性的，而且这些知识难以表达、获取和管理。在这种情况下，环境和所遇问题的本质都是极其动态化的。由于隐性知识难以提取、存储和管理，因此可以将那些指出了如何找到合适的隐性知识的方法（即人际交流、咨询报告）提供给那些合适的、可能需要这些显性知识的个人。咨询公司通常属于这一类。那些采用编撰化策略的公司逐渐在其最初的知识管理系统中采用网络化存储模式（Alavi，2000）。

对于那些采取个人化策略以及网络化存储模式的公司而言，所面临的挑战就是开发出一种方法，能够把有价值的隐性知识显性化，并且获取这些知识，将其提供给知识管理系统，从而将这些知识从**知识库**（knowledge repository）转移到知识管理系统中。几家主要的咨询公司正在开发实现这些功能的方法。它们不仅在知识管理系统中存储专家的建议，也存储小窍门、规程和最佳实践，以及它们工作的背景环境。为了使个人化策略发挥作用，像贝恩公司（Bain）之类的公司将大量资金投资于人际网络建设和诸如电话、电子邮件、视频会议等通信技术。它们通常也进行面对面的会议交流（Hansen et al.，1999）。

在现实中，一项知识管理举措通常涉及这两种方法。过程法和实践法并不是互斥的。Alavi et al.（2003）描述了一个组织的案例，该组织的知识管理工作起源于一个大型知识库，但是其知识管理举措逐渐演化为一种实践社区的方式，这种方式与知识库并存。事实上，当社区成员发现那些知识在其社区之外具有价值时，就会将信息从社区论坛传递到组织的资源库中。

知识管理之混合法

许多组织实际上往往将过程法和实践法混合运用。在发展的早期，当人们还不清楚如何从其信息源中提取出隐性知识时，实践法应用得较多，以至于知识库所存储的只是那些相对容易文档化的显性知识。起初存储在知识库中的隐性知识只是专家的联系方式及其专业领域。列出此类信息后，组织中的人们就可以找到某些专业技能（如过程法）的来源。由此开始，人们逐渐获取和管理最佳实践，这样随着时间的推移，知识库中包含的隐性知识越来越多。最后，真正的过程法得以实现。但是，如果环境变化得过快，就只有部分最佳实践有用。不考虑知识管理系统类型的发展变化，对于某种形式的知识而言，存储地点（即知识库）仍然是必需的。

J. D. Edwards 公司基于内联网的"知识花园"（Knowledge Garden）帮助公司的顾问共享最佳实践（即实践法），并找到那些可以帮助他们更快、更一致地解决问题的学科专家（即过程法）。这一应用可以整理公司的知识库，利用网站服务器进行分类存储，并可根据用户的需要自动传送个性化的最新资料。

Hansen et al.（1999）指出，那些尝试将两种知识管理策略混用（即每种策略采用一半）的公司在知识管理方面的努力通常都失败了。当管理咨询公司将这两种策略混用时，往往会遇到巨大的麻烦。而当这些公司单独采用某一种策略时，也会遇到麻烦。在采用知识管理策略时，最好的结果是采用 80/20 的比例。实践法中，需要将编撰整理过的知识存放于知识库中，以便人们可以基于需求访问这些知识。过程法中，需要提供对知识贡献者的访问和接入，因为事实证明额外的建议和解释往往更加有用甚至更加必要。

对于那些高科技、以研究为导向的产业，其产业特性决定了需要对这两种知识管理方法付出几乎一样的努力。例如，Koenig（2001）建议他所工作过的制药公司使用大约50/50 的比例。我们推测，这种既需要大量的工程工作（即如何生产产品）也注重研究（但研究所占比例不大）的产业适合采用这种比例。最终，对知识库中存储的任何知识都需要重新评估价值；否则，知识库就将变成垃圾填埋厂。

要了解更多类似策略和实践的例子，参见 Gamble and Blackwell（2002）和 Martin（2000）。

最佳实践

最佳实践（best practices）是组织用于运作和管理不同功能的最有效的活动和方法。例如，Chevron 将最佳实践划分为四个层次（O'Dell et al.，1998）：

1. 一个好想法。虽未被证实，但凭直觉判断是正确的。
2. 能够改善经营业绩的一种好的实践、一种实施技术、一套方法、一套规程或一个过程。
3. 一个本地最佳实践。基于硬数据分析得出的适用于组织全部或大部分的最优方法。换句话说，这一最佳实践在组织范围内是确定可用的，但它能否应用于一个单独的部门或地区，能否跨组织或在两个组织间的其他地方应用，这些都是不确定的。

4. 一个产业最佳实践。与第三层次相似，但使用的是来源于该产业的硬数据。

从历史的角度来看，最初的知识库只是列举出最佳实践，并使这些最佳实践在公司内部可用。现在的知识库都是电子化的并且可通过网络访问，它们可以对整个公司内知识的使用产生广泛影响。例如，Raytheon 利用最佳实践成功地融合了三种截然不同的企业文化。要了解更多有关最佳实践的论述，参见 O'Dell and Grayson（2003）和 O'Dell et al.（2003）。

知识库

从术语的严格意义来说，知识库通常既不是数据库也不是知识库。相反，一个知识库存储的知识通常是基于文本的，并且具有不同的特点。它通常也可指组织的知识库。但是不要混淆该知识库和专家系统的知识库，它们的机制完全不同：一个专家系统的知识库包含的是解决特定问题的知识；一个组织的知识库包含的则是这个组织的所有知识。

知识库的目标是获取和存储知识。知识库的结构高度依赖于它所存储知识的类型，其涵盖的知识可以是一个有关常见（不重要的）问题和答案的简单列表，也可以是一个有关个人专长及联系方式的列表，还可以是大型组织中最佳实践的详细信息。图 11—3 给出了一个全面的知识管理架构，它是围绕内容广泛的知识库进行设计的（Delen and Hawamdeh，2009）。

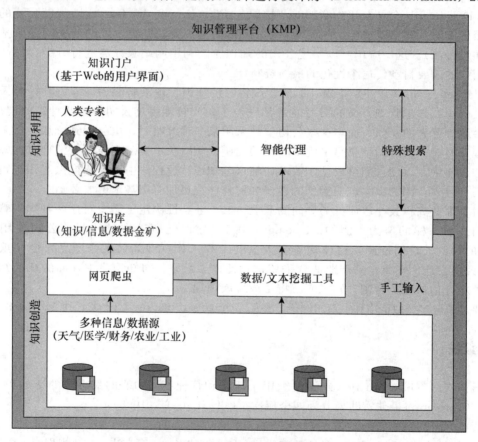

图 11—3 知识库的全景视图

资料来源：A Comprehensive View of a Knowledge Repository *Source*：D. Delen, and S. S Hawamdeh, "A Holistic Framework for Knowledge Discovery and Management," *Communications of the ACM*, Vol. 52, No. 6, 2009, pp. 141－145.

开发一个知识库

大多数知识库在开发时通常运用几种不同的存储方法，这取决于所要维护和应用的知识类型和数量。在知识管理系统中，用于不同目的的每种方法都有其优点和缺点。开发一个知识库并不是一件容易的事情，最重要的方面和最困难的问题是让知识贡献者相对容易地贡献知识，以及确定一种好的知识分类方法。"把一个正式的知识管理结构变成协作系统的最大障碍之一就是，把这一结构做得尽可能合乎逻辑。"Hyperwave 公司（hyperwave. com）营销副总裁特里·乔丹（Terry Jordan）如是说。"你必须使这个过程成为毫无痛苦的，否则你会失去所想获取的全部知识，因为人们不想经历太多的步骤"（Zimmermann，2003）。知识库的使用者不应该牵扯到知识库存储和检索方法的运行之中。典型的开发方法包括：开发一个大规模的基于互联网的系统，或购买一个正式的电子文档管理系统，或购买一套知识管理套件。知识库的建构和开发是用于知识管理系统具体技术的重要功能。

衡量一个知识库系统成功与否是一个非常棘手的问题：只有当存储的信息是好的而且目标用户愿意使用它时，资源库才是好的。同样，对资源库价值进行测量或估算，以及不断地重新估算是非常重要的，因为当知识被重用或新知识被收集后，知识库的价值必然会发生变化（Qian and Bock，2005）。

11.4　思考与回顾

1. 描述知识管理的过程法。
2. 描述知识管理的实践法。
3. 为什么对于知识管理而言混合法是合适的？
4. 因为最佳实践与知识管理相关，请描述最佳实践。
5. 给出知识库的定义并描述如何构建一个知识库。

11.5　知识管理中的信息技术

信息技术在知识管理中的两大主要功能是检索和信息通信。信息技术还扩展了知识应用的深度和广度，加快了知识转换的速度。网络可以使知识管理中的协同更加便利。

知识管理系统的周期

一个有效的知识管理系统往往遵循以下循环中的六个步骤（参见图11—4）。循环的原因在于知识会随时间的推移而动态细化。在一个好的知识管理系统中，知识的更新和细化是从来不会完结的，因为环境会随时间的推移而发生变化，知识必须不断地更新来反映这些变化。这一循环的工作原理如下：

1. 创造知识。当人们决定用新的方法来做事情或开发新的技术时，知识就被创造出来了。有时会引入外部知识。这些新方法中的某些方法就可能会变成最佳实践。

2. 获取知识。新知识必须被确定是有价值的并且以合适的方式表现出来。

3. 提炼知识。新知识必须置于特定环境下才是可用的。人的见解（即隐性特质）必须通过明确的事实获取。

4. 存储知识。为了使组织内其他人能够获取，有用的知识必须以合适的形式存储在知识库中。

5. 管理知识。就像图书馆一样，知识库必须保持能够持续更新的状态。知识库必须得到检查评估以确定其中的知识是相关的、准确的。

6. 传播知识。知识必须以有用的形式被组织中需要它的任何人在任何地点、任何时间获取。

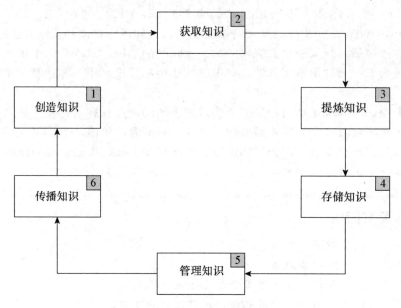

图 11—4　知识管理周期

随着知识的传播，个体开发、创造和识别新知识或更新旧知识，这些知识都被补充到知识管理系统中（Allard，2003；Gaines，2003）。

知识是一种被使用时不会被消耗的资源，尽管它会过时（例如，在 1900 年驾驶一辆汽车和现在是不同的，但一些基本规则仍然适用）。知识必须不断更新，因此，知识的数量会随时间的变化不断增加。

知识管理系统的组成

知识管理在应用于商业实践时，更多地是一种方法论，而不是一门技术或一种产品。然而，信息技术对每一个知识管理系统的成功都起着决定性的作用。知识管理可以建立在信息技术为其提供的企业架构之上。开发知识管理系统要用到三类技术，分别是：通信技术、协同技术，以及存储和检索技术。

通信技术使用户可以获取所需的知识，并且可以互相交流——尤其是可以同专家进行交流。电子邮件、互联网、公司内联网和其他网络工具可以提供通信能力，传真机和电话也被用于通信，尤其是采用实践法进行知识管理之时。

协同技术为群组工作的开展提供了方式方法。群组可以在同一时间（即同步的）或不同时间（即异步的）共同处理同一文件；它们也可以在同一地点或者不同地点工作。协同技术对于贡献知识的实践社区成员来说尤为重要。其他协同计算能力（包括电子化头脑风暴）促进了群组工作，特别是知识贡献。其他形式的群组工作涉及专家，他们与尝试应用其知识的个体共同工作，需要相当高水平的协作。其他协同计算系统允许组织创建一个虚拟空间以便使个体在任何地点、任何时间在线工作（Van de Van，2005）。

存储和检索技术原本意味着应用数据库管理系统来存储和管理知识。这一技术在早期存储和管理大多数显性知识（甚至有关隐性知识的显性知识）是相当成功的。然而，获取、存储和管理隐性知识通常需要一系列不同的工具。电子文档管理系统和专用存储系统作为协同计算系统的一部分填补了这一领域的空白。这些存储系统也被称为知识库。

表 11—3 描述了这些知识管理技术和网络之间的相互关系。

表 11—3   知识管理技术及网络的影响

知识管理技术	网络的影响	对网络的影响
通信	为用户提供一致、友好的图形用户界面 改善通信工具 方便、快速地获取知识，以及接触到有知识的个人 直接从服务器上获取知识	知识获取和共享被用于改善通信、通信管理和通信技术
协作	改善协作工具 使随时/随地协作成为可能 使公司、客户和供应商之间的协作成为可能 使文档共享成为可能 改进的、快速的协同及链接到知识来源的途径 使电视电话会议成为现实，对于那些不使用局域网的个体来说尤其重要	知识获取和共享被用于改善协作、协作管理和协作技术（即 GSS）
存储和检索	为用户提供一致、友好的图形用户界面 服务器可为高效且有效的知识存储和检索提供支持	知识获取和共享被用于改善数据存储和检索系统、数据库管理/知识库管理以及数据库和知识库技术

支持知识管理的技术

有几项技术对知识管理工具的发展具有重要意义。人工智能、智能代理、数据库中的知识发现、可扩展标记语言以及 Web 2.0 正是这类技术的代表，这些技术极大地确保了现代知识管理系统的先进功能，并且形成了知识管理领域未来创新的基础。下面，我们简要介绍这些技术如何被用于支持知识管理系统。

人工智能   在知识管理的定义中，人工智能很少被提及。但人工智能的方法和工具实际上已被供应商或系统开发者嵌入许多知识管理系统。人工智能方法有助于识别专业知识，自动或半自动地显性化知识，还可以协助完成通过自然语言处理进行的交互以及通过智能代理进行的智能搜索。运用于知识管理系统中的人工智能方法（尤其是专家系统、神经网络、模糊逻辑和智能代理等方法）主要完成以下几项任务：

- 协助并提高知识搜索的效率（如，网页搜索中的智能代理）。
- 帮助建立个人和团体的知识概况。
- 当通过知识库存储知识或从知识库中获取知识时，人工智能能够帮助判断知识的相对重要性。

- 通过浏览电子邮件、文件和数据库来发现知识，确定有意义的知识关系，收集知识，或归纳专家系统的规则。
- 识别数据中存在的模式（通常通过神经网络实现）。
- 运用现有知识预测未来的结果。
- 通过运用神经网络和专家系统直接从知识中提取建议。
- 为知识管理系统提供由用户界面驱动的自然语言或语音命令。

智能代理 智能代理是通过学习用户如何工作进而为他们的日常任务提供帮助的软件系统，也存在其他类型的智能代理（参见第 14 章）。智能代理可以通过很多方式在知识管理系统中起作用，比较典型的是用于显性化知识以及识别知识，以下是一些实例：

- IBM 公司（ibm. com）提供了一个智能数据挖掘工具集，包括智能决策服务器（IDS），这一工具可用于查找和分析海量的企业数据。
- Gentia 公司（国际规划科学组织，gentia. com）借助网络接入和数据仓库设施，来运用智能代理帮助进行数据挖掘。

将智能代理与企业知识门户相结合可产生一种强大的技术，可以为用户准确地提供完成任务所需的知识。智能代理可以通过学习了解用户更喜欢看见什么，以及用户如何整理看到的信息。然后，智能代理就可以像一个好的行政助理一样，承担为用户提供所需桌面信息的任务。

数据库知识发现 数据库知识发现是一个从海量文件和数据中查找并提取有用信息的过程。这一过程包括知识提取、数据考古、数据探索、数据模式处理、数据捕获和信息获取等任务。所有这些活动都可以自动执行，并且允许快速发现，即使非程序员也可以进行控制。数据挖掘和文档挖掘对于从数据库、文件、电子邮件等数据源中抽取显性化知识而言是一种理想方式。但数据通常深埋在大型数据库、数据仓库、文本文件或知识库之中，而这些库中往往包含积累多年的很多数据、信息和知识（更多有关数据挖掘的内容参见第 7 章）。

人工智能方法是有效的数据挖掘工具，它可以自动从其他知识源中提取知识。智能数据挖掘可以从数据库、数据仓库、知识仓库中发现那些查询和报告不能有效揭示的知识。数据挖掘工具可以找到数据中存在的模式，甚至可以（自动地）推断出其中的规则。这些模式和规则可被用于指导决策制定，并且预测决策的影响。KDD 也可用来识别数据或文本的意义，能够使用知识管理工具扫描文档和电子邮件来建立公司员工专业知识概况。通过提供需要的知识，数据挖掘可以提高分析速度。

为扩展数据挖掘和知识发现技术在知识外化过程中的作用，Bolloju et al.（2002）提出了一个框架，将知识管理纳入下一代决策支持系统的企业环境中。该框架中包括**模型集市**（model mart）和**模型仓库**（model ware house），这里的模型集市与数据集市相似，而模型仓库与数据仓库（参见第 8 章）相似。它们的作用类似于知识库，这些资源库是对存储于数据集市和数据仓库中的过往决策案例运用知识发现技术得到的。与数据集市和数据仓库中存储的数据相似，模型集市和模型仓库中存储的是运营决策模型和历史决策模型。例如，模型集市可以存储某一特定领域内与不同决策者解决问题的知识相一致的决策规则，比如银行领域的贷款审批规则。

这一集成框架可容纳不同类型的知识转换。围绕此框架建立的系统可以提高对决策者提供支持的质量；可支持像获得、创造、开发和积累这样的知识管理功能；可便于在积累的知识中发现趋势和模式；为建立组织记忆提供方法。

可扩展标记语言 可扩展标记语言（XML）可以标准化地呈现数据结构，这样数据就可以被异构系统适当处理，且无须逐一编程。这一方法适用于那些需要跨越企业边界运作的电子商务应用和供应链管理系统。XML 不仅可以自动处理并减少文案工作，而且可以联合商业伙伴和供应链上下游以实现更好的合作和知识转移。基于 XML 的消息可以从后端资源库取出，并经过门户网站界面送出，然后再返回。使用 XML 的门户网站可以使公司与其客户进行更好的沟通交流，把它们连接到一个虚拟的需求链之中，在这里客户需求的变化会即刻反映到生产计划中。XML 的广泛应用可以完美地解决不同来源的数据集成问题。由于在简化系统集成方面存在巨大潜力，XML 可能会成为所有门户网站供应商支持的通用语言（Ruber，2001）。

Web 2.0 近些年，人们使用互联网的方式发生了变化。在数字时代，网络已经逐渐从发布信息、开展业务的工具演变为方便信息共享、协作和沟通的新平台。新的词汇不断涌现，像糅合、社交网络、媒体共享网站、RSS、博客、维基已经成为交互式应用的代表，这类交互式应用统称为 Web 2.0。通过使人们运用网络来更加容易和轻松地共享知识，我们期望这些新技术可以给知识管理强有力的推动和促进。

在一些博文中，以"新出现的、现代知识管理"描述 Web 2.0（反映到企业界就是企业 2.0）。知识管理实践的瓶颈之一就是，对于非技术人员来说自然而然地分享知识是非常困难的。因此，Web 2.0 的最终价值是它具有促进快速响应、更好地获取和分享知识以及提高集体智慧效率的能力。

11.5 思考与回顾

1. 描述知识管理系统的循环。
2. 列出知识管理系统的各个组成部分并逐一描述。
3. 描述人工智能与智能代理如何支撑知识管理。
4. 将可扩展标记语言与知识管理及知识门户联系起来。

11.6 知识管理系统的实现

知识管理系统面临的挑战是，识别和整合其三个重要的组成部分（通信技术、协同技术、存储和检索技术）来满足一个组织对知识管理的需求。最早的知识管理系统由网络技术（即内联网）、协同计算工具（即群件）和数据库（对应知识库）发展而来。它们由一系列现成的信息技术组件组成。许多组织，尤其是像埃森哲和 J. D. Edwards（甲骨文下属公司）这样的大型管理咨询公司，往往利用可提供这三大技术的一系列工具来构建知识架构。像 LotusNotes/Domino 和 GroupSystems Online 这样的协同计算套件提供了很多知识管理系统的功能，其他系统则通过整合单个或多个供应商提供的一系列工具来进行开发。例如，J. D. Edwards 公司利用一套由微软提供的松散集成工具和产品来实现其名为"知识花园"的知识管理系统，KPMG 也是这样做的。20 世纪早期，知识管理系统技术逐渐将这三个组件整合到一个工具包中，这些工具包往往包括知识管理门户和知识管理套件。

知识管理产品和供应商

支持知识管理的技术工具被称为**知件**（knowware）。大多数知识管理软件包都包括下面一种或几种工具：协同计算工具、知识服务器、企业知识门户、电子文档管理系统、知识获取工具、搜索引擎和知识管理套件。许多软件包之所以提供多种工具，是因为这些工具对于一个有效的知识管理系统来说是必需的。例如，大多数电子文档管理系统都具备协同计算能力。

可以从大量软件开发公司和企业信息系统供应商处购买整个或部分知识管理系统。知识管理系统也可以通过主要的咨询公司获取，或者外包给应用服务提供商（application service provider，ASP）。本章后面将讨论这三种可替代的选择。*KMWorld* 在每年的 4 月版中都会发布购买者指南。

软件开发公司和企业信息系统供应商　软件开发公司和 EIS 供应商可提供大量的知识管理软件包，从单独的工具到综合的知识管理套装，不一而足。市场上的各种知件使公司能很容易地找到满足其特定知识管理需求的工具。下面，我们回顾一下七种知件分类中较早出现的一些软件包及其供应商。

协同计算工具。协同工具或群件是组织中最早用于隐性知识转化的工具。最早的协同计算系统之一 GroupSystems，可以提供许多工具来支持群组工作，包括可用于电子化头脑风暴和观点分类的工具。LotusNotes/Domino 提供了一个企业范围内的协同环境。其他协同工具包括 Latitude 公司的 MeetingPlace，莲花公司（Lotus Development Corp.）的 QuickPlace，eRoom Technology 公司的 eRoom，groove. net 公司的 Groove Networks 和微软公司的 Microsoft Office Live Meeting，详见第 10 章。

知识服务器。一个知识服务器包含主要的知识管理软件，包括知识库，并且提供其他知识、信息和数据的存取。知识服务器的例子包括蜂鸟知识服务器（Hummingbird Knowledge Server），Intraspect Software Knowledge Server，Hyperwave Information Server，Sequoia Software XML Portal Server，Autonomy's Intelligence Data Operating Layer（IDOL）Server 等产品。自主的 IDOL 服务器通过组件把人和内容、内容和内容、人和人联系起来，使组织整合个性化、协作和检索等多种功能。这类服务器可提供一个知识库——从多个信息源（如互联网、公司内联网、数据库和文件系统）中搜索和获取信息的中央单元——因而使对时间敏感的信息高效分布成为可能。这类服务器可以准确无误地扩展和整合公司的电子商务软件包，同时允许快速部署各项应用。这些应用遍布整个组织，并且可以利用人工智能辅助技术来获取知识资产。

企业知识门户。**企业知识门户**（enterprise knowledge portals，EKP）是进入众多知识管理系统的入口。它们是由 EIS、GSS、网络浏览器和 DBMS 等基本概念演化而来的。使用 EKP 是配置知识管理系统的一种理想方法。大多数 EKP 结合了数据整合、报告机制和协作机制三项功能，应用服务器则进行文件处理和知识管理。企业信息门户网站对于在线用户来说是一个虚拟的地方。门户网站聚集了每个用户所需的全部信息需求：数据和文件、电子邮件、网络连接和查询、来自网络的动态反馈、共享日程表和任务列表。

当企业信息门户最初进入市场时，并没有知识管理功能。现在大多数门户都具备了这一功能，因此被称为企业知识门户。领先的门户网站供应商包括 Autonomy, Corechange, DataChannel, Dataware, Epicentric, Glyphica, Intraspect, Hummingbird, InXight, Knowledge Track, IBM/Lotus, Knowmadic, OpenText, Plumtree, Portera, Sequoia Software, Verity, Viador。像微软、甲骨文和 Sybase 这样的数据库供应商也会出售知识门户。

从 .com 之类的小公司到大型企业，知识中心（The KnowledgeTrack Knowledge Center）均可以提供综合的企业对企业服务。知识中心可以建立在企业架构之中，而不是像大多数内联网门户那样简单地处于企业架构之上。知识中心可以与外部数据源进行整合，包括企业资源计划、联机分析处理、客户关系管理系统。信息技术通过允许信息在整个扩展的企业价值链上共享，来支持实践社区进行大项目管理。

电子文档管理。**电子文档管理**（electronic document management，EDM）系统将电子形式的文档作为工作的协作中心。EDM 系统允许用户通过公司内联网的网络浏览器来获取所需的文档。EDM 系统使组织能够更好地管理文档和工作流以实现组织的顺利运营。这类系统同样也允许对文档创建和修订的协同操作。

许多知识管理系统使用一个 EDM 系统作为知识库。这两类系统从目的和利益上来说是非常契合的。辉瑞公司利用大型文档管理系统来处理该公司与其监管机构美国食品药品监督管理局（FDA）之间传递的相当于几卡车的药品审批申请纸质文档。这一 EDM 系统可以极大限度地缩短公司向 FDA 提交申请和 FDA 审查的时间，使辉瑞公司在向市场投放更加有效的新药方面更具竞争力。

像施乐公司的 DocuShare 和莲花公司的 Lotus Notes 这样的系统，允许对公共文档进行直接协作。其他的 EDM 系统还包括 Documentum 公司的 EDMS，Eastman Software 公司的 Enterprise Work Management，Identitech 公司的 FYI，FileNet 公司的 The Discovery Suite，Open Text 公司的 Livelink，Caere 公司的 PageKeeper Pro，ScanSoft 公司的 Pagis Pro，IntraNet Solutions 公司的 Xpedio 和 Document Repository 公司的 CaseCentral. com。

内容管理系统（content management systems，CMS）是进行电子文档管理的一种新方法，这一方法正逐渐改变文档及其内容的管理方式。CMS 可以生成文档的动态版本，并且可以在企业层面上自动获取"当前"版本以供使用。随着基于网络的资料爆炸式增长，组织需要一种能在企业范围内提供一致且准确的内容的机制。EDM 系统、EKP 和其他的 CMS 都可满足这一需求，其目标是向大量的知识工作者提供大批非结构化文本（Sullivan，2001）。IDC 曾对知识管理世界会议和论坛（*KMWorld* Conference and Exposition）的参与者进行调查，63％的参与调查者已经或打算实施 CMS，59％的人认为 CMS 是非常重要的（Feldman，2002）。也可参见 Banks（2003）和 Lamout（2003b）的相关论述。

CMS 的一个子集是业务规则管理。诸如 Ilog JRules 和 Blaze Advisor 这样的新型软件工具和系统已经被开发出来用于处理业务规则方面的内容。

知识获取工具。能够悄无声息地获取知识的工具是非常有用的，因为它们允许知识贡献者以最低程度（或根本不）参与到获取知识的努力之中。在知识管理系统中嵌入这种类型的工具是获取知识的一种理想方法。Tacit Knowledge Systems 公司的 Knowledge-mail 是一种专长定位软件包，该软件包通过对用户发出的电子邮件进行句法分析来确定其专业特长。该软件包维护着一份专业知识目录，并且在保护专家个人隐私的前提下提供他们的联系方式。Autonomy 公司的 ActiveKnowledge 可以对电子邮件和其他类型的标准文档进行相似的分析。Intraspect Software 公司的 Knowledge Server（知识服务器）则可监控组织的群组记忆；获取其应用背景，例如，谁使用了它，什么时间，出于什么目的，如何与其他信息相结合，以及人们对它的评价；使信息可以共享和重用。KnowledgeX 公司的 KnowledgeX 产品以及一系列其他产品都可以提供相似的功能。

搜索引擎。搜索引擎执行着知识管理中的一项十分重要的功能，即在公司资源库积累的大量文档中定位和检索所需的文档。诸如谷歌、Verity 和 Inktomi 之类的公司为用户提供了广泛的选择，其搜索引擎可以对大量不同形式的文件进行索引和分类，并且可以根据相关性将检索结果优先显示来响应用户查询。

知识管理套件。知识管理套件是所有知识管理解决方案中最全面的解决方案。它们把通信、协同和存储技术整合到一个容易使用的软件包中。一个知识管理套件必须能访问内部数据库和其他的外部知识源，因此，为了使软件真正功能化，必须进行一些集成和整合。IBM/Lotus 提供了大量扩展的知识管理产品，包括 Domino 平台、QuickPlace、Sametime、Discovery Server、Learning Space 和 WebSphere 门户。其他一些供应商也为知识管理提供相对全面的工具集，包括 KnowledgeX 公司的 Dataware Knowledge Management Suite 和 KnowledgeX。Autonomy 公司的 Knowledge Management Suite 可提供文档分类和工作流整合功能。微软可提供知识管理解决方案的核心组件，并且正在开发一个强包容性的知识管理框架。一些 EIS 供应商（如 SAP、PeopleSoft 和甲骨文）正在为商业应用开发与知识管理相关的技术平台。Siebel Systems 将公司重新定位为一个为企业提供员工知识管理平台的公司。应用知识管理套件是一种开发知识管理系统的非常有效的方法，因为它拥有单一用户界面和单一数据库，并且来自同一个软件供应商。

知识管理咨询公司　所有主流的咨询公司（如，埃森哲、凯捷安永、德勤、毕马威、普华永道）都有大量的内部知识管理举措。通常情况下，在内部得到成功实施或者在构建知识管理系统过程中提供有效协助之后，这些举措就会变成产品。咨询公司同时也会为垂直市场提供直接的专用系统。大多数主流管理咨询公司把它们提供的知识管理定义为服务。想了解更多的咨询公司的产品和服务，参见 McDonald and Shand（2000）。

知识管理应用软件服务提供商　ASP 逐渐成为基于网络进行知识管理系统外包的一种形式。市场上有很多电子商务方面的 ASP。例如，Communispace 就是一个高水平的 ASP 协作系统，该系统致力于突破地理位置、时间和组织等障碍的限制，为特定目的实现人与人（而不是人与文档）之间的联系。作为一个托管的 ASP 解决方案，Communispace 极易在组织内部署并实施。与常规的组织数据和文档的知识管理系统，或实现人与人之间简单信息交换的聊天室不同，Communispace 包含各种互动、活动和工具，可以将人们与那些能够更好地帮助他们做决定、解决问题和快速学习的同事联系起来。Communispace 的设计初衷是为了建立线上/网络上的信任，它尝试建立一个为其行动和知识负责的自觉社区。它的 climate 组件能够帮助参与者测量和了解人们对这一社区的感受。它的 Virtual Café 为分散的员工提供了通过照片和简介来认识并了解彼此的方法。

最新的 ASP 发展趋势是提供完整的知识管理解决方案，像 Communispace 所做的那样，提供知识管理套件以及相应的咨询服务。

知识管理系统与其他业务信息系统的整合

因为知识管理系统是一个企业系统，所以它必须与组织内其他企业系统和信息系统集成整合。显而易见的是，在设计和开发知识管理系统时，它并不被视为一个附加应用，但必须集成到其他系统中才能发挥作用。通过组织文化（当需要时可以改变）的构建，知识管理系统及其活动可以直接融入公司的业务流程。例如，客户支持小组可以通过帮助客户解决难题来获取知识。在这种情况下，桌面帮助软件将会是一类集成到知识管理系统（尤其是知识库）之中的软件包。

因为知识管理系统可以基于由通信、协作和存储技术构成的知识平台/服务器进行开发，并且大多数公司已经拥有许多这样工具和技术，所以最可能的情况是基于组织现有的工具（如，Lotus Notes/Domino）开发知识管理系统。一个 EKP 可以为所有与个人相关的企业信息和知识提供唯一的访问接口和用户界面。在这种情况下，知识管理系统则可以为每个人进入整个 EIS 提供链接。

知识管理系统与 DSS/BI 系统的整合 典型的知识管理系统并不依靠运行模型来解决问题，这一过程通常在 DSS/BI 系统中完成。然而，因为知识管理系统通过应用知识来帮助解决问题，所以其提供的部分解决方案可能涉及运行模型。一个知识管理系统可以整合一套模型和数据，当某一特定问题需要它们时，系统可以激活这些模型和数据。同时，专有技术和最佳实践应用模型也可以存储在知识管理系统之中。

知识管理系统与人工智能的整合 虽然从严格意义上说，知识管理并不是一种人工智能方法，但是知识管理与人工智能方法和软件有着天然的联系。知识管理和人工智能可以通过许多方法进行整合。例如，如果存储在一个知识管理系统中的知识以"如果—那么—或者"（if-then-else）规则呈现和使用，专家系统就变成了知识管理系统的一部分（Rasmus，2000）。专家系统还能帮助用户识别并应用知识管理系统中的大量知识。自然语言处理能够帮助计算机了解用户在查找什么。人工神经网络能够帮助理解文本，以确定某一特定知识能否解决某一特定问题，它们还被用于提高搜索引擎的效率。人工智能和知识管理的整合和集成最常用于通过检测电子邮件信息和文档来对专业技能进行识别和分类。这类基于人工智能的工具包括 Tacit Software 公司（tacit. com）的 ActiveNet 和 Knowledge-mail，以及 Inxight Software 公司（inxight. com）的 Categorizer。

在人工智能与知识工程相关领域完成了大量工作（如隐性知识到显性知识的转换，知识的识别、理解和传播）后，许多公司试图调整这些技术以及这些技术衍生出的知识管理产品的定位。最常与知识管理集成的人工智能技术主要有智能代理、专家系统、神经网络和模糊逻辑。几种特殊的方法和工具已经在本章的前面部分进行了描述。

知识管理系统与数据库和信息系统的整合 因为知识管理系统要使用知识库，有时知识库就是由数据库系统或 EDM 系统构成的，所以它可以自动与公司信息系统的这一部分集成和整合。随着数据和信息的更新，知识管理系统能使用它们。正如本章前面所描述的，知识管理系统试图通过人工智能方法一点点从文档和数据库中搜集知识，这一过程被称为 KDD。这一知识将会以文本形式存储在前文提到的知识库中。

知识管理系统与 CRM 系统的整合 CRM 系统帮助用户应对客户。前面描述了桌面帮助的概念，但是 CRM 远非如此，它要比桌面帮助深刻得多。它可以开发客户可用的配置文件，并预测客户的需求，以便组织能够增加销量并为客户提供更好的服务。知识管理系统能为那些直接应用 CRM 面向客户工作的人们提供相应的隐性知识。

知识管理系统与 SCM 系统的整合 供应链通常被认为是企业物流的末端。如果产品不在组织内流动并销售出去，公司就会破产，因此优化供应链并进行适当的管理是非常重要的。一套名为 SCM 系统的新型软件正在进行这方面的尝试。SCM 能从与知识管理系统的整合中获益，是因为供应链中存在许多需要公司融合隐性知识和显性知识才能解决的争议和问题。访问这些知识可以直接改善供应链的绩效。

知识管理系统与公司内联网和外联网的整合 通信与协同工具和技术是知识管理系统运行所必需的。知识管理系统不与内联网和外联网技术进行简单的集成，而是在其基础上开发通信平台。外联网主要设计用于增强公司同供应商（有时是客户）之间的协作。如果一家公司能将其知识管理系统与内联网和外联网进行整合，那么不仅可以让知识在知识贡献者和知识用户之间（直接或通过知识库）更加自由地流转，公司还可以在用户很少参与的情况下直接获取知识，并且在系统认为用户需要知识时直接将这些知识传递给他们。

11.6　思考与回顾

1. 对知件进行描述。
2. 描述知识管理工具的主要类别。
3. 描述企业知识门户。
4. 给出电子文档管理的定义并将其同知识管理和内容管理系统联系起来。
5. 描述用于知识获取的工具。
6. 列出能够同知识管理系统频繁整合的主要系统。

11.7　人在知识管理中的作用

　　管理和运行一套知识管理系统需要付出巨大的努力。与其他的信息技术一样，启动、实施和部署这一系统需要付出巨大的努力。为了使知识管理系统取得成功，许多管理、人员和文化方面的问题都必须考虑。本节，我们将讨论这些问题。管理知识库通常需要一名全职员工（和图书馆参考文献管理员相似）。这名员工检查、组织、过滤、分类并存储知识，使这些知识变得有意义，并使需要它们的人可以成功获取。这类员工可以帮助个体查找知识并进行环境检索：如果他们判定某员工或某客户端需要某类特定知识，就会直接把这些知识发送给需要的人，这样可以为组织创造价值。（这是埃森哲知识管理人员工作的标准程序。）最后，知识库的员工可能会构建一个实践社区来聚集具备某一领域知识的个体，以识别、过滤、提取知识，并将这些知识贡献到知识库中。

　　大部分与知识管理系统的成功实施和有效使用相关的问题都来源于人。由于知识管理系统是一个全公司范围的问题，因此涉及很多人。这些人包括首席知识官、首席执行官、组织内的其他高层领导和管理者、实践社区的成员和领导者、知识管理系统开发者，以及知识管理系统员工。任何一个个人和团队在开发、管理和使用知识管理系统的过程中都起着重要作用。到目前为止，首席知识官在知识管理系统的建设过程中起着最为显著的作用，但只有当所有参与者都能够理解并发挥自己在其中的作用时，这一系统才会成功。另外，这一团队必须由合适的人员构成，他们应拥有相关的经验，可以承担不同的任务（Riege，2005）。

首席知识官

　　知识管理项目往往涉及建立有助于知识转化、创建或使用的知识环境，以形成文化认同。这些尝试的焦点在于改变公司的行为，使其接受知识管理的应用。以行为为中心的项目需要组织高层管理人员的高度支持和参与，这样更有利于项目的执行和实施。因此，大多数开发知识管理系统的公司都在高级管理层中设立了知识管理主管，即**首席知识官**（chief knowledge officer，CKO）。首席知识官的目标是：使公司的知识资产最大化，设计并执行知识管理策略，提高知识资产在公司内部和外部的转化效率，以及促进系统的使用。CKO对开发有利于知识转化的过程负责。

　　根据 Duffy（1998）的论述，一个 CKO 必须完成如下工作内容：

- 设定知识管理策略的优先级。
- 建立最佳实践的知识库。
- 从高级执行层获得支持学习环境的承诺。
- 教信息收集者学会如何提出更好和更聪明的问题。
- 建立一个智力资产管理过程。
- 接近实时地获取客户满意度信息。
- 全球化的知识管理。

根据公司的使命和目标，CKO 的工作重点是负责定义公司内的知识领域（Davis，1998）。CKO 要负责实现企业范围内的词汇的标准化，并管控知识目录。为保证一致性，在某一领域实现跨部门知识共享是非常关键的。CKO 必须掌控公司的各种研究资源、专业知识资源等，包括了解这些资源存储在什么地方，由谁来管理以及如何获取它们（如进行知识审计）。然后，CKO 必须鼓励在不同的工作组之间交换互补资源（McKeen and Staples，2003）。

CKO 有责任为知识共享创建基础设施和文化环境。他必须在业务单元内指派或委任（鼓励/激励）知识维护者。CKO 的主要工作就是管理知识维护小组产生的知识内容，不断将其增加到知识库中，同时鼓励其他同事做同样的事情。成功的 CKO 应该获得下级经理以及上级高层管理者的热情支持。从根本上说，CKO 要对知识管理项目的全过程负责，从最初系统的开发，到之后系统的管理，以及系统部署后的知识管理。

为了使知识管理举措获得成功，CKO 需要掌握一系列技能。对于 CKO 和顾问来说，以下这些品质是必不可少的（Flash，2001）：

- 说服员工适应文化改变的人际交流技巧。
- 传达知识管理愿景和激情的领导技能。
- 能够把知识管理工作与效率和利益联系起来的商业敏感度。
- 能够把知识管理工作与更宏伟的目标联系起来的战略思维。
- 能够与多个部门合作并说服它们一起工作的协作技巧。
- 能够开展有效的培训项目。
- 对信息技术及其在高级知识管理中的作用有深刻理解。

组织的首席执行官、高层管理人员和经理人员

简单地说，CEO 的责任就是倡导知识管理工作。他必须确保找到有能力胜任的 CKO，并确保 CKO 能够获取项目成功所需的所有资源（包括获得拥有知识资源的人）。CEO 也必须获得组织范围内对建设和使用知识管理系统的支持。同时，CEO 还必须为即将发生的组织文化改变做好准备。CEO 最重要的职责就是支持，是组织变革的主要推动者。

通常来说，高层管理人员必须保证 CKO 所需资源对其可用，以使 CKO 能够顺利完成工作。首席财务官（chief financial officer，CFO）必须确保财务资源可用；首席运营官（chief operating officer，COO）必须确保人们把知识管理实践应用到他们的日常工作中。CKO 和首席信息官（CIO）之间具有某种特殊关系。通常来说，CIO 负责管理组织的信息技术愿景和信息技术基础设施，包括数据库和其他潜在知识源。为了使这些资源可用，CIO 必须与 CKO 合作。建设知识管理系统是非常昂贵的，如果现有系统可用并且能用，那么利用现有系统是非常明智的。

经理人员也必须支持知识管理工作，并且提供访问知识源的方法。在许多知识管理系

统中，经理人员往往是实践社区必不可少的一部分。

实践社区

许多知识管理系统的成功都要归功于贡献知识以及通过使用知识获益的人们的积极参与。因此，在组织内出现实践社区对于知识管理工作来说意义重大。一个**实践社区**（community of practice，COP）是组织内一群有共同专业兴趣的人构成的群体。最理想的状态是所有的知识管理系统用户都至少在一个实践社区之中。适当地创建和培养 COP 是知识管理系统成功的一个关键因素（Liedtka，2002；Wenger，2002）。

当开发和部署知识管理系统时，实践社区是在组织文化真正发生改变时产生的。为了使知识管理系统获得成功，必须形成支持型的企业文化（Wenger，2002；Wenger et al.，2002）。

从某种意义上说，实践社区拥有其贡献的知识，因为它在系统中以自己的方式管理这些知识，并且任何对知识的修改都必须得到它的批准。实践社区要对它所贡献知识的准确性和时效性负责，还要负责识别其潜在价值。许多研究人员对成功的 COP 的构成和运作机制进行了调查研究。在表 11—4 中，我们说明了 COP 通过知识管理工作增加组织价值的多种方式。本质上说，COP 可以使组织平稳运行，因为它们能促进知识在组织内的流动。了解情况的人能做出更好的决定，相关人员在工作时也更加开心。Wenger et al.（2002）推荐了成功 COP 的七个设计原则，其中每一个原则都有助于知识的创造和使用。

表 11—4　　　　　　　　　　　　　　实践社区如何为组织增加价值

附加价值的名称	可创造价值的属性
高质量知识的创造	组织成员多样化和较少的组织层级可以减少群体思维的可能性 对正式报告的有限需求允许人们进行更有风险的头脑风暴 会议结束时的反馈过程可以巩固学习成果
较少的意外和计划修改	广泛参与业务部门内的知识扩散 开放的交互模式可以使冲突的解决更有效
更强的处理非结构化问题的能力	在一系列长远目标而非短期任务目标的指导下工作 发起机构能够接受可自我发展的社区角色 在出现问题时，知识领导者可以出面解决，而不是把问题丢给团队或团队中的某个人
在企业和公司员工内部更有效的知识分享	自发参与意味着更强的动机，从而形成更快、更深入的内化学习 不确定的使用期限和长期的关系可以增加信任
增大实现共同目标的可能性	这一社区可以产生外部效应，因为它存在于正规组织机构的外部 由于社区成员的组织层级，这一社区比个人更有影响力
更有效的个人发展和学习	团体学习比个体学习更有效 社区的发展过程通过实践中的学习机会得到体现

资料来源：Based on Table 5.2 in "Strategic Community: Adding Value to the Organization," in E. L. Lesser, M. A. Fontaine, and J. A. Slusher（eds），Knowledge and Communities, Butterworth-Heinemann, Woburn, MA, 2000, p. 77.

Storck and Hill（2002）调查了施乐公司最早建立的 COP 之一。COP 最初在施乐公司建立之时还属于一种新兴的组织形式。"社区"一词具有负责任、独立行动的含义，这正是群组的特点，而群组在大型组织的标准范围内仍然发挥着重要作用。管理者发起社区但并不强制执行，社区成员往往都是自愿参与的。我们在表 11—5 中列举并详细描述了施乐公司支持 COP 的六个关键原则。Brailsford（2001）的研究中描述了 Hall-mark Cards 公司是如何建立其 COP，并获得与施乐公司相似的发现的。更多有关 COP 的论述，详见 Barth（2000a），Brown and Duguid（2002），Lesser and Prusak（2002），McDernott（2002），Smith and McKeen（2003），Storck and Hill（2002），Wenger（2002）。

表 11—5　　　　　　　　　　　施乐公司内支持实践社区的六个关键原则

社区特征	活动
交互形式	包括会议、协同计算、交互结构、电子邮件等
组织文化	利用共同培训、经验和词汇 减少工作约束
共同利益	建立承诺，并促使过程持续改进
个人和集体学习	识别并奖励知识的贡献和使用，利用知识，并逐渐形成一种知识共享的文化
知识共享	将知识共享嵌入工作实践 通过实时反馈增强知识共享的价值
社区规程和准则	建立信任和认同感 最小化与正式控制架构的联系 促使社区建立自己的治理规程

资料来源：Based on J. Storck and P. A. Hill，"Knowledge Diffusion Through Strategic Communites，" Sloan Management Review，Vol. 41，No. 2，Winter 2000.

知识管理系统的开发者

知识管理系统的开发者是实际开发这一系统的团队成员。他们为首席知识官工作，其中一些人是组织管理方面的专家，他们制定策略来促进和管理组织文化的转变；一些人参与系统软件和硬件的选择、编程、测试、部署和维护；另外一些人则从一开始就参与到用户培训之中。最后，培训职能将逐渐转移到这些知识管理系统员工身上。

知识管理系统员工

企业范围内的知识管理系统需要全职员工来分类并管理知识。这些员工可以在公司总部，也可以分布在组织的知识中心。绝大多数大型咨询公司都有不止一个知识中心。

在本章前面部分，我们描述这类员工的职能和图书管理员相似。然而，知识管理系统员工实际上要做更多的工作。有些成员是某一特定领域的专家，他们对知识贡献进行分类和核准，并将知识推送给他们认为可能会使用这些知识的用户和雇员。这些专家有时还扮演 COP 某一特定领域联络人的角色。一些人则与用户一起工作以培训他们使用知识管理系统，或帮助他们搜索。还有一些人致力于通过识别更好的知识管理方法来改善系统性能。例如，Cap Gemini Ernst & Young 公司有 250 人管理其知识库，并帮助人们在其商业知识中心查找所需的知识。有些员工成员能够传播知识，有些人则与 40 个实践领域有关联。他们编撰并存储其专业领域内的文档和知识（Hansen et al.，1999）。

11.7　思考与回顾

1. 描述首席知识官的角色。
2. 其他管理者与知识管理之间有什么联系？
3. 描述实践社区并将其同知识管理联系起来。
4. 在组织中实践社区的重要性有哪些？

11.8　确保知识管理工作的成功

尽管有许多成功的知识管理案例，但也有许多失败的案例。让我们来看一下成功或者失败背后的原因。

知识管理的成功案例

组织可以从知识管理策略的实现中获益。从策略上来说，它们可以完成以下目标的一部分或者全部：减少因员工离职而导致的智力资本流失；通过减少公司在解决相同问题上所耗费的时间来减少费用；通过从外部供应商处获取信息来实现规模经济，降低成本；减少基于知识活动所带来的冗余；通过使知识的获取更为迅速与简单来提高生产率；通过确保更好的个人发展与授权来提高员工满意度。

对于成功的知识管理而言，许多因素是必要的。例如，Goldet et al.（2001）描述了一个由技术、结构以及文化组成的知识基础设施，以及包括获取、转变、应用及保护在内的知识过程框架，这些对于有效的知识管理而言都是非常重要的先决条件。为了使一项知识管理举措成功实施，组织内的情况必须是适宜的。更多成功的知识管理可参见 O'Dell et al.（2003），Smith and McKeen（2003），Firestone and McElroy（2005）。

尽管人们对知识管理系统的兴趣仍然比较强烈，但是一部分单机知识管理系统应用已经退出了市场。如同之前所描述的那样，在许多案例中，知识管理系统是由其他企业系统整合而成的，或者是连接到 ERP、BI 或者 CRM 系统的模块。此外，极少数企业仍然保留了单独的组织知识库，它们将知识保存在一个数据仓库或者一些具体应用的组织库中。其中一个单机应用被称为专家定位系统。

专家定位系统　公司知道信息技术可用来发现专家。人们可以将自己的问题放到公司的内网上并寻求帮助。与此类似的是，公司可以寻求关于如何开发机会的建议。IBM 经常使用这种方法，有时在几天之内便可获取上百条有用的信息，这是头脑风暴的一种形式。这种方法的问题在于即使答案是即时提供的，也需要花费几天的时间才能得到，而且答案可能并不是来自顶级专家。因此，许多公司都使用了专家定位系统。

专家定位系统（expert location systems）是一种交互型的计算系统。为了快速解决具体的、重要的商业问题，它可以帮助员工找到并联系上具有解决某个具体问题的专业知识的同事——无论他们是在全国各地还是各自的办公室内。这样的软件由诸如 Askme 以及 Tacit Knowledge Systems 等公司研究。这些系统通过对知识库进行搜寻，来获取某个问题的答案，或者对高级专家进行定位。该过程包括以下步骤：

1. 员工向专家定位系统提交问题。

2. 软件搜索数据库来得知该问题的答案是否已经存在。如果存在，则信息（如搜索报告、电子表格等）将会被传递给该员工。如果不存在，那么该软件会搜索文档并为"专家"建立通信渠道。

3. 在定位到一个较好的候选人后，系统会询问该候选人能否回答这个问题。如果可以回答，则专家需要提交相应的答复；如果不能（可能正在开会或者身体不适），那么问题会传递给下一位合适的候选人，直到有人能回答。

4. 在专家做出回复后，系统将会对回答的准确性进行检验，并将其传递给提交问题的人。同时，系统还会将答案存放到数据库中。这样，如果该问题再次被提出，则无须寻找实时帮助。

如今，对于成功企业而言最重要的判别指标之一便是它们对待客户的方式。随着竞争的加剧，公司都在寻找能够使企业与众不同的人，这些人能够使客户服务做得更好。

知识管理价值

整体而言，公司要么采用一种基于资产的方式来进行知识管理评估，要么将知识与其应用和商业收益联系起来（Skyrme and Amidon，1998）。前者从识别智力资产开始，然后使管理者的注意力集中到增加智力资产的价值上；后者则使用了平衡计分卡的变量。在这些变量中，相对于客户测度、运营测度以及革新测度，财务测度是较为平稳的。平衡计分卡法（Kestelyn，2002；Zimmermann，2003a）、Skandia 集团的导航法、Stern Stewart 公司的经济附加值（economic value added，EVA）法、姆弗森（M'Pherson）的包容性估价法、管理的回报比法，以及莱文（Levin）的知识资本测量法都是最常用的测评方法。Lunt（2001）描述了杜克儿童医院、希尔顿酒店以及 Borden 牛奶品牌如何通过平衡计分卡来改善企业内部运营，从而提供更好的客户服务。关于这些测量方法在实际中如何实现的详细内容可参见 Skyrme and Amidon（1998）。

另一种测量知识价值的方法是预测知识在市场上的销售价格。除非公司有这项明确的业务，否则绝大多数企业并不愿意出售知识。通常情况下，一个公司的知识是一项具有竞争价值的资产，并且如果其离开了组织，公司就会失去竞争优势。但是，知识以及使用这些知识应该可以用价格来衡量，这样公司才会认为值得将其销售出去。以美国航空公司的决策技术公司为例，它由 20 世纪 70 年代一个小规模的内部分析团队发展而来。起初，该团队只为美国航空公司解决问题并提供决策支撑。随着该团队的发展，它已经成为美国航空公司下属的一家独立企业，并开始向包括美国航空公司竞争者在内的其他航空公司提供咨询系统。美国几家主要的咨询公司都从事专业知识的销售。因此，对于这些咨询公司而言，它们在内部实施的知识管理举措已经演变成相当有价值的系统，而它们的客户可以经常使用这样的系统。明确地说，相同的知识可以被重复销售。

对于知识管理而言，其成功的指标与其他对企业变革项目进行评估的指标是相似的。这些指标包括项目资源的增长、知识内容与使用的增长，在缺少特定个体支持的情况下项目存在的可能性，以及一些对于知识管理活动自身或者组织整体而言的财政收益迹象。

用于知识管理评估的财务指标　即使对于测评知识管理而言传统的会计测量方法不够完善，这类方法也经常用来对一项知识管理举措进行快速判别。对于咨询公司所参与的知识管理项目而言，不同行业的投资回报率不同，化工企业为 20∶1，交通运输业为 4∶1，其均值为 12∶1。

为了评估知识管理的影响，专家建议将知识管理项目的重点放在容易量化的具体商业问题上。随着问题的解决，系统的价值与优势就会得到体现。

在荷兰皇家壳牌石油公司，投资回报率被精确记载：1999 年公司将 600 万美元投资于知识管理系统，在两年内因降低成本、增加收入而获益 2.35 亿美元（King，2001）。惠普公司是另一个记载财务收益的例子：自 2000 年 10 月启动公司门户以来的六个月内，以最初投资的 2 000 万美元获取了 5 000 万美元的收益。这很大程度上是因为对内部呼叫中心的呼叫减少以及无纸化办公的推进。

财务收益可能是相对的而非绝对的，但对于被认为是成功的知识管理系统而言，财务收益并不需要被记载以形成文档。

用于知识管理评估的非财务指标　当需要对知识管理的价值进行评估时，传统的财务评估方法可能有所不足，因为这些方法没有把智力资本当作一项资产。因此，开发针对组织中无形资产价值的评估方法，以及将智力资本模型整合都是极其必要的。智力资本模型能够以某种方式量化企业变革以及其核心竞争力的发展与实现。

在对企业无形资产进行评估时，有许多新的方法可用来定义资本。过去，只有顾客的意愿才被认为是资本。如今，资本还包括以下部分：

- 外部关系资本。这是对组织如何联系其合作伙伴、供应者、顾客以及监管机构的评估。
- 结构资本。这类资本以系统和工作过程为基础，这些系统和过程能够利用企业的竞争力，例如信息系统。
- 人力资本。人们都有个人能力、知识以及技能等。
- 社会资本。该资本代表了与所处社会的关系的质量与价值。
- 环境资本。该资本代表了与环境之间关系的价值。

例如，一项联邦医疗制度所采取的知识管理举措，虽然并未带来可量化的财务收益，但是极大地增加了公司的社会资本。在波士顿最负盛名的教学医院，联邦政府为内科医生所实施的知识管理系统将重大医疗失误减少了 55％。对于这样一个系统而言，计算其投资回报率是极其困难的，这也是只有一小部分医院使用类似的系统的原因。尽管联邦政府无法决定系统将如何影响其结果，但是它能够辨别出对于社会而言的系统收益（Melymuka，2005）。想要了解更多关于知识管理价值方面的内容，参见 Kankanhalli and Tan（2005），Chen（2005），Convay（2003），Hanley and Malafsky（2003），Smith and McKeen（2003），Stone and Warsone（2003），Zimmermann（2003a）。

知识管理的失败案例

没有哪个系统是万无一失的，现实中有许多知识管理系统失败的案例。知识管理的失败率大约为 50％～70％，在这里，失败可被理解为通过努力后所有的主要目标都没有实现（Ambrosio，2000）。当知识管理的实施主要依赖于技术，而且并不关注所推荐的系统能否达到组织与个体的需求与目标时，知识管理就很有可能会失败（Swan et al.，2000；Barth，2000b；Berkman，2001；Malhotra，2003；McDermott，2002；Roberts-Witt，2000；Sviokla，2001）。其他问题包括缺少承诺（发生在华盛顿特区的一家大型联合家具公司），为用户使用系统提供合理动机（发生于 Pillsbury 公司，可参见 Barth，2000b）。"9·11" 事件原本是可以避免的或者其损失是可以减少的，因此，美国国土安全部正在极其努力地整合其知识资源（Matthews，2002）。Soo et al.（2002）指出了几处可能导致知识管理组织失败的漏洞。Barth（2000b）描述了几项重要的知识管理举措，但这些举措都不幸失败了。Roberts-Witt（2002）概述了企业门户是如何失败的。

知识管理项目是最具风险的组织活动。其成功不仅需要信息技术的先行推动者，而且需要合适的知识分享文化。尽管这些知识管理项目给企业带来了积极的改善作用，但是其失败所带来的结果将是毁灭性的。

知识管理的成功因素

为了增大知识管理项目的成功率，公司必须在第一时间评估是否有知识管理的战略需求。下一步则是决定处理企业知识的现行流程是否足够，以及组织文化是否适应流程上的改变。只有在这些问题得到解决后，公司才能考虑技术基础设施方面的问题，并决定是否需要一个新系统。在选择了合适的技术解决方案后，适当地将其引入整个企业并让所有员工参与进来是较为必要的（Kaplan，2002）。此外，不要过于依赖技术来实现知识管理的成功，这也是十分重要的（Jacob and Ebrahimpur，2001）。通常情况下，一项知识管理举措只有 10%～20% 是与技术相关的，剩余部分则关乎组织层面。

知识管理项目的主要成功因素包括（改编自 Davenport et al.，1998）：

● 为了论证财务可行性以及持有经营资助，知识管理要考虑公司的经济价值。
● 一项可在其基础上构建的技术与组织基础设施。
● 与组织工作运营方式以及知识使用方式相匹配的一种标准的、灵活的知识结构。通常来说，为了有效营造知识分享氛围，组织文化必须进行改变。
● 能够直接形成用户支持的知识友好型环境。
● 为了鼓励用户购买系统，需要清晰的目标与语言。有时需要首先实现简单实用的知识应用。
● 为了实现文化分享，需要改变其激励手段。
● 因为个体有不同的工作和表达自我的方式，所以需要多重渠道实现知识转移。这些渠道应能相互强化，很容易地实现知识转移，并保证尽可能地畅通。
● 为了让知识管理举措有价值，需要达到一定水平的方法。也就是说，可以开发新的、改良的工作方法。
● 为了鼓励用户贡献和使用知识，需要有意义的激励方法，例如奖励与赞誉。
● 对于启动项目、提供资源、帮助识别组织成功所依赖的知识，以及出售项目而言，高层管理者的支持是极其重要的。

有效的知识分享与学习需要组织内部的文化交流、新的管理实践和高级管理层的承诺以及技术支持。组织文化必须转向文化共享，而这需要通过强有力的高层领导以及提供能够让人们更好工作的知识管理工具来实现。就鼓励使用系统和共享知识而言，必须给予人们适当的激励以使其贡献知识。这样的机制可以包含在他们的工作之中，并且其报酬必须反映出其贡献。此外，还应当激励人们在知识管理系统中使用知识。这也是人们的工作及其报酬的一部分。

随着更多的公司开发知识管理能力，一些基本规则变得十分明显。知识管理的成功依赖于清晰的知识分享战略逻辑、适当的基础设施选择（技术或非技术），以及能够消除典型障碍的途径：激励分享知识，获取和综合组织学习的资源，以及能够在知识网络中发现合适的人选与数据。

知识管理系统的潜在缺陷

尽管知识管理能带来许多积极的结果，但正如本章案例中所提到的那样，不考虑与循环使用知识相关的潜在消极结果是不全面的。Henfridsson and Soderholm（2000）分析了 Mrs. Fields Gifts 曾经面临的情况。20 世纪 80 年代初，Mrs. Fields Gifts 的发展极其迅速和成功，该公司战略的一个关键点便是面向旗舰店和每家分店直接提供专业知识。随着商店数量的增加，实现直接控制的唯一可行方式便是运用信息系统，这些系统是为了模拟真实的德比·菲尔德（Debbi Field）是如何进行决策制定而设计的。每一家商店的系统可以输入数据（如，温度、星期几、日期）；系统可以处理这些数据并输出指令，将结果汇报给商店经理，说明每种甜饼每小时需要烘焙多少个。就计划每天的生产、销售、劳动时间、库存管理以及商品预订而言，该软件能够给每家商店的经理提供精确的指导。原则上，由于功能完善的计算机系统是为了让所有分店都能获取公司的隐性知识而设计的，Mrs. Fields Gifts 能够在较少的管理层面上成功运作。但是，当市场开始发生变化以及顾客变得更加关注健康时，Mrs. Fields Gifts 的反应却很慢。通过将较多的知识放到无法适应的系统中，组织依赖于一种明确的工作方式而且没有参与知识创造（例如，没有在原本已经预示了战略变化或者产品聚焦的环境中接受信号）。到 90 年代初，该公司就破产了。这个案例说明：尽管组织可能会通过知识管理系统取得重要的短期成果，但是绝不能忽视新知识创造中的创新过程，以避免它们仍运用昨日的方案来解决未来的问题。

知识管理的结束语

几千年来，我们已经知道如何有效利用知识以及如何存储和循环使用知识。智能组织认为知识是一项智力资产，并且可能是唯一一项通过有效利用可以持续演化的资产，它可以保持组织的竞争力和变革。组织可以运用 IT 技术来对知识加以管理。利用企业的全体智力资产能够带来巨大的财务影响。

对于知识管理而言，其定义、概念和方法论十分明确，其挑战也是明确且可克服的。知识管理所获利益清晰可靠，虽然其工具与技术并不完善且成本略高，但也是可行的。关键的问题在于组织文化、运营资助以及对成功的评估。相对于这些而言，技术问题就显得不那么重要了。知识管理并不是一种成本高昂的时尚，而是一个指导我们如何工作的新型范例。

11.8　思考与回顾

1. 对评估成功知识管理系统的需求进行描述。
2. 知识管理评价中的问题有哪些？
3. 列举一些知识管理的财务（有形的）指标。
4. 列举一些知识管理的无形（非财务的）指标。
5. 列举与知识管理相关的失败因素。
6. 列举与知识管理相关的成功因素。
7. 知识管理系统的潜在缺陷有哪些？
8. 描述专家定位系统。

第 V 部分
智能系统

这一部分的学习目标包括：

1. 理解人工智能的基础、定义和能力；
2. 学习专家系统，理解如何运用专家系统开发智能决策支持系统；
3. 了解如何运用基于案例的推理技术开发智能系统；
4. 了解如何运用遗传算法开发智能系统；
5. 了解如何运用模糊逻辑开发智能系统；
6. 了解如何运用支持向量机开发智能系统；
7. 学习智能软件代理，了解如何运用智能软件代理开发智能系统。

本部分关注运用人工智能技术为决策支持开发智能系统。这些系统包括基于规则的专家系统以及使用人工神经网络、支持向量机、遗传算法、基于案例的推理技术和智能软件代理技术的高级智能系统。在这一部分中，我们首先对人工智能进行综述，对基于规则的专家系统做详细解释（见第 12 章）。第 13 章描述在商界中普遍使用的高级智能系统，包括支持向量机、基于案例的推理技术、遗传算法、模糊逻辑和智能软件代理。

第 12 章
人工智能与专家系统

学习目标

1. 理解人工智能的概念和演变。
2. 理解决策支持中知识的重要性。
3. 描述基于规则的专家系统的概念和演变。
4. 理解基于规则的专家系统的构架。
5. 了解用于构造专家系统的知识工程过程。
6. 解释用于决策支持的基于规则的系统的优势和局限。
7. 识别专家系统的恰当应用。
8. 学习开发基于规则的决策支持系统的工具和技术。

除了数据和数学模型的使用，一些管理方面的决策还需要存储在专家脑中的定性信息和推理知识，所以找到有效地将这样的信息和知识包含进决策支持系统的方法是非常必要的。能够整合来自专家的知识的系统一般被称为基于知识的决策支持系统（knowledge-based decision support system，KBDSS）或智能决策支持系统（intelligent decision support system，IDSS）。KBDSS 能够通过应用一种能直接支持决策制定者的工具，改善各种计算机化的决策支持系统环境，从而提高决策支持的能力。构造这样的系统的基础是已经在人工智能领域得到发展的技术和工具——基于规则的专家系统是其中最主要的一个。本章介绍人工智能的本质，并对专家系统提供详细的描述。

开篇案例

一个用于选酒的在线专家系统

MenuVino 是一家网上经营酒的零售　商，该公司已经开发了一些在线的实现知识自动化的专家系统，为酒的选择提供专家建议。这些系统通过分析网站访客的个人口味喜好，产生个人的口味描述，用于向顾客推荐他们最可能喜欢的酒。系统也能提供酒和餐饮的搭配信息以及其他与食物相关的信息（如原料、食品烹调方法、酱汁等）。系统中嵌入的专家知识可以将烹饪的详细说明和各种原料联系在一起，用来决定特定的酒和特定的餐饮的搭配。这个咨询专家系统在一个商业网站上用于指导用户选择理想的配餐葡萄酒。

问题

在一个给定的条件下选择合适的酒需要大量的专家技能。人们经常在不知道酒的口味，不知道酒是否符合他们的偏好，是否与食物或场合相搭配的情况下买了酒。大多数非专业的顾客基于价格（越高越好）和粗略的分类（红酒配肉食、白酒配鱼等）挑选酒。除了这个简单的分类框架，大多数人对他们该如何买酒毫无头绪。每个人都认同品尝自己真正喜欢的酒是最理想的。然而，我们很难形成这样的感知，除非我们已经品尝所有的酒，当我们在网上购买酒时，要做到这一点更不现实。每个人的口味都是独特的、隐秘的，即使我们有机会将酒尝遍，要发现我们的口味也是很难的。口味甚至还会因场景、餐饮、情绪等其他因素而变化。

解决方案

利用许多对酒有研究的专家的知识，MenuVino 开发了一个专家系统，咨询的人将收到来自专家的建议。事实上，由于囊括了许多专家的知识，系统可以提供比单独的一个专家提出的建议更好的建议。MenuVino 的在线专家系统是用 Exsys 知识自动化系统开发的，Exsys 知识自动化系统能够在复杂的领域获取深层次的专家知识。该专家系统使用 Corvid 的 Meta-Block 方法进行概率性的产品选择。其用户接口通过 Corvid Servlet Runtime 运行，该程序能构建图形和 HTML 界面来向用户

提问，并与其交互。系统能在法语和英语两种语境下运行。

MenuVino 的专家系统有两个主要功能：口味的描述以及酒与食物的搭配。口味描述子系统模拟用户与酒专家的交流，能够识别用户的个人偏好。利用 Corvid 专家系统的交互特点，能通过向用户提出专业的问题来发现用户的特征。一旦用户的描述形成，系统将能推荐不同价位的合适的酒。系统也允许有价格的限制和用户的反馈。

搭配子系统能给不同的口味搭配最好的酒。找到一种能与特定食物相配的酒是很困难的，除非你是一个职业厨师或者酒领域的专家。搭配子系统包含不同种类的食物、原料和烹饪方法。上百种原料、佐料和烹饪风格涵盖了许多西式菜肴。在这里，你能发现与炖袋鼠肉和米酒醋搭配的理想的酒。你也能为自己偏爱的烤海鱼和腌香菜找到适合搭配的酒。若达到这种详细程度就能为大多数类型的餐饮推荐理想的酒。

成果

MenuVino 给访问者提供了在线的专家系统，在这个交互的信息系统中嵌入了酒专家的知识和经验。该专家系统不仅可以在选酒方面给用户提供建议，也能作为一种教育工具，促进关于酒的研究，并使其在大众中普及。MenuVino 称，"这是你的家，请邻桌而坐，你将感到惊讶，甚至惊喜。请毫不犹豫地加入我们，参与我们的互动，对你的所有问题我们都将认真考虑……MenuVino——酒从未如此简单。"虽然这听起来十分吸引人，但别把我们的话当真，还请亲自尝试，登录 menuvino.tv，免费注册成为新用户，使用系统，获得专业的有关酒的建议。

思考题

1. 描述 MenuVino 开发在线专家系统的动机。

2. 你认为专家系统在这个应用领域是很好的选择吗？请给出解释。还有哪些其

他应用领域可能有相似的需求？

3. 在开发这样一个专家系统的过程中可能会出现哪些主要的困难？如何克服？

4. 案例中描述的系统和之前章节中描述的传统的 DSS 工具和技术有什么区别？

5. 对于案例中描述的问题，你还能想到哪些可替代的工具、技术或解决办法？它们和案例展示的专家系统相比如何？

我们可以从中学到什么

在人工智能（特别是专家系统）的帮助下，许多不同类型的专家技能和经验能够被获取并在计算机中呈现。当专家和专

家技能很难找寻时，这样一个自动化的系统将是非常有用的。本案例展示了专家系统的典型应用，在这个在线的信息系统中嵌入了酒专家的知识，因此它能够很容易地被非专业人士使用。让这样的专家技能在一个自动化的、交互的环境中向用户开放，能极大地增强许多商业应用的实用性和经济效益。

资料来源：Exsys, "MenuVino—Wine Advisor," www. exsys. com/winkPDFs/CommercialOnline WineAdvisors. pdf (accessed June 2009); and MenuVino, Inc., menuvino. tv/gouts. php (accessed June 2009).

12.1　人工智能的概念和定义

开篇案例的例子展示了在一些情况下依靠数据和数据驱动的模型来提供支持可能是无效的。在酒的选择方面，基于规则的专家系统能替代人类专家来提供支持，通过自动化的、交互的信息系统来提供必要的知识。除了基于规则的专家系统，一些其他的技术也能用于支持需要专家技能的决策环境。这些技术中大多数使用定性（或符号）的知识而不是数字或数学模型来提供所需的支持。因此，它们被称作**知识库系统**（knowledge-based systems，KBS）。所有包含这些技术和基本应用的研究领域被称为人工智能。

人工智能的定义

人工智能（artificial intelligence，AI）属于计算机科学范畴。尽管该术语有许多不同的定义，但大多数专家一致认为 AI 关注两个基本问题：（1）人类思考过程的研究（了解何为智慧）；（2）思考过程在机器（计算机、机器人等）上的表现和复制。

一个广泛流传的经典的对 AI 的定义是"一台机器的行为，如果该行为是由人来执行的，将被称作智慧"。Rich and Knight（1991）提出了一个发人深省的定义："人工智能研究的是如何让计算机做一些事情，当前人类比计算机更加擅长做这些事情"。

人工智能的著名的应用是一个名为"深蓝"的象棋程序，它由 IBM 的一个研究团队开发。这个系统在一项通常只有高智商的人才能取胜的比赛中击败了著名的世界冠军——象棋大师加里·卡斯帕罗夫（Garry Kasparow）。

要了解什么是人工智能，我们需要测验一些能力，这些能力被视为智慧的象征：

- 能从经验中获取知识。
- 能理解模糊或矛盾的信息。
- 对新的情形能迅速而成功地予以回应（即有不同的反应，富有灵活性）。
- 运用推理解决问题，并有效地引导行为。
- 处理复杂的情况。
- 用理性的方式进行理解和推论。

- 能应用知识来控制环境。
- 思考和推理。
- 识别和判断在某种情形下不同要素的相对重要性。

阿兰·图灵（Alan Turning）设计了一个有趣的测验来决定一台计算机能否显示出智能的行为。该测验被称作**"图灵试验"**（Turing test）。根据这个测验，只有当一个人在与一个隐藏的人和一台隐藏的计算机同时交流，且无法判别哪个是计算机的情况下，该计算机才被视为是聪明的（见图 12—1）。

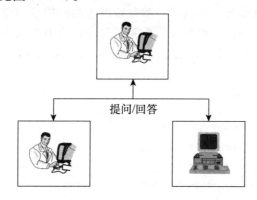

提问/回答

图 12—1　图灵试验的图示

接下来，我们讨论人工智能的主要特点。

人工智能的特点

尽管 AI 的最终目标是构建能够模拟人类智慧的机器，但现在商用的 AI 技术的能力远没有显示出任何实现该目标的明显成功迹象。不过，AI 程序正得到持续改进，它们使许多原本需要人类智慧才能完成的任务实现了自动化，从而提高了生产率和质量。人工智能技术经常体现出下面描述的特点。

符号处理　符号处理是 AI 的一个基本特点，正如下面的定义中体现的：人工智能是计算机科学的分支，主要处理符号的、非算法的问题解决方法。这个定义体现了两个特点：

- 数字的与符号的。计算机原先主要设计用来处理数字（即数字处理）。然而，人们倾向于采用象征性思维方式；我们的智慧在某种程度上是基于我们的思维能力来运用符号而不仅仅是数字。尽管符号处理是 AI 的核心，但并不意味着 AI 不能使用数字和数学运算，只是 AI 主要专注于符号的处理。
- 算法的与启发式的。一个算法是一个分步的过程，有定义明确的起始点和终点，可以保证对一个特定的问题多次计算得到相同的解。大多计算机系统结构能够很容易地给自己提供这种分步的处理方法。然而许多人类的推理过程往往是非算法的；换句话说，我们的脑力活动不仅包括逻辑顺序的、分布的处理过程，而且更多地依赖于从先前的经验中获取的规则、观念和本能的反应。

启发法　启发法（heuristic）是指从经验中获取直觉知识或经验法则。AI 用符号和启发法处理信息来展示知识。通过使用启发法，我们不必在每次遇到相似的问题时都重新思考该做什么。例如，当一名销售员计划拜访不同城市的客户时，一种流行的启发法是拜访下一个最近的城市（即最近邻启发法）。许多 AI 方法使用启发法来减小解决问题的复杂程度。

推理　作为仅使用个人启发法的一种替代方法，AI也具备推理（或推断）能力，这种能力能够使AI用现有的以规则形式展现的启发法知识构建更高级的知识。推断是从既定的一系列事实和规则中获取逻辑结果的过程。

机器学习　学习是人类的一种重要能力。它是将人类和其他生物区分开来的特点之一。AI系统并不具备与人类相同的学习能力，然而，它们有简单化的学习能力（人类学习方法的模型化），称作机器学习。机器学习允许计算机系统监控和感知它们的环境因素，调节它们的行为以应对改变。从技术上讲，机器学习是一种科学的训练，它关心算法的设计和开发，并且允许计算机基于来自传感器或数据库的数据进行学习。许多机器学习技术运用在开发智能信息系统中，一些最流行的系统已经在本节有所描述。

12.1　思考与回顾

1. 什么是人工智能？
2. 人工智能主要的能力有哪些？
3. 人工智能主要的特点有哪些？
4. 什么是启发法？请举一个例子。

12.2　人工智能领域

AI的领域是很广的。在本节中，我们介绍它的演进，将人工智能和人类智能进行比较，并提供一些主要应用的概览。

人工智能的演化

人工智能的演化包括五个主要阶段。图12—2展示了从1960年至今的演化过程。

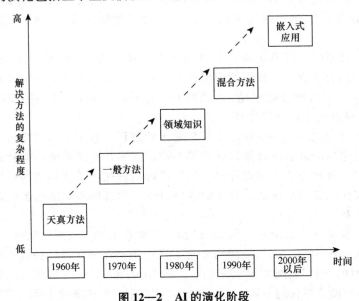

图12—2　AI的演化阶段

引发人工智能浪潮的主要事件是达特茅斯会议。1956 年，一群计算机科学家汇集在达特茅斯学院讨论计算机应用的巨大潜力。考虑到计算机巨大的计算能力，他们相信计算机将能够解决许多复杂的问题，并在许多领域胜过人类。当时，科学家对人类智慧的复杂性知之甚少，对计算机所能获得的成就过于乐观。当时产生的许多解决方法是粗糙的、原始的，因此，这一阶段被称为天真方法阶段。

经过几年的反复实验，科学家开始专注于开发更有效的问题解决方法，例如知识表达结构、推理策略、启发法。因为这个阶段主要的特点是开发通用的方法，所以这个阶段被称作一般方法阶段。

在构建了足够的通用方法后，人们开始在现实的应用中采用这些方法。这个阶段的应用和最早的阶段的不同点在于，人们已经知道将解决常规问题的方法编入计算机是很难实现的。所以，许多应用以范围狭窄的、明确的具有专家技能的领域为目标。这种系统被称作专家系统或知识库系统。专家知识的获取在这样的系统中发挥了非常关键的作用。我们将这个阶段称作领域知识阶段。

1990 年之后，更多高级的问题解决方法得到开发，并且对能够整合多种技术且在多个领域中解决问题的系统产生了很强的需求。混合系统，例如基于规则和基于案例的系统的集成，以及 ANN 和遗传算法的集成，变得很重要。我们将这一阶段称为多元集成（混合方法）阶段。

到 2000 年，将各种智能成分嵌入流行的应用成为一种趋势。智能系统和机器人学持续传播，进入了日常的使用领域——从电子游戏、商业规则到国土安全。我们今天使用的这些系统比早期系统更为聪明。嵌入的 AI 系统的应用是嵌入式应用阶段的主要特点。

人工智能的应用

人工智能是关于智能系统开发的一系列概念、观点的集合。这些概念和观点可能是在不同领域发展和应用的。因此，为了理解人工智能所涉及的范围，我们需要了解一些被称作人工智能家族的领域。图 12—3 指出了人工智能应用的主要分支。这些应用建立在许多学科以及技术的基础上，其中包括计算机科学、哲学、电气工程、管理科学、物理学以及语言学等。接下来我们会简单介绍几个具有代表性的人工智能应用领域。

专家系统　"专家系统"这个术语源自"基于知识的专家系统"。**专家系统**（expert system）是一个使用从计算机中获取的人类知识来解决通常需要人类专家技能和推理才能解决的问题的信息系统。本章的其他部分将会详细介绍关于专家系统的更多内容。

自然语言处理　自然语言处理（正如第 7 章所详细描述的）是一系列提供必要的机制来确保计算机以及计算机使用者使用人类语言相互交流的技术。这些技术旨在在人类和机器之间提供一个会话形式的界面，该界面与传统的使用计算机术语、语法和命令的编程语言的界面有所不同。自然语言处理包括两个主要的子领域：

●"自然语音识别"涉及技术的使用，旨在确保计算机以类似于人类的方式来理解人类的语言（语法以及语意）。我们的最终目的是让计算机真正地理解人类语言。

●"自然语言生成"包括使用技术来确保计算机生成和表达普通的人类语言，此时，最终目的是通过将它们转化成人类语言来使人们理解计算机。

自然语言处理的成功大部分可以由文本挖掘系统来佐证，在这个系统中非结构化文本文件得到成功处理（识别、理解和解释），便于获取新的知识。

语音识别　语音识别（speech understanding）是指通过一台计算机来辨别以及理解语

智能辅导

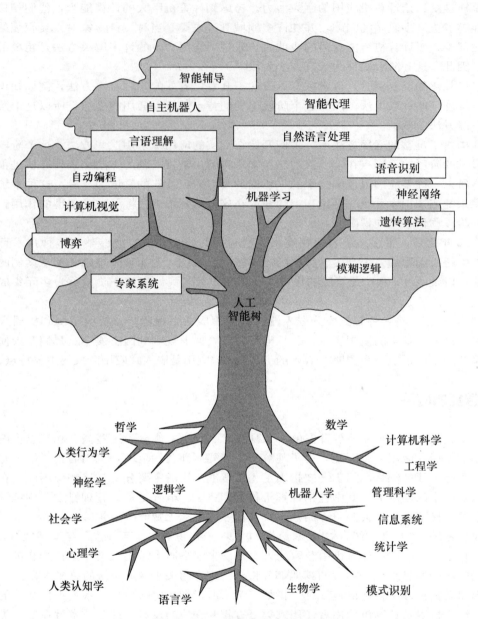

图 12—3　人工智能涉及的学科和应用

言。这项技术的应用日益流行。例如，现在很多公司在其呼叫中心采用这项技术。语音识别一个很有趣的应用是由卡耐基梅隆大学开发的语音技术实现的文化创新（LISTEN），这项技术通过倾听小孩的大声朗读来提供一个很好的自动的环境，进而提高使用者的读写能力（可以在 cs. cmu. edu/～listen 上试用）。

机器人和感应系统　感应系统（如视觉系统、触觉系统以及信号处理系统）与人工智能相结合时，产生了一类叫做机器人的系统。**机器人**（robot）是一台能通过编程来完成人工任务的机电设备。美国机器人研究中心对机器人的定义是：一个通过一些多变量的程序行为来完成一系列任务，可以移动材料、部件、工具或专用设备的重编程的、多功能的操纵器（Currie，1999）。

一个"智能"机器人有几种感应仪器，比如摄像机，用来收集机器人周围环境以及自身一些操作的信息。机器人的智能部分使得它能够解释收集到的信息并作出反馈，而且能适应环境的变化，而不是仅仅遵循既定的指示。日本国家先进工业科技研究所（National Institute of Advanced Industrial Science and Technology）研发的名叫"Promets"的人形机器人 HRP-2，能够根据一些口头的指示执行特定的任务，比如移动椅子或者打开电视机，它们能够捕捉物体的三维图像，并且能够通过红外感应器确定它们的位置（Yamaguchi，2006）。丰田在 2010 年就有出售服务型机器人的计划。

计算机视觉与场景识别 **视觉识别**（visual recognition）是计算机智能的一种形式。在视觉识别中，视觉信息（从一个或更多的传感器处接收，例如摄像机、雷达、红外或超声设备等）的数字化表示法被用来精确地识别潜在的物体，然后输出信息（物体的识别），执行一些操作，例如机器人移动，确定输送速度，以及对生产线上不符合规范的产品重新确定路线。

计算机视觉的最基本的特点是解释场景，而不是仅仅鉴别出单独的图片。解释场景有很多不同的方法，取决于应用以及场景的环境。例如，解释由卫星拍摄的照片，对于辨别农作物受损的区域是绰绰有余的。在另一个例子中，一个机器人视觉系统能被设计来辨别装配组件，因此机器人能正确地把它们放到正确的组装位置。

智能计算机辅助教学 **智能计算机辅助教学**（intelligent computer aided instruction，ICAI）指的是利用辅助人类的机器教学的技术。在某种程度上，这样一种机器可以被看作拥有人类专家技能的增强版的专家系统。但是，专家系统的主要特点是反馈建议，而智能计算机辅助教学的目的是教导。因此，传统的专家系统需要调整结构才可以表现得像一个老师而不是一个建议者。

计算机辅助教学已经应用了很多年，它凭借计算机的力量影响着教学过程。现在人工智能被用于 ICAI 系统的开发，以尝试创造计算机化导师。这些导师能创造自己的教学技巧来适合学生的学习模式。这些方法被称作**智能辅导系统**（intelligent tutoring systems，ITS），许多这类系统已经在网站上得到使用。你可以在 Lopez et al.（2003）上找到相关的应用。

自动编程 编写计算机程序通常是很乏味且容易出错的工作。自动编程使计算机能自动生成计算机程序，它通常依据比平常的编程语言更高水平以及更容易为人们所接受的规范，自动编程是在人工智能技术嵌入集成开发环境（integrated development environments，IDE）的帮助下实现的。

神经计算 神经计算（或者说神经网络）描述了一系列能够模拟人脑行为的数学模型。这些模型已经在一些灵活的、容易使用的软件包里实现，例如神经解决方法（nd. com）、大脑开发者（calsci. com），以及神经外壳（wardsystems. com）。神经网络在商业上的应用十分丰富。我们已经在第 6 章讨论了神经计算及其广泛应用。

博弈 博弈是人工智能研发者最早研究的应用领域之一，对于投资新的人工智能策略和启发而言，它是一个极好的领域。因为它的结果很容易演示和衡量。"深蓝"是一个成功的基于人工智能的游戏开发例子。

语言转换 自动翻译系统使用计算机程序把单词和句子从一种语言翻译为另一种语言，其中并没有太多的人的理解。例如，你可以使用 Babel Fish Translation（该翻译软件可以在 world. altavista. com 网站上找到）来尝试超过 20 种不同组合的语言翻译。与此相类似，你也可以使用谷歌的免费工具在 41 种不同的语言间进行翻译（translate.

google. com）。

模糊逻辑 模糊逻辑（fuzzy logic）是一种处理不精确语言词汇的技巧，它从简单的对/错陈述逻辑的概念延伸到了允许部分（甚至是连续的）真实。在运用常识制定决策的情形下，不精确的知识和不精确的推理是专业技能的重要方面。在模糊逻辑中，对与错的值被既定的成员关系的程度所替代。例如，在传统的布尔逻辑中，一个人的信用记录是要么好要么坏，在模糊逻辑中，信用记录可以是好和坏并存，但是有着不同的程度。详见第 13 章以及 Tanaka and Niimuara（2007）。

遗传算法 遗传算法是高级的搜索算法，类似于自然演化过程（如适者生存）。对于一个特定的问题，方法模板由类似于"染色体"的结构组成，包括群体、基因（通常用序号 0s 和 1s 表示），代表决策变量的值。遗传算法由随机生成的一系列方法（一系列染色体）开始，然后通过辨别和使用最佳解决方案（基于适应度函数），用遗传算子（如突变和交叉）复制下一代。直到得到一个满意的解决方案或者达到了其他的停止标准，"进化"的递归过程才会停止。有关遗传算法可以参考 Goldberg（1994）。Ghanea-Hercock and Ghanea-Hercock（2003）讨论了用 Java 语言来实现这一算法，第 13 章会对遗传算法做更加详细的解释。

智能代理 智能代理（intelligent agents，IA）是相对小的程序，这些程序驻留在（持续地运行）计算机环境下，自动地、自主地完成一些任务。一个智能代理在计算机的后台运行，监控整个环境，对一些基于嵌入知识的触发状况做出反应。一个典型的智能软件代理的例子是病毒监控程序。这个程序驻留在你的计算机中，扫描所有输入的数据，并且自动删除扫描到的病毒，同时，它也在不断识别新病毒类型和侦探方法。智能代理被用到个人数字助理（PDAs）、电子邮件服务器、新的过滤和分配方法、任命处理、电子商务以及自动信息收集中。第 13 章将对这个快速流行的人工智能应用领域做更详细的描述。

---

12. 2　思考与回顾

1. 人工智能相对于自然智能有哪些主要优点？
2. 人工智能相对于自然智能有哪些主要缺点？
3. 人工智能主要的特点有哪些？
4. 描述一个人工智能应用。
5. 什么技术能帮助把外包到其他国家的呼叫中心移回美国？
6. 给出自然语言处理的定义并描述一个自然语言处理应用。
7. 给出言语识别的定义并描述该技术的一个应用。
8. 给出智能代理的定义并描述该技术的一个应用。

---

12. 3　专家系统的基本概念

专家系统是基于计算机的信息系统，它通过使用专家知识在一个狭小的既定问题领域达到高水准的决策表现。斯坦福大学在 20 世纪 80 年代初开发的用于医疗诊断的 MYCIN 是最著名的专家系统应用。专家系统同样用在税收、信用分析、设备保养、服务台自动化、环境监控以及错误诊断等方面。在一些大中型组织，将专家系统当作一个复杂的工具来提升产量和质量已经变得很流行（Nedovic and Devedzic，2002；Nurminen et al.，2003）。

专家系统的基本概念包括如何决定专家是谁，给出专家技能的定义，怎样从人类那里提取专家技能并转移到计算机中，以及专家系统如何模仿人类专家的推理过程。我们将在本章的后面部分阐述这些概念。

专　家

专家（expert）指的是一个拥有专业技能、判断力、经验并能够运用自己的知识在狭小的既定区域内提供合理的忠告、解决复杂问题的人。专家的工作是提供关于他如何执行一项任务的知识，而这些任务是知识库系统将要完成的。专家知道什么事实是重要的，也理解并能解释事实间的从属关系。例如，在用自动车的电气系统诊断一个问题时，一名专业机械师知道破损的风扇皮带可能是导致电池不充电的原因。

对于专家没有一个标准的定义，但一个人的决策表现以及知识水平是判定这个人是不是专家的典型标准。通常，专家必须能解决一个问题并且与普通人相比要能达到更高的表现水平。除此之外，专家是相对的（不是绝对的）。在一段时期或者一个领域是专家的人在另一段时期和另一个领域未必是专家。例如，一名纽约的律师在中国北京未必是合法的律师。与大众相比，一名学医的学生可以是一个专家，但是就脑部手术而言，他未必是专家。专家有专家技能，这些技能能帮助他们解决问题并且能在一个具体的问题领域解释相关的模糊现象。通常，专家系统能完成以下事项：

- 识别并表达问题。
- 快速正确地解决问题。
- 解释解决方案。
- 从经验中学习。
- 重组知识。
- 如果有必要，打破原有的规则（例如，做一些与众不同的事）。
- 确定关联和关系。
- 提前做好准备（例如，知道自身的局限）。

专家技能

专家技能（expertise）是专家拥有的广泛的、特定任务的知识。专家技能的水平取决于做决定时的表现。专家技能通常是通过训练、阅读以及实践中的经验获得的。它包括显性知识（比如从课本上或从教室里学到的理论），以及从经验中获得的隐形知识。下面是一些可能的知识类型：

- 问题领域的理论；
- 对于一般的问题域的规则和程序；
- 关于在一个给定问题情形下应该做什么的启发法；
- 解决这些类型问题的全球策略；
- 元知识（即关于知识的知识）；
- 关于问题领域的事实。

这些类型的知识确保专家能够在解决复杂问题时比非专家做出更好更快的决策。

专家技能通常有以下特点：

● 专家技能通常与高水平的智能相关，但并不总是最聪明的人才拥有专家技能。

● 专家技能通常包含大量的知识。

● 专家技能是基于过去的成功和错误不断学习的过程。

● 专家技能是基于那些很好地存储、组织并迅速检索的知识，这些知识来自拥有杰出的先前经验记忆模式的专家。

专家系统的特点

专家系统有以下特点：

● 专家技能。正如前文描述的，专家在专业水平上有所不同。一个专家系统必须拥有做出专家级决策的专家技能。系统必须在展示专家级表现的同时体现出强大的实力。

● 符号推理。人工智能的基本原理是使用符号推理而不是数据计算。对于专家系统同样如此，也就是说，知识必须以符号的形式呈现，而且主要的推理机制必须是符号化的。典型的符号推理机制包括反向链和前向链，这些内容将在本章的后面部分描述。

● 深层知识。深层知识关注的是知识库中的专家技能的水平。这个知识库必须包含复杂的在非专家中不易找到的知识。

● 自我认识。专家系统必须能够检查自己的推理过程，并且提供适当的解释来说明为什么能得出一个特定的结论。大部分专家系统有很强的学习能力，能够实时地更新它们的知识。专家系统同样需要从它们的成功和失败中以及其他一些知识来源处学习一些知识。

专家系统的发展可以分成两代。大部分第一代的专家系统使用"if-then"规则来陈述和存储它们的知识。第二代的专家系统在采用多种知识陈述和推理方面更加灵活。它们可以集成模糊逻辑、神经网络以及基于规则推理的遗传算法来实现更高层次的决策表现。表12—1 列出了传统系统和专家系统的对比情况。

表 12—1　　　　　　　　　　　　　　　　传统系统和专家系统的对比

传统系统	专家系统
信息和处理过程通常包含在一个有序的程序中	知识库从处理（推断）机制中清晰地分离出来（即，知识规则从控制中分离出来）
程序不会犯错（程序员或者使用者会犯错）	程序可能会出错
传统系统不解释为什么需要输入数据以及如何下结论	解释是专家系统的一部分
传统系统需要所有的输入数据，它们在数据缺失的情况下可能不能正常工作，除非事先设定了这种情况	专家系统不需要所有的初始事实，即使事实缺失，专家系统也能得出合理的结果
程序中的变化是乏味的（DSS 除外）	规则中的变化很容易产生
只有在完整的情况下系统才会运行	系统可以在只有一小部分规则的情况下运行（作为第一原型）
执行是在循序渐进的（算法）基础上完成的	执行时基于启发法以及逻辑法
大型数据库可以被有效地操作	大型知识库可以被有效地操作

续前表

传统系统	专家系统
传统系统呈现并且使用数据	专家系统呈现并且使用知识
效率通常是一个主要的目标	
效果只对决策支持系统重要	效果是主要目标
传统系统容易处理定量数据	专家系统容易处理定性数据
传统系统使用数值型数据表示	专家系统使用符号和数值型知识表示
传统系统采集、放大、分发、访问数值型数据或信息	专家系统采集、放大、分发、访问判断和知识

当然，专家系统并不是真正的专家的完全复制品。与真正的专家相比，专家系统有它的优势和劣势。表 12—2 显示了人类专家和专家系统在一些关键特征上的简单比较。

表 12—2　　　　　　　　　　人类专家和专家系统的区别

特征	人类专家	专家系统
是否会死亡	是	否
知识转移	困难	容易
知识记录	困难	容易
决策的一致性	低	高
单位使用成本	高	低
创造性	高	低
适应性	高	低
知识范围	宽	窄
知识类型	常识和专家技能	专家技能
知识内容	经验	规则和符号模型

12.3　思考与回顾

1. 什么是专家系统？
2. 解释为什么我们需要专家系统。
3. 专家系统的主要特点是什么？
4. 什么是专家技能？举一个例子。

12.4　专家系统的应用

专家系统被应用于多个商业和技术领域，以支持决策制定。表 12—3 列出了一些典型的专家系统及其应用领域。

表 12—3   专家系统的应用

专家系统	机构	应用领域
经典应用		
MYCIN	斯坦福大学	医疗诊断
XCON	DEC	系统配置
Expert Tax	Coopers & Lybrand	税收计划
Loan Probe	Peat Marwick	贷款评估
La-Courtier	Cognitive Systems	金融计划
LMOS	Pacific Bell	网络管理
PROSPECTOR	斯坦福研究中心	发掘新矿藏
新应用		
Fish-Expert	North China	鱼类疾病诊断
HelpDeskIQ	BMC Remedy	咨询台管理
Authorete	Haley	业务规则自动化
eCare	CIGNA	保险理赔
SONAR	NSAD	股市监控

专家系统的经典应用

早期的专家系统主要应用于科学领域，比如用于分子结构鉴定的 DENDRAL 系统和用于医疗诊断的 MYCIN 系统。Digital Equipment Corp.（1990 年前后市场上主要的小型机制造商，后来被康柏取代）建立的用于构造 VAX 计算机系统的 XCON，是专家系统应用于商业的一个成功案例。

DENDRAL　DENDRAL 项目由 Edward Feigenbaum 于 1965 年发起。根据已有的化学分析和大量光谱数据，该系统使用了一系列基于知识或基于规则的推理指令去推断有机化合物可能的分子结构。

DENDRAL 展示了基于规则的推理中可以发展为强大的知识工程的工具，并推动了斯坦福大学人工智能实验室中其他基于规则推理的项目的发展，这些项目中最重要的是 MYCIN。

MYCIN　MYCIN 是一个基于规则的专家系统，用于诊断血液中的细菌感染。20 世纪 70 年代，一群斯坦福大学的研究者开发了该系统。通过提问和拥有 500 条规则的规则库的反向链，MYCIN 可以辨别大约 100 多种引起细菌感染的原因，由此系统可给出有效的药方。在一项控制测试中，MYCIN 的表现与人类专家的水平相同。MYCIN 系统中用到的推理和不确定性的处理方法在当时是行业领先的，并且在相当长的时间里影响了专家系统的发展。

XCON　XCON 是 Digital Equipment Corp. 开发的基于规则的系统，利用规则帮助决定满足顾客需求的最佳系统配置。该系统可以在一分钟内处理一个客户需求，而通常情况下这需要花费销售团队 20～30 分钟。使用该专家系统后，服务的准确度从人工处理时的 65％升至 98％，为公司每年节省数百万美元。

专家系统的新应用

近期，有更多的专家系统被应用在风险管理、养老基金咨询、商业规则自动化、自动化市场监控和国土安全等领域。

信用分析系统 专家系统用于支持商业贷款机构的需求，可帮助贷款方分析顾客的信用记录并确定一个合理的信用额度。知识库中的规则也可以帮助评估风险和风险管理策略。这样的系统现已被应用于超过 1/3 的美国和加拿大排名前 100 位的商业银行。

养老基金咨询 雀巢食品公司开发了一个专家系统，用于提供员工养老基金状况的信息。该系统有一个实时更新的知识库，针对条例变化的影响和新标准的要求给予参与者一些合理建议。台湾的 Pingtung Teacher 学院在互联网上提供了一个系统，该系统可以使参与者通过 "what-if" 分析，计算他们在不同情形下的养老金福利，为他们何时退休制定计划。

自动化咨询台 BMC Remedy (remedy. com) 提供基于规则的为小型企业建立服务台解决方案的 HelpDeskIQ 系统。这个基于浏览器的工具可以帮助小型企业更有效地处理客户的要求。客户的邮件会自动进入 HelpDeskIQ 系统的业务规则引擎。经过优先权和状态的分析，信息会被传给相应的技术员。该系统帮助咨询台的技术员更有效地解决问题和跟踪问题。

国土安全 PortBlue Corp. (portblue. com/pub/solutions-homeland-security) 开发了一个为国土安全服务的专家系统。该系统用于评估恐怖威胁并提供以下方面的帮助：(1) 对恐怖袭击的承受能力的评估；(2) 对恐怖分子活动迹象的监控；(3) 关于处理与潜在恐怖分子的关系的指导。类似地，美国国家税务局使用智能系统推测不寻常的国际金融信息，阻截可能的洗钱活动和恐怖分子筹资活动。

市场监控系统 全美证券交易商协会开发了一个智能监控系统，叫做证券观察、新分析和规则 (Securities Observation, New Analysis, and Regulations, SONAR)。该系统使用数据挖掘、基于规则的推理、基于知识的数据表示和 NLP 来监控股票市场和可疑模式下的未来市场。该系统每天生成 50~60 个警示，供分析员和研究者查看 (Goldberg et al. , 2003)。

业务流程再造系统 再造涉及利用能够改进业务流程的信息技术。KBS 被用于为业务流程再造系统分析工作流程。比如，Gensym 使用实时的、基于知识的、模拟的系统性能分析工具 (SPARKS) 帮助塑造正式和非正式的知识、技能和权限等必须嵌入再造系统的因素。SPARKS 由三部分组成：流程模型、资源模型以及工作卷和描述。

专家系统的应用领域

如同前面的例子中提到的，专家系统已被商业化地应用于各种领域，包括：

● 金融。金融专家系统包括保险理赔、信用分析、税收计划、欺诈行为预防、财务报告分析、财务计划和绩效评估。

● 数据处理。数据处理专家系统用于系统计划、设备选择、设备维护、供应商评估和网络管理。

● 市场营销。市场营销专家系统用于客户关系管理、市场分析、产品计划和营销计划。

● 人力资源。人力资源专家系统用于人力资源计划、员工表现评估、人员安排、养老金管理和法律顾问。

● 制造业。制造业专家系统用于产品计划、质量管理、产品设计、厂区选择和设备维修。

● 国土安全。国土安全专家系统用于恐怖威胁评估和恐怖活动集资监视。

● 业务流程自动化。专家系统应用于帮助台自动化、呼叫中心管理和规范执行。

● 医疗管理。专家系统被用于生物信息学和其他医疗管理领域。

现在你已经了解了各种专家系统应用，是时候了解一下专家系统的内部结构和它是如何实现目标的。

12.4　思考与回顾

1. MYCIN 的问题域是什么？
2. 举两个专家系统在金融方面应用的例子，并描述它们的优势。
3. 举两个专家系统在市场营销方面应用的例子，并描述它们的优势。
4. 举两个专家系统在国土安全方面应用的例子，并描述它们的优势。

12.5　专家系统的结构

专家系统有两个环境：开发环境和咨询环境（见图12—4）。一个专家系统的构建者利用**开发环境**（development environment）建立专家系统的必要组成部分，用适当的专家知识填充知识库。一个非专家人士使用**咨询环境**（consultation environment）通过嵌入系统的专家知识获取建议和解决问题。这两个环境的分界点是系统开发过程的结束之处。

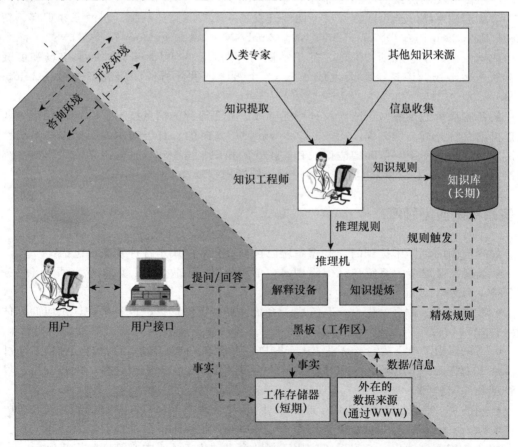

图 12—4　专家系统的结构/架构

　　三个出现在几乎所有专家系统中的主要组成部分是知识库、推理机和用户接口。一般来说，与用户交互的专家系统还可包含以下这些附加的组成部分：

- 知识获取子系统；
- 黑板（工作台）；
- 解释子系统；
- 知识提炼系统。

　　目前，大部分专家系统不包含知识提炼系统。下面，我们对各部分做简要的介绍。

知识获取子系统

　　知识获取（knowledge acquisition）是指将从专家或文献知识来源中得到的解决问题的专家技能积累、转换、传递到电脑程序中，以建立和扩大知识库的过程。可能的知识来源包括人类专家、教科书、多媒体文件、数据库（公共的和私有的）、特殊的研究报告和网络上可获得的信息。

　　目前，多数机构都收集了大量数据，但缺乏对知识的组织和管理。知识获取子系统负责处理诸如隐性知识显性化和从各种来源中整合信息等事情。

　　从人类专家那里获取知识是一项复杂的任务，它往往成为专家系统构建过程中的瓶颈。在构建大的系统的过程中，一个**知识工程师**（knowledge engineer）或知识提取专家为了构建知识库，通常要与一个或多个人类专家进行交互。知识工程师通过解释和整合人类专家对问题的回答、进行类比、构成反例和发现概念上的困难来实现问题域的结构化。

知识库

　　知识库（knowledge base）是专家系统的基础。它包括理解、阐述和解决问题所需的相关知识。一个典型的知识库包括两个基本元素：（1）能够描述某一特定的问题状况（或事实库）和该问题域理论的行为。（2）可以用来呈现能解决某特定领域特定问题的资深专家技能的特别的启发或规则。另外，推理机可包含通用的问题解决和决策制定的规则（或元规则——关于如何处理产生式规则的规则）。

　　其中非常重要的一点是，我们要区分专家系统的知识库和组织的知识库。存储在专家系统的知识库中的知识通常以一种特定的格式呈现，这样它们才能被应用于软件程序（即专家系统壳）以帮助用户解决特定问题。然而，组织中的知识库包含可能存储在各地的各种形式的知识（大多数知识以人们能运用的方式来呈现）。专家系统知识库是组织知识库的一个特例，并且只是其中一小部分。

推理机

　　推理机是专家系统的"大脑"，也被称作控制结构或规则解释器（在基于规则的专家系统中）。推理机实质上是一个计算机程序，能为知识库中和工作区上的信息推理提供一种方法，以形成合适的结论。无论咨询何时发生，推理机通过组织和控制解决问题的步骤，为如何使用系统的知识提供了指导。在 12.6 节中我们会进一步讨论。

用户接口

专家系统包括一个方便电脑和用户为解决问题而交流的语言处理器，这就是**用户接口**（user interface）。最优的交流方式是以自然语言沟通。但由于技术上的限制，现有的专家系统通过图表或问答的文本形式与用户交流。

黑板（工作台）

黑板（blackboard）是工作存储器的一个区域，以输入数据为特征，作为描述当前问题的数据库。它也用于记录中间结果、假设和决策。三种决策会被记录在黑板上：计划（即怎样着手解决问题）、议程（即等待执行的可能行动）和解决方案（即系统产生的候选假设和可替换的行动步骤）。

思考这样一个例子，当你的车抛锚时，你可以将抛锚的状况输入电脑存储在黑板上。根据中间假设的分析结果，电脑可能会建议你做一些额外的检查（如看看电池是否连接好）并要求你汇报结果。这一信息也被存储在黑板上。这样一个不断将假设和事实的值添加到黑板上的迭代过程直到找出车抛锚的原因才会终止。

解释子系统

追溯结论的来源的能力在专家技能的传输和问题解决过程中都至关重要。**解释子系统**（explanation subsystem）可以追溯这些原因，并通过以下互动式的问题解释专家系统的行为：

- 为什么专家系统提出这个问题？
- 怎样得到这个结论？
- 为什么否定这一选择？
- 在得到结论的过程中，制定决策的完整计划是什么？例如，在得到最终诊断之前什么是已知的？

在大多数专家系统中，通常是通过展示问某特定问题所需的规则来回答第一个问题，通过展示在获取特定建议中使用的规则序列来回答第二个问题。

知识提炼系统

人类专家有一个**知识提炼系统**（knowledge-refining system），也就是说，他们可以分析所拥有的知识和这些知识的有效性，从中学习，改进未来的咨询能力。类似地，进行这样的评估在专家系统中也是必需的。系统可根据这些信息来分析成功或失败的原因，从而促进系统的改进，即有更精确的知识库和更有效的推理能力。

知识提炼系统的核心是自学机制，自学机制可根据近期的表现帮助调整知识库和知识的处理。这样的智能组成部分目前尚未成熟到可以应用于许多商业专家系统工具，但有一些大学和科研机构正在试验性的专家系统中开发自学机制。

12.6　知识工程

从人类专家（和其他信息来源）那里获取知识，并将这些知识转换到知识库的集合被称作**知识工程**（knowledge engineering）。"知识工程"这一术语最早由 Feigenbaum and McCorduck（1983）定义，指将人工智能研究的原理和工具用于解决那些需要专家知识、难度较大的应用问题的艺术。知识工程需要人类专家与知识工程师之间的合作和交流，以成功地编码和清晰地呈现人类专家在解决特定应用域的问题时使用的规则（或其他基于知识的步骤）。人类专家拥有的知识经常是非结构化的、表达不明确的。知识工程的主要目的是帮助专家表达他们如何做、做什么，并用可重复使用的形式来记录这些知识。

知识工程有广义和狭义之分。从狭义的角度看，知识工程处理构建专家系统所需的步骤（即，知识的获取、知识的表示、知识的验证、推断、解释/说明）。从广义的角度看，这一术语描述了开发和维护任何智能系统的整个过程。在本书中，我们使用狭义的定义。以下是知识工程中的五个主要活动：

● 知识的获取。知识的获取涉及从人类专家处以及书籍、文献、传感器或计算机文件中获取知识。知识对于问题域或解决问题的步骤而言是特定的，可能是一般的知识（如商业知识），也可能是元知识（关于知识的知识）。（元知识是指关于专家如何使用其知识来解决问题和关于一般问题解决步骤的信息。）Byrd（1995）证实知识获取是当今专家系统开发的瓶颈。这样，许多理论的和应用的研究仍在这个领域展开。Wagner et al.（2003）对超过 90 个专家系统应用以及它们的知识获取技术和方法进行了分析。

● 知识的表示。组织获取知识以备未来使用被称作知识的表示。该活动涉及知识地图和知识库中知识编码的准备。

● 知识的验证。知识的验证包括知识的检验和审核（如通过使用测试用例），直至质量可以接受。测试结果通常会展示给业内专家以证实专家系统的精确性。

● 推断。推断涉及软件的设计以使计算机能基于存储的知识和问题的细节做出判断。系统因此能给非专业用户提供建议。

● 解释和说明。这一步涉及解释能力的设计和编程。（例如对回答以下问题的能力编程：为什么特定的信息是计算机需要的？计算机是如何得到一个结论的？）

图 12—5 显示了知识工程的步骤和知识工程活动之间的关系。在知识的获取阶段，知识工程师通过与人类专家的交流获取知识或从其他来源收集文献知识。接下来，这些收集到的知识被编码成一种展示方案以创建知识库。知识工程师可以通过与人类专家的合作或

测试用例来验证和校验知识库。经过验证的知识可以用于知识库系统，通过机器推断来解决新问题和解释系统生成的建议。接下来讨论这些活动的过程。

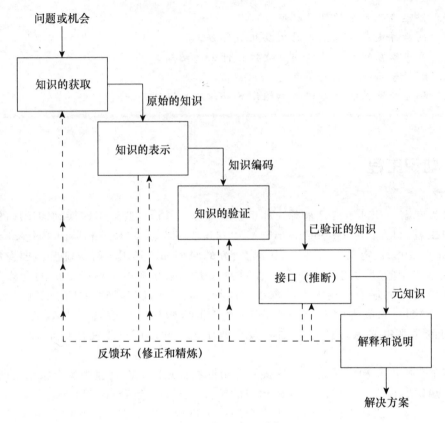

图 12—5　知识工程的步骤

知识的获取

　　知识是专业事实、步骤、通常表达为规则的判断的集合。知识的来源有很多，例如，书籍、电影、计算机数据库、图片、地图、故事、新闻、文章、传感器和人类专家。从人类专家处获取的知识（通常叫做知识萃取）可以说是知识获取的过程中最有价值、最具有挑战性的任务。传统的知识萃取方法称为人工方法，包括采访（分为结构化的、半结构化的和非结构化的）、跟踪推断以及观察。因为这些人工方法速度慢，价格高，而且有时不准确，所以专家系统一直在发展半自动和全自动的知识获取方法，这些技术依赖于计算机和人工智能技术，旨在减少知识获取过程中知识工程师和人类专家的参与。尽管传统的知识萃取技术存在缺点，但在实际的专家系统项目中，传统的知识萃取技术仍然占据主导地位。

　　开发专家系统的一个关键要素是专家的识别。缓解这个问题的通常做法是仅在很窄的应用领域里建立专家系统，该领域内的专家技能更容易清晰地定义。即使这样，仍然可能会找到一位以上有着不同甚至相矛盾的专家技能的专家。在这种情况下，在知识萃取过程中就应该选择多位专家。采用多位专家方式的优缺点列示于表 12—4。

表 12—4　　　　　　　　　　　　　　　采用多位专家方式的优缺点

优点	缺点
平均来看，多位专家比单独一位专家犯的错误少	某些领域的专家、资深专家、主管在某些方面恐惧、担心（即缺乏信任）
消除了寻找和使用世界级专家的需要（世界级专家难以识别和获得）	由于团队的意见相冲突，产生妥协方案
比一位专家涉及的领域广	群体思维
专业技术的整合	控制专家（即控制整个团队，其他专家没有表达意见的机会）
多位专家协作提高质量	团体会议存在浪费时间、日程安排困难等问题

　　在采用多位专家方式时，有四种可能的方案供选择（O'Leary，1993；Rayham and Fairhurst，1999）：专家单独作业、主要和次要专家、专家小组、陪审委员会。以下描述了每种方法：

　　● 专家单独作业。在这种情况下，多位专家单独提供知识。以这样的方式使用多位专家减轻了知识工程师与专家小组协作的压力。但是，这种方法要求知识工程师具备解决冲突和处理多线推理的能力。

　　● 主要和次要专家。主要专家负责验证从其他领域专家处获得的信息。知识工程师将首先咨询主要专家来熟悉相关领域，完善知识的获取计划，识别可能的次要专家。

　　● 专家小组。可以同时咨询几位专家，要求他们提供一致认同的信息。和专家小组一起工作使知识工程师能够观察某问题的可替代的解决方案，发现专家在面向问题解决方案的讨论中得出的关键点。

　　● 陪审委员会。为了核查和验证所进行的开发工作，应该建立一个专家委员会。该专家委员会的成员通常要按照安排定期会面。该时间安排是开发者为了评估知识库发展工作、内容和计划而做出的。在许多情况下，专家系统的功能是由陪审委员会来测试的。

知识的表示

　　从专家处或一系列数据中获得的知识必须以一定的形式表示出来，既能使人理解，又能使计算机执行。有很多可用的知识表示方法：产生式规则、语义网络、框架结构、对象、决策表、决策树和谓词逻辑。下面我们介绍最流行的方法——产生式规则。

　　产生式规则　**产生式规则**（production rules）是专家系统知识表示最流行的形式。知识以条件/动作组合来表示：如果这个条件发生，那么某些动作（或结果/结论）就将（或应该）发生。思考下面两个例子：

　　● 如果信号灯是红灯并且你的车已经停了下来，那么其他车右转是可行的。

　　● 如果顾客使用请购单，并且采购订单被承认，采购与签收是分开的，账款是应付的，有存货记录，那么充分的证据（90%的可能性）显示防止非授权采购的控制是充分的。

　　知识库中的每条产生式规则自主实施专家技能，这些专家技能可独立地进行开发和改进。当规则送入推理机时，一系列规则能协同作用，产生比规则独自产生的结果总和更好的结果。在某种意义上，规则可以被看成是人类专家认知行为的模拟。根据这种观点，规则不仅是计算机里表示知识的一个简洁的形式体系，而且可以表示为真实人类行为的模型。

知识和推理规则　在人工智能领域有两种常用的规则：知识规则和推理规则。**知识规则**（knowledge rules），又称声明规则，陈述了问题的所有事实和关系。**推理规则**（inference rules），又称过程规则，在一些事实已知的情况下，就如何解决问题给出建议。知识工程师将这两类规则分开：知识规则进入知识库，推理规则成为推理机的一部分。假设你从事黄金交易，知识规则可能如下所示：

规则 1：IF 一个国际冲突发生，THEN 黄金价格上涨。

规则 2：IF 通货膨胀率下调，THEN 黄金价格下跌。

规则 3：IF 国际冲突持续超过 7 天，并且 IF 国际冲突发生于中东地区，THEN 买入黄金。

推理规则包括关于规则的规则，因此又被称为元规则。它们属于其他的规则（甚至是它们自身）。推理规则可能如下所示：

规则 1：IF 需要的数据不在系统中，THEN 向用户索取。

规则 2：IF 应用了一个以上的规则，THEN 撤销所有规则，不添加新数据。

知识的核查和验证

从专家处获取的知识需要在质量方面进行评价，包括评估、验证和核查三个方面。这些术语经常被互换使用。我们使用的是由 O'Keefe et al. (1987) 提供的定义。

● 评估是一个广泛的概念。它的目的是评估专家系统的总体价值。除了评估可接受的性能水平，它还分析系统是不可用的、高效的和划算的。

● 验证是评估系统性能的一部分（例如，与专家比较时系统的性能）。简单地说，验证就是建立正确的系统（即，证实一个系统在一个可以接受的精确度水平上执行）。

● 核查是为了正确地建立系统或证实系统正确地实施其技术规范。

在专家系统领域，这些活动是动态的。因为每当系统原型更改时，它们需要被重复执行。在知识库方面，必须确定使用的是正确的知识库（即，使用的知识库是有效的）。确认知识库是正确建立的也是必要的（即核实）。

推　断

推断（或推理）是使用知识库中的规则和已知的事实得出结论的过程。推断需要一些嵌入计算机程序的逻辑，来访问和操作已存储的知识。这个程序在推理规则的指导下控制推理过程的某种算法，通常叫做**推理机**（inference engine），在基于规则的系统中又叫法则解释程序。

推理机通过知识库中收集的规则指导搜索，该搜索过程通常叫做模式匹配。在推理的过程中，当该规则的所有 IF 条件满足时，触发规则。当一个规则触发后，由此产生的新知识（结论或 THEN 部分的验证）会作为新的事实存于存储器中。推理机检查所有知识库中的规则，基于当时已知事实的集合，识别那些能触发的规则。持续该过程，直至目标实现。最流行的基于规则系统的推理机制是前向链和反向链：

● **反向链**（backward chaining）是一种目标驱动的方法。它从将要发生的预期出发（即假设），寻找支持（或反驳）该期望的证据。通常，需要阐述和测试中间假设（或子假设）。

● **前向链**（forward chaining）是一种数据驱动的方法。我们从可得到的信息或一个基本理念入手，试图得到结论。专家系统通过寻找能在"if-then"规则中与假设部分相匹配的事实来分析问题。例如，如果一台机器不工作了，计算机将检查机器的电流。在每条规则都被测试之后，该程序将会得出一个或多个结论。

前向链和反向链举例说明　我们讨论一个是否投资 IBM 股票的投资决策的例子。可用的变量有：

　　A＝有 10 000 美元
　　B＝年龄不超过 30 岁
　　C＝接受过大学教育
　　D＝年收入至少为 40 000 美元
　　E＝投资证券
　　F＝投资成长型股票
　　G＝投资 IBM 股票（潜在目标）

每个变量可以用真或者假来回答。

我们假设一个投资者有 10 000 美元，即 A 是真的；她 25 岁，即 B 是真的。她想得到关于投资 IBM 股票的建议（是或否）。

我们的知识库包括下面五条规则：

R1：IF 某人有 10 000 美元可用于投资并且拥有大学学历，THEN 她应该投资证券。

R2：IF 某人的年收入至少为 40 000 美元并且拥有大学学历，THEN 她应该投资成长型股票。

R3：IF 某人年龄不超过 30 岁并且投资证券，THEN 她应该投资成长型股票。

R4：IF 某人年龄不超过 30 岁，THEN 她拥有大学学历。

R5：IF 某人想要投资成长型股票，THEN 这只成长型股票是 IBM 股票。

这些规则可以写成如下形式：

R1：IF A and C，THEN E.
R2：IF D and C，THEN F.
R3：IF B and E，THEN F.
R4：IF B，THEN C.
R5：IF F，THEN G.

反向链。我们的目标是决定是否投资 IBM 股票。采用反向链，我们从寻找一条在结论部分包含目标 G 的规则开始。因为 R5 是唯一符合要求的规则，所以从 R5 开始。如果有几条规则包括 G，推理机会命令一个程序处理这种状况。我们需要做的是：

1. 尝试接受或者拒绝目标。专家系统确定 G 是否在推理库中。这时，推理库中 A 是真的，B 也是真的，所以进入步骤 2。

2. R5 显示，如果投资成长型股票（F）的条件成立，那么我们应该投资 IBM（G）。如果我们能够总结出 R5 的前提要么是真要么是假，那么我们就解决了这个问题。然而我们不知道 F 是不是为真。我们该做什么呢？注意 R5 的前提 F 也是 R2 和 R3 的结论。因此，为了确定 F 的真假，必须检查 R2 和 R3 这两个规则中的一个。

3. 首先尝试 R2，如果 D 和 C 全为真，那么 F 为真。现在我们有一个问题：D 不是任何规则的结论，也不是一个事实。计算机要么移动到另一条规则，要么通过询问投资者是否年收入高于 40 000 美元来发现 D 是不是为真。专家系统采取哪种措施取决于推理机采用的搜索步骤。通常，只有在信息不能获得或者不能被推测时，才会询问用户额外信息。

我们放弃 R2，转至另一个规则 R3。这个过程叫做回溯法（即，当我们知道走到死胡同时，尝试其他路；必须事先给计算机编程来处理回溯）。

4．到 R3，检测 B 和 E。我们知道 B 为真，因为这是一个给出的已知事实。为了证明 E，我们转向 R1。在 R1 中，E 是结论。

5．检测 R1，必须决定 A 和 C 是否为真。

6．A 是给出的事实，因此 A 为真。检测 C，需要检测以 C 为结论的 R4。

7．R4 能够告诉我们 C 为真（因为 B 为真）。所以 C 成为事实，加入推理库。现在 E 为真，于是证实了 F 为真，也由此证实了我们的结论（即，建议投资 IBM 股票）。

在这个搜索过程中，专家系统从 THEN 移动至 IF，然后又回到 THEN，反复多次（见图 12—6 中反向链的图示）。

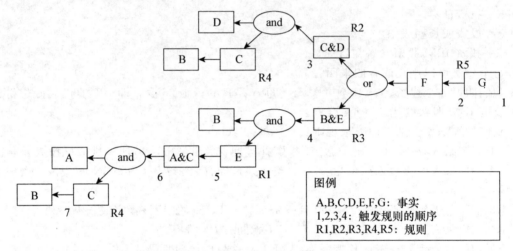

图 12—6　反向链的图示

前向链。我们使用与反向链相同的例子来说明前向链的分析过程。在前向链中，我们从已知的事实开始，通过 IF 条件里已知的事实获得新的事实。前向链采用的具体步骤如下（图 12—7 是这个过程的图示）：

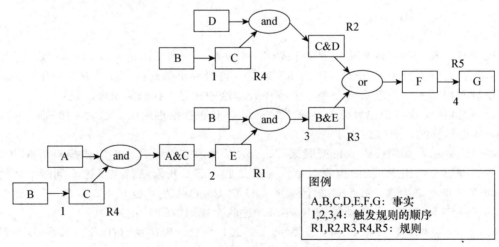

图 12—7　前向链的图示

1．因为 A 和 B 为真，所以通过使用 IF 条件中有 A 和 B 的规则，获得新的事实。应用 R4，专家系统得到新事实 C，添加至推理库。

2. 触发 R1（因为 A 和 C 为真），得到 E 为真，添加至推理库。

3. 因为 B 和 E 均已知为真（它们都在推理库里），触发 R3，得到 F 为真，添加至推理库。

4. 触发 R5（因为 F 在 IF 条件中），得到 G 为真。因此，专家系统推荐投资 IBM 股票。如果有一个以上的结论，依据推理步骤，可能触发更多的规则。

不确定性推理　尽管不确定性广泛存在于现实生活中，但在人工智能实践中十分有限。有人说，因为来自专家的知识经常是不正确的，所以模仿专家推理过程的专家系统应该表现出不确定性。专家系统研究人员提出了一些把不确定性纳入推理过程的方法，包括：概率比、贝叶斯方法、模糊逻辑、证据理论和确定性因子理论。下面是确定性因子理论的一个简要介绍，它是专家系统中容纳不确定性的最常用的方法。

确定性因子理论（theory of certainty factors）的基础是信任和怀疑两个概念。标准统计方法基于一个假设：不确定性是事件（或事实）为真或假的可能性。而确定性理论的基础是对某一事件为真或假的信任程度（并不是计算出的可能性）。

确定性理论依赖于确定性因子的使用，**确定性因子**（certainty factors，CF）表示对基于专家的评估的某一事件（或事实/假设）的信任程度。确定性因子可以表示为 $0 \sim 100$ 的值。值越小的数字代表该事件为真或假的可能性越小。因为确定性因子不是概率，当我们说下雨的确定性值是 90 时，并没有说明或暗示任何关于不下雨的观点（不下雨的值不一定是 10）。因此，确定性因子的加总和不一定是 100。

确定性因子的组合。确定性因子可以被不同的专家以不同的方式用来进行评估。在运用专家系统壳之前，你需要确定你理解确定性因子是如何结合的。EMYCIN 使用的方法是基于规则的系统中被最广泛接受的一种组合方法。下面讲解两个例子。

在一个规则中组合多个确定性因子。使用 AND 运算符，思考下面的规则：

　　　　IF 通货膨胀率高，CF＝50（A）

　　　　AND 失业率高于 7%，CF＝70（B）

　　　　AND 债券价格下跌，CF＝100（C）

　　　　THEN 股票价格下跌

对于这种形式的规则，所有的 IF 必须都为真时，结论才会成立。然而，在某些情况下，关于将要发生什么存在不确定性。因此，结论的 CF 是 IF 部分的 CF 的最小值：

$$CF(A,B,C) = \min[CF(A), CF(B), CF(C)]$$

因此，在这个案例中，股票价格下跌的 CF 值为 50%。也就是说，这个链条的坚固程度取决于它最薄弱的地方。

现在来看使用 OR 运算符的规则：

　　　　IF 通货膨胀率低，CF＝70%

　　　　OR 债券价格高，CF＝85

　　　　THEN 股票价格将是高的

在这个案例中，只要有一个 IF 为真，则结论成立。因此，如果两个 IF 都被认为为真，则结论的 CF 会是两个 CF 中的最大值：

$$CF(A \text{ or } B) = \max[CF(A), CF(B)]$$

在我们的案例中，股票价格将提高的 CF 值是 85。

组合两个或多个规则 为什么规则能被组合？有几种方法可以实现同样的目标，在既定的事实中，每个都有不同的确定性因子。当我们有一个知识库系统时，系统中有一些存在内在联系的规则，每个规则都能得到相同的结论，但有不同的确定性因子。每个规则可以被视为支持共同结论的证据。为了计算结论的确定性因子，有必要组合这些证据。例如，让我们假设有两个规则：

R1：IF 通货膨胀率低于 5%，THEN 股票市场价格上涨（CF＝0.7）。

R2：IF 失业率水平低于 7%，THEN 股票市场价格上涨（CF＝0.6）。

现在让我们假设下一年的预测值，通货膨胀率将是 4%，失业率为 6.5%（即，我们假设两个规则的前提为真）。计算组合效应的结果是：

$$CF(R1,R2)=CF(R1)+CF(R2)\times[1-CF(R1)]$$
$$=CF(R1)+CF(R2)-[CF(R1)\times CF(R2)]$$

在这个例子中，CF(R1)＝0.7，CF(R2)＝0.6，则

$$CF(R1,R2)=0.7+0.6-(0.7\times0.6)=0.88$$

如果我们加入第三个规则，可以用下面的公式：

$$CF(R1,R2,R3)=CF(R1,R2)+CF(R3)\times[1-CF(R1,R2)]$$
$$=CF(R1,R2)+CF(R3)-[CF(R1,R2)\times CF(R3)]$$

在这个例子中，

R3：IF 债券价格上涨，THEN 股票价格上涨（CF＝0.85）。

$$CF(R1,R2,R3)=0.88+0.85-(0.88)\times(0.85)=0.982$$

注意，CF(R1，R2) 之前的计算结果是 0.88。对于有更多规则的情况，我们也能运用这样的公式。

解释和说明

专家系统最重要的特征是用户之间的互动性以及用户通过系统提供由推理因素组成的说明的能力。当专家应用这种系统时，这些特征提供了一种评估系统内在性能的方法。两个最基本的说明类型是：为什么是这样的情况和如何出现这种情况。元知识是一种关于知识的知识。它是一种系统内在架构，应用知识解决问题。这一应用在专家系统中处理不同的函数以生成相关说明。

经常会有人向人类专家询问他们的观点、建议或决定。如果专家系统模仿人类完成一些高度专业化的工作，它们也需要说明和解释它们的行动。例如，一个专家系统试图去证实它的推理、建议或其他行动（如，问一个问题）。专家系统提供解释的这部分被称为"解释机"。解释机有以下一些功能：

- 使系统对于用户而言是可理解的。
- 揭示规则和知识基础的缺点（即知识工程师对系统的纠错）。
- 解释用户未预料的情况。
- 通过使用户对专家系统的行为更加放心来满足心理和社会需要。
- 向用户和构建者证实基于系统运行的假设。

● 进行灵敏度分析。（将解释机作为向导，用户能预测和测试改变对系统的影响。）

基于规则的专家系统中的解释通常与一种在解决问题的会话过程中追踪规则的方法联系在一起。考虑到它们的知识通常仅作为规则展示，这些规则并不包括一个人类式的解释中所需的基本原理，这是当前的系统能实现的最真实的解释。尽管许多解释已经被提出，但接下来我们会对两个最普通的类型——"为什么"和"如何"进行简短的描述。

关于为什么的解释　　在计算机要求用户提供一些信息之后，用户向计算机提出典型的"为什么"的问题。例如，在前面提到的投资的例子中，我们可能有以下对话：

计算机：你的年收入是多少？

客户：为什么？（为什么你需要知道？）

计算机：R2。其含义是："在验证 R2 时，我需要知道你的收入是否高于 40 000 美元。如果为真，我将得出结论：因为你有大学学历，你应该投资成长型股票。"

关于如何的解释　　当用户想知道一个结论或建议是如何得出的时，他会提出一个典型的"如何"的问题。简单的系统只能得出最终的结论。更复杂的系统能处理中间结论。系统能解释为什么一些规则被使用，即它显示了一系列被用于得出结论的规则。在投资问题中，关于如何的解释可以如下所示：

计算机：投资 IBM 的股票。

客户：如何？（结论是如何得出的？）

计算机：R5—R3—R7—R4。其含义是："考虑到你有 10 000 美元用于投资，你的年龄不超过 30 岁，根据 R4，你有大学学历。如果为真，根据 R1，你应该投资保险。对于像你这样年轻的投资者，根据 R3，你应该投资成长型股票。最后根据 R5，如果你需要投资成长型股票，那么 IBM 是你最好的赌注。"

关于为什么和如何的解释通常用规则来展示，而不是用自然语言。然而，一些系统有能力用自然语言展示这些规则。

12.6　思考与回顾

1. 举出两个能展示修理汽车的知识的产生式规则。
2. 描述专家系统是如何进行推理的。
3. 描述前向链和反向链的推理步骤。
4. 列出三个在专家系统中处理不确定性的流行的方法。
5. 为什么我们需要在专家系统的解决方法中考虑不确定性？
6. 专家系统证实它们的知识的方法是什么？

12.7　适合专家系统的问题域

专家系统能用几种方法进行分类。一种方法是通过它们处理的一般问题域。例如，诊断可以被定义为"通过观察来推断系统故障"。诊断是一类在医疗、组织研究、计算机运行中执行的活动。专家系统的分类列举在表 12—5 中。一些专家系统属于两个或两个以上的类型。每一类型的简短描述如下：

● 解释系统。系统通过观察对情况描述做出推断。这类系统包括监视、演讲理解、图形分析、信号解释和多种智能分析。一个解释系统通过指定它们描述情况的象征性的意义来解释观察的数据。

- 预测系统。这类系统包括天气预报、地理预测、经济前瞻、交通预测、农业产量估计以及军事、营销和金融预测。

- 诊断系统。这类系统包括医疗、电子、机械和软件诊断。诊断系统一般将观察到的行为的不规则与基本病因联系起来。

- 设计系统。这类系统能实现物体的配置以满足设计问题的约束。这些问题包括电路设计、建筑设计和车间布置。设计系统用各种关系构造物体的描述，证实这些配置符合规定的约束。

- 计划系统。这类系统专门用于计划问题，例如自动程序设计。它们也能处理项目管理、路径、交流、产品开发、军事应用和金融计划等领域的短期和长期计划。

- 监督系统。这类系统将系统行为的观察与对于成功实现目标而言所必需的标准进行比较。这些重要的功能可以对计划中潜在的问题做出响应。有许多计算机辅助的监督系统被用于从空中交通控制到财政管理工作的各个领域。

- 纠错系统。这类系统依赖于创建参数或提出建议来纠正一个诊断出的问题的计划、设计和预测方面的能力。

- 修复系统。这类系统开发和运行计划以完成对一些诊断问题的修复工作。这类系统具有修复、计划和运行能力。

- 指导系统。这类系统包括诊断和纠错子系统，能够用于处理学生需要。这类系统从构建一个能够解释学生行为的知识的假设性描述入手，诊断学生知识中的不足，证实克服缺陷所需的合适的修复。最终它们规划了一个教程交互活动，旨在把修复知识传递给学生。

- 控制系统。这类系统能够适应性地控制一个系统的总体行为。为了实现这个目标，一个控制系统必须重复地解释当前的情况，预测未来，诊断预计问题的原因，形成一个修复计划并且监督它的执行以确保成功。

并非所有的属于这些类系统的任务都适用专家系统。然而，确实有多种决策属于这些类型。

表 12—5 专家系统的一般分类

类型	问题处理
解释系统	通过观察来推断情况描述
预测系统	推断既定情形的可能结果
诊断系统	通过观察来推断系统的问题
设计系统	基于约束配置物体
计划系统	制定计划以实现目标
监督系统	将观察结果与标记异常进行比较
纠错系统	为问题制定修复方法
修复系统	执行计划以进行修复
指导系统	诊断、纠错和纠正学生的表现
控制系统	解释、预测、修复和监督系统行为

12.7 思考与回顾

1. 对一项用于预测的样本专家系统应用进行描述。
2. 对一项用于诊断的样本专家系统应用进行描述。
3. 对一项用于其他目的的样本专家系统应用进行描述。

12.8 专家系统的开发

专家系统的开发是一个漫长的过程，一般包括界定问题的性质和范围，确定合适的专家，获取知识，选择构建工具，系统编码以及系统测评。

界定问题的性质和范围

开发专家系统的第一步是确定问题的性质、界定它的范围。专家系统可能并不适合应用于某些领域。例如，一个能用数学优化算法解决的问题通常不适合使用专家系统。一般在问题是定性的，知识是显性的，专家能有效地解决问题和提供知识的情况下，基于规则的专家系统是合适的。

另一个重要的因素是界定一个合适的范围。当前的技术仍是有限的，只能解决相对简单的问题。所以问题的范围应该是明确的、狭窄的。例如，开发一个专家系统来发现异常交易和洗黑钱是可能的，但用一个专家系统确定一个特定的交易是否违法是不可能的。

确定合适的专家

在问题的性质和范围被清晰地界定后，下一步是找到合适的、知识丰富且愿意帮助开发知识库的专家。没有富有知识、能提供帮助的专家的大力支持，专家系统是无法设计的。一个项目可以确定一个专家或一群专家。一个合适的专家应该对解决问题所需的知识、专家系统的角色和决策支持技术以及好的交流技能有全面的理解。

获取知识

在确定了可提供帮助的专家之后，就可以从他们那里获取决策知识。引出知识的过程叫做知识工程。和专家进行交互以记录知识的人员叫做知识工程师。

知识获取是一个耗时、有风险的过程。专家可能因为各种原因不愿意提供他们的知识。第一，他们的知识可能是专有的、有价值的。在没有合理报酬的情况下，专家可能不愿意分享他们的知识。第二，即使有专家愿意分享，一些知识也可能是隐性的，专家可能没有能力清楚地口述决策规则和思考过程。第三，专家可能很忙而没有足够的时间和知识工程师交流。第四，一些知识可能在本质上就是混淆的、矛盾的。第五，知识工程师也可能误解专家的意思，错误地记录知识。

知识获取的结果是能用不同的形式呈现的知识库。最流行的规则是"if-then"规则。知识也可以用决策树或决策表来展现。知识库中的知识必须经过一致性和适用性测评。

选择构建工具

在知识库构建完成之后，下一步是选择合适的工具来执行系统。有以下三种开发工具。

通用的开发环境 第一种工具是通用计算机语言，例如 C＋＋、Prolog 和 LISP。大多数计算机编程语言支持 if-then 语句。所以，能够用 C＋＋为一个特定的问题域开发一个专家系统（如疾病诊断系统）。由于这些编程语言没有嵌入的推断能力，因此以这种方式使用它们是非常费时费力的。Prolog 和 LISP 是开发智能系统的两种语言。它们比 C＋＋更容易使用，但它们只为专业的编程者而设计，并不友好。而对于基于网络的应用，支持网页服务的 Java 和计算机语言（如微软的 .NET 平台）也是有用的。

专家系统壳 第二种开发工具——**专家系统壳**（expert system shell）是专门为专家系统开发而设计的。一个专家系统壳有嵌入的推断能力和一个用户接口，但知识库是空的。所以，系统开发是一个用从专家处获取的规则来填补知识库的过程。

一个流行的专家系统壳是 Exsys 开发的 Corvid 系统。这个系统是一个以目标为导向的开发平台，由变量、逻辑块、命令块三类组成。变量定义了在问题解决中考虑的主要因素。逻辑块是从专家处获取的决策规则。命令块决定系统如何和用户交互，包括执行命令和用户接口。图 12—8 展示了一个逻辑块的屏幕截图，逻辑块上显示了决策规则。有更多的产品可以从商业规则管理经销商处获得，例如 Haley（haley. com）、ILOG（ilog. com），以及 LPA 的 VisiRule（lpa. co. uk/vsr. htm）——它是基于 Micro-Prolog 的一个通用工具。

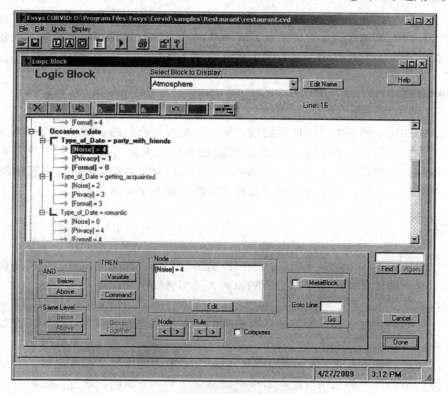

图 12—8 Corvid 专家系统壳的屏幕截图

资料来源：Courtesy of Exsys Inc. Reprinted with permission。

定制的全套项目解决方案 第三种工具是定制的全套项目工具，它是为一个特定的领域定制的，能很快地适应一个相似的应用。基本上，一个定制的全套项目工具会包括开发特定领域应用所需的功能。这个工具必须通过定制用户界面或系统的较小部分满足一个组织的独特需要，来调整或修改基本系统。例如，Haley 和 ILOG 都能为保险、医疗、日程安排和国土安全应用提供各种特制的解决方案。

　　选择一个专家系统开发工具　　在这些专家系统开发工具中进行选择依赖于一些标准。第一，你需要考虑成本效益。定制的全套项目解决方案是成本最高的选择。然而，你需要考虑总成本，而不仅仅是工具的成本。第二，你需要考虑工具的技术功能性和灵活性。即，你需要决定工具能否提供你需要的功能以及它是否容易使开发团队做一些必要的改变。第三，你需要用组织现有的信息基础架构考虑工具的兼容性。大多组织有许多现有的应用，工具必须能和这些应用兼容，也应能被整合为完整的信息基础架构的一部分。第四，你需要考虑工具的可信赖性和供应商的支持。供应商在相似领域的经验和培训项目对于专家系统项目的成功是很关键的。

系统编码

　　在选择了一个合适的工具之后，开发团队要专注于基于工具的语法要求编码知识。在这个阶段主要考虑编码的过程是否有效，是否有适当的管理以避免错误。拥有技术水平高的编程人员是关键。

系统测评

　　在一个专家系统构建完成后，必须进行测评。测评包括验证和确认。验证确保得到的知识库包含从专家处获取的相同的知识，换句话说，验证确保在编程阶段没有发生错误。确认确保系统能正确地解决问题，换句话说，确认是核实从专家处获取的知识能否有效地解决问题。

12.8　思考与回顾

1. 描述开发基于规则的专家系统的主要步骤。
2. 一个好的专家的必要条件是什么？
3. 比较开发专家系统的三种不同类型的工具。
4. 列举选择一个开发工具的标准。
5. 专家系统的验证和确认有什么不同？

12.9　专家系统的好处、局限和关键成功因素

　　当前成百上千的专家系统在几乎每个行业和每个职能范围中得到使用。例如，Eom（1996）对大约 440 家企业中运作的专家系统做了综合性的调查。调查揭示了许多专家系统产生的意义深远的影响：将工作的时间由几天缩短为几小时、几分钟甚至几秒，并且带来了不可计量的好处，包括顾客满意度的提高、产品和服务质量的提高以及精确和

一致的决策制定。专家系统在金融和工程上的应用在 Nedovic and Devedzic（2002）和 Nurminen et al.（2003）中得到了描述。对许多公司而言，专家系统已经成为有效管理不可缺少的工具。但专家系统的应用也有局限。在本节，我们对这一技术的好处和局限进行概述。

专家系统的好处和局限

专家系统的使用能带来一些好处，但同时也会产生一些局限。

专家系统的好处 具体包括：

● 增加产出和提高生产率。专家系统能比人类工作得更快。例如，经典的 XCON 能使 Digital Equipment 公司普遍采用的 VAX 微型计算机处理的指令增加了 4 倍。

● 减少决策制定用时。采纳专家系统的建议，人们可以更快地做出决策。例如美国快递（American Express）在使用专家系统之前做出费用审批决策需要 3 分钟，现在只需要 5 秒钟。这一特点对于一线的决策制定者是重要的，因为他们在和客户打交道的过程中必须快速地做出决策。

● 改善过程和产品质量。专家系统能通过提供一致的建议，降低错误的大小和频率来改善质量。例如，XCON 使处理计算机指令的错误频率从 35％ 下降到 2％，甚至更低。由此提高了微型计算机的质量。

● 缩短停工期。许多运行的专家系统被用于诊断故障和处理修复。通过使用专家系统，能够明显地缩短机器的停工期。例如，一个油田的钻探设备停工一天的代价为 250 000 美元。一个名为钻井建议师的系统被开发用于检查油田钻探设备存在的问题。这个系统通过明显地缩短停工期为公司节省了可观的费用。

● 获取稀缺的专家技能。在没有足够专家的情况下，比如专家将退休或离开岗位，或要在一个广阔的地理区域内获取专家技能，往往出现专家技能的稀缺。使用专家系统能改变这一状况。例如，超过 30％ 的授权请求通过 eCare 自动批准，使 CIGNA Behavioral Health 公司依靠现有的员工能处理更多的请求。

● 具有灵活性。专家系统在服务业和制造业都能提供灵活性。

● 更容易地运营设备。一个专家系统能使复杂的设备更容易地运转。例如，Steamer 是一个早期的用于训练缺乏经验的工人操作复杂的轮船引擎的专家系统。另一个例子是为壳牌石油公司开发的一个专家系统用于训练人们使用复杂的计算机调试程序。

● 减少对昂贵设备的需要。通常，人们必须依靠昂贵的设备来进行监督和控制。专家系统能用费用更低的设备来执行同样的任务，因为它们能够研究那些更全面、更快得到的信息。

● 能在危险的环境中运行。许多任务需要人们在危险的环境中工作，专家系统可让人们避开这样的环境。它们能使工人避开热、潮湿或有毒的环境，例如一个出现故障的核电站。这个特点在军事战争中是非常重要的。

● 可获得知识和咨询台。专家系统使知识是可获取的，从而能让专家从例行的工作中解脱出来。人们能咨询系统并获得有用的建议。一个应用领域是咨询台的支持，例如 BMC Remedy 公司提供的 HelpDeskIQ 系统。

● 能在信息不完整或不明确的情况下工作。与传统的计算机系统相比，专家系统能像人类专家那样在数据、信息或知识不完整、不准确和含糊的情况下工作。在咨询过程中，用户可能对一个或更多的系统问题回复"不知道"或"不确定"。专家系统能提供一个答案，尽管这可能不是一个确定的答案。

● 提供培训。专家系统能提供培训。新手使用专家系统工作会变得越来越有经验。一个解释设备也能作为一个教学设备，因为解释和记录也会嵌入知识库。

● 提高问题解决和决策制定能力。专家系统通过允许将高端的专家判断整合到分析中来促进问题的解决。例如，一个名为统计导航器的专家系统被开发用来帮助新手使用复杂的统计电脑包。

● 改进决策制定过程。专家系统对决策结果提供快速的反馈，促进一个团队中的决策者的交流，并且能对环境中无法预料的变化做出快速的反应，从而有利于对决策制定情况有更好的理解。

● 提高决策质量。专家系统是可信赖的。它们不会感到疲劳或厌烦，不会打电话请病假或罢工，也不会向上司顶嘴。专家系统也能持续地关注所有的细节，不会忽视相关的信息和潜在的解决方案，所以会犯更少的错误。此外，专家系统对重复的问题会提供相同的建议。

● 能解决复杂的问题。专家系统可以解释复杂的问题，它的解决方案已经超出了人类的能力。一些专家系统已经能够解决一些问题，这些问题需要的知识的范围超出了任何一个人所拥有的知识。这使决策者能控制复杂的条件，改进复杂系统的运行。

● 知识能向远处传播。专家系统最有潜力的优势是它能很容易地在全球范围内传播。一个例子是罗格斯大学（Rutgers University）和世界健康组织（World Health Organization）合作开发的用于诊断和治疗的眼部治理专家系统。这个项目已经在埃及和阿尔及利亚实施，这些地方有很多严重的眼部疾患者，但缺少眼科专家。PC 项目是基于规则的，能由护士、助理医师或一个普通的从业者操作。网络被广泛地用于向远处的用户传播信息。例如，美国政府把关于安全和其他主题的咨询系统放在它的网站上。

● 改进其他信息系统。专家系统经常会向其他信息系统提供智力能力。许多这样的好处都有利于提高决策制定水平、产品和顾客服务水平，保持战略优势，甚至可以提升一个组织的形象。

专家系统的问题和局限　专家系统的方法可能不是直接适用的和有效的，甚至在通用类型上应用。以下问题影响了专家系统的商业应用：

● 知识并不总是容易利用的。

● 从人类中提取专家技能可能是困难的。

● 每一位专家对形势的评估方法可能是不同的，然而他们可能都是正确的。

● 即使是一位技能高超的专家，也很难在时间压力下做出好的形势评估。

● 专家系统的用户有固有的认识局限。

● 专家系统只有在一个窄的知识领域中才能运行良好。

● 大多数专家没有独立的方法来验证它们的结论是否合理。

● 专家使用术语或行话来表达事实和关系，往往令其他人难以理解。

● 得到知识工程师的帮助是必需的，但他们是稀缺人才，成本高，可能使专家系统的构建成本很高。

● 终端用户缺乏信任可能是专家系统的使用的一个障碍。

● 知识转移会遇到大量的感性和批判性的偏见。

● 专家系统可能无法在一些情况下得出结论。例如，对最早充分开发的 XCON 系统来说有大约 2% 的指令是无法完成的。必须由人类专家介入来解决这些问题。

● 专家系统像人类专家，有时会提出不正确的建议。

网络是专家系统的主要促进者，可以克服部分局限。网络可以将专家系统传播给大众的能力使专家系统变得更具价值，从而使更多的钱被用在更好的系统上。

Gill（1995）发现在所有的商业专家系统中，只有大约 1/3 的系统在经历 5 年的周期后依然幸存。这么多系统短命不能归因于未能满足技术性能或经济目标，而是因为管理方面的问题——例如系统不被用户接受、不能够保留开发者、由开发转向维护存在问题和组织优先权发生变化等——似乎是最明显的导致专家系统长期不被使用的原因。对于专家系统开发和调整的恰当管理能解决实际中许多这样的问题。

这些局限清楚地表明，一些专家系统缺乏普遍的智能的人类行为。尽管最近没有后续的研究，但信息技术的快速进步能减小失败的可能性，并且一些局限将随技术的改进而逐渐减弱或消失。

专家系统的关键成功因素

- 一些研究者已经调查了专家系统在实践中成功和失败的原因。例如，许多研究已经显示，管理水平和用户参与直接影响管理信息系统（特别是专家系统）的成功水平，然而，仅有这些因素不能充分地确保成功，以下问题也应该被考虑：
- 知识的水平必须是足够高的。
- 专家技能必须可以从至少一个合作的专家那里获得。
- 待解决的问题必须是定性的（模糊的），不纯粹是定量的（否则，数值方法可以使用）。
- 问题的范围必须是足够窄的。
- 专家系统壳的特点很重要。壳必须有高的质量，能够自然地存储和处理知识。
- 用户接口对于新手用户必须是友好的。
- 问题必须是重要的、有足够难度的，以保证专家系统的开发（但它不必是一个核心功能）。
- 有掌握技能的知识系统开发者。
- 专家系统作为改进终端用户工作的途径的影响必须被考虑。
- 影响应该是良好的。终端用户的态度和期望必须被考虑。
- 管理上的支持必须被培养。
- 终端用户的培训项目是必要的。
- 组织环境应能支持新技术的应用。
- 应用必须得到很好的定义并且是结构化的，也应该被战略影响指标证明是合法的。

试图引进专家系统技术的管理者应该建立终端用户的培训项目，证明它作为一个商业工具的潜力。作为管理支持工作的一部分，组织环境应该支持新的技术应用。

12.9　思考与回顾

1. 描述使用专家系统的主要好处。
2. 描述专家系统的一些局限。
3. 描述专家系统的关键成功因素。

12.10　网络上的专家系统

专家系统、互联网和内联网的关系可以分为两类。第一类是网络上的专家系统使用。在这种情况下，网络支持专家系统应用（和其他的人工智能）。第二类是专家系统（和其他人工智能方法）给予网络的支持。

开发专家系统最初的原因是它向大量的用户提供知识和建议的潜能。因为网络能够将知识传播给许多人，每个用户的成本变得很小，使得专家系统很有吸引力。然而，根据Eriksson（1996）的观点，实现这个目标被证明是非常难的。因为建议系统使用得并不频繁，它们需要大量的用户去证明它们的构建是合理的。结果，很少的专家系统会将知识传播给很多用户。

广泛传播的可利用性和互联网、内联网的使用提供了将专业技能和知识传播给大量用户的机会。通过将专家系统（和其他智能系统）作为知识服务器，把专家技能发布到网站上是经济上可行、可获利的。服务器上的专家系统支持用户通过网络和系统进行交流。在这种方式下，用户接口是基于网络协议的，浏览器的使用提供了通向知识服务器的接口。Eriksson（1996）描述了这种实施方法。如果访问 Exsys 网站（exsys. com），你可以试试Banner with Brains，它把专家系统能力整合到一则网络广告上。另一个例子是德国学者开发的基于规则的智能的在线对话系统。Gensym（gensym. com）提供了一个名为 G2 的实施支持工具，该工具已经在许多关键领域（如，医疗、石油、天然气和流程制造）中使用。

专家系统不仅能通过网络传播给人类用户，而且可传递给其他电脑化的系统，包括决策支持系统、机器人和数据库。其他专家系统网站支持系统构建，基于互联网的组件能促进架构师、专家和知识工程师之间的合作。这样能降低构建专家系统的成本。知识获取成本也能降低，例如在专家和知识工程师位于不同地点的情况下。知识的维护也能促进互联网的使用，这对于用户而言也是很有帮助的。

最后，网络能很好地支持基于多媒体的专家系统的传播。例如，智能媒体系统这样的系统能广泛地支持多媒体应用和专家系统的整合。这样的系统对远方的用户是很有帮助的，例如那些从事旅游业和在异地诊断设备故障的用户。

专家系统和互联网之间的关系还体现在专家系统和其他人工智能技术能给互联网和内联网提供支持。人工智能对互联网和内联网的主要贡献总结在表 12—6 中。

表 12—6　　　　　　　　　　　　　　　　人工智能/专家系统和网站的影响

方面	来自网站的影响	对网站的影响
知识获取	不同地域的专家能通过互联网合作	网站运营和活动的知识能获取、分享和使用
	知识获取能在不同时区完成，以适应不同专家的时间安排	
	来自不同专家的知识能在互联网上分享，以激发讨论，促进提高	

续前表

方面	来自网站的影响	对网站的影响
专家系统开发	地域分散的团队进行专家系统的合作设计是可能的	专家系统能设计用来支持网站活动、自动服务和更好的性能
	设计工作的外包是可行的	
	专家系统的评价能在很远的地方完成	
	网站为简单的系统整合提供一个集合的多媒体用户接口	
	网站服务为设计专家系统提供一个改进的平台	
专家系统咨询	远处的用户能用系统解决问题	专家系统能应用于网页浏览和监控
	专家技能可以很容易地传播给一大群用户	

有关专家系统、智能代理和其他人工智能与互联网之间关系的信息能很容易地通过互联网获取。例如，*PC AI* 杂志的网站（pcai.com）和美国人工智能协会（aaai.org）提供了有关网站的链接。马里兰大学巴尔的摩分校（agents.umbc.edu）提供了智能代理资源的集合。在未来，互联网上的更多应用将是可获取的，特别是那些提供自动决策制定和实时决策支持的应用。

12.10　思考与回顾

1. 在网站上配置专家系统的优势是什么？
2. 专家系统如何帮助决策者使用网络来寻找相关的信息？
3. 访问 exsys.com，运行两个演示系统。描述每个系统。

第 13 章

高级智能系统

学习目标

1. 理解机器学习的概念。
2. 了解基于案例推理的系统的概念和应用。
3. 了解遗传算法的概念和应用。
4. 了解模糊逻辑及其在智能系统设计中的应用。
5. 理解支持向量机的概念及其在高级智能系统开发中的应用。
6. 理解智能软件代理的概念及其在高级智能系统开发中的应用、功能和局限性。
7. 探索集成智能支持系统。

除了基于规则的专家系统，就设计智能信息系统而言，还有几项高级技术是可行的，包括基于案例推理的系统、遗传算法、模糊逻辑和模糊推理系统、支持向量机以及智能代理等。基于案例推理的系统包括一个大型的关于历史案例的资料库，它代表了独特的以往经验。遗传算法则通过模仿自然进化的过程，来找到复杂问题的解决方案。模糊逻辑（以及模糊推理系统）将符号推理和数学计算连接起来，用以改善在不确定性问题解决方面的决策表现。支持向量机正逐渐成为对于复杂的现实问题而言更为普及的预测系统。对于分布在网络上的下一代智能信息系统而言，智能软件代理是关键的使能技术。本章将描述这些先进技术的概念及其应用。

开篇案例

机器学习帮助开发一种自动的阅读辅导工具

读写是一种用于识别、了解、解释、创造有着不同内容的印刷材料并与之交流的能力。联合国把读写能力作为一种人权，它指出早在 50 多年前的《世界人权声明》

（Universal Declaration of Human Rights）中就已经将之定义为一种基本人权，而读写能力正是接受基础教育的关键性学习工具。然而目前仍不容忽视的是，很大一部分人是文盲，他们既不会阅读，也不会书写。研究人员正在寻找一种创造性的方法，将信息、通信和机器学习技术用于应对世界上存在的与阅读和识字相关的挑战。

问题

为了通过自动化的方法来减少和尽可能消除文盲，我们首先要知道什么可以使阅读变成一个简单且有效的过程。迄今为止，专家们相信指导性的朗读可以很有效地提高对于文章中字词的识别和理解能力。有充分的证据表明，优秀的阅读者和差劲的阅读者之间一个主要的区别在于他们花在阅读上的时间不同。差劲的阅读者不太可能主动地练习阅读。那些需要最多练习的学生真正花在阅读上的时间往往最少。差劲的阅读者总是倾向于一遍又一遍地反复阅读简单的故事。在对阅读有了基本的了解之后，来自卡耐基梅隆大学的研究人员利用多种机器学习技术来开发自动化的阅读辅导工具。

解决方案

这个名为"LISTEN"（Literacy Innovation that Speech Technology Enables）的计划是卡耐基梅隆大学机器学习部的一项跨学科的研究工作，目的是开发出一种新的工具来改善使用者的读写能力，比如可以在电脑屏幕上显示一个故事并能听孩子们大声朗读这个故事的自动化阅读辅导"教师"。为了能在辅助阅读的过程中提供一种愉快、真实的体验，阅读辅导工具让孩子们从一个包含很多十分有趣的故事的菜单中选择他们喜欢的故事，这些故事来自 Weekly Reader 和其他地方，也包括读者自己所写的故事。阅读辅导工具采用卡耐基梅隆大学的 Spinx-II 语音识别器来分析读者的朗读能力。当读者犯错、卡住、点击寻求帮助或者很有可能遇到了困难时，

阅读辅导工具就会介入。阅读辅导工具通过采用一种交互式的过程来给读者提供合适的帮助，这种过程是模仿专业的阅读教师设计的，同时根据计算机的局限性和功能进行了调整。

成果

尽管阅读辅导工具还不是一个商业性的产品，但是作为研究的一部分内容，已经有数百个孩子正在使用它，以检验它的有效性。数千个小时的使用过程记录了在多个层次上的详细信息，包括数百万单词的大声朗读，这些信息为先进的机器学习方法的改善以及它们在教育方面的应用提供了独特的机会。

基于语音识别和计算机指导的朗读工具已经显示出它的可用性和辅助的有效性，并为使用者所接受。在持续几个月的控制研究中发现，即使每天只使用短短的20分钟，后续版本的阅读辅导工具也能够让使用者的理解能力的提升远远高于目前传统的介入性练习所能达到的水平。为了确保研究结果是由阅读辅导工具的介入而产生的，研究人员对比了在同样的教室里采用不同疗法时的效果，并对这些疗法进行随机分配，根据预测试的分数对班内学生进行分层。他们计算出成效的大小作为阅读辅导工具组和当前练习方法组在收获上的差异，除以两个组收获上的平均标准差。与其他研究相比，段落理解的成效更大。

为什么阅读辅导工具可以提高理解能力？理论上讲，那些可以毫不费力地识别单词的学生可以把更多的注意力放到文章的理解上，同时在早期教育的几年里，朗读的速度和阅读理解之间存在很强的联系。在单词识别成为一种精神上的习惯性过程之前，它会给人们的认知造成负载并消耗有限的精神资源（如注意力和短期记忆力），而这些精神资源又是理解句子以及它们和上下文关系所必需的。类似于阅读教师的自动化工具通过解决这些理论上的问题来提高阅读效率。

综合运用各种机器学习技术，例如语音识别、自然语言处理、专家知识表达等，同时再配上一个推理引擎，LISTEN 项目展示了这些尖端信息技术可以做什么。目前 LISTEN 计划组正将阅读辅导工具带到非洲的发展中国家，测试它在更大范围内的生存能力，同时帮助改善全球的读写能力水平。LISTEN 项目的基础性研究一直由 NSF（附属于 IERI 和 ITR 计划）提供支持，目前则是由美国教育部的教育科学研究所和亨氏捐赠计划提供支持。

思考题

1. 读写能力指的是什么？为什么它在全球具有重要性？

2. 信息系统是怎样帮助消除文盲的？

3. 什么类型的机器学习技术能够被用于改善阅读技巧？

4. 你认为一个阅读专家的特性中，哪些是类似于阅读辅导这种自动化电脑工具应该体现出来的？

我们可以从中学到什么

机器学习是先进技术的一种集合，这些先进技术通常都被用于解决复杂的现实问题。本案例展示了机器学习技术可以被用于开发自动化阅读辅导工具来消除文盲。具体而言，就是 LISTEN 计划利用语音识别、自然语言处理、专家知识表达等技术和推理引擎创造了一个自动化教师工具，该工具的运行过程模拟的是在专业的阅读教师指导下的理想学习过程。事实上，测试证明这个自动化阅读辅导工具很符合要求，并且常常在效率和效用上超过传统的介入技术。

资料来源：A. Mills-Tettey, J. Mostow, M. B. Dias, T. M. Sweet, S. M. Belousov, M. F. Dias, and H. Gong, "Improving Child Literacy in Africa: Experiments with an Automated Reading Tutor," *Third IEEE/ACM International Conference on Information and Communication Technologies and Development* (ICTD2009), April 17—19, 2009, pp. 129~138; and "Educational Data Mining of Students' Interactions with a Reading Tutor That Listens at Carnegie Mellon University," cs. cmu. edu/~listen/ (accessed June 2009).

13. 1 机器学习技术

机器学习技术能够让计算机从反映历史事件的数据中获取知识。它通过利用自动化的学习过程克服了手工获取知识的不足。

机器学习的概念和定义

试图通过发现知识来解决问题的方法已经经历了好几代的研究，相关研究开始很久之后才迎来计算机时代。这些研发中一些比较有代表性的例子有：统计模型，例如回归和预测；管理科学模型，例如那些用来确定库存等级和分配资源的模型；财务模型，例如那些确定是自制还是外购的模型以及设备更新的方法。可惜的是，这些方法常常会受限于可量化的、著名的因素。当问题很复杂并且同时涉及定量和定性的因素时，标准模型就无法解决；另外，还必须提供更深层次的、更丰富的知识。

很多机构都采用神经网络来为复杂的决策提供支持。神经网络（参见第 6 章）能够识别出一些模式，由此可以形成推荐的行动过程。因为这些神经网络是通过从过去的经验中学习来提升自己的性能的，所以它们也是机器学习技术家族的成员。**机器学习**（machine learning）是人工智能技术中的一个学科，它主要关注的是设计和开发能够让计算机根据历史数据进行学习的算法。机器学习在很多方面都与在第 11 章中介绍的传统知识获取方法不同。从人类专家处直接获取知识往往会遇到诸如专家不愿意或者不能提供准确的知识之类的问题的困扰，机器学习则试图通过从历史案例和决策中归纳出专家的知识。换句话说，系统中的学习模块能够从组织的数据库里有效的历史数据中识别出让人感兴趣的模式，而不是直接让专家清楚地表述他们所拥有的知识。

尽管机器学习被认为是人工智能的一部分，但它和很多其他领域的学科有着非常紧密的联系，例如统计学、概率论、管理科学、模式识别、自适应控制和理论计算机科学等。

学　习

学习是一个自我提升的过程，是智能行为的一个很重要的特征。我们必须知道，学习是人工智能（和机器学习）中很重要的一部分，因为它是对构成智能知识库的基本规则进行调查的过程。机器学习本质上是为了提供拥有自我扩展能力的智能管理支持系统。

人类的学习过程是由很多种复杂的认知过程组合而成的，包括归纳、推理、类比以及其他与观察和分析不同情形相关的特殊过程。机器学习的方法与人类学习的方法十分相似，这很大程度上是由于机器学习是模仿人类学习的过程（就目前我们所知道的）而设计的。下面是关于学习是怎样关联到智能系统的有关言论：

● 自动学习系统展示了很多有趣的学习行为，其中的一些（如象棋和跳棋程序）确实已经可以与人类专家的表现相媲美。

● 尽管人工智能在某些时候已经可以与人类学习能力相匹敌，但是它还无法像人类学得那样好，也无法用和人类一样的方式来学习（如，跳棋程序的学习就和人类的学习方式有很大的不同）。

● 尽管某些自动化系统可以处理一些从未遇到过的事件，但这并不意味着机器学习能够真正地以创造性的方式应用。模拟创造力是当前人工智能领域一个很热门的话题。

● 自动学习系统并不固定于任何正式的基础之上，因此，它们的影响并没有被完全了解。很多系统经过了全面的测试，但它们成功或失败的原因仍不清楚。

● 大多数人工智能所采用的学习方法遇到的一个普遍威胁是，处理的是符号信息而不是数值信息。

机器学习方法

机器学习可以分为三大类：有监管学习、无监管学习和强化学习。有监管学习是从一个输出已知的观测集合中归纳出知识的过程。例如，我们可以从历史的贷款评估数据中归纳出一个规则集合。因为关于这些贷款案例的决策是已知的，所以我们可以将归纳模型应用于这些历史案例来测试它的运行效果。

无监管学习则被用于从一个输出未知的数据集合中发现知识。一个典型的应用就是对消费者进行分类，将他们划分为几种拥有不同的特征或者生活方式的群体。在分类之前，我们既不知道可以划分出多少种不同的特征或者生活方式，也不知道哪个消费者有哪一种特殊的特征或者生活方式。

另一种学习方式是**强化学习**（reinforcement learning），这种方式介于有监管学习和无监管学习之间。强化学习并不像前两种方式那么流行，因为它目前还不够成熟，同时它的适用性也因为现实世界中的情形较少而受到限制。强化学习的一个应用例子是：从一系列只给出行动的最终输出结果的实时经验中得知，在每一个阶段里机器人应该执行几个可能行动中的哪一个。它不同于有监管学习，因为并没有历史案例的集合供它进行学习；机器只有在它经历新的情况时才进行学习。它也不同于无监管的学习，因为并没有一种事物的自然分类。这种学习方法在西洋双陆棋、自动搜索机器人和直升机的飞行控制中取得了非常好的应用效果。借用心理学学习理论的术语，含有好结果或者坏结果的信息被称为一种回报或者一种强化，因此这种学习方式被称为强化学习或者尝试和错误学习。图 13—1 展示了机器学习的一种简单分类方法，并在每一个类别下列出了具有代表性的方法。

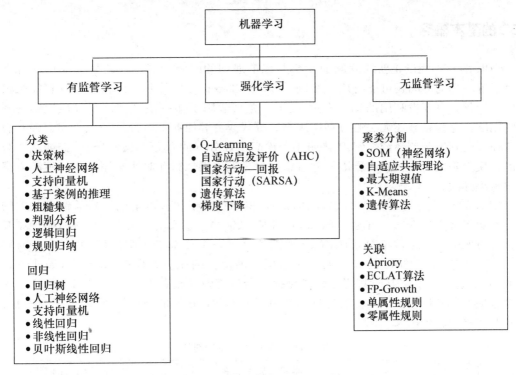

图 13—1　机器学习的简化分类

13.1　思考与回顾

1. 给出机器学习的定义。

2. 什么是学习？

3. 有监管学习和无监管学习的区别是什么？

4. 分别列出有监管学习和无监管学习的几种技术。

5. 列出五种机器学习方法。

13.2　基于案例的推理

机器学习的基本前提是有描述以前的决策经验的资料存在。这些基于经验的记录通常被称为案例。它们要么被作为直接参考来支持未来相似的决策制定，要么被用来归纳出规则或者决策模式。前一个用途被称为**基于案例的推理**（case-based reasoning，CBR）或者**类比推理**（analogical reasoning），借助改造解决旧问题的解决方案来解决新的问题。后一个用途被称为**归纳性学习**（inductive learning），它通过让计算机查阅历史案例来形成规则（或者其他归纳知识的表述），这些规则可以被用于解决新的（有相似性质的）问题，或者被用来自动部署可以重复处理某一个特殊类别问题的决策支持过程（如评估贷款申请）。在本节，我们将描述基于案例的推理的概念及其在智能管理支持系统中的应用。

CBR 的基本概念

CBR 的基本假设是新的问题通常都与以前遇到的问题相似，因此过去成功的解决方案对于解决当前的问题可能有用。案例一般从历史数据库中得到，因此要将现存的组织信息资产转化为可开发利用的知识仓库。CBA 尤其适用于那些还没有被很好地理解的领域中的问题，这些领域还无法通过利用规则、等式或者其他数字、符号公式来建立强有力的基于模型的归纳预测系统。CBR 普遍用于诊断型任务（或者分类型任务），例如从可观察到的性质中确定机器故障的原因，并且根据过去发生类似情况时所采用的成功解决方案来找出解决办法。

CBR 的基础是案例仓库（或者图书馆），里面包含了很多以前的与决策制定相关的案例。要想了解案例仓库，可参见 Shiu and Pal（2004）。事实上，由于经验在人类专家知识中是很重要的一个组成部分，因而 CBR 被认为是一个比基于规则的模型更可信的模型。表 13—1 中给出了 CBR 和基于规则的模型在理论上的比较。根据 Riesbeck and Schank（1989）的观点，事实上人类进行思考时并不会将逻辑（或者推理）作为第一原则，更看重在合适的时间检索正确的信息这样一个过程。因此，核心的问题是当我们需要信息时可以将其正确地识别出来。

表 13—1　　　　　　　　　　　　**CBR 和基于规则的系统的对比**

标准	基于规则的推理	基于案例的推理
知识单元	规则	案例
粒度	合理	粗糙
知识获取单元	规则、层级	案例、层级
解释机制	规则引发的返回	先例
特征输出	答案和置信度	答案和先例
问题间可转移的知识量	若回溯则高；若确定则低	低
检索速度与知识库大小的关系	若回溯则是指数倍的，若确定则是线性的	若索引树平衡则是对数倍的
对应用领域的要求	有领域词汇 推理规则的优秀集合 规则不多或规则按顺序执行 该领域大多服从通用规则	有领域词汇 案例数据集 稳定性（经过验证的好的解决方案仍然是较好的） 对通用规则而言存在许多例外
优势	知识的灵活运用 有可能找到最优解	快速的知识获取 可通过案例进行解释

续前表

标准	基于规则的推理	基于案例的推理
劣势	由于失配规则和问题参数而产生错误解 黑盒答案	次优解决方案 冗余的知识库 计算费用高 较长的开发时间

资料来源：Based on a discussion with Goodman，Cognitive Systems，Inc.，in 1995。

CBR 中案例的概念

　　案例是 CBR 应用中的主要知识元素。它是每一种情况下问题的特征和恰当的行动的结合，这些特征和行动可能会用自然语言或者一种特殊的结构化模式（如对象）表示。

　　Kolodner（1993）根据案例的不同特征和处理方法把案例分为三类，即固化案例、典型案例和故事。**固化案例**（ossified cases）经常出现并且相当规范，通过归纳学习可以将它们概括为规则或者其他知识形式。**典型案例**（paradigmatic cases）含有某些独特的无法被概括的特点，它们需要被存储在一个案例库中并设置索引以供将来参考。**故事**（stories）是一种特别的案例，它包含丰富的内容和具有深刻含义的特殊特点。图 13—2 展示了处理这三种案例的方法。CBR 是为了处理不能被基于规则的推理正确解决的典型案例而特别设计的。

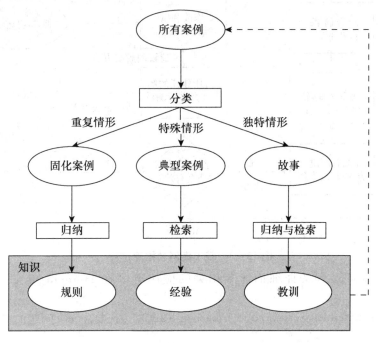

图 13—2　从不同类型的案例中提取知识

CBR 的步骤

　　CBR 可以被看作一个由四个步骤组成的过程：

1. 检索。给出一个目标问题，从过去的案例库中检索出与解决当前问题相关的最相似的案例。

2. 再利用。根据以前的案例制定目标问题的解决方案。重新利用最好的旧的解决方案来解决当前的案例。

3. 修正。找到了与目标问题对应的以前的解决方案之后，在现实世界（或者模拟环境）中测试这个新的解决方案，同时，如果有必要，对案例进行修正。

4. 保留。解决方案成功地适用于目标问题之后，将由此产生的经验作为一个新的案例存储在**案例库**（case library）中。

图 13—3 形象地展现了运用 CBR 的步骤。矩形代表步骤，椭圆形代表知识结构。

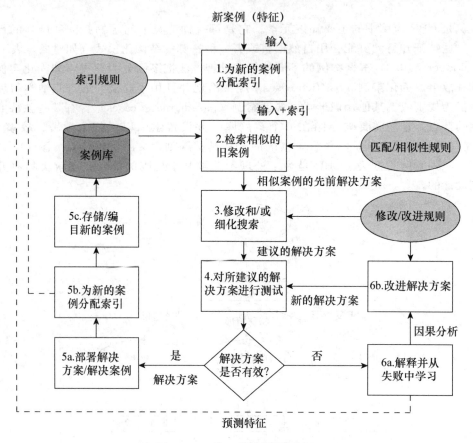

图 13—3　基于案例的推理过程

关于 CBR 推理过程的详细描述和相关的应用可以在 Humphreys et al.（2003）中找到。

你可以在 Hernandez-Serrano and Jonassen（2003）中查看解决问题的案例库。

实例：使用 CBR 进行贷款评估

让我们考虑一个在贷款评估中运用 CBR 的可能的情景。当接收到一个新的案例时，系统建立一个特点集来代表它。假设申请人是一位 40 岁的已婚男士，他在一家中型制造公司拥有一份年收入为 50 000 美元的工作。得到的特点集是［年龄＝40，婚姻状况＝已婚，年收入＝50 000，雇主＝中型，行业＝制造业]。系统到案例库中寻找相似的案例。假设系统找到以下三个相似案例：

约翰＝[年龄＝40，婚姻状况＝已婚，年收入＝50 000，雇主＝中型，行业＝银行]

特德＝[年龄＝40，婚姻状况＝已婚，年收入＝45 000，雇主＝中型，行业＝制造业]

拉里＝[年龄＝40，婚姻状况＝已婚，年收入＝50 000，雇主＝小型，行业＝零售]

如果约翰和特德在偿还贷款的过程中表现良好，拉里由于公司破产而无法偿还，那么系统会推荐同意这个贷款申请，因为和申请人更为相似的两个人约翰和特德（5 个属性中有 4 个一样）能够顺利偿还他们的贷款。拉里则被认为与申请人的相似处较少（5 个属性中只有 3 个一样），因此参考价值更小。

CBR 的好处和适用性

CBR 使学习变得更简单，同时使建议变得更明智。CBR 的很多应用已经实现，例如，Shin and Han（2001）发布了一个 CBR 在企业债券评级中的应用，Hastings et al.（2002）将 CBR 应用于牧场管理，Humphreys et al.（2003）描述了一个将 CBR 用于评估供应商环境管理表现的应用，Park and Han（2002）将 CBR 应用于破产预测，Khan and Hoffmann（2003）介绍了一个不包含人类知识工程师的基于案例的推荐系统的开发情况，Pham and Setchi（2003）运用 CBR 来设计合适的产品手册。

以下是使用 CBR 的好处：

● 知识的获取得到改善。CBR 使得知识获取系统的建立更加容易，维护更加简单，开发和支持的费用也更低。

● 系统开发的用时比手工获取知识的用时更短。

● 存在的数据和知识是杠杆化的。

● 完整的形式化的领域知识（正如规则所需要的那样）并不需要。

● 专家觉得讨论具体的案例（而不是一般的规则）更好。

● 解释原因变得简单。CBR 可以展示一个类似的案例，而不是展示很多规则。

● 可以方便地获取新的案例（即，可自动获取）。

● 可以从成功和失败的案例中学习。

CBR 的问题和应用

CBR 可以单独使用，也可以和其他推理方式结合使用。为了处理诸如案例索引的准确性和系统的适应性等局限性，CBR 系统的几种实现方式都和基于规则的推理结合在一起。

表 13—2 列出了 CBR 在不同领域的应用。关于 CBR 的综合性网站有 ai-cbr.com，它是由德国的凯泽斯劳滕大学（University of Kaiserslautern）运营的，其中包括应用、演示和研究材料。

表 13—2 基于案例的推理应用的分类及相关例子

分类	例子
电子商务	智能产品目录查询，智能客户支持，销售支持

续前表

分类	例子
网络搜索与信息查询	在网络结构中对目录及基于案例的信息进行检索，网络招聘技能解析
计划与控制	解决航空管制方面的矛盾，对酿造业中生物工艺配方的规划
设计	概念性的建筑设计辅助，概念性的机电设备设计辅助，以及大规模整合（very large-scale integration，VLSI）设计
循环利用	对结构设计的计算文档、面向对象的软件以及工程设计助理的循环利用
诊断	对血液中酒精浓度、网络检修、顾客支持以及医学诊断的预测
推理	法律知识的启发式探索，法律领域的推理，以及基于计算机来协调或调解矛盾冲突

设计者必须仔细思考下面这些与基于案例的实现相关的议题和问题：

● 一个案例由哪些要素组成？我们怎样存储案例？

● 自动的案例匹配规则可能非常复杂。

● 应该怎样组织案例？检索规则是什么？

● 结果的质量很大程度上取决于所使用的索引。

● 存储规则在相关信息的检索中是怎样发挥作用的？

● 我们怎样才能高效地搜索到案例（即，知识导航）？

● 我们怎样才能组织（即，集群）案例？

● 我们怎样才能设计案例的分布式存储？

● 我们怎样才能将旧的解决方案应用于新的问题？我们能根据情境的不同，通过简单地改编存储方式来获得高效的查询吗？相似性度量和修改规则是什么？

● 我们怎样才能从原始案例中识别出错误？

● 我们怎样才能从错误中学习？即，我们怎样才能对案例库进行修改和升级？

● 随着领域模型的发展，案例库可能需要扩充，然而领域的很多分析却可能会被推迟。

● 怎样才能将 CBR 与其他知识的表达方式和推理机制整合在一起？

● 存在比我们当前使用的模式匹配模型更好的模型吗？

● 有其他的能够匹配 CBR 方案的检索系统供选择吗？

自 1995 年以来，不断地有证据表明 CBR 在解决实际问题中取得了积极的成效（Lee and Kim，2002；Luu et al.，2003）。

CBR 系统成功的因素

CBR 系统显示出一些独特的性质，如果对这些性质正确地管理和实现，那么它们可以带来系统的成功。Klahr（1997）将以下七个原则描述为 CBR 取得成功的策略：

1. 确定具体的业务目标。每一个软件项目都应该有一个业务重点。CBR 方法在呼叫中心和服务台有很大的应用潜力。

2. 明确你的最终用户和顾客。一个成功的案例库可以直接为最终用户提供支持。案例库（即，知识）必须处于最终用户所处的专家级别，同时也应该为知识更为丰富的最终用户提供捷径。

3. 恰当地设计系统。这包括明确问题的领域和案例库将要提供的信息的类型，以及识别系统和整合的需求。

4. 设计一个持续的知识管理过程。当新的案例出现（即，为防止案例库中出现间隙）或者新的产品或服务推出（即，需要加入新的内容）时，应当及时更新案例库中的知识。

5. 建立可实现的投资收益和衡量指标。制定一个可接受的投资回报标准（例如，5%～13% 是可接受的）和一种衡量它的方法（例如，少打 20 个电话，却能多处理 13% 的用户库；或者处理问题的能力比使用手工系统时高出 4 倍以上）。

6. 设计和执行一个允许客户访问的策略。CBR 的优势在于可以让用户方便地获得它所提供的服务，甚至可以通过网络获得，这样 CBR 就可以全天候地为用户提供服务（例如，Broderbund Software's Gizmo Trapper）。这使用户能够在他们需要的时候获取帮助，也进一步拓展了系统在帮助识别例外情况和更新案例库等方面的应用。这是系统成功的关键部分。

7. 扩大在整个企业中产生和访问知识的范围。知识是提供给用户使用的，就像提供给外部用户一样，知识也可以提供给直接联系外部用户的内部用户。

建立 CBR 的工具

CBR 系统通常在特殊工具的帮助下建立，并且常常需要有经验的顾问提供帮助。表 13—3 列出了一些代表性的工具。

表 13—3 代表性的 CBR 工具

供应商	产品	URL
AcknoSoft	KATE	acknosoft. com
Atlantis Aerospace	SpotLight	ai-cbr. org/tools/spotlight. html
Brightware	ART* Enterprise	firepond. com
Casebank Technologies	SpotLight	casebank. com
Esteem Software	ESTEEM	ai-cbr. org/tools/esteem. html
Inductive Solutions	Casepower	inductive. com
Inference	k-commerce（formerly CBR Express）	inference. com
Intelligent Electronics	TechMate	ai-cbr. org/tools/techmate. html
Intellix	Knowman	Intellix. com
ServiceSoft	Knowledge Builder & Web Adviser	ai-cbr. org/tools/servicesoft. html
Teclnno GmbH	CBR-Works	tecinno. com
TreeTools	HELPDESK-3	treetool. com. br
The Haley Enterprise	The Lasy Reasoner, CPR, & Help! CPR	haley. com

资料来源：AI-CBR, ai-cbr. org (accessed June 2009)；and *PC AL*, special issue, "Intelligent Web Application & Agents," Vol. 19, No. 2, 2005。

AI-CBR 网站（ai-cbr. org）提供了大量 CBR 工具和应用的详细情况及链接。尽管这个网站已经不再被积极维护，它仍然提供了许多基本信息及资源。这个网站提供了 CBR 应用方面的信息、真实的案例库下载、可搜索的书目，甚至提供了一个虚拟图书馆。

一个完整的 CBR 工具包可以从 LPA （lpa. co. uk/cbr. htm）处获得。这个工具包包括各种资源组合模块、输入查询构件、记录检索和检索到的记录的再排序，也包括案例的源代码和 CBR 的应用实例。

---

13. 2　思考与回顾

1. 什么是 CBR？CBR 最适合解决什么问题？
2. 描述 CBR 处理过程的四个步骤。
3. 列出使用 CBR 的五个好处。
4. 对 CBR 目前和将来的应用做出评论。
5. 列出 CBR 取得成功的五个因素。

---

13. 3　遗传算法及其应用的发展

遗传算法（genetic algorithm，GA）是全球搜索技术的一部分，全球搜索技术主要用于寻找优化问题的最优解，这些优化问题都太过复杂，以至于无法用传统的优化方法（这些传统方法对于具体问题肯定可以产生最佳的解决方案）解决。遗传算法已经被成功应用于范围更广的高度复杂的现实问题，这些问题包括车辆路径（Baker and Syechew，2003）、破产预测（Shin and Lee，2002）以及网页搜索（Nick and Themis，2001）。

遗传算法是基于人工智能的机器学习方法家族的一部分。因为不能保证得到真正的最优解，遗传算法被认为是启发式方法。遗传算法是一系列计算过程的集合，这些计算过程从概念上按照生物进化过程中的步骤进行。也就是说，越来越优的解决方案是从前一代的解决方案发展而来的，直至得到一个最优的或者接近最优的解决方案。

遗传算法也称进化算法（evolutionary algorithms），显示出的自组织和自适应性与生物有机体依据适者生存这一进化法则所表现出的规则非常相似。遗传算法通过利用当前一代中最优的解决方案作为双亲来产生子孙代（即，一个新的可行的解决方案集）以改善解决方案。生物体是通过利用变异和交叉算子操纵基因来构造新的和更好的染色体进而完成繁衍的，遗传算法正是通过仿照这一过程来获得子孙代。值得注意的是，基因和决策变量之间的简单类比以及染色体和潜在的解决方案之间的简单类比成为遗传算法的基础。

实例：向量游戏

为了说明遗传算法是怎样运作的，我们来描述一下传统的向量游戏（Walbridge，1989）。这个游戏类似于智囊团游戏。当你的对手就你猜测的结果（即，适应度函数的结果）提供线索时，你可以通过运用从最近建议的解决方案中获取的知识，来创建一个新的解决方案。

向量游戏的描述　在向量游戏中，你的对手会悄悄地写下一串数字，该串数字共包含六个数字（在遗传算法中，这串数字构成一个染色体）。每一个数字都是一个决策变量，这些变量的取值为 0 或者 1。例如，假设你需要算出的那串保密的数字为 001010。你必须尽快地（以最少的尝试次数）猜出这串数字。你先向你的对手展示一串数字（一个猜测结果），然后他会告诉你你所猜出的那串数字里有多少个是正确的（但不会告诉你哪些是正确的）（即，你猜测结果的适应度函数或者质量）。例如，猜测的结果 110101 中没有一个数字是正确的（即，得分＝0）。猜测的结果 111101 中只有一个数字是正确的（第三个正确，因此得分＝1）。

默认策略：随机尝试和纠错 六位二进制数组成的数字串共有 64 种组合。如果你随机选取数字串，那么平均来看你将需要猜测 32 次才可以获得正确的答案。你是否可以更快地得到答案呢？当然可以，如果你能够理解你的对手提供给你的反馈（对你的猜测结果优秀程度或者适合度的衡量）。这就是遗传算法的运作原理。

改进的策略：采用遗传算法 下面是将遗传算法应用于向量游戏的步骤：

1. 向你的对手展示 4 串数字，数字串随机选取（选择展示 4 串数字是由你自己随机决定的。通过实验，你可能会发现展示 5 串或者 6 串数字会取得更好的效果）。假设你选择了下面这 4 串数字：

    （A）110100；得分＝1（即，只有一个数字猜测正确）

    （B）111101；得分＝1

    （C）011011；得分＝4

    （D）101100；得分＝3

2. 因为没有任何一串数字是完全正确的，所以继续。

3. 将（A）和（B）删除，因为它们的得分太低。将（C）和（D）作为双亲。

4. 如下所示，将每一串数字在第二个和第三个数字之间分开（分开位置的选择是随机的），对双亲进行配对：

    （C）01：1011

    （D）10：1100

现在将（C）的前两个数字和（D）的后四个数字组合起来（这被称为交叉），得到新的数字串（E），则第一个子孙为：

    （E）011100；得分＝3

同样，将（D）的前两个数字和（C）的后四个数字组合起来，得到新的数字串（F），则第二个子孙为：

    （F）101011；得分＝4

从结果来看，似乎得到的子孙的表现并不比它们的双亲好。

5. 现在，复制最初的数字串（C）和（D）。

6. 再次对最初的双亲（C）和（D）进行配对和交叉，不过采用与之前不同的分开位置。于是又得到两个新的子孙（G）和（H）：

    （C）0110：11

    （D）1011：00

    （G）0110：00；得分＝4

    （H）1011：11；得分＝3

接下来，回到第二步：从之前所有的方案中选择最好的作为双亲来进行繁衍。你会有好几个选择，例如（G）和（C），（G）和（F）。然后进行重复和交叉，得到以下结果：

（F）1：01011

（G）0：11000

（I）111000；得分＝3

（J）001011；得分＝5

你也可以得到更多的子孙：

（F）101：011

（G）011：000

（K）101000；得分＝4

（L）011011；得分＝4

然后把（J）和（K）作为双亲重复上述过程，重复和交叉后得到：

（J）00101：1

（K）10100：0

（M）001010；得分＝6

结果就是（M）了！你在猜测了 13 次后得到这个结果。这和随机猜测策略中的平均水平 32 次相比已经很不错了。

遗传算法的术语

遗传算法是一个交互式的过程，它把候选方案描述为**染色体**（chromosome）的基因序列，并通过适应度函数来衡量它们的可行性。适应度函数是对需要实现的目标的一种衡量标准（即，最大或者最小）。与在生物系统中一样，在算法的每一次重复中，备选方案结合起来产生子孙，这被称为一代。子孙本身又可以成为备选方案。从双亲和孩子代中，选择出一组最适于生存的在下一代中作为双亲来产生新的子孙。子孙是利用特定的基因复制过程来产生的，这个过程包含交叉和变异算子的应用。随着子孙的产生，为了保护到当前迭代为止所获得的最优方案，一些最优方案被移植到下一代中（这个概念被称为**精英主义**（elitism））。下面是一些关键术语的简单定义：

● 繁衍。通过**繁衍**（reproduction），遗传算法产生了新一代的潜在改进方案，这是通过选取拥有更高适应等级的双亲，或者通过给予这些双亲更高的被选中以便为繁衍过程做出贡献的可能性来实现的。

● 交叉。很多遗传算法都采用一串二进制符号（每一个都和一个决策变量相对应）来代表染色体，正如之前在向量游戏例子中所描述的那样。**交叉**（crossover）表示在字符串中随机选择一个位置（如，最初的两个数字之后），然后把这一位置的右边部分或者左边部分与另一个字符串的相同部分（采用相同的分裂模式来生成）进行交换，来产生两个新的子孙。

● 变异。这个遗传算子没有在向量游戏例子中显示出来。**变异**（mutation）是在一个染色体表现上的一个任意的（最小的）改变。它通常被用来防止算法陷入局部最优的情形。该过程首先随机选取一个染色体（给予拥有更优适应性值的染色体更大的被选中的可能性），然后随机确定该染色体中的一个基因并将它的值反转（从 0 变为 1 或者从 1 变为 0），这样就为下一代产生了一个新的染色体。变异的发生率通常被设定为一个相当低的值（如 0.1%）。

● 精英主义。遗产算法中一个重要的方面是要保护一些最优方案，让它们随着代的更替得以发展。这样，你就可以保证最后得到的是这个算法当前应用的最优解决方案。实际上，一些最优方案通常被移植到下一代中。

遗传算法的运作流程

图 13—4 是一个典型的遗传算法过程的流程图。将要解决的问题必须用适合于遗传算法的方式来描述和表示。这意味着决策变量要用一串 1 和 0（或者其他最近提出的更复杂的表示方法）来代表。决策变量的集合代表问题的一个潜在解决方案。接下来，决策变量数学上或者象征性地汇集成一个适应度函数（或者目标函数）。适应度函数可以是最大化（涉及那些越多越好的事物，如利润）或者最小化（涉及那些越小越好的事物，如成本）这两种类型中的一种。随着适应度函数的得出，关于决策变量的全部约束条件都应当被证明，这些约束条件共同决定一个方案是否可行。记住，只有可行的方案才可以成为方案总体的一部分。不可行的方案在最后确定迭代过程中形成的一代解决方案之前要被剔除。一旦表示完成，一个最初的解决方案集（即，最初的总体）就形成了。所有的不可行方案都被剔除，同时用适应度函数对可行方案进行计算。解决方案根据它们的适应度值进行分级排列；那些有更优适应度值的方案在随机选择过程中被认为有更大的可能性（与它们相对应的适应度值成比例）。

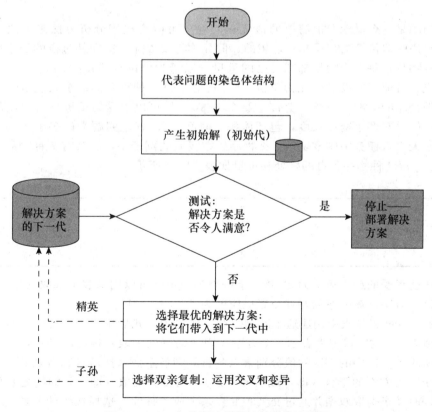

图 13—4　一个典型遗传算法过程的流程图

一些最优方案被移植到下一代中。通过一个随机过程，将确定的几个双亲的集合加入到子孙代中。通过随机选择双亲和遗传算子（即，交叉和变异）来产生子孙。产生的潜在解决方案的数量是由总体大小决定的。总体大小是一个任意的参数，它在对方案进行改进前就要被设定。一旦下一代方案形成，这些方案就要接受评估并为下一轮的迭代产生新的总体。这个交互的过程一直持续下去，直到获得一个足够好的方案（不能保证一定可以获得最优方案），或者经过几代都没有得到改进，或者达到了时间/迭代的极限为止。

正如前面提到的，一些参数必须在遗传算法执行前设定。它们的值取决于所需解决的问题，并且通常都是通过试验和纠错来确定的。这些参数包括：

- 形成的最初方案的数量（即，最初的总体）；
- 形成的子孙的数量（即，总体规模）；
- 需要保持到下一代的双亲的数量（即，精英主义）；
- 变异概率（通常是一个非常低的数值，例如 0.1%）；
- 交叉点发生率的概率分布（一般权重相同）；
- 停止的标准（基于时间/迭代或者基于改进）；
- 最大迭代次数（如果采用的是基于时间/迭代的停止标准）。

有时这些参数是事先设置好并固定的，或者当算法要得到更好的效果时，它们可以系统地变化。要了解更多关于 GA 过程的信息，参见 Niettinen et al.（1999）和 Grupe and Jooste（2004）。

实例：背包问题

背包问题是一个概念上很简单的最优化问题，可以直接用分析方法来解决。尽管如此，用它来说明遗传算法却是非常理想的。假如你将要参加一次在外过夜的长途旅行，可以携带一些物品。每一个物品都有自己的重量（以磅为单位），同时对于旅行中的你来说具有好处或者价值（假设以美元为单位），并且对于每一种物品你最多只能携带一个（不允许只携带物品的一部分，要么全带，要么不带）。你可以承受的重量是有限制的（只有一个限制，但是有多个衡量尺度，包括体积、时间等）。背包问题有许多重要的应用，包括确定在航天飞行任务中应该携带什么物品。在我们的例子中，一共有 7 种物品，从 1 到 7 进行编号，每一种物品各自的好处和重量如表 13—4 所示：

表 13—4

物品	1	2	3	4	5	6	7
好处	5	8	3	2	7	9	4
重量	7	8	4	10	4	6	4

背包所能承受的最大重量为 22 磅。字符串 1010100 可以用来表示选取物品 1、物品 3 和物品 5 这一方案，该方案的好处或者适应度为 7+4+4＝15。

我们在 Excel 工作表中创建这个问题。在工作表中，我们用一个包含 7 个数字（这些数字为 0 或者 1）的字符串来表示一个方案，用总的好处来表示适应度函数，总的好处是由字符串所表示方案中的基因的值分别乘以各自的利益系数，然后求和得到的。这种方法生成了一个随机方案的集合（即，最初的双亲），用目标函数（即，总的好处）作为适应度函数，同时随机选取双亲并通过交叉和变异来生成子孙代。选择在统计上是基于双亲的适应度值做出的。适应度的值越高的双亲越有可能被选中。在图 13—5 中，我们展示了 Evolver 找到的最优方案。Evolver 是遗传算法包（来自 Palisade Corp.，palisade.com；可以在线展示）中的一个很容易使用的 Excel 加载项。

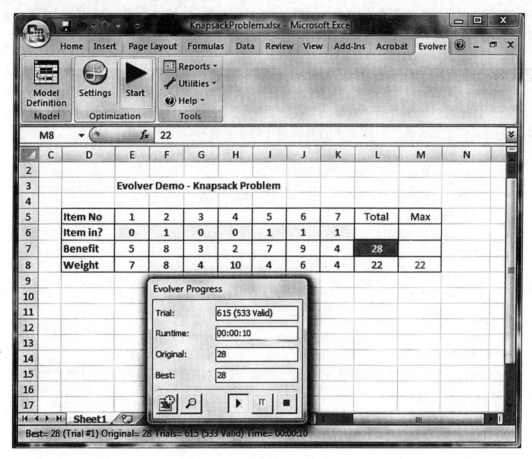

图 13—5　Evolver 对 Knapsack 问题案例的解决方案

应用遗传算法的另一个有趣的例子是由 Grupe and Jooste（2004）提供的最短的轨道路线。

遗传算法的局限性

根据 Grupe and Jooste（2004）的观点，遗传算法最重要的局限性包括：

● 并不是所有的问题都可以用遗传算法所要求的数学方式表示。

● 遗传算法的开发和算法结果的解释需要一名掌握编程和统计学/数学技能的专家，这些技能是使用遗传算法技术所需的。

● 众所周知，在一些情况下，一些来自具有相对高适应度的（但并不是最优的）个体的基因可能会统治整个总体，从而导致聚集于局部最大化现象。当出现总体聚集时，遗传算法继续搜索更优方案的能力就会被减弱。

● 大多数遗传算法都依赖于随机数字生成器，随机数字生成器模型每运行一次都会产生不同的结果。尽管运行有可能会出现高度的一致性，但它们也可能会有所不同。

● 找出可解决某一问题的优秀变量是很困难的。获得某一变量可解决的问题也同样十分费力。

● 选择系统进化的方法，需要经过思考和评估。如果可能的方案范围太小，使用遗传算法就会很快地聚集到一个方案上。如果进化过程太快，好的方案也会被快速地改变，所得到的结果就可能会错过最优的方案。

遗传算法的应用

遗传算法是机器学习的一种类型，它被用于表示和解决复杂问题。遗传算法为广泛的应用提供了一个高效的、与领域无关的搜索技巧集。这些广泛的应用包括：

● 动态过程控制；

● 优化诱导规则；

● 发现新的连接拓扑结构（如，神经计算连接、神经网络的设计）；

● 行为和进化的生物模型的模拟；

● 工程结构的复杂设计；

● 模式识别；

● 进度安排；

● 交通和路线安排；

● 布局和电路；

● 通信；

● 基于图形的问题。

遗传算法能对信息进行解释，这些信息能够帮助它拒绝糟糕的方案同时积累优秀的方案，因此它可以获知总体。遗传算法也适用于并行处理。

在过去的 20 年里，遗传算法在商业上成功应用的例子不断增加。例如，自 1993 年以来，英国的第四频道（Channel 4）就使用一个嵌于专家系统中的遗传算法来对它的商业广告进行编排，以获得最大的收入（xpertrule.com）。又如，日本电工实验室（Electro-technical Laboratory）的一组研究人员在中央控制器晶片上开发了一个由硬件实现的遗传算法，该算法将在集成电路制造发生变化时由于时钟周期不完善所产生的影响变得最小。该算法将芯片的成品率从 2.9% 提高到 51.1%，这就为计算机时代出现物美价廉的吉赫时钟频率的 CPU 扫清了障碍（Johnson，1999）。

遗传算法应用于现实问题的例子包括那些与装配线的平衡相关的问题、设施的布置、机器和车间作业调度、生产计划、工业包装及切割、卫星的任务分配、资源有限情况下的工程排程、灵活定价方式、人员计划、锯木厂木板切割的选择、一个大型舰队中船舶维修的调度、网页搜索（Nick and Themis，2001）、基于旅行推销员问题的路线选择（Baker and Syechew，2003）、自来水分配系统及相似网络的设计和改善、信用可靠性的确定，以及航天器设计。其他一些应用在 Grupe and Jooste（2004）中列出。

遗传算法通常被用于改善其他人工智能方法（如专家系统或者神经网络）的成果。在神经网络中，遗传算法动态地调整以找到最优的网络权重（Kuo and Chen，2004）。多种智能方法的整合将在 13.7 节讨论。关于互联网遗传算法的环境方面的内容，参见 Tan et al.（2005）。

因为遗传算法的核心非常简单，所以用计算机编码来实现它们并不困难。为了取得更好的效果，我们可以使用软件包。

13.3　思考与回顾

1. 给出遗传算法的定义。
2. 描述遗传算法的进化过程。为什么说这个过程类似于生物的进化过程？
3. 描述主要的遗传算法算子。
4. 列出遗传算法应用的主要领域。
5. 具体描述出遗传算法的三个应用。
6. 描述 Evolver 作为最优化工具的能力。

13.4　模糊逻辑和模糊推理系统

模糊逻辑是指近似的而非精确的推理，这与当今决策者在现实世界中经常会遇到的不确定性推理和不完全信息的推理十分相似。与二进制逻辑（也叫清脆逻辑）相比，用模糊逻辑表示的变量所拥有的是隶属度值，而不仅仅是 0 或者 1（或者真/假、是/否、黑/白等）。"模糊逻辑"这一术语出现于 Lotfi Zadeh（1965）所创立的**模糊集**（fuzzy sets）理论。这个技术运用的是模糊集的数学理论，它通过允许计算机处理不太精确的信息来模拟人类的推理过程，这与传统计算机逻辑的基础正好相反。这种方法基于的思想是：决策的制定并不总是关于"黑或白"或者"对或错"的问题；它通常包括灰色调和不同程度的真实。事实上，创造性的决策制定过程通常都是非结构化的、尝试性的、有争议的以及杂乱无章的。

模糊逻辑之所以有用，是因为它可以有效描述人类在并非百分之百正确或者错误的情形下对许多决策制定问题的观念。很多控制和决策制定问题并不能简单地符合数学模型所要求的严格的真/假情形，当它们被强制用这种二进制逻辑表示时，往往会导致缺乏完整性、不精确的推理。关于模糊逻辑的良好说明和它的应用可以在 Tanaka and Niimura（2007）和斯坦福哲学百科（plato. stanford. edu/entries/logic-fuzzy/）中找到。

实例：高个的人的模糊集

让我们来看一个描述高个的人的模糊集的例子。如果我们对所有的人进行调查，然后确定一个人在被认为身材高之前所必须拥有的最低高度，那么这个高度可能会在 5～7 英尺（一英尺大约是 30 厘米，一英寸是 2.54 厘米）这个范围内变化。高度的分布看起来可能会如表 13—5 所示：

表 13—5

高度（英尺）	支持的比例
5.10	0.05
5.11	0.10
6	0.60
6.1	0.15
6.2	0.10

假设杰克的身高为 6 英尺，根据概率论，我们利用累积概率分布得到有 75％的可能性杰克是身材高的。在模糊逻辑中，我们称在高个的人的集合中杰克的隶属度为 0.75。不同之处在于，在概率方面，杰克被认为要么高要么不高，同时我们又无法完全确定他是不是身材高的；相比之下，在模糊逻辑方面，我们赞同杰克或多或少是身材高的。于是我们可以指定一个隶属度函数来表明杰克相对于高个的人的集合的关系（即，模糊逻辑集）。

<Jack, 0.75＝Tall>

相对于包含两个值（如，相信和不相信的程度）的确定性因素，模糊集采用的是一个称为信任度功能的可能值系列。我们通过一个隶属度函数来表达我们相信某一特定的物品是属于某一个集合的，正如图 13—6 所展示的那样。身高达到 69 英寸后，这个人才被认为是身材高的，如果身高达到 74 英寸以上，那么他就绝对是高的。身高在 69～74 英寸之间的人的隶属度函数值在 0～1 之间变化。同样，根据他的身高，每一个人在矮小的人和中等高度的人的集合中都会分别有一个隶属度函数值。中等的范围同时包含部分矮小的范围和部分高大的范围，因此一个人有可能会是一个以上的模糊集的成员。这是模糊集的一个关键的优势：它们缺乏锐度，然而在逻辑上却是一致的。

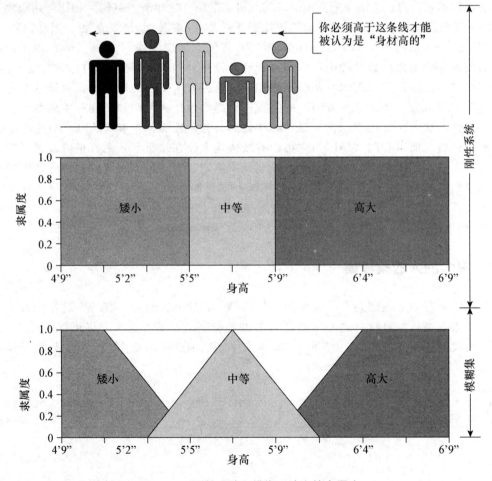

图 13—6　刚性系统和模糊系统中的隶属度

模糊逻辑的开发很复杂，也需要相当强的计算能力，并且很难向用户解释。尽管如此，近来模糊逻辑在管理决策支持方面的应用还是获得了很大的发展。然而，20 世纪 90 年代以来，由于计算能力和软件的不断增加，模糊逻辑所面临的困境得到不断改善。

模糊推理系统

模糊推理系统（或者称为模糊专家系统）实质上就是一个用模糊规则来表示知识的专家系统。模糊推理是利用模糊逻辑详细地阐述一个给出的输入集和一个输出之间的映射关系的过程。模糊推理的过程包括三个主要组成部分：隶属度函数、逻辑算子和模糊 "if-then" 规则。相对于明确值，变量的不同值以隶属度函数来表示（如，高度变量的值 "高" 可以用含有一些具体参数的梯形函数来表示）。规则用模糊变量值来表示（如，如果一个人是身材高的，那么他成为篮球运动员的可能性就很大）。逻辑算子则被用来组合和巩固模糊变量以获得最准确的结论。

模糊推理系统包括四个步骤。第一，将用户（人或者机器）提供的明确的输入通过它们各自的隶属度函数转化为模糊表示。然后，将模糊化后的输入提供给推理引擎来产生模糊规则。之后，再利用逻辑算子将模糊规则的成果结合在一起形成一个模糊输出。在最后一步，通过一个称为**去模糊化**（defuzzification）的操作将模糊输出转化为明确值。图 13—7 展示了这四个步骤的过程和一个确定在餐馆里应该给多少小费的简单例子（这个例子采自 MathWork 的模糊逻辑工具箱教程）。正如我们看到的，明确的输入（服务质量和食品质量——都用一个介于 0 和 10 之间的数字来表示）通过模糊推理系统（产生 3 条模糊规则）后，最终产生了一个明确的输出（留下多少小费）。

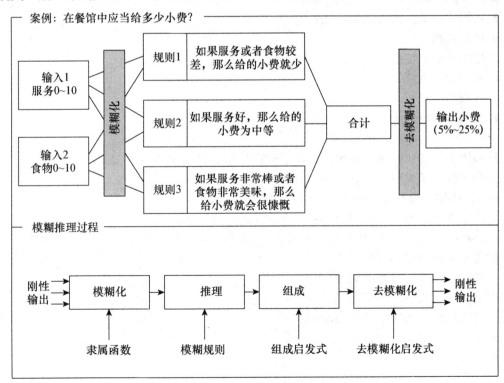

图 13—7 针对小费问题的模糊推理系统

资料来源：Based on MathWork. com（from Mathlab Fuzzy Logic Toolbox Tutorial）。

模糊逻辑的应用

当由人来提供隶属度信息时，模糊逻辑的应用就会变得很困难。这个问题所涉及的范围从语言的模糊性到提供所需定义的难度。模糊逻辑目前被广泛应用于消费品领域，该领域的输入是由传感器而不是人提供的。在消费品领域，模糊逻辑有时也被称为连续逻辑（毕竟，没有人会想要一台模糊摄像机）。模糊逻辑可以提供消费品的平滑变动。它同样适用于地铁控制系统以及其他电机的控制和导航（Ross，2004）。

模糊逻辑在制造业和管理方面的应用　模糊逻辑在诸如空调、防锁死刹车系统、烤箱、照相机、摄像机、洗碗机和微波炉等消费品的应用方面非常著名。模糊逻辑也已经被应用于以下工业和管理领域：

- 选择股票进行购买；
- 数据检索；
- 饮料罐的印刷缺陷检测；
- 依据顾客数量的波动对高尔夫俱乐部进行调整；
- 风险评估；
- 控制水泥窑中的氧气数量；
- 提升工业质量控制的准确率和速度；
- 在多维空间中对问题进行分类；
- 对与排队相关的模型进行优化；
- 管理的决策支持方面的应用；
- 项目选择；
- 建筑物的环境控制；
- 列车运行控制；
- 造纸厂自动化；
- 航天器的轨道运动；
- 淋浴喷头的水温控制。

模糊逻辑在商业方面的应用　模糊逻辑在控制和自动化领域的很多应用被报道过，接下来我们将提供模糊逻辑在商业应用方面的三个例子。

例1：模糊战略规划。Hall（1987）开发了一个名为"STRATASSIST"的专家系统，这个专家系统可以帮助中小型公司对单个产品进行战略规划。在咨询过程中，STRATASSIST 会询问关于五大战略和竞争领域方面的问题，这五大领域是一个公司在评估它的优势和劣势时应该考虑的：

- 新进入者对于行业的威胁；
- 替代品的威胁；
- 买方的能力（即，顾客的能力）；
- 供应商的能力；
- 行业内现有的竞争。

每一个问题都要求用户对公司在上述每一个竞争领域中的表现进行评估。STRATASSIST 将这些问题的答案提供给它的模糊知识库，模糊知识库由下面这样的规则组成：

IF 个人服务在你的产品的分销中很重要，

THEN 应该采取的策略行动是通过小的、灵活的、本地的单元对公司的产品或者服务进行分销。

霍尔（Hall）采用非常严格的实验设计步骤来对 STRATASSIST 的有效性进行测试。他让 MBA 学生为一个虚构的公司设计战略计划，其中 1/3 的学生在设计过程中可以使用 STRATASSIST 的输出，另外 1/3 的学生只能使用 STRATASSIST 中关于五大优势/劣势领域方面的问题的答案，剩下 1/3 的学生不能使用 STRATASSIST。来自学术界和工业界的 12 位专家对学生的计划进行评估。使用了 STRATASSIST 的学生与其他学生相比被认为制定出了更优秀的战略。模糊逻辑在战略决策制定方面的其他应用可参见 Dwinnell（2002）。

例 2：房地产中的模糊性。在进行房地产评估时，运用判断力来形成估计是很有必要的。经验和自觉是基本的因素。需要估计的内容有：土地的价值、建筑物的价值、建筑物的重置成本以及建筑物的升值金额。回顾类似的房地产销售是很有必要的，然后才可以确定什么是相关的，最后估计净收入。这些数据中很多都是模糊的。关于模糊逻辑在房地产中的应用可参见 Bagnoli and Smith（1998）。

例 3：模糊债券评价系统。债券的价值取决于：公司的盈利能力、公司的资产和负债、市场波动及汇率和风险波动的可能性等因素。在这些因素中存在相当多的模糊性，例如汇率风险。Chorafas（1994）开发了一个模糊逻辑系统，这个系统可以帮助制定与债券投资相关的决策。结果表明其卓越的价值超过未使用计算方法的平均债权评估。

因为模糊逻辑的有效性，人们目前不断地开发新的应用。例如，人们建议开发一个模糊逻辑系统对恐怖分子进行侦查。需要了解其他应用，可参见 Liao（2003）和 Xu and Xu（2003）。

这个领域的软件公司包括 Rigel 公司（rigelcorp. com/flash. htm）和 Information Software（informusa. com/fuzzy/index. htm）。

13.4 思考与回顾

1. 给出模糊逻辑的定义并描述它的特点。
2. 模糊逻辑方法的基本前提是什么？
3. 模糊逻辑的主要优势是什么？主要缺陷又是什么？
4. 列出模糊逻辑的一些非商业应用。
5. 列出模糊逻辑的一些商业应用。

13.5 支持向量机

支持向量机（support vector machine，SVM）是最流行的机器学习技术中的一种。它属于广义线性模型家族。广义的线性模型可以根据输入特征的线性组合的值来得到一个分类或回归的决策。由于结构上的相似性，SVM 和前馈型的人工神经网络有密切的关联。

利用历史数据和有监督学习算法，SVM 可以生成数学函数，将输入变量映射为分类和回归预测问题所需的输出。对于分类问题，非线性的核心函数通常被用于将输入变量

（固有地表示高度复杂的非线性关系）转化为一个高维特征空间，与最初的输入空间相比，在这个空间里输入数据变得更加可区隔（即，线性可区隔）。然后，构筑一个最大间隔的超平面来最好地将不同的类区分开来，分类的依据是给出的训练数据集。**超平面**（hyper-plane）是一个几何概念，通常被用来描述在多维空间中不同种类事物之间的分离面。在SVM 中，两个平行的超平面通常都会分别构筑在分离空间的两侧，这是为了使它们之间的距离最大化。假设两个平行的超平面之间的距离越大，分类器的泛化误差就会越小（因此预测的准确性也会越高）。

SVM 除了拥有在统计学习理论方面的坚固的数学基础外，还在现实世界的众多应用中表现出很高的竞争性绩效。它在现实世界中的应用包括：医学诊断、生物信息学、人脸识别、财务预测和文本挖掘，其中文本挖掘已经将 SVM 确立为知识发现和数据挖掘的最流行的工具之一。

类似于人工神经网络，SVM 能够在任何期望的精确度下做多元函数的通用估计。因此，SVM 特别适用于处理高度非线性的复杂系统和需要决策的情形。

SVM 的运作

一般而言，很多线性超平面都可以将数据划分为多个小的部分，每一个部分都属于某个类。然而，只有一个超平面能够获得最大的分离。下面是一个机器学习的过程，SVM 从历史案例（用数据点表示）中学习并构建出一个数学模型，这个模型可以最优地将数据实例分配到各自的类型中。如果只有两个维度，数据可能会被一条线分隔开；然而，现实世界中的很多问题的数据点都超过两个维度。在这种情况下，我们感兴趣的则是利用一个 $n-1$ 维的超平面来对数据进行分类。尽管这可以看作线性分类器的一个典型形式，但目的却是获得两个（或者更多）类别之间的最大分离（间隔）。正如图 13—8（a）所示，可以用一些线（如，$L1$、$L2$、$L3$）将正方形和圆形（两个不同的类在二维空间中的表示）分隔开。SVM 的目的是选出一个超平面，以使这个超平面到离它最近的数据点之间的距离最大化。如果这样的超平面存在，那么它显然是模型师感兴趣的，这个超平面被称为最大间隔超平面，同时这样的线性分类器被称为最大间隔分类器（参见图 13—8（b））。

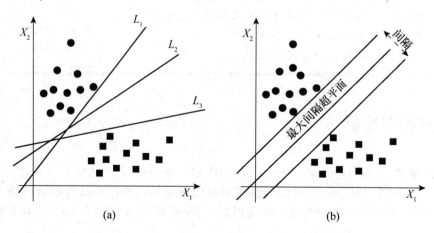

图 13—8　许多线性分类器（超平面）可将数据进行划分

实　现

最大间隔超平面的参数是通过解二次优化问题得到的。解二次优化问题是一项非常复杂且艰巨的任务，目前已经开发出一些专门的算法用以快速解决这类问题，但这些算法大多数都是依靠启发法实现的，即将问题分解为更小、更易于控制的区块，然后在那个粒度级别将它们解决。一种非常有名的算法是普拉特（Platt）的序贯最小优化算法（sequential minimal optimization，SMO)，该算法将问题分解成可以被分析解决的二维的子问题，消除了诸如共轭梯度法所需的繁杂的数字迭代过程。

核技术

在机器学习中，**核技术**（kernel trick）是一种利用线性分类算法解决非线性问题的方法。这种方法将原来的非线性观测值映射到一个高维的空间里，随后对这个高维空间使用线性分类法，这样就可以在新空间里得到一个和原来空间里的非线性分类等效的线性分类。在 SVM 中，核技术允许我们构建一个决策表面，这个决策表面在特征空间里是线性的，然而在初始的输入空间里，它本质上却是非线性的。这种转化是由美世（Mercer）定理实现的，该定理表明：在高维空间里，任意连续的、对称的、半正定的核函数都可以表示成一个点积。

核技术可以将任何完全取决于点积的算法在两个向量之间进行转换。用到点积的地方都用核函数取代，这样一个线性算法就可以很容易地转化为一个非线性算法。这个非线性算法与在高维空间里运作的线性算法是等效的。然而，由于使用了核心程序，致使高维空间函数从未被明确计算过，因此才会有核技术。不必明确计算高维空间函数是我们所期望的，因为高维空间的维数可能是无限的（如，内核是高斯分布的例子）。

虽然我们并不知道"核技术"这一术语的起源是什么，但知道它是由 Aizerman et al.（1964）率先提出的。从那以后，核技术被用于机器学习和统计学的多种算法，其中包括神经网络、支持向量机、主成分分析、Fisher 线性判别分析和多种聚类方法。

建立 SVM 的步骤

由于可以获得很好的分类结果，SVM 已经成为解决分类问题的一项流行技术。虽然人们认为与人工神经网络相比 SVM 更为简单，但是那些不熟悉 SVM 复杂性的用户获得的结果通常都不令人满意。下面是开发基于 SVM 的预测模型的一种简单的方法（一个一步接一步的过程），这样开发出的模型有更大的可能性产生更好的结果。

1. 预处理数据
a. 清洗数据。
● 处理丢失的数值；
● 处理可能是错误的数值；
● 处理噪音数据。
b. 转换数据。
● 数据量化；
● 数据标准化。

2. 开发模型

a. 选择**核类型**（kernel type）（RBF 通常是一个自然选择）。

b. 根据所选择的核类型确定核参数（如，RBF 的 C 和 γ）。这是一个很难做出的决定，因为并没有普遍适用的最优选择，你可以考虑使用交叉验证和实验法来确定最适合这些参数的值。

c. 如果结果是令人满意的，就将模型最终确定下来，否则就改变核类型或者核参数，以获得期望的精确等级。

3. 提取和部署模型

为了更加清楚地表述，图 13—9 给出了这种方法的图示。该过程的一些重要步骤的简单描述如下。

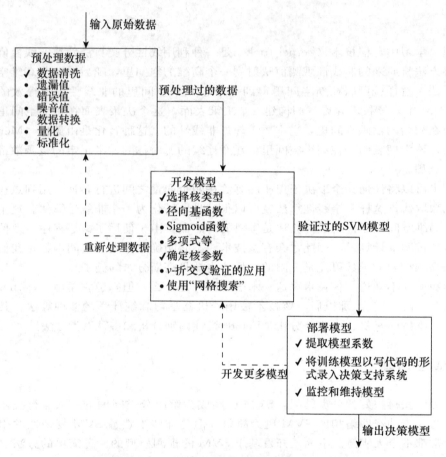

图 13—9 对 SVM 模型三步开发过程的描述

数据量化 与 ANN 类似，SVM 也要求每一个数据实例都用一个实数向量表示。因此，如果数据实例是类别属性，那么它们必须转化为数值形式。通常推荐用 m 个伪变量来表示一个 m 类别属性。为了表示一个唯一的值，m 个数字（与值一致）中只有一个数字被设为 1，其他数字被设为 0。例如，一个三类别属性如｛红，绿，蓝｝可以表示为 $\{0, 0, 1\}$，$\{0, 1, 0\}$ 和 $\{1, 0, 0\}$。

数据标准化 与 ANN 类似，在对数据进行训练处理之前，SVM 也要求对数据进行标准化。数据标准化（或者缩放）的最大好处在于可以避免那些在大数值范围内的属性控制那些在小数值范围内的属性。另一个好处在于可以避免因数值过大而在迭代计算过程中出现计算负担。因为内核值通常都由特征向量（如，线性内核和多项式内核）的内积决定，所以大的属性值可能会产生计算和取近似值的问题。我们推荐将每一个属性线性都缩放到［−1，＋1］或者［0，1］的范围内。当然，在将测试数据提供给训练好的模型之前，我们一定要用同样的模型对测试数据进行缩放。

选择核模式　尽管在这一部分我们只提到了四种常见的内核，但我们必须确定先尝试哪一个内核，然后选择惩罚参数 C 和核参数。根据 SVM 的文献资料，在没有令人信服的理由时，RBF 是明智的第一选择。RBF 内核可以非线性地将样本映射到高维空间中，因此当类的标签和属性之间的关系是非线性的时，它仍然可以进行处理（不像线性内核）。而且，线性内核是 RBF 的一个特殊例子，例如惩罚参数为 C 的线性内核与以（C，γ）为对应参数的 RBF 内核是等效的。另一个原因在于超级参数的数量，这个数量会影响到模型选择的复杂性。多元内核与 RBF 内核相比有更多的超级参数。最后，RBF 内核在数值计算上存在一定的困难。

使用 RBF 内核时必须设置两个参数：C 和 γ。对于一个具体预测问题，我们事先并不能知道哪一组 C 和 γ 的参数值是最好的，因此必须做一些模型选择（参数搜索）。这样做的目的是识别出好的（C，γ），以便分类器准确地预测未知数据（即，测试数据）。值得注意的是，这在获取高的训练准确性（即，分类器准确地预测出已经知道类的标签的训练数据）方面可能并不起作用。因此，一种普遍的做法是将训练数据分为两部分，其中一部分数据在训练分类器时被认为是未知的。这样，这个集合的预测准确性就可以更精确地反映出对未知数据进行分类的效果。

这个过程的改良版是交叉验证。在 v 折交义验证中，我们首先将训练数据集划分为 v 个同样大小的子集。然后，对每一个子集都顺序地利用从剩下的 $v−1$ 个子集中训练出的分类器对其进行测试。这样，整个训练集的每一个实例都会被预测一次，因此交叉验证的准确性就是被正确分类的数据的百分比。交叉验证过程可以防止出现过拟合问题。

处理过拟合问题的另一个建议是利用交叉验证对参数 C 和 γ 实行格子搜索。基本上要对所有的（C，γ）参数对进行试验，然后从中选出交叉验证准确性最高的一对参数。以指数方式增长的 C 和 γ 序列是一种识别好的参数的实用方法（如，$C=2^{-5}$，2^{-3}，…，2^{15}，$\gamma=2^{-15}$，2^{-13}，…，2^{3}）。格子搜索是一直向前的，但是这样做显得很愚笨。有一些先进的方法可以通过诸如大致估计交叉验证率的方式来节约计算成本。然而，有两个动机使得简单的格子搜索方法更可取：（1）它提供了对所有可能选择的穷尽式搜索。（2）与更复杂的启发式搜索技术相比，它所多花的时间并不长。在某些情况下，上面建议的程序并不足够好，这时就可能需要其他的技术，如特征选择。但这些问题不是我们在此需要考虑的。我们的经验表明，上述简单的基于格子搜索的 SVM 过程在处理特征不是非常多的数据时效果是非常好的。倘若有数千个属性，那么在将数据提交给 SVM 前最好只选择这些属性的一个子集。

SVM 的应用

在大范围的分类和回归问题的解决中，SVM 是应用最广泛的内核学习算法。根据 Haykin（2009）的观点，在机器学习的作品中，SVM 是艺术级作品的代表，因为它具有优越的推广性能、卓越的预测能力、易于使用和严谨的理论基础等优点。这个论断的论据是已经发表的一些研究论文，在这些论文中，SVM 的成效被用于和其他预测方法的成效作比较。

诊断神经疾病　Polat et al.（2009）比较了几种分类算法，其中包括 C4.5 决策树的分类器、最小二乘支持向量机（LS-SVM）以及能从电图信号样本中诊断出黄斑及视神经疾病的人工免疫识别系统（AIRS）。电图信号样本是从 106 名有视神经或者黄斑疾病的实验对象中获取的。

为了表现出对分类算法成效的无偏检验，研究人员采用了许多量度标准，包括：分类准确性、受试者工作特征曲线、敏感性和特异性值、一个混淆矩阵以及 10 折交叉验证。人工免疫识别系统分类器、C4.5 决策树的分类器、最小二乘支持向量机分类器各自取得的分类成效分别为 81.82%、85.9%、100%，它们的分类成效是采用 10 折交叉验证方法进行衡量的。这项研究表明在诊断黄斑及视神经疾病方面，SVM 分类器较另外两种分类器有更大的优势，同时也证明了它是一个强大的、高效的分类系统。

识别竞赛项目的胜利者　对于研究人员和业界人员而言，利用预测模型来识别竞赛项目（如，游戏、赛跑、选举）中的优胜者是一个有趣且极具挑战性的问题。Lessmann et al.（2009）的一项研究利用预测模型来识别赛马比赛的胜利者。这个模型主要用于评估博彩市场的信息效率。普遍的做法包括采用离散或者连续回应的回归模型来预测参赛者的最终排名。然而，理论思考和实证证据表明最终排名（尤其是重要的排名）所包含的信息可能不可靠。研究人员提出了一个基于分类的建模范例来解决只依靠数据区分赢家和输家的问题。为了评估它的有效性，他们利用来自英国的一个赛马场的数据做了一个实验。结果表明，他们所使用的基于 SVM 的分类模型可以和艺术级的备选模型相媲美，同时与依据排名顺序得到的最终数据相符。模拟实验引发了对该模型成功起源的进一步研究，以及对模型的组成部分的边际效益的评估。

分析代谢物浓度　代谢组学，即对特定的细胞变化过程留下的化学指纹图谱的系统研究，是一个新兴的为心理过程提供宝贵的洞察的领域。通过对各种生物体液中代谢物浓度变化的观测，代谢组学可以成为调查疾病诊断结果或者进行毒理学研究的有效工具。

传统上，多元统计分析被应用于核磁共振（NMR）或者质谱分析（MS）领域来确定不同组（如，病人和健康人）之间的差异。Mahadevan et al.（2008）认为建立一个基于训练数据集的独特的预测模型是有可能的，这个模型能够预测新的数据是否会落入某一特殊的类中。他们通过对来自健康的实验者（男性和女性均有）和遭受肺炎链球菌（一种使人类致病的细菌，被认为是引发肺炎的主要原因）感染的病人的尿样进行核磁共振光谱分析来获得代谢组学数据。他们将传统的偏最小二乘判别分析法（PLS-DA）与 SVM 在两个案例研究中的表现进行比较：（1）在其中一个案例中，几乎所有的区别都可以看出来（健康人与肺炎患者相对比）。（2）在另一个案例中，区别是比较含糊的（男性与女性相对比）。这两个案例研究都显示了当使用最少的特征数进行预测时，SVM 在预测准确性方面优于 PLS-DA。与 PLS-DA 相比，SVM 能够以更少的特征数生成更强大的、预测准确性更高的模型。

支持向量机与人工神经网络的比较

人工神经网络的发展遵循的是启发式路径，在理论形成之前就已经对其进行应用和广泛的实验。相比之下，SVM 的发展首先需要的是完整的理论，然后才对其进行实现和实验。ANN 可以忍受多个局部最小解，而 SVM 的解具有全局性和唯一性，这是 SVM 最为重要的一个优势。SVM 的另外两个优势是：它有一个简单的几何解释，并可以给出一个稀疏解。与 ANN 不同的是，SVM 的计算复杂性并不依赖于输入空间的维数。ANN 采用的是经验风险最小化，SVM 采用的则是结构风险最小化。在实际应用中 SVM 的效果经常优于 ANN 的原因是：SVM 不容易产生过拟合，可以处理使用 ANN 时遇到的最大问题。

SVM 的优势

下面是 SVM 的一些主要优势：

● 它与其他类似的方法有根本的不同，例如神经网络。SVM 总是可以找到一个全局最小解，并且它的简单几何解释为进一步的研究提供了有利的基础。

● 由于 SVM 方法可以"自动地"解决网络复杂性问题，因而可以将得到的隐含层大小作为二次规划程序的结果。隐藏神经元与支持向量相互对应，这样就可以解决 RBF 网络中的中心问题，原因是可以将支持向量作为基函数中心。

● 在线性决策超平面不可行的情形下，一个输入空间被映射到一个特征空间（与 ANN 模型中的隐含层相对应），结果得到一个非线性分类。

● 经过学习阶段后，SVM 可以创造出与一些开发良好的、流行的 ANN 分类器所能创造出的超表面一样的超表面。值得注意的是，这些不同的模型的训练是不一样的。然而，在经过成功的学习阶段后，最终得到的决策面是完全相同的。

● 与传统的统计和神经网络模型不同，SVM 方法并不打算通过限制特征的数量来控制模型的复杂性。

● 传统的学习系统（如神经网络）会受到它们的理论缺陷（如，反向传播通常只能收敛于局部最优解）的影响。SVM 在这方面有很大的改善。

● 与神经网络相比，SVM 能够自动选择模型的大小（通过选择支持向量）。

● SVM 算法不会陷于局部最小，这是与传统系统（如神经网络）的一个主要的不同之处。

● 尽管在用神经网络进行回归分析时，权重衰减是获得良好归纳的一个重要方面，但边界也在分类问题中起到一些类似的作用。

● 传统的多层感知器神经网络会因为存在多个局部最小解而受到困扰，非线性的 SVM 分类器却因为具有凸性这一重要且有趣的性质而免受困扰。

SVM 的劣势

SVM 并非不存在问题和局限性。最常见的问题和局限性包括：

● SVM 最大的一个局限性在于内核的选择。要为一个特殊的数据集确定一个最好的内核类型，可能需要用到费力的反复实验的方法，尤其是当数据集相当大并且变量很多时。

● 在训练和测试过程中，速度和大小都是问题。与其他模型相比，SVM 模型倾向于在开发上花费更多的时间。

● 开发离散数据是一项耗时且烦人的任务。

● 多类 SVM 分类器的最优设计目前还只是一项正在进行的研究工作。

● 尽管 SVM 可以得到好的归纳结果，但它们的测试阶段会非常缓慢，这使得它们在需要快速回应的情形下不怎么受欢迎。

● 另一个尚未得到解决的重要的实际问题是内核函数参数的最优选择。

● 从实际应用的角度来看，也许 SVM 遇到的最严重的问题是高的算法复杂度和在大规模建模任务中二次优化方案所需的庞大存储量。

13.5　思考与回顾

1. 给出支持向量机的定义并描述它的特点。
2. SVM 是如何运作的？SVM 可以应用于什么类型的问题？
3. 制定 SVM 解决方案的步骤是什么？
4. SVM 的主要优势是什么？主要的劣势又是什么？
5. 列举并论述一些 SVM 的应用。

13.6　智能代理

智能代理（intelligent agent，IA）是一个自主的计算机程序，它可以通过观察并基于环境影响采取行动来达到某一特定的目标。智能代理能够通过对已经嵌入自身的知识的使用和扩展来进行学习。智能代理是一个强有力的工具，它可以克服互联网所面临的最关键的问题——信息过载，还可以使电子商务成为一个可行的组织工具。接下来，我们将给出智能代理的定义并讨论这种很有前途的代理技术的功能。

智能代理：简史及定义

"代理"这一术语源自代理商的概念，这个概念涉及的是雇用他人来代表某人行动。代理人可以代表某个人并与其他人进行交互以完成一项事先定义好的任务。

代理这个概念可以追溯到很久以前。60 多年前，万尼瓦尔·布什（Vannevar Bush）想发明一台名为"memex"的机器。在他的设想中，memex 可以帮助人类管理和处理大量的数据和信息。20 世纪 50 年代，约翰·麦卡锡（John McCarthy）研发出了 Advice Taker，这是一个软件机器人，用于开发信息网络导航（McCarthy，1958）。Advice Taker 与今天的代理惊人地相似。只要人类用户给出一个任务，这个机器人就能自主地采取必要的步骤来完成任务，而且当它陷入困境时会自主地向用户寻求建议。之后出现的智能个人代理，例如苹果推出的 Phil 和微软推出的 Bob，都是按照麦卡锡在 Advice Taker 中率先定义的功能来设计它们的原型。当前 IA 研究的趋势是可移动性、智能化、多智能体网络以及协作。

用于描述智能代理的名称很多，包括软件代理、向导、软件后台程序、软件机器人，或者简称机器人。这些术语有时指的是不同类型的代理或者有不同能力和智能级别的代理。但在本章中，我们认为智能代理、软件代理以及智能软件代理这几个术语是可以互换的。学习代理的一个常见例子是在 Microsoft Office 2003 以及之前版本中的 Office 小帮手。当这个代理"感觉"到用户需要帮助时就会自动弹出为用户提供帮助。据推测，利用某些机器学习技术，学习代理可以及时地提供帮助，这是因为它们一直在对用户的计算机活动进行监测并从中学习。

在 IA 发展的早期阶段，后台程序是表示智能代理的一个流行术语。后台程序是一种很小的电脑程序，它们在后台运行，当遇到某些事先设定好的情形时会向用户发出警告。这方面的一个例子是 X Window 程序 xbiff。这个程序监控用户新收到的电子邮件并通过一个图标来表示用户是否还有未阅读的信息。类似的例子还有病毒检测代理和电子邮件收件箱管理代理。"机器人"一词已经成为"代理"的常用的替代词。根据使用情况，机器人被加上具体的前缀。典型的机器人包括聊天机器人、医生机器人、搜索机器人、工作机器人、知识机机器人、邮件机器人、音乐机器人、购物机器人、蜘蛛机器人和垃圾邮件机器人。

智能代理可以用许多方式来定义，每一种定义好像都阐明了定义者的某种观点。下面是一些定义的例子：

● IBM 给出的定义是：智能代理是代表用户或者另一个程序执行一些操作集合的软件实体，具有一定程度的独立性或者自主权。在执行这些操作的过程中，智能代理能够使用一些知识、关于用户目标或者期望的表述。

● 来自麻省理工大学的著名研究人员梅斯（Maes，1995）给出的定义是：自主代理是一种计算机系统，它们处于某些复杂的动态环境中，能够感知周围环境并自主采取行动，通过这样做来实现一个目标或者任务集。它们是为了完成这些目标或者任务而设计的。

● Wooldridge（2009）给出的定义是：代理是一个计算机系统，它处于某种环境中，并且为了实现它的设计目标能够在这个环境中自主行动。智能代理连续地执行三个功能：感知环境中的动态情况，采取行动影响环境中的某些情况；运用推理来解释所感知到的情况，解决问题，描述推断；确定行动。

● Hess et al.（2002）给出的定义是：智能代理是代表或者代替个人或另一个代理，在某个特定领域中用软件实现一个任务。其中包括稳态的目标、持久性和活动性，并能保证：（1）持续足够长时间去达成目标；（2）其领域有足够的条件使得该目标是可达到的。

● Franklin and Graesser（1996）将自主代理定义为一个处于某个环境中的系统，并且其本身也是该环境的一部分，它可以感知周围环境，并作用于周围环境，它是持久存在的，有自己要执行的日程，它的目的是影响它将来所感觉到的东西。

这些定义从不同的角度指出了代理的特点和功能。

智能代理通常都和下面的这些特征联系在一起（Wooldridge，2009；Stenmark，1999）：

● 反应程度。智能代理能够感知它们所处的环境，并对环境中发生的变化做出及时反应以便满足它们的设计目标。

● 主动性。智能代理能够通过采取主动措施来展示以目标为导向的行为以便满足它们的设计目标。

● 社交性。智能代理能够与其他代理（可能是人）进行交互以便满足它们的设计目标。

● 自主性。智能代理必须能够控制它们自己的行为，并可以独立于用户或者其他参与者进行工作和采取行动。

● 智能性。智能代理必须能够从它们的经验中学习，以便在实现它们的设计目标时不断取得更好的效果。

代理的组成部分

智能代理是自主的计算机程序，它们通常与下面这些组成部分相关：

● 所有者。所有者可以是用户名、父进程名或者主代理名。智能代理可以有多个所有者。人和程序本身都可以生成代理（如，股票经纪人和佣金程序都可以利用智能代理来监测价格），其他智能代理也可以生成它们自己的支持代理。

● 创始人。创始人可以是开发程序的所有者、行政部门或者主代理。智能代理由人或者程序生成，然后将其作为模板提供给用户来实现个性化。

● 账户。一个智能代理必须在一个所有者账户中有一个定位点和一个电子地址，用于跟踪和计费。

● 目标。代理任务成功完成的声明是非常必要的，它可以作为确定一个任务的完成点和结果价值的衡量标准。成功的标准可以是在既定目标边界内一个事务的简单完成，也可以是更复杂的标准。通常代理都会有无期限的重复任务。

● 主题描述。主题描述详细列出了代理的目的和属性。这些属性提供了代理的边界、任务、可能需要访问的资源和需要的类（如，股票购买价格、机票价格）。

● 创意和持久性。创意和持久性是与代理关联的独立于时间的属性，它们被用于描述代理实例应该在什么时候产生和在什么时候结束。

● 后台。智能代理是在后台运行的，在不妨碍操作系统正常活动的情况下从事特殊的任务。

● 智能子系统。一个智能子系统，如一个基于规则的专家系统或者一个神经计算系统，能为代理提供学习能力。

智能代理的特点

在大多数情况下，设计一个智能代理只是为了完成某一项任务。这项任务可能是通过搜索互联网来找出某物品在哪里拍卖以及何时拍卖，也有可能是对电子邮件进行过滤，以便对它们进行识别并将它们分到不同的组中。尽管很多先进的代理都有执行多项任务的能力，但是很多未来的代理系统实际上极可能是多智能体网络、一个代理集，每一个代理处理一项简单的任务（Wooldridge，2009）。

尽管对于智能代理目前还没有一个普遍接受的定义，但是很多人在讨论智能代理时都会想起的一些特征和能力可以被认为是它们的主要特点。下面介绍这些特征和能力。

自主性（授权） 代理具有**自主性**（autonomy）；也就是说，它能够按照自己的意愿行事或者它被授予了权利。为了获得具有目标导向性、协作性、灵活性的结果，代理必须能够自主决策。当遇到障碍时，它必须能够改变行为路线并找到绕过障碍物的途径。Maes（1995）指出常规的计算机智能可对直接的操作做出回应，但是随着代理的出现，用户可以给他们的电子代理下达开放式命令来完成工作。例如，一个代理可以接受高级别的请求，然后由自己决定在哪里以及怎样执行每一个请求。在这个过程中，代理并不是盲目地服从命令，它们可以要求澄清问题以及修改用户提出的请求。

自主性意味着代理可以主动控制自己的行动，它们的自主控制具有以下特征：

● 目标导向性。代理所接受的高级别的请求应该可以表明用户想要的是什么，同时代理应该确定怎样实现这些请求以及在哪里实现。Hess et al.（2000）将这些目标称为稳态目标。

● 协作性。代理不应该盲目地服从命令，而是应该能够修改请求，要求澄清问题，甚至拒绝执行某请求。

● 灵活性。代理的行动不应该照本宣科；代理应该能够对它的外部环境状况做出反应，并动态地选择需要执行的行动，确定按什么顺序执行。

● 自启动性。与一般的程序不同，代理并不需要用户直接调用，它们通过感知周围环境的变化来确定何时采取行动。

自主性能力还取决于代理的智能、移动性和交互性，稍后将进行介绍。

沟通与合作（交互性）　很多代理都是为了与其他代理、人或者软件程序进行交互而设计的。就任一代理的狭义能力而言，**交互性**（interactivity）都是一项关键能力。我们可以用一个代理网络来处理复杂的任务，而不是让一个代理来处理多个任务。如此一来，代理就需要沟通和合作。代理是依照某些通信语言和标准来沟通的，例如 ACL（代理通信语言）和 KQML（知识查询和操作语言）（Bradshaw，1997；Jennings et al.，1998）。

自动化重复任务（一致性）　代理通常都是为执行一个狭义的任务而设计的，代理可以一遍又一遍地重复执行这个任务并且不会感到无聊或者厌烦，也不会罢工；如果采用的是一个智能代理，那么它还会将这个任务完成得越来越好。

对周围情形做出反应（活动性）　代理可以感知它们周围的环境——可能是现实世界、使用图形用户界面的用户、其他代理的集合、互联网，也可能将以上这些全部结合起来并对环境中发生的变化及时做出反应。这意味着代理能识别所处环境中发生的变化。

主动出击　代理并不只是简单地对环境中的变化做出反应，它们能够通过采取自主行动来展示以目标为导向的行为。它们监测周围的环境，解释所监测到的信息，当出现某些特定的情形时，它们就会采取行动。

具有时间连续性　代理应该是一个连续运行的程序，而不是在完成一系列预先设定好的步骤后就结束的一次性程序。在等待事件发生时，代理程序也可以暂时处于不活跃状态（或者半主动状态）。

个性的形成　一个代理要变得有效，就必须发展自己的个性，像人类代理所做的那样，只有如此，它们才会变得可信并能够与人类用户进行交互。

在后台运行（移动性）　代理必须能够在视线范围外工作，例如在没有用户（或者"主人"）持续注意的情况下在网络空间或者其他计算机系统中工作。一些开发者用"远程执行"和"移动代理"这两个术语来表示这一属性。在网络环境下，一个代理可能会需要移动性来在不同的机器上工作。移动代理（mobile agent）能在不同的系统架构和平台中进行转移，与不具有这种功能的代理相比具有更大的灵活性。很多电子商务代理都是可移动的。

从经验中学习（智能）　目前，大多数代理都不是真正智能的，因为它们不能学习；只有一些代理能进行学习。对于一个智能代理而言，学习并不仅仅是基于规则的推理（参见第 12 章），因为智能代理要能够自主学习和行动。尽管在人工智能社区很多人认为几乎没有人会想到通过"监测"用户来进行学习的代理，但是学习能力通常都是从监测用户并预测他们的行为开始取得的。

为什么要使用智能代理

在 Future Shock（1970）中，阿尔文·托夫勒（Alvin Toffler）警告我们："洪水"即将发生——不是以水的形式而是以信息的形式。他预测人们将会被数据淹没，以至于变得麻木并且无法做出正确的选择。他的预测已然变成现实。

信息过载（information overload）是当今信息时代意外的副产品之一。管理人员和其他决策者不可能审阅他们办公桌上的每一份文件，关注数据库中每一个相关的数据记录，阅读他们所订杂志和期刊中的每一篇文章，查看发到他们电子邮箱中的所有邮件。Gartner Group（Desouza，2002）给出的数据如下：

- 大型企业每年收集的数据的数量都会翻倍。
- 知识工作者只能分析其中 5% 的数据。
- 大多数知识工作者的努力都用于试图在数据中发现重要的模式（60% 或更多），相对而言用于确定这些模式的努力则少得多（只有 20% 或更多），而真正采取行动作用于这些模式所付出的努力更少（只有 10% 或更少）。
- 信息过载使我们的决策制定能力下降了 50%。

随着互联网的出现，真正的危机开始显现出来。互联网包含产生和复制信息的机器的集合。每分钟都有数以千计的新系统和比新系统更多的新用户为互联网带来新的数据源。对于第一次登录网站的人来讲，这会是一个让你不知所措的经历，因为你可以立即获得非常多的资源。有经验的用户会寻找过滤数据的方法，这样他们才能了解在网上找到的信息流。搜索引擎和搜索目录能够帮助进行筛选，但是即便如此，其中的大量数据也与决策者当前所关心的无关。另外，搜索引擎几乎不能将通过不同来源获得的相同信息区分开，因而增加了很多无用的重复信息。尽管如此，管理人员希望能得到关键的业务信息并始终如一地做出正确的决策。

智能代理的主要价值在于它们能协助搜索所有的数据。它们通过确定什么数据是与用户相关的来为用户节省时间。通过使用这些代理，一个能干的用户不会再被过多的输入信息所淹没，而是可以通过利用信息来提升他的决策制定能力。代理是人工智能对计算机所提出的要求的回答（Nwana and Ndumu，1999）。

信息的获取和导航是智能代理当前的主要应用，但是智能代理得以快速发展还有其他原因。例如，智能代理能改善计算机网络的管理和安全，支持电子商务，给员工授权，以及提高生产效率和质量（Papazoglou，2001；Vlahavas et al.，2002）。在无线上网环境下，代理的优势会变得更显著。代理能够处理许多需要快速处理的常规活动。

代理成功的主要原因可以总结为：

- 支持知识工作者。对知识工作者所从事的工作（尤其是在决策制定方面）需要提供更多的支持。这些专业人士所做出的及时的、有见识的决策能够大幅提高他们的成效和他们在市场上所采取的商业行为的成功率。
- 一线决策者授权。在一个呼叫中心，需要授权员工与客户进行交互。同样，销售人员需要获得最新和最好的信息来完成销售任务。这些都可以通过智能代理实现。
- 自动重复办公活动。迫切需要将行政和文书工作人员所从事的某些工作自动化，例如销售或者客户支持，这样就可以降低人工成本并提高办公效率。
- 协助一般的个人活动。在快节奏的社会中，忙碌的人需要一种新的方法来使他们用于常规个人活动（如订购机票）的时间变得最少，从而能将更多的时间投入专业活动。
- 搜寻和检索。在电子商务环境下，要对包含数百万个数据对象的分布式数据库系统进行直接操作是不可能的。用户如今依赖于代理来执行搜索、收集、强化数据以及与其他相关数据记录进行比较的任务。这些代理执行了这些枯燥、耗时的重复性任务，而请求者只要对代理递送的相关信息进行分析来做出更好的决策就可以了。
- 复制领域的专业知识。为关键任务的专业知识建立模型并使其可以在组织内被可能需要它的人使用是非常明智的。专家软件代理可能是以现实中的代理为模型，如翻译家、律师、导师、机械师、顾问、股票经纪人、家庭教师甚至医生。

代理能执行许多管理导向的任务，包括：建议、报警、广播、浏览、评论、分配、招募、授权、解释、过滤、指导、识别、匹配、监测、导航、商谈、组织、代表、查询、提醒、报告、检索、计划、搜索、保卫、请求、分类、存储、建议、总结、教导、转化和警戒。

简而言之，通过执行各种各样的任务，软件代理能够提高最终用户的生产率。这些任务中最重要的是搜集信息、过滤信息，并将它们提供给需要用它们来及时做出准确决策的人。

智能代理的分类

可以用不同的方式对代理进行分类。一些受欢迎的分类是根据应用类型和特点来进行的，其他的分类则是根据控制结构、计算环境和程序语言来进行的。

根据应用类型进行分类　Franklin and Graesser（1996）用一棵分类树来对自主的代理进行分类（参见图 13—10）。与管理决策制定相关的类别是计算代理、软件代理以及特定任务代理。根据应用的性质可以对它们进行进一步区分，具体如下。

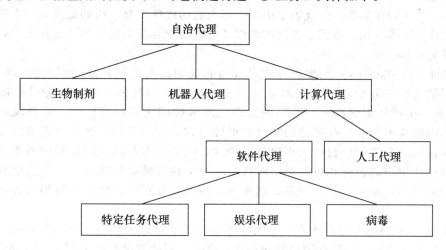

图 13—10　一个自治代理分类的分类树

组织代理和个人代理。组织代理代表一个业务流程或者一个计算机应用来执行任务。个人代理代表个人用户执行任务。例如，企业应用的代理监控软件在推动节约支持成本和提升计算机生产率方面变得十分关键。智能代理能从电子邮件中搜索某些关键词。根据邮件中所包含的关键词，代理可以基于 FAQ 文件自动发出回复。一家公司可以利用这样的代理来帮助顾客快速获得他们的问题的答案（如，egain. com 和 brightware. com）。组织代理的另一个例子是电子邮件自动分类系统。当收到一封新的电子邮件时，它会被自动送到正确的文件和文件夹中。个人代理的功能非常强大。它们可以让用户在互联网上直接访问他们想要的信息，为忙碌的人们节省时间。

私人代理和公共代理。私人代理（或者个人代理）只为那个创建它的用户工作。公共代理是由设计者创建的，它可以被任何一个有权使用这个应用、网络或者数据库的人使用。

软件代理和智能代理。根据 Lee et al. (1997) 的观点，真正的智能代理必须能够进行学习并且显示出高级别的自主性。然而，很多网络代理和电子商务代理都尚不具备这些特点，至少不是它们被期望达到的那个级别。因此，这些代理通常被称为软件代理。第二代互联网和电子商务包含越来越多具有学习能力的代理（media. mit. edu/research/groups/

software-agents）。

Wooldridge（2002）提出的另一种分类方法包括下面这些不同的类别：

- 工作流程管理和业务流程管理的代理；
- 分布式传感代理；
- 检索和管理的代理；
- 电子商务代理；
- 人机交互代理；
- 虚拟环境代理；
- 社会模拟代理。

根据特点进行分类 在代理所具有的各个特点中，有三个是特别重要的：代理性、智能性以及移动性。

代理性（agency）是代理的自主性和被授权的程度，根据代理与系统中其他实体之间的相互作用的性质，可以对代理性进行量度（至少可以定性量度）。代理至少能够异步运行。如果一个代理在某些方面代表了用户，那么它的代理性就会得到提高。一个先进的代理能够与其他实体（如，数据、应用或者服务）进行交互。更先进的代理甚至可以与其他代理进行交互和商谈。

智能性（intelligence）是推理和学习行为的级别；它是代理接受用户的目标声明并完成委派给它的任务的能力。代理至少会有一些关于偏好的声明（可能是以规则的形式），并有一个推理引擎或者一些别的推理机制来按照这些偏好行动。更高级别的智能包括一个用户模型或者一些其他的理解和推理形式，它们可以理解用户想要的是什么并计划实现目标的方法。比智能级别更进一步的是能够学习并适应周围环境的系统，这个环境同时包括用户的目标和可利用资源两个方面。这样的系统犹如一个人类助理，它可以独立于人类用户来发现新的关系、联系或者概念，并利用这些来进行预测和满足用户需求。

移动性（mobility）是代理在一个网络中移动所能达到的程度。某些代理可能是静态的，要么处于客户机（如管理用户界面）上，要么一开始就装在服务器上。移动脚本可以先集成在一台机器上，然后在一个适当的安全环境下再转移到另一台机器上运行；在这种情况下，程序在执行前就已经被转移过来了，因而不需要再附加状态数据。最后，代理也可以带着状态进行转移，在代理执行过程中，它可以带着累积的状态数据从一台机器转移到另一台机器。这种代理可以被看成是转移到代理机构中的移动对象，它们能够在代理机构中展示它们的凭证，然后获得代理提供的访问服务和管理数据。代理机构也可以扮演经纪人的角色，将具有类似兴趣和相容目标的代理集中在一起并为它们提供一个可以进行安全交互的契合点。

移动代理能从一个网站移动到另一个网站并发送和检索来自用户的数据，与此同时，用户可以将精力集中到其他工作上。这对用户而言是非常有帮助的。例如，如果用户想持续地监测一个持续几天的电子拍卖（如 eBay 上的拍卖），那么他们基本上要连续几天在线。如今他们可以利用软件来自动监测拍卖和股市行情。例如，一个移动代理从一个网站移动到另一个网站来搜寻用户指定的某一只股票的信息。如果股票的价格达到某一数值，或者如果找到有关这只股票的最新消息，那么代理就会提醒用户。移动代理的独特之处在于它是一个可以自主转移到不同的计算机上执行的软件应用程序（Murch and Johnson，1999）。

可以用两个维度来对非移动代理进行定义，即智能性（x 轴）和代理性（y 轴）（参见

图 13—11），移动代理则在一个三维空间（增加一个移动性，z 轴）中定义。例如，在图
13—11 中，当智能代理在代理性和智能性这两个维度上得到改善后，我们可以看到智能
代理的定义变得更强了。缺乏智能性的代理会变成一个笨拙的软件代理，然而缺乏代理性
的代理会变成一个专家系统。移动性是一个追加的维度，它可以帮助定义移动代理或者非
移动/固定代理。

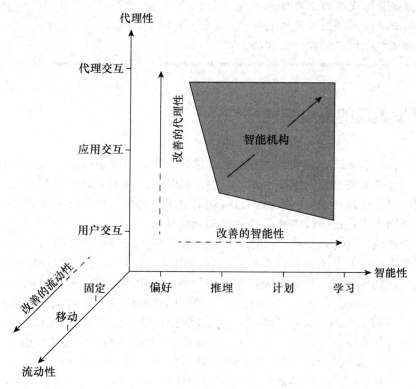

图 13—11　三维视角下的智能代理范围

领先的智能代理研究计划

　　下面是推进智能代理理论和应用的最著名的研究计划。这些计划的网站提供了充足的
资源，给出了关于越来越流行的智能代理的不同角度的观点，以及它们在现实世界中的
应用。

- IBM（research. ibm. com/iagents）；
- Carnegie Mellon University（cs. cmu. edu/～softagents/index. html）；
- MIT（agents. media. mit. edu）；
- University of Maryland，Baltimore County（agents. umbc. edu）；
- University of Massachusetts（dis. cs. umass. edu）；
- University of Liverpool（csc. liv. ac. uk/research/agents）；
- University of Melbourne（agentlab. unimelb. edu. au）；
- Multiagent Systems Blog（multiagent. com）；
- Sample of Commercial Agents/Bots（botspot. com）。

13.6　思考与回顾

1. 给出智能代理的定义。为什么智能代理会有如此多的定义和名称？
2. 智能代理的主要特征是什么？
3. 描述智能代理的主要组成部分。
4. 列出并简单评论不同类别的代理。
5. 描述智能代理与软件代理的区别。

13.7　开发集成的高级智能系统

神经计算、专家系统、基于案例的推理、遗传算法、模糊逻辑、支持向量机和智能代理都是当今很好的处理复杂问题的工具。这些工具处理问题的复杂性和模糊性不同，但可以综合使用各自的最佳功能，以取得更为可观的成果。例如，神经计算和模糊逻辑的组合可能会产生协同作用，提高代表性、容错性和适应性。

集成智能系统（integrated intelligent systems）在实践中有多种应用。这些应用包括本章开篇案例中描述的系统，在该系统中将语音识别和自然语言处理与推理引擎相结合，开发自动化阅读辅导工具。其他集成智能系统包括：采用模糊逻辑和神经网络的供应商选择系统（Golmohammadi et al.，2009）；采用神经网络和模糊逻辑来识别不同的肌肉运动的集群系统（arlik et al.，2009）；集成了基于规则的系统和神经网络的美国技术运营商产品可靠性系统（Deng and Tsacle，2000）；集成了 ES 和神经网络的建筑价格估算工具（Li and Love，1999）；集成了遗传算法和模糊逻辑的预测工具（Li and Kwan，2003）；集成了神经网络和模糊逻辑的陶瓷铸造工艺的预测和优化系统（Kuo and Chen，2004）。许多类似的例子可以在网络搜索以及数字图书馆的数据库中发现。本节后面展示了一些集成多种智能技术的例子。

模糊神经网络

模糊神经网络将模糊逻辑与人工神经网络（ANN）相结合。集成有两种方式：模糊逻辑帮助开发更昂贵的 ANN 或者 ANN 帮助开发有效的模糊逻辑应用。输入（与输出一样）变量可以通过模糊逻辑进行处理，模糊逻辑（采用模糊隶属函数）在确立前进入ANN 进行训练。这一步通常称为**模糊化**（fuzzification）。该神经网络采用模糊化输入（以及输出）变量推导出一个模型，它反映了自然系统中固有的不精确性。一旦模型建立，确切的前改造和后改造需求发生在生产系统（实际使用的未知案例）中，也就是说，明确的输入被模糊化，通过神经网络训练，然后使输出精确化，产生一个 ANN 模型的可操作的清晰的输出，并可以进一步成为其他智能系统的输入。

从另一个角度看，人工神经网络可以用来代表模糊推理系统中的模糊隶属函数。对模糊逻辑的批评之一是确定模糊隶属函数很困难。由于 ANN 具备从历史数据库中提取高度非线性函数的能力，它们可以（而且经常）在模糊推理系统开发中执行任务时用来表示隶属函数。同类型的整合也可以应用于模糊决策树和模糊专家系统（参见 13.4 节中的模糊推理系统）。

遗传算法用于决策规则和神经网络

遗传算法可用于发现大型数据库中的产生式规则。一旦发现好的规则，它就可以被送入传统专家系统（作为其知识库的一部分）或作为其他智能系统的一部分。

一种典型整合遗传算法与神经网络的方式是，利用遗传算法来寻找不同的网络参数的最优值，如隐含层数、每层的神经元、学习率、动力参数，或者与网络连接相关的权重。一种好的遗传算法可以实现自动训练实验过程，从而大大减少取得良好的人工神经网络模型所需的时间和精力。Cao and Parry（2009）开发了每股收益预测模型，它结合了神经网络的能力和具有更好预测结果的神经网络建模能力。Kim and Han（2003）开发了一个集成的系统，它利用神经网络和遗传算法进行基于活动的成本核算。Wang（2003）提出了一种用于建模的电火花加工（EDM）过程的集成智能方法。

通过采用多种先进技术，处理更广泛的信息和解决更复杂的问题成为可能。这一观点在尖端技术以及其他任何集成决策模型中都是有效的。

13.7　思考与回顾

1. 什么是模糊神经网络？举一个模糊神经网络的应用实例。
2. 描述如何将遗传算法与其他智能方法相结合，并提供一个应用示例。
3. 集成智能系统有什么优点和缺点？

第Ⅵ部分
决策支持系统及商务智能的实现

这一部分的学习目标包括：

1. 对能为管理支持系统在普通层面尤其是商务智能层面提供有趣应用和开发机会的一些新兴技术进行探究，这些技术包括 RFID、虚拟世界、社交网络、Web 2.0、现实挖掘和云计算；

2. 描述 MSS 在个人、组织及社会层面的影响；

3. 了解 MSS 实施过程中的主要道德及法律问题。

本部分只包含一章，即第 14 章。该章的基本目标就是对一些新兴技术进行介绍，这些技术将为商务智能技术及管理支持系统的应用及扩展带来新的机遇。本部分还将简要探讨这些技术在个人、组织及社会层面的影响，特别是在 MSS 实施过程中的道德及法律问题。在对一些新兴技术或者应用领域有所了解后，我们将关注组织中的一些事项。

第 14 章

管理支持系统：
趋势及其影响

📖 **学习目标**

1. 探讨一些能够影响 MSS 的技术。
2. 了解 RFID 数据分析是如何协助改进供应链管理及其他业务的。
3. 描述海量数据采集技术是如何使现实挖掘成为可能的。
4. 描述虚拟世界技术是如何用于决策支持的，了解其优缺点。
5. 描述虚拟世界应用是如何为 BI 应用带来更多数据的。
6. 描述云计算在商务智能领域的潜能。
7. 理解 Web 2.0 及其与 MSS 相关的特征。
8. 理解社交网络的概念、优秀应用及其与 BI 的关系。
9. 描述 MSS 的组织影响。
10. 了解 MSS 对个人的潜在影响。
11. 描述 MSS 的社会影响。
12. 列出并描述 MSS 实施过程中的主要道德及法律问题。

本章将对一些技术进行介绍，这些技术有可能对商务智能应用的开发及使用产生巨大的影响。还有很多其他的令人关注的技术也在不断兴起，但我们关注的是那些已经实现的和在未来可能会对 MSS 产生影响的新趋势。预言往往充满风险，但是本章将给出一个用来分析新兴趋势的框架，我们将对一些新兴技术进行介绍和说明，探讨其当前的应用，并且介绍它们与 MSS 的关系。接下来，我们将探讨支持系统的组织、个人、法律、道德及商业影响，这将会影响支持系统的实施应用。

可口可乐基于 RFID 的自动售货机带来一种新型 BI

可口可乐是一家总部位于美国佐治亚州亚特兰大市的软饮料巨擘。该公司致力于开发一种新途径来提高其销售额，并找到一种成本更低的途径来测试其新产品。2009 年夏，该公司在加利福尼亚州、佐治亚州及犹他州选定的餐馆中安装了采用 RFID 技术的软饮料自动售货机，并计划逐步将这类售货机推广到全美。这种名为 Freestyle 的新型自动售货机装有多达 30 种调味原料，让消费者可以创造出 100 种不同的饮料，包括苏打水、果汁、茶以及各种口味的水。每种饮料只需要数滴调味原料。消费者在使用该自动售货机时需要在售货机的 LCD 屏幕上选择品牌及口味，该程序在 Windows CE 操作系统上运行。

RFID 技术使可口可乐公司可以测试新的饮料口味及概念，观察消费者会选择何种口味及组合，识别各地区的偏好并且跟踪消费者所饮用的饮品数量。由于自动售货机能实现调味品的多种组合，可口可乐公司可以看到哪些新组合最流行，并将它们推广到其他市场。这一过程使可口可乐公司节省了开支。以前，可口可乐公司需要将新产品装瓶并配送到各类市场。有时这些产品在一两年后就会因为不受欢迎而停产。

RFID 技术还帮助每个餐馆追踪确定何时订购新的调味原料，这提高了库存的准确性，并且能够确定何种口味最受欢迎，需要储存哪些调味原料。每个餐馆都可以浏览由 RFID 系统采集数据所生成的饮料消费报告，并且通过可口可乐公司开发的电子商务门户来订购产品。该技术甚至使它们能够看到在每天的不同时段哪些饮料最受欢迎。

本例中的 RFID 技术是通过置于每个调味原料盒上的 RFID 芯片以及自动售货机中的一个 RFID 读写器发挥作用的。每天夜里，记录下来的信息就会通过内部的 Verizon 无线网络传送到可口可乐公司亚特兰大总部的 SAP 数据仓库系统中。此外，可口可乐公司还可以利用该无线网络来向自动售货机传达指令，以提供新的产品组合或者立即停止被召回的饮品在全美的销售。

思考题

1. 在本例中 RFID 在降低库存方面有何作用？

2. 一家餐馆采用支持 RFID 技术的调味原料盒有什么好处？

3. 新型自动售货机可以给消费者带来哪些好处？

4. 哪些事项会对这种新型自动售货机的广泛应用产生影响？

我们可以从中学到什么

本例说明了当人们以创造性思维开发创新性应用时，新技术所能发挥的潜能。本章所要介绍的技术大多蕴藏着创造下一个杀手级应用的可能。例如，对 RFID 的应用正不断增加，每家企业都在探索其在供应链、零售店、制造或者服务业务中的应用。本例表明，只要将想法、网络及应用恰当地结合起来，就有可能开发出能够对企业运营产生多方影响的创新性技术。

资料来源：Based on M. H. Weier, "Coke's RFID-Based Dispensers Redefine Business Intelligence," *Information Week*, June 6, 2009, informationweek. com/story/showArticle. jhtml? articleID = 217701971 (accessed July 2009).

14.1 RFID 及 BI 应用的新机遇

2003 年 6 月，沃尔玛的 100 家顶级供应商得到了授权，它们可以在运往达拉斯及得克萨斯州门店的托盘及集装箱上放置 RFID 标签。沃尔玛通过这一授权大力推动了 RFID 的发展。虽然该技术问世已有 50 多年，但是直到授权时该技术也只在一些有利可图的领域中得到有限的（但是成功的）应用。自该消息公布之后，RFID 产业开始繁荣发展。美国国防部很快发布了自己的授权，包括塔吉特、艾伯森和百思买在内的企业也紧跟其后。最初的计划只关注零售供应链上的大型供应商（如，宝洁、吉列、卡夫），现在该计划已经覆盖规模更小的零售供应商——沃尔玛的 200 家次级大型供应商从 2006 年 1 月开始运送带有 RFID 标签的产品。

射频识别（RFID）是一项共性技术，指的是使用射频电波来识别物品，从根本上说，RFID 是自动化识别技术中的一个例子，自动化识别技术还包括随处可见的条形码和磁条。从 20 世纪 70 年代中期开始，零售供应链（以及其他的很多领域）都将条形码作为自动化识别的基本方式。RFID 的潜在优势促使很多企业（在诸如沃尔玛、塔吉特和艾伯森等大型零售商的带领下）开始积极采用这一技术以改进其供应链，并借此降低成本、增加销售额。

RFID 的工作原理是什么？一个最简单的 RFID 系统包括一个标签（附在需要被识别的产品上）、一个询问器（即读写器）、读写器上附有一个或多个天线以及一台电脑（用来控制读写器并获取数据）。目前，零售供应链主要关注被动 RFID 标签的使用。被动标签接收由询问器（如一个读写器）所产生的电磁场的能量，并在有需要时反馈信息。被动标签只有在询问器磁场范围内才会保持通电状态。

与此不同的是，主动标签带有一块电池可向自己供电。由于主动标签自身具备能量源，因此它们不需要读写器为其供电，可以自行发起数据传送过程。从积极的方面来看，主动标签有更广的读取范围、更好的准确性、更复杂的可重写信息存储以及更丰富的处理功能（Moradpour and Bhuptani, 2005）。从消极的方面来看，由于电池的原因，主动标签的寿命更有限，体积比被动标签大，价格也更高。目前，大多数零售应用在设计和实际使用中都采用了被动标签。主动标签通常用于国防或者军用系统中，不过它们也出现在类似于快易通（EZ Pass）的技术中。在快易通中，标签与预付费账户相连接，使驾驶者可以在驾车驶过读写器时完成付费，而无须停下来在收费站交费（美国商务部，2005）。

RFID 技术最常用的数据表示法是电子产品代码（electronic product code，EPC）。很多行业的公司都将 EPC 视为下一代通用产品代码（universal product code，UPC）（通常以条形码为代表）。与 UPC 类似，EPC 也包括一系列数据，在整个供应链中标志着产品的类型和制造商。EPC 码还包括额外的数字组，用来对物品进行唯一识别。

目前，大多数 RFID 标签都包括 96 比特数据，以 SGTIN（serialized global trade item number）的格式进行存储，用来识别集装箱；或者以 SSCC（serialized shipping container codes）的格式存储，用来识别托盘（虽然 SGTIN 也可用来识别托盘）。标签数据标准的指南可以在 EPCglobal 的网站（epcglobalinc. org）上找到。EPCglobal 是一家由致力于创建 EPC 全球标准以支持 RFID 应用的行业领导者和相关组织组成的、以用户为导向的公司。

如图 14—1 所示，标签数据最纯粹的格式就是一组二进制数字。这组二进制数字可以转化为相应的 SGTIN 十进制码。如图所示，SGTIN 码从本质上来说就是一个 UPC（UCC-14，用于航运集装箱的识别）再加上一段序列号，这段序列号是现在所用的 14 位 UPC 与 RFID 标签中的 SGTIN 之间最为重要的区别。通过 UPC，公司可以识别集装箱所属的产品系列（如，8 粒装的 Charmin 卫生纸），但是它们不能区别不同的集装箱。通过 SGTIN，每个集装箱都可以被唯一识别。这实现了在集装箱水平而不只是产品系列水平上的可见性。

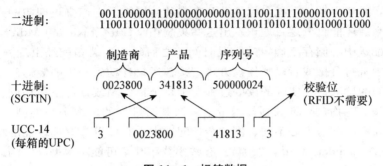

图 14—1 标签数据

RFID 所产生的海量数据的应用之一就是供应链管理（Delen，Hardgrave and Sharda，2007）。图 14—2 展示了一家配送中心（distribution center，DC）和一家零售店所要实现的典型功能，以及这些供应单位之间的物资流。配送中心的基本功能是接收、入库、分拣和运送。接收是指有序接收物资/货物、检查数量及质量、将收到的货物分散入库并且/或者立即转运（Tompkins et al，2002）。

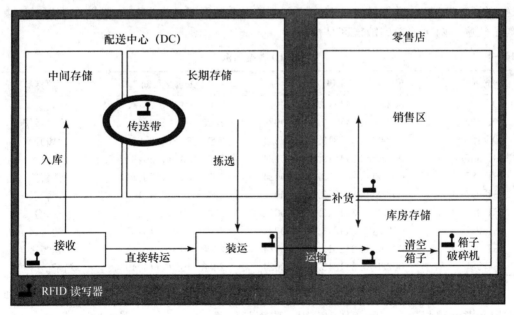

图 14—2 一个典型零售系统的操作及相关功能

一般来说，当一辆卡车开到接收货物的门口时，就应当按下列顺序进行操作：（1）将拖车上的货物卸下来；（2）根据预定交货目录核实所收货物；（3）挑出损坏的货物并记录损坏的数量和产品类型，以便后续处理；（4）如果需要的话，在托盘、集装箱或者货物上附加标签，使其在仓库中可以被追踪；（5）根据当前需求及安排将货物进行分类：入库或者直接转运。

大多数供应商都在产品离开时为其加上标签。当产品从供应商移动到零售配送中心，并继续移动到零售店时，它会经过一系列 RFID 读取点，读写器会在集装箱通过这些读取点时捕捉并记录它们的标签数据。图 14—2 中标示了一个普通配送中心的关键读取点。当产品被送到配送中心时，读取口（由配送大门两边的固定读写器和天线构成）会捕捉托盘及集装箱数据。在这一点上，沃尔玛和其他的零售企业并不期望能够识别一个托盘上的所有单个集装箱，或者识别一个托盘标签及几个集装箱标签。它们真正期望的是在将集装箱从托盘上卸下来后还能百分之百地识别出这些集装箱（Hardgrave and Miller，2006）。

产品会在配送中心储存不确定的一段时间，之后每个集装箱就经由配送中心（例如，放到输送系统中进行分拣或者以整托盘方式直接转运）移动到相应的装运门，这些门上装有与接收门类似的读取口。实际的读取过程对于每个集装箱或许都不尽相同，取决于产品类型（例如，袋装宠物食品不放到传送带上）及其所进入的配送中心类型（冷藏品/杂货配送中心与普通商品配送中心不同，例如杂货配送中心有可以放置读取器的拉绕器，但是没有传送带）（Alexander et al.，2004）。有些集装箱甚至可能不遵循既定的运输线路。

表 14—1 给出了一个有代表性的例子，它跟踪了一箱产品（SGTIN：0023800.341813.500000024）从配送中心到箱子破碎机的实际移动路线。这一箱产品在 8 月 4 日到达配送中心（DC）123，在 8 月 9 日放到输送系统中，不久之后就离开了。（每一事件在每个门只显示一次读取结果，若某个门产生重复的读取结果，则予以删除。）该箱产品在离开配送中心约 12 小时后到达店铺（ST）987，马上就被放到销售区，并在 5 小时后从销售区退回，放到了库房，到第二天，这个箱子又被送到销售区并在 45 分钟后送回，然后被送到箱子破碎机上进行最终处理。该产品基本上遵循了规定路线，但是它在临近结束时偏离了轨迹，两次被送到销售区又被送回。

表 14—1   **RFID 数据示例**

位置	EPC	日期/时间	读写器
DC 123	0023800.341813.500000024	2008-04-05 23:15	到达
DC 123	0023800.341813.500000024	2008-09-05 7:54	传输系统
DC 123	0023800.341813.500000024	2008-09-05 8:23	离开
ST 987	0023800.341813.500000024	2008-09-05 20:31	到达
ST 987	0023800.341813.500000024	2008-09-05 20:54	销售区
ST 987	0023800.341813.500000024	2008-10-05 1:10	销售区
ST 987	0023800.341813.500000024	2008-10-05 1:12	库房
ST 987	0023800.341813.500000024	2008-10-05 15:01	销售区
ST 987	0023800.341813.500000024	2008-10-05 15:47	销售区
ST 987	0023800.341813.500000024	2008-10-05 15:49	箱子破碎机

表 14—1 的数据片段（一个简单的 RFID 数据实例）能够告诉我们什么呢？如果我们更细致地考察这些数据，就能从中获得一些深刻见解。

首先，了解物品移动的日期和时间对于确保产品新鲜度、跟踪召回产品或者将产品及时配送到店铺（特别是那些对时间敏感的产品）等都是非常重要的。例如，我们可以考虑一下企业在进行产品推广促销时遇到的情况。通常会发布广告（本地的、全国的）来推广产品，在促销开始后，产品的命运主要取决于头几天的表现。如果该产品不能及时地摆放到货架上，销售就会受到影响。吉列公司使用 RFID 来确定店铺是否将其货架与某些产品一同储存起来以备促销。公司发现，在使用 RFID 的店铺里，那些在促销之前就将产品从库房挪到货架上的店铺的销售额，比那些没有及时挪动产品的店铺要高 48%（Evans，2005）。RFID 为其提供了所需的数据以及洞察力。

其次，数据使人们对货物从库房运送到销售区的过程有更深入的了解。在表 14—1 给出的例子中，我们可以看到该箱产品被两次运到了销售区，也许第一次被退回的原因是它的尺寸与货架不符。这一"不必要的循环"产生了几个问题：将产品移入、移出销售区会无谓地浪费宝贵的人力资源、延长产品处理时间、加大产品损坏几率。为什么产品被两次送往销售区？如果在 8 月 11 日（该产品上架的日子）之前不需要该产品，为什么在 8 月 10 日就把它送来了呢？这就提出了预测及补给系统的问题。也有可能是一名工人在不需要该产品时手动订购了这一产品，如果是这样，那么为什么要进行手动订购？有可能是由于产品放在库房中不容易被看到或者找到，工人没有花时间去寻找，而是手动订购了这一产品。当产品处于运输途中时，另一名工人在库房中找到了这一产品并且将其上架，当手动订购的产品到达后，它就无法上架了，这样就造成了一次不必要的产品移动（即手动订购产品）。在这种情况下，RFID 可以帮助人们做什么呢？当一名工人试图手动下订单时，系统可以检查库房中是否有一个箱子（根据库房读取记录确定）。如果有一个箱子，系统就会帮助工人利用手持或者便携式 RFID 读写器来找到那个箱子。

最后，RFID 可以精确指出产品通过供应链所需的时间长度，以及产品通过每个关键读取点的确切时间——可精确到每个箱子！这种对产品流通的把握在以前是不可能实现的。通常情况下，从订货到交货的时间是根据大量的系列产品在系统中的移动来估计的。同时，在使用 RFID 之前，也无法实现店铺层面上的可见性。要实现这种可见性，需要找到合适的指标来确定配送中心的绩效。Delen，Hardgrave and Sharda（2007）提出了一些绩效指标来达到这样的可见性。

企业还可以用 RFID 来渐进地改变流程，从而改善各类现有流程的效率或者有效性。例如，早期的证据显示，RFID 可以缩短仓库接收产品的时间（Katz，2006）。附有 RFID 标签的产品无须逐箱扫描条形码，在接收门处可自动读取。吉列公司报告称，由于采用了 RFID 以及在源头附加标签的战略，其配送中心的托盘接收时间从 20 秒缩短到 5 秒（Katz，2006）。接收过程并没有被彻底地改变（即，还像以前那样用叉车卸载产品），唯一的变化就是省去了人工扫描产品的步骤，因此，这一过程变得更高效。流程有效性还可以进一步提高。例如，沃尔玛发现采用 RFID 数据可以生成更好的补给产品列表，从而使缺货率下降 26%（Hardgrave et al.，2006），货架补给流程并未改变，但是通过采用 RFID 技术获得了改进。沃尔玛还将其不必要的人工订单减少了 10%，并因此使订购及预测系统变得更有效（Sullivan，2005）。RFID 还被用于接收货物以减少失误、提高库存准确性，从而使预测及补给得到改善。

RFID 数据已经被用到其他的很多应用之中。例如，易腐商品由于其种类繁多且具有不同的腐烂特性，对供应链管理提出了巨大的挑战，需要对某些供应链中的货物流以及长距离的大量货物运输进行说明。尽管大部分易腐商品都是食品，但其他很多产品也是易变质或锈蚀的，包括鲜花、药物、化妆品以及汽车零件，因此需要对环境进行严格控制来保持产品质量。由于要处理的货物数量极大，因此出现问题的可能性更高（Sahin et al.，2007）。举例来说，即便减少很小一部分腐烂，都会使供应链得到显著改善。因此，对易腐烂产品供应链进行最优管理对于该细分市场拓展业务来说至关重要。

当今极易挥发、易腐烂产品的供应链能否取得成功，取决于产品可见性的水平（和及时性）。可见性应当能够回答下列问题："我的产品在哪里？""我的产品现在状态如何？"

目前已经有多家企业对易腐产品进行 RFID 测试。考虑下面的例子：

● Samworth Brothers Distribution（位于英国；产品为三明治、点心等）在其卡车中实行实时温度监控（Swedberg，2006）。

● 鲜货快递公司（Fresh Express）使用 RFID 来查看产品的流动情况及其有效期。

● 星巴克对发往零售店的食材进行温度跟踪（Swedberg，2006b）。

● 思科采用 RFID 在不用开车门的情况下检查载重情况（Collins，2005）。

● 一家地区餐饮连锁店（旗下有 700 家餐馆）采用基于 RFID 的温度监测设备，来确定牛肉饼、鸡蛋、洋葱及其他食材的状态（Banker，2005）。

● TNT 使用 RFID 来监控产品从新加坡运至曼谷途中的温度曲线（Bacheldor，2006）。

另一个在供应链中使用 RFID 的例子是产品质量管理。在一些研究中，运输食品的冷藏卡车中使用了基于传感器的 RFID 标签，发现温度并不如想象的那样保持恒定，实际上温度发生了大幅变化（Delen，Hardgrave and Sharda，2009）。当一件产品通过供应链时，环境会发生变化，这会影响到产品的质量及安全。支持 RFID 的环境传感器可以使人们掌握产品所处的不断变化的环境状态，并为确定这些变化对产品质量及安全的影响程度提供必要的数据。没有这些传感器，人们可以获得对环境状态的各类单点估计（如，装载时的温度、运输时的温度），但是无法实现这些点之间的可见性。在这些应用范例中，温度会随托盘的不同部位（如，顶部、中部、底部）、载重配置（即托盘的位置）、集装箱类型、产品类型以及包装材料（如，瓦楞纸箱与塑料提包）等因素的变化而发生改变。许多变量的明显影响表明，对环境的连续监控对于掌握每个托盘或箱子的状态非常必要。总而言之，支持 RFID（温度）的传感器是很有效的。传感器使人们可以对产品通过供应链时所面对的环境状态有深入的了解，只通过单点估计是无法得到这些信息的。

开篇案例中给出了一个非常有趣的新兴应用，包括对 RFID 及商务智能的创新性应用。RFID 技术生成了可供分析的海量数据，从而加深了对企业环境的理解，这是商务智能及决策支持得到广泛应用的主要目的。下一节将讲述另一种因海量数据的采集而出现的商务智能的新机遇。

14.1 思考与回顾

1. 什么是 RFID？
2. RFID 读取和记录哪类数据？
3. 企业通过在配送中心读取 RFID 信息可以了解什么？
4. 在网络上搜索 RFID 在医疗保健、娱乐及体育方面的应用。

14.2 现实挖掘

RFID 为利用 BI 技术进行决策支持的进一步分析提供了重要的、成熟的数据流。同时，随着数据挖掘技术的发展，另一种海量数据源也在不断发展。实际上，这类数据挖掘技术已经有了一个新名称——**现实挖掘**（reality mining），Eagle and Pentland（2006）率先使用了该术语。来自 MIT 的亚历克斯（桑迪）·彭特兰（Alex（Sandy）Pentland）与来自哥伦比亚大学的托尼·杰巴拉（Tony Jebara）拥有一家名为"Sense Networks"的公司（sensenetworks. com），该公司关注现实挖掘应用的开发。

消费者和商务人士所用的很多设备都在持续地向外发送它们的位置信息。汽车、公交车、出租车、移动电话、照相机以及个人导航设备都凭借类似于 GPS、WiFi 和基站三角网定位等联网定位技术来发送它们的位置。众多消费者和企业都在使用支持定位功能的设备来寻找附近的服务，定位他们的朋友和家庭，导航，跟踪财产及宠物，安排体育活动，观看比赛及参与其他爱好的活动。随着支持定位功能服务的激增，出现了存储历史及实时位置信息的庞大数据库。这些位置信息是分散的，而单独的位置信息本身并没有什么价值。现实挖掘的基本理念就是：这些数据集可以使人们以实时的方式更深刻地理解人类总体活动的趋势。

通过对这些大范围活动模式的分析和研究，我们有可能识别出具体情景下的不同行为类型，称之为"部落"（tribes）（Eagle and Pentland，2006）。Macrosense 是 Sense Networks 公司开发的一个应用平台，该平台可以利用所有移动设备所产生的数据，对其进行基于空间及时间的清洗，再通过其独有的聚类算法对这些海量数据集进行处理，从而将数据流进行分类，归入顾客/客户/其他类型。这一方式使企业可以更好地理解客户模式，并在推广、定价等方面作出更为明智的决策。

Sense Networks 公司目前正在对这一通用技术进行调整，来帮助消费者找到具有相同兴趣爱好的人，该应用被称作 Citysense。图 14—3 给出了旧金山部分地区的地图。sensenetworks. com/citysense. php 上的彩图效果更好，但是我们从这张黑白图中也可以看出

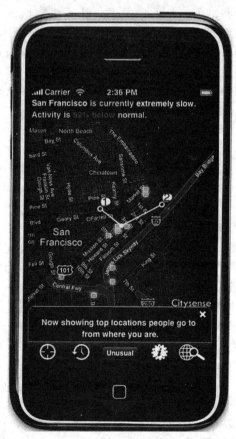

图 14—3　Citysense 范例

在这一特定时刻人们的动向，每个点都代表着人的存在，并且模拟显示了人类在城市范围内随时间变化的集聚和移动模式。Sense Networks 的核心分析平台 Macrosense 还可以对 Citysense 中显示的总体信息进行分析，来对用户进行聚类以找出部落。Macrosense 可以通过对部落分布情况在任意给定的地点及时间进行采样，来确定某个部落的位置，这就使得我们可以推测一个用户在某一时间出现在某地时的含义。例如，摇滚俱乐部和嘻哈俱乐部都保持着不同的部落分布。当一个用户在夜里出行时，Macrosense 可以通过用户花在这些地点的时间来了解他们所偏爱的部落分布。Sense Networks 宣称，Citysense 未来的版本中将包含部落信息，当用户访问其他城市时，他们可以看到根据这一分布以及总体活动信息所形成的热点推荐。

那些前往摇滚俱乐部的用户会看到摇滚俱乐部热点，而经常去嘻哈俱乐部的用户可以看到嘻哈俱乐部热点，那些去两类俱乐部的用户则可以同时看到两类热点。这就可以为这些用户解决"像我这样的人现在都在哪里"之类的问题，哪怕是在一个他们从未到过的城市。通过利用部落来模拟现实世界，使该应用可以为每一位用户提供个性化的服务而无须收集个人身份信息。

现实挖掘通过采用那些可以减少位置数据维度的算法，可以根据活动及地点间的运动来刻画这些地点的特征，这些算法可以从海量高维位置数据中发现趋势、意义以及联系，从而逐步给出人类可理解的表达法。通过采用这些算法，人们还可以利用这些数据以自动化的方式进行智能预测，并寻找地点与人之间的重要匹配和相似之处。Loecher et al. (2009) 提供了其算法的一些细节。从本质上讲，从手机数据中获取的活动信息被用来研究现实世界中地点之间的行为联系。这种研究还考虑了每日之中的时间因素，因为一个人群有可能在早晨到某个位置去工作，另一个完全不同的人群则有可能因为某个位置附近有一家夜总会，因而在夜里经常出现在那个位置。由于频繁光顾某地之人的数量和类型具有时间敏感性（有可能远比网络上的静态页面更为动态），用来描述现实世界地点的原始数据具有非常多的维度。

根据 Sense Networks 提供的材料，该公司对一个城市中的每个地点赋予了 487 500 个要素。这些要素是根据人们随时间变化出入该地的运动，以及那些人在到达该地前后所去的其他地点来确定的。其"Minimum Volume Embedding"算法将位置及时间数据降到了二维，并同时保持了超过 90% 的原始信息。这就使得我们能够对那些帮助人类理解关键维度的数据进行可视化处理，从而在城市的人类流动（例如，购物者的流动、上下班人员的流动或者社交者的流动）中提取出关键的联系。此外，该公司还利用了历史数据与人口、天气及其他变量，当企业了解了城市中的空间行为时，就可以利用这些持续更新的聚类来更好地通过稀疏的位置数据了解它们的客户，从消费者总体行为中发现趋势来调整财务指标，并对服务需求及地点进行预测。

运用这些技术时需要考虑的一个重要问题就是隐私。如果某人可以追踪一部手机的移动情况，那么该用户的隐私就是个大问题了。但是 Sense Networks 宣称自己只需要收集总体流动信息，而不是个人身份信息，就可以将某个人归入某个群体。

可以访问 Sense Networks 网站（sensenetworks. com）查看该领域的最新进展。这一技术正在快速发展。Baker（2009）以及 *Economist*（2009）上的一篇报道都强调了现实挖掘在企业管理方面的一些潜在应用。例如，一家名为"Path Intelligence"的公司（pathintelligence. com）开发了一个名为"FootPath"的系统，该系统可以探知人们在某一城市甚至某个商店里的移动情况，所有这些都是通过对移动情况的自动追踪来实现的，不需要通过任何照相机来对其进行视觉记录。这样的分析有助于确定产品乃至公共交通的最佳布局。数据的自动化采集可以捕捉手机及 WiFi 热点的接入，从而呈现了一种不干扰市场调查的数据收集和对这些海量数据集进行微量分析的新维度。

14.2　思考与回顾

1. 给出现实挖掘的定义。
2. 哪类数据可以用于现实挖掘？
3. 简要介绍怎样用数据创建用户资料。
4. 如果你可以访问手机位置数据，你还可以想出其他的应用吗？请就位置服务做一项调查。

14.3　虚拟世界

虚拟世界已经借助多种形式存在了很长时间，这些形式包括立体照相机、电影、模拟器、电脑游戏以及头盔式显示器等。在本书中，**虚拟世界**（virtual worlds）被定义为由计算机系统创造的人工世界，用户在其中有身临其境之感。虚拟世界的目的是在一定距离外获得电子临场感和参与感。目前较为流行的虚拟世界包括第二人生（secondlife. com）、Google Lively（lively. com）以及 EverQuest（everquest. com）。Wikipedia（en. wikipedia. org/wiki/Virtual_world）对于虚拟世界的技术、应用及其社会与组织问题进行了很好的综述。在这些虚拟世界中，树会随风摆动，水可随波逐流，鸟儿于林间啁啾，卡车在街上轰鸣。用户可以创建数字角色，这些角色被称为"化身"（avatar），它们可以在计算机生成的场景中与其他计算机生成的人物互动、交谈或者携手同行，一些人物甚至还可以经营跨国企业。

现实世界中的机构，从大学、企业到政府部门，都越来越多地将虚拟世界纳入它们的战略营销行动。虚拟世界逐渐成为获得更大消费者基础、了解客户及其之间互动的一条重要渠道，而这些事情在几年前还是不可能实现的。像虚拟货币这样的概念使参与者可以买卖虚拟商品或者服务，比如服装或者培训。虚拟世界提供了更多更好的广告模式，既可以是沉浸式的，也可以是吸收性的；既可以是主动的，也可以是被动的。广告除了文字以外还可以融入音频和视频信息，这丰富了产品知识，增强了客户购买意愿。尽管有关在线化身在营销中的应用的研究还不多，但已有证据表明，化身及虚拟人物有可能对信任及在线购买意愿产生积极影响，这是因为它们模拟了顾客在真实商店中的体验（Stuart，2007）。但是，并不是所有的真实世界属性都可以通过虚拟方式来体验，因为不是所有的人类感觉（比如味觉）都可以被数字化并且通过电脑显示器呈现出来（Tsz-Wai，Gabriele and Blake，2007）。

第二人生是一个有效的商业工具。今天的经理可以利用第二人生来实现现实世界中的决策支持。2007 年，约翰·布兰登（John Brandon）在《计算机世界》（Computerword）上发表了一篇有关第二人生中顶级营业场所的文章，其中指出：

> 让 IBM 更感兴趣的是那些关起门来做的事情。定期与客户进行"头脑风暴"产生了很多有趣的创意，比如一家可以在第二人生中售货并且可以将货物带回家的杂货店，以及一家可以为雇员定期召开培训会的燃气公司——这些都不会向公众开放。

尽管虚拟世界正在成为企业及消费者感兴趣的工具，但一些短期的技术及实践原因使得虚拟世界未被广泛接受。例如，进入大多数这类虚拟环境需要下载一个插件。尽管下载安装的通常是免费软件，但是很多企业和政府机构禁止雇员在计算机上安装任何类型的软件，这就限制了这些服务的使用，只有少数雇员（特别是那些 IT 员工）才有可能使用。

尽管有一些局限性，但是虚拟世界的消费者应用正在快速增长。本书作者之一沙尔达就曾经参与用于展会的虚拟世界应用。"展会"是用来形容一个临时市场活动的术语。展会每隔一段时间便会召开，在那里大量的潜在买者（与会者）以及卖者（参展者）会通过互动来了解新产品及服务。像书展、技术展以及人力资源展（招聘会）这样的展会一年到头都会在全球各地举办。

现实展会能够实现面对面的交流，这是最生动的交流形式。传统展会的缺点包括：地理范围受限，经营时间有限，参与成本高，以及需要对展位进行战略选址以获得最大的曝光率。为了从展会中获得更大价值，很多参与者开始使用像虚拟世界这样的技术来增加可见性。一些信息技术工具被用于模仿展会的某些具体活动。例如，现在我们常常可以见到网络研讨会以及通过网络进行的展示、讲座或者讨论会（Good, 2005）。一般来说，这些工具都可以提供从发言者到听众的单向通信，也可以是双向互动，从而使发言者和听众之间可以提供信息、接收信息并对信息进行讨论。但是，网络研讨会一般不会传递主要内容、利益相关者信息和重要数据，而这些信息对于传统展会的参展者来说都是可以获得的。

虚拟世界技术也许在复制展会参与体验方面非常有用，可以通过组织虚拟展会来实现。这些虚拟展会可以拓宽现实展会的范围，让更多的参观者加入，也有可能让更多的参展者加入。一个在网络空间举办的虚拟展会有可能被看成是现实展会的延伸或者替代。虚拟展会复制了现实展会中信息交换、沟通以及社区聚集方面的很多功能。因此，一个虚拟展会应该是事件导向的，能够支持信息在各类参展者和众多参与者之间进行交换。虚拟展会的结构通常包括一个虚拟会场，具有特定能力的用户经过批准可以进入该会场。用户可以参观虚拟展会的展示，也可以建立虚拟展位来展示信息，这与他们在会展中心的展销会上所进行的活动是一样的。虚拟展会还会有其他组成部分，例如一场虚拟网络会议、一系列网络研讨会或者其他的学术论坛。访问者需要填写一张在线注册表格来创建一个在线身份标记，然后才能够进入展会展位。展位上有桌子以及方便用户了解的展览品。细致的跟踪机制使组织者可以对虚拟展会的流量进行记录及分析。虚拟展会可以用于国际展会、商业洽谈、采购会以及产品发布会等。这一体验对于其他应用来说也非常有效，例如虚拟招聘会、虚拟义卖会、在线员工网络、经销商洽谈会以及风险投资洽谈会。一些虚拟展会公司已经看到了虚拟世界及展会的协同作用，其中一家企业是 iTradeFair. com。图 14—4 展示了一个虚拟展位的范例。

在传统展会中，对于展位设计没有标准规范。好的展位设计注重能够增加访客数量的产品和方式。在虚拟世界中，技术平台为参展者提供工具来开发具有专业外观的虚拟展位。展位开发软件将展位内容的控制权交到了参展者手中，因此参展者可以自主安排来满足他们的需要。参展者只需通过一个非常易于使用的、基于浏览器的界面，就可以创建任意的展位内容并对其进行编辑，即使在展会进行过程中也可以。而在现实展会中，这样的行为将是十分混乱且成本高昂的。参展者通过使用"展位皮肤"，就可以在皮肤库及图像中挑选自己中意的展位外观。在展会中，颜色是能够影响人类心理的最重要因素之一（Siskind, 2005），也使陈列与产品密切相关。展位开发系统使参展者可以挑选符合其企业

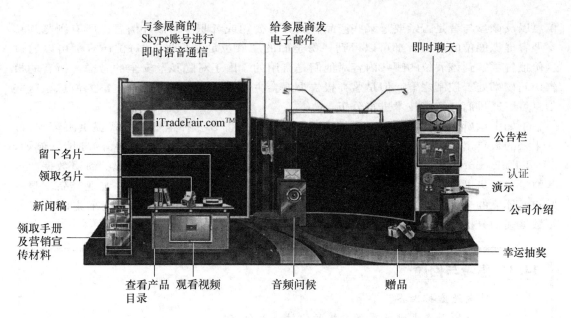

图 14—4　虚拟展位的范例

色彩及文化的颜色，此外，它们还可以添加与其品牌相符的标志和图片，加入声音元素来改善访客的体验。其他的全部相关信息都可以通过展位这一组件表现出来，例如某些宣传材料、视频、介绍、赠品以及便于参与者联系的电话号码等。

　　展会的参与者需要找到特定虚拟展会的主页，并首先访问虚拟展区。在虚拟展区中，参与者可以选择一个虚拟展位并收集信息、参与现场互动以及信息发布活动。技术使得沟通可以通过网络回拨、传真以及电子邮件等多种功能来实现。参与者可以访问社区并使用多种功能，比如可以实现讨论与辩论中多对多合作的在线讨论区及在线聊天论坛，又比如在线调查以及根据关键词及状态进行搜索的搜索引擎。参与者还可以进入虚拟记者室，获得各种虚拟展位的宣传稿。特殊发言者或者访客可以通过网络直播视频流来进行沟通。参与者还可以通过聊天室与其他参与者互动。尽管这使得展会参与者可以在同一时间、不同地点交换信息，但是与第二人生中的角色可见性体验相比，这种传播媒介在丰富性方面略逊一筹。

　　成千上万的参与者可以访问同一个虚拟展会，每个人有可能会访问数百个展位。参与者只需要填写几张简单的表格就可以完成注册，每个虚拟展会的表格的要求不同。虚拟展会主办方为展会制定了准入政策，只允许那些达到注册条件的用户参与展会。这使展会主办方确保只有那些合适的、符合资格的人员才能参与展会。正如一份杂志会提供免费订阅的机会以换取额外的个人资料，注册过程也会鼓励参与者填写更多的信息，主办方可以将这些信息设为必填项或者选填项。虚拟展会平台使参与者可以自由决定他们在虚拟展会中的访问行动。他们可以充分利用个性化服务，比如可以确定自己的路线来通过展示区，也可以在访问展位时在自己创建的笔记本上做笔记，并将笔记打印或者通过电子邮件发出。

　　参展者参与展销会的一个主要原因就是获取新的线索以及联系人。在一个虚拟展会中，参展者可以实时收到参加者的信息。每个参展者都可以从展会主办方获得一份涵盖全部已注册参与者的整体报告（与传统展会的参与者名单类似）。参展者还可以获得访问其虚拟展位的全部参与者的详细流量报告。参观展位的参与者可以留下名片。参展者可以获得所有留下其数字名片的参与者记录。该报告包括了所有参与者的姓名、职位、相关联系信息以及该参与者是否索要过某些产品及服务、公司或者职位的额外信息。所有浏览某一参展者虚拟展位的参与者都可以得到一份全面的"展位足迹报告"。每位访客都可以通过这份报告了解到该展位的哪些内容对他们是有用的。出于对隐私及安全的考虑，所有的报告访问权都处于控制之下，但是这类报告为展会主办方及参展者带来了丰富的信息，这些信息可以通过商务智能技术进行分析。

正如本章所描述的，虚拟世界带来了一个机遇，即以一种全新的方式提供决策支持。在未来的数年里，我们将看到沉浸式决策支持的进一步发展。此外，这样的环境（例如，iTradeFair.com 的虚拟展会）将产生有关在线展会中用户行为及参与情况的海量数据。这些海量数据集可以通过 BI 技术加以分析，从而更好地理解客户行为，并实现产品、服务及技术环境的个性化。14.1~14.3 节介绍了三种技术，它们使大规模数据采集以及对海量数据集的分析成为可能。

14.3　思考与回顾

1. 什么是虚拟世界？

2. 用虚拟世界来进行决策支持的优缺点是什么？

3. 现实展会上的活动有哪些可以在虚拟展会中体验到？哪些活动是不可复制的？

4. 如果能够得到某个虚拟世界环境（例如，第二人生中的一个企业岛或者一个虚拟展位）中的用户数据，你会对哪类数据进行分析？

14.4　Web 2.0 革命

Web 2.0 是一个流行词，指的是先进网络技术及应用，包括博客、维基、RSS、糅合、用户原创内容以及社交网络等。Web 2.0 的一个主要目标就是提升创造力、增进信息共享与合作。

Web 2.0 与传统网络之间最显著的区别之一就是，互联网用户与其他用户、内容提供者以及企业之间会有更多的合作。Web 2.0 是一种泛称，涵盖了新兴技术、趋势及原理的核心部分。Web 2.0 不仅在改变网络上的内容，而且在改变网络的运行方式。Web 2.0 概念带动了基于网络的虚拟社区及其托管服务的发展与演变，这些托管服务包括社交网站、视频分享网站等。很多人认为，那些能够理解这些新应用及技术并且在早期就运用这些能力的企业很有可能实现内部业务流程及营销的极大改善。Web 2.0 的最大优势之一就是能够与客户、合作伙伴、供应商以及内部用户合作得更好。

Web 2.0 的代表性特征

Web 2.0 环境的代表性特征如下：

● 能够充分利用用户的集体智慧。做出贡献的用户越多，Web 2.0 网站就越受欢迎、越有价值。

● 可以用一种新的或者意想不到的方式来获取数据。Web 2.0 的数据可以是混合的也可以是"糅合"的，这是通过网络服务接口来实现的，这和舞厅 DJ 混合音乐的方式有点像。

- Web 2.0 依赖于用户原创和用户控制的内容及数据。
- 轻量级编程技术及工具使绝大多数用户都可以成为网站开发者。
- 几乎消失的软件升级周期使所有程序都是"永久性测试版"或者半成品，这使人们可以采用快速原型法，并且像使用应用开发平台那样使用网络。
- 用户仅凭浏览器就能够访问应用。
- 参与及数字民主的架构鼓励用户在他们使用该应用时为之增加价值。
- 特别注重社交网络与社交计算。
- 对信息分享及合作给予强大的支持。
- 快速、持续地创造新的商业模型。

Web 2.0 的其他重要特征还包括其动态内容、丰富的用户体验、元数据、可扩展性、开源以及自由（网络中立性）。

大多数 Web 2.0 应用都有一个基于 Ajax 或者类似框架开发的内容丰富、可交互且用户友好的界面。Ajax（Asynchronous JavaScript and XML）是一种高效的网络开发技术，用于开发交互性网络应用。该技术的目的是使网页看起来反应更加敏捷。通过在后台与服务器交换少量数据，就不需要在用户每次作出变更时重新加载整个网页了。这意味着网页的交互性、加载速度以及可用性都得到了提高。

Web 2.0 企业与新商业模式

Web 2.0 催生了遍布全球的创新网站与初创公司。一旦某个国家的一个网站成功地将一个点子变成了现实，其他的类似网站就会在世界各地冒出来。本节将介绍一些这样的网站。例如，有数十个国家的大约 120 家企业专门提供类似于 Twitter 的服务。Search CIO 的《经理人指南：Web 2.0》（*Executive Guide*：Web 2.0）是一个极好的 Web 2.0 资料来源（见 searchcio. techtarget. com/general/0, 295582, sid19_gci1244339, 00. html # glossary）。

在 Web 2.0 中发展起来的一种新商业模式是"群体力量"的集聚。这种商业模式的潜力是无限的。例如，Wikia（wikia. com）正致力于进行社区开发的网页搜索，如果获得成功，它将成为 Google 的挑战者。

很多公司都在提供用于 Web 2.0 的技术，几十家企业已发展成为社交网络架构及服务提供商，2005—2008 年涌现了大量初创公司。如果想了解 25 家最热门的 Web 2.0 企业以及驱动其发展的强有力趋势，请查看 money. cnn. com/magazines/business2/business2_archive/2007/03/01/8401042/index. htm。

14.4 思考与回顾

1. 给出 Web 2.0 的定义。
2. 列出 Web 2.0 的主要特征。
3. Web 2.0 所表现出的新商业模式是什么？

14.5 虚拟社区

社区是指一群有相同兴趣、相互交流的人。一个**虚拟（网络）社区**（virtual（Internet）community）是指通过计算机网络（特别是互联网）进行交流的社区。虚拟社区与传统的现实社区有相似之处，例如有邻居、俱乐部以及社团，不过人们并不是面对面交流，而是在网上交流。一个虚拟社区是一个围绕共同兴趣、观点、任务或者目标组建的社交网络。其成员可以超越时间、地点以及组织界限进行交流来建立人际关系。虚拟社区可为成员提供多种方式进行交流、合作及贸易（见表 14—2）。很多现实社区都有网站来支持与互联网相关的活动，作为对现实活动的补充。

表 14—2　　　　　　　　　　　　　　　　虚拟社区的互动元素

类别	元素
交流	公告栏（讨论组）
	聊天室/主题型讨论（文字问答）
	电子邮件、即时通信以及无线通信
	私人邮箱
	时事通讯、网络杂志（电子杂志）
	博客、维基以及糅合
	网络邮务
	投票
信息	目录及黄页
	搜索引擎
	成员原创内容
	信息源链接
	专家建议
电子商务元素	电子目录以及购物车
	广告
	各类拍卖
	分类广告
	在线交换

传统在线社区的特征及其分类

目前互联网上有数千个社区，并且其数量还在快速增长。专业互联网社区也许有数千甚至上亿的成员。MySpace 在短短一年内就拥有了 1 亿用户。这是它与传统的现实专业社区的一个主要差异，现实社区的规模通常更小。另一个差异在于，线下社区通常局限于某一地理范围，而大多数在线社区都没有这样的地理局限性。要了解更多有关虚拟社区的信息，可以访问 en. wikipedia. org/wiki/Virtual_community。

社区类型　下面介绍几种流行的社区类型及例子。

公共社区与私有社区。社区可以被指定为公共的，这意味着任何人都可以成为其会员。该社区的所有者可能是一家私人公司，也可能是上市公司。包括 MySpace 和 Facebook 在内的大多数社交网络都属于上市公司。

相反，私有社区属于一个企业、社团或者企业群体，只有满足某些条件（例如，在某企业工作或者从事某一职业）的用户才能注册成为其成员。私有社区可以是内部的（例如，只有员工能够注册加入），也可以是外部的。

例子：IBM 的虚拟大学社区。这是一个私有的内部社区，拥有众多活跃在这个虚拟世界之中的成员。该社区于 2006 年启动，致力于使 IBM 进军更有利可图的新产业，从为虚拟世界制造主机拓展到由虚拟角色 24 小时值守的虚拟服务台。

内部私有社区与外部私有社区。内部私有社区存在于企业内部，这类社区的成员包括员工、退休员工、供应商以及客户，这些成员都具有共同的利益，这类社区的关注点在于知识分享、合作、专家定位以及知识创造。像辉瑞、联邦快递、卡特彼勒、富国银行以及 IBM 这样的企业都拥有这类社区。

外部私有社区包括一家企业及其商业伙伴、政府机构以及潜在客户。参与者会就各类问题进行信息共享。例如，客户有可能会就产品问题进行合作。相对于内部社区，外部私有社区在参与及安全方面的限制更少。外部社区主要用于合作、市场调查、产品创新或者改善客户及供应商支持。

例子：一个虚拟世界社区。索尼于 2008 年为其 PlayStation3（PS3）视频游戏网络启动了一个虚拟世界，成员达 800 万名。该 3D 服务被称为 Home，允许用户创建虚拟角色、装饰家庭、与虚拟世界的其他用户进行互动及社交。索尼将其视为游戏体验的一个重要组成部分。虚拟人物之间可以进行互动，用户可以在虚拟游乐场中与朋友一起游戏。出于语言及文化方面的考虑，该社区是区域性的。作为延伸，该服务还允许用户在 PS3 中下载内容及电影。

其他类型的虚拟社区。虚拟社区还可以通过其他方式进行分类。一种可能的分类是将社区成员分为商人、玩家、普通朋友、发烧友或者挚友。一种更为常用的分类方式将互联网社区分为以下六类（见表 14—3）：（1）交易；（2）目的或兴趣；（3）关系或工作；（4）幻想；（5）社交网络；（6）虚拟世界。要了解更多有关社区的参与及设计信息，可以访问 en.wikipedia.org/wiki/Virtual _ community。

表 14—3　　　　　　　　　　　　　　　**虚拟社区的类型**

社区类型	描述
交易及其他商业活动	有利于买卖的进行（如 ausfish.com.au）。将信息门户与交易架构相结合。成员包括关注某一商业领域（如钓鱼）的买家、卖家、中间人等。
目的或兴趣	不是为了交易，只是就某一共同关心的话题交换信息。例如，投资者会在"大傻瓜"网站（fool.com）上征求投资建议，橄榄球爱好者聚集在"球迷室"（nrl.com.au），音乐爱好者则可前往 mp3.com。
关系或工作	成员是根据某些生活经历组织起来的。例如，ivillage.com 专为女性服务，seniornet.com 为老年人服务。专业社区也属于这一范畴。例如，isworld.org 是一个面向信息系统教师、学生及专业人员的空间。
幻想	成员会分享一些虚构环境。例如，espn.com 上会有体育幻想团队，GeoCities（dir.yahoo.com/Recreation/games/role_playing_games/titles）成员可以扮作中世纪的男爵。要了解更多的幻想社区，可以访问 games.yahoo.com。

续前表

社区类型	描述
社交网络	成员可以进行交流、合作、创造、分享、组团、娱乐及其他活动。MySpace（myspace.com）在该领域处于领先地位。
虚拟世界	成员可以用虚拟角色替代自己在 3D 模拟环境中游戏、经商、社交、做白日梦。可以访问第二人生（secondlife.com）。

14.5　思考与回顾

1. 给出虚拟（网络）社区的定义，并描述其特征。
2. 列出虚拟社区的主要类型。
3. 私有社区与公共社区有何区别？
4. 内部社区与外部社区有何区别？

14.6　在线社交网络：基本知识及范例

社交网络的基本理念是存在一个可以了解人们是怎样相互认识、共同交流的结构体系。其基本前提是社交网络赋予了人们分享的能力，使得这个世界更加开放与联通。尽管社交网络通常在 MySpace 及 Facebook 这类网站上得以实现，但是其中的某些功能也体现在 Wikipedia 和 Youtube 这些网站上。我们首先将对社交网络进行定义，然后来看一下社交网络所提供的一些服务及功能。

定义及基本资料

一个社交网络是一个人们可以创建自有空间或主页并撰写博客（网页日志）的地方，还可以上传照片、视频或者音乐，分享点子，链接到他们认为有趣的网络站点。此外，社交网络的成员还可以为其创建的内容加上标签，并附上他们自选的关键词，使该内容便于搜索。社交网站的大规模应用表明了人类社会交流的演进。

社交网站的规模　社交网站的规模正在快速扩大，一些网站的成员数量已经超过了 1 亿。一个成功社交网站在最初几年的年增长率通常为 40%～50%，之后也会保持在 15%～25%。en. wikipedia. org/wiki/List_of_social_networking_websites 提供了主要站点的清单及其用户数量。

社交网络分析软件　社交网络分析软件（social network analysis（SNA）software）可以根据不同类型的输入数据（相关的和非相关的），包括社交网络的数学模型，对网络节点（如，人、组织或知识）和边界（关系）进行识别、表示、分析、可视化处理或者仿真。目前存在多种输入输出文件格式。

网络分析工具使研究者可以对不同形式、不同规模的网络形态进行研究，无论是很小的网络（如家庭、项目组）还是极大的网络。社交网络的可视化展现非常流行，这对于理解网络数据、传递分析结果非常重要。

一些能够支持这类展现的具有代表性的工具如下：

- 面向商业的社交网络工具，例如 InFlow 及 NetMiner。
- Social Networks Visualizer，亦称 SocNetV，是基于 Linux 的开源程序包。

详细信息请参阅 en. wikipedia. org/wiki/Social_network_analysis_software。社交网络与移动设备及网络之间存在紧密的联系。

移动社交网络

移动社交网络（mobile social networking）指的是这样一类社交网络，其成员使用手机或者其他移动设备进行交谈及联系。目前，像 MySpace 和 Facebook 这类社交网站的发展趋势就是提供移动服务。一些社交网站只提供手机服务（如 Brightkite 和 Fon11）。

移动社交网络可分为两种基本类型。第一类是与无线运营商有合作关系的企业，通过手机浏览器的默认开始页来推广其社区，例如，用户可以通过 AT&T 的无线网络访问 MySpace。第二类是没有与运营商合作、依靠其他途径吸引用户的企业，这类企业包括 MocoSpace（mocospace. com）以及 Mobikade（mkade. com）。

用户可以通过屏幕尺寸较小、数据连接较慢的移动设备浏览 Windows Live Spaces Mobile。这使得用户可以直接通过移动设备来添加并浏览照片与博客，还可对其进行评论。此外，它还提供了一些其他功能用来改善用户使用手持设备的体验。要了解更多详细信息，可访问 mobile. spaces. live. com 以及 en. wikipedia. org/wiki/Windows_Live_Spaces_Mobiles。

移动社交网络在日本、韩国及中国比在西方更为流行，大概是因为在那里有更好的移动网络以及更合理的数据定价（统一费率在日本比较普遍）。移动 Web 2.0 业务及企业的激增意味着大量基于手机及其他可携带设备的社交网络的出现，这拓展了社交网络的范围，覆盖了那些不能经常或不方便使用电脑的数百万人群。

凭借现有的软件，移动社交网络中的交流并不局限于简单文本消息的一对一交换。在很多情况下，移动社交网络正不断向互联网虚拟社区的复杂互动发展。

移动企业网络　很多企业都开发（或者全资赞助）了移动端的社交网络。例如，可口可乐公司于 2007 年创建了一个只能用手机访问的社交网络，旨在吸引年轻人购买其碳酸饮料及其他产品。

移动社区活动　在很多移动社交网络中，用户可以使用其移动设备来创建自己的资料、结交朋友、加入聊天室、创建聊天室、进行私人谈话，并分享照片、视频和博客。一些公司提供了可使客户搭建自有移动社区的无线服务，并为其注册了商标（如 sonopia. com 的 Sonopia）。

移动视频分享是一种新的技术及社交潮流，有时与照片分享相结合。移动视频分享的门户网站正越来越受欢迎（如 myubo. com 以及 myzenplanet. com）。很多社交网站都提供移动功能，例如，MySpace 与很多美国无线运营商都有合作协议来支持 MySpace 的移动服务；Facebook 通过很多无线运营商在美国及加拿大开展移动业务；Bebo 已经在英国和爱尔兰与 O2 移动通信公司进行合作。这一现象就是社交网络多媒介访问渠道建设竞赛导致的。一些人提出，这些交易对手机销量的影响要大于对社交网站推广的影响。不过，这些关注也足以令社交网站欣喜不已。

主要的社交网络服务：Facebook 和 Orkut

既然你已经熟悉了社交网络服务，下面让我们更深入地考察几个流行的社交网站。

Facebook：网络效应　　Facebook（facebook.com）是由马克·扎克伯格于 2004 年创建的，是世界上第二大社交网站，到 2009 年 4 月在全世界范围内拥有超过 2 亿活跃用户。扎克伯格最初创建 Facebook 时，具有很强的社交意愿，希望帮助人们在网上与其他人相互联系。

Facebook 能够快速扩张的主要原因在于网络效应——更多的用户意味着更高的价值。随着更多的用户参与到这个社交空间中，可供联系的人也就更多。最初，Facebook 只是一个面向高校学生的在线社交网站，它会自动地将同一所学校的学生联系起来。但是 Facebook 认识到这些大学生用户只可能保留 4 年，2006 年，Facebook 向所有 13 岁以上、持有合法电子邮件地址的人敞开了大门。向全球网友的扩张使 Facebook 要直接与 MySpace 竞争。

目前，Facebook 具有一些用来支持照片、群组、活动、市场、发帖及评论的应用。Facebook 还有一个名为"你可能认识的人"的应用，它可以帮助用户联系到那些他们可能认识的人。更多的应用还在源源不断地添加进来。Facebook 的一个特别功能是新闻订阅，它使用户可以对其社交圈内朋友的活动进行跟踪。例如，如果一个用户更改了他的资料，该更新将向其他所有订阅该资源的用户进行传播。用户还可以开发自己的应用，或者使用由其他用户开发的数以百万计的 Facebook 应用。

Orkut：探索社交网站的本质　　Orkut（orkut.com）是一位就职于谷歌的土耳其程序员的点子，Orkut 是谷歌自主研发的产物，用于对 MySpace 及 Facebook 做出回应。Orkut 遵循与其他主流社交网站类似的形式：一个用户可以通过各类多媒体应用展示有关个人生活方方面面的主页。

Orkut 的一大亮点在于它向那些创建群组及论坛（被称为"社区"）的用户所提供的个性化权力，谁可以加入社区、应当如何编辑帖子、如何控制谣言等事务都由每个社区的创建者独揽大权。主持一个 Orkut 社区就如同主持某人自己的网站一样，创建者拥有与设计和内容控制有关的权力。Orkut 用户可以利用 Web 2.0 工具获得丰富的经验，这大幅提升了用户的在线技能，有助于线上环境的发展。

Orkut 认识到决定社交网站内容的应该是用户。基于这一点，Orkut 进行了一些有趣的调整。首先，它添加了更多的语言，扩展了印地语、孟加拉语、马拉塔语、泰米尔语及泰卢固语网站，这提高了网站的受欢迎程度，增强了用户对网站的控制权。其次，Orkut 会在相关国家或者宗教节日期间用有趣的功能来向用户致以节日的问候。例如，它通过一个允许印度用户使用排灯节（en.wikipedia.org/wiki/Diwali）主题的颜色和装饰重新设计其主页的功能，来祝愿印度用户排灯节快乐。

商业及企业社交网络的影响

尽管广告和销售是公共社交网络中的主要电子商务活动，但是在面向商务的网络（如 LinkedIn）及企业社交网络中不断出现新的商业活动。

很多软件供应商在看到机遇之后都开发网络工具及应用来对企业社交网络进行支持。例如，IBM 鼓励 5 000 多家方案提供商使用 Notes/Domino、Sametime 及其他 Lotus 软件，并在它们的产品中添加 Lotus 链接，基于社交网络技术开发应用。

企业社交网络中具有代表性的领域及例子如下：

寻找并招聘员工　　大部分公共社交网络，特别是以商业为导向的社交网络，都对招聘及求职产生了促进作用（Hoover，2007）。例如，招聘是 LinkedIn 的主要活动，也是这家网站发展的驱动因素。企业为了更具竞争力，就必须在全球市场上寻找人才，这些企业可以利用全球社交网络来完成这一任务。大型企业正在使用内部的社交网络寻找内部人才来填补空缺职位。

管理活动与支持 这一类应用都是通过分析社交网络数据来进行管理决策支持的。一些比较典型的例子包括识别关键用户、定位专家并找到接触他们的途径、征求解决复杂问题的想法和可行解决方案、甄选继任管理者的候选人并进行分析。例如，德勤会计师事务所建立了一个社交网络来协助其人力资源经理进行团队精简以及团队重组。胡佛（Hoover）已经搭建了一个社交网络，使用 Visible Path 公司的技术来识别要建立关系的目标商业用户和接触特定用户。以"社会网络分析与挖掘的发展"为主题的会议讨论了社交网络中的数据挖掘应用（July 2009 in Athens，Greece）。

培训 多家企业使用企业社交网络尤其是虚拟世界来组织培训。例如，思科使用它在第二人生中的虚拟校园进行产品培训以及发布简报。IBM 也在第二人生中举办与客户互动的培训会。

知识管理与专家定位 这类应用包括诸如知识发现、创建、维护、分享、传递及传播等活动。Wagner and Bolloju（2005）对论坛、博客、维基在谈话知识管理方面的作用进行了详尽的讨论。这一应用的其他例子还包括专家发现及专业知识社区的规划。

下面是社交网络在知识管理及专家定位方面的例子：

● Innocentive（innocentive.com）是一个有超过 15 万名科学家参与的社交网络，致力于解决有关科学的问题（有现金回报）。

● Northwestern Mutual Life 创建了一个内部社交网络，超过 7 000 名财务代表在该社交网络上分享他们所获得的知识。

● 卡特彼勒公司为其员工创建了一个知识网络系统，该公司甚至将这一软件卖给了其他公司。

企业还创建"退休员工企业社交网络"来保持退休员工之间及其与企业的联系。这些人拥有大量的知识，可以用来提高生产力以及解决问题（如，SelectMinds 的 Alumni Connect）。在未来几年内有 6 400 万人将会退休，所以保留他们的知识是非常重要的。

提高合作能力 社交网络中的合作可以是内部的（例如虚拟团队中来自不同部门的雇员之间的合作），也可以是外部的（与供应商、客户及其他商业伙伴的合作）。合作大部分是在论坛及其他类型的群组里通过使用维基及博客等工具进行的。Coleman and Levine（2008）介绍了社交网络中有关合作的更多细节。

在企业内部使用博客和维基 对这些工具的应用正在快速扩展。Jefferies（2008）的研究表明，在同类优秀企业中，71%的企业使用博客、64%的企业使用维基来进行以下应用：

● 项目合作及沟通（63%）；

● 流程及程序文档发布编制（63%）；

● 常见问题发布（FAQs）（61%）；

● 电子学习及培训（46%）；

● 设立新想法论坛（41%）；

● 企业特定的动态的词汇和术语发布（38%）；

● 与客户合作（24%）。

"Web 2.0"一词是由欧莱利公司（O'Reilly Media）于 2004 年创造的，指的是第二代互联网服务，这些服务使人们利用诸如维基、博客、社交网络及分众分类等工具来创作和控制内容（O'Reilly，2005）。MIT 数字商业中心（Brynjolfsson and McAfee，2007）及哈佛商学院（McAfee，2006；Cross et al.，2005）的研究人员认识到了 Web 2.0 的潜力，并将 Web 2.0 的概念推广到了企业 2.0（在企业内部应用 Web 2.0），断言 Web 2.0 工具可以创建一个合作平台，能够反映出完成知识工作的真实、本质的方式。这些工具具有改善沟通及协作、协助虚拟团队进行决策的潜能（Turban et al.，2009）。

使用 Twitter 来把握市场的脉搏　Twitter 是一个新的社交网站，它可以使朋友之间保持联系，并且关注其他人在说什么。对推文（tweets）的分析可以用来确定一个产品或服务在市场中的表现。例如，Rui et al.（2009）就使用推文对一个周末的电影票房进行了预测（sloanreview. mit. edu/business_insight/articles/2009/5/5152/follow-the-tweets/）。

14.6　思考与回顾

1. 给出社交网络的定义。
2. 列出几个主要社交网站。
3. 描述社交网络的全球性。
4. 描述移动社交网络。
5. 找出 Facebook 的主要战略问题（例如，查看 insidefacebook. com 和 facebook. com 上的营销工作内容）。
6. Facebook 的早期成功取决于它与其成员网络之间的密切联系。Facebook 该如何在不丧失这一成功元素及保留现有用户的前提下开拓新市场呢？

14.7　云计算与 BI

商务智能使用者应当注意的另一个技术趋势就是云计算。维基百科（en. wikipedia. org/wiki/cloud_computing）将**云计算**（cloud computing）定义为"一种计算方式，通过互联网提供可动态扩展的资源，这些资源通常是虚拟的。对于其中用来支撑云计算的技术架构，用户不必了解，也不必有这样的经验，更无须直接进行控制"。这一定义是宽泛而全面的。在某种意义上，云计算是一个涵盖了大量相关趋势的新名称，这些趋势包括：效用计算、应用服务提供商网格计算、按需计算、软件即服务（Software as a Service，SaaS），甚至包括更古老的带有哑终端的集中式计算。但是"云计算"一词源于将互联网比做"云"，体现出了以往所有共享式/集中式计算趋势的发展。维基百科的这一词条还指出，云计算是将多个信息技术组成部分相结合而形成的一种服务。例如，基础设施即服务（Infrastructure as a Service，IaaS）指的是将提供计算平台作为一种服务（Platforms as a Service，PaaS），另外还包括提供基本的平台配置，例如管理、安全等。它还包括 SaaS，以及那些当数据及应用程序位于其他服务器上时需要通过网络浏览器传送的应用。

尽管通常情况下我们并不将基于网络的电子邮件视为云计算的例子，但是电子邮件也可被看成是一个基本的云应用。通常情况下，电子邮件应用存储数据（电子邮件本身）和软件（那些使我们能够处理并管理电子邮件的软件）。电子邮件提供商还提供了硬件/软件以及所有的基础设施，只要互联网是可用的，我们就可以从互联网云的任意位置访问电子邮件应用，当电子邮件提供商对应用进行更新时（例如，当雅虎更新其电子邮件应用时），所有客户不需要自行下载任何新程序就可以完成更新。因此，从某种程度上讲，任何基于网络的一般应用都是一个云计算应用的例子。另一个一般的云应用的例子是 Google 文档及电子表格（Google Docs & Spreadsheets）。这一应用使用户可以创建文本文档或者电子表格，它们存储在 Google 的服务器上，互联网上任意位置的用户都可以访问它们。这一应用也无须安装任何程序，"这一应用在云中"。存储空间也同样"在云中"。

　　一个非常好的云计算商业应用是亚马逊公司的网络服务。亚马逊公司已经开发出了一套令人称赞的技术基础设施，用于电子商务和商务智能、客户关系管理以及供应链管理，它构建了主要的数据中心来管理其自身运行。通过亚马逊的云服务，很多其他的公司可以部署相同的设施来利用这些技术的优势，同时又无须进行类似的投资。与其他的云计算服务一样，用户可以通过现用现付的方式订购任何设施。这允许其他人拥有硬件及软件，但是按使用付费这一消费模式是云计算的基础。许多公司提供云计算服务，包括 Salesforce.com、IBM、太阳微系统、微软（Azure）、谷歌和雅虎。

　　与其他很多 IT 趋势一样，云计算也带来了商务智能方面的新产品。White（2008）和 Trajman（2009）给出了与云计算相关的 BI 产品的例子。Trajman 找出了几家提供云端数据仓库选择的企业，这一选择允许企业按比例扩大其数据仓库，但只需为其使用的部分付费。提供这类服务的企业包括 1010data、LogiXML 和 Lucid era。这些公司提供特征提取、转换和加载功能，还提供先进的数据分析工具。这些都是 SaaS 以及数据即服务（Data as a Service，DaaS）的例子。诸如 Elastra 和 Rightscale 等公司以 SaaS 及 DaaS 的模式提供仪表板和数据管理工具，但是它们还要使用其他提供商（如亚马逊或者 Go Grid）的 IaaS。因此，当基于云的 BI 服务的终端用户使用分析应用时，其提供商有可能使用的是另一家公司的平台或基础设施。

　　这些基于云提供的产品越来越受欢迎。这些产品的一大优势就是先进的分析工具可以在用户间快速传播，同时无须在技术引进方面进行大量投资。但是人们对于云计算也有一些顾虑，包括失去控制及侵犯隐私、法律责任、跨境政治问题等。不过，云计算是一个 BI 专业人士应当关注的重要举措。

14.7　思考与回顾

1. 给出云计算的定义。它与 PaaS、SaaS 以及 IaaS 是什么关系？
2. 举出提供云服务的企业的例子。
3. 云计算是如何影响商务智能的？

14.8　管理支持系统的影响：综述

　　管理支持系统是信息革命、网络革命与知识革命中的重要因素，这是大部分人直到现在都尚未完全适应的一场文化变革。与过去缓慢的变革（如工业革命）不同的是，这一场变革迅速进行并影响着我们生活的方方面面，这一变革本身涉及多种管理、经济及社会问题。根据 Gartner 集团的看法，在计算机产业中 MSS（包括嵌入式系统及 BI）所占的市场份额预计以 37.5％的复合年增长率不断增长，MSS 将会产生实质性的影响（Labat 报道，2006）。

　　要将 MSS 的影响从其他计算机系统的影响中区分出来是一项困难的任务，因为将 MSS 整合或嵌入其他计算机信息系统已成为趋势。几乎没有什么公开的信息仅仅关注

MSS 技术的影响，这是由于技术常常与其他信息系统整合在一起，这就使得人们几乎难以评判这些技术的好处。另一个评价 MSS 影响的问题在于 MSS 实施的快速变化。因此，我们的讨论通常都会涉及计算机系统。但我们也认识到，MSS 技术会产生一些独有的影响，这将在本章的后面部分着重介绍。

　　MSS 既有微观影响，也有宏观影响。这类系统可以对某些特定人群和工作产生影响，也会对组织内部各部门及单元的工作结构产生影响。MSS 还会对整个组织结构、所有行业、社区以及社会产生显著的长期影响（即宏观影响）。

　　图 14—5 中的框架展示了一个 MSS 的高层架构。只要所有部分都保持不变，这一系统就会处于平衡状态。如果某一部分或者相关环境发生了重大变化，这一变化就有可能影响到其他部分。导致 MSS 发生重大变化的通常是战略和技术，特别是在使用 BI 或者 ES 的情况下。

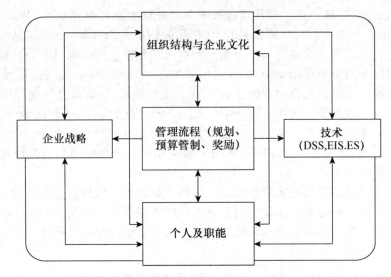

图 14—5　人工智能技术的组织及社会影响框架

　　计算机技术已经改变了我们的世界，将来会带来更多的变化。除了对个人产生影响外，计算机技术也会产生显著的社会影响。这些社会影响主要体现在以下方面：

- 改变；
- 计算机犯罪与诈骗；
- 消费者；
- 数字鸿沟；
- 就业水平；
- 残障人士的机会；
- 生活质量；
- 危险环境中的工作。

　　目前出现的重要变化之一是网络的兴起及其对 MSS 的影响，另一个变化则是决策支持与知识管理之间的关系。这两种变化都与组织的变革有关。

　　计算机及 MSS 技术的影响大体上可分为三类：组织的、个人的和社会的，计算机对每一类都已经产生了很大影响。我们在本章中不可能对其进行全面考量，因此接下来只关注那些我们认为与 MSS 最相关的话题。

14.8　思考与回顾

1. MSS 是如何对某些特定人群、工作或者组织内部各部门和单元的工作结构产生影响的？

2. MSS 是如何对组织结构、所有行业、社区及社会产生全面影响的？

3. 在 MSS 环境中，变化的主要激励有哪些？

4. 列出 MSS 的一些主要社会影响。

14.9　管理支持系统对组织的影响

在大量的组织影响之中，下面关注的是那些与 MSS 联系最为紧密的影响。

新的组织单位

组织结构的变化之一是有可能会出现一个新的管理支持部门、一个 BI 部门（单位）、一个人工智能部门或者一个知识管理部门，MSS 会在其中发挥重要作用。这个特殊的单位可以与一个量化分析单位相结合，或者直接替代后者，也可成为一个全新的实体。

一些大型企业拥有单独的决策支持单位或者部门，例如，很多大型银行都有这类部门。例如，米德公司（Mead）就有一个特别的公司 DSS 应用部门，尽管它还集成了其他的企业活动。很多公司拥有小型决策支持或者 BI/数据仓库部门。例如，据报道，大陆航空公司拥有一支由 14 名数据仓库分析师组成的团队，为企业中的其他部门提供支持（Wixon et al.，2008）。

这些类型的部门通常都与培训、咨询以及应用开发等活动有关。一些企业创建了知识管理部门（或单位），由首席知识官领导。另一些企业则授权一名首席技术官来管理 BI、智能系统以及电子商务应用。

BI 产业的发展使 IT 供应商建立了新的部门。例如，IBM 组建了一个新的业务单位，重点开展分析工作。该团队包括负责商务智能、优化模型、数据挖掘以及经营业绩等方面的单位。

主要的 IT 供应商也通过收购专业软件公司来进行合并。例如，IBM 收购了一家优化软件公司 ILOG，甲骨文收购了海波龙。最后，还有一些合并使得企业之间既有合作又有竞争。例如，SAS 和 Teradata 在 2007 年宣布了一项合作，使 Teradata 的用户可以使用 SAS 分析建模功能来开发 BI 应用。

组织文化

组织文化可以影响技术的扩散率，反过来也会被技术的扩散率所影响。例如，使用 Lotus Notes 可以使一家大型 CPA 企业中的员工更具合作能力、更愿意分享信息和使用计算机，从而改变该企业的组织氛围。除此之外，虚拟团队可以随时随地见面，人们可以在项目推进的过程中或者需要他们的专业知识时加入一个虚拟团队。当一个项目结束时，这个团队就可以解散了。如果要了解 MSS 所带来的组织文化变革，参见 Watson et al. (2000)。

自动决策支持（automated decision support，ADS）应用可以使更底层的一线员工具有更大权力以及更多的自主权。ADS 应用还可以缩小组织规模，改变组织文化。

业务流程重组与虚拟团队重组

很多情况下，在使用新的信息技术之前必须对业务流程进行重组。例如，IBM 在施行电子采购之前对所有的相关业务流程进行了重组，包括决策支持、搜索库存、再订购及运输等。当一家企业引入了一个数据仓库及 BI 时，其信息流及相关业务流程（如订单履行）就有可能发生变化。这些变化对于企业的盈利甚至生存来说是必要的。在启动重大的 IT 项目（如 ERP 或者 BI）时，重组显得特别重要。有时需要整个企业范围内的重大重组，这被称为"企业再造"（reengineering）。企业再造包括结构、组织文化及流程上的变化。当这一过程涉及整个（或者不止一个）组织时，就被称为**业务流程重组**（business process reengineer，BPR）。

与 BPR 有关的几个概念极大地改变了组织结构及运营模式，它们是：团队型组织、大规模定制、赋权以及远程办公。因此，在某些情况下，MSS 可以被广泛用作使能器。MSS 还在 BPR 中发挥着重要的作用（El Sawy，2001），它使业务可以在不同地点开展，使制造环节更灵活，实现对客户的更快交付，支持供应商、制造商及零售商之间快速、无纸化的交易。

ES 可以为非专家提供专家意见，从而使企业发生变化。图 14—6 展示了一个例子。该图的上半部分是进行企业再造之前的一家银行，一个需要多种服务的客户不得不在不同部门之间奔波，银行保存着多个记录，为客户提供多份月结单。下半部分展示的是进行企业再造后的银行，一个客户现在只需要联系一个人——一个得到 ES 支持的客户经理。这种新的安排成本更低，客户可以节省时间，每月只会收到一份月结单。

与组织结构相关的是虚拟团队的创建，其成员身处不同地点，智能系统及 ADS 系统为这些员工提供支持。

仿真建模及组织重组　即使有计算机表格，要进行重组及其规划和分析也是很难的。因此，咨询师及 IT 专业人士都寄希望于产品类别的扩展，这称为商业仿真工具。很多这类程序都让用户创建流程图来描绘资源在制造或者其他业务流程中的运动过程。El Sawy（2001）对如何使用仿真模型进行 BPR 进行了全面的描述。

ADS 系统的影响

正如第 1 章及其他章节所指出的，ADS 系统正快速得到应用，比如那些用来定价、调度及库存管理的系统，在许多行业（特别是航空、零售、运输及银行等行业）广泛应用（Davenport and Harris，2005）。这些系统可能会产生如下影响：

- 减少中层管理人员；
- 授权给客户及商业伙伴；
- 改善客户服务（如，更快地回应请求）；
- 提高帮助台及呼叫中心的生产率。

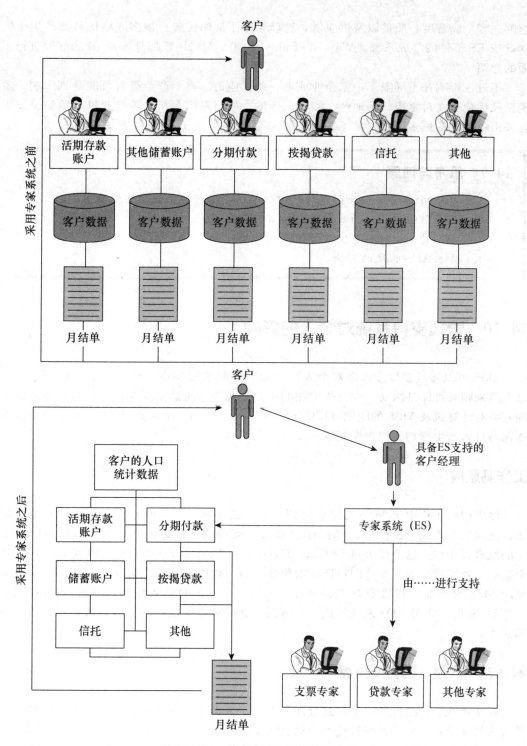

图 14—6　一家具备 ES 的银行的重组

其他的组织影响

很多其他的组织影响也与 MSS 有关。正如本书所描述的，MSS 可用来改善生产力、速度、客户满意度、质量以及供应链，这就带来了战略优势。很多战略优势都产生于拥有 DSS 或 ES 部件的集成系统。Watson et al.（2000）对采用数据仓库及 BI 的好处进行了全面的介绍。

不过，影响并不局限于一家企业或者一条供应链。整个产业都有可能受到影响。盈利模型及优化正在对零售、房地产、银行、运输、航空及汽车租赁等行业进行重塑。要了解有关组织问题的更多信息，参见 Mora（2002）。

14.9　思考与回顾

1. 使用 MSS 会使企业创建新的组织单位，描述这些新的组织单位。
2. MSS 与组织文化的改变有何关系？
3. MSS 是如何对业务流程重组产生影响的？
4. 描述 ADS 系统的影响。

14.10　管理支持系统对个人的影响

MSS 可以通过多种方式来对个人产生影响。某些影响在一些人看来是好处，在另一些人看来则有可能是祸端，今日所增加的压力到明天可能就不复存在了。与此相关的是经理人员对计算机及 MSS 的应用（Elbeltagi et al.，2005）。下面介绍 MSS 可能对个人及其感知与行为产生影响的代表性领域。

工作满意度

尽管很多工作由于 MSS 的出现得到了极大的丰富，但其他一些工作或许变得更加乏味、更难以令人满意。例如，Argyris（1971）就预测，计算机信息系统将减少决策制定中的经理自主权，这会使经理们不满。Ryker and Ravinder（1995）的研究表明，IT 对 5 个核心工作维度中的 4 个（即特征、重要性、自主权以及反馈）都有正向作用。没有证据显示 MSS 对技能多样性有显著的影响。在关于 ADS 的研究中，Davenport and Harris（2005）发现，使用 ADS 系统的员工，特别是那些被系统授权的员工，对他们的工作更加满意了。

僵化、不人性、压力及焦虑

对于传统数据处理的一个普遍批评是其对于人类个性的负面影响。这类系统被认为是没有人情味的：它们使计算机化的活动丧失了人性与个性，因为它们减少或者消除了非计算机系统中所呈现的人为因素，一些人感到丧失了自我认同感，他们觉得自己好像和其他的数字是一样的。从好的方面看，MSS 的主要目标之一就是创造灵活的系统及接口，使人们能够分享意见及知识，并通过计算机实现共同工作。尽管做了这么多努力，但还是有人害怕计算机，因此他们备感压力。另一些人则主要害怕他们的雇主会看到他们在计算机上做了什么。

工作压力及焦虑　工作量和/或责任的增加会产生工作压力。尽管计算机化可以提高生产力使组织受益，但是这也会给一些员工带来不断增长和变化的工作量——很多时候是由于把一个员工的全部工作量精简并重新分配给其他人而引起的。一些员工会被压垮，并开始对他们的工作及业绩感到焦虑，这些焦虑感将会对他们的生产力产生不利影响。管理人员必须通过在员工中重新分配工作或者进行适当的培训来缓和这些情绪。

信息时代的负面影响之一就是信息焦虑。这种焦虑会有多种形式，例如因为不能掌握、了解生活中出现的大量数据而感到沮丧。下面是信息焦虑的一些其他表现形式：

- 由于计算机使用能力不如其他人而感到沮丧。
- 由于网络上信息质量不佳而感到沮丧，这些信息不能及时更新或者是不完整的。
- 由于有太多在线信息源而感到沮丧。
- 由于没能更好或者更早地了解消息而感到内疚和沮丧（例如，"怎么其他人都知道了我们才知道？"）。

通过移动设备、电子邮件及即时通信实现的持续联通性对自身带来挑战及压力。有关电子邮件回复战略的研究（iris. okstate. edu/REMS）就包括很多致力于识别这类压力的例子。经常留意是否有新邮件会打断工作，降低工作效率（从而造成压力上升）。已经有系统被开发出来用于提供决策支持，以确定一个人检查电子邮件的频率（Gupta and Sharda，2009）。

专家合作

如果有人类专家正在计划将他们的知识传授给一个企业的知识库或者一个针对某个问题的知识库，他们或许会有所保留。考虑一下专家可能存在的顾虑：

- 计算机会夺走我的知识，然后取代我。
- 计算机会让我变得不那么重要。
- 我为什么要把秘密告诉计算机？我能得到什么？
- 计算机将会让大家知道，其实我并不像人们所想象的那么能干。

这类想法或许使专家不合作，甚至会向计算机给出错误的知识。管理人员要处理这些情况，就应当对这些专家进行激励（以及可能的补偿）。

14.10　思考与回顾

1. MSS 是如何影响工作满意度的？
2. MSS 通过什么方式对僵化、非人性、压力及焦虑产生影响？
3. 描述 MSS 中专家合作的问题。

14.11　自动化决策制定与经理的工作

长期以来，计算机信息系统一直影响着经理的工作，但主要影响的是底层及中层管理人员。从 2000 年开始，MSS 对包括高层经理在内的几乎所有人都产生了影响。

经理最重要的工作就是制定决策。MSS 技术可以改变决策制定的方式，从而改变经理的工作。MSS 对决策制定的影响有很多，下面介绍一些最普遍的影响。

MSS 对经理活动及其绩效的影响

根据 Perez-Cascante et al.（2002）的研究，一个 ES/DSS 可以提高现有经理、新任经理以及其他员工的绩效。它可以帮助经理获得更多的知识、经验及专业技能，从而提高其决策质量。

很多经理宣称，计算机让他们有时间走出办公室、深入实地考察（BI 可以为每位用户每天节省一小时）。他们还发现，他们可以把时间花在活动规划而不是"救火"上，因为他们可以提前获得潜在问题的预警，这要归功于智能代理、ES 以及其他的分析工具。

管理挑战的另一个方面在于 MSS 能够对决策制定过程，特别是战略规划及控制决策给予支持。MSS 可以改变决策制定流程，甚至改变决策制定方式。例如，在使用 MSS 的情况下，决策制定中的信息收集工作可以更快地完成。企业信息系统在支持战略管理方面非常有用（Liu et al.，2002）。人工智能技术正被用于促进对信息的外部环境的探测。因此，经理可以改变他们解决问题的方式（Huber，2003）。研究表明，大多数经理倾向于同时处理多个问题，在等待当前问题所需的进一步信息时，经理会转而解决另一个问题（Mintzberg et al.，2002）。MSS 可以减少完成决策过程所需的时间，通过提供知识及信息来消除一些非生产性的等待时间。因此，经理每天处理任务的时间更少了，但是完成的任务却更多了。从一项任务转移到另一项任务所需的转换时间减少，是管理效率提升的最主要原因。

MSS 对经理工作的另一个可能的影响就是领导力需求的变化。现在所普遍认定的优秀领导者素质有可能在使用 MSS 后发生明显变化。例如，面对面交流经常被电子邮件、维基以及计算机会议所替代。因此，与外貌有关的领导者素质或许会变得不太重要。

即使经理的工作并没有发生很大变化，他们完成工作的方式也会发生变化。例如，越来越多的 CEO 不再使用计算机中间商，而是自己直接使用计算机和网络办公。当语音识别能够达到较高水平时，我们也许能够看到经理在使用计算机方面的一场真正的革命。

MSS 对经理工作的一些潜在影响如下：

- 制定大量决策所需的专业知识（经验）更少。
- 可以更快地制定决策，这归功于信息的可用性以及决策过程中一些环节的自动化。
- 更少地依赖专家及分析师来向高层管理人员提供支持，经理可以在智能系统的帮助下自行完成。
- 权力被重新分配给经理（他们拥有更多的信息和更强的分析能力，就会有更多的权力）。
- 对复杂决策的支持使得复杂决策可以更快制定且质量更高。
- 高层决策所需的信息可以更快地获取，甚至可以自行生成。
- 例行决策或者决策制定过程中例行环节的自动化（例如，一线的决策制定以及对 ADS 的使用），使一些经理可以被取代。

经理的工作可以全部实现自动化吗

一般的决策制定过程都会有明确的任务（例如，发现问题、寻找可能解决方案、预测结果、方案评估等）。这一过程可能会持续较长时间，对于一个忙碌的经理来说是件烦心事。某些任务的自动化可以节省时间、提高一致性，并且使制定的决策质量更高（Davenport and Harris，2005）。因此，我们在决策过程中能够实现自动化的任务越多越好。但是，有没有可能使经理的工作全部实现自动化呢？

人们已经发现，中层经理的工作是最有可能实现自动化的。中层经理制定的是比较常规的决策，可以全部实现自动化。基层经理并没有花很多时间来进行决策，而是更多地从事监督、培训及激励非经理人员等工作，他们的一些例行决策（如调度）也可以实现自动化，其他有关行为方面的决策则无法实现自动化。网络为实现一线员工某些工作的自动化提供了机遇，网络赋予了他们更大的权力，从而减少了经理的审批工作量。高层经理的工作最灵活，因此也是最难实现自动化的。有关这个话题的进一步论述参见 Huber（2003）。

14.11　思考与回顾

1. 列出 MSS 对决策制定的影响。
2. 列出 MSS 对其他管理工作的影响。
3. 解释与经理工作全部实现自动化有关的问题。

14.12　法律、隐私及道德问题

有一些重要的法律、隐私及道德问题是与 MSS 有关的。这里我们只给出一些具有代表性的例子和相关来源。

法律问题

对 MSS 特别是 ES 的采用或许会使与计算机系统相关的大量法律问题进一步凸显。例如，根据智能机器的建议所采取的行动的法律责任问题正在被人们关注。将计算机问题看作商业不公平竞争的一种形式，是从 20 世纪 90 年代那场有关航空公司预订系统的著名争论开始的。

除了有关某些 MSS 的意外及潜在有害影响的争论需要解决外，其他一些复杂问题也在不断显现。例如，当企业发现自己的破产是由于采纳了 MSS 的建议时，谁应该为此负责呢？企业应当为自己在采用该系统、将其用于敏感问题之前对没有其进行充分测试而负责吗？审计及会计类企业是否应当为没有进行充分的审计测试而共同承担责任？这一智能系统的开发者是否也有共同责任？请考虑下列具体的法律问题：

● 当专业知识已经编码到计算机中时，法庭上的专家意见价值几何？

● 谁应当为 ES 所提供的错误建议（或信息）负责？例如，如果一个医生采纳了计算机所作出的错误诊断并采取了行动，导致病人死亡，此时该怎么办呢？

● 如果一名经理向 MSS 输入了一个错误的判断值，导致了破坏性或者灾难性的后果，此时该怎么办呢？

● 谁拥有知识库中的知识？

● 那些向 ES 或者知识库提供知识的专家应当获得版税吗？如果是的话，那么他们应当获得多少版税呢？

- 管理人员可以强制专家贡献其专业知识吗？

隐 私

隐私对于不同人来说有不同的含义。大体上说，隐私是不受打扰的权利，是免于遭受对私生活进行无理侵犯的权利。在很多国家，隐私长期以来就是一个法律问题、道德问题及社会问题，当今美国的每个州及联邦政府都以法令或者习惯法的方式承认了隐私权。对隐私定义的解读非常宽泛，但是在以往的法庭裁决中都会严格遵循以下两条规则：（1）隐私权不是绝对的，隐私必须与社会需求相平衡。（2）公众的知情权高于个人的隐私权。这两条规则揭示了为什么在某些情况下难以确定隐私法规并加以执行（Peslak，2005）。在线隐私问题有其自身的特点及政策。下面我们将对隐私有可能受损的一个领域进行探讨。要了解有关数据仓库环境中隐私及安全问题的更多信息，可以参阅 Elson and LeClerc（2005）。

收集个人信息　从众多政府部门处收集个人信息，并进行整理、归档及访问是非常复杂的，而在很多情况下，这种复杂性是对滥用隐私信息的一种内在防范措施。由于这一过程成本太高、过于烦琐和复杂，能够保护个人隐私不受侵犯。互联网连同大规模数据库创造了一个访问并使用了数据的全新维度，系统本身所具有的可以访问海量数据的能力可以用来造福社会。例如，在计算机的帮助下对记录进行比对，就可以消除或减少欺诈、犯罪、政府管理不善、逃税、福利欺诈、对家庭资助的盗用、雇用非法移民等问题。但是，为了让政府能够更有力地逮捕嫌犯，个人在隐私方面要付出什么代价呢？这在企业层面来说也是一样的。雇员的隐私信息可能有助于决策制定，但是雇员的隐私会受到影响。客户信息也存在同样的问题。

网络及信息收集　互联网为收集个人隐私信息提供了大量的机会。下面是一些能够收集隐私信息的方式：

- 阅读个人的新闻组帖子；
- 在互联网目录中查阅个人的姓名和身份；
- 阅读个人电子邮件；
- 窃听雇员的有线及无线通信线路；
- 对雇员进行监控；
- 要求个人完成网站注册；
- 使用 cookies 或者间谍软件记录个人通过浏览器浏览网页的行为。

在线隐私的影响是极大的。执法机构授权安装笔式记录器和诱捕追踪设备的能力不断提高。《美国爱国者法案》（U. S. PATRION Act）也扩展了政府访问学生信息及私人财物信息的能力，政府只需证明可能找到的信息与正在进行的犯罪调查有关就不涉嫌违法（电子隐私信息中心，2005）。

收集个人信息的两个有效工具是 cookies 和间谍软件。单点登录工具使用户可以通过一个提供商来访问各类服务，这一工具引发了一些与 cookies 类似的担忧。这些服务（Google、Yahoo!、MSN）使消费者可以永久访问它们的信息资料以及密码，并可反复使用这些信息及密码来在不同地点访问。批评者认为这些服务和 cookies 一样为侵犯个人隐私创造了机会。

在行政管理及执行法律法规中使用人工智能技术，有可能会加重公众对信息隐私的担忧。这种由于认识到人工智能能力所产生的担忧，必须在几乎所有的人工智能开发工作开始时就提出来。

幸运的是，个人可以采取措施来保护他们的隐私。Tynan（2002）给出了 34 条如何保护隐私的建议。

移动用户隐私　很多用户都没有意识到可以通过移动 PDF 或者移动电话来追踪私人信息。例如，Sense Network 的模式就是使用来自移动电话公司的数据来追踪每部手机从一个基站到另一个基站的运动，通过支持 GPS 的设备来接收用户位置，并利用 PDA 在 WiFi 热点所发送的信息。Sense Network 宣称自己对用户的隐私非常关注并加以保护，但值得注意的是，或许只通过一部设备就能获得很多信息。

国土安全及个人隐私　挖掘、电话内容解读、在某地拍摄某人并对其进行识别、使用扫描设备来查看私人物品等 MSS 技术被很多人认为会造成对隐私的侵犯。但是很多人也承认 MSS 工具是增强安全性的有效途径，尽管很多无辜者的隐私要因此受到伤害。

美国政府在反恐战争期间在全球范围内应用了多种分析技术。在 2001 年 9 月 11 日之后的一年半内，连锁超市、家装用品商店以及其他零售店自愿向联邦执法机构交出了大量的消费者记录，这基本上都违反了它们所声明的隐私政策。很多其他的店铺则依法响应了法院索取信息的命令。按照 2001 年 9 月 11 日之后通过的法律，美国政府有权收集企业信息。FBI 现在可以对海量数据进行挖掘，来查找可能预示着恐怖阴谋或者犯罪的活动。

隐私问题大量存在。由于政府正在采集个人信息来检测可疑行为，因此有可能导致对数据的不合理或者非法使用，很多人将这种收集数据行为看成是对公民自由及公民权利的侵犯。他们认识到需要对政府进行监管，以"对监督者进行监督"，确保国土安全部不会愚蠢地采集数据，而是只采集有关的数据及信息，即通过挖掘这些信息来识别可能阻止恐怖分子行动的模式。但这并不是一项轻松的任务。

决策制定及决策支持中的道德问题

很多道德问题是与 MSS 有关的。Chae et al.（2005）对问题界定及决策支持中的道德学进行了全面的综述，提出了道德问题界定的模型，如图 14—7 所示。

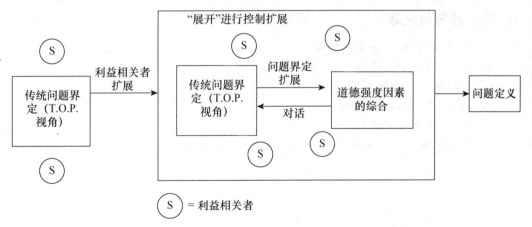

图 14—7　一个道德问题界定模型

在 MSS 实施过程中具有代表性的道德问题包括以下几项：

● 电子监视；

● DSS 设计的道德学（Chae et al.，2005）；

- 盗版软件；
- 侵犯个人隐私（前面已作介绍）；
- 使用专有数据库；
- 使用知识产权，如知识或者专业技能；
- 使员工处于与计算机有关的不安全环境中；
- 残障员工的计算机访问能力；
- 数据、信息及知识的准确性；
- 保护用户权益；
- 使用公司计算机进行与工作无关的活动；
- 将多少决策制定工作交给了计算机。

私人价值是道德决策问题的一个主要因素。Fritzsche（1995）对此进行了全面的研究。对 MSS 中道德问题的研究由于其多维性而变得十分复杂（Chae et al.，2005）。因此，我们需要建立框架来描述那些合乎道德的流程及系统。Mason et al.，（1995）解释了技术及创新是如何拓展道德学领域的，并详述了一个道德推理模型。该模型包括四个基本的焦点问题：谁是代理人？已经采取了什么行动或者计划采取什么行动？该行动的结果或后果是什么？这一结果对所有利益相关者都是公平或者恰当的吗？他们还描述了一个道德推理的层次体系，其中每个道德判断或者行动都要符合规则或者道德标准，这些都要基于道德原则，而道德原则要以道德理论为基础。更多有关决策中道德学的讨论参见 Murali（2004）。

与工作无关的网络使用　员工可能想使用电子邮件或者网络处理某些与工作无关的事情。在一些公司，这类使用情况同与工作相关的使用情况之间的比例失衡相当惊人（Anandarajan，2002）。这种问题涉及多个方面。例如，电子邮件可以用来骚扰其他员工，或者用来对公司构成法律威胁，还可用来进行非法赌博活动（如赌球），一些员工或许会使用公司的电子邮件来为自己的生意做广告。出于私人目的使用其他公司的电脑设备也会带来问题。最后但也很重要的一点是，员工会浪费工作时间来浏览与工作无关的网页。

14.12　思考与回顾

1. 列出 MSS 的一些法律问题。
2. 叙述 MSS 中的隐私问题。
3. 解释网络上的隐私问题。
4. 列出 MSS 的道德问题。
5. 描述 MSS 的道德框架。

术语表

主动数据仓库（active data warehousing） 参见实时数据仓库。

ad hoc 决策支持系统（ad hoc DSS） 一种协助人类决策的信息系统，协助人类规划与解决各种行动方案，主要处理非预期和非重复性的特殊问题，

即席查询（ad hoc query） 用户根据自己的需求灵活地选择查询条件，查询之前不能预测的一种查询。

自适应共振理论（adaptive resonance theory，ART） 史蒂芬·格罗斯贝格提出的一种无监督学习方法，基于类似于人脑的神经网络的结构。

代理性（agency） 授予软件代理的自主性程度。

算法（algorithm） 一步步搜索，逐步改善，直到找到最佳解的一种方法。

类比模型（analog model） 模仿系统行为，是系统抽象的、代表性的模型。

类比推理（analogical reasoning） 用类比的方法推算问题结果的过程，即利用已知的经验来推算问题的结果。

层次分析法（analytic hierarchy process，AHP） 用来解决多目标决策问题的一种结构模型，该问题具有多个准则和决策项，通常应用于商业领域。

分析模型（analytical model） 加载数据进行分析的数学模型。

分析技术（analytical technique） 利用数学公式产生最佳解决方案或者预测某一特定结果的方法，主要用于解决结构化的问题。

应用服务提供商（application service provider，ASP） 向组织机构提供软件应用服务的供应商。

Apriori 算法（Apriori algorithm） 发现关联规则的一种最常见的算法，它通过不断循环来查找频繁集。

ROC 曲线下面积（area under the ROC curve） 一种用于二分类模型的图形化评价方法，用纵轴表示正确的正类率，用横轴表示错误的反类率。

人工智能（artificial intelligence，AI） 关于符号推理和解决问题的一个计算机科学的分支。

人工神经网络（artificial neural network，ANN） 一种模仿及延伸人脑功能的信息处理系统，能够同步存储和处理模糊信息，简称神经网络。

关联（association） 数据挖掘算法的一种，为给定记录中同时出现的数据项建立关联关系。

异步（asynchronous） 不同时出现。

权威页面（authoritative pages） 根据其他网页和目录链接到该网页的数量，判断出的十分常用的页面。

自动决策支持（automated decision support，ADS） 基于规则的系统，提供重复性管理问题的解决办法，也称企业决策管理。

自动决策系统（automated decision system） 基于规则的商业系统，智能化地推荐重复性问题的解决方案，如定价等。

自主性（autonomy） 软件代理自我执行或者被授权的能力。

轴突（axon） 神经元细胞向外延伸输出信息的通道。

反向传播（backpropagation） 神经计算的一种著名学习算法，是通过比较计算结果与测试用例的差异来改善学习的算法。

反向链（backward chaining） 用于产生式系统的一种搜索技术，该动作开始于某项规则的行动条款，并且沿着规则链反向向上来找到可满足的基本条件。

平衡计分卡（balanced scorecard，BSC） 从财务、客户、内部运营、学习与成长四个角度，将组织的战略落实为可操作的衡量指标和管理方式的一种绩效度量和管理方法。

最佳实践（best practice） 一个组织中解决问题的最佳方案，通常存储在知识管理系统的知识库中。

黑板（blackboard） 在专家系统中为当前问题的描述和中间结果的记录预留的存储空间。

黑箱测试（black-box testing） 一种测试方法，用于比较测试结果与真实结果的差异。

自助法（bootstrapping） 从原始数据中抽取固定数量的样本（可替换）作为训练用例，其余作为测试用例的一种抽样技术。

业务（系统）分析员（business（system）analyst） 分析业务流程、确定系统所需的信息技术支持的一类人。

业务分析（business analytics，BA） 把模型直接应用于业务活动的一种应用。它采用决策支持系统的各种工具（尤其是模型）来协助决策者。它本质上是联机处理或决策支持系统。参见商务智能。

商务智能（business intelligence，BI） 决策支持的概念框架，包括体系结构、数据库、分析工具和各种应用。

企业绩效管理（business performance management，BPM） 涵盖企业战略计划与战略实施的一种先进的绩效度量和分析的方法。

业务流程重组（business process reengineering，BPR） 在信息系统的支持下，对某个特定流程进行根本性变革的一套方法。

案例库（case library） 基于案例的推理系统的知识库。

基于案例的推理（case-based reasoning，CBR） 通过查询知识库中过去同类问题的求解方法来解决当前问题的一种推理模式。

确定性（certainty） 未来的数值能够确定，并且一种结果只与一个行为相关的一种状态。

确定性因子（certainty factors，CF） 专家系统中用来表示不确定性的一种方法，对事件或假设的信任程度基于专家的独特评估。

首席知识官（chief knowledge officer，CKO） 掌管组织中知识管理系统的人。

选择阶段（choice phase） 做出选择，是决策的第三阶段。

染色体（chromosome） 基因遗传算法的候选解。

分类（classification） 有监督的归纳方法，通过分析数据库中的历史数据、建立模型来预测未来的行为。

点击流分析（clickstream analysis） 分析网络环境中的数据。

云计算（cloud computing） 可作为虚拟资源提供的信息技术基础设施，包括硬件、软件、应用、平台等，作为服务提供。

聚类（clustering） 将数据库中具有相似性质的数据归类。

认知局限（cognitive limits）　在信息处理过程中人脑的极限。

协作中心（collaboration hub）　电子市场的控制中心。一个协作中心代表一个企业，可以拥有多个协作空间，交易双方可以在协作空间提供协作使能器与协作中心交换信息。

协同计划、预测与补货（collaborative planning, forecasting, and replenishment, CPFR）　一种面向供应链的新型合作伙伴关系策略，供应商和零售商协同计划并预测需求来优化供应链中的物资流。

实践社区（community of practice, COP）　是拥有相同专业兴趣的一群人，他们自发组织起来以更深入了解该领域。

复杂性（complexity）　衡量一个问题优化的难易程度、所需的优化步骤或问题本身的随机特性的一个测量维度。

置信度（confidence）　在关联规则中是指在先导（LHS）已经存在的条件下，在一系列事物中找出后继的条件概率。

连接权重（connection weight）　指神经网络中每条连接的权重值。通过神经网络的学习算法来评估和改善权重值。

咨询环境（consultation environment）　专家系统的一部分，非专家用户据此获得专业知识和建议，它包括知识库、推理机、解释器、推荐建议显示、人机交互界面。

内容管理系统（content management system, CMS）　一种电子文档管理系统，为企业提供动态版本控制，并自动维护现有版本。

公司（企业）门户（corporate（enterprise）portal）　为接入企业内部网络而设置的网关，以实现与企业的沟通、协同以及信息获取。

跨行业数据挖掘标准流程（CRISP-DM）　该流程为一个 KDD 项目提供了完整的过程描述。该流程将一个 KDD 项目分成六个不同的阶段，从对业务的深刻理解开始，到分析数据挖掘项目的需求（即应用领域），最后提出问题的解决方案以满足企业业务需求。

关键成功因素（critical success factor, CSF）　企业为在某一市场获得成功必须擅长的关键因素。

交叉（crossover）　在遗传算法中，将两个最优解的各部分组合，以获得更好的解的过程。

仪表盘（dashboard）　是商务智能仪表盘（business intelligence dashboard, BI dashboard）的简称，是实现数据可视化的模块，能够向企业展示度量信息和关键业务指标的现状。

数据会议（data conferencing）　虚拟会议，开会时一群地域上相距较远的人共同创作文档，在视频会议中交换计算机文件。

数据集成（data integration）　通常分为三个阶段：数据访问、数据联合、数据获取。当这三个过程正确完成时，数据就被读取，提供给 ETL、数据分析工具和数据仓库等使用。

数据集市（data mart）　部门级的数据仓库，只存储与此相关的数据。

数据挖掘（data mining）　一般是指从大量的数据中自动搜索隐藏于其中的有特殊关系的信息的过程。通常通过统计、数学分析、人工智能、机器学习等诸多方法来实现上述目标。

数据仓库（data warehouse, DW）　存储数据的物理仓库，向企业提供经标准化处理的集成数据。

数据库（database）　以一定方式存储在一起、能为多个用户共享的数据集合。

数据库管理系统（database management system，DBMS）　一种操纵和管理数据库的大型软件，用于建立、使用和维护数据库。

欺诈检测（deception detection）　检测语音、文本或者肢体语言是否存在欺骗的一种方法。

决策分析（decision analysis）　确定问题的解决方案，在问题不适合使用迭代算法的情况下使用。

决策制定（decision making）　在多个方案中做出选择的行为。

决策室（decision room）　为加强群体决策而安排的决策空间，通常每个参与者都有一台电脑或电子终端进行各自的决策。

决策风格（decision style）　决策者思考和解决问题的习惯，包括洞察力、认知反应、价值观和信念等。

决策支持系统（decision support system，DSS）　用于支持管理决策过程的概念框架，通常通过构建问题和应用定量模型来分析解决方案。

决策表（decision table）　一种技术，以系统的、表格的方式组织和整理信息与知识，通常为下一步的分析做准备。

决策树（decision tree）　一种技术，用图形展示在假定风险下将要做出的一系列决策。这一技术能够根据特殊实体的性质将它们划分为特定的类别；每棵决策树由根节点引出各个子节点，每个节点（包括根节点）处都标注了一个问题，节点间交互的弧线将会涵盖所有可能的结果。

决策变量（decision variable）　模型中可以被决策者改变和处理的变量。与决策相关的变量（如生产量、资源分配量等）都将影响决策的结果。

去模糊化（defuzzification）　从逻辑模糊的解决方案中找到清晰的解决方案的过程。

德尔菲法（Delphi method）　运用匿名问卷的定性预测方法。该方法对于技术性预测及包含敏感问题的预测是十分有效的。

树突（dendrite）　神经元中向细胞传入刺激的部分。

从属型数据集市（dependent data mart）　从数据仓库中直接创建的子集。

描述性模型（descriptive model）　描述事物特征的模型。

设计阶段（design phase）　决策的第二个阶段，找出决策的可能备选方案并评估每个方案的贡献值。

开发环境（development environment）　专家系统中开发者使用的部分，包括知识库、推理机，以及知识采集和推理能力的提高，还包括知识工程师和专家。

诊断控制系统（diagnostic control system）　拥有输入的控制系统，能够将输入转化为输出。该系统还能根据标准的检查程序检查和比较输出，通过反馈系统调节输入变量和输出结果，使之能按标准执行。

维度表（dimensional table）　专注于如何分析数据的表格。

维度模型（dimensional modeling）　支持大量查询访问的检索系统。

目录（directory）　数据库中所有数据或者模型库中所有模型的概况一览。

发现驱动的数据挖掘（discovery-driven data mining）　数据挖掘的一种形式，通过找出数据间的模式、关系和关联规则来揭示未知或者企业从未注意到的事实。

距离度量（distance measure）　在聚类分析算法中用来确定两个个体间（或变量间）的紧密程度的一种方式。常用的度量方法有：欧式距离（两点之间的直线段距离）和曼哈顿距离（也称直角距离或出租车距离）。

六西格玛改进方法（DMAIC） 是由界定（define）、衡量（measure）、分析（analyze）、改善（improve）、控制（control）五个阶段构成的闭环企业改进模型。

下钻（drill-down） 深入挖掘信息以找出信息来源的一种技术（例如，不仅找出总销售量信息，还找出销售地区、销售的产品以及销售人员信息）。

决策支持系统应用（DSS application） 具有特殊用处的决策支持系统（DSS）项目（例如，为某个公司设计的调度系统）。

动态模型（dynamic model） 输入数据随时间变化的模型（如五年盈利或亏损计划）。

效用（effectiveness） 目标完成度，即目标完成对组织有用程度的一个度量。

效率（efficiency） 输入与输出的比率，衡量资源是否正确使用的一个度量。

电子头脑风暴（electronic brainstroming） 在电脑的支持下通过联想产生创意的一种方法。通常使用类比和协同来实现。

电子文档管理（electronic document management，EDM） 电子化处理文档的方法，包括获取、存储、检索、处理和展示电子文档。

电子会议系统（electronic meeting system，EMS） 支持群组会议（群件）的信息技术环境，允许群组地域上和时间上的分散。

精英主义（elitism） 基因算法中的一个概念，指为得到最优解决方案，较优的解进入下一次决策选择的过程。

企业应用集成（enterprise application integration，EAI） 提供工具推动数据从源系统转移到数据仓库中的一种技术。

企业级数据仓库（enterprise data warehouse，EDW） 为分析数据而专门建立的企业级数据仓库。

企业决策管理（enterprise decision management，EDM） 参见自动决策支持。

企业信息集成（enterprise information integration，EII） 是一个不断发展的工具空间，能实现不同来源的数据的实时集成，数据来源包括其他相关数据库、网页服务器、多维数据库等。

企业知识门户（enterprise knowledge portal，EKP） 知识管理系统的电子门户。

企业协作系统（enterprise-wide collaboration system） 支持整个企业的群体支持系统。

熵（entropy） 数据集不确定性和混乱性的一个度量。如果数据集中的所有数据同属于一个类别，那么该数据集不存在不确定性和混乱性，它的熵就为零。

环境扫描和分析（environmental scanning and analysis） 对内部数据库和信息流动进行扫描和分析的过程。

进化算法（evolutionary algorithm） 一种启发式的优化算法，该算法模拟自然生物进化过程，例如基因算法、基因编码等。

专家（expert） 在某一特定领域（通常比较窄）里掌握高水平的知识和熟练技能的一类人。

专家定位系统（expert location system） 一种交互式的电脑系统，帮助用户迅速定位能够解决某一问题的同事，借助该系统，即使不在同一地理区域也能迅速解决问题。

专家系统（expert system，ES） 一种应用推理方法、通过获取特定领域的知识向人们提供建议或推荐的计算机系统，与人类专家类似。专家系统还可以解决对人来说需要多年的教育和训练才能完成的任务。

专家系统壳（expert system shell） 有助于某一具体的专家系统的安装和启用的一个

电脑程序。与决策支持系统的发生器类似。

专家级工具用户（expert tool user） 擅长应用一种或多种专业工具来解决问题的人。

专家技能（expertise） 凸显专家特征的一系列能力，包括深厚的专业知识、随机应变能力、元知识、元认知以及在训练之后能够带来巨大经济效益的行为方式。

解释子系统（explanation subsystem） 专家系统的一部分，对推理做出说明，并且论证结论的可行性。

显性知识（explicit knowledge） 也称编码知识，指客观、理性和技术的知识，如数据、政策、程序、软件和文件。

提取（extraction） 从不同数据源抓取数据的过程，通过综合、总结、组织、确定数据间的相关性等将数据以最有效的方式整合起来。

提取、转换和加载（extraction，transformation and load，ETL） 数据仓库的一个处理过程，由提取（即从数据库读取数据）、转化（即将提取的数据从原先的数据格式转化成数据仓库可存储的格式）和加载（即将数据存入数据仓库）三个部分组成。

协调员（facilitator） 在电脑协作环境下，负责计划、组织并通过电子方式对小组实行控制的人。

预测（forecasting） 提前测定未来的发展情况。

前向链（forward chaining） 在基于规则的系统里一种数据驱动的搜索方式。

模糊化（fuzzification） 将精确的数据做模糊化描述的一个过程，例如将一个确切的年龄划分到年轻和年老两个类别。

模糊逻辑（fuzzy logic） 模仿人脑的不确定性概念判断、推理思维方式来处理不确定、不完整的信息，是人类思考方式和专家系统的一个特征。

模糊集（fuzzy set） 一种集合，但集合中对象的关系不明确，不能严格确定。

遗传算法（genetic algorithm） 用类似于生物系统进化的方式来学习的一种软件程序。

地理信息系统（geographic information system，GIS） 获取、整理、分析、共享和管理地理空间数据的一种信息系统。

基尼系数（Gini index） 在经济学中用来衡量人口贫富差距的指标。也可用于判断根据某一属性划分出的某类别的纯度。

全球定位系统（global positioning system，GPS） 可利用卫星使用户探测全球范围内与该设备相连的任何物体（如车、人）的无线设备，具有一定的精准度的一种系统。

目标寻求（goal seeking） 询问计算机，如果希望达到某个目标，一些变量应该取什么值。

粒度（grain） 数据仓库中定义的最高级的数据详细程度。

图形用户界面（graphical user interface，GUI） 采用图形方式显示的交互式、对用户友好的计算机操作界面，使得用户可以控制与计算机的通信。

群决策支持系统（group decision support system，GDSS） 基于电脑的交互系统，用于群组决策者解决半结构化或非结构化的问题。

群支持系统（group support system，GSS） 支持群组协作的信息系统，特别是决策支持系统。

群件（groupware） 支持群体工作的计算机技术和方法。

小组作业（groupwork） 由两人或两人以上完成的工作。

启发式编程（heuristic programming） 利用启发式的思维解决问题的方法。

启发法（heuristics） 将一个应用领域的非正式的、判断性的知识，用以代替该领域的很好的判断规则的方法。该方法包括如何高效、有效地解决问题，如何分步解决复杂问题以及如何提高性能等。

隐含层（hidden layer） 具有三层或多层的人工智能网络的中间层。

中心页面（hub） 提供收藏的授权页面的一个或多个网络页面。

混合（集成）支持系统（hybrid (integrated) support system） 在一个决策环境中将不同的电脑支持系统整合起来。

超链接导向搜索（hyperlink-induced topic search，HITS） 网络挖掘中最具权威性且使用最广泛的算法，通过内容权威度和链接权威度来对网页质量进行评估。

超平面（hyperplane） 一个几何学概念，用来描述多维空间里不同事物类别的分界平面。

假设驱动的数据挖掘（hypothesis-driven data mining） 数据挖掘的一种，用户先假定一个命题，然后不断设法验证命题的正确性。

图像模型（iconic model） 一个简化的物理副本。

创意生成（idea generation） 人们产生创意或想法的过程，通常有软件支持（例如提出对一个问题的替代解法），也叫做头脑风暴。

实施阶段（implementation phase） 决策的第四个阶段，即将选定方案付诸实践的过程。

独立型数据集市（independent data mart） 为重要的业务系统或部门设计的小型数据仓库。

归纳性学习（inductive learning） 机器学习的一种方式，即从数据和事实中推断出新的规则。

推理机（inference engine） 专家系统中执行推理功能的部分。

信息过载（information overload） 指提供过量的信息，使得个人处理和执行任务变得十分困难。

影响图（influence diagram） 在一张图表中列出一个问题的不同类型的变量及变量之间的关系，如决定、独立性和结果。

推理规则（inference rules） 专家系统中一系列"if-then"规则的集合，控制着知识规则的执行，是推理机制的重要部分。

信息增益（information gain） 在决策树中用于决定树形分叉的一个统计量。

机构决策支持系统（institutional DSS） 一种系统，在组织中通常是永久固定的，且有持续的财务支持，适用于反复出现的决策环境。

集成智能系统（integrated intelligent system） 为解决复杂问题而集成两个或多个系统形成的系统。

智力资本（intellectual capital） 组织中的专业技能，通常包括雇员所有的知识。

情报阶段（intelligence phase） 决策分析的最初阶段，即收集数据，定义问题。

智能代理（intelligent agent，IA） 基于专家或知识库的自主性计算实体，内嵌于计算机信息系统或它们的组成部分中，使之更加智能。

智能计算机辅助教学（intelligent computer-aided instruction，ICAI） 利用人工智能等技术进行培训或教学。

智能辅导系统（intelligent tutoring system，ITS） 智能辅助教学系统，帮助受教育者最快地开展学习。

交互性（interactivity） 软件代理的一个特征，能够允许各代理在无人为干预的情况下进行通信或协作等交互。

中间人（intermediary） 用计算机完成他人提出的要求的人，例如财务分析师，利用计算机分析来解答高级经理的疑问。

中间变量（intermediate result variable） 数学模型中包含中间结果的取值的变量。

互联网电话（internet telephony） 网络电话，参见 VoIP。

逆文档频率（inverse document frequency） 确定关键词在整个互联网体系中出现频率的权重，反映了字词在文件和语料库中出现的频率。

核技术（kernel trick） 使用线性分类算法来解决非线性问题的一种方法，即将原始的非线性数据映射到线性分类算法可用的高维空间，使得线性分类算法对非线性问题同样可用。

核类型（kernel type） 使用核技术时，将数据映射到欧几里得空间的转换算法。最常用的核类型是径向基核函数。

关键绩效指标（key performance indicator，KPI） 衡量战略目标执行情况的一种量化管理指标。

k-折交叉验证（k-fold cross-validation） 一种用于预测模型的准确度评估技术。将整个样本集随机分为 k 份几乎相同大小的独立子集，其中 $k-1$ 份作为训练数据集，而另外的 1 份作为验证数据集。由交叉验证估计的整个模型的准确度是通过简单计算 k 个个体平均准确度得出的。

知识（knowledge） 受教育或经历之后所获得的理解力、认知或熟悉度；通过学习、感知、发现、推论或理解后获得的一切感受；使用信息的能力。知识管理系统中的知识指的是处理的信息。

知识获取（knowledge acquisition） 从不同来源（尤其是从专家处）获得数据，进行提取和公式化处理的过程。

知识库（knowledge base） 是知识工程中全面的有组织的知识集群，包含事实、规则或程序。是针对某一（或某些）领域问题求解的需要，在计算机存储器中存储的知识片集合。

数据库知识发现（knowledge discovery in databases，KDD） 通过规则演绎或其他相关手段从数据集中识别出知识的机器学习过程。

知识工程师（knowledge engineer） 专家系统的设计人员，负责专家系统的技术开发，与领域专家密切合作以获得知识库中的专业知识。

知识工程（knowledge engineering） 将知识整合进计算机信息系统，来解决需要丰富的人类经验才能解决的复杂问题的一种技术。

知识管理（knowledge management） 企业内部对专家进行积极管理的过程，包括收集、分类和传播知识。

知识管理系统（knowledge management system，KBS） 通过确认知识在组织内能够从拥有者流动到需求者，从而推动知识管理的一个系统。在整个过程中知识得到了发展和增加。

知识库（knowledge repository） 知识管理系统中存储知识的地方，在性质上与数据库相似，但知识库是面向文本的。

知识规则（knowledge rules） 一系列蕴含"if-then"规则，代表了某一特定问题的深层知识。

知识经济（knowledge-based economy） 通俗地说就是"以知识为基础的经济"，经济增长直接依赖于企业所拥有的知识和信息而非资金或者人力。

知识库系统（knowledge-based system，KBS）　通常情况下是指基于规则的提供专家意见的系统，它与专家系统类似，但知识库系统的知识来源还包括已记录存档的知识。

知识提炼系统（knowledge-refining system）　能够自我分析和评估性能、自主学习和自我改善的系统。

知件（knowware）　支撑知识管理的技术工具。

Kohonen 自组织特征映射（Kohonen self-organizing feature map）　机器学习的一种神经网络模型。

外显知识（leaky knowledge）　又称显性知识。

精益制造（lean manufacturing）　旨在生产过程中减少浪费和一切无价值活动的方法和手段。

学习算法（learning algorithm）　人工智能网络中培训流程所使用的算法。

学习型组织（learning organization）　能从过往经验中学习、获取知识的组织。这意味着它是组织在全体员工间存储、描绘和分享知识的存储器和手段。

学习率（learning rate）　神经网络学习过程的一个参数，该参数决定了神经网络自适应调整的效率。

线性规划（linear programming，LP）　解决资源分配问题的一种数学模型，该模型中目标函数和约束条件都是线性的。

链接分析（link analysis）　发现感兴趣的实体之间的联系，例如网页之间的联系、学术刊物作者之间的相互引用关系等。

机器学习（machine learning）　计算机通过经验不断学习的过程，例如通过程序从案例中学习。

管理科学（management science，MS）　利用科学的方法和数学模型来分析和解决管理决策中的问题，也称运筹学。

管理支持系统（management support system，MSS）　应用决策支持工具或技术来解决管理决策问题的系统。

数学（量化）模型（mathematical（quantitative）model）　利用符号或短语来代表真实的情景的系统。

数学规划（mathematical programming）　解决受约束的资源分配问题的最优化方法。

心智模型（mental model）　人们做决策时大脑产生的感知的机制或图像。

元数据（metadata）　关于数据的数据，描述数据仓库的内容及其使用的规则。

移动代理（mobile agent）　一种智能软件代理，可以在不同系统架构、平台或者网站上检索和传递信息。

移动社交网络（mobile social networking）　通过手机或者其他移动设备进行沟通交友的网络平台。

移动性（mobility）　代理能够在计算机网络中运行的程度。

模型库（model base）　预编译的一系列量化模型（如统计、财务和优化模型）所组成的一个统一单元。

模型库管理系统（model base management system，MBMS）　一种管理软件，负责建立、管理和更新决策支持系统的模型库。

模型构件块（model building blocks）　用来构建计算机模型的预编译软件模块。例如，在构建仿真模型中所使用的随机数产生器。

模型集市（model mart）　利用知识发现技术在过去决策的案例上建立起来的小的、部门级的知识库。模型集市与数据集市类似，参见数据集市。

模型仓库（model warehouse）　利用知识发现技术在过去决策的案例上建立起来的大的、企业级的知识库。模型仓库与数据仓库类似，参见数据仓库。

动量（momentum）　反向传播的神经网络的一个学习参数。

多维分析（建模）（multidimensional analysis（modeling））　在多个维度进行数据分析的一种建模方法。

变异（mutation）　一种遗传算子，能够引起潜在方案的随机变化。

自然语言处理（natural language process，NLP）　使用自然语言进程与电脑系统进行交互。

神经计算（neural computing）　旨在设计出能模仿人脑功能的智能计算机，参见人工智能网络。

神经网络（neural network）　参见人工神经网络。

神经元（neuron）　生物学上的一个细胞或者人工智能网络中的处理要素，如进程要素。

名义群体技术（nominal group technique，NGT）　传统会议中群体决策的一种方法。

规范模型（normative model）　规定系统应当如何运营的模型。

细胞核（nucleus）　神经元的中心处理单元。

对象（object）　信息收集、处理或者存储的客体，包括人、地点或物体。

面向对象的模型库管理系统（object-oriented model base management system，OOMBMS）　在基于对象的环境中建立起来的模型库管理系统。

联机分析处理（online analytical processing，OLAP）　允许用户使用电脑访问、进行分析等操作的信息系统，在很短的时间内就可以产生结果。

在线（电子）工作区（online（electronic）workspace）　允许用户分享文档、工作计划、日程安排等文件的在线空间，用户可以不必同时在线。

操作集市（oper mart）　一种操作数据集市，它是一种典型的小型数据集市，一般仅由组织中的一个部门或一个功能单元使用。

操作数据存储（operational data store，ODS）　数据库的一种，通常用作数据仓库的临时存储区域，特别是对用户信息文档的存储。

运营模型（operational models）　代表经营管理层次上的问题的一种模型。

运营计划（operational plan）　将组织的战略目标转化为一系列的策略、倡议、资源需求和预期目标的计划。

最优解决方案（optimal solution）　模型化问题的最可能、最好的解决方案。

最优化（optimization）　找出问题最优解的过程。

组织文化（organizational culture）　组织内部对于特定问题的总的态度，如对技术、电脑、决策支持系统的看法。

组织知识库（organizational knowledge base）　组织中存储知识的数据库。

组织学习（organizational learning）　组织获取知识，并且将知识推广至整个组织的过程。

组织记忆（organizational memory）　组织所拥有的信息。

固化案例（ossified case）　经过分析后无更多价值的案例。

典型案例（paradigmatic case）　独特的、有价值的、可供未来参考的案例。

并行处理（parallel processing） 允许计算机同时处理多个任务的先进处理技术。

并行机制（parallelism） 在群支持系统中，小组成员可以同时工作的过程机制，如头脑风暴、投票或排名。

参数（parameter） 参见不可控变量。

词性标注（part-of-speech tagging） 根据词的定义或用法将文本中的字词标注出来的过程，例如标注出名词、动词、形容词、副词等。

模式识别（pattern recognition） 将外部的模式与计算机中存储的模式相匹配的过程，即将数据划分到预定类别中的过程。模式识别通常用在推理机、图像处理、神经网络和语音识别等领域。

感知器（perceptron） 原始的人工智能网络结构，没有隐含层。

绩效考核体系（performance measurement system） 通过比较执行结果与战略目标的差异来协助企业评估战略计划实施效果的信息系统。

实践法（practice approach） 面向知识管理的一种方法，通过建立集体环境和集体实践有效促进集体规范的形成和分享。

预测（prediction） 预测未来情况的行为。

预测分析（predictive analytics） 业务预测方法，预测未来需求、问题、机会等，用来替代简单的数据报告。

选择原则（principle of choice） 在选项中做出选择的标准。

问题归属（problem ownership） 解决问题的司法权（授权）。

问题解决（problem solving） 为实现预定目标而不断寻求解决方案的过程。

过程法（process approach） 一种知识管理方法，通过形式化的控制、过程和技术对组织的知识进行规范编制。

过程增益（process gain） 在群支持系统中，会议活动效率的改善。

过程损失（process loss） 在群支持系统中，会议活动效率的降低。

处理单元（processing element，PE） 神经网络中的一个神经元。

产生式规则（production rules） 专家系统中用得最多的一种知识表示，将碎片化的知识用"if-then"规则来表示。

定量分析软件包（quantitative software package） 预编译的模型或优化系统，这些软件包通常可用作其他定量模型的构建模块。

查询工具（query facility） 数据库中接受查询要求、找到数据、处理和查询数据的机制。

实时数据仓库（real-time data warehousing） 也称动态数据仓库，即通过数据仓库加载和提供数据的过程。

现实挖掘（reality mining） 基于位置的数据挖掘。

回归（regression） 用于预测现实世界中其值为数字（即产出变量或因变量）的一种数据挖掘方法，如预测明天的温度是 65°F。

强化学习（reinforcement learning） 一种机器学习，将工作和检测与学习相结合，并最大化累积奖赏。强化学习与有监督学习不同，它修正算法中从未出现的输入/输出组合。

关系型数据库（relational database） 将数据以表格的形式存储，并运用关系代数或关系运算进行运算的一类数据库。

关系型模型库管理系统（relational model base management system，RMBMS） 关系型数据库中用来设计和开发模型库管理系统的方法。

关系型联机分析处理（relational OLAP，ROLAP）　基于关系型数据库的联机分析处理。

繁衍（reproduction）　使用基因算法产生新的得到改善的方案。

结果（输出）变量（result（outcome）variable）　又称因变量，表示决策结果的变量，通常是决策问题的目标之一。

射频识别（RFID）　是一种可通过无线电讯号识别特定目标的通信技术。

风险分析（risk analysis）　一种决策技术，即根据假定已知的知识，分析不同决策情况下所面临的风险。

机器人（robot）　能够在无人为干预的情况下自动执行任务的机器。

满意（satisficing）　寻找符合约束条件的可行解的过程。与最优方法不同，满意法只要找出能够解决问题的可行解，而不是找到最优解。

场景（scenario）　一份关于特定时间、特定系统运行环境的假设及声明。

计分卡（scorecard）　将组织策略、战略目标与实际进度展现出来的可视化的方式。

屏幕共享（screen sharing）　通过在各群体成员的电脑上共享屏幕，使得在不同地域的成员能利用同一文档同时工作的软件。

自组织（self-organizing）　利用无指导的学习的一种神经网络架构。

SAS 数据挖掘方法（SEMMA）　SAS 公司提出的数据挖掘方法，该方法将数据挖掘核心过程分为抽样（sample）、挖掘（explore）、修改（modify）、建模（model）以及评估（assess）等阶段，这也是 SEMMA 这一词语的由来。

灵敏度分析（sensitivity analysis）　对一个或多个输入变量的变化对因变量产生的影响的分析。

情感分析（sentiment analysis）　利用大量的文本数据调查客户对某一类产品或服务的正面或者负面的态度。如以网络帖子的方式出现的客户反馈。

序列挖掘（sequence mining）　发现模式的一种方法，将事物根据时间顺序排序，然后根据时间先后找出相互间的关联关系。

S 形（逻辑激活）函数（sigmoid/logical activation function）　一种转换函数，取值在 0～1 之间，函数曲线呈 S 形。

简单分割（simple split）　人为地将数据分为互斥的两个集合，即训练集和测试集，通常将数据总体的 2/3 作为训练集，剩余的 1/3 作为测试集。

仿真（simulation）　用电脑对现实的模仿。

奇异值分解（singular value decomposition，SVD）　与主成分分析紧密相关，对输入矩阵进行降维，每一个维度代表了词语与文档间最大限度的可变性。

六西格玛（Six Sigma）　一种绩效管理方法，旨在减少企业流程中的缺陷，使每百万个机会中的瑕疵数尽可能趋近于零。

社交网络分析（social network analysis，SNA）　对社交网络中个体、群体、组织或其他信息主体之间信息流动的关系的分析。网络中的节点表示个体或组织，连接线则表示各实体之间的联系或信息流动关系。SNA 提供了一种可视性强、利用数学手段的关系分析方法。

软件代理（software agent）　专门设计用来执行某项任务的一个有自主权的软件。

软件即服务（software as a service，SaaS）　将软件出租而非出售的一种服务。

语音识别（speech（voice）understanding）　人工智能的一个研究领域，目的是让电脑识别人类演讲中的词汇或短语。

助理（staff assistant） 协助经理处理事务的人员。

静态模型（static models） 只描述某个区间状态的模型。

战略指标（strategic goal） 在指定时间内完成的量化目标。

战略模型（strategic models） 展示企业管理中战略级问题的模型。

战略目标（strategic objective） 指明企业未来发展方向的全局的、广泛的陈述或行动路线。

战略主题（strategic theme） 相关战略目标的集合，用以简化和构建企业的战略地图。

战略愿景（strategic vision） 组织未来应有状态的想象或心智图像。

战略地图（strategy map） 以平衡计分卡的四个层面目标（财务层面、客户层面、内部层面、学习与增长层面）为核心，通过分析这四个层面目标的相互关系而绘制的企业战略因果关系图。

局部最优化（suboptimization） 基于最优化理论的一个过程，并不考虑所有决策因素对决策结果的影响。

求和函数（summation function） 将所有输入数据添加到特定神经元中的机制。

有监督学习（supervised learning） 一种训练人工神经网络的方法，样本案例作为系统的输入，通过调整权重来减少输出误差。

支持度（support） 衡量某几个产品或服务在同一交易中出现的频率，也就是说，在特定规则下，数据集中出现所有产品或服务的概率。

支持向量机（support vector machine，SVM） 广义线性模型的集合，能够基于输入特征的线性组合成功地处理模式识别（分类问题、判别分析）和回归问题（时间序列分析）等诸多问题。

突触（synapse） 神经网络中个处理元素之间的连接点。

同步（synchronous/real time） 同时发生。

系统架构（system architecture） 系统的逻辑设计和物理设计。

隐性知识（tacit knowledge） 指那种我们知道但难以表达的知识，通常存在于主观、认知、个人经验等领域。

战术模型（tactical models） 展示企业中战术管理层面的问题的模型。

电话会议（teleconferencing） 两个人或两个人以上利用电子通信技术在异地召开会议的过程。

词条—文档矩阵（term-document matrix，TDM） 一种利用数字化、整理好的文档创建的频率矩阵，这种矩阵用列表示术语，用行表示文档。

文本挖掘（text mining） 一种对非结构化或少量结构化的文本数据进行数据挖掘的应用。这种应用需要从无结构化文本中生成有意义的数据指标，之后采用多种数据挖掘算法来处理这些指标。

确定性因子理论（theory of certainty factors） 为专家系统设计的一种理论，帮助把不确定性转化为有代表性的知识。

阈值（threshold value） 神经网络中控制一个输出值是否触发下一个神经元的门限值。如果产出值小于阈值，它就不会被传送到下一个神经元。

拓扑结构（topology） 神经网络中神经元的组织结构。

传递函数（transformation（transfer）function） 神经网络中，在神经元被激发之前实现集合和转换输入的功能。它表示神经元中内部激活水平与输出之间的关系。

趋势分析（trend analysis） 通过收集材料，采用一定的方法发现信息中存在的模式、趋势等的过程。

图灵试验（Turing test） 测算计算机智能程度的测试。

不确定性（uncertainty） 使用专家系统咨询的过程中无法确定的值。许多专家系统都可以容纳不确定性，即它们允许用户表明他并不知道答案。

不可控变量（参数）（uncontrollable variable（parameter）） 影响决策结果但不受决策者控制的参数。不可控参数可以是内部的（如优选技术或规定），也可以是外部的（如法律问题或气候）。

无监督学习（unsupervised learning） 人工智能网络的一种算法，其特点是仅对此种网络提供输入刺激，它会自动从这些刺激中找出潜在类别规则。

用户接口（user interface） 计算机系统的组成部分，允许计算机与用户之间的双向交流。

用户接口管理程序（user interface management system，UIMS） 决策支持系统的组成部分，负责用户与系统之间所有的交互事宜。

供应商管理库存（vendor-managed inventory，VMI） 零售商让供应商负责决定供货时间以及供货量。

电视会议（video teleconferencing/videoconferencing） 使不在同一地点的参会者可以通过大屏幕或电脑见到对方的虚拟会议。是用电视和电话在两个或多个地点的用户之间举行会议，实时传送声音、图像的通信方式。

虚拟（网络）社区（virtual（Internet）community） 具有相同或相似爱好的人通过互联网进行交互的网络社区。

虚拟会议（virtual meeting） 不同地区或国家的人通过互联网召开的在线会议。

虚拟世界（virtual worlds） 计算机系统创造的虚假世界，用户也会置身其中。

可视化交互式建模（visual interactive modeling，VIM） 参见可视化交互式模拟。

可视化交互式仿真（visual interactive simulation，VIS） 一种模拟方法，可用于决策制定过程。通过图形动画向决策者动态地模拟系统或进程的发展状况，它向决策者提供了潜在行动方案的可视化结果。

视觉识别（visual recognition） 通过人工智能技术对所获得的视觉信息进行数字化处理的过程，一般通过机器传感器（如照相机）获得这些信息。

语音识别（voice（speech）recognition） 将人类语言翻译成电脑可理解的字词或句子的技术。

IP 语音（Voice over IP，VoIP） 将模拟信号数字化，以数据封包的形式在 IP 网络上做实时传递的通信系统。也称 Internet telephony。

网络 2.0（Web 2.0） Web 2.0 是相对 Web 1.0 的新的一类互联网应用的统称，其技术包括博客、维客、信息聚合（RSS）等。Web 2.0 与传统万维网的区别在于，它使得用户、内容提供者以及公司之间的合作更紧密。

网络内容挖掘（Web content mining） 从网页中提取有用信息的过程。

网络爬虫（Web crawlers） 自动从网络站点中读取数据的应用。

网络挖掘（Web mining） 使用基于网络的工具在网络上发现和分析感兴趣或有用的信息的过程。

网络结构挖掘（Web structure mining） 网络文件的链接中有用信息的开发过程。

网络用法挖掘（Web usage mining） 从用户和网络交互的过程中产生的数据中提取

有用信息的过程。

what-if 分析（what-if analysis）　一种用于评估的程序，假设如果改变其中一些变量或参数，那么将会产生何种结果。

维基（wiki）　一种多人协作的软件工具。wiki 站点可以由多人（甚至任何访问者）维护，每个人都可以发表自己的意见，或者对共同的主题进行扩展或者探讨。

维基日志（wikilog）　一般博客的延伸，是一个任何人都可以参与添加、删除和修改内容的博客。

工作系统（work system）　一种系统，用户或机器执行商业流程来消耗资源制造产品，为内外部客户提供服务。

中国人民大学出版社工商管理类翻译版教材

序号	书名	作者	定价	出版年份	ISBN 978-7-300-

（一）工商管理经典译丛

序号	书名	作者	定价	出版年份	ISBN 978-7-300-
1	管理学（第11版）	罗宾斯（Stephen P. Robbins）	69	2012	15795-5
2	罗宾斯《管理学（第11版）》学习指导	罗宾斯（Stephen P. Robbins）	35	2013	17932-2
3	管理学（精要版第9版）	孔茨（Harold Koontz）韦里克（Heinz Weihrich）	58	2014	18405-0
4	管理学（第3版）	贝特曼（Thomas S. Bateman）	58	2014	20098-9
5	商学精要（第8版）	埃伯特（Ronald J. Ebert）	55	2013	17581-2
6	管理经济学（第4版修订版）	彼得森（H. Craig Petersen）	69	2009	11367-8
7	管理经济学（第11版）	赫斯切（Mark Hirschey）	69	2008	09287-4
8	管理经济学——决策者的经济学工具（第7版）	基特（Paul G. Keat）	65	2015	20416-1
9	组织行为学（第14版）	罗宾斯（Stephen P. Robbins）	72	2012	16663-6
10	组织行为学（第9版）	格林伯格（Jerald Greenberg）	75	2011	13603-5
11	战略管理：概念与案例（第10版）	希特（Michael A. Hitt）	59	2012	16621-6
12	战略管理：概念与案例（第13版·全球版）	戴维（Fred R. David）	68	2012	15855-6
13	战略过程：概念、情境、案例（第4版）	明茨伯格（Henry Mintzberg）	69	2012	16331-4
14	人力资源管理（第12版）	德斯勒（Gary Dessler）	79	2012	15723-8
15	会计学（第8版）	亨格瑞（Charles T. Horngren）	79	2010	12543-5
16	公司理财：核心原理与应用（第3版）	罗斯（Stephen A. Ross）	76	2013	18161-5
17	项目管理：管理新视角（第7版）	梅雷迪思（Jack R. Meredith）	78	2011	12977-8
18	MBA运营管理（第3版）	梅雷迪思（Jack R. Meredith）	49.8	2007	08650-7
19	运作管理（第10版）	海泽（Jay Heizer）	89	2012	14890-8
20	运作管理（精要版第3版）	蔡斯（Richard B. Chase）	59	2014	18408-1
21	供应链管理（第5版）	乔普拉（Sunil Chopra）	65	2013	16974-3
22	市场营销原理（第13版）	科特勒（Philip Kotler）	65	2010	11854-3
23	营销管理（第14版·全球版）	科特勒（Philip Kotler）	79	2012	15310-0
24	营销管理（第13版·中国版）	科特勒（Philip Kotler）	75	2009	10459-1
25	管理信息系统（精要版·第9版）	劳东（Kenneth C. Laudon）	59	2012	16254-6
26	质量管理与质量控制（第7版）	埃文斯（James R. Evans）	65	2010	12027-0
27	数据、模型与决策（第4版）	埃文斯（James R. Evans）	59	2011	13605-9
28	电子商务导论（第2版）	特伯恩（Efraim Turban）	59	2013	13747-6
29	电子商务——商务、技术与社会（第7版）	劳东（Kenneth C. Laudon）	72	2014	18478-4
30	商务与经济统计学（精编版第5版）	威廉斯（Thomas A. Williams）	69	2014	19503-2
31	商务统计学（第5版）	莱文（David M. Levine）	65	2010	12492-6
32	管理沟通——以案例分析为视角（第4版）	奥罗克（James S. O'Rourke）	49	2011	12920-4
33	商务谈判（第5版）	汤普森（Leigh L. Thompson）	55	2013	17837-0
34	管理思想史（第6版）	雷恩（Daniel A. Wren）	62	2012	14821-2
35	企业管理研究方法（第10版）	库珀（Donald Cooper）	79	2013	17645-1
36	商业伦理：概念与案例（第7版）	贝拉斯克斯（Manuel G. Velasquez）	52	2013	17376-4
37	企业伦理学——伦理决策与案例（第8版）	费雷尔（O. C. Ferrell）	49	2012	16016-0
38	职业生涯发展与规划（第3版）	里尔登（Robert C. Reardon）	39	2010	11843-7
39	商业法律环境（第4版）	库巴塞克（Nancy K. Kubasek）	69	2007	08187-8
40	基础统计学（第4版）	拉森（Ron Larson）	52	2013	18479-1
41	商法（第7版）	亚当斯（Alix Adams）	59	2014	20311-9

（二）工商管理经典译丛·市场营销系列

序号	书名	作者	定价	出版年份	ISBN 978-7-300-
1	市场营销学（第9版）	阿姆斯特朗（Gary Armstrong）	65	2010	12524-4
2	市场营销学基础（第18版）	佩罗（William D. Perreault, Jr.）	65	2012	15644-6
3	国际市场营销学（第10版）	钦科陶（Michael R. Czinkota）	69	2015	20986-9
4	营销管理（第5版·全球版）	科特勒（Philip Kotler）	39	2012	15367-4
5	营销管理（亚洲版·第5版）	科特勒（Philip Kotler）	75	2010	11369-2

6	营销管理：知识与技能（第 10 版）	彼得（J. Paul Peter）	65	2012	15751-1
7	战略营销：教程与案例（第 11 版）	凯琳（Roger A. Kerin）	65	2011	13868-8
8	战略品牌管理（第 3 版）	凯勒（Kevin Line Keller）	72	2009	10655-7
9	服务营销（第 6 版）	洛夫洛克（Christopher Lovelock）	68	2010	12155-0
10	消费者行为学（第 10 版）	所罗门（Michael R. Solomon）	68	2014	18249-0
11	消费者行为学（第 11 版）	希夫曼（Leon G. Schiffman）	69	2015	20402-4
12	消费者行为学案例与练习（第 2 版）	格雷厄姆（Judy Graham）	20	2011	14211-1
13	营销调研（第 7 版）	伯恩斯（Alvin C. Burns）	65	2015	21107-7
14	营销渠道（第 7 版）	科兰（Anne T. Coughlan）	59	2008	09525-7
15	营销渠道：管理的视野（第 8 版）	罗森布洛姆（Bert Rosenbloom）	68	2014	18654-2
16	网络营销（第 5 版）	斯特劳斯（Judy Strauss）	55	2010	12425-4
17	网络营销实务：工具与方法	米列茨基（Jason I. Miletsky）	45	2011	12687-6
18	广告学：原理与实务（第 9 版）	维尔斯（William Wells）	75	2013	17868-4
19	广告与促销：整合营销传播视角（第 9 版）	贝尔奇（George E. Belch）	78	2014	19002-0
20	组织间营销管理（第 10 版）	赫特（Michael D. Hutt）	59	2011	13027-9
21	零售管理（第 11 版）	伯曼（Barry Berman）	79	2011	13093-4
22	专业化销售：基于信任的方法（第 4 版）	英格拉姆（Thomas N. Ingram）	48	2009	11219-0
23	销售管理（第 9 版）	科恩（William L. Cron）	48	2010	11849-9
24	销售管理——塑造未来的销售领导者	坦纳（John F. Tanner Jr.）	48	2010	11767-6
25	营销战略与竞争定位（第 5 版）	胡利（Graham Hooley）	65	2014	18597-2
26	基于 Excel 的营销调研（第 3 版）	伯恩斯（Alwin C. Burns）	58	2014	18621-4
27	定价策略	史密斯（Tim J. Smith）	52	2015	21001-8

（三）工商管理经典译丛·会计与财务系列

1	会计学：管理会计分册（第 23 版）	里夫（James M. Reeve）	36	2011	13552-6
2	会计学：财务会计分册（第 23 版）	里夫（James M. Reeve）	65	2011	13783-4
3	会计学原理（第 19 版）	怀尔德（John J. Wild）	65	2012	14820-5
4	成本与管理会计（第 13 版）	亨格瑞（Charles T. Horngren）	79	2010	12594-7
5	中级会计学（上、下册）（第 12 版）	基索（Donald E. Kieso）	168	2008	09457-1
6	高级会计学（第 10 版）	比姆斯（Floyd A. Beams）	69.8	2011	14636-2
7	审计学：一种整合方法（第 14 版）	阿伦斯（Alvin A. Arens）	72	2013	16828-9
8	公司理财	伯克（Jonathan Berk）	89	2009	11220-6
9	中级财务管理（第 8 版）	布里格姆（Eugene F. Brigham）	69	2009	10427-0
10	财务报表分析（第 10 版）	苏布拉马尼亚姆（K. R. Subramanyam）	59	2009	10826-1
11	跨国公司财务管理基础（第 6 版）	夏皮罗（Alan C. Shapiro）	59	2010	11779-9

（四）工商管理经典译丛·运营管理系列

1	运营管理：创造供应链价值（第 6 版）	拉塞尔（Roberta S. Russell）	59	2010	11613-6
2	运营管理：供需匹配的视角（第 2 版）	卡桑（Gerard Cachon）	55	2013	17106-7
3	供应链设计与管理（第 3 版）	辛奇—利维（David Simchi-Levi）	55	2010	11614-3
4	物流学（第 11 版）	墨菲（Paul R. Murphy, Jr.）	49	2015	21056-8
5	物流管理与战略——通过供应链竞争（第 3 版）	哈里森（Alan Harrison）	39	2010	11612-9
6	项目管理：流程、方法与经济学（第 2 版）	施塔布（Avraham Shtub）	69	2007	08677-4
7	IT 项目管理（第 3 版）	马尔海夫卡（Jack T. Marchewka）	49	2011	13481-9
8	质量管理：整合供应链（第 4 版）	福斯特（S. Thomas Foster）	59	2013	17142-5
9	供应管理（第 8 版）	伯特（David Burt）	68	2012	15794-8

（五）人力资源管理译丛

1	人力资源管理：赢得竞争优势（第 7 版）	诺伊（Raymond A. Noe）	79	2013	17773-1
2	人力资源管理基础（第 2 版）	德斯勒（Gary Dessler）	65	2014	19505-6
3	薪酬管理（第九版）	米尔科维奇（George T. Milkovich）	68	2008	09561-5
4	战略薪酬管理（第五版）	马尔托奇奥（Joseph J. Martocchio）	49	2010	11213-8
5	绩效管理（第 3 版）	阿吉斯（Herman Aguinis）	45	2013	18106-6
6	雇员培训与开发（第三版）	诺伊（Raymond A. Noe）	45	2007	08186-1

7	国际人力资源管理（第5版）	赵曙明 道林（Peter J. Dowling）	45	2012	14734-5
8	组织行为学（第六版）	克赖特纳（Robert Kreitner）	78	2007	08573-9
9	组织中的人际沟通技巧（第3版）	杰纳兹（Suzanne C. De Janasz）	49	2011	13824-4
10	谈判与冲突管理	科尔韦特（Barbara A. Budiac Corvette）	39.8	2009	10388-4

（六）工商管理经典译丛·国际化管理系列/国际商务经典译丛

1	国际贸易（第15版）	普格尔（Thomas A. Pugel）	49	2014	19001-3
2	国际金融（第15版）	普格尔（Thomas A. Pugel）	42	2014	19329-8
3	全球商务	彭维刚（Mike Peng）	65	2011	12819-1
4	国际商务（第9版）	希尔（Charles W. L. Hill）	75	2013	10660-1
5	国际商务谈判	塞利奇（Claude Cellich）	42	2013	18404-3
6	全球营销学（第4版）	基根（Warren J. Keegan）	69	2009	10662-5
7	国际企业伦理（第2版）	克兰（John M. Kline）	39	2013	18089-2
8	跨文化商务沟通（第6版）	钱尼（Lillian H. Chaney）	42	2014	19139-3

（七）管理科学与工程经典译丛

1	数据、模型与决策（第10版）	泰勒（Bernard W. Taylor Ⅲ）	78	2011	14005-6
2	管理科学（第2版）	劳伦斯（John A. Lawrence）	75	2009	10318-1
3	管理信息技术（第5版）	图尔班（Efrain Turban）	69	2009	10976-3
4	制造计划与控制（第5版）	沃尔曼（Thomas E. Vollmann）	69	2009	09952-1
5	创新管理——技术变革、市场变革和组织变革的整合（第4版）	蒂德（Joe Tidd）	59	2012	15657-6
6	工程经济学（第5版）	帕克（Chan S. Park）	75	2012	16014-6
7	管理信息系统（第15版）	奥布赖恩（James A. O'Brien）	65	2012	16779-4
8	管理信息系统案例（第4版）	米勒（M. Lisa Miller）	49	2013	18076-2
9	现代数据库管理（第10版）	霍弗（Jeffrey A. Hoffer）	68	2013	17076-3
10	知识管理：一种集成方法（第2版）	贾夏帕拉（Ashok Jashapara）	48	2013	17172-2
11	管理科学	史蒂文森（William J. Stevenson）	55	2013	17681-9
12	现代系统分析与设计（第6版）	霍弗（Jeffrey A. Hoffer）	69	2013	15844-0
13	决策支持与商务智能系统（第9版）	特伯恩（Efraim Turban）	62	2015	21400-9

（八）工商管理经典译丛·简明系列

1	创业学（亚洲版）	弗雷德里克（Howard H. Frederick）	55	2011	13506-9
2	战略管理	韦斯特三世（G. Page West Ⅲ）	45	2011	13607-3
3	战略管理精要（第5版）	亨格（J. David Hunger）	45	2012	15161-8
4	管理学（第8版）	舍默霍恩（John R. Schermerhorn）	50	2011	14220-3
5	管理学原理（第6版）	罗宾斯（Stephen P. Robbins）	62	2009	09989-7
6	创业学（第2版）	卡普兰（Jack M. Kaplan）	48	2009	09957-6
7	商务沟通——数字世界的沟通技能（第12版）	伦茨（Kathryn Rentz）	49	2012	15331-5

（九）工商管理经典译丛·旅游管理系列

1	旅游学（第10版）	格德纳（Charles R. Goeldner）	65	2008	09156-3
2	旅游服务业市场营销（第4版）	莫里森（Alastair M. Morrison）	54	2012	16351-2
3	饭店经营管理（第2版）	海斯（David K. Hayes）	52	2013	17035-0
4	饭店业战略管理（第3版）	奥尔森（Michael D. Olsen）	45	2013	18013-7
5	饭店前厅管理（第5版）	巴尔迪（James A. Bardi）	49	2014	18628-3
6	休闲与旅游研究方法（第3版）	维尔（A. J. Veal）	48	2008	09019-1

（十）工商管理经典译丛·创业与创新管理系列

1	中小企业创业管理（第3版）	卡茨（Jerome A. Katz）	75	2012	14271-5
2	创业学（第9版）	库拉特科（Donald F. Kuratko）	52	2014	20022-4

（十一）其他教材

1	组织行为学经典文献（第8版）	奥斯兰（Joyce S. Osland）	65	2010	12919-8
2	战略管理：解决战略矛盾，创造竞争优势	德威特（Bob de Wit）	39	2008	09299-7
3	案例学习指南：阅读、分析、讨论案例和撰写案例报告	埃利特（William Ellet）	39	2009	10202-3

图书在版编目（CIP）数据

决策支持与商务智能系统：第 9 版/特伯恩等著；万岩等译. —北京：中国人民大学出版社，2015.7
（管理科学与工程经典译丛）
ISBN 978-7-300-21400-9

Ⅰ.①决… Ⅱ.①特…②万… Ⅲ.①决策支持系统②电子商务 Ⅳ.①TP399②F713.36

中国版本图书馆 CIP 数据核字（2015）第 114156 号

管理科学与工程经典译丛
决策支持与商务智能系统（第 9 版）
埃弗雷姆·特伯恩 等 著
万岩 岳欣 译
Juece Zhichi yu Shangwu Zhineng Xitong

出版发行	中国人民大学出版社	
社 址	北京中关村大街 31 号	**邮政编码** 100080
电 话	010 - 62511242（总编室）	010 - 62511770（质管部）
	010 - 82501766（邮购部）	010 - 62514148（门市部）
	010 - 62515195（发行公司）	010 - 62515275（盗版举报）
网 址	http://www.crup.com.cn	
	http://www.ttrnet.com（人大教研网）	
经 销	新华书店	
印 刷	涿州市星河印刷有限公司	
规 格	185 mm×260 mm 16 开本	**版 次** 2015 年 7 月第 1 版
印 张	31 插页 1	**印 次** 2015 年 7 月第 1 次印刷
字 数	786 000	**定 价** 62.00 元

版权所有 侵权必究 印装差错 负责调换

PEARSON

为了确保您及时有效地申请培生整体教学资源，请您务必完整填写如下表格，加盖学院的公章后传真给我们，我们将会在 2~3 个工作日内为您处理。

需要申请的资源（请在您需要的项目后划"√"）：

☐ 教师手册、PPT、题库、试卷生成器等常规教辅资源

☐ MyLab 学科在线教学作业系统

☐ CourseConnect 整体教学方案解决平台

请填写所需教辅的开课信息：

采用教材			☐中文版 ☐英文版 ☐双语版	
作　者		出版社		
版　次		ISBN		
课程时间	始于　年　月　日	学生人数		
	止于　年　月　日	学生年级	☐专科　　☐本科 1/2 年级 ☐研究生　☐本科 3/4 年级	

请填写您的个人信息：

学　校			
院系/专业			
姓　名		职　称	☐助教 ☐讲师 ☐副教授 ☐教授
通信地址/邮编			
手　机		电　话	
传　真			
official email（必填） （eg: xxx@ruc.edu.cn）		email （eg: xxx@163.com）	
是否愿意接受我们定期的新书讯息通知：	☐是　　☐否		

系/院主任：_____（签字）

（系/院办公室章）

_____年_____月_____日

100013 北京市东城区北三环东路 36 号环球贸易中心 D 座 1208 室

电话：(8610) 57355169

传真：(8610) 58257961

Please send this form to：Service.CN@pearson.com

Website：www.pearson.com

教师教学服务说明

　　中国人民大学出版社工商管理分社以出版经典、高品质的工商管理、财务会计、统计、市场营销、人力资源管理、运营管理、物流管理、旅游管理等领域的各层次教材为宗旨。

　　为了更好地为一线教师服务，近年来工商管理分社着力建设了一批数字化、立体化的网络教学资源。教师可以通过以下方式获得免费下载教学资源的权限：

　　在"人大经管图书在线"（www. rdjg. com. cn）注册，下载"教师服务登记表"，或直接填写下面的"教师服务登记表"，加盖院系公章，然后邮寄或传真给我们。我们收到表格后将在一个工作日内为您开通相关资源的下载权限。

　　如您需要帮助，请随时与我们联络：

　　中国人民大学出版社工商管理分社

　　联系电话：010－62515735，62515749，62515987

　　传　　真：010－62515732，62514775　　　　电子邮箱：rdcbsjg@crup. com. cn

　　通讯地址：北京市海淀区中关村大街甲 59 号文化大厦 1501 室 （100872）

教师服务登记表

姓　名		□先生　□女士	职　　称		
座机/手机			电子邮箱		
通讯地址			邮　　编		
任教学校			所在院系		
所授课程	课程名称	现用教材名称	出版社	对象（本科生/研究生/MBA/其他）	学生人数
需要哪本教材的配套资源					
人大经管图书在线用户名					

院/系领导（签字）：

院/系办公室盖章